工业和信息化部“十四五”规划教材

可编程控制器技术

（第 2 版）

齐　蓉　肖维荣　编著

電子工業出版社
Publishing House of Electronics Industry
北京·BEIJING

内 容 简 介

本书以贝加莱可编程控制器家族产品为主线，系统地介绍其工作原理、功能特点、使用方法、编程系统、编程语言、多任务处理、系统设计、功能函数、网络通信、控制算法、诊断调试等内容，并引入了数字化智能制造的新技术、新方法、新系统、新案例。

本书注重逻辑的清晰性，知识点的连贯性，PLC 技术的系统性，技术的先进性，内容的实用性，大量例题、习题都是从业界需求和生产实际问题中提炼而来的，案例分析都来源于实际工程项目。

本书可作为工科院校的专业课教材及工程技术人员的培训教材。

图书在版编目（CIP）数据

可编程控制器技术 / 齐蓉，肖维荣编著. —2 版. —北京：电子工业出版社，2023.2
ISBN 978-7-121-45054-9

Ⅰ. ①可… Ⅱ. ①齐… ②肖… Ⅲ. ①可编程序控制器 Ⅳ. ①TM571.61

中国国家版本馆 CIP 数据核字（2023）第 018529 号

责任编辑：韩同平
印　　刷：三河市鑫金马印装有限公司
装　　订：三河市鑫金马印装有限公司
出版发行：电子工业出版社
　　　　　北京市海淀区万寿路 173 信箱　邮编：100036
开　　本：787×1092　1/16　印张：22.5　字数：720 千字
版　　次：2007 年 8 月第 1 版
　　　　　2023 年 2 月第 2 版
印　　次：2023 年 2 月第 1 次印刷
定　　价：85.90 元

凡所购买电子工业出版社图书有缺损问题，请向购买书店调换。若书店售缺，请与本社发行部联系，联系及邮购电话：（010）88254888，88258888。

质量投诉请发邮件至 zlts@phei.com.cn，盗版侵权举报请发邮件至 dbqq@phei.com.cn。

本书咨询联系方式：（010）88254525，hantp@phei.com.cn。

前　言

在日新月异、浩瀚无垠的工业控制技术星河中，可编程控制器技术无疑是光华四射的星团，在智能制造领域熠熠生辉。时光荏苒，斗转星移，虽然可编程控制器仍然简称为 PLC，但已是今非昔比，其内涵和边界已经发生了根本性的变化。伴随着工业控制技术发展的突飞猛进、蒸蒸日上，新需求、新概念、新方法、新技术、新工艺如日方升、层出不穷，并不断在工业控制中得到实践与应用，实现数字化智能制造就是工程技术人员的星辰大海。

PLC 的本意是可编程逻辑控制器，但如今的 PLC 的功能已经跳出了逻辑控制的范畴，它集逻辑控制、模拟量控制、算法分析、网络通信、仿真虚拟、边缘计算、智能管理等功能之大成，可以解决不同规模、不同行业的复杂问题。PLC 产品的大家族也扩张为控制器家族、触摸屏家族、驱动器家族、工业计算机家族、工厂自动化系统、编程与仿真软件、柔性输送系统、特种控制方案、机器视觉、远程维护产品、运动控制、集成式机器人等，它的边界已经是昔日 PLC 不可比拟的，它模糊了与工控机、CNC、DCS 的边界，而且，这种边界仍然在扩张中。

Automation Studio 是一个集成的软件平台，它面向多个目标，具有多种功能。在这个操作系统平台上，可以连接所有贝加莱可编程控制器家族产品，完成多种语言编程、调试、诊断、通信、管理、仿真、算法等功能，具有多种主流现场总线、POWERLINK 工业以太网、多种智能设计和验证的仿真工具接口。

与前一版教材的内容比较，第 2 版进行了大量的更新，引入了新的工业设计与智能制造技术，如新一代 PLC 硬件家族、模块化软件设计技术（mapp）、柔性产线设计、数字孪生、边缘计算、直线电机长定子柔性输送系统、ACOPOS 6D 平面磁悬浮系统、Tripod 机器人等，工程应用案例更新为智能、先进、应用广泛、已经投入使用的项目。

为了便于读者根据自身需求编写控制程序，书中详细地讲述了 PLC 支持的四种编程语言，分别是梯形图、结构文本、ANSI C、Automation Basic，附录 A 给出了 IL 编程指令结构与常用指令。

可以通过电子工业出版社的华信教育资源网（www.hxedu.com.cn）下载以下资料：第 4 章编程练习题的参考答案，这些答案都已经上机测试过。为了提高读者综合分析和解决工程问题的能力，启迪思路，第 9 章列出了从工程实际应用中提炼出来的 6 道综合练习题，每道题都给出了多种控制算法的参考答案。工作在规划、开发、设计、制造、生产一线的工程师们最了解业界需求，他们能够接触、使用到最先进的可编程控制器设备，由他们来讲解工业控制技术格外贴切、实用。我们提供了 60 多个视频，听工程师们娓娓道来 PLC 的实操和工业应用。为了便于高校教师教学，制作了精美的教学讲义。

本书由齐蓉、肖维荣编著。参加本书编写的人员还有贝加莱的工程师邓后刚、周申阳、潘俊儒、靖峰、樊惠芳、金鑫、宋华振，电子工业出版社的韩同平编辑为书籍的出版付出了很多努力与心血。感谢所有为这本书做出贡献、付出辛劳和支持我们的人们。

在编写过程中参考了众多的技术文献、书籍论著、行业或企业标准，在此谨向所有作者和技术人员表示衷心感谢。

书中错误、不当和遗漏之处，敬请专家、同仁、读者不吝指正。

编著者

于西北工业大学

目　录

第 1 章　可编程控制器概述

可编程控制器技术的发展已近半个世纪，历经可编程逻辑控制器（Programmable Logic Controller，简称 PLC）、可编程控制器（Programmable Controller，简称 PC）、可编程计算机控制器（Programmable Computer Controller，简称 PCC），其早已成为工业控制的主流技术，是智能制造、工业 4.0 的基石之一。可编程控制器以其结构紧凑、灵活、可靠性高、功能强、体积小巧、价格合理等优势已经成为工业控制器的中流砥柱。当今的 PLC 早已不再是早期那种只能进行开关量逻辑控制的产品，伴随其功能越来越强大，体积却越来越小巧，其不仅具有高速计数、斜坡、浮点数运算等能力，还具有 PID 调节、温度控制、精确定位、步进驱动、报表统计、网络通信等功能。PLC 的网络化技术发展迅速，其网络系统已不再是自成体系的封闭系统，它的开放性趋势已是必然。PLC 与上位计算机管理系统联网，实现信息交互，成为整个信息管理系统的一部分；随着现场总线技术的发展与广泛应用，PLC 能够与安装在现场的智能化设备（例如，智能化仪表、智能传感器、智能型电磁阀、智能型驱动执行机构等）通过传输介质连接在一起来构成工业控制网络，这种网络与单纯的 PLC 远程网络相比，配置更灵活，扩容更便捷，造价更低，性价比更好，也更具开放性。

1.1　可编程控制器的定义

国际电工委员会（IEC）对可编程控制器做了如下定义：

“可编程控制器是一种数字运算操作的电子系统，专为在工业环境下应用而设计，它采用可编程的存储器，用于其内部存储程序，执行逻辑运算、顺序控制、定时、计数和算术运算等操作指令，并通过数字式、模拟式的输入/输出控制各种类型的机械或生产过程。可编程控制器及其有关外部设备，都按易于与工业控制系统连成一个整体，易于扩充其功能的原则设计。”

这就是说，定义强调了可编程控制器是一种特别适合于工业环境的控制器，因此它须具有很强的抗干扰能力，广泛的适应能力和应用范围，是面向工业自动化的“工业计算机”。

由于可编程控制器最初的简称“PLC”广泛应用、深入人心，也为了避免名词术语混乱，通常人们仍然称当今的可编程控制器为 PLC，但此时的 PLC 并不意味只具有逻辑控制功能，与最初的 PLC 所代表的含义及拥有的功能已经不能同日而语了。

1.2　PLC 的主要功能

随着 PLC 技术的不断发展，PLC 与 3C 技术（Computer，Control，Communication）逐渐融为一体。当今的 PLC 已从最初的小规模的单机顺序控制，发展到包括网络通信、系统诊断、过程控制、运动控制等智能制造领域，并能组成工厂自动化的 PLC 综合控制系统，实现大范围、跨地域的控制与管理。随着可编程控制器技术的发展，PLC 的功能还在不断扩展之中，其主要功能如下。

（1）开关量的逻辑控制

开关量逻辑控制是 PLC 最基本、最常用的功能。PLC 控制开关量的能力很强，由于 PLC 具有联网能力，点数几乎不受限制，可控制输入/输出点数多达上万点。PLC 设置了与（AND）、或（OR）、非（NOT）等逻辑指令，可根据外部现场（操作按钮、限位开关、传感器及其他现场指令信号等）的状态与指令，按照指定的逻辑进行运算处理，并将运算结果输出给现场的被控对象（电磁阀、电机、指示灯等）。它能取代传统的继电器控制系统，实现逻辑控制、顺序控制等，其应用领域遍及冶金、机械、化工、纺织等，几乎所有工业行业都用到这种功能。它既可用于单机控制，又可用于多机群控制、自动化生产流水线等。例如，注塑机、印刷机械、组合机床、包装流水线、电镀流水线等。逻辑顺序控制系统按照逻辑的先后顺序执行操作命令，它与执行的时间无严格关系。

（2）过程控制

在工业生产过程当中，有许多连续变化的量，如温度、压力、流量、液位和速度等模拟量。为了使可编程控制器处理模拟量，需要实现模拟量（Analog）和数字量（Digital）之间的 A/D 转换及 D/A 转换。PLC 模拟量的输入/输出控制模块本身都具有 A/D、D/A 转换功能，可方便地进行模拟量的检测、控制和调节。当今的大、中型 PLC 都具有闭环 PID 控制模块，实现这一功能或调用 PID 子程序（软件功能块），或采用专用的智能 PID 模块。过程控制在冶金、化工、热处理、锅炉控制等场合有非常广泛的应用。

（3）定时控制

PLC 能为用户提供几十个甚至几千个计时器，并没置了定时器指令。计时器的计时值既可由用户在编制程序时设定，也可由操作人员在工业现场通过人机对话装置实时地现场设定。一些 PLC 还提供了高精度的时钟脉冲，用于准确的实时控制。PLC 的定时精度高，定时设定方便、灵活。例如，马达空载启动运行数秒后再加入额定负载；注塑机合模后经数分钟再开模；交通信号控制系统中东西南北方向的红、绿、黄色交通信号灯按照一定的时间顺序来点亮或熄灭等。这类时间顺序控制系统的特点是各设备运行时间是事先确定的，一旦顺序执行，将按预定的时间执行操作命令。

（4）计数控制

PLC 为用户提供了几十个甚至几千个计数器，计数器种类分为普通计数器、可逆计数器、高速计数器等，用来完成不同用途的计数控制。其计数设定值的设定方式类似于计时器。当计数器的当前计数值等于计数器的设定位，或在某一数值范围时，按照程序设定发出控制命令。计数器的计数值可以在运行中被读出，也可以在运行中被修改。一般计数器的计数频率较低，可以应用在如啤酒灌装生产线的计数装箱等。若需对频率较高的信号进行计数，则需选用高速计数模块，其最高计数频率可达 500kHz，如贝加莱公司的高速计数模块应用在电网监控系统对高次谐波的采样分析。具有内部高速计数模块的 PLC，如三菱公司的 FX 系列的 PLC，它可提供计数频率达 10kHz 的内部高速计数器。

（5）条件顺序控制

系统以执行操作命令的条件是否满足为依据，当条件满足时，相应的操作被执行，不满足时，将执行另外的操作。

（6）运动控制

从控制机构配置来说，早期的运动控制系统由 PLC 开关量的 I/O 模块连接位置传感器和执行机构来实现。目前，多数 PLC 制造商都提供拖动步进电机或伺服电机的单轴或多轴运动控制模块，PLC 把描述目标位置的数据送给位置控制模块，进行一轴或多轴驱动控制，并保持适当的速度和加速度，确保运动平滑。PLC 运动控制功能广泛地应用于各种机械装置，如金属切削机床、金属成型机床、装配机械、生产流水线、机器人和电梯等场合。特别是在机械加工行业，PLC 与计算机数控（Computer Numerical Control，简称 CNC）集成在一起，高中档的 PLC 还开发了 NC 专用模块或运动模块，能够方便地实现点位控制、曲线插补，实现复杂的曲线运动控制。如机床的冲压、短削、磨削、复杂零件分段冲裁控制等。

（7）脉冲控制

PLC 可用多种方式或多路接收计数脉冲，频率高达几千至几十千赫兹，部分 PLC 还具有脉冲输出功能，脉冲频率可达几十千赫兹。PLC 的脉冲控制功能配合其数据处理及运算能力，再借助于相应的传感器或伺服装置（如旋转编码器、环形分配器、步进电动机等），可实现步进或伺服传动控制。

（8）步序控制

PLC 为用户提供了若干个移位寄存器，用移位寄存器可方便地完成步序控制功能。在一道工序完成之后，自动进行下一道工序；或一个工作周期结束后，自动进入下一个工作周期。一些 PLC 还专门设有步进控制指令，使得步进控制更为方便。可应用在高炉上料系统、供电保护系统、货物存放与提取等。

（9）数据处理

现代的 PLC 具有数据处理功能，它能完成数学运算（矩阵运算、函数运算、逻辑运算等）、数据传递、数据转换、排序和查表、位操作等功能，还能完成数据采集、分析、处理。这些数据可以与存储在存储器中的参考值比较，完成一定的控制操作，也可以利用通信功能传送到别的智能装置，或将它们打印制表。数据处理一般用于大型控制系统，如无人控制的柔性制造系统。也可用于过程控制系统，如造纸、冶金、食品工业中的控制系统。

（10）通信和联网

当今的 PLC 都具有网络通信功能。PLC 的通信包括 PLC 相互之间、PLC 与上位计算机、PLC 与各种智能仪表、智能执行装置的通信。PLC 系统与通用计算机可以直接或通过通信处理单元、通信转接器相连构成网络，多台 PLC 可连接成远程控制系统，系统可覆盖 10km 或更大范围。联网可把成千上万台 PLC、计算机、智能装置等组织在一个网中，从而实现信息的交换，并可构成“集中管理，分散控制”的分布式控制系统，满足工厂自动化系统的发展要求。正是由于 PLC 的这种联网通信功能适应了当今智能化工厂发展的需要，使它进一步成为提高工业装备水平和技术能力的重要设备和强大支柱。

（11）监控功能

PLC 能对系统异常情况进行识别、记忆，或在发生异常情况时自动终止运行。操作员可以通过监控命令监视有关部分的运行状态，可以调整定时、定数等设定值。

1.3 PLC 的特点

在世界范围内，PLC 之所以能成为当今增长速度最快的工业自动控制设备，而且市场需求量一直大比率持续上升，这是由于它们尽管品牌型号众多，但共同具备了许多独特的优点，能够解决工业控制领域普遍关心的可靠、安全、灵活、方便、经济等问题。PLC 的主要特点如下。

1. 可靠性高、抗干扰能力强

工业生产对电气控制设备的可靠性要求非常高，而高可靠性正是 PLC 最突出的特点之一，PLC 的故障修复时间短，平均无故障时间（MTBF）可高达几十万小时，工业界称之为无故障设备，这是其他电气设备还没有做到的。可以说，没有任何一种工业控制设备的可靠性能够达到与可编程控制器相媲美的程度。

由于工业生产过程经常昼夜连续，工业现场环境恶劣，如温度高、湿度大、金属粉尘多、距离高压设备近、有较强的高频电磁干扰等，绝大多数用户都将可靠性作为选取控制装置的首要条件。针对这些情况，在 PLC 的硬件和软件设计及生产过程中，采取了多种措施保障高可靠性。具体方法如下：

（1）在硬件方面

★ 器件进行严格筛选，采用优质元器件，合理设计系统结构。

★ 输入/输出接口电路均采用光电隔离电路，做到电浮空，有效隔离外部干扰源对 PLC 的影响，还可防止外部强电窜入 CPU。

★ 对工业生产过程中最常见的瞬间强干扰，在 PLC 的电源电路和 I/O 接口中，设置多种滤波电路，除了采用常规的模拟滤波器外，还设置数字滤波，以消除和抑制高频干扰信号，同时也削弱了各种模板之间的相互干扰。对于一些高速输入端则采用数字滤波，其滤波时间常数可用指令设定。PLC 可以承受幅值为 1000V，上升时间为 1ms，脉冲宽度为 1μs 的干扰脉冲。
★ 各个输入/输出接口电路的电源彼此独立，以避免电源之间的相互干扰。
★ 对印制电路板的设计、加工、焊接都采取了极为严格的工艺措施，采用先进的工艺制造流水线制造。
★ 在 PLC 内部，对电源变压器、CPU、存储器等主要部件采用导电、导磁良好的材料进行电磁屏蔽，防止辐射干扰。
★ 采用优良的开关电源，能应对交流电网的波动和过电压、欠电压的影响，有电源的掉电保护设计。
★ 加固并简化安装，使 PLC 具有抗震动冲击能力。
★ 内部设置连锁、环境检测与诊断等电路，进行自诊断，一旦电源或软件、硬件发生异常情况，立即报警，且 CPU 立即采取措施防止故障扩大。
★ 大型 PLC 还采取双 CPU 构成冗余结构或由三个 CPU 构成表决系统，使可靠性进一步提高。
★ 外部采用密封、防尘、抗震的外壳封装结构，能适应恶劣的工作环境。

（2）在软件方面

★ 设置“看门狗”（Watching Dog Timer，WDT），系统运行时对 WDT 定时刷新，一旦程序出现死循环，使之能立即跳出，重新启动并发出报警信号。
★ 设置故障检测及诊断程序，检测系统硬件是否正常、用户程序是否正确，可根据预先设置自动地做出相应处理，如报警、封锁输出、保护数据等。
★ 故障发生时，现场信息存入立即存储器，由系统软件配合对存储器进行封闭，禁止对存储器的任何操作，以防止存储信息被破坏。当检测到外界环境正常后，可恢复到故障发生前的数据与状态，继续原来的程序工作。
★ 采用循环扫描的工作方式，减少干扰影响和故障发生。
★ 软件容错设计采用程序卷回，确保系统当软件、硬件发生故障时，PLC 仍能正确执行特定算法，运行不因为这些故障而停止。

2．编程简单易学

最初的可编程控制器的编程设计面向工业企业中的一般电气工程技术人员，PLC 编程采用易于理解和掌握的类似于继电器控制线路的梯形图以及面向工业控制的简单指令。这种梯形图语言既继承了传统继电器控制线路的表达形式（如线圈、触点、常开、常闭），又考虑到了电气技术人员的读图习惯和微机知识水平，因此，梯形图语言对于熟悉继电器控制线路图的电气工程技术人员来讲是非常亲切的，它形象、直观，简单、易学，操作使用小型 PLC 几乎不需要专门的计算机知识，进行短暂的培训就能基本掌握编程方法。因此，这种面向生产、面向用户的梯形图编程语言被称为“蓝领的编程语言”，PLC 也被称为“蓝领计算机”。尽管现代的 PLC 多采用了多种高级语言编制复杂的程序，但梯形图仍广泛地被使用着。

由于现代工业控制要求日益复杂，简单的梯形图已不能完成复杂的控制算法及工艺要求，同时，随着计算机技术的普及，高级语言逐渐引入 PLC 的编程语言中，如 Basic、ANSI C 等，除此之外，还有功能块图（FBD）、顺序功能图（SFC）等编程语言。目前，PLC 生产厂家（如贝加莱）还在 PLC 编程系统中引入 MATLAB/Simulink，使得程序设计人员在采用 MATLAB/Simulink 工具完成控制方案建模与仿真之后，不用再重复地编写 PLC 编程系统所支持的语言程序，能高效可靠地自动生成 PLC 语言代码，无缝完整地传输到 PLC 项目之中，防止了调试大量代码可能产生新的错误的风险，可以迅速、安全地对新的控制项目进行测试，避免了对昂贵的机器部件的破坏，使得复杂控制项目的编程、调试工作变得简单易行。

3．设计方便、调试周期短

PLC 早已实现了产品的系列化、标准化、通用化、模块化，各种软件工具功能强大，设计者可在规格繁多、品种齐全的 PLC 产品中选用高性价比的产品，灵活组合成各种不同规模和要求的控制系统。PLC 用软件编程取代了继电器控制系统中大量的中间继电器、时间继电器、计数器等器件，用户程序的大部分可以在实验室模拟进行，调试好后再将 PLC 控制系统放到生产现场联机调试，且设计和施工可同时进行，这样既快速又安全方便，从而大大缩短了设计和调试周期。设计、调试 PLC 构成的控制系统的硬件，只需要确定 PLC 的硬件配置和 I/O 通道的外部接线。在 PLC 的输入/输出端子接入相应的输入/输出信号即可。当生产工艺流程改变、生产线设备更新改造、系统控制功能变更时，可以很容易改变 I/O 通道的外部接线，改写存储器中的控制程序。PLC 的输入/输出端子可直接与交流 220V、直流 24V 等强电相连，具有较强的带载能力。PLC 运行过程中，在 PLC 面板上有各种指示灯显示 PLC 的运行状态，方便调试、操作人员的监控运行，及时处理发生的故障。

4．安装容易，维护简单

PLC 的接线非常方便，只需将产生输入信号的设备与 PLC 的输入端子连接，将接收输出信号的被控设备与 PLC 的输出端子连接，仅用螺丝刀即可完成接线工作。

另外，PLC 自身具有很强的自诊断能力，能够实时检测运行状态与故障，并以多种方式进行报警和显示。如：I/O 通道的状态、RAM 后备电池的状态、数据通信的异常、PLC 内部电路的异常、记事簿等信息。正是通过 PLC 的这种自诊断能力，当 PLC 发生故障或有异常现象出现时，操作人员能迅速检查、准确判断故障原因、确定故障位置、采取有效措施。另外，PLC 本身的故障率极低，维修的工作量很小。多数 PLC 采用模块式结构，有些 PLC 产品还允许带电插拔 I/O 模块，一旦某模块发生故障，可通过更换模块使系统迅速恢复运行。PLC 的安装、调试与维护沿着简单易行的方向发展，这也是可编程控制器技术得以迅速发展和广泛应用的重要因素之一。

5．模块品种丰富、通用性好、智能化、功能强大

除了单元式小型 PLC，多数 PLC 均采用模块式结构，并形成大、中、小系列产品。常见的有各类电源模块、CPU 模块、直流 I/O 模块、交流 I/O 模块、温度模块、张力模块、步进电机驱动模块、数字量混合模块、模拟量混合模块、称重模块、示波器模块、网络模块、接口模块、定位模块、PID 模块、空模块、高速计数模块、鼓序列发生器模块等，它们将各种形式的现场信号十分方便地接入以 PCC 为核心的数字控制系统中，用户可以根据自己的需要灵活选用、进行组合和扩展。现代的 PLC 具有工业控制所要求的各种控制功能。

以高速脉冲计数智能输入模块为例，由于它是专门用于工业现场高速脉冲信号计数的，它脱离主机的扫描周期而独立进行计数操作，主机仅在每个扫描周期内读取高速脉冲计数单元的计数值，因此，计数速度不受主机扫描速度的制约，不会发生当高速脉冲计数信号的脉冲宽度小于主机扫描周期时部分计数脉冲丢失的现象，使可编程控制器系统能完成对高速脉冲信号的处理。又如：PID 控制智能模块能独立完成工业过程控制中一个或多个 PID 闭环控制回路的控制，其功能和结构与单回路控制器相似。可编程控制器的主机仅周期地把调整参数和设定值信号传递到 PID 控制模块并接收 PID 控制模块的输出信号，这样就把 PLC 主机从烦琐的输入/输出处理任务和复杂的运算中解放出来，腾挪出更多的时间处理其他的任务。另外，可直接与热电偶、热电阻连接的温度智能模块，它通过信号转换、模数转换、光电耦合等电路将现场热电动势或热电阻的模拟量信号转换为可编程控制器内部可接收的数字信号，并具有热电偶的冷端补偿和热电阻的非线性补偿功能，以及可通过软件开关或硬件选择开关适应热电偶和热电阻的不同分度号。

另外，针对不同的工业现场信号，配置相应的 I/O 接口与工业现场控制器件和设备直接连接，组成实用、紧凑的控制系统。

6．体积小、能耗低

以贝加莱公司 X20 系列的 PLC 模块为例，每个 I/O 模块有 12 个通道，模块的外形尺寸仅为 12.5mm×99mm×7.5mm。由于其体积小，质量轻，很容易装入机械设备内部，是实现机电一体化的理想控制设备。

7．灵活性

可编程控制器的灵活性表现在下列三方面。

① 编程的灵活性：可编程控制器采用标准编程语言：梯形图、语句表、功能模块图、结构化文本、C 语言等，使用者只需掌握其中一种编程语言就可进行编程。

② 扩展的灵活性：可编程控制器可根据系统的规模变化不断进行扩展，包括容量扩展、功能扩展、应用和控制范围扩展。扩展不仅可以通过增加输入/输出模块进行，也可以通过扩展单元，或者通过多台可编程控制器与其他上位机的通信来扩大容量和功能，甚至可通过与集散控制系统集成来扩展其功能，与外部设备进行数据交换。这种扩展的灵活性深受用户欢迎。

③ 操作的灵活性：操作灵活性指采用 PLC 控制系统的设计工作量、编程工作量、安装调试施工工作量的减少。另外，系统运行时的操作也十分方便和灵活。

1.4　PLC 的分类

了解 PLC 的各种分类方式有助于对 PLC 的了解、选型及应用。可编程控制器通常的分类方式有：

1．根据结构形式分类

PLC 是专为在工业环境下应用而设计的工业计算机。为了便于工业现场的安装、使用、扩展、接线，其结构与个人计算机有很大的区别。PLC 根据结构形式通常为单元式（或称箱体式、整体式）、模块式，以及将以上两种结构形式结合起来的叠装式三类。

（1）单元式

单元式结构也称一体式结构，在一个箱体内包括有 CPU、RAM、ROM、I/O 接口、与编程器或 EPROM 写入器相连的接口、与 I/O 扩展单元相连的扩展口、输入/输出端子、电源、各种指示灯等。它的特点是结构非常紧凑，将所有的电路都装入一个箱体内，构成一个整体，体积小、质量轻、成本低、安装方便。小型单元式 PLC 多用于工业生产中的单机控制。为了达到输入/输出点数灵活配置及易于扩展的目的，某一系列的产品通常都有不同点数的基本单元和扩展单元，基本单元和扩展单元之间有电缆相连。基本单元内有 CPU、I/O 接口、扩展接口、与编程器或 EPROM 写入器相连的接口等；扩展单元内有 I/O 接口，没有 CPU。单元的品种越丰富，其配置就越灵活。例如，日本立石的 C 系列机中就有这种形式。C 系列机中有 60 点（输入 32 点，输出 28 点）、40 点（输入 24 点，输出 16 点）、28 点（输入 16 点，输出 12 点）、20 点（输入 12 点，输出 8 点）的主单元和扩展单元，扩展单元不带 CPU。

I/O 点数较少的系统多采用单元式结构。小型可编程控制器结构的最新发展也吸收了模块式结构的特点，各种点数不同的 PLC 主机和扩展单元都做成同宽同高不同长度的模块，这样，几个模块拼装起来后就成了一个整齐的长方体结构。三菱 FX2 系列单元式 PLC 如图 1-1 所示。

（2）模块式

模块式结构的 PLC 采用搭积木的方式组成系统，这是当今 PLC 的主流模式。这种结构形式的特点是：CPU、电源模块为独立的模块，输入模块、输出模块等也是独立的模块。要组成一个系统，只需拼装就能构成一个总 I/O 点数很多的较大规模的综合控制系统。

可以根据不同的系统规模选用不同档次的 CPU 及各种输入模块、输出模块及其他功能模块。模块式结构使得系统配置非常灵活，各种模块尺寸统一、便于安装。对于 I/O 点数很多的系统，无论是选型、安装、调试，还是扩展、维修都十分方便。目前大中型 PLC 基本都采用这种结构形式，例如，B&R X20 系列就是这样的 PLC，X20 模块式结构的 PLC 如图 1-2 所示。这种结构形式的 PLC 系统中，还可以根据需要借助于本地扩展或远程扩展实现更大规模的控制。

图 1-1　三菱 FX2 系列单元式 PLC

图 1-2　X20 模块式结构的 PLC

（3）叠装式

以上两种结构形式各有特色。前者结构紧凑、安装方便、体积小巧，易于与被控设备组合成一个整体，但由于每个单元的 I/O 点数有一定的搭配关系，有时配置的系统输入点或输出点不能充分利用，加之各单元尺寸大小不一致，因此不易安装整齐。而模块式结构无论是输入还是输出点数均可灵活配置，又易于构成较多点数的大规模控制系统，尺寸统一，安装整齐，但是尺寸较大，难于与小型设备做成一体。为此有些 PLC 生产厂家开发出叠装式结构，将二者的优点结合起来，叠装式结构的 CPU、电源、I/O 等单元也是各自独立的模块，但它们相互的连接安装不需要用基板，仅用电缆连接即可，并且各模块可以一层层地叠装。这样，不但系统可以灵活配置，还可以使体积小巧。

目前，一些 PLC 为了使其功能得以进一步扩展，通常还可配备特殊功能单元，这些单元有模拟量 I/O 单元、高速计数单元、位置控制单元、I/O 链接单元等。大多数单元都通过主单元的扩展口与 PCC 主机相连，有部分特殊功能单元通过 PCC 的编程器接口连接，还有的通过 PCC 主机上并接的适配器接入，从而不影响原系统的扩展。另外，显示器与 CPU 单元、I/O 单元也可集成为一体，如贝加莱（B&R）的叠装式 PLC（型号 PP41）、Panel PC 1200。叠装式带显示面板的 PP41、Panel PC 1200 外型结构如图 1-3 所示。

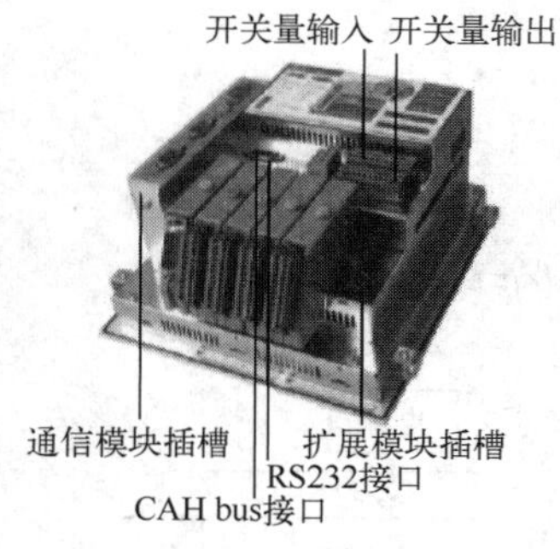

(a) PP41模块背面结构

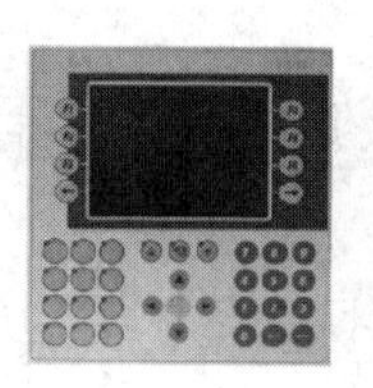

(b) PP41模块显示面板

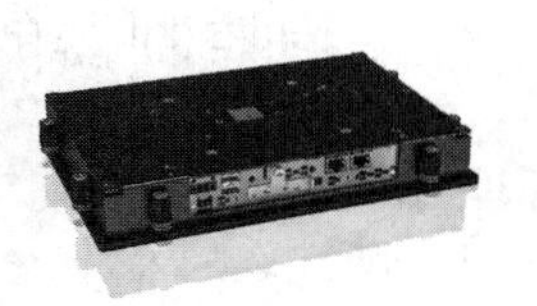

(c) Panel PC 1200模块背面结构

(d) Panel PC 1200模块显示面板

图 1-3　叠装式带显示面板的 PP41、Panel PC 1200 外型结构

2．根据用途分类

（1）用于顺序逻辑控制

顺序逻辑控制功能是 PLC 最基本、最常用的功能，也是应用最为广泛的。各种类型的可编程控制器都能完成开关量的顺序、互锁、计时和计数等控制功能。典型应用有：电梯的升降控制、智能仓库的货物存取控制、电磁阀的开关控制、电机的顺序启动控制、交通灯的控制等，这类控制系

统对 PLC 的功能没有太多的要求，这种用于顺序逻辑控制的 PLC 在选型时，性价比往往是一个重要指标。一般来讲，低端 PLC 产品就能满足顺序逻辑控制要求。

（2）用于过程控制

PLC 的发展使得其模拟量处理、数字运算、人机接口和网络通信能力得到大幅度提高，PLC 逐渐进入过程控制领域，并以其通用性、开放性很好，价格便宜的优势已在某些应用领域取代了曾经在过程控制领域处于统治地位的 DCS 系统。PLC 应用于过程控制系统能够很容易完成数据及系统的检测、储存、显示、记录、调节、控制、报警等功能，进行几十个甚至几百个回路控制，实现对温度、压力、流量、位置、速度等物理量的连续调节，实现各种生产过程实时控制。特别是 PLC 的 PID 模块和其他智能模块的出现使得其进一步满足过程控制系统的复杂度和规模不断增长的要求。典型应用：食品工业中的酿造、杀菌和干燥过程控制，化学工业中的重整、蒸馏和干燥过程控制，精细化工中的调和、配比控制，钢铁工业中的原料混合、烧结、还原和分离控制，有色金属工业中的电炉和熔解炉温度和上料控制，自来水厂的加药控制，造纸工业的造纸工程控制，环境保护工业的排水和污水处理、垃圾处理、垃圾焚烧、脱琉、灰处理控制，半导体工业的加热炉、扩散炉、离子注入控制等。对于应用于过程控制的 PLC，在选型时其性能是重要指标。一般来讲，需要选用 PLC 的中端或高端产品才能满足控制要求。

（3）用于控制系统网络与通信

随着工业局域网技术的迅速发展，与之相适应，PLC 配备了多种标准的串行通信接口和专用的局域网接口，增强了与其他控制设备间的互联与通信能力。PLC 之间采用网络通信进行数据交换，使控制系统的配置变得更加灵活便捷。

3. 根据 PLC 品牌分类

全世界 PLC 的生产厂有 200 多家，一般来讲，每个厂家生产的 PLC 都自成系列，每个品牌及系列的 PLC 其点数、容量、功能各有差异，每个品牌的各个系列的 PLC 指令及外设向上兼容，因此，设计控制系统时，应尽量选用同一品牌各个系列的 PLC 产品。

机型统一带来的好处是：

① 可以使控制系统的结构设计和编程操作简单方便，因为统一的功能及编程方法有利于技术力量培训、技术水平提高和产品功能的开发；

② 网络通信的实现简单易行；

③ 备品配件的通用性及兼容性好，便于备品备件的采购和管理；

④ 外部设备通用，资源可以共享。

1.5 可编程控制器的原理框图及组成结构

1. 可编程控制器的原理框图

从广义上来说，可编程控制器也是一种计算机控制系统，只是它比一般的计算机具有更强的与工业现场设备相连接的接口和更直接的适用于控制要求的编程语言。因此，PLC 与计算机控制系统的组成十分相似，由中央处理器（CPU）、输入/输出（I/O）部件、电源、编程器、存储器、通信接口、扩展接口等部分组成，其中，CPU 是 PLC 的核心。可编程控制器的原理框图如图 1-4 所示。

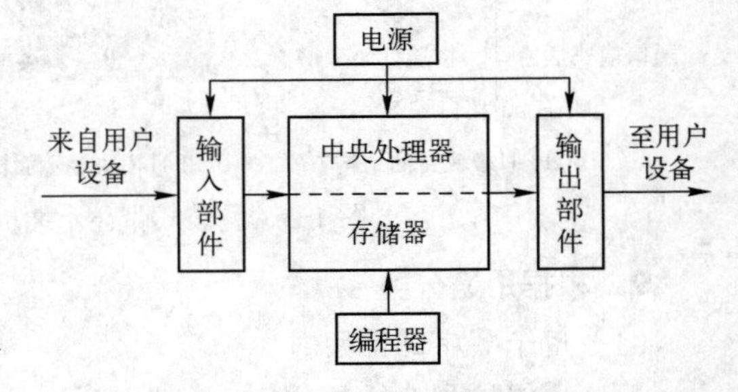

图 1-4 可编程控制器的原理框图

由于 PLC 的中央处理器是由微处理器、单片机或位片式计算机组成，存储器及 I/O 部件的形式也多种多样，因此，也可将 PLC 的组成以微型计算机控制系统常用的总线结构形式表示，可编程控制器的单总线结构框图如图 1-5 所示。

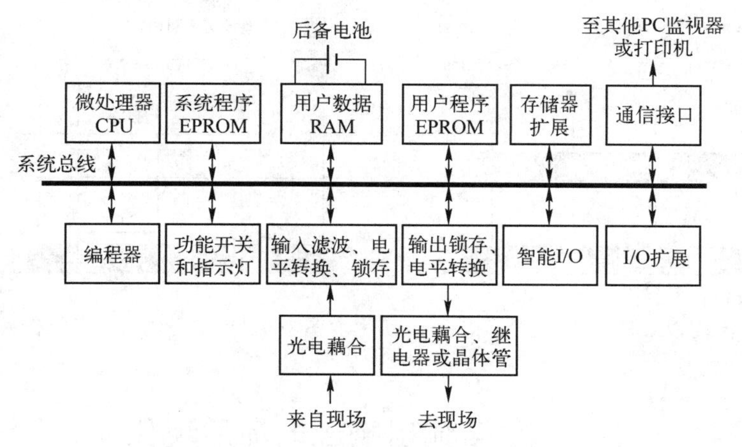

图 1-5　可编程控制器的单总线结构框图

2．可编程控制器的组成结构

对于整体式 PLC，所有部件都装在同一机壳内，其组成结构框图如图 1-6 所示。对于模块式 PLC，各部件独立封装成模块，各模块通过总线连接，安装在机架或导轨上，其组成结构框图如图 1-7 所示。

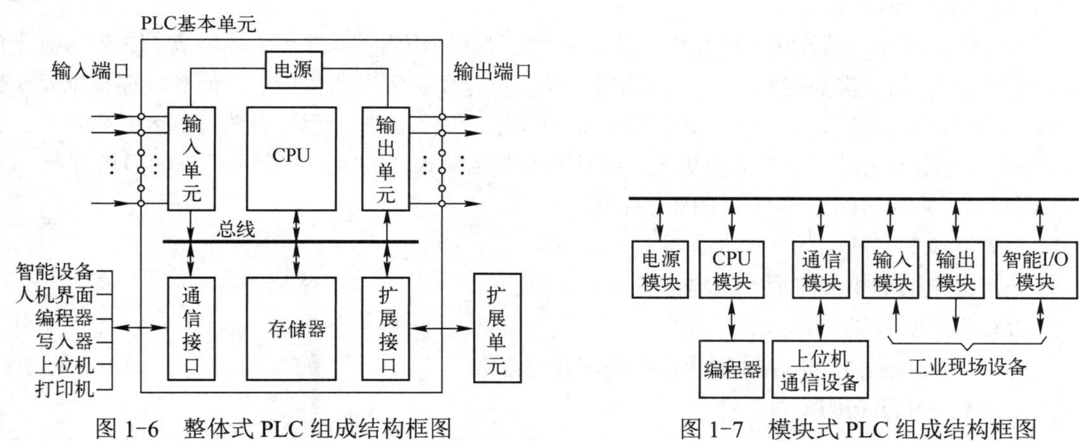

图 1-6　整体式 PLC 组成结构框图　　图 1-7　模块式 PLC 组成结构框图

1.6　PCC 与传统 PLC 工作过程比较

传统的 PLC 同时处理多个工作任务的工作过程与当今 PLC（这里指的是可编程计算机控制器 PCC）分时多任务操作系统处理多个工作任务的工作过程是不同的。

举例来说，传统 PLC 的工作过程如图 1-8 所示，PCC 分时多任务操作系统的工作过程如图 1-9 所示。假设 A、B 为紧迫任务，执行该任务本身需要的时间分别为 1ms、2ms；假设 C、D 为一般任务，执行该任务本身需要的时间分别为 5ms、2ms。对于紧迫任务，希望循环时间尽可能短，对于一般任务，循环时间可以长一些。传统 PLC 处理 4 个任务的工作模式是以排队方式进行的，任务越多，循环时间就越长，显然没有对任务的轻重缓急进行分别处理。由图 1-8 可见，当它处理的任务是 A、B、C 三个时，循环时间为 8ms，但增加任务 D 以后，循环时间延长为 10ms。同样处理这四个任务，PCC 的分时多任务操作系统按照优先处理紧急任务的原则，A、B 任务能够得到优先处理，保证了每 5ms 被执行一次，一般任务 C、D 在 CPU 处理完 A、B 任务的空闲时间进行，这样就合理地分配了 CPU 的资源，使得可编程控制器的工作更有效率。

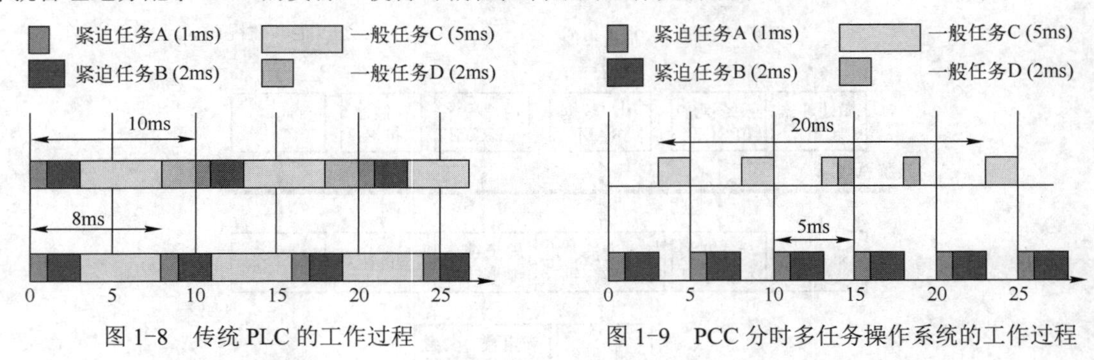

图 1-8　传统 PLC 的工作过程　　图 1-9　PCC 分时多任务操作系统的工作过程

1.7　输入/输出响应的滞后现象

当 PLC 的输入端有一个输入信号发生变化到 PLC 输出端对该输入变化做出反应，需要一段时间，这段时间就称为响应时间或滞后时间。这段时间往往较长，但对一般的工业控制，这种滞后是完全允许的，为了减小滞后的影响，很多 PLC 生产厂家专门设计了快速响应模块、高速计数模块及中断处理功能等来缩短滞后时间，以满足快速控制场合的需求。滞后时间是设计 PLC 控制系统时应了解的一个重要参数。

由于 PLC 以循环扫描方式执行操作，从其 I/O 信号间的逻辑关系来看，本身就存在着原理上的滞后。扫描周期越长，滞后就越严重。扫描周期除了执行用户程序所占用的时间外，还包括系统管理公共操作所占用的时间。前者与用户程序的长短及指令操作的复杂程度有关，后者基本不变。如果考虑到硬件电路的延时，响应滞后更大。硬件延时包括输入滤波时间常数和输出的滞后等。

综合起来，响应时间主要与以下因素有关：

① 输入滤波的时间常数（输入延时）；

② 输出继电器的机械滞后（输出延时）；

③ PLC 循环扫描的工作方式；

④ PLC 对输入采样、输出刷新的特殊处理方式；

⑤ 用户程序中语句的安排。

其中③、④是由 PLC 的工作原理决定的，无法改变。而①、②、⑤并非是 PLC 固有的，可以改变。例如，有的 PLC 用可控硅或晶体管作输出功率放大，则滞后较小。

由于 PLC 为循环扫描工作方式，因此响应时间与收到输入信号的时刻有关，在此仅仅给出最短和最长响应时间。

（1）最短响应时间

在一个扫描周期刚结束时收到一个输入信号，下一个扫描周期一开始这个信号就被采样，使输入更新，这时响应时间最短，如图 1-10 所示。最短响应时间可以用下式表示：

最短响应时间 ＝ 输入延时 ＋ 一个扫描周期 ＋ 输出延时

（2）最长响应时间

如果在一个扫描周期开始时收到一个输入信号，在该扫描周期内这个输入信号不会起作用，要到下一个扫描周期快结束时的输出刷新阶段输出才会做出反应，这时响应时间最长，如图 1-11 所示。可用下式表示：

最长响应时间 ＝ 输入延时 ＋ 两个扫描周期 ＋ 输出延时

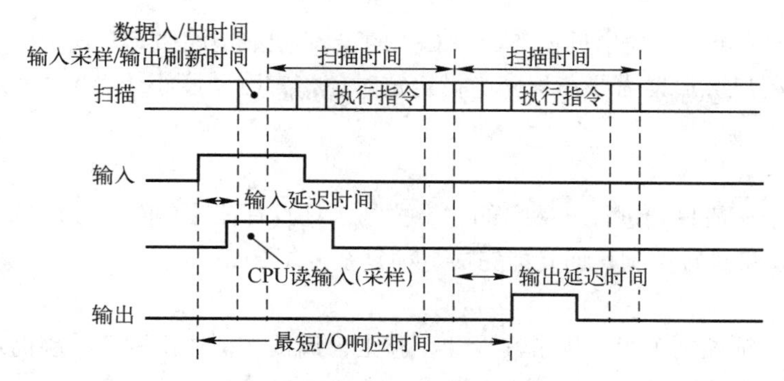

图 1-10　PLC 的最短响应时间

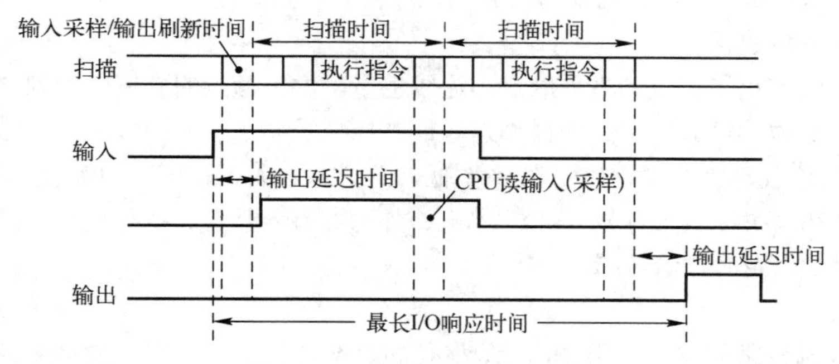

图 1-11　PLC 的最长响应时间

1.8　PLC 与其他工业控制装置的比较

工业控制系统中，只有了解 PLC 及其他类型控制器的优缺点和适用范围，才有助于设计出既能满足系统性能要求，又具有优良性价比的控制系统。

1.8.1　PLC 与传统继电器控制系统的比较

继电器控制是针对一定的生产机械和固定的生产工艺设计的，继电器控制系统采用硬接线方式装配而成，它需要使用大量的硬件控制电路来完成既定的逻辑控制、定时、计数等功能。以下几个方面的比较说明了 PLC 取代传统的继电器控制系统已成必然趋势。

（1）控制方式

继电器的控制是采用硬件接线实现的，它利用继电器机械触点的串联或并联及延时继电器的滞后动作等组合形成控制逻辑，只能完成既定的逻辑控制。一旦系统设计制造完成后，再想改变或增加功能将十分困难。此外，继电器触点数目有限，其灵活性和扩展性也很差。而 PLC 采用存储逻辑，其控制逻辑以程序方式存储在内存中，要改变控制逻辑，只需改变程序即可，故称“软接线”。由于其连线少，体积小，且 PLC 中每只软继电器的触点理论上可使用无限次，因而其灵活性和扩展性极佳。PLC 是由大规模集成电路组成，所以功耗很小。

（2）控制速度

继电器控制逻辑依靠触点的机械动作实现控制，其工作频率低，触点的开合动作一般在几十毫秒，此外机械触点还会出现抖动现象。而 PLC 由程序指令控制半导体电路来实现控制，速度极快，一般一条用户指令的执行时间在 μs 数量级。PLC 内部还有严格的同步，不会出现抖动现象。

（3）延时控制

继电器控制系统是靠时间继电器的滞后动作实现延时控制的，而时间继电器定时精度不高，易受环境温度和湿度的影响，调整时间困难。PLC 用半导体集成电路做定时器，时基脉冲由晶体振荡器产生，精度高，用户可根据需要在程序中设定定时值，定时精度小于 10ms，定时时间不受环境影响。

（4）其他控制方式

继电器控制系统一般只能进行开关量的逻辑控制，且没有计数功能。PLC 除了能进行开关量逻辑控制，还能对模拟量进行控制，而且能完成多种复杂控制。

（5）设计与施工

用继电器实现一项控制工程，由于其设计、施工、调试必须依次进行，因而周期长，且修改困难，工程越大，这一点就越突出。用 PLC 完成一项控制工程，在系统设计完成以后，现场施工和控制逻辑的设计可以同时进行，其周期短，且调试和修改都很方便。

（6）可靠性和可维护性

继电器控制系统使用了大量的机械触点，连线也多。由于触点的开闭会受到电弧的损坏，还有机械磨损，因而寿命短，可靠性和维护性都差。而 PLC 采用微电子技术，大量的开关动作由无触点的半导体电路来完成，因此寿命长，故障率低，可靠性高。且 PLC 具有完善的自检和监测功能，这为现场调试和维护提供了方便。PLC 本身、外部的输入装置、执行机构发生故障时，可迅速查明故障，更换模块，及时排除故障。

（7）价格

使用继电器控制价格便宜，而用 PLC 价格较高。但若把维护费用、故障造成的停产损失等因素考虑进去，使用 PLC 可能更为合理。

（8）体积、能耗

控制系统采用 PLC 可以减少大量的中间继电器和时间继电器，将开关柜的体积大大缩小。继电器控制系统的连线多而复杂，PLC 控制系统的配线长度比继电器控制系统的配线长度大为缩短，节省配线和附件。另外，大量继电器在使用过程中会产生热与噪声，消耗大量电能，PLC 控制系统与继电器控制系统比较，能耗大幅度降低。

值得注意的是，继电器控制并不会因为 PLC 控制的诸多优势而消亡，继电器种类繁多，应用广泛，特别是新原理、新效应的继电器层出不穷。在功率继电器领域，高绝缘性继电器具有高安全性和可靠性。在继电器内部装入各种放大、延时、消触点抖动、灭弧、遥控、组合逻辑等电路可使继电器具有更多的功能。光电子技术会对继电器技术产生巨大的促进作用，为实现光计算机的可靠运行，双稳态继电器正在研制过程中。光耦合技术的突破，使固态继电器（或称电子继电器）异军突起。固态继电器没有机械开关，而且具有与微处理器高度兼容、速度快、抗冲击、耐震、低漏电等重要特性，还具有寿命长、结构简单、质量轻、性能可靠等优点，同时，其没有机械触点，不会产生电磁噪声。另外，继电器与微处理器的结合将具备更广泛的专门控制功能，从而实现高智能化。特种继电器，如温度、射频、高压、高绝缘、低热电势以及非电量控制等继电器的性能将日臻完善。随着微型和片式化技术的提高，继电器将向二维、三维尺寸只有几毫米的微型和表面贴装化方向发展。新型特殊结构材料、新分子材料、高性能复合材料、光电子材料、吸氧磁性材料、感温磁性材料、非晶体软磁材料的发展促进了新型磁保持继电器、温度继电器、电磁继电器的发展。在光纤通信、光传感、光计算机、光信息处理技术的推动下将出现新型光纤继电器。继电器将向小型化和片状化、组合化和多功能化、全固体化方向发展。新型继电器与笨重而复杂的传统继电器已是不可同日而语了。

1.8.2 PLC 与工业控制计算机的比较

工业控制计算机（简称工控机）是通用微型计算机为适应工业生产控制要求而发展起来的一种

控制设备。其硬件结构方面总线标准化程度高、兼容性强，其软件资源丰富，特别是有实时操作系统的支持，故对要求快速、实时性强、模型复杂、计算工作量大的工业对象的控制具有优势。可编程控制器作为专门用于工业控制的计算机，与工业控制计算机有相似的结构组成，但又与工业控制计算机有许多差别，这主要是由于它采用了一些特殊的抗干扰技术，有着很强的接口能力，更能满足工业控制现场环境的需求。

（1）应用范围

工业控制计算机除了用于控制领域，其主要优势在科学计算、数据处理、计算机通信等方面。而 PLC 则主要用于工业控制。

（2）使用环境

工业控制计算机对环境要求较高，一般要在干扰小，具有一定温度和湿度要求的机房内使用。而 PLC 适应于各种工业现场环境。

（3）输入和输出

工业控制计算机系统的 I/O 设备与主机之间采用微电联系，一般没有电气隔离，没有专用 I/O 接口，外部控制信号需经 A/D、D/A 转换后方可与微机相连。PLC 可直接处理工业现场的强电信号，控制强电设备，无须再做 A/D、D/A 转换接口。由于 PLC 内部有光电耦合电路等抗干扰设计来进行电气隔离，输出采用继电器、可控硅或大功率晶体管进行功率放大，因而可直接驱动执行机构。

（4）程序设计

工业控制计算机具有丰富的程序设计语言，用工业控制机控制生产工艺过程，要求开发人员具有较高的计算机硬件、软件知识和软件编程的能力。由于 PLC 最初从针对工业控制中的顺序控制发展而来，其硬件专用性强，通用性和兼容性相对较差，很多优秀的微机软件不能直接使用，必须经过二次开发。但 PLC 有面向工程技术人员的梯形图语言和语句表，它易学易懂，便于推广应用。当今的 PLC 也具有了多种高级编程语言，能完成复杂的控制任务。

（5）系统功能

工业控制计算机系统配有强大的系统软件，并有丰富的应用软件，而 PLC 的软件系统则相对简单。随着计算机技术的发展，PLC 的各种应用软件也不断完善和丰富，其还具有自诊断和监控功能。尽管现代 PLC 在模拟量信号处理、数值运算、实时控制等方面有了很大提高，但在模型复杂、计算量大且计算较难、实时性要求较高的环境中，工业控制计算机则更能发挥其专长。

（6）运算速度和存储容量

工业控制计算机运算速度快，一般为 μs 级，为适应大的系统软件和丰富的应用软件，其存储容量很大。PLC 接口的响应速度慢，影响了其数据处理速度，PLC 的应用软件相对较少，内存容量相对较小。

（7）工作方式

工业控制计算机采用中断的工作方式，而 PLC 采用循环扫描及中断的工作方式。

（8）可靠性

工业控制计算机抗干扰能力较差，虽然也能够在一些工业环境下可靠运行，但毕竟由通用机发展而来，特别是工控机用户程序则必须考虑抗干扰问题，一般的编程人员很难考虑周全，要完全适应现场生产环境，还要做很多工作。而 PLC 是专为工业现场应用而设计的，结构上采用整体密封或插件组合，并在硬件设计上采取了一系列抗干扰措施。另一方面，PLC 用户程序是在 PLC 监控程序的基础上运行的，操作系统本身就采用了多种软件方面的抗干扰措施，总体而言，PLC 有着很强的抗干扰能力和很高的可靠性，能够长期连续在严酷的工业现场环境下运行。

（9）体积与结构

工业控制计算机结构松散，体积大，密封性差；而 PLC 结构紧凑，体积小，一般具有坚固密封的外壳。

由于 PLC 与工业控制计算机各具优势，因此，在比较复杂的自动化控制系统中，常常将两者结合起来使用。工业自动化系统现场设备多采用 PLC，而借助于工业控制计算机在信息处理方面的优势，常用作上位机进行信息处理工作。

1.8.3 PLC与单片机的比较

单片机即单片微型计算机（Single Chip Microcomputer），是集中央处理器、存储器、定时/计数器、输入/输出接口在一块集成电路芯片上的微型计算机。

（1）单片机的优点

单片机具有结构简单、价格便宜、功耗低、功能强、性能价格比高、易于推广应用等优点，但其最大的优点是体积小，可放在仪表内部，一般用于数据采集、数据处理和工业控制，它在数据采集和数据处理方面优于 PLC。可以根据具体控制系统的要求，进行深层次的开发，可量身定制控制系统，而且可以将控制系统的体积做得很小。

（2）单片机的缺点

① 不如 PLC 容易掌握：单片机一般采用 C 语言或汇编语言，要求设计者具有一定的计算机硬件和软件知识。尽管汇编语言程序执行效率优于 C 语言，但对于复杂控制任务程序的编写比较耗时，开发周期长。

② 不如 PLC 使用简单：用单片机来实现自动控制，一般要在输入/输出接口上做大量的工作。例如，要考虑现场与单片机的连接，接口的扩展，输入/输出信号的处理，接口的工作方式等。其调试也比较麻烦。

③ 不如 PLC 可靠：用单片机进行工业控制，其抗干扰能力差，可靠性低。

单片机是随着超大规模集成电路技术的发展而诞生的。需要指出的是，目前在一些行业中单片机的应用还非常普遍。尽管单片机必须从底层硬件的开发做起，对普通用户来讲难度大，周期长，无法在使用过程中修改功能，难以达到工业环境应用，但单片机系统更适合为某类产品定制开发，其成本更低，特别是可以进行底层深入开发，功能裁剪更为便捷，而且随着技术的发展，单片机集成的功能越来越强大。单片机控制系统具有体积小、成本低的显著优点，所以广泛应用于电子仪表、家用电器、节能装置、机器人、电机数字控制等领域。与 PLC 相比，单片机在控制装置的小型化、智能化方面具有一定优势。

1.9 PLC网络与通信

计算机技术、通信技术、网络技术、半导体集成技术、控制技术、显示技术等的发展为可编程控制器技术的发展与创新奠定了基础，网络通信是当今 PLC 的一个重要功能。PLC 的网络通信涉及 PLC 之间、PLC 与计算机之间、PLC 与智能传感器和智能仪表之间的通信。为了加强 PLC 联网通信能力，通用的通信标准在不断制定与完善之中。典型的可编程控制器的网络拓扑结构为设备控制层、过程控制层和信息管理层 3 个层次，PLC 及其网络正在成为工业自动化领域使用最多、应用范围最广泛的自动化设备。在设备控制层中，引入了现场总线，使得工业生产过程中的现场检测仪表、变频器、电机控制系统等现场设备都可直接与可编程控制器相连；在过程控制层中，配置强有力的工具软件，使传统意义上的人机界面功能焕然一新，具有工艺流程显示、动态画面显示、趋势图生成显示、各类报表制作等多种功能，还能够使 PLC 实现跨地区的编程、监控、诊断、管理，实现整个现代化工厂的整体自动化控制；在信息管理层，向工业以太网的扩展，使控制与信息管理融为一体。在 MAP 规约（制造业自动化通信协议，Manufacturing Automatipon Protocol，简称

MAP）的推动下，向工业以太网扩展，使控制与信息管理融为一体。在 PLC 网络中，以太网通信将会越来越重要，许多已经使用了多年的工业标准化协议也将逐渐地接入到以太网平台，这些协议包括 Modbus（Modbus TCP）、DeviceNet（Ethernet/IP）和 Profibus（Profinet）。PLC 的以太网通信模块具有高速性能和灵活性。特别值得提出的是 Ethernet POWERLINK 网络协议，贝加莱于 2001 年第一次推出并实用化了实时工业以太网，这也是第一个开放的安全级（SIL3）实时工业以太网，能够实现与各种不同产品、不同通信协议的高效互联。另外，无线通信方式将会进一步普及。PLC 还将与 DCS 技术融合，具备 DCS 系统的主要功能，并逐步取代传统意义上的 DCS 系统。

微电子技术、计算机技术及通信技术的发展使工业自动化领域的控制模式发生了根本性的改变，从基于模拟信号传输的集散控制系统（DCS），到数字化、智能化、全分散的现场总线，再到近年来出现并得到迅速发展的工业以太网，信息交换覆盖已能够从工厂的现场设备层到控制、管理的各个层次，形成了现代工业控制网络，现场总线和工业以太网正是工业控制网络发展过程中的两个典型代表。

工业控制网络有别于商业信息网络，具有如下特点：

① 实时性好。在工业控制中不仅要求信息传输速度快，而且还要求响应速度快。

② 可靠性高。由于直接面向生产过程，能够耐受恶劣的工业现场环境，在出现故障的情况下，具有保证整个系统安全的能力。

③ 简洁。降低设备成本，提高系统的健壮性。

④ 开放性好。各厂商之间的产品可以相互兼容。

⑤ 增加用户层。信息网络通常采用国际标准化组织的开放系统互联参考模型（ISO/OSI）的七层结构，工业控制网络需要在第七层之上增加用户层。

1.9.1　现场总线

现场总线概念起源于欧洲，随后发展至北美，自诞生至今发展迅速，被誉为自动化领域的现场局域网。

进入 20 世纪 80 年代，企业综合自动化的需求（开放性、通用性、可靠性）日益急迫，人们对传统的模拟仪表和控制系统要求变革的呼声也越来越高，随着微处理器与计算机功能的增强和价格的降低，计算机网络系统得到迅速发展，而处于生产过程底层的自动化测控系统仍选用一对一连线，用电压、电流的模拟信号进行测量和控制，难以实现设备与设备之间以及系统与外界之间的信息交换，使自动化系统成为“信息孤岛”。要实现整个企业的信息集成和综合自动化，就必须设计出一种能在工业现场环境运行的、性能可靠的、造价低廉的通信系统，形成现场的底层网络，完成现场自动化设备之间的多点数字通信，实现底层设备之间以及生产现场与外界之间的信息交换。现场总线就是在这种实际需要的驱动下应运而生的，智能仪表为也现场总线的出现奠定了基础。

现场总线是应用在工业控制领域的一系列实时通信标准规约。国际电工委员会（International Electrotechnical Commission，简称 IEC）对现场总线的定义为：现场总线是一种应用于生产现场，在现场设备之间、现场设备与控制装置之间实行双向、串行、多节点数字通信的技术。它的关键标志是支持双向、多节点、总线式的全数字通信。

现场总线的诞生与发展可视为自动控制领域的一次革命，这是因为现场总线不仅是一种通信技术，更重要的是现场总线控制系统（Fieldbus Control System，简称 FCS）的出现引发了传统的 PLC 控制系统和集散控制系统（Distributed Control System，简称 DCS）基本结构的根本性的变化。现场总线系统技术极大地简化了传统控制系统烦琐且技术含量较低的布线工作量，使其系统检测和控制单元的分布更趋合理，从原来的面向设备选择控制和通信设备转变成为基于网络选择设备。尤其是 20 世纪 90 年代现场总线控制系统技术逐渐进入中国以来，结合 Internet 和 Intranet 的迅猛发展，现场总线控制系统技术越来越显示出其传统控制系统无可替代的优越性。可以说，现场总线作为工业数据通信网络的基础，是 IT 技术在自动控制领域的延伸，是自动化仪表发展的必然趋势，同时也将企业内部信息网络延伸至生产现场与控制网络相连，适应了企业信息集成系统、管理控制一体化系统的发展趋势与需要，并且能够与互联网相连形成新的企业管控一体化系统的网络结构。

现场总线与一般通信技术的区别在于，一般通信技术只能实现信息的传输，而现场总线是一种控制系统框架，现场总线内的所有设备能够进行信息互访与互换，现场总线上的设备之间能够进行互操作和系统集成。

1．现场总线控制系统与传统控制系统的比较

现场总线是用在现场的总线技术，是用于现场智能传感器、现场仪表及现场设备与控制主机系统之间的一种开放、全数字化、双向、多站的通信系统。现场总线使数字通信总线一直延伸到现场仪表，使许多现场仪表可通过一条总线进行双向多信息数字通信，取代目前使用的 4～20mA 模拟传输方式。它是用于过程自动化和制造自动化底层的现场设备或现场仪表互联的通信网络，是现场通信网络与控制系统的集成。现场总线控制系统的总线标准规定了控制系统中一定数量的现场设备之间如何交换数据，这些数据的传输可以是电线电缆、光缆、电话线、无线电等。

传统控制系统的接线方式是一种并联接线方式，采用一对一的设备连线，按控制回路分别进行连接。以 PLC 控制系统为例，如果现场有 100 个 I/0 点，则需从 PLC 引超过 100 根的电线到现场，如果系统有数百上千的 I/0 点，则整个系统的接线就将十分庞大复杂，易出错，施工和维护都困难。能不能把所有的 I/0 点用一根电缆连接起来，让所有的数据和信号都在这根电缆线上流通，同时设备之间的控制和通信可任意设置呢？现场总线就能够实现这种功能，而且采用了数字化传输，它不仅极大方地便了布线，还把原先 PLC 要实现的功能分散到了现场设备和仪表。现场总线采用串行数据传输和连接方式代替传统的并联信号传输和连接方式的方法，实现了控制层和现场总线设备层之间的数据传输。传统 PLC 控制系统接线与现场总线控制系统接线比较如图 1-12 所示。

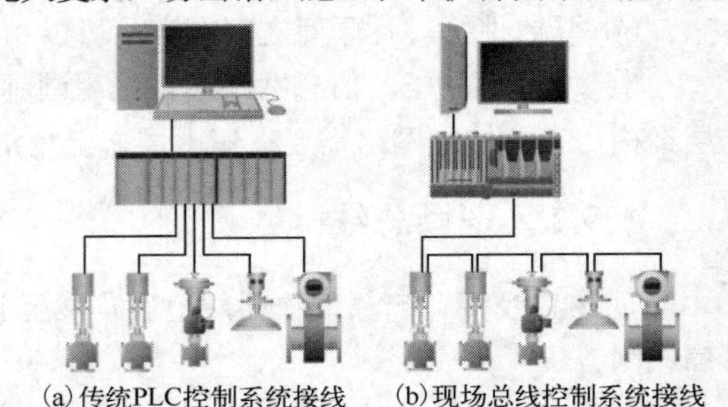
(a) 传统PLC控制系统接线　(b) 现场总线控制系统接线

图 1-12　传统 PLC 控制系统接线与现场总线控制系统接线比较

另外，传统的 DCS 系统经过几十年的发展，现在已经达到了一个相当完善的程度，但存在几个弱点：一是控制现场的仪表与 DCS 的控制站之间仍然采用模拟信号传送传感器的测量值，容易受到干扰；二是各种 DCS 系统基本上都是封闭的体系，每一个生产厂家都有自己的一套体系结构，尽管这些系统都很类似，但它们之间无法互换部件，控制软件也不可通用；三是它的所有控制功能都集中于控制站，未实现彻底的分散化。FCS 与 DCS 比较如表 1-1 所示。

表 1-1　FCS 与 DCS 比较

比较内容	FCS	DCS
结构	一对多：一对传输线接多台仪表，双向传输多个信号	一对一：一对传输线接一台仪表，单向传输一个信号
可靠性	可靠性好：数字信号传输，抗干扰能力强，精度高	可靠性差：模拟信号传输，抗干扰能力弱，精度低
失控状态	操作员在控制室既可以了解现场设备备或现场仪表的工作状况，也能对设备进行参数调整，还可以预测或寻找故障，使设备始终处于操作员的远程监控与可控状态之中	操作员在控制室既不了解现场设备或现场仪表的工作状况，也不能远程对设备进行参数调整，更不能预测故障，使操作员对仪表处于“失控”状态
仪表	智能仪表除了具有模拟仪表的检测、变换、补偿等功能外，还具有数字通信能力，并且具有控制和运算的能力	模拟仪表只具有检测、变换、补偿等功能
控制	控制功能分散在各个智能仪表中	所有的控制功能集中在控制站中

2. 现场总线的特点

现场总线是过程控制技术、智能仪表技术和计算机网络技术相结合的产物，因此具有传统控制系统不可比拟的特点和优越性。现场总线的特点如下。

① 结构简单：最小化的布线方式和最大化的网络拓扑使系统的接线成本和维护成本大为降低，又由于采用数字信号替代模拟信号，因而可实现一条电缆传输多个信号，例如，运行参数值、多个设备状态、故障信息等，同时又可为多个设备提供电源，现场设备以外不再需要 A/D、D/A 转换，使得采用现场总线的控制系统结构简单。

② 开放性：开放性指应用的开放和通信规约的开放。一方面能与不同的控制系统相连接，多个不同厂家的设备之间可以进行互联并实现信息交换，另一方面系统的开发是开放的，开放的系统把系统集成的权利交给了用户，用户可按自己的需要和对象，把来自不同供应商的产品组成按需构建的系统。开放性使现场总线控制系统不仅具有传统总线的低成本，而且能适应先进控制网络化和系统化的要求。现场总线开放式数字通信网络突破了传统 DCS 中的专用通信网络结构，以现场总线为纽带，将单个分散的测量控制设备变成网络节点，构成共同完成任务的网络系统与控制系统，实现现场测量控制设备之间的信息共享。

③ 实时性：工业过程中信息多样，现场总线的通信活动可分为周期通信和非周期通信两类，它们具有不同的实时性要求。前者主要用于传感器、变送器等现场设备周期性地上传测量值，如压力、流量、温度等，后者主要用于现场设备的报警、控制参数调整、远程诊断等。实时性是总线最重要的性能参数之一。在保证数据传输的可靠性和完整性的条件下，总线的传输速度越快，系统的响应时间就越短。总线实时性需要传输速率和传输效率来保证，传输效率是指有效用户数据在传输帧中的比率及成功传输帧在所有传输帧中的比率。现场总线可进行多参数传输，消除了模拟信号的传输瓶颈。

④ 可靠性及对现场环境的高度适应性：现场总线是专为在现场环境工作而设计的，因此各种总线都具备一定的抗干扰能力和故障诊断能力，能够较快速地查找和更换故障节点以保护网络，可支持多种传输介质，例如，双绞线、同轴电缆、光缆、射频、红外线、电力线等，可两线制供电，并满足安全防爆要求，传输精度也得到显著提高，信号的检错、纠错机制得以实现。总线的故障诊断能力是由总线传输所采用的物理媒介和传输的软件协议决定的，不同的总线具有不同的诊断能力和处理能力。

⑤ 现场设备的智能化与功能自治性：现场总线把通用或专用的微处理器，嵌入传统的测量控制仪表，使之具有数字计算和数字通信能力。现场总线将传感测量、补偿计算、工程量处理等控制功能分散到现场设备中完成，一些现场设备已经可以完成控制的基本功能，并可随时诊断设备的运行状态。

⑥ 系统结构的高度分散性：现场总线系统采用全分散控制，现场设备既有检测、变换和补偿功能，也有运算和控制功能。通过现场总线，将传统 DCS、PLC 等控制系统复杂的控制任务进行分解，分散于现场设备中，由现场变送器或执行机构构成控制回路，并实现各部分的控制，使得现场总线可以构成一种新的全分布式控制系统的体系结构，从根本上改变了现有 DCS 集中与分散相结合的集散控制系统体系结构，这样既简化了系统结构，又提高了可靠性、自治性和灵活性。

⑦ 设备状态可控：操作员在控制室即可了解现场设备或现场仪表的工作状况，可对现场设备进行工艺参数调整、零点量程调校、组态信息调整，通过对现场设备状态趋势分析预测故障，发生故障时能及时找到故障点，及时替换新的设备，现场设备始终处于操作员的远程监视与可控状态，进一步提高了系统的可靠性和可维护性。

⑧ 系统扩展性：现场总线系统具有很强的系统扩展能力，主机能自动识别设备的增加或删减，扩展或删减时，无须架设新的线缆，无须系统停机。

⑨ 互换性：现场总线协议是开放的协议，不同厂商生产的符合同一现场总线协议的设备可以连接在一起，统一组态和协同工作。来自不同厂家的相同类型的设备还可以互换，而无须专用的驱动程序，彻底改变了传统控制系统的封闭性和专用性，用户可以自由选择不同制造商所提供的性能价格比最优的现场设备或现场仪表。

⑩ 多分支结构：有别于传统控制系统中设备连接的一对一结构，现场总线结构是多分支的，其网络拓扑可为总线型、星形、树形等多种形式。

3．现场总线的种类

现场总线的种类繁多，目前号称为开放标准的有 40 多种现场总线。多种现场总线风起云涌，诸侯割据的原因在于刚开始没有一个统一的国际标准，各企业相继开发自己的总线产品并制定现场总线标准，工业技术的迅猛发展使得现场总线技术在各种技术背景下得以快速发展并得到迅速普及，但是普及的层面和程度受到不同领域技术发展的牵制，另一方面是工业控制领域“高度分散、难以垄断”及要求多样，但用户对现场总线通信协议标准化的要求非常强烈，因此，才有了一些组织制定标准。

现场总线国家标准有：德国的 PROFIBUS，法国的 FIP，英国的 ERA，挪威的 FINT，丹麦的 PNET，中国的 DeviceNet 和 ASi。现场总线企业标准有：Echelon 公司的 LONWORKS，Phenix Contact 公司的 Interbus，Rober Bosch 公司的 CAN，Rosemount 公司的 HART，Carlo Garazzi 公司的 Dupline，Process Date 公司的 P-net，Peter Hans 公司的 F-Mux。

IEC61158 第四版标准包括 20 种现场总线，多种多样的现场总线近期内难以统一，多种现场总线并存的局面将继续存在，但会由市场决定哪种总线领导市场，那些技术先进、支持厂商多而强、开放度高的现场总线更具有生存和发展的空间，例如，FF（包括 H1、HSE）和 PROFIBUS（包括 Profibus-DP、ProfiNet 等）在过程控制领域的市场越来越大，工业以太网将成为工业控制的新宠。

4．几个常见的现场总线的特点及比较

当前应用比较广泛的现场总线如下。

（1）Profibus

Profibus 是一种用于工厂自动化车间级监控和现场设备层数据通信与控制的现场总线技术，可实现现场设备层到车间级监控的分散式数字控制和现场通信，在欧洲市场的占有率首屈一指，它广泛应用于加工自动化、楼宇自动化、过程自动化、发电与输配电等领域。Profibus 主要使用主-从方式，通常周期性地与传动装置进行数据交换，与其他现场总线系统相比，其优点在于它的普遍性，可同时实现集中控制、分散控制和混合控制三种方式。

Profibus 家族有 Profibus-DP，profibus-PA 和 profibus-FMS。这三种模块在自动控制系统中的应用和作用不同，但它们可以在同一条总线上混合操作，与工业网络结合构成典型的具有三级结构的自动化系统，即现场设备级、车间控制级、管理级。

Profibus-DP 是一种高速低成本通信网络，用于设备级控制系统与分散式 I/O 的通信，以取代 24V 或 4～20mA 的串联式信号传输，直接数据链路映像提供的用户接口使得数据链路层的存取变得简单方便；profibus-PA 专为过程自动化设计，可使传感器和执行机构联在一根总线上，并有本征安全规范，使用电缆耦合器，profibus-PA 装置能很方便地连接到 Profibus-DP 网络；profibus-FMS 用于车间级监控网络，是一个令牌结构、实时多主网络。

（2）FF

FF 是现场总线基金会推出的现场总线标准，在过程自动化领域得到了广泛的应用。基金会现场总线采用国际标准化组织（ISO）开放系统互联（OSI）简化模型（第 1，2，7 层），即物理层、数据链路层、应用层，另外增加了用户层。FF 分低速 H1 和高速 H2 两种通信速率，可支持总线供电和本质安全防爆环境。

作为两种互相竞争的现场总线标准，profibus-PA 与 FF 比较如下：在传输媒介上，FF 支持双绞线、光缆和无线发射，协议符合 IEC61158-2 标准，Profibus-PA 仅支持双绞线直流载波。在通信方式上，同步通信用于实时控制，异步通信用于传递诊断、报告、维护、故障定位，FF 支持同步和异步通信，采用多段网络支持扩展地址，采用网桥连接传送数据，profibus-PA 的逻辑连接仅分为循环和非循环两种。分布式应用需要精确的时钟同步，FF 能够保证多个网段情况下的时钟同步，PROFIBUS 不能满足这个需求。FF 具有在线设备探测的功能，可以进行在线的设备组态，支持在线的链路活动调度表的构造和修改。FF 的优点是功能强大，但缺点是非常复杂。Profibus 协议比 FF 来得简单，开发基于 Porfibus 的设备比基于 FF 的设备容易。从市场应用来看，Profibus 的推出比 FF 早，基于 profibus-PA 设备的市场份额目前比基于 FF 设备的要多。profibus-DA 在制造业自动化领域得到了成功的运用，有利于工厂不同自动控制系统的互联。从支持面来看，美国和日本的主要控制设备制造商，例如，Honeywell、Rosemount、Foxboro、ABB、恒河、山武、富士电气等都支持 FF 并推出了基于 FF 的产品。而西门子公司支持 Profibus，FF 的支持面比 Porfibus 更广。另外，FF 推出了基于快速以太网的 HSE 标准，已成为国际标准 EIC61158 的一部分，在工厂自动化方面，基于 HSE 的设备造价低廉，基于以太网技术的 HSE 会有更大的发展空间。

（3）CAN

CAN 最早是用于汽车内部测量与执行部件之间的数据通信。CAN 总线基于 OSI 模型并进行了优化。采用了其中的物理层、数据链路层、应用层，提高了实时性。CAN 总线节点有优先级设定，支持点对点、一点对多点、广播模式通信，各节点可随时发送消息。传输介质为双绞线，通信速率与总线长度有关。CAN 总线采用短消息报文，抗干扰能力强，可靠性高，适用于开关量控制。

（4）Interbus

工业自动化的发展要求总线系统适应两种要求：一是总线系统必须提供自动化目标的综合解决方案；二是对大多数 PLC 供应商来说必须是独立并中立的，但目前许多解决方案都没有达到这两点，例如，siemens 支持的 Profibus，Allen-Bradley 支持的 DeviceNet，Telemecanique 支持的 FIP。Interbus 不是由哪一个较大的 PLC 供应商独有，而是由独立的网络供应商支持，它提供中立和独立的解决方案以适应开放的系统。Interbus 网络连接独立的设备如传感器、执行器、驱动器、物理层传送数据，同时给最多 64 个现场设备提供 24V 电源，数据作为独立的电流信号传送。Interbus 的物理层采用环路连接，自动配置，无须设定网络地址，分布式配置，系统安装费用低；其数据链路层采用全双工的帧传送，所有网络 I/O 可以同时得到数据更新。无仲裁，数据可无中断地连续传送。另外，数据吞吐量大，每次网络连接都进行 CRC 校验，传送数据准确；其应用层可进行故障诊断，支持数字量、模拟量和主从信息，以完成更大规模的控制。INTERBUS 采用集总帧型的数据环通信，具有低速度、高效率的特点，并严格保证了数据传输的同步性和周期性，该总线的实时性、抗干扰性和可维护性都非常出色。INTERBUS 广泛地应用于汽车、烟草、仓储、造纸、包装、食品等工业领域。

（5）ControlNet

ControINet 由 Rockwell 公司开发，在单根电缆上支持两种类型的数据传输。一是对时间有苛求的控制信息和 I/O 数据，ControINet 授予这些数据最高的优先权，保证其不受其他信息干扰，具有确定性和可重复性；二是无时间苛求的信息发送和程序上/下载，它们被赋予较低的优先权，在保证第一种类型信息传输的条件下进行传递。ControINet 不仅支持传统的点对点通信，也允许同时向多个设备传递信息，使用时间片算法保证各节点实现同步，提高带宽利用率。ControINet 支持总线型、树形和星形等结构及其组合，用户可以根据需要扩展物理长度，增加节点数量。

（6）DeviceNet

DeviceNet 是一种基于 CAN 技术的开放型通信网络，主要用于构建底层控制网络，其网络节点由嵌入了 CAN 通信控制器芯片的设备组成。DeviceNet 的网络参考模型分为应用层、数据链路层和物理层，DeviceNet 定义了应用层规范、物理层连接单元接口规范、传输介质及其连接规范，在数据链路层的媒体访问控制层和物理层的信令服务规范直接采用 CAN 规范。在 CAN 总线的基础上，DeviceNet 采用对象模型来对总线上的节点进行管理。DeviceNet 有两种连接方式，即输入/输出连接和显式连接。输入/输出连接主要用于对实时性要求较高的数据传输，这种连接方式可以进行一对一和一对多的数据传送，它不要求数据接收方对所接收到的报文做出应答；显式连接主要用于发送设备间多用途报文，例如，组态数据、控制命令等，要求报文接收方必须对接收到的报文做出成功或错误的响应。

（7）Lonworks

Lonworks 采用了 ISO/OSI 模型的全部七层通信协议，采用了面向对象的设计方法，通过网络变量把网络通信设计简化为参数设置。它支持双绞线、同轴电缆、光纤、射频、红外线、电力线等多种通信介质，Lonworks 的特点是开放性，控制网络的核心 Lonwork 协议固化在 Neuron 芯片中，为控制网络提供全面的管理和服务。Lonworks 控制网络又可通过各种连接设备接入 IP 数据网，与信息技术应用实现无缝结合。由于用户可进行所需要的二次开发，从而使 Lonworks 具有较高的使用价值。

5．现场总线对现代控制系统的影响

① 节省硬件数量与成本：由于现场总线系统中分散在设备前端的智能单元能直接执行多种传感、控制、报警和计算任务，因而可以减少变送器数量，不再需要单独的控制器、计算单元等，也不再需要 DCS 系统中的信号调整、转换、隔离等功能单元及其复杂接线，还可以用工控 PC 作为操作站，从而节省硬件成本。

② 节省安装费用：由于一条双绞线或电缆上可以挂接多个设备，因而电缆、端子、槽盒、桥架的用量大为减少，连线设计与接头校对的工作量也大大降低。当需要增加现场控制设备时，无须增设新的电缆，可就近连接在原有的电缆上，既节省了投资，也减少了设计、安装的工作量。

③ 节约维护开销：由于现场控制设备具有自诊断与简单故障处理能力，并通过数字通信将相关的诊断维护信息送往控制室，用户可以查询所有设备的运行和诊断维护信息，能够及时分析故障原因并快速排除，缩短了维护停工时间。另外，由于系统结构简化、连线简单，也减少了维护工作量。

④ 用户具有高度的系统集成主动权：由于通信协议完全公开，任何人、任何单位均可使用，不同厂家的设备遵守相同的技术规范，用户可以自由选择不同厂商提供的设备进行系统集成，从而避免因前期选择了某一品牌的产品而被限制了后续设备的选择范围，不会为系统集成中不兼容的协议、接口而一筹莫展，可统一组态，无须专用的驱动程序，为系统集成的自主性提供了保障，使系统集成过程中的主动权完全掌握在用户手中。

⑤ 提高了系统的可靠性与自动化水平：由于现场总线设备实现了高度智能化和数字化，与模拟信号相比，现场总线降低了传输过程中的噪声干扰，从根本上提高了测量与控制的准确度，减少了传送误差。同时，由于简洁的系统结构，设备与连线的减少，现场仪表内部功能的加强，减少了信号的往返传输，提高了系统的工作可靠性。另外，现场总线仪表可以实现远程在线组态，以及运行时的故障自诊断和预测性维护。由于通过现场总线可以从现场仪表获得更多的非控制信息，如现场仪表的位号、诊断状态、资源状况等，可以构建全程质量跟踪体系，一旦故障发生，能够快速定位并能缩短排除故障的停车时间，同时通过跟踪维护纪录，也有利于明确操作人员的责任，使用户能通过设备管理维护系统实现对全厂设备的在线管理、预测性维护等功能，提高了工厂自动化水平。

⑥ 系统设计的改变：由于已实现了设备标准化和功能模块化，现场总线控制系统还具有设计简单，易于重构的优点。可以利用现场仪表的处理能力，将底层控制、累计、报警监视等功能转移到现场仪表中实现，简化控制室仪表的设计。由于现场仪表的智能化和底层控制功能（如 PID）下

放到现场级去实现，分布式的高级算法将发挥作用。现场仪表由于防爆、功耗限制等原因，处理信息的能力有限，而通过现场仪表组成自治的回路，可以进一步分散控制，采用分布式的控制算法，实现在上位机平台上执行集中式的寻优和高级控制运算，现场仪表组合执行底层控制运算。

⑦ 通信线供电：通信线供电是指允许现场仪表直接从通信线上摄取能量，对于要求本征安全的低功耗现场仪表，可采用这种供电方式。例如，化工、炼油等企业的生产现场有可燃性物质，所有现场设备都必须严格遵循安全防爆标准，现场总线设备也不例外。

⑧ 双向通信：相对于4～20mA模拟信号通信的单向传输，现场总线可以进行双向信息传输。

⑨ 现场控制：传统控制系统采用4～20mA模拟信号进行传输，只能进行控制室和现场仪表之间的点对点通信，而采用现场总线通信，现场仪表、控制室仪表采用总线式连接，现场仪表相互之间直接联系组成就地控制回路，建立真正的现场控制。控制站硬件将重新设计，不再需要A/D与D/A转换接口，控制站只需执行高级控制功能，调度通信已不是控制站必须完成的工作。

⑩ 软件功能增强：对于控制软件来说，现场总线能提供更多的信息。例如，现场仪表不仅能提供过程变量的测量值，还能够提供对该测量值真实性的评价及仪表工作状态的信息。控制软件需要组织这些信息，以适当的形式向用户提供，使用户对生产过程有更全面的了解。连接在现场总线上的仪表还提供各类报警，监控软件须考虑如何最优地处理这些信息。总线与智能仪表的结合，也给用户操控系统的运行提供了更多、更灵活的选择，例如，在远程监控和PID控制算法之间的切换等。

6．现场总线的选择条件

设计PLC控制系统时，要从以下几个方面考虑是否需要使用现场总线。

① 现场设备是否分散。这是决定是否使用现场总线技术的关键。现场总线技术适合于分散的、具有通信接口的现场被控设备的系统。现场总线的优势是节省了大量现场布线成本，使系统故障易于诊断与维护。对于具有集中I/O的单机控制系统，现场总线技术没有明显优势。然而对于某些单机控制，若在设备中很难留出空间布置大量的I/O接线时，可考虑使用现场总线。

② 系统对底层设备是否有信息集成要求。现场总线技术适合对数据集成有较高要求的系统，例如，建立车间监控系统、建立全厂的CIMS系统，在底层使用现场总线技术可将大量的设备及生产数据集成到管理层，为实现全厂的信息系统提供重要的底层数据。

③ 系统对底层设备是否有较高的远程诊断、故障报警及参数化要求。现场总线技术适合要求有远程操作及监控的系统。

④ 有无应用先例。这也是决定是否采用现场总线的一个关键因素。因为对于一个实际应用项目，技术问题复杂，很难用精确的数学分析或仿真方法给出技术可行性论证。对重大项目的决策，应用先例或应用业绩是简单而又具说服力的证明。一般来说，现场总线如在相同行业有类似应用，就可以说明一些关键技术已经成熟，这样就在一定程度上降低了风险。

在决定了采用现场总线设计后，具体采用何种总线结构，应该考虑如下因素：

（1）系统的实时性要求

影响系统实时性的因素有很多，例如，数据的传输速率、数据传输量的大小、从站数目的多少、主站应用程度的大小、计算的复杂程度等。决定现场总线实时性能更重要的是现场总线采用的介质访问控制机制，不同介质访问控制机制是为了满足工业现场传输不同类型数据的要求。

现场总线是一种通信网络，所传送的数据为现场数据。工业现场环境错综复杂，仪表种类繁多，各种生产过程所产生的数据在数据类型、运算复杂程度及响应紧迫性要求等方面相差甚远，与商业网中所传送的大批量相同的数据不同。

从对时间要求的苛刻程度可以将数据分为实时数据和非实时数据。实时数据，例如，各种检测器和控制器的I/O信号、控制器之间的互锁信号、部分系统状态监视数据等。实时数据对时间要求苛刻，一般不允许有秒级的延时，在某些特殊情况下甚至不允许有毫秒级延时。对大多数实时数据而言，最新数据是有意义的，如果在某一时间段内，某一数据由于某种原因未起作用，而此时下一个数据已经产生，则该数据将被丢弃，将启用最新数据。因此，实时数据一般不要求重发。实时数据的数据量相对较少，对带宽的占用率较低。非实时数据，例如，用户编程数据、组态数据、部分系统状态监视数据等。非实时数据对时间要求不很苛刻，允许有相对较长的延时，但这种数据的数据量相对较大，对带宽的占用率较高，对绝大多数非实时数据而言，传送的数据都是有意义的，一般不允许丢失。

从数据产生的机制来看可以将数据分为周期性数据、突发性数据和随机性数据，突发性数据和随机性数据也称为非周期性数据。周期性数据在一般的工业过程中大量存在。例如，传感器采集的现场数据，控制器传送的控制信号、控制指令等。这类数据的特点是通信周期性地发生，一般为相对固定的点到点的信息传递，发生的时刻一般是可以预测的，传送的数据一般为实时数据，优先级较高，数据通信量较小，占用固定的带宽。突发性数据，例如，报警信息、事件通知等，这类数据的特点是通信是突发的，发生的时刻一般是不可预测的，传送的数据一般为实时数据，优先级最高，数据通信量小。随机性数据，例如，数据库管理，程序的下载、上传，客户端向服务器端请求服务等，这类数据的特点是通信是随机性的，发生的时刻一般是不可预测的，传送的数据一般为非实时数据，优先级最低，数据通信量较大。

因此，选择的现场总线控制系统必须对上述不同种类、具有不同实时性要求的数据进行处理，并正确地、及时地完成所需的信息交换。对于周期性数据，应确保周期性发生的事件在系统所需的周期内处理完毕，预先对周期性变量的采样、处理、发送周期进行安排与设定，以保证该变量的时序特性得以满足。对于非周期性或随机过程数据，应尽量缩短数据传送的等待时间。那些对时间紧迫性要求不高的数据可以等待在通道空闲时发送；对于某些实时性要求较高的过程数据，对通信通道进行分配，以使这些数据能及时地发送；对周期性数据，比较适合采用令牌环、令牌总线法；对非周期性数据中实时性要求高的数据，MAC 层的控制机制采用 CSMA/CD 法。

设计选择现场总线时，可以对介质访问控制机制进行适当混合与改进，提出自己特有的介质访问控制机制，由于各种现场总线介质访问控制方法各不相同，不存在适用于所有控制领域的现场总线，这也是每种现场总线都有其各自的应用领域，不存在由一种现场总线替代所有现场总线的本质原因。因此，用户在选择现场总线时，应首先了解实际应用的系统中，传输数据的类型以哪些为主，哪些为辅，然后再根据传输的主要数据类型的要求选择合适的现场总线。

（2）传输速率与传输效率

数据在现场总线上的传输分为两个阶段，第一个阶段是从 PC 传送到通信口外，数据在这个阶段的传输速率称为 DTE（Data Terminal Equipment）速率，第二个阶段是数据在通信口与通信口之间的传输，其传输速率称为 DCE（Data Circuit Terminal Equipment）速率。有 MODEM 情况下，DTE 速率指 PC 到 MODEM 之间的速率，DCE 速率指 MODEM 到 MODEM 之间的传输速率。DTE 速率与 DCE 速率共同决定了现场总线的传输速率。

现场总线的数据传输速率的高低直接影响了现场总线的实时性，通常传输速率越高的系统的实时性越好，现场总线实际的传输速率主要由 DCE 的速率决定。

实际的工业现场环境一般都比较恶劣，因此大多数现场总线介质都采用双绞线或同轴电缆，这样由 PC 高速传出的数据在通过通信口与通信口之间的传输介质时速率会下降很多，受到具体传输介质的影响，DTE 速率很高时，DCE 速率有可能很低。因此，现场总线的速率不是某种芯片或某种通信卡或设备所具有的速率（即 DTE 速率），而应为其形成现场总线后的 DCE 速率。当然，高的 DTE 速率是较高的现场总线速率的基础，只有当这两种速率都比较高时才可以获得比较高的现场总线速率。

现场总线的传输效率反映了单位时间内总线上所传送的有效数据的多少。一个数据包中有效数据占总数据量的比率越大，总线的传输速率越快，现场总线的传输效率就越高。

1.9.2　工业以太网

在工业控制领域中，集散控制系统和现场总线控制系统在一定程度上解决了现场设备实现分散化控制的问题，对于实现面向设备的自动化系统起到了巨大的推动作用，但由于现场总线标准过多，缺乏唯一性，因此，现场总线工业网络的进一步发展受到了极大的限制。另外，各大自动化设备供应商各自为营，不同总线产品大多不能共存于同一网络。这种多总线共存的现状与“建立统一开放的工业现场网络”渐行渐远，底层的现场总线与上层自动化网络之间不能兼容。

早期的以太网无法推广到工业控制系统中的主要原因是物理层和介质层无法耐受恶劣工业环境，例如，高温、高压、高辐射、高干扰等。另一方面，标准以太网协议 IEEE802.3 的通信机制使得数据的传输可以被任意延时，所以不满足工业控制对数据传输实时性的要求。对于工业控制系统来说，数据传输的实时性、数据通信时间的确定性是比数据传输速度更为重要的指标。标准以太网的这种不确定性和非实时性对于工业现场设备级的测控装置是致命的，若某个节点发生故障，往往有大量的故障信息向主控节点发送，此时网络上发生冲突是不可避免的，而冲突引起的报文重发必然会导致网络瘫痪，因此，只有解决了以太网的不确定性和实时性问题，才能将以太网应用到工业现场设备级。随着计算机技术和网络技术的迅速发展和广泛应用，硬件成本不断降低，计算机的运行速度和通信速率不断提高，工业以太网技术结合了标准以太网和现场总线的优势，在与其他局域网技术的竞争中脱颖而出，成为事实上的局域网标准。工业以太网产品具有安装方便，价格低廉等显著优势，其不断扩展的带宽也保证了未来系统升级的可能性。以太网技术在工业自动化的上层企业信息网络中已经得到广泛的应用，企业迫切希望将以太网技术应用于现场控制系统中，从而实现企业管理层、过程监控层和现场控制层一网到底的无缝集成。

（1）以太网用于工业控制领域带来的技术优势

①高度开放性：使得不同厂商的设备按照网络协议实现互联；②易于信息集成：由于具有统一的通信协议，能将工业控制网络的信息无缝集成，实现对生产过程的远程监控、设备管理、软件维护和故障诊断；③软硬件资源丰富：有很多种软件开发环境和硬件设备供用户选择，随着技术的发展，其价格还有下降的趋势；④传输速率高：以太网的传输速率比常用的现场总线通信速率快得多；⑤可持续发展潜力大：信息技术与通信技术的发展迅速，保证以太网技术的持续向前发展。

（2）工业以太网与现场总线

工业以太网在遵循 IEEE802.3 以太网标准的基础上，对现有以太网技术进行改进和加强，将其应用于工业环境中的自动化控制或过程控制。工业以太网与传统现场总线相比，其优势为：①高速化：以太网具有超高的数据传输速率；②兼容性：以太网具有开放性的协议，提供了对大多数物理介质的支持，在通信过程中运用交互式的数据存取技术，可以适用于不同的网络环境；③易用性：以太网经过多年的推广和应用，技术手段已经逐渐成熟，价格低廉，便于维护。

工业以太网与现场总线相结合的好处在于：①以太网可以为不同标准的现场总线互联建立桥梁，解决现场总线间不能相互兼容的问题；②为现场设备连接到因特网创造条件，使设备的通信范围及控制方式得到扩展；③在实现现场控制层到管理层的信息集成方面，以太网的开放性具有明显优势，能够成为网络协议转换的纽带，从而解决“自动化孤岛”问题

（3）工业以太网面对的问题

工业以太网若要在工业领域进一步发展，需要解决以下问题：①实时性：以太网采用载波监听多路访问/冲突检测（CSMA/CD）的介质访问控制方式，其本质上是非实时的，这成为以太网技术进入工业领域的技术瓶颈；②工业环境下的适应性与可靠性：以太网是按照办公环境设计的，进入工业领域要求具有抗干扰能力，耐受工业现场环境；③适用于工业自动化控制的应用层协议：目

前，信息网络中应用层协议所定义的数据结构等特性，不适合应用于工业控制领域现场设备之间的实时通信，因此，要定义统一的应用层规范；④本质安全和网络安全：工业以太网如果用在易燃易爆的危险工作场所，必须要考虑本质安全问题，另外，工业以太网由于使用了 TCP/IP 协议，因此可能会受到包括病毒、黑客非法入侵与非法操作等网络安全威胁；⑤性能提升：随着技术进步，工厂控制底层的信号已不局限在单纯的数字和模拟量上，还可能包括视频和音频，网络应能根据不同的用户需求及不同的内容适度地保证实时性的要求。

1.9.3 实时工业以太网 POWERLINK

随着工业自动化对信息传输速率和数据量、系统控制精度、分布式控制要求的不断提高，尤其是对实时性提出了很高的要求，传统现场总线系统的一些不足制约了工业控制网络的技术发展，因此诞生了一些基于以太网技术的现场总线，例如，POWERLINK、EtherNet/IP、ModBusTCP、ProfinetRT、EtherCat、MECHATROLINK 等工业实时以太网的技术。

其中，POWERLINK 由贝加莱（B&R）公司推出后，贝加莱、ABB、Hikschmann、Kuka、Lenze 等数十家企业和研发机构联合成立了 EPSG（Ethemet POWERLINK Standardization Group）组织。POWERLINK 是一个易于实现的、高性能的、开放的、没有垄断的、真正的互联互通的工业实时以太网。2012 年 3 月，Powerlink 协议被国家标准化管理委员会批准为首个中国国家推荐性工业以太网标准，标准号：GB/T27960-2011，这意味着 POWERLINK 这一全球范围广泛使用的实时通信技术得到了中国官方的认同和支持。

1．工业控制系统的实时性

实时性是指能够在限定时间内执行完规定的功能并对外部的异步事件做出响应的能力。

工业控制要求控制系统对所监控的输入在一定时间内做出响应，对数据传输的实时性要求很大程度上依赖于特定的应用，不同应用的实时性要求可以划分为 4 个级别。实时性能的 4 个级别如图 1-13 所示。

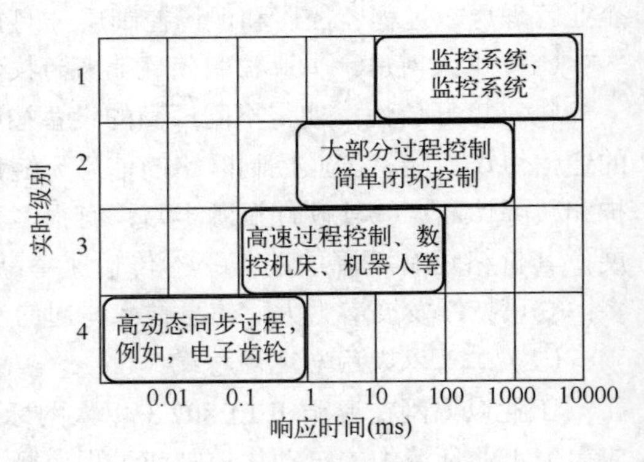

图 1-13　实时性能的 4 个级别

对于工业控制网络，实时性要求网络通信必须在规定的时间内完成，且在时间上可以预测。为了满足工业控制对时限的要求，通常采用具有确定性的、有限排队延时的专用实时通信网络。在实际工程应用领域，为了满足高实时性应用的要求，各大公司和标准组织纷纷提出各种提升工业以太网实时性的技术解决方案，将以太网的实时响应时间提高到低于 1ms，从而诞生了实时以太网。

2．工业实时以太网 POWERLINK 的优点

Ethernet POWERLINK 通过修改网络协议栈取代传统的 TCP/IP 协议栈，并使用时间片轮询过程取代 CSMA/CD 机制，从根本上解决了传统以太网数据传输时间不确定的问题。正是由于 POWERLINK 完全丢掉了 TCP/IP，定义了一个精简的、实时性极高的数据链路层协议，同时定义了 CANopen 为应用层协议，这样用户在实现 POWERLINK 的同时，也实现了 CANopen（CANopen 是一个应用层协议，为应用程序提供了一个统一的接口，使得不同的设备与应用程序之间有统一的访问方式）。

POWERLINK 的优点如下：

① POWERLINK 协议栈全部开源，因此又称为 open POWERLINK，它开放性好，无须授权，无须购买。

② POWERLINK 基于标准的以太网，无须专用的 ASIC 芯片，有以太网的地方，就可以实现 POWERLINK，硬件平台可以多种多样（ARM，FPGA，DSP，X86 等），不依赖于某一个公司。

③ POWERLINK 速度快，支持 10M/100M/1000M 的以太网。因为 POWERLINK 是基于标准以太网的，所以，会随着以太网技术进步而进步。

④ POWERLINK 性能卓越，使用价格低廉的 FPGA 来实现 POWERLINK，性能也能达到 100～200μs 的循环周期。

⑤ POWERLINK 支持标准的网络设备，如交换机、HUB 等。支持所有以太网的拓扑结构，使得布线更自由、更灵活。

⑥ POWERLINK 是 IEC 国际标准，同时也是中国的国家标准。

⑦ 实现成本低。如果用户的产品是基于 ARM 平台的，一般 ARM 芯片都会带有以太网接口，这样用户无须增加任何硬件成本就可以在产品中集成 POWERLINK，用户所付出的只是把 POWERLINK 的程序集成到应用程序中，而 POWERLINK 的源程序又是开放且免费的。用户可以购买普通的以太网控制芯片（MAC）来实现 POWERLINK 的物理层，如果用户想采用 FPGA 的解决方案，POWERLINK 提供开放源码的 openMAC。这是一个用 VHDL 语言实现的基于 FPGA 的 MAC，同时 POWERLINK 又提供了一个用 VHDL 语言实现的 openHUB，支持 16 个端口。如果用户的网络需要做冗余，如双网、环网等，就可以直接在 FPGA 中实现，易于实现且成本很低。此外由于基于 FPGA 的方案，从 MAC 到数据链路层（DLL）的通信，POWERLINK 采用了 DMA，因此速度更快。

⑧ 支持热插拔：热插拔意味着从正在运行的网络上拔除或插入设备，系统会自动意识到网络的变化。在某些应用场合，系统不能断电，如果不支持热插拔，即使机器一部分被替换，都会不可避免地导致高成本的空转和过多的启停次数。支持热插拔带给用户两个重要的好处是当模块增加或替换时，无须重新配置，在运行的网络中替换或激活一个新模块不会导致网络瘫痪，系统会继续工作。配置管理是 POWERLINK 系统最重要的一部分，它能本地保存自己和系统中所有其他设备的配置数据，并在系统启动时加载它们。这个特性可以帮助实现即插即用，这使得初始安装和设备替换非常简单。另一方面，POWERLINK 允许无限制的即插即用，正是因为该系统集成了 CANopen 机制，新设备只需插入，就可立即工作。

⑨ 组网灵活：由于 POWERLINK 的物理层采用标准的以太网，因此以太网支持的所有拓扑结构它都支持，而且可以使用 HUB 和 SWITCH 等标准的网络设备，这使得用户组网非常灵活，如菊花链形、树形、星形、环形等。

3. POWERLINK 的性能

POWERLINK 的性能参数为：

① 循环周期：指网络上所有的设备都通信一次所花费的时间。循环周期的长短取决于节点数、每个节点传输的数据量、传输速度（波特率）这三个因素。

基于高性能 CPU 或者高性能 FPGA 的 POWERLINK 循环周期为 100μs，基于低性能 CPU 或者低性能 FPGA 的 POWERLINK 循环周期为 200μs。

② 抖动：是指实际循环周期中最大值与最小值的差。POWERLINK 的抖动≪1μs。

③ 网络容量：支持 240 个节点，每个节点支持 1500Bytes 的输入和 1500Bytes 的输出。240 个节点意味着在一个 POWERLINK 的网络中可以连接 240 个设备或者 I/O 站，每个设备或 I/O 站每个循环周期有 1500Bytes 的输入和 1500Bytes 的输出，所以网络容量为 720000Bytes。

4. POWERLINK 网络架构的响应能力

POWERLINK 工业实时以太网具有高性能快速的系统响应能力，它像人体的神经脉络一样，将系统的各个设备和组件有机地连接在一起，是整体系统设计中的重要环节。POWERLINK 工业实时以太网技术采用的是分布式网络架构，相比于集中式网络架构来说，在传输效率上具有明显的优势。

对于一些纯 PC 架构的控制系统，均采用了实现更为方便的网络协议，但是，其集中式架构使得在主从站间需要大量的往复通信，即使两个从站间想要进行通信也需要经由主站来协调，这是由其通信机制所决定的，本身目的在于利用主站的强大处理能力。但是，这使得总线负载较高，为了达到快速响应，必须设计更为高速的传输，否则，将无法达到预期的控制精度。

POWERLINK 可以通过交叉通信来实现分布式控制。在大量的运动控制任务中，常常需要实现电子齿轮或电子凸轮同步等任务，通过交叉通信，每个从站都可以以广播形式发送位置和速度信息到总线上，而获得信息的节点则直接读取（其他节点被抛弃）并进行本地计算，例如，计算本地控制电机的运动以达到与其他轴之间的位置同步。这种架构为客户的机器与系统提供了性价比更高的产品方案。

5. POWERLINK 的应用领域

（1）机器人

在机器人系统中，为了实现机器人动作的变化，需要对其进行路径规划的算法设计，由于机器人的各个关节的机械参数不同，例如，各机械臂长度，工作范围限制，机械当前位置的差异，路径规划需要确保机械执行能够最快到达指定位置，且每个轴具有较低的机械振动，在运行过程中及时反馈当前信息，以便为下一步的执行提供参考。机器人运动过程需要高速的数据通信来建立轴与轴之间位置关系的绑定，这对通信提出了很高的要求，实时通信在机器人系统中得到了最为现实的应用。

（2）CNC

CNC 系统的工作是将插补信息通过总线传递给每个伺服轴，在整个 CNC 系统中需要更高的通信速度。传统的 CNC 系统的速度环控制往往运行在主 CPU 上，反馈元件如编码器数据回到 CNC 上位系统，使得对于 CNC 系统除了计算插补，还要计算速度和位置环，对于高速系统要求达到μs 级的刷新。由于智能型伺服驱动器的出现，速度与位置环的计算可以在分布式伺服本地执行，这使得对总线的需求降低，但是仍然要求达到百 μs 级的刷新。

（3）多轴同步

为了降低由传统机械长轴通过蜗轮蜗杆方式传递所带来的机械磨损造成的偏差，以及更为灵活的工艺切换，无轴传动技术得到了更为广泛的使用。这类系统为了实现各个运动轴之间的高速同步，需要由一个高速总线来协调各个轴之间的速度与位置关系。通常这一需求在百 μs 级，这需要通信必须在这个级别上与之匹配。Ethernet POWERLINK 在典型的多轴高速运动控制系统中得到应用，例如，印刷机械无轴传动系统，啤酒饮料灌装系统，全电动注塑成型与中空成型系统，流延膜生产线，化纤设备高速卷绕，棉纺粗纱、细纱机，婴儿/成人纸尿裤生产线，轮胎成型与裁断系统，单晶硅/多晶硅多线切割机等。

（4）航空与高铁测试系统的时序分析

除了机器人与机械系统高速同步需求，高速测试系统对于数据交换的确定性提出了要求，为了确保在系统故障时对于各个子系统和传感器等数据的时序进行分析，以便工程师分析导致系统故障的原因，需要使数据的确定性得到保障，这也是实时以太网的最关键应用。Ethernet POWERLINK 由于采用了满足 IEEE1588 的时钟系统设计，且每个系统刷新过程都需要精确对时，并给每个数据包打上时间戳，通过测试软件可以监控到每个数据包的发送时序，从而为系统诊断与调试提供可靠的数据分析基础。其典型应用，例如，机载测试系统，高铁信号采样系统，路电系统，ATP 控制系统。

（5）安全应用

POWERLINK safety 是经过 TUV 认证的满足 IEC61508 标准，且成为 IEC61784-3 标准。由于其独特的双 CRC 校验设计，使得其在保证数据交换的完整性方面优势突出。带有时间戳的数据包确保避免了数据重复、插入与时序混乱的产生，所有安全相关数据均在实时监控之下，类似一个看门狗的设计保证了数据不被丢失和延时，独特的帧设计保证其不会造成安全帧与其他数据帧产生混乱。

未来，安全技术将成为工业界关注的重点。一方面，人性化的系统设计要保护人的生命与免除机械伤害；另一方面，保护机器的设备投资也变得更加重要。安全技术的典型应用领域，例如，汽车生产与制造，轮胎生产线，具有裁切装置的机械设备如印刷后道、卷筒纸切纸机构，风力发电机组，塑料机械，啤酒饮料灌装系统，纺织机械如经编机、碳纤维卷绕，物流输送系统，大型锻压与铸造设备，数控机床等。

思考题与练习题

1-1　PLC 的产生原因是什么？

1-2　可编程控制器定义的实质是什么？

1-3　PLC 的特点是什么？

1-4　PLC 有哪些主要功能？

1-5　与传统的电磁式继电器控制相比，PLC 有哪些优点？

1-6　为什么说 PLC 及其网络技术是现代工业自动化的支柱之一？

1-7　为什么在工业自动化领域中 PLC 技术成为了主流技术？

1-8　PLC 各个发展阶段标志性的特点是什么？

1-9　PLC 为什么会成为工业控制领域增长速度最为迅猛的设备？

1-10　简述 PLC 的工作过程与步骤。

1-11　PLC 控制系统输入/输出响应的滞后受哪些因素影响？

1-12　PLC 的分类方法有哪些？

1-13　基于 PLC 设计控制系统，有哪些设计准则？

1-14　可编程控制器主要应用在哪些领域？举例说明。

1-15　当今 PLC 的分时多任务操作系统与传统 PLC 相比有哪些实质的技术进步？

1-16　PLC 的主要流派有哪些？

1-17　综述 PLC 的主要应用领域的发展现状与发展趋势。

1-18　整体式 PLC 与模块式 PLC 各有什么特点?

1-19　PLC 控制网络结构设计时，选择现场总线的类型要考虑哪些因素？

1-20　主流工业实时现场总线有哪几种？各有什么优势？

1-21　实时以太网 POWERLINK 有哪些优势?

第 2 章　典型硬件模块及 PLC 控制系统设计

本章主要介绍 B&R PLC 的典型硬件模块及系统硬件配置设计，PLC 控制系统设计方法与系统设计时应注意的问题。B&R PLC 硬件模块家族品种繁多，为工业控制系统设计与制造带来创新与智能。

2.1　B&R PLC 典型控制器硬件模块

2.1.1　概述

贝加莱 PLC 系列产品包括 B&R X20 系列、B&R X67 系列、B&R X90 系列等，代表当今自动化领域先进的控制器技术，它融合了 PLC 和工业 PC 的技术优势，采用 Runtime 定性分时多任务操作系统，具有高可靠性、多任务运行、高速运算速度、大容量内存和存储单元、扩展性和开放性良好、通信组网能力强等特点，在工业控制中得到广泛应用。以 B&R PLC 为核心的控制系统，在 B&R 自动化软件平台 Automation Studio 的支持下，可胜任各种从小型的单机控制，到中大型的生产流水线控制，以及大型复杂的集散控制和柔性制造、智能制造任务。PLC 系列产品的模块种类繁多，性能各异，且更高性能更多功能的新模块不断推出，本书只简要介绍其中最基本和典型的模块及种类，读者在进行以 PLC 为核心的控制系统设计时，参照相应产品手册中的性能指标进行选用。另外，目前主流品牌的 PLC 产品都呈系列化趋势，各品牌 PLC 产品的功能、结构、性能等指标虽然有差异，但也有许多共同点，希望读者通过学习，举一反三、触类旁通。B&R X20 模块、人机界面模块、工业 PC、伺服模块如图 2-1 所示。

B&R PLC 系列产品具有如下特点：

① 硬件模块化；

② 具有组网通信能力；

③ 具有与 HMI 通信的接口；

④ 具有工业计算机的能力；

⑤ EMC 符合 EN61131—2；

⑥ 可靠的 I/O 总线协议；

⑦ 独立的 I/O 总线和系统总线；

⑧ 工业强度的端子排。

图 2-1　B&R X20 模块、人机界面模块、工业 PC、伺服模块

2.1.2　X20 系列 PLC

X20 系列 PLC 具有高速的指令处理能力、浮点数运算能力，具有方便用户的参数赋值、人机界面、诊断、口令保护等功能，兼容大部分主流现场总线，包括 Ethernet Powerlink、CANopen、Profibus、DeviceNet、Modbus-IDA，适合于各种工业控制领域。X20 各种模块间可进行灵活组合，可用 X2X link 通信电缆连接分布式底板，实现总线模块间的远程通信。相邻两站点之间最远距离可达 100m，最多可扩展至 253 个站点，组成分布式 PLC 系统。X20 系列 PLC 为工业控制提供了高度灵活性和模块化的设计，使远程自动化成为现实，它们不需要常规的扩展接线即可安装于机器中，其特点是简单、灵活、经济、安全、元件密度高、易于使用，性能可靠并具有极高的性价比。X20 系列 PLC 仍然采用 Automation Studio 软件平台作为编程工具，使用 IEC61131-3 标准的编程语言和 C 语言创建应用程序，同时，具有显示、NC、Soft CNC 等功能，并集成了 Web server 技术。另

外，X20 系列 PLC 提供各种级别的诊断功能以便及早发现及处理故障。

X20 系列典型的 PLC 系统如图 2-2 所示。前半部分为 CPU 模块和电源模块，紧接其后的是 X20 插片式 I/O 模块。

图 2-2　典型的 X20 系列 PLC 系统

1. CPU 模块

X20 的 CPU 模块基于最新的 Intel Celeron 处理器，循环周期可达 200μs。另外，CPU 模块集成的电源带 I/O 供电端子，可以为底板和 I/O 传感器以及执行机构供电，无须再添加其他系统组件。借助于远程底板，在 100m 范围以内 I/O 模块可以直接和 CPU 连接，可方便地添加具有 IP67 防护等级的 I/O 站及可直接驱动电磁阀的 XV 模块。X20 分布式远程 I/O 连接如图 2-3 所示。RS232，Ethernet 和 USB 已经成为其标准化配置，无须增加额外成本便可实现网络及 USB 设备的连接。另外，每个 CPU 模块集成了 Ethernet Powerlink 接口，增强了实时通信的功能，并可直接连接伺服驱动器完成运动控制功能。典型 CPU 模块如图 2-4 所示。

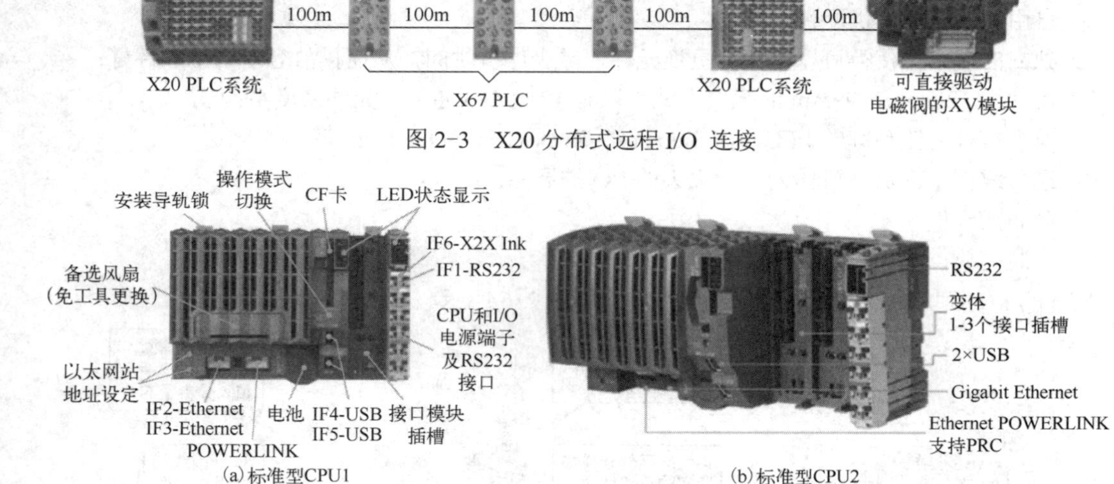

图 2-3　X20 分布式远程 I/O 连接

(a)标准型CPU1　　(b)标准型CPU2

集成闪存驱动器
性能优异
x86处理器
灵活的接口插槽
支持USB闪存驱动器
通过库访问应用程序
自动安装应用程序
(Automation Runtime远程安装)
完全免维护
无风扇
无电池
集成接口
RS232, CAN
reACTION技术
响应时间1μs
编程语言符合IEC 61131(FBD编辑器)
适用于所有集成I/O
USB 2.0
用于更新应用程序/系统
Ethernet 10/100 Mbit/s
ETHERNET POWERLINK

(c) Compact CPU

图 2-4　典型 CPU 模块

通常情况下，大型的 CANopen，Profibus DP，DeviceNet 等标准型总线系统存在较长的响应时间，这是由于输入数据在处理前先通过总线控制器传送到 CPU，输出数据以同样的路径返回，这使得响应时间变得较长。为了满足某些特殊功能对响应时间的高要求，总线型 CPU 应运而生。总线型 CPU 在继承了紧凑型 CPU 优点的基础上，集成了数据预处理功能，可以作为智能子站使用。

X20 的紧凑型 CPU 模块和总线型 CPU 模块结构尺寸如图 2-5 所示。

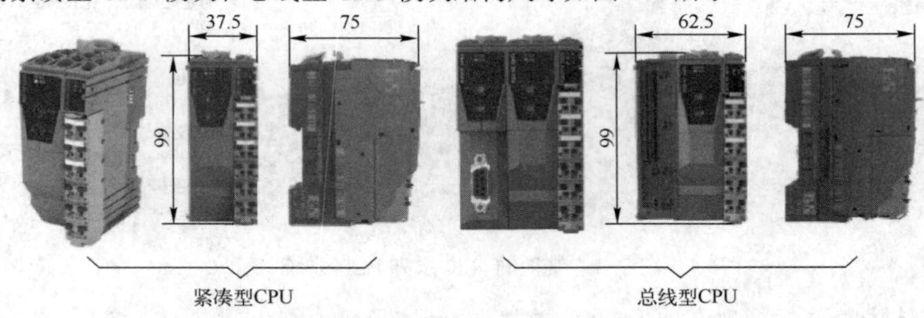

图 2-5　紧凑型 CPU 模块和总线型 CPU 模块结构尺寸

2. I/O 模块

X20 的 I/O 模块由三个部分组成：底座模块、电气模块、端子排，这种模块化的特性使 X20 的 I/O 模块集成了传统导轨式及插片式 I/O 系统的优点：

① 排模块可以与电气模块互相分离，使得对箱预接线成为可能；

② 电气模块支持热插拨，电气模块可在运行的过程中更换；

③ 底座模块是众多类型设备的基本平台，被控机器的种类决定了所要使用的电气模块类型，PLC 系统软件能够自动识别所使用的模块类型并提供相应的功能。

④ 自由的总线插槽供配件使用；

⑤ 独立的端子排使得可以更快地更换元件，减少停机时间，从而排故容易，维护性好；

⑥ 尺寸为 12.5mm×99mm 的模块上就可以有 12 个 I/O 通道，元件密度高；

⑦ 兼容多种主流品牌的 PLC，如 Siemens、Rockwell、Schneider 等；

⑧ 经总线控制模块，可作为一个强大的 I/O 扩展站；

⑨ 分布式底板；

⑩ 安装简单，无须专用工具，可实现快速安装。

X20 的 I/O 模块的三块式结构及其优点说明如图 2-6 所示。

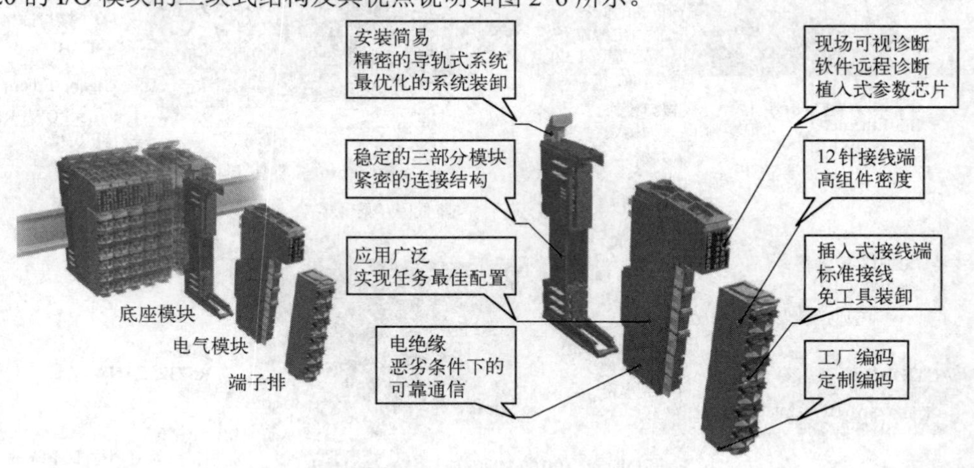

图 2-6　X20 的 I/O 模块三块式结构及其优点说明

X20 PLC 的 I/O 模块具有如下特点：

① 模块化结构紧凑，符合人体工程学；

② 组件密度高、通道密度高；

③ 安装、调试、维护简单易行；

④ 自由的分布式 I/O 架构；

⑤ 开放的总线通信，兼容主流现场总线（CAN，CANopen，DeviceNet，Profibus DP，Ethernet Powerlink）；

⑥ 高速总线刷新，数据刷新周期可达 100μs，远程与本地数据刷新周期相同；

⑦ IP20 防护等级；

⑧ 支持热插拔；

⑨ 分布式安装（站点间最大间距 100m，最多可扩展至 253 站）；

⑩ 集成安全模块；

⑪ 兼容第三方 PLC CPU；

⑫ 可与 IP67 防护等级的 I/O 模块无缝连接，如 X67 的 I/O、阀岛控制器 XV。

3．端子排与接线

X20 系统具有独立的端子排，对外部信号线，采用插入式的连接方式，节省了系统接线和信号分发的时间。另外，用一把螺丝刀就可以把接线松开，每个接线端子还提供一个为测量探针专门设计的插入点。正是由于可以免工具快速安装、拆卸，使得接线工作简单、高效。

2.1.3 X67 系列 PLC

X67 系列 PLC 与 X20 系列 PLC 类似，也采用模块化设计，且模块种类系列化。X67 系列有数字量 I/O 模块、模拟量 I/O 模块、系统模块和总线模块等。X67 系列 PLC 的远程 I/O 模块可直接安装在设备中的传感器或执行机械旁，能最大限度地实现机器的模块化设计，为后续升级提供灵活性。X67 电缆为预制标准电缆，模块可自动识别，即插即用，扩展方便。X67 通过专用屏蔽电缆进行远程连接，X2X Link 提供独立于 I/O 的总线电源，总线与 I/O 之间完全电隔离。X67 系列模块外形图如图 2-7 所示。

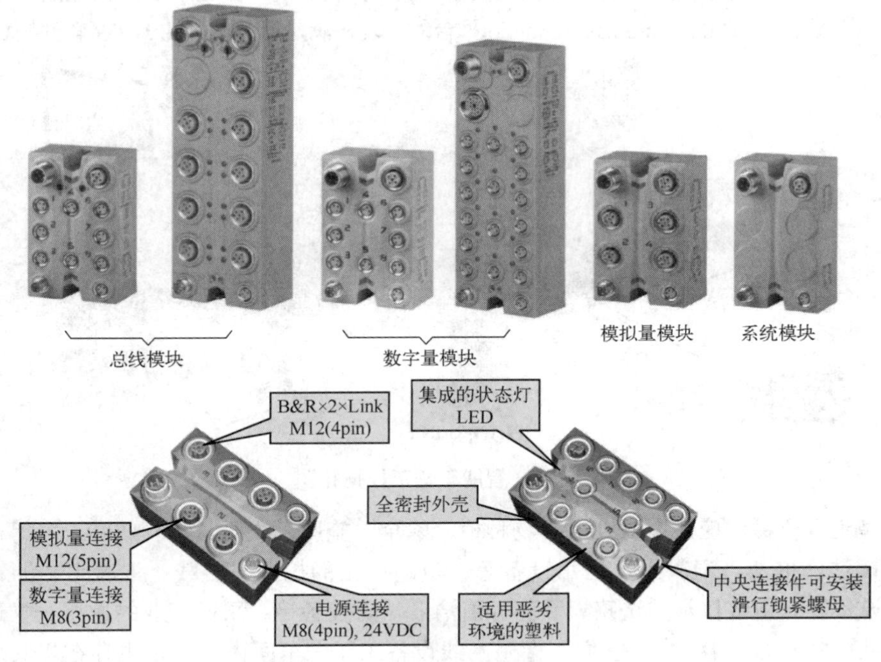

图 2-7 X67 系列模块外形图

与 X20 系列 PLC 一样，X67 系列 PLC 支持多种主流现场总线，可方便地与 X20 I/O、电磁阀驱动 XV 模块共同构成远程 I/O 系统，典型的远程 I/O 分布系统如图 2-8 所示。

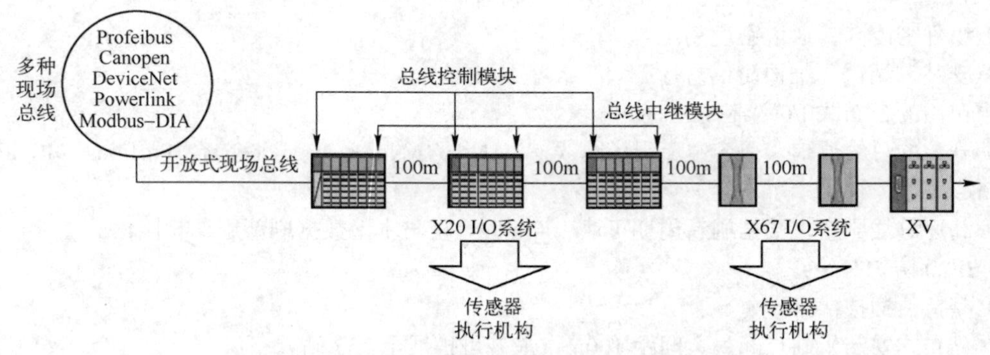

图 2-8 典型的远程 I/O 分布系统

X67 PLC 的 I/O 模块具有如下特点：

① IP67 防护等级；

② 开放性，兼容多种现场总线；

③ 优秀的电磁兼容性；

④ 紧凑型模块化结构实现了在工业场合的简便安装、调试、维护；

⑤ 封装式结构和优异的 EMC 性能模块，在恶劣环境下可靠运行；

⑥ 分布式安装，站点间最大间距 100m，最多 253 站；

⑦ 高速总线刷新，循环周期达到 μs 级别，标准的同步 I/O 处理；

⑧ 预制电缆，自动识别模块，即插即用。

2.1.4 X90 系列 PLC

X90 系列 PLC 是面向工程机械为恶劣工况而生的移动控制器。智能车辆工程拓扑图如图 2-9 所示，它描述了 X90 系列 PLC 家族的大部分产品构成的移动装备控制系统。在这个控制系统架构中，包括了控制器、分布式的 I/O 站、HMI、Automation Studio 平台的开发，满足行业规约的 J1939 软件模块。

图 2-9 智能车辆工程拓扑图

户外大型工程机械，应用在农业的谷物种植、除草、施肥、收割、秸秆成卷设备等；城市建设的挖掘、旋挖钻、桩基、混凝土、塔吊设备等；道路施工的挖掘、装载、混凝土、沥青搅拌与摊铺、压路机设备等；市政日常的洗路、登高、清洁，消防设备等；采矿行业的挖掘、推进设备等；这些设备的共同特点是“移动”，它们不像生产线设备工作在车间内，而是生存在极其恶劣环境里的有轮子或履带的设备。

挖掘机经常工作在泥潭里，筑路设备需要耐受反复震动，油污、夏天的高温、北方的严寒，无论工作环境多么恶劣，这些移动设备依然需要可靠工作。在传统印象中，这些大家伙轰鸣着像巨无霸一样展现着“钢铁魅力”，看上去像个“傻大个”。而现在，迈向智能时代的移动工程装备有着非常高的智能水平和自动化程度，与工厂生产设备要求一样，有着高效的生产效率。这类控制器有着更为严苛的设计，如精简指令集的 CPU 设计、高抗震、宽温设计、高密封性、连接器采用专用的方式、I/O 混用、耐重载环境等。

1. X90 的特点

（1）耐恶劣环境

X90 可以安装在现场机器上而无须额外的电柜，可承受高震动、多灰尘环境，满足工程机械的恶劣环境应用需求并能够可靠工作。

（2）高防护设计

◆ 保持着传统的工程机械控制器的设计原则；

◆ 抗 50g 的冲击以及抗 5g 的震动承受力；

◆ -40～85℃的温度适应范围；

◆ IP69K 防护等级；

◆ 采用预接线的连接插头。

（3）支持多种标准

支持多种标准如图 2-10 所示，这使得 X90 除了在建筑机械、农业机械、矿山机械等领域应用，也可以在罐区、远洋船舶等领域应用。

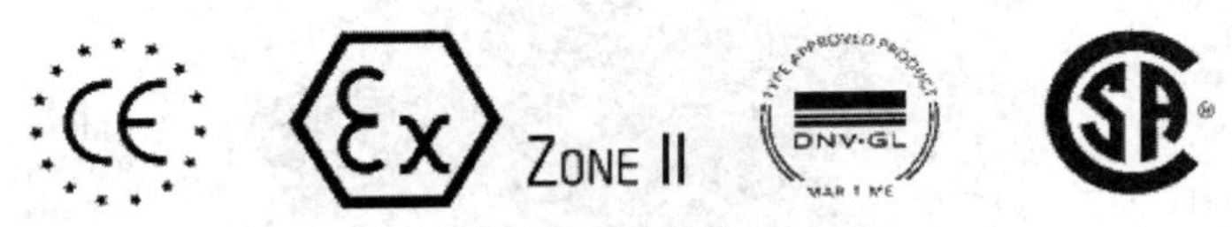

图 2-10　支持多种标准

（4）支持多种通信接口

支持 CAN、CANopen、以太网、SAE J1939、ISOBUS、POWERLINK 实时以太网；也包括 GPS/GSM 模块。具有标准化 CANopen 接口，32 路多功能 I/O 通道，具有与 X90CPU 相同的压铸铝外壳。

（5）控制器基本参数

◆ 采用 ARM A9 处理器，256MB 内存、2GB Flash，并集成了 48 通道 I/O；

◆ 9～32VDC 可互换型 I/O 模块；

◆ 16 通道 PWM 输出控制；

◆ 2A 电流输出的数字量输出；

◆ 模拟量可选；

◆ 主机板集成 3 个 CAN 接口、I/O 接口。

X90 移动自动化专用型控制器的外壳为铸铝的，可配置 4 个选项板，符合 IP69K 防护等级，可以在水下工作。

（6）应用广泛

广泛应用的 X90 系列 PLC 如图 2-11 所示。

2. 可移动工控机 APC mobile 3100

APC 具有坚固、防渗设计，通过 Hypervisor（指将 Windows 10 或 Linux 与 Automation Runtime 相结合，可实现 GPOS 和实时应用程序并行运行），可以将其变成 2.8GHz 控制器。可实现复杂算法（机器人、路径规划、图像处理等）、边缘计算、安全网关、EPR 网关等。APC mobile 3100 外形及性能如图 2-12 所示。

图 2-11　广泛应用的 X90 系列 PLC

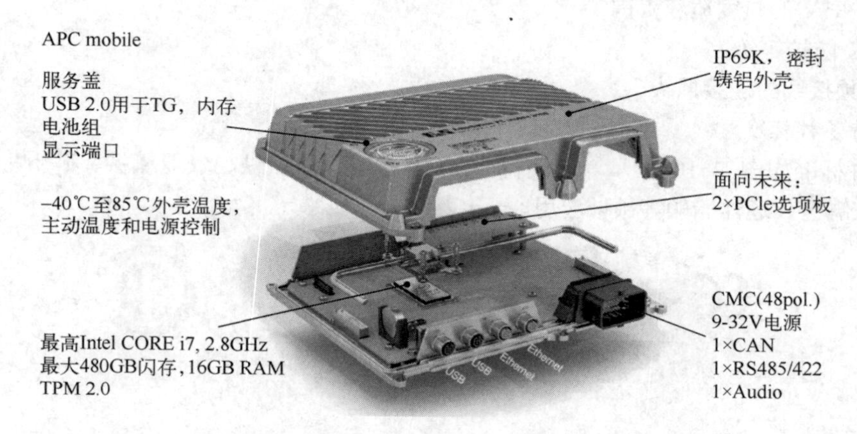

图 2-12　APC mobile 3100 外形及性能

3．显示屏 T50 mobile

T50 mobile 可以与 X90 直接通信，具有的终端功能：集成 Web 浏览器，通过 OPC UA 或 VNC 连接到服务器，通过 PCT 触摸操作（戴手套、雨天操作），专为恶劣环境设计，可选数字量 I/O，USB 接口用于软件更新，正面亮度传感器和状态 LED，不同的安装解决方案。

4．基于 mapp 的高效应用开发

X90 系列控制器模块与其他控制器一样可以在 AS 平台中编程、运行、调试。可实现可视化编程、控制编程、安全编程、仿真编程、mapp 功能实现。

mapp 是为装备而开发的可复用的软件模块，mapp 的各种模块为应用提供了核心的工艺控制能力。在移动装备里也有很多模块可用，这样用户就可以快速配置一个机器的应用。除了通用的远程维护、XML 配方系统、记录、变量追踪、访问权限、文件浏览器、报警系统、设备综合效率等 mapp 模块外，mapp 还具有如下功能。

- ◆ 液压闭环：对于履带的吊机、挖掘机等设备，其液压执行机构可实现液压回路的闭环控制，这决定了操作的精细度；
- ◆ 转向与驱动：快速转动，避免过冲，曲线平滑是控制要点；
- ◆ 调平：对于沥青摊铺，须确保地面平整，即使在拐弯、上坡也要保证能够按照设计的规范保持一致性，否则，路面就会危害行驶车辆的安全；
- ◆ 防撞：塔吊工作区间需保障安全，不能与空间其他设备或人发生碰撞；
- ◆ 防摇防晃：对于高空的吊装、登高等作业，防止摇摆、晃动、倾翻都需要有效的机制来处理；

◆ 连续运动：自动计算工具中心点，集成安全功能。

除了针对核心工艺的 mapp 功能封装，mapp 的辅助功能设计也丰富实用；

◆ mappData：针对数据统计；

◆ mappTweet：针对报警、事件推送给维护、数据中心；

◆ mappUser：用户权限管理；

◆ mappEnergy：针对能源效率的管理；

◆ mappAlarm：机器的报警、日志等。

5. 集成作业体系

云计算、大数据并非仅停留在概念上，全球先进的工程机械制造商早已在布局更为智能的机器开发。无论是农业、道路工程、建筑工程，都会牵扯到各个车辆的协作，道路、农场就如同一个工厂一样，各个设备之间按照顺序、工艺进行层次作业，以提升最大的设备使用效率，确保计划与调度的最优。通过 X90 的无线通信，例如，对 GPS/GSM 的支持能力，这些设备之间可以将数据汇集到中央调度中心，根据每个阶段设计规范，将其状态汇集，以便根据制定的计划来确保最优的设备调度。如将混凝土配方、沥青搅拌与摊铺的参数、地理位置等工艺参数给到每个执行的车载设备，以避免不必要的浪费及延误带来的工期损耗，让一条高速公路像一个机器一样精准地被生产出来。机器的协作可以大幅提升效率，降低作业中的浪费，提高投资回报。

对于协同而言，包括了路径的规划、车辆调度、协同中的作业负荷均衡与优化、作业工艺参数下达、气象/工况预警等与集群作业协同相关的服务，这些都要求基于控制系统具有开放的属性，不仅提供控制，也具有网关互联集成能力、无线传输、IoT 协议支持能力等。X90 支持 CANopen、POWERLINK、OPC UA，满足在互联互通、语义互操作多个层级的集成能力。工业自动化和移动自动化面临着共同的核心挑战，即标准化通信、安全、实时控制、即插即用等，OPC UA 同样在移动机械领域内占有一席之地。

2.2 安全 PLC 系统

工业生产过程中保障人员、设备、生产及环境安全的技术研究的步伐一直没有停止过，这是由于在机械制造、化工生产等领域，许多事故造成了重大人员伤亡、财产损失和严重的环境污染，使人们更强烈地意识到降低风险、提高工业生产安全的必要性。目前，在欧洲，对机器安全性有着严格统一的技术规范，国际电工委员会所推出的安全标准体系 IEC61508 已成为世界公认的生产标准。欧洲和北美的机械自动化安全装置发展很快，罗克韦尔、西门子、欧姆龙、贝加莱等都推出了安全 PLC 系列产品。在我国，早在 20 世纪 90 年代末安全 PLC 就开始用于机械制造领域，安全技术与产品日益通过渗入制造过程的各种自动化、智能化环节形成安全系统而加以实现，保护操作人员安全的意识也在不断加强。

以机械制造为例，机械安全需要考虑的因素很多，如机械设备特点、工艺操作特点、安全设计理念等。安全控制系统包括安全输入设备（如急停按钮、安全门限位开关、联锁开关、安全光栅或光幕、双手控制按钮等）、安全控制电气元件（如安全继电器、安全 PLC、安全总线等）和安全输出控制（如主回路中的接触器、继电器、电磁阀等）。

早期的安全系统多采用继电器或固态电路逻辑控制器作为安全防护系统的控制单元，当今安全 PLC 系统以其功能卓越、经济有效、标准化、系列化、便于安全与机器一体化设计、便于组成集成的网络化的安全系统等优点逐步取代传统的机器硬接线方式的安全系统，增强了对设备操作人员的保护，成为了工业安全生产防护系统的首选。当今的安全 PLC 一方面向紧凑型、小型化的安全 PLC 方向发展，另一方面，安全 PLC 成为安全现场总线中的重要组成部分，在中型、大型安全控制系统中发挥日益重要的作用。

2.2.1 安全 PLC 系统

机器和设备都有潜在的危险，安全设备能有效地避免这些风险。传统的机器安全实现通常局限于将安全开关直接连接到控制柜的安全继电器上，安全违规后，安全链的唯一响应就是关闭机器。当使用了其他安全设备（如安全门，光幕等）时，如果这些安全设备上出现了干扰也会导致机器停机。这种在机器中的安全技术通常由硬接线方式实现，因此，安全链的响应是一种固化的模式。集成化安全 PLC 技术为安全技术提供了新的可能，可以根据需求完成部分机器停机、减速等，而不需要整个设备完全停机。用安全数据传输系统代替了呆板的硬接线方式，灵活的解决方案可以实现各种安全功能，彻底摆脱了安全链响应的呆板、不灵活性。以安全为目的的组件具有安全 CPU、安全 I/O 以及 ACOPOS 和 AOPOSmulti 的安全驱动功能。安全 PLC 带来的优势：

- ◆ 安全数据传输代替了硬接线；
- ◆ 灵活的解决方案代替了固化的安全链响应；
- ◆ 智能化安全链响应减少了操作，同时提升了机器价值；
- ◆ 安全数据传输使用的是开源通信协议“POWERLINK Safety”；
- ◆ 可以直接在 Automation Studio 中使用 PLCopen Safety 功能块编写灵活的安全功能，且这些 PLCopen Safety 功能块与制造商无关。

1．安全系统与安全 PLC 的基本概念

安全系统是指仪表和控制设备构成的保护系统，通常也称为紧急停车系统（Emergency Shutdown Device，简称 ESD）。安全系统是保证设备装置在运行过程中由于设备本身、工艺扰动、外界干扰或人为原因导致出现危险或故障状态时，系统能够立即做出反应并输出正确信号，使装置安全停车或处于一个预定义的安全运行工况，阻止危险事件的发生或事故的进一步扩散，从而使危险降低到最低程度，以保证人员、设备或工厂的安全。这种为了最大限度地保护生产装置和人身安全，避免恶性事故发生，最大程度减少损失而产生的高可靠的安全保护技术与设备组成了安全系统。

安全型 PLC 是为关键控制系统和高安全要求系统的安全应用而专门设计的可编程控制器，在硬件和软件上采用各种安全处理措施，具有完善的诊断和测试手段，它的设计原则、系统结构都遵守相应国际安全技术标准并取得相关安全权威机构的安全证书，这种安全系统具有完善的测试手段，当检测到系统故障尤其是危险故障时能使系统回到安全状态，从而最大限度地保证系统的可靠性和可用性。安全系统设计内容涉及安全可靠性要求、系统或关键模块冗余配置、故障模式分析、自诊断覆盖率、共因故障、测试间隔与周期、可维护性以及保密性等。

2．常规 PLC 和安全 PLC 的区别

安全 PLC 系统在正常情况下，只是“静静”地在线监视着装置的运行，其系统输出不发生变化，对生产过程也不产生影响。只有在生产装置出现异常情况危及到系统安全时，它才“迅速出手”，按照预先设计的方案使装置安全停车或采取必要的安全措施。

常规 PLC 担负常规控制，当它失效时其输出不能保证生产设备处于定义的安全状态，因此，不能用于安全防护系统或只能用于安全要求等级极低（如 RC1～RC2 等级）的场合。

另外，安全 PLC 系统采用的是具有特殊结构型式和特殊处理方式的 PLC，与常规 PLC 的执行标准、I/O 信号的处理方式、拓扑结构、软件设计等方面都有许多不同。如安全 PLC 采用冗余的处理器结构，且这些处理来自不同的生产商，软件冗余模块也采用不同的编程设计，这样可以避免共因失效的发生。又如安全 PLC 对 I/O 信号的采集、处理、输出也都采用了冗余控制方式。当输入信号进入安全 PLC 后，分别存入多个输入寄存器，在通过多个相应的处理器进行处理后送入多个输出寄存器，构成了多重冗余的 I/O 处理通道，通过比较多个处理结果是否一致来检测并判别故障的状态、位置、程度等信息，指示安全系统安装预定的设计要求动作。另外，安全 PLC 还提供安全测试脉冲用以检测输入/输出通道内部的故障，这种周期性地对输出回路发送短脉冲信号以检测输出回路是否存在断线，从而提高了输出信号的可靠性。安全 PLC 还要求扫描更加快速，以便能够在较短的时间内不仅能够完成整套系统的安全自检，还可以处理紧急停车的要求。

安全 PLC 必须满足苛刻的安全性国际标准，采用系统方法来设计和测试，通过第三方专业机构的安全认证，而常规 PLC 无须满足这些要求。由于常规 PLC 本身不是按照相应安全标准设计制造的，因此，内部故障时其输出状态不能保证系统回到预定的安全状态，系统没有为安全目的而设置的自诊断功能，常规 PLC 不能满足安全防护系统对其控制单元的安全性要求。对于安全等级要求较高的场合采用两套或多套常规 PLC 冗余配置技术方案，如采用并联或表决拓扑结构来提高系统的可靠性，以满足高安全等级的要求，值得注意的是这并不能从根本上解决常规 PLC 控制系统安全性的问题，却要付出昂贵的投资代价，因为这种结构仍存在诸如输出短路这样的危险故障。

安全 PLC 的软件符合严格的国际标准，需要通过全面的软件可靠性、安全性测试，并采用规范的操作流程设计以确保软件的可靠性。

安全 PLC 与常规 PLC 还在诸多方面不同，如 CPU 结构、失效检验、内部诊断、操作系统、软件编制要求、安全通信协议规范、外部传感器接线、现场电源监控等。

值得注意的是，虽然安全 PLC 与常规控制 PLC 联网将使得整体系统具有更强大的监控能力，但这种结构会增加系统整体成本，增加实施、维护的复杂度；把控制系统和安全系统的功能集成到一个 PLC，即集成的、简化的安全 PLC 系统能够方便快速地进行数据上传，监控故障，简化了系统设计、接线和实施，简化了设备控制和安全系统的协调，极大地降低了停机时间和系统寿命周期的总体成本，增加了系统安全。

3．安全 PLC 的基本结构

（1）安全 PLC 系统的双冗余结构

安全 PLC 系统的双冗余结构是指两个安全 PLC 执行同样的程序，当两个处理器出现不一致时输出失电，即一个处理器出现故障时，使系统回到安全状态。这种结构的优点是可靠性较没有冗余的结构提高了，但缺点是误跳闸率较高，可用性下降。

（2）安全 PLC 系统的 2/3 表决结构

安全 PLC 系统的 2/3 表决结构是指系统硬件采用模块化三重冗余配置，即系统中关键电路为三重冗余，且各通道相互独立，但又同时完成同一功能。三重配置的冗余处理器系统中如果任何一个处理器出现故障，择多表决器会自动地摒弃故障电路输出，系统继续向过程输出由择多表决器表决出的值。系统自动检测出发生故障的模块，记上标志并使之与系统隔离。当系统中一个电路模块故障时，系统将依靠剩下两个电路模块继续运行，直到用新模块在线替换故障模块，使系统恢复正常工作。若在更换前又有一个电路故障，则系统安全停车。这种安全控制系统采用主动扫描、诊断输入/输出模块、设置控制器的“看门狗”回路等措施来确保系统故障时立刻回到安全状态。这种结构与双冗余结构相比较具有较高的可用性，但造价提高了。

（3）安全 PLC 系统的自诊断测试结构

安全 PLC 系统的自诊断测试结构可根据安全性要求采用单配置或冗余配置，借助于安全性诊断技术来保证系统的安全性。系统对每一个与安全性有关的部件（CPU 模块、I/O 模块、总线模块等）均进行测试，测试工作的一部分（如处理器、接口电路等）由软件来实现，另一部分（如看门狗定时器、存储比较器等）借助于硬件测试电路来完成。全面的诊断测试和周全的安全处理措施贯穿于安全 PLC 的整个设计中。对于显性故障（如系统断电等），由于故障使检测数据产生变化，系统可据此立即产生矫正动作，进入安全状态。可见，显性故障不影响系统的安全性．仅影响系统的可用性，对于隐性故障（如输出放大器短路），它可以通过自动测试程序检测出来，但它不会使输出失电，故被划为危险故障，它影响系统的安全性但不影响可用性。在一个多通道系统中，每个故障均可通过对系统数据的连续性比较而被检测到。隐性故障的检测和处理是安全系统的重要管理内容。

自诊断测试结构的安全 PLC 系统的硬件、软件配置方案多样，但优良的安全 PLC 系统应该具有如下的性能：

① 能够对离散的和连续的过程变量进行实时监控；

② 关键元件实现了三重冗余化结构设计；

③ 不仅能够对内部电路进行故障检测，还可对外部输入及输出回路的短路、断路状态进行检测与诊断；

④ 出现故障时系统能够持续正常运行，故障模块可在线更换；

⑤ 编程简便，功能齐全，具备监控、显示、打印、通信、报警、历史数据存储等功能，易于集中监控和管理。

4．安全 PLC 系统配置的基本原则

① 保证安全控制系统的独立性，这包括用于保护的重要信号应该单独设置，在电源、功能、控制逻辑等方面都独立于常规控制系统；

② 采用符合需要和相关标准的冗余配置；

③ 选用高可靠性的安全仪表系统（现场检测仪表、现场执行机构）；

④ 重视安全系统的“静态”特性，自动调节回路不能接入安全保护控制系统，以保证装置能够“静态”监视生产过程，一旦危险出现，控制系统能够立即采取措施使系统处于安全状态；

⑤ 系统设计采用“故障-安全”原则，逻辑组态应采用“正逻辑”，与安全相关的输出通道和就地执行机构在正常工作情况下应处于带电状态，以保证危险出现时，系统能够处于安全状态；

⑥ 明确安全 PLC 与常规 PLC 的区别。

2.2.2 X20 集成安全 PLC 系统

集成化安全技术实现了安全相关组件之间以及安全相关组件和自动化技术之间的相互协同工作。在这种安全系统中，所有的产品都是相互协调的，并且与现有的自动化产品相互联系，因此可以容易地创建可兼容的安全应用。

1．安全 PLC 模块

X20 集成安全 PLC 系统具有如下特点：

① 满足安全标准 IEC 62061、EN ISO 13849、EN954，具有 SIL 3 安全等级；

② 总线循环周期为 200μs，Safe LOGIC 循环周期<1ms；

③ 过程安全时间可以与硬接线相媲美；

④ 实时安全总线，采用完全独立于现场总线的安全措施；

⑤ 采用分布式的安全技术，可重用现有的系统架构；

⑥ 智能安全响应，不影响机器同步，避免误操作故障；

⑦ 即插即用；

⑧ 安全 PLC 可与常规 PLC 按需组合。

Safe I/O 模块可以连接传感器和执行器，这些模块的特点是具有多功能性。Safe I/O 通过调整参数设置，允许双通道分析，设置滤波参数及其他更多方式，使安全模块满足各种应用要求。当然，Safe I/O 模块完全集成在系统中，可以安装在任意位置或组合使用。Safe LOGIC 模块和 I/O 模块如图 2-13 所示。

2．集成安全系统

集成安全系统借助于分布式的安全技术、灵活的编程，重用现有的系统架构来降低成本。典型的分布式安全运动控制系统的结构如图 2-14 所示。

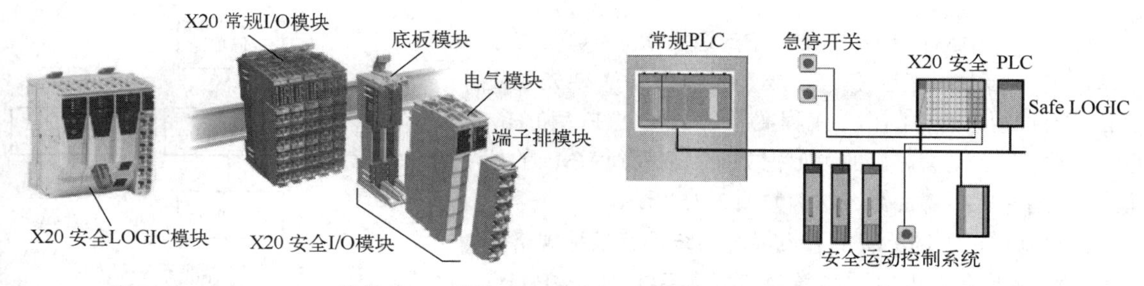

图 2-13　Safe LOGIC 模块和 I/O 模块　　　　图 2-14　分布式安全运动控制系统的结构

安全系统产品系列包括安全逻辑控制器（Safe LOGIC）、安全 I/O（Safe I/O）、安全运动控制（Safe MC）、安全控制开发软件工具（Safe Designer）、安全总线通信（POWERLINK safety），组成的安全系统优点如下。

① 安全系统和控制系统可通过安全现场总线无缝连接，成为整体化的系统；

② 安全事件的响应不再是简单的紧急停车，而是可以按照预先编制的程序，采取停车、限速、限位等灵活的安全应对方案；

③ Safe LOGIC 扫描周期小于 1ms，POWERLINK safety 总线循环周期为 200μs，并满足 SIL 安全等级；

④ 以集成安全技术的工业实时以太网 Ethernet POWERLINK 为通信总线，连接安全逻辑（Safe LOGIC）模块以控制相应的安全 I/O 模块、安全伺服模块等，组成完整的安全系统；

⑤ 安全设计软件 Safe Designer 支持安全控制任务开发；

⑥ 集成安全技术，实现数据的直接访问；

⑦ 可进行不同的编程授权。

值得一提的是安全运动控制（Safe MC）系统越来越受到重视。在集成了安全技术的安全运动控制系统中，对电机运行进行了全状态的安全冗余监控，与安全相关的数据通过安全微处理器在两个通道中传输和处理。最大扭矩、最大速度和行程限制都在安全运动控制系统的内部进行设置。

3．集成安全 PLC 配置

集成安全 PLC 配置方案有三种。

◆ 操作面板是中央控制器，I/O 系统和伺服驱动等组件分布式放置，并通过一个网络连接起来；

◆ 集中控制器集成在更高层的公司网络中，可以与外界通信。通过公司网络可以从设备的控制器读取数据或发布命令，与伺服驱动和远程 I/O 的通信可以通过内部通信总线实现；

◆ 工业 PC 集中处理所有自动化任务，外围 I/O 模块及伺服驱动通过网络及现场总线连接在一起，本地或远程的显示单元用来操作及显示。

2.3　人机界面系统

人机界面（Human Machine Interface，简称 HMI）系统是使用者与机器间沟通、传达及接收信息的一个接口，它包括嵌入式硬件平台、操作系统和组态软件，其核心功能是显示信息。目前，人机界面的功能已从最初的参数显示发展为人机对话、过程分析和系统控制，在工业自动化领域得到了广泛的应用。

人机界面系统是用于与工业控制设备（如 PLC、变频器、工业仪表仪表等）相连，通过输入单元（如触摸屏、键盘、鼠标等）写入工作参数或输入操作命令，实现人与机器信息交互的数字设备。人机界面产品由硬件和软件两部分组成，硬件部分包括处理器、显示单元、输入单元、通信接口、数据存储单元等，其中处理器的性能决定了 HMI 产品的性能，是 HMI 的核心单元。HMI 系统软件一般分为两部分，①运行于 HMI 硬件中的系统软件；②运行于计算机中的画面组态软件。一般来说，使用者须先使用 HMI 的画面组态软件制作“工程文件”，再通过 PC 和 HM 的串行通信口，把编制好的“工程文件”下载到 HMI 的处理器中运行。人机界面系统结构如图 2-15 所示。

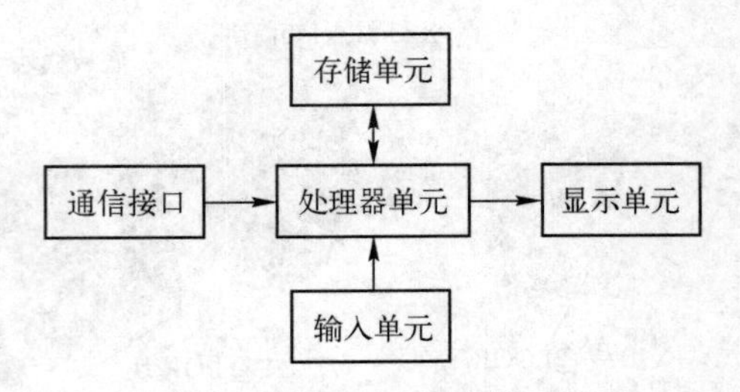

图 2-15　人机界面系统结构

一般来说，不同品牌的人机界面系统都有多种规格可供选择，贝加莱人机界面系统特别是紧凑智能型 Power Panel 系列集成了 PLC 的所有功能，可扩展 I/O、集成运动控制功能、开放的总线接口，组成 Panel-based 的控制系统，即整个系统的控制核心是面板，借助于 Automation Studio 对控制、显示、通信等多个目标编程，使整个控制系统的结构更加紧凑，应用于中大型控制项目。

典型的 Panel-based 的控制系统结构如图 2-16 所示。在这个系统中，控制、显示、操作任务都在 Power Panel 400 上完成，远程 I/O 和运动控制通过 CAN、Ethernet Poerlink 或其他网络与 Power Panel 400 相连，Power Panel 400 实质是作为中央数据管理器，可移动的 Moile Panel 和其余的 2 个 Power Panel 300 单元作为终端完成显示与操作任务。

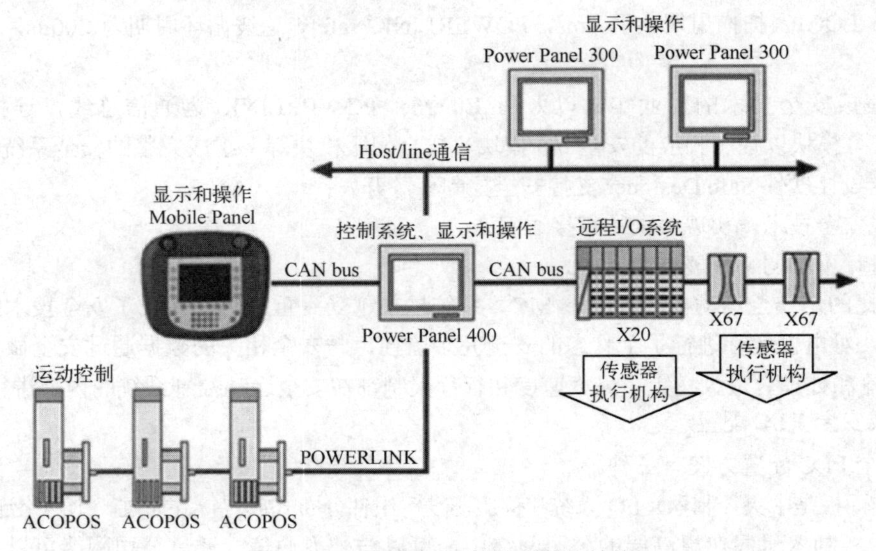

图 2-16　Panel-based 的控制系统结构

对于可视化系统，无论是触摸屏、还是功能键，或是两者的结合，为用户提供操作的舒适性非常重要。可视化系统模块也是系列化、模块化的，这便于用户的选型。

每个级别都具有各自显著优势，HMI 产品等级排列如图 2-17 所示。

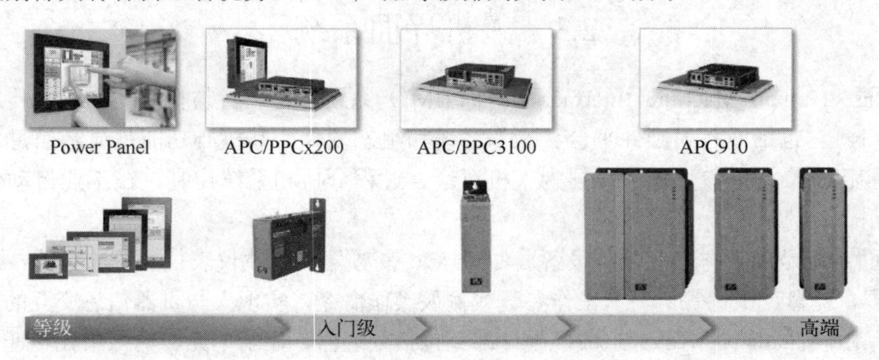

图 2-17　HMI 产品等级排列

Automation Panel 具有统一的系统平台，其优势在于易于更新至新技术，灵活的服务工作，面向所有应用的设计自由。Panel PC 900、Panel PC 2100、Panel PC 3100 系列模块具有强大的处理器（Intel Atom 单核、双核、四核，第七代 Intel Celeron 和 Core i 处理器、最大 32 GB SDRAM），操作系统兼容：Windows 10 IoT Enterprise、Windows 7、Automation Runtime Embedded、Automation Runtime Windows、Linux，典型可视化系统模块的正面与背面接口如图 2-18 所示。

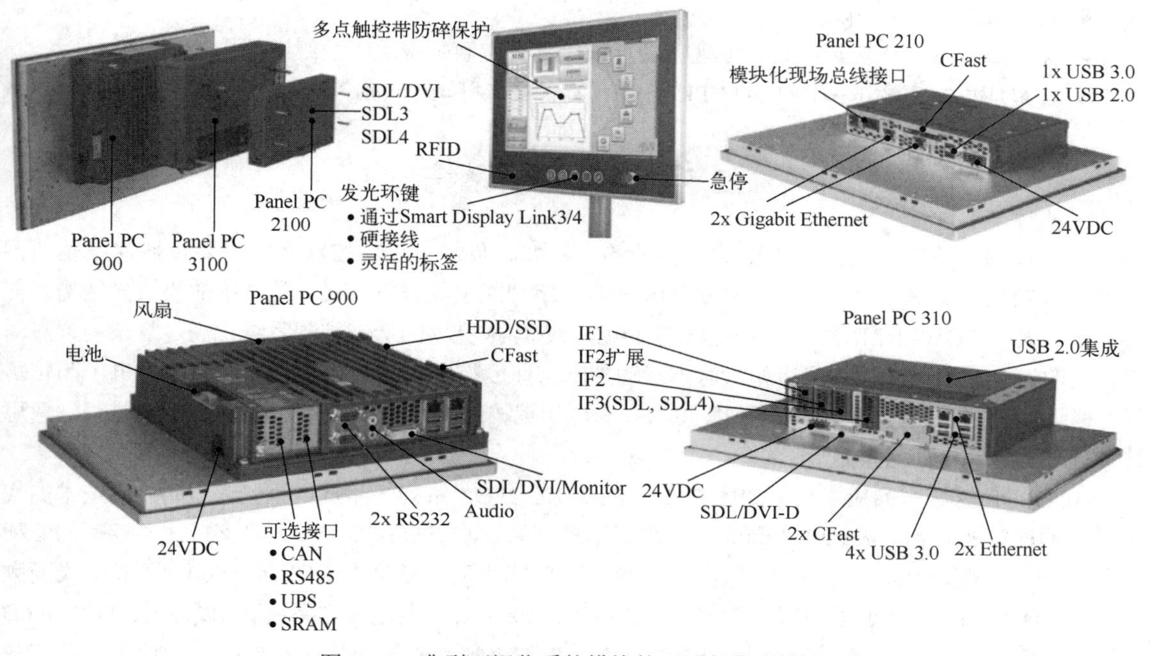

图 2-18　典型可视化系统模块的正面与背面接口

2.4　工业 PC

工业 PC 采用模块化的结构，具有众多的接口、插槽，采用 Intel Pentium M 处理器和 Celeron M 处理器，具有强大的数据处理功能，系统组件无电缆连接，集成了先进的显示技术，显示器类型包括触摸屏、按键屏和按键式触摸屏，并可兼容标准的显示器，可实现多屏显示。

1．典型的工业 PC

典型的以工业 PC 为核心的控制系统结构如图 2-19 所示。工业 PC 从入门级到高端级，能够满足各种需求的设备。

2．工业 PC 的优势与特点

- 坚固：高品质，轻松应对严苛工况；
- 强大：强大的处理器技术；
- 可靠：专业设计，定制和组装；
- 可扩展的计算能力；
- 最佳能效：无风扇的 Celeron 和 Core i3，i5；

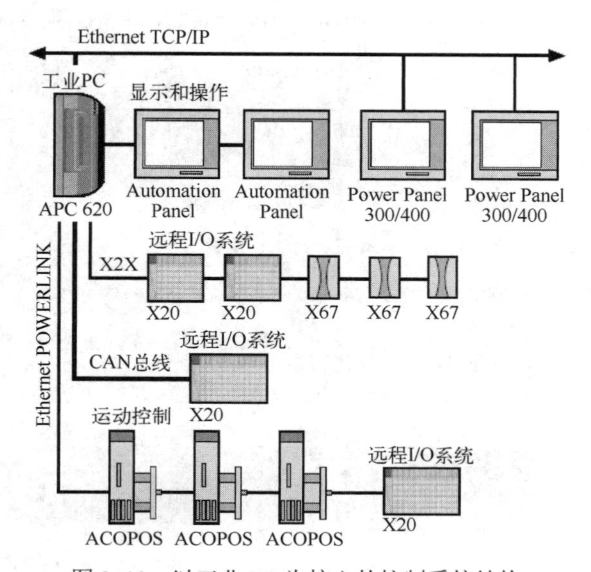

图 2-19　以工业 PC 为核心的控制系统结构

- 高性能图形；
- 操作系统：Windows 10 IoT Enterprise，Windows 7，Linux；
- 可扩展的性能：最佳能效，性价比高；
- 可配置的接口插槽：1 至 5 槽；
- 维护控制器：系统监控；
- 可集成 UPS；
- 无风扇运行：优化热分布，处理器功耗低，具有宽温范围的工业级组件；
- 在最坏情况下测试：100%的 CPU 负载，所有接口可操作，所有插槽可使用。

2.5　运动控制系统

运动控制系统广泛地应用于工业控制的各个领域。贝加莱运动控制系统主要包括伺服驱动器 ACOPOS 模块、伺服电机、PLC。ACOPOS 是全数字智能型伺服驱动器，是紧凑的模块式结构，支持工业以太网 POWERLINK 通信，能够与 PLC 一起组成完整的运动控制系统，满足复杂的、高动态特性的运动控制要求，实现诸如点对点运动控制、速度控制、扭矩控制、电子齿轮、电子凸轮仿形、横切、飞锯、色标控制、鼓序列发生器、套色纠偏控制等任务。ACOPOS 来源于希腊语，意思是“毫不费力，轻而易举”。

ACOPOS 家族产品应用场景如图 2-20 所示。ACOPOS 系列产品是当今先进运动控制技术的代表，ACOPOS 驱动器、ACOPOSmulti（多轴运动控制）、ACOPOS P3（最大可支持 3 轴连接的驱动单元），ACOPOSmotor（支持 IP65 防护等级的背包式驱动系统）、ACOPOSinverter（书本式变频器）、ACOPOSmicro（小型伺服驱动器）、ACOPOStrak（柔性电驱输送系统），以及 ACOPOS 6D（平面磁悬浮技术）等，整个运动控制家族继承了贝加莱独到的控制算法与智能的设计思想，这些驱动与电机系统都有非常强的算法设计与执行能力，配合以 POWERLINK 实时以太网，可以实现高精度的电子齿轮、电子凸轮同步，提供更为光滑的运动控制曲线，降低机械振动冲击，提高设备寿命。另外，运动控制不仅涵盖伺服驱动，而且将液压控制、气动、CNC 和机器人纳入同一运动控制协同架构，使得整个机器可以实现全局的高速协作。

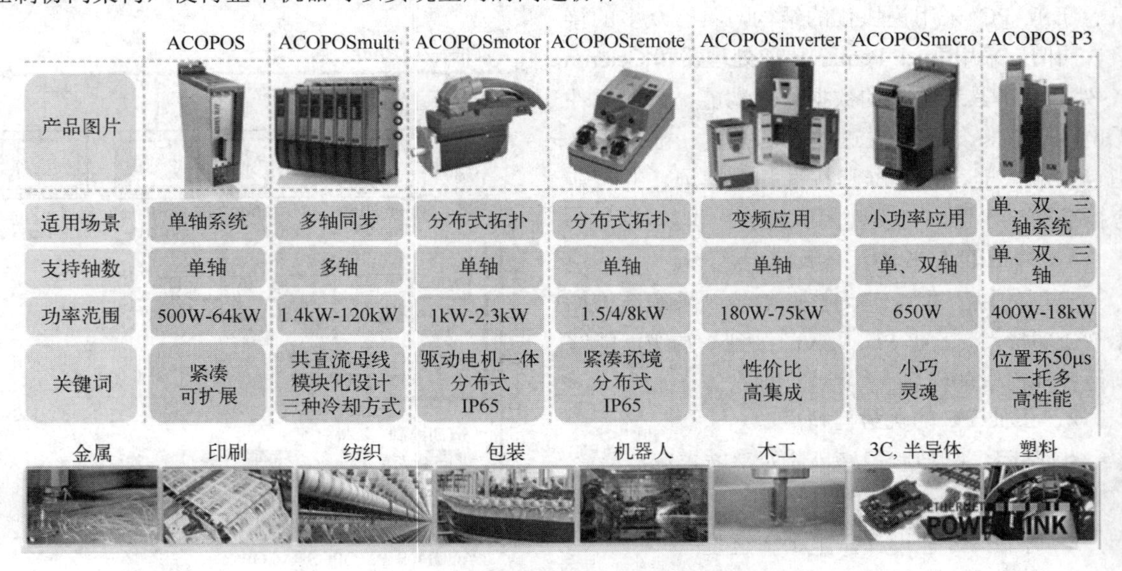

图 2-20　ACOPOS 家族产品应用场景

2.5.1 运动控制方案

（1）紧凑型运动控制方案

紧凑型、模块化的运动控制方案具有如下特点：①模块化机器架构，在单独轴之间最大间距可达 100m；②直线结构最小化接线长度；③不需要添加基础组件；④驱动控制循环与 PLC 程序同步。紧凑型运动控制方案的系统结构如图 2-21 所示。

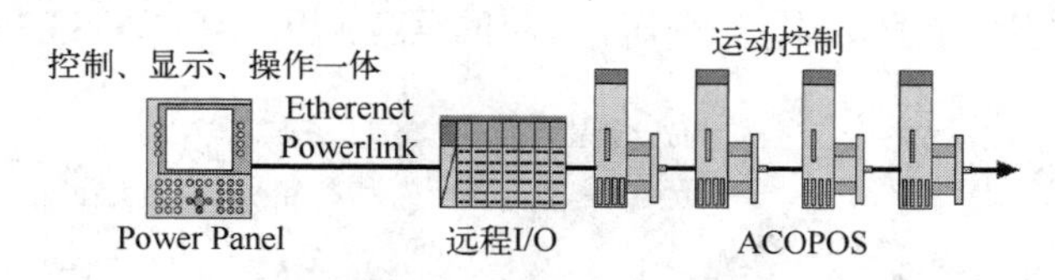

图 2-21 紧凑型运动控制方案的系统结构

（2）扩展型运动控制方案

扩展型、模块化的运动控制方案具有如下特点：①模块化机器架构，最多可带 253 个轴；②星形结构优化接线；③不用将网络分成快速通道和慢速通道，在一个网络中能够实现或快或慢的扫描速率；④驱动控制循环与 PLC 程序同步。扩展型运动控制方案的系统结构如图 2-22 所示。

（3）以驱动器为核心的运动控制方案

控制器位于 ACOPOS 伺服驱动的中心，驱动器经 CAN 总线相连并互相保持同步，从而实现了除简单的点对点运动控制以外的复杂运动控制，如电子齿轮。以驱动器为核心的运动控制方案的系统结构如图 2-23 所示。

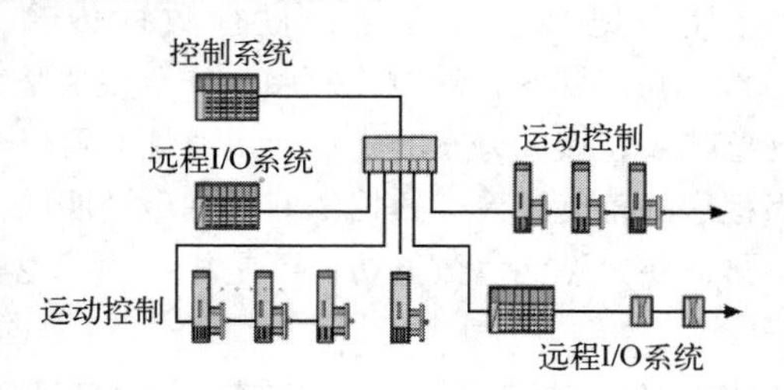

图 2-22 扩展型运动控制方案系统结构

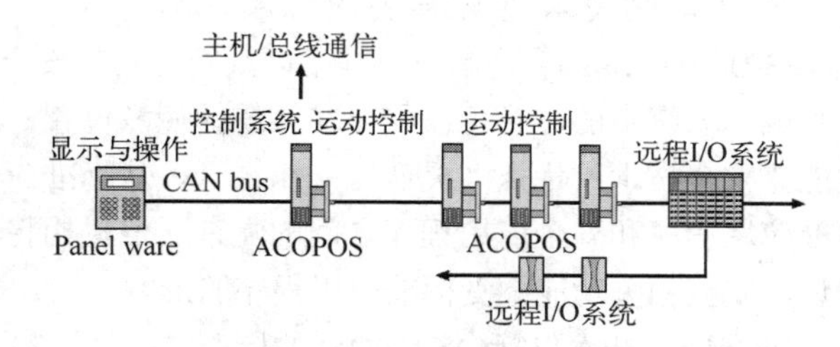

图 2-23 以驱动器为核心的运动控制方案系统结构

2.5.2 典型 ACOPOS 模块

ACOPOS 和 ACOPOSmulti 伺服驱动器使用了偏置电流故障安全装置。它的原理是，非激活状态（掉电）是安全状态，IGBT 掉电后将进入安全重启抑制状态。根据 IEC 61800-5-2 标准，安全驱动功能需要使用编码器。模块数据通过安全传输协议传输，并使用安全数据类型在安全应用程序中访问。

ACOPOS 系列伺服驱动器为运动控制提供了通用的解决方案，它分为普通型、智能型、安全型，以高精度加快了生产周期，提高了生产质量，增加了产量。

（1）ACOPOSmulti 共直流母线应用

共直流母线技术基于通用逆变装置，采用交－直－交变频方式，当电机处于制动状态时，其制动能量反馈到直流侧。为更好地处理反馈制动能量，把各逆变单元的直流侧连接起来。共直流母线技术的优势在于大大减少制动单元的重复配置，直流母线电压恒定，电容并联储能容量大。电动机工作在不同状态下，能量回馈互补，优化了系统的动态特性。共直流母线技术的应用，如断电保护（同步停车）。

ACOPOSmulti 多轴系统特点：

◆ 轻松接线：电源和 4V 连接器只需“卡入”并固定即可，可插拔的电机和编码器连接器易于固定；

◆ 工业控制柜结构：预安装的安装板和底板模块；

◆ 易于维护：通过软件自动配置。

（2）ACOPOSmotor 的紧凑环境应用

ACOPOSmoto 可实现一个驱动器、三个伺服电机的紧凑应用，ACOPOS P3 模块如图 2-24 所示。

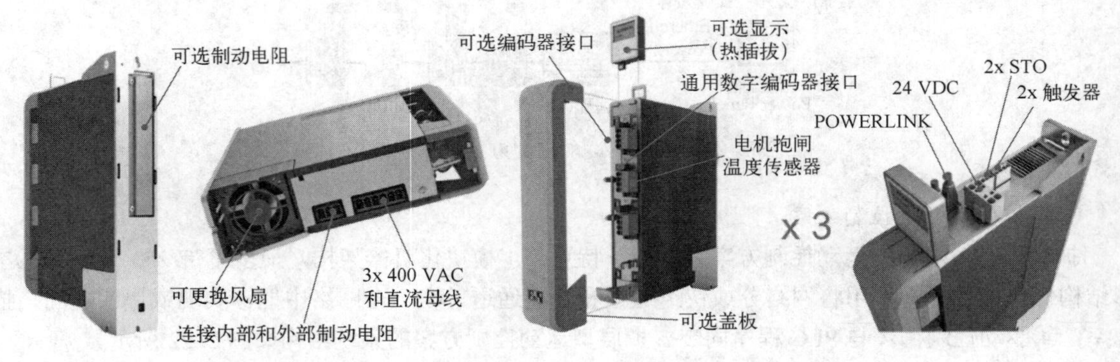

图 2-24　ACOPOS P3 模块

2.5.3　POWERLINK Safety 系统

安全总线技术将必要的线缆精简到一根，允许使用现有的基础结构进行数据传输。POWERLINK Safety 是第一个基于以太网的实时安全总线，可以实现快速响应。由于安全模块是完全集成在系统中的，且可以安装在系统的任意位置，这意味着硬接线方案的优点（快速性）可以与智能化安全技术的优点（灵活性）相结合。从标准应用程序的角度来看，数据访问是完全透明的，标准应用程序和安全应用程序之间的复杂通信机构将不再需要。然而，数据访问不是相互的，也就是说，安全相关功能不受标准应用程序的影响。

安全驱动技术包括 ACOPOS 的标准安全技术和 ACOPOSmulti 的安全运动控制，在 ACOPOS 和 ACOPOSmulti 上可以通过“使能端”来实现符合 EN954-1 标准的安全重启抑制功能。安全功能如安全限速可以直接通过网络启动，安全相关信号和驱动器之间的硬接线方式已经成为过去，取而代之的是使用 SafeLOGIC 通过网络传输信息。

根据标准 IEC 61800-5-2 的规定，ACOPOSmulti 可以使用以下安全驱动功能：

● 安全扭矩关闭（STO）：不给电机供电使其无法主动转动（或直线电机无法主动直线移动）或者由 PDS（PR）关闭电机。PDS（PR）不给电机供电，电机无法产生扭矩（或直线电机的驱动力）。如果有外部作用（例如，悬挂负载），则需要采取进一步的措施（如机械抱闸）来防止事故发生。

● 安全停止 1（SS1）：停止电机时，使用设定范围内的减速度来启动电机减速并监控减速过程，并且当电机速度低于某个设定限位时启动 STO 功能；或者启动电机减速，并在一定时间的延时后启动 STO 功能，延时时间由应用程序设定。SS1 功能触发后，监控减速度并启动定时器。如果电机开始加速，则自动激活 STO 功能，或者在定时器设置时间到达后启动 STO 功能。SS1 功能触发后，启动定时器，定时器设置时间到达后启动 STO 功能。如果在这之前电机开始加速，STO 功能仍然会等定时器设置时间到达后才启动。

● 安全停止 2（SS2）：停止电机时，使用设定范围内的减速度来启动电机减速并监控减速过程，并且当电机速度低于某个设定限位时启动 SOS 功能；或者启动电机减速，并在一定时间的延时后启动 SOS 功能，延时时间由应用程序定。SS2 功能触发后，监控减速度并启动定时器。如果电机开始加速，则自动激活 STO 功能。当定时器设置时间到达后启动 SOS 功能。SS2 功能触发后，启动定时器。当定时器设置时间到达后启动 SOS 功能。如果在这之前电机开始加速，STO 功能仍然会等定时器设置时间到达后才启动。

- 安全操作停止（SOS）：SOS 功能可以防止电机从停机位置偏离过一定距离。PDS（SR）为电机提供抵抗外力的能量
- 安全限速（SLS）：SLS 功能可以防止电机速度超过设定的速度限制。
- 安全制动控制（SBC）：SBC 功能可以提供安全输出信号来控制外部制动。
- 安全方向（SDI）：SDI 功能可以防止电机轴往非预期的方向运动。

除此之外，集成安全系统还具有一些其他功能：

- 安全抱闸测试（SBT）；
- 安全回零；
- 安全抱闸控制（SBC）；
- 安全速度观察（SSO）；
- 安全编码器安装观察；
- 安全保持位置（RSP）；
- Blackout 模式；
- SafeMOTION 的安全节点参数。

2.5.4 运动控制系统设计、服务和调试

运动控制系统设计的核心是智能、紧凑、安全，要以尽可能低的总成本实现高性能。传统设计的运动控制系统结构遇到的问题是单独诊断和单独访问、复杂性难以管理、供应商负责组件。

集成自动化解决方案使得运动控制系统设计具有优势：便捷的服务（下载 FW/OS、安全和驱动器参数）、系统诊断管理器处理所有诊断（硬件和软件）、完全访问也可以远程进行。

2.6 柔性制造的电驱系统

柔性制造主要包括柔性制造单元、柔性自动生产线、柔性制造系统、柔性制造工厂。柔性制造系统是实现智能制造的关键部件，可助力批量为 1 的柔性生产线，包含柔性电驱系统 SuperTrak、柔性电驱系统 ACOPOStrak。

柔性制造技术基于直线电机，可以单独控制轨道上的每个滑块，用户在轨道布置设计中享有完全的自由。该系统包括动子滑块、导轨、定位传感器、电源和信号电子设备以及软件。滑块由永磁体固定在轨道上，可以在生产过程中即时更换。灵活的轨道设计使其可以实现“维修道”，即在此轨道上可以将滑块换出进行维修或批次更换，而在其余轨道上可以全速生产，这就使得换型时间变得特别短，并大大增加了 OEE 的时间开动率。轨道系统设计最高速度为 4m/s，滑块间最小距离为 50mm，提高了生产率和快速投资回报。滑块停止的重复精度：直线段为±10μm，曲线段为±25μm，如此精度处理可确保非常高的生产质量。另外，这种柔性制造系统具有 IP69K 防护等级，IP69K 防护等级的产品可用于干燥和潮湿的复杂安装区域，可防尘，防高达 80℃的水进行高压和蒸汽喷射清洗，这些特性意味着智能轨道系统可用于制药、食品饮料行业以及一次包装。它与智能化系统软件 mapp Trak 配合具有三个关键特性：面向过程编程、集成防撞功能以及自动生成数字孪生。这种柔性制造轨道系统可以实时地对产品进行合流和分流（如在运行中剔除有缺陷的产品），

可以灵活地将产品分成用户定义的套装或实现批次为 1 的包装。高柔性使用户可以构建容错的机器和工厂，如果加工工位发生故障，操作员只需禁用它即可，轨道系统就会停止将产品输送到该工位，这对 OEE 的时间开动率和良品率都会产生积极的影响。

2.6.1 柔性电驱系统 SuperTrak

SuperTrak 常是封闭的椭圆形，但也可以进行开放式布置。SuperTrak 可以单独控制轨道上的每个滑块，滑块配备永磁体，对应于常规伺服电机的转子。该系统硬件包括导轨、定位传感器、电源和信号电子设备。

SuperTrak 的工作方式：滑块装有能产生磁通量的永磁体，从而产生电机定子方向上的吸引力。定子本身由一系列线圈组成，电流施加到线圈上以产生受控的正向推进力。对于每个线圈，系统都会生成一个独立电流控制环路以及一个位置和速度控制环路。即便是没有电流的时候，滑块也不会掉落轨道，因为磁铁固定在定子的铁芯上。

滑块性能：速度为 4m/s，最大推进力为 160N，长 152mm，最小产品间距为 154mm。由于每个滑块都是独立控制的，因此它们还可以输送不同的载重，每个加工托盘根据实际载重不同，可以在 2 个磁体或 3 个磁体之间进行选择。通过参数结构可以同时处理不同的载重，并且动态响应载重的变化，如装载和卸载。滑块具有红外识别系统，SuperTrak 不仅可以检测滑块，自动检测轨道上有多少滑块以及它们在哪里，还能识别它们，知道具体是哪个滑块。每次启动 SuperTrak 系统时，都会对所有滑块进行定位，并分配随机数，只要控制器正在运行，这些数字就会保留，但是在重启时会丢失。如果不允许这样做，则需要使用红外识别解决方案为它们分配唯一的 ID。

轨道分为直线段、曲线段。电子设备在轨道下方，电机（即，一系列线圈）在黑色轨道表面的后面，可以配备两种类型的导轨：在轨道表面下方的平面导轨、在其上方的 V 形导轨。

SuperTrak 系统的核心是 APC910，具有如下特点：

- SuperTrak 集成了多种智能控制功能；
- 足够的计算能力来控制其他组件，如机器人；
- 易于添加其他模块；
- 与外部硬件实现硬实时同步。

SuperTrak 系统很容易在个人 PC 或笔记本电脑上进行仿真，仿真和实际系统一样进行配置和编程，可以在 Scene Viewer 中查看滑块运动以及其他机器组件运动的三维可视化图像。对仿真中看到的内容感到满意后，只需单击几下即可将应用程序代码传输到实际系统中。SuperTrak 数字孪生可以在项目的早期阶段将风险降至最低，可以在安装实际系统之前很久就开始开发，在运行期间，可以使用数字孪生机进行维护或测量效率。

2.6.2 柔性电驱系统 ACOPOStrak

ACOPOStrak 也是基于直线电机技术的智能输送系统，用户在轨道布置设计中享有完全的自由。ACOPOStrak 可以单独控制轨道上的每个滑块，滑块配备永磁体，对应于常规伺服电机的转子。该系统还包括导轨、定位传感器、电源和信号电子设备以及软件。

ACOPOStrak 段之间可以平滑过渡而不会出现曲率跳跃，有四种轨道段：直线段、圆弧段、曲线段、段连接。ACOPOStrak 四种轨道段如图 2-25 所示。

直线电机段与直线导轨配合在一起组成柔性生产线。45° 导轨需要两个曲线段：一个向左弯曲，一个向右弯曲；90°、135° 和 180° 导轨，需要两个或三个额外的圆弧段。180° 的导轨对应于五个电机段。ACOPOStrak 轨道布局案例如图 2-26 所示。

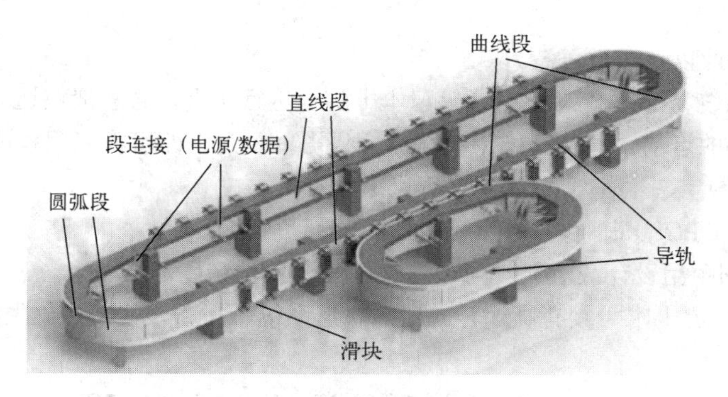

图 2-25　ACOPOStrak 四种轨道段

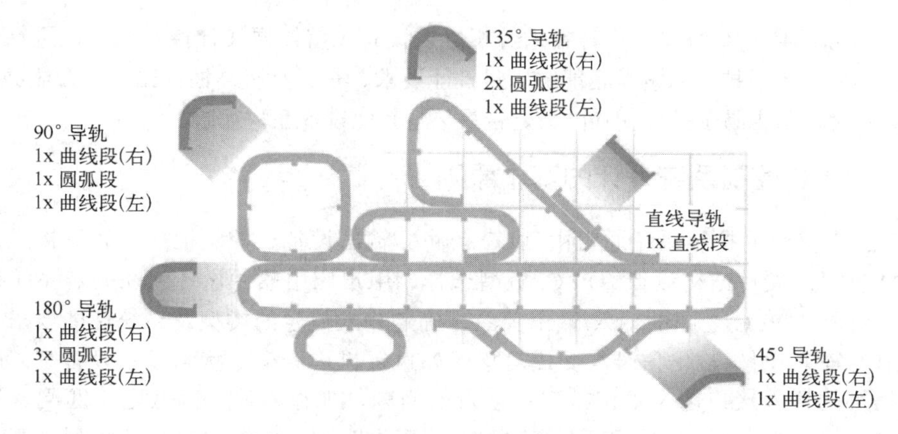

图 2-26　ACOPOStrak 轨道布局案例

高速转向器采用全电子转向技术助力于实现产品全速合流、分流，其可放置在轨道上的任何位置，且无磨损，免维护。滑块每一侧都有一块磁铁，当滑块恰好位于两个电机之间的中间时，它们的吸引力相互抵消。通过在电机线圈中生成特殊的电流模式，能够减弱一侧的吸引力，而增强另一侧的吸引力，这会产生一个净力，该净力使滑块移向所需的电机定子。随着滑块和定子之间的间隙缩小，存在正反馈回路，该反馈回路进一步增加了吸引力并将滑块拉到该侧。这就是高速转向器的工作原理。

ACOPOStrak 使用 60 伏直流母线工作，可以水平、垂直或倾斜安装，ACOPOStrak 可提高单位时间的生产率。ACOPOStrak 的速度为 4m/s，额定载重下最大加速度为 5*g*，滑块的动态特性取决于滑块的类型、载重及其总体重心。两个滑块之间的最小间距为 50mm。

ACOPOStrak 可实时地对产品进行合流和分流，用户可以灵活地将产品分成用户定义的套装或实现批次为 1 的彩虹包装。ACOPOStrak 具有零停机换型的关键技术，这种智能输送系统将 OEE 的可用性组成部分提升到批次为 1、大规模定制化且有利可图。

ACOPOStrak 的柔性使用户可以构建容错的机器和工厂，如果加工工位发生故障，操作员只需禁用它即可，ACOPOStrak 就会停止将产品输送到该工位。

如同链条的强度由其最薄弱的链节决定，传统机器的速度也由其最慢的加工工位决定。智能轨道系统消除了这一限制。通过增设多个、最慢加工工位的并行实体可使生产率倍增，确切的数量取决于最快和最慢工位之间加工时间的差异。借助于 ACOPOStrak 智能轨道技术，可以以前所未有的效率进行负载平衡的并行加工。

对于具有最高卫生要求的行业，ACOPOStrak 提供 IP69K 防护等级，可防尘，防高达 80℃的水进行高压和蒸汽喷射清洗，可用于干燥和潮湿的复杂安装区域。这些特性意味着智能轨道系统可用于制药、食品饮料行业以及一次包装。

ACOPOStrak 系统易于在个人 PC 或笔记本电脑上进行仿真，查看滑块运动的二维和三维可视化以及其他机器组件的运动。对仿真结果满意后，只需单击几下即可将应用程序代码传输到实际系统中。ACOPOStrak 数字孪生使项目的风险降至最低。

SuperTrak 与 ACOPOStrak 比较如下。

SuperTrak：坚固耐用设计载重大，同时具有±10μm 定位精度。

ACOPOStrak：世界上唯一具有高速转向器的轨道系统，是新一代柔性化生产线代表。

2.7 PLC 控制系统设计与硬件配置

设计一个新的控制系统，在进行需求分析之后，首先就需要设计控制结构，进行硬件选型配置，这关系到所设计的控制系统是否能够满足性能要求、是否具有高性价比、是否能够可靠运行、是否具有健壮性、是否易于扩展新功能、是否易于与其他设备互联互通。

2.7.1 PLC 控制系统设计的基本原则

以 PLC 为核心的控制系统通常由 PLC、输入/输出设备、控制柜（台）等构成，系统的方案设计主要包括：硬件结构设计、PLC 机型选择、用户应用软件设计。在确定系统控制方案前要明确受控对象与 PLC 之间的输入/输出关系，确定输入信号的类型及系统性能要求（如精度、稳定度、速度等），明确输出信号与受控对象（如执行机构类型、状态显示设备等）的关系，并考虑这些信号的输入接口以及输出接口所涉及的问题，如输入信号高低电平匹配、波特率等参数要求，输出信号与执行机构的匹配等。同时，还要考虑输入/输出信号的类型（开关量、模拟量），根据 I/O 信号的数目和精度选择 I/O 模块。对于控制规模较大的控制网络，需要分析上位机、下位机各自承担的任务，以及相互之间的关系、通信方式、网络协议、传输速率、传输距离、功能要求等。对可靠性要求极高的系统，应考虑是否采用冗余技术的控制系统或者热备份系统。对于特殊功能要求的系统，如 PID 闭环控制、快速响应、高速计数和运动控制等，选用有相应功能模块的 PLC 机型。

设计 PLC 控制系统时应遵循以下基本原则：

① 全局性原则：在满足控制任务的全部要求的条件下，应从整个控制系统的全局考虑设计控制系统。如各组成部分相互之间的协调如何进行，如何保证整个系统能够优化操作等。

② 可靠性原则：可编程控制器控制系统的可靠性是保证系统正常运行的基础。因此，设计原则是所组成控制系统能够长期、稳定和可靠运行。为此，对各组成部分应进行可靠性分配，了解产品可靠性和技术服务质量，对必要组件要设置冗余措施等。可靠性设计应贯穿整个设计过程、安装过程和运行过程。

③ 可扩展性原则：系统设计留有裕量，能够满足后续生产发展和工艺改进需求。

④ 先进性原则：应选用技术先进，产品质量好，有应用实例的产品组成控制系统，保证系统在一定时间内具有先进性，同时，在设计阶段仍有较高性能价格比。

⑤ 备品备件最小化原则：选用已经在实际应用中有成熟操作经验的产品组成控制系统可以减少备品备件，它不仅有利于降低维护成本，也有利于降低对维护人员的技能要求。还应注意防止单纯为了与原有系统的统一而不能获得已经不生产的备品或备件所带来的问题。

⑥ 经济性原则：不仅要考虑初期投资费用低，组成的控制系统有较高性能价格比，还要能够降低维护成本。为此，要合理配置系统。如用大型可编程控制器还是用多个小型可编程控制器组成分散控制系统，权衡利弊，从市场经济出发进行控制系统的设计。

⑦ 技术支持原则：应选用有技术服务、有备品备件的 PLC 产品来组成控制系统。如技术资料是否容易获得；控制系统是否简单，并容易为操作人员所掌握；售后服务能否及时获得；备品备件需要多长时间能够获得等。

值得指出的是，在保证满足控制任务要求的全部功能的基础上，尽可能将自检、报警，以及安全保护等功能纳入设计方案，使系统的功能更加完善、运行更加安全。同时，在成本造价允许的条件下，不仅要尽可能选择高可靠性的元部件和设备，还要考虑系统的主负载和使用场所。在运行条件恶劣的场合，设计合理的控制系统结构（如采用冗余或容错结构设计），选用能适应恶劣条件的 PLC 模块，采取相应的保护设施等。这样虽然会增加系统的投资成本，但会降低系统整个寿命周期的成本。另外，控制系统技术的整体美观性也是硬件设计时应综合考虑的因素。

2.7.2 PLC 控制系统硬件的配置设计

以 PLC 为核心的控制系统的硬件配置设计涉及如下几个方面：

（1）PLC 机型选择

PLC 生产厂家、种类繁多，各个品牌的 PLC 产品性能优势不同，产品功能、价格、可靠性方面也有一定的差异。选用 PLC 机型应从系统性能要求、特殊功能、结构、I/O 点数、存储容量、复杂度、控制精度、用户要求等方面来综合考虑，以求获得一套优化的控制系统综合指标，并保证系统具有高可靠性、安全性、使用维护方便、性价比优良。

在 PLC 机型选择时注意这样几个方面：对于 I/O 点数少，且主要为开关量控制，工艺要求固定，环境条件较好，维修量较小，投资较少的应用场合，倾向于选用整体式或紧凑式的 PLC。对于主要是开关量逻辑控制任务，或还有少量模拟量控制的任务，若控制速度无特殊要求，通常选用低档机型的 PLC。对于控制复杂度高、控制精度、控制速度要求高的任务，如要求实现 PID 控制、高速运动控制、网络通信等，斟酌控制规模及复杂程度选用中档或高档机型的 PLC。高档机型主要用于大规模的过程控制、分布式控制系统、整个工厂的自动化等。在同一个 PLC 控制系统或控制网络中，尽量选用同一品牌机型的 PLC。这样做带来的好处是，一方面，同一品牌的 PLC 编程方法统一，有利于技术的培训和技术水平的积累与提高，有利于对 PLC 性能的深入理解和功能的进一步开发；另一方面，同一品牌的 PLC 其外部设备通用，可资源共享，有利于组成多级分布式 PLC 控制网络，信息互通，集中管理；第三方面，同品牌机型 PLC 模块可互为备份，给产品、器件的采购和管理带来了极大的方便。此外，还要考虑选择编程器的种类以满足在线编程的需要。

（2）估算 I/O 点数

以 PLC 为核心的控制系统的 I/O 点数是系统控制规模的重要指标，它与系统功能要求及系统所处现场的输入/输出设备有关。如 1 个单线圈电磁阀通常需要 2 个输入点及 1 个输出点，而 1 个双线圈电磁阀需要 3 个输入点及 2 个输出点。又如直流电机调速控制系统的 PLC 的输入除考虑主令信号外，还需考虑合闸信号、传动装置综合故障信号、抱闸信号、风机故障信号等。在估算 I/O 点数时，应该有 10%～15%的设计余量，以备改进和新功能的添加。一些高密度的输入模块对同时接通的输入点数有限制，对输出模块的驱动能力有限制，I/O 模块选型时应予考虑。另外，环境温度对 PLC 的输出电流也有影响。

（3）I/O 模块选用

PLC 的 I/O 模块选用时要考虑模块的工作电压以及外部接线方式。对于输入模块，工作电压要考虑现场输入信号与 PLC 输入模块距离的远近，距离较远的设备应选用较高的电压模块，若采用直流 24V 供电，其传输距离不宜太远。对于高密度的输入模块，允许同时接通的点数还应该考虑输入电压和环境温度。对于输出模块，有继电器、晶体管和晶闸管三种模式。对于开关频繁、功率因数低的感性负载，可选用晶闸管式和晶体管式输出，但其过载能力低，对感性负载断开瞬间的反向电压必须采取抑制措施。继电器式输出模块适合应用于在输出变化频率低的场合，其价格也比较便宜。在选用输出模块时，不但要考虑其输出通道的驱动能力，还要综合考虑整个模块的满载能力，即输出模块同时接通点数的总电流值不得超过模块规定的最大允许电流。对功率较小但 I/O 集中的系统，如普通机床，可选用低电压高密度的 I/O 模块，对功率较大但 I/O 分散的系统，如配送料系统，可选用高电压低密度的基本 I/O 模块。

（4）估算用户程序存储容量

用户应用程序占用多少存储容量涉及许多因素，如 I/O 点数、控制要求、复杂度、运算处理速度、数据量、程序结构等。在程序设计之前对用户程序存储容量进行大致估算可作为机型选择及存储卡选择的参考。选择 PLC 的存储卡时要留有较大的余量。

（5）专用功能模块选用

除了开关量信号之外，工业控制还涉及对温度、压力、液位、流量、行程等过程变量的检测和控制，保证系统控制功能的实现尤为重要。各 PLC 品牌都提供不同系列的专用功能模块，如模拟量的输入/输出模块、温度模块、PID 模块等。此外，还有位置控制、脉冲计数、网络通信等模块。

（6）I/O 分配

为了便于接线，易于维护，事先要对 I/O 点进行分配，编制 I/O 分配表，绘制 PLC 的 I/O 端口接线图。在分配 I/O 点编号时，尽量将同类的信号集中编号。

（7）编程功能

可编程控制器的编程有两种方式：

① 离线编程方式：可编程控制器和编程器公用一个 CPU，编程器在编程模式时，CPU 只为编程器提供服务，不对现场设备进行控制，完成程序编制后，CPU 切换到运行模式。离线编程方式可降低系统成本，但使用和调试不方便。

② 在线编程方式：可编程控制器和编程器有各自的 CPU，主机 CPU 负责现场控制，并在一个扫描周期内与编程器进行数据交换，编程器把在线编制的程序或数据发送到主机，下一个扫描周期，主机就能根据新收到的程序运行。这种方式成本较高，但系统调试和操作方便。

（8）诊断功能

可编程控制器的诊断功能包括硬件和软件的诊断。可编程控制器诊断功能的强弱直接影响对操作和维护人员技术能力的要求，并影响平均维修时间。硬件诊断通过硬件的逻辑判断确定硬件的故障位置。软件诊断分内诊断和外诊断。通过软件对可编程控制器内部的性能和功能进行诊断是内诊断，通过软件对可编程控制器的 CPU 与外部输入/输出等部件信息交换功能进行诊断是外诊断。

（9）控制功能

可编程控制器的控制功能包括运算功能、控制功能、通信功能等。运算功能包括：逻辑运算、计时和计数、数据移位、比较运算、代数运算、数据传送、PID 运算、译码和编码运算、数制转换等。控制功能包括：PID 控制、前馈补偿控制、比值控制、单回路或多回路控制器的模拟量、智能控制等。通信功能包括：支持多种现场总线和标准通信协议，能与工厂管理网络连接，能组成开放的通信网络。

2.7.3 PLC 控制系统的安装

PLC 的安装环境影响着 PLC 的可靠性及使用寿命，因此需要在某些场合对 PLC 采取保护措施，某些场合需要选用具有特殊保护功能的 PLC 模块。

（1）对 PLC 控制系统的保护措施

工业现场环境通常比较恶劣，各种机器设备相互干扰，电磁辐射强，虽然 PLC 本身具有一定的防护措施，但针对不同的现场环境，还应该采取必要的保护措施来保障系统的可靠运行。

★ 在易遭受到静电、强电磁干扰的应用场合，采取相应的静电防护、电磁场屏蔽的抗干扰措施；

★ 在可能遭受到放射源辐射的应用场合，对辐射源进行屏蔽防护；

★ PLC 安装尽量远离高压设备；

★ 为防止 PLC 系统过热，机架之间的净空间距离需要合理热设计，若 PLC 的外部环境温度较高或 PLC 位于密闭的机箱内，可采用风扇、合理风路等冷却设计措施；

★ 安装 PLC 的机架之间应该有足够的空间供 I/O 布线，布线不应该妨碍散热，也不应该妨碍 PLC 模块的拆装。

（2）对 PLC 控制系统的可靠性影响较大的场合

在如下的工作环境中，或选用有特殊保护功能的 PLC 模块，或设计特殊的保护措施，否则，不适于 PLC 的可靠运行。

★ 工作环境温度低于 0℃ 或高于 55℃；

★ 温度变化剧烈或有冷凝现象；

★ 工作环境湿度低于 10%或高于 90%；

★ 工作环境易遭受腐蚀性或可燃性气体侵扰；

★ 工作环境易遭受过度灰尘、盐蚀或金属粉末填充影响；

★ 易遭受到直接冲击或剧烈振动；

★ 直接暴露在日光下；

★ 可能受水、油或化学品侵蚀。

2.7.4 PLC 控制系统的抗干扰设计

PLC 控制系统虽然也可在控制室集中安装，但多数安装在生产现场和各种机电设备上，处在恶劣的电磁环境中。要提高 PLC 控制系统的可靠性，除了 PLC 本身必须采用抗干扰设计，应用方在工程设计、安装施工和使用维护中要采取一系列抗干扰措施，多方配合才能有效增强整体系统的抗干扰能力。在工业环境中，PLC 控制系统干扰主要有空间辐射干扰、传导干扰、PLC 系统内部干扰。PLC 控制系统的干扰噪声按噪声产生的原因不同分为放电噪声、浪涌噪声、高频振荡噪声；按噪声的波形、性质不同分为持续噪声、偶发噪声；按噪声干扰模式不同分为共模干扰和差模干扰。共模干扰是信号对地的电位差，主要由电网串入，地电位差及空间电磁辐射在信号线上感应的共态即同方向电压叠加形成。共模电压通过不对称电路可转换成差模电压，直接影响测控信号，造成元器件损坏。差模干扰是指作用于信号两极间的干扰电压，主要由空间电磁场在信号间耦合感应及由不平衡电路转换共模干扰所形成的电压，这种干扰直接叠加在信号上，影响测量与控制精度。PLC 控制系统抗干扰设计分为硬件抗干扰设计和软件抗干扰设计，其中，硬件抗干扰设计要从抗和防两个方面来抑制和消除干扰源，切断干扰与系统的耦合通道，降低系统对干扰信号的敏感性。

（1）空间辐射干扰的产生原因及抗干扰措施

空间辐射电磁场主要是由电力网络、电气设备、雷电、无线电广播、电视、雷达、高频感应加热设备等产生，通常把这类干扰称为空间辐射干扰。一般来说，辐射干扰与现场设备的分布、设备所产生的电磁场强弱、频率有关，据试验和运行统计数据表明，当空间磁场强度达到 3×10T 时，将会导致计算机的误动作、误算，当空间磁场强度达到 2.4×10T 时，将会导致计算机永久性的损坏。PLC 控制系统的交流 220V 的配电装置中的避雷器和设置的各种屏蔽措施虽然已经大大削弱了来自空间辐射引起的过电压的影响，但仍会有较高的残压尖脉冲通过 PLC 系统的供电电源、变送器供电电源、与 PLC 系统具有直接电气连接的仪表供电电源等耦合通道引入系统。设置屏蔽电缆、PLC 局部屏蔽，以及采用高压泄放、半浮空技术是常用的保护措施。

（2）传导干扰的产生原因及抗干扰措施

系统外引线干扰主要通过电源和信号线引入，通常称为传导干扰，这种干扰在工业现场较为常见。主要有三类：来自电源的干扰、来自信号线引入的干扰、来自接地系统混乱的干扰。

PLC 控制系统的供电电源直接与电网相连，而电网覆盖范围广，负荷复杂多变，因此，交流电网中存在着大量的谐波、雷击浪涌及高频干扰，如电网内部的变化、开关操作浪涌、大型电力整流设备的启停，交直流传动装置（如变频器、软启动器等）引起的谐波、电网短路暂态冲击等，它们都会通过输电线路传输到 PLC 供电电源原边，会对 PLC 控制系统造成干扰。采用电源隔离变压器可以有效地抑制噪声干扰的侵入，而普通变压器因为在一次、二次绕组之间存在分布电容，会将交流电网中的噪声耦合到二次侧，为此必须在绕组间加屏蔽层。目前，专门抑制噪声的隔离变压器已研制成功，这是一种绕组和变压器整体都有屏蔽层的多层屏蔽变压器，它可以切断高频噪声漏磁通和绕组的交链，从而使差模噪声不易感应到二次侧，这种变压器既能切断共模噪声电压，又能切断差模噪声电压，是比较理想的隔离变压器。虽然 PLC 电源通常采用隔离电源，但实际上由于分布参数特别是分布电容的存在，绝对隔离是不可能的。统计数据表明，因电源引入的干扰造成 PLC 控制系统故障的比例较高。

另一方面，干扰信号还会通过信号外引线串入 PLC 控制系统，如通过变送器供电电源或共用信号仪表的供电电源串入电网干扰、信号线感应空间电磁辐射产生的干扰等，这些干扰严重时会导致 I/O 信号工作异常和测量精度降低，极端情况下会引起元器件损坏，对于隔离性能差的系统，还将导致信号间相互干扰，引起共地系统总线回流，造成逻辑数据变化、误动作和死机。PLC 控制系统因信号线引入干扰造成 I/O 模块损坏的故障也时常发生。

此外，来自接地系统混乱的干扰也是 PLC 控制系统故障的原因。接地是提高机电设备电磁兼容性的有效手段之一，正确的接地既能抑制电磁干扰的影响，又能抑制设备向外发出干扰，而错误的接地反而会引入严重的干扰信号，使 PLC 系统无法正常工作。由于 PLC 控制系统的地线包括系统地、屏蔽地、交流地、保护地等，因此还有来自接地系统外引线的干扰。接地系统混乱对 PLC 控制系统的干扰原因主要是因为各个接地点电位分布不均，不同接地点间存在地电位差，引起环路电流。在异常状态下，如雷击时，地线电流将更大。此外，屏蔽层、接地线和大地可能构成闭合环路，在变化磁场的作用下，屏蔽层内会出现感应电流，通过屏蔽层与芯线之间的耦合从而干扰信号回路。PLC 工作的逻辑电压干扰容限较低，逻辑地电位的分布干扰容易影响 PLC 的逻辑运算和数据存储，造成数据混乱、程序跑飞或死机。模拟地电位的分布将导致测量精度下降，引起对信号测控的严重失真和误动作。

对于传导干扰可以采取如下措施加以抑制：

★ 将 PLC 控制系统的开关电源与供电系统的动力电源隔离，采用隔离变压器抑制电网扰动干扰。

★ 隔离变压器容量大于 PLC 控制系统所需容量 1.2～1.5 倍。

★ 外部干扰信号会叠加在模拟信号上，选用屏蔽电缆或带防护的双绞线。

★ 数字脉冲信号频率较高，传输过程中易受外界干扰，选用屏蔽电缆传输。

★ 在 PLC 的电源输入端加接低通滤波器，滤去交流电源输入的高频干扰和高次谐波。

★ 电源是 PLC 引入干扰的主要途径之一，PLC 应尽可能选用电压波动较小、波形畸变较小的电源。

★ 将 PLC 的供电线路与其他大功率用电设备或强干扰设备（如高频炉、弧焊机、大功率电机等）分开。

★ 将 PLC 的输入/输出信号线与动力线分开布置，距离应在 20～30cm 以上，如果不能保证这个距离，将动力线穿套管并将管接地。不允许把 PLC 的输入/输出线和动力线、高压线捆扎在一起，尽量减小动力线与信号线的平行铺设的长度。若由于实际情况限制只能在同一线槽布线时，应用金属板将控制电缆、动力电缆、I/O 信号线隔开并屏蔽。

★ 远距离传输信号，可使用光纤进行传输。

★ 信号电缆按传输信号种类分层敷设。

★ 系统采用正确合适的接地方式。如 PLC 基本单元必须接地；如果有扩展单元，其接地点与基本单元接地点接在同一处；PLC 专用接地点与动力设备的接地点应分开；分散布置的 PLC 控制系统采用一点接地或串联一点接地方式；集中布置的 PLC 控制系统采用并联一点接地方式；PLC 的接地极离 PLC 越近越好，即接地线越短越好。

★ 隔离变压器的屏蔽层要良好接地，次级连接线使用双绞线，隔离变压器的初级绕组和次级绕组应分别加屏蔽层，初级的屏蔽层接交流电网的零线，次级的屏蔽层接直流端。

★ PLC 的控制系统与 I/O 系统分别由各自的隔离变压器供电，并与主电源分开，防止当输入/输出系统断电时影响控制电路的供电。

★ 输入端有感性部件或输出为交流感性负载时，为了防止反电动势损坏 I/O 模块，在交流信号输入端并联 RC 浪涌吸收器或压敏电阻，在直流信号输入端并联续流二极管或压敏电阻浪涌吸收器。

★ 为抑制感应电动势，采用直流输入、在输入端并联浪涌吸收器、在长距离配线和大电流的场合采用继电器转换。

★ 不同类型接地应分别设置，交流地、直流地分开，数字信号地线与模拟信号地线分开。

★ 接地线截面积应尽可能大，以减小地线内阻，输入检测信号线的屏蔽层要在信号接收端接地，输出控制信号线的屏蔽层在被控设备处进行接地。

★ 系统的突然断电会造成严重的后果，可采用 UPS 供电，按照工艺要求进行断点保护处理，提高供电的安全性、可靠性，使生产设备处于安全状态。

（3）来自 PLC 系统内部的干扰产生的原因及抗干扰措施

PLC 系统内部的干扰主要由系统内部元器件及电路间的相互电磁辐射产生，如逻辑电路的相互辐射、模拟地与逻辑地的相互影响、元器件间的相互不匹配等，它涉及 PLC 本身的电磁兼容设计问题，应对措施是选择电磁兼容好、抗外部干扰能力强的 PLC 品牌及模块，如采用浮地技术、隔离性能好的 PLC 系统。其次，还应了解生产厂给出的抗干扰指标，如共模抑制比、差模抑制比，耐压能力、允许的电场强度、频率，并考查其在类似工作环境中的应用实例。

（4）软件抗干扰措施

提高控制系统的软件抗干扰措施有许多，常采用的方法有设置“看门狗”程序、干扰封锁、采用消抖措施、数字滤波。

设置“看门狗”程序可对系统的运行状态进行监控。“看门狗”程序可以屏蔽输入元件的误信号，防止输出元件的误动作。如用 PLC 控制某一运动部件时，编程时可定义一个定时器作为“看门狗”，定时器的设定值为运动部件所需要的最大可能时间。在发出该部件的动作指令时，同时启动“看门狗”定时器，若运动部件在规定时间内达到指定位置，说明监控对象工作正常，然后发出一个动作完成信号，并使定时器清零，否则，说明监控对象工作不正常，发出报警或停止工作信号。

采用软件进行干扰封锁。某些干扰是可以预知的，如可编程控制器的输出命令使执行机构（如大功率电动机、电磁铁）的动作常常会伴随产生火花、电弧等干扰信号。在容易产生这些干扰的时间内，通过软件封锁可编程控制器的某些输入信号，在干扰易发期过去后，再取消封锁。

PLC 控制系统若工作在振动环境中，行程开关或按钮常常会因为抖动而发出误信号。一般来讲，抖动信号时间都比较短，可用 PLC 内部计时器经过一定时间的延时，得到消除抖动后的可靠有效信号，从而达到抗干扰的目的。

软件数字滤波的方法可以提高输入信号的信噪比，常用的数字滤波方法有：平均值滤波、中位值滤波、限幅滤波和惯性滤波等。数字滤波稳定性高，参数容易修改，其程序可以被其他程序多次调用。但当回路较多时要考虑程序处理时间是否过长，是否影响主控制任务的按时完成。

平均值滤波法：包括算术平均值滤波法和加权平均滤波法。适用于一般的随机干扰信号的滤波。采样次数越多，滤波效果越明显，但考虑到采用时间及系统控制的需要，采样次数应根据系统而定。对于流量、压力、液面、位移等过程参数，往往会在一定范围内频繁波动，采用算术平均法，即用 n 次采样的平均值来代替当前值可以抑制随机噪声。

中位值滤波法：在某一采样周期的 k 次采样值中，除去最大值和最小值，将剩余的 k 以 2 个采样值进行算术平均，并将结果作为滤波值。该方法需对采样值进行排序或比较，找出最大值和最小值，求算术平均值。此方法对消除脉冲干扰和小的随机干扰很有效。

对于有大幅值随机干扰的系统，采用程序限幅法，即连续采样五次，若某一次采样值远远大于其他几次采样的幅值，就舍去这个采样值。

惯性滤波法：按当前采样值与历史值的可信程度来分配其在滤波值中所占的比例。若当前采样值的可信度大，则在滤波值中占的比例高，否则占的比例小。此方法适用于信号变化较缓慢且有较大干扰的场合。

另外，软件的容错设计可以提高控制系统的抗干扰能力，屏蔽故障，提高控制系统的可靠性。常用的软件容错技术有：

（1）程序复执技术：在程序执行过程中，一旦发现现场故障或错误就重新执行被干扰的先行指令若干次。若复执成功，说明为干扰，否则输出软件失败或报警。

（2）死循环处理技术：死循环处理主要通过程序判断造成死循环故障的原因，然后做出停机和相应程序处理。

（3）软件延时：对重要的开关量输入信号或易形成抖动的检测或控制回路，可采用软件延时，对同一信号多次读取，结果一致，才确认有效，这样可消除偶发干扰的影响。

（4）逻辑错误检测：在设备正常运转时，控制系统的各个输入/输出信号、中间变量相互之间存在着确定的逻辑关系，一旦系统出现故障就会出现异常的逻辑关系。因此，可以在程序设计时加入系统常见故障的异常逻辑关系程序，一旦异常逻辑关系程序被执行，就表示相应的故障发生，即可实施报警、停机等控制措施。

2.7.5 PLC 控制系统的结构设计

（1）单机控制系统结构

单机控制系统是指用一台 PLC 控制一台设备的系统，其输入/输出点数和存储器容量比较小，属于小型 PLC 控制系统。这种系统不宜将 PLC 的功能、I/O 点数、存储器容量的余量选得过大。

（2）集中控制系统结构

集中控制系统是一台 PLC 控制多台设备。在这种系统中，多个控制对象所处地理位置比较集中，且相互之间的动作存在一定的顺序关系，它适合于简单的流水线控制。集中控制系统结构如

图 2-27 所示。集中控制系统硬件配置时注意将 I/O 点数和存储器容量的余量设计得大些，以便日后增设控制对象和控制功能。集中控制系统的最大缺点是当某一控制对象的控制程序需要改变或 PLC 出现故障时，必须停止整个系统的工作。因此，对于大型的集中控制系统，可以采用冗余设计克服上述缺点。

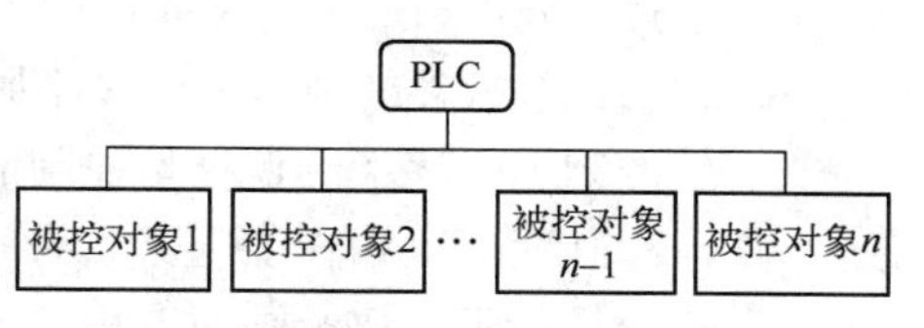

图 2-27　集中控制系统结构

（3）分布控制系统结构

分布控制系统的被控对象较多，它们分布在一个较大的区域内，相互之间的距离较远，且各被控对象之间需要经常交换数据和信息。这种系统的控制由若干个相互之间具有通信联网功能的 PLC 构成，系统的上位机采用 PLC 或计算机。在分布式控制系统中，每一台 PLC 控制一个被控对象，各控制器之间可以通过信号传递进行内部联锁、响应或发令等，或由上位机通过数据总线进行通信。分布控制系统结构如图 2-28 所示。这种系统多用于多台生产线的控制，且控制系统内部某台套设备的 PLC 即使停运，也不影响其他设备的运行，适合于控制规模较大的工业控制系统，在维护、试运行或增设控制对象等方面灵活性好。

（4）远程 I/O 控制系统结构

当多个控制对象地理位置比较分散，输入/输出信号要引入 PLC 时，可采用 I/O 模块组成的远程 I/O 系统。系统中 I/O 模块不与 PLC 放在一起，而是放在被控设备附近。远程 I/O 机架与 PLC 之间通过同轴电缆或双绞线连接并传递信息。远程 I/O 控制系统结构如图 2-29 所示。

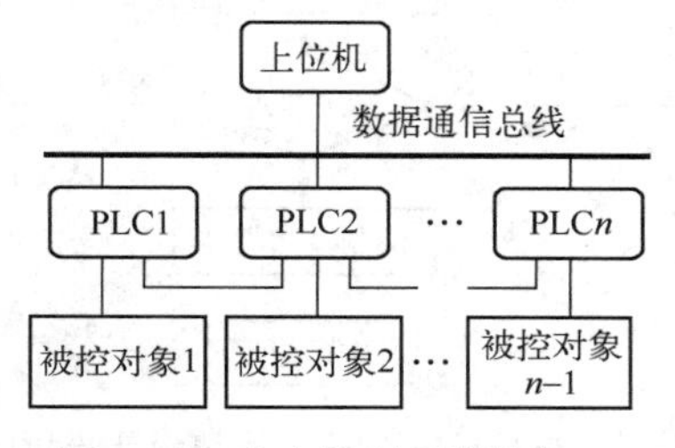

图 2-28　分布控制系统结构

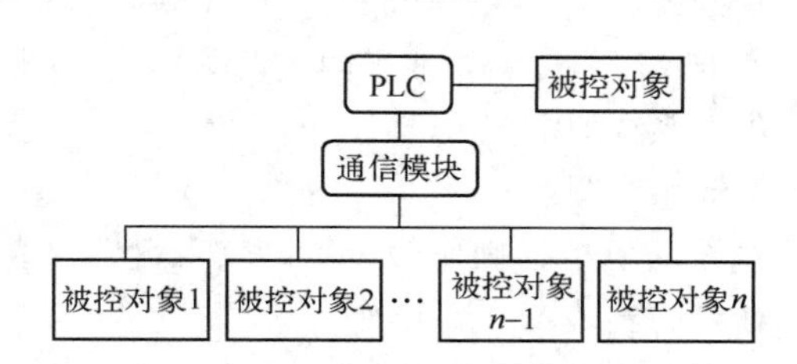

图 2-29　远程 I/O 控制系统结构

（5）分布式 PLC 控制系统的网络形式

分布式 PLC 控制系统的网络形式主要有下列几种：

◆ PC 为主站，多台同型号的 PLC 为从站，组成简易式 PLC 分布控制系统；
◆ 一台 PLC 为主站，其他 PLC 为从站，构成主从式 PLC 分布控制系统；
◆ PLC 控制系统通过特定网络接口连接到大型 DCS 中作为 DCS 的子网；
◆ 专用 PLC 通信网络。

2.7.6　PLC 控制系统的设计流程

PLC 控制系统在工程设计阶段的主要设计步骤包括：

★ 熟悉被控设备、被控过程的工艺流程、控制系统的要求、确定输入/输出点数、明确对电源的需求、对显示和打印的需求等；
★ PLC 设计选型（控制器制造商的选择，产品选型）；
★ 系统硬件设计，外围设备与部件的选择；
★ 系统接地、防雷和抗干扰的设计，外部故障对系统的影响分析，系统硬件和软件的故障诊断，预见性故障的系统控制设计；
★ 系统软件设计，根据被控过程的特点，采用不同的编程语言，控制程序的简化和优化，用于过程操作和维护的人机界面设计；

★ 控制系统软件编制：可编程控制器系统的配置编程，可编程控制器数据库、顺序控制、逻辑控制、时序控制、批量控制的编程，工艺流程画面、可编程控制器系统的操作组分配和变量显示、记录画面编程，报表、外设接口编程，历史数据库编程等；

★ 系统投运前控制系统的仿真，消除程序中的问题和缺陷，程序的正确性验证；

★ 系统投运。

PLC 控制系统设计的流程如图 2-30 所示

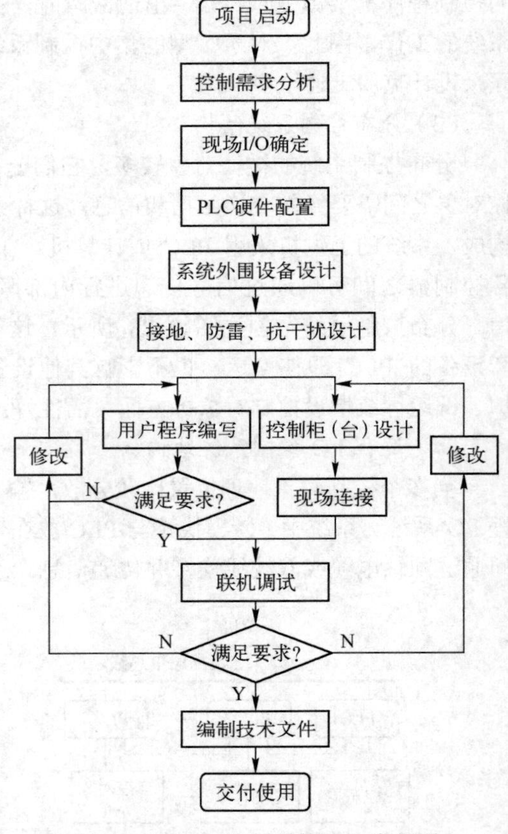

图 2-30 PLC 控制系统设计流程图

控制系统完成后交付的技术文件有：

★ PLC 控制系统的配置图和机柜硬件布置图；

★ 控制系统功能、结构框图；

★ 控制原理图及技术报告；

★ 控制室设备平面布置图；

★ 控制机柜布置及接线图；

★ 仪表回路图；

★ 输入/输出设备清单；

★ 辅助仪表盘、操作台布置及接线图；

★ 室内仪表电缆、电线平面敷设图；

★ 供电系统配电图；

★ 接地系统图；

★ 系统的机柜、操作台、辅助仪表盘、仪表操作台的安装图；

★ 工程设计技术条件报告。

思考题与练习题

2-1 X20 系列、X67 系列、X90 系列的 PLC 模块各有什么特点？适用于什么工况场合？

2-2 工业 PC 与普通的 PLC 有什么异同？

2-3 基于 PLC 的运动控制系统配置需要哪些步骤？会涉及哪些类型的模块？

2-4 PLC 的外部设备有哪些类型？

2-5 什么是安全 PLC？其主要特点是什么？

2-6 安全 PLC 的工作过程与普通 PLC 的工作过程有什么不同？

2-7 安全 PLC 主要应用于哪些领域？

2-8 安全 PLC 系统的拓扑结构主要有哪些形式？

2-9 人机界面与人们常说的“触摸屏”有什么区别？

2-10 人机界面产品中是否有操作系统？

2-11 人机界面只能连接 PLC 吗？

2-12 人机界面只能通过标准的串行通信口与其他设备相连接吗？

2-13 PLC 控制系统的抗干扰设计有哪些方法？

2-14 工业控制现场的主要干扰源有哪些种类？

2-15 PLC 控制系统有哪些结构形式？

2-16　PLC 控制系统硬件配置的基本原则是什么？

2-17　PLC 控制系统的设计流程分为哪几个步骤？

2-18　配置 PLC 的 I/O 模块需要考虑哪些因素？

2-19　试列出如题图 2-1 所示的 X-Y 方向运动控制系统的输入/输出量，并进行 PLC 硬件模块配置。

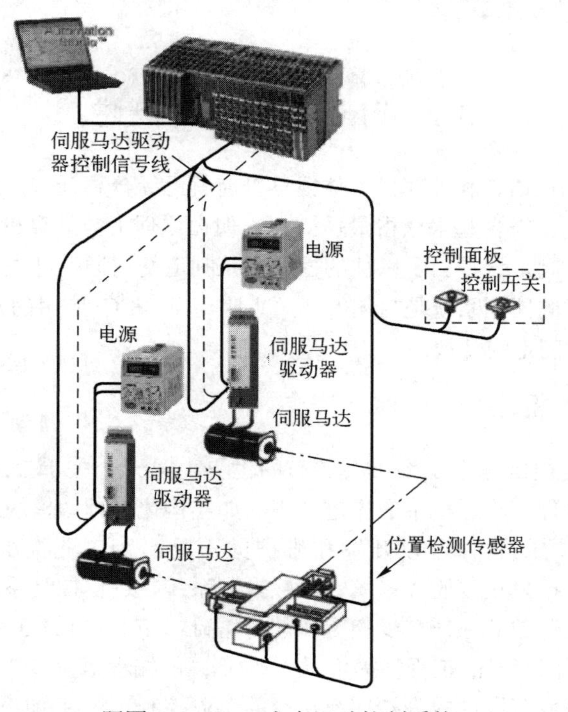

题图 2-1　X-Y 方向运动控制系统

2-20　ACOPOStrak 可以将机械和工厂的生产率提高远超 5%或 10%，为什么？

第3章 编程系统及标准功能块

3.1 PLC编程语言概述

对于个人计算机，编程语言和计算机本体很早以前就已经分离开来，用户可以自由选用最合适的硬件和最好用的软件包，组合起来获得最佳效益。但在原理上与计算机完全相似的 PLC 硬件本体和编语言还是捆绑在一起，这是由于以往的控制系统制造商均通过开发本公司的编程软件以支持本公司的硬件，这种模式的控制系统是封闭的，严重阻碍了 PLC 应用的开放性。IEC6I131-3 标准的推出，使控制系统由封闭走向开放。

3.1.1 IEC61131标准

IEC 61131-3 标准是由国际电工委员会颁布的世界上第一个关于控制软件编程语言的国际标准，它将计算机科学和软件工程领域中的先进思想（如结构化编程、模块化编程等）引入到工业控制领域中，弥补了传统控制软件难以开发和维护的不足，为工业控制系统（Industrial Control System，简称 ICS，是数据采集与监控系统、离散控制系统、过程控制系统、可编程逻辑控制器等常用控制系统的统称）向开放式系统转变奠定了软件基础。IEC 61131-3 标准对控制软件编程语言进行了标准化，并针对不同背景的工程师提供了 5 种不同的编程语言。该标准一经推出便迅速获得了广大厂商的支持，在世界范围内成为被广泛接受的工业控制系统标准之一。其最突出的贡献是针对控制软件编程语言以及软件模型进行的标准化、统一化工作。

为了解决 PLC、DCS 等以数字技术为基础的控制装置过于专有化而给用户带来的大量不便问题，从而规范可编程控制器的生产和应用，国际电工委员会 IEC 制定了可编程控制器国际标准IEC61131，这个标准规范了可编程控制器的硬件、安装、试验、编程、通信等方面，IEC 61131 分 7 个部分颁布：通用信息、装置要求与测试、编程语言、用户导则、通信服务规范、模糊控制编程软件工具实施、语言实现导则。

IEC6l131 标准中，其中的 IEC61131-3 规定了可编程控制器的编程语言种类、结构，规范了可编程控制器的编程语言及其基本元素。这一标准为可编程控制器软件技术的发展，乃至整个工业控制软件技术的发展，起了非常重要的推动作用。IEC61l31-3 制定伊始，就得到了国际知名 PLC 厂商的大力支持，出现了以该标准为基础的 PLC 编程环境。IEC61131-3 标准是全世界控制工业第一次制定的有关数字控制软件技术的编程语言标准。此前，国际上没有出现过有实际意义的，为制定通用的控制语言而开展的标准化活动。可以说，没有编程语言的标准化便没有今天 PLC 走向开放式系统的坚实基础。

以传统的梯形图编程语言为例，它是传统 PLC 最常用的编程语言，但也存在许多难以克服的缺点：

① 不同厂商的 PLC 产品其梯形图符号和编程规则均不一致，导致程序的可移植性差。

② 为了减少重复劳动，现代软件编程特别强调程序的可重复使用。传统的梯形图编程很难在调用子程序时通过变量赋值实现相同的逻辑算法和策略的反复使用，因此说程序可复用性差。

③ 一般控制任务经常要求将一个复杂的程序分解为若干个不同功能的程序模块，即人们在编程时希望用不同的功能模块组合成一个复杂的程序，梯形图编程难以实现各个程序模块之间具有清

晰接口，也难以对外部隐藏程序模块内部数据，从而实现程序模块的封装，因此说它缺乏足够的程序封装能力。

④ 梯形图编程不支持数据结构，无法实现将数据组织成如 Pascal、C 语言等高级语言中的数据结构那样的数据类型。对于复杂应用的编程，不支持数据结构对有这样要求的任务几乎无能为力。

⑤ 由于传统 PLC 按扫描方式组织程序的执行，因此整个程序的指令代码完全按顺序逐条执行。对于要求即时响应的程序应用（如执行事件驱动的程序模块），具有很大的局限性。

⑥ 进行顺序控制功能编程时，一般只能为每一个顺控状态定义一个状态位，选择或并行等复杂顺控操作实现困难。

⑦ 传统的梯形图编程在算术运算处理、字符串或文字处理等方面均不能提供有力支持。

总体来讲，IECl131-3 标准给 PLC 编程带来如下优势：

① 现代软件模块化原则：编程语言支持模块化，将常用的程序功能划分为若干单元，并加以封装，构成编程的基础。模块化时只设置必要的、尽可能少的输入和输出参数，尽量减少交互作用，尽量减少内部数据交换。模块化接口之间的交互作用，均采用显性定义。将信息隐藏于模块内，对使用者来讲只需了解该模块的外部特性（即功能，输入/输出参数），而无须了解模块内算法的具体实现方法。

② 支持自顶而下和自底而上的程序开发方法：用户可先进行总体设计，将控制应用划分若干个部分，定义应用变量，然后编写各个部分的程序：这就是自顶而下。用户也可以先从底部开始编程，例如，先导出函数和功能块，再按照控制要求编制程序：这是自底而上的。无论选择何种开发方法，IEC1131-3 所创建的开发环境均会在整个编程过程中给予强有力的支持。

③ 开放性原则：IEC1131-3 所规范的编程系统独立于任一个具体的目标系统，它可以最大限度地在不同的 PLC 目标系统中运行。这样就创造了一种具有良好开放性的氛围，奠定了 PLC 编程开放性的基础。

④ 运用现代软件概念：数据使用 DATA_TYPE 说明机制、函数使用 FUNTION 说明机制。

⑤ 功能块：数据和函数的组合使用 FUNTION BLOCK 说明机制是指，功能块并不只是 FBD 语言的编程机制，它还是面向对象组件的结构基础。一旦完成了某个功能块的编程，并通过调试和试用证明了它确能正确执行所规定的功能，那么就不允许用户再将它打开，改变其算法。即使是一个功能块因为其执行效率有必要再提高，或者是在一定的条件下其功能执行的正确性存在问题，需要重新编程，我们只要保持该功能块的外部接口（输入/输出定义）不变，仍可照常使用。同时，许多原创设备制造厂（OEM）将它们的专有控制技术压缩在用户自定义的功能块中，既可以保护知识产权，又可以反复使用，不必一再地为同一个目的而编写和调试程序。

⑥ 编程语言多样性：允许程序开发人员对每一个特定的任务选择最合适的编程语言，还允许在同一个控制程序中其不同的软件模块用不同的编程语言编制。这一规定妥善继承了 PLC 发展历史中形成的编程语言多样化的现实，又为 PLC 软件技术的进一步发展提供了足够的空间。

⑦ 严格的数据类型定义：为减少程序开发人员对一个变量做出错误的数据类型定义起到了有效的作用。软件工程中很早就认识到许多编程的错误往往发生在程序的不同部分，缘于其数据的表达和处理不同。IEC 1131-3 从源头上注意防止这类低级的错误，虽然采用的方法可能导致效率降低一点，但换来的价值却是程序的可靠性、可读性和可维护性。IEC61131-3 采用以下方法防止这些错误。限制函数与功能块之间的互联范围：只允许兼容的数据类型与功能块之间互联；限制运算只可对其数据类型已明确定义的变量进行；禁止隐含的数据类型变换。如实型数不可执行按位运算。若要运算，编程者必须先通过显式变换函数 REAL_TO_WORD，把实型数变换为 WORD 型位串变量。标准中规定了多种标准固定字长的数据类型，包括位串，带符号位和不带符号位的整数型（8 位、16 位、32 位和 64 位字长）。

⑧ 对程序执行的控制能力：传统的 PLC 只能按扫描方式顺序执行程序，对程序执行的多样性要求，如由事件驱动某一段程序的执行，程序的并行处理等均无能为力。IEC1131-3 标准允许程序的不同部分，在不同的条件（包括时间条件）下，以不同的比率并行执行。即允许对一个程序的不同部分规定不同的执行次数、不同的执行时间和并行执行的方式。这意味着，以“任务”控制的方式可让一个程序的不同部分以不同的扫描周期进行扫描。

⑨ 灵活的编程语言选择：在表达一个控制应用程序的不同部分时，程序编制人员有很大的自由度去选用他认为合适的语言来设计。换句话说就是，程序的不同部分可用上述五种语言的任意一种来表达。

⑩ 支持数据结构的定义：由于支持数据结构，所以相关的数据元素即便属于不同的数据类型，也可在程序不同的部分传送。在不同程序组织单元 POU 之间传送复杂信息，如同传送单一变量一样。这不但改善了程序的可读性，而且保证了相关数据的存取准确无误。

⑪ 支持顺序控制的各种描述：复杂的顺序行为也可轻而易举地用顺序功能图 SFC 这样的图形化语言加以分解、描述及编程。

3.1.2 PLC 编程语言的特点

在 IEC6l131-3 标准的支持下，PLC 编程语言具有如下特点：

① 多样性：PLC 编程语言有文本编程语言、图形编程语言，以及可用于文本编程、也可用于图形编程的顺序功能图编程语言。语言的多样性是可编程控制器软件发展的产物，它为可编程控制器的应用提供了良好操作环境。

② 易操作性：编程人员根据对编程语言的熟悉程度可柔性选择编程语言，从而缩短程序设计时间，缩短调试时间。

③ 灵活性：不同编程语言具有不同特点，不同的工程应用，都有最佳的编程方式。

④ 兼容性：PLC 标准编程语言不仅能够用于不同制造商生产的可编程控制器，也能够用标准编程语言进行控制系统的组态。标准编程语言不仅能够适用于可编程控制器，还能够适用于集散控制系统、现场总线控制系统、数据采集和监视系统、运动控制系统等。PLC 标准编程语言的软件模型适应各种工业控制系统，它使用户对硬件的依赖性变得越来越小。

⑤ 开放性：PLC 编程语言的标准化使开放性得以实现。标准化 PLC 编程语言中所使用的变量、数据类型、程序、功能和功能块等都有统一表达方式和性能，这使可编程控制器系统成为开放系统。任何一个制造商的产品，如果符合标准编程语言，就能够使用该编程语言进行编程，并能够获得同样的执行结果。开放性系统能够与其他符合开放系统互联通信模型的其他任何一个系统进行信息交换，系统中开发的软件可方便地移植到任何一个符合标准编程语言的其他系统中。

⑥ 可读性：PLC 编程语言与常用编程语言的表达方式类似，特别是高级语言的使用，方便用户对其用法的理解，提高了程序的可读性。

⑦ 安全性：PLC 编程语言是常用计算机编程语言的沿用、改进和扩展，又由于这些编程语言是标准的，因此，出错的可能性被控制到最小，保证了编程系统的安全性。PLC 编程系统还可以提供出错原因列表，不仅使编程操作变得方便，也使应用程序的安全性大大提高；同时，标准的系统函数库在被调用时，只需要设置它的外部接口，而不需要改动其内部的代码，因此，PLC 编程系统能够安全正确地被使用。

⑧ 非依赖性：PLC 编程语言对硬件的非依赖性体现在编程语言基本级测试可以离线进行，测试程序可以检查编程系统语法。

3.1.3 软件结构

PLC 的软件可分为系统软件和应用软件两大类。

1. 系统软件

可编程控制器的系统软件是 PLC 的系统监控程序，也称为可编程控制器的操作系统。可编程控制器的操作系统是由 PIC 的制造厂家编制的，用于控制可编程控制器本身的运行。

可编程控制器的操作系统通常可分为 3 个部分：

① 系统管理程序：这部分程序是可编程控制器的系统软件中最重要的部分，它要完成系统的运行管理、存储空间的管理、系统自检等任务。PLC 就是在系统管理程序的管理控制下进行各种工作。其中，系统的运行管理负责控制可编程控制器的输入/输出、运算、自检、通信等状态的时间控制，进行时间上的分配管理；存储空间的管理负责生成用户环境，由它规定各种参数、程序的存放地址，将用户使用的数据参数存储地址转化为实际的数据格式及物理存放地址；系统自检负责系统出错检验、用户程序语法检验、句法检验、看门狗定时器运行等。

② 用户指令解释程序：其主要任务是解读用户程序，管理整个系统。如当使用梯形图 LAD 语言对 PLC 进行编程时，PLC 首先读入状态和内部线圈，用户指令解释程序然后解读用户程序，将梯形图语言一条条地翻译成一串串的机器语言，得出正确结果，并通过输出组件驱动执行机构。因为 PLC 在执行指令的过程中需要逐条给以解释，所以降低了程序的执行速度。但由于 PLC 所控制的对象多数是机电控制设备，这些滞后的微秒或毫秒级的时间通常可以忽略不计。尤其是当前 PLC 的主频越来越高，这种时间上的延时将越来越少。

③ 标准程序模块功能调用：许多独立的程序模块各自能完成不同的功能，如特殊的输入/输出运算、各种函数运算、PID 等。可编程控制器的功能模块程序的多少决定了可编程控制器性能的强弱。

传统 PLC 单纯的逻辑顺序控制功能已远远不能适应当今工业控制任务的需求。如果要处理一些复杂的任务，使控制系统具有较高的智能度，可编程控制器系统必须具备大型计算机的分析能力。这首先就要求 PLC 的操作系统是分时多任务操作系统。贝加莱公司的 PLC 产品便是配有分时多任务操作系统的典型代表。

PLC 操作系统由 PLC 的生产厂家提供，存储在 PLC 的系统 ROM、EPROM 和 PROM 存储器中，一般来说，系统软件对用户而言是不透明的软件。

2. 应用软件

PLC 的应用软件是用户根据自己的控制要求编写的应用程序，用于完成特定的控制任务。可编程控制器的应用软件是指用户根据自己的控制要求编写的用户程序。由于可编程控制器的应用场合是工业现场，它的主要用户是电气技术人员，所以其编程语言与通用的计算机编程语言相比，具有明显的特点。它既要满足易于编写和易于调试的要求，还要考虑现场电气技术人员的接受水平和应用习惯。

3.2 B&R PLC 编程系统

Automation Studio 是贝加莱公司推出的 PLC 专用操作系统，是支持用户开发 PLC 应用程序的软件包。Automation Studio 提供 6 种 PLC 编程语言，用户可以选择其中一种语言编程，也可以根据需要混合使用几种语言编程。

3.2.1 编程系统结构

集成开发平台 Automation Studio 是贝加莱 PLC 产品的编程系统，也是它的核心技术之一。

对于机器的整体开发方案而言，若没有集成开发平台，几乎难以想象系统开发期间的困难如何解决。如果方案硬件来自不同的 HMI 和 PLC 厂家，用户就需要采用不同的软件分别来编辑 HMI 和 PLC 任务，例如，对于一个 CNC 任务需要专用的 CNC 软件来匹配，运动控制又是一个软件，对于工程师来说，必须在这些软件间进行切换，学习不同的软件，而且，有几个问题是必须考虑的：

◆ 学习风格各异的软件，学习成本高昂；
◆ 在软件中存在着能力的不匹配，导致某一方硬件的特性优势无法发挥；
◆ 额外的接口软件带来的不稳定，以及频繁跟随应用的修改；
◆ 针对不同阶段的任务也需要不同应用程序之间的切换。

Automation Studio 是目前全球自动化领域为数不多的自主开发的全集成开发平台，它聚焦于为机器与生产线用户提供面向所有控制对象和全流程的软件开发，集成 RTOS、Runtime、工艺库、开放的接口连接于一体，所有的逻辑编程、运动控制计算编程、画面编程、安全技术编程、在线仿真调试、专家库调用、分析诊断，甚至近些年的最新产品，如机器视觉、ACOPOStrak 等的编程调试工作，全都统一在 Automation Studio 平台上进行。Automation Studio 全集成开发平台如图 3-1 所示。

B&R 的 PLC 的编程系统由以下 4 部分构成：B&R Automation Studio（简称 AS）、B&R Automation Net（简称 AN）、B&R Automation Runtime（简称 AR）、B&R Automation Target（简称 AT）。它提供了统一的编程、透明的通信方式和清晰的诊断界面，控制系统、人机界面、驱动系统这三个目标共享这样一个软件平台，可以说，Automation Studio™ 操作系统是统一的实时多任务的操作系统，所有工具软件模块都集成在 B&R Automation Software 中。Automation Net 是贯穿所有通信协议和介质（Ethernet，Profibus，CAN，串口等）的自动化网络，它能够在不同网络间提供自动路由。因此，可以简洁地表述为：一个工具（软件平台），一个网络（Automation Net），多个目标。B&R 的 PLC 的编程系统结构如图 3-2 所示。

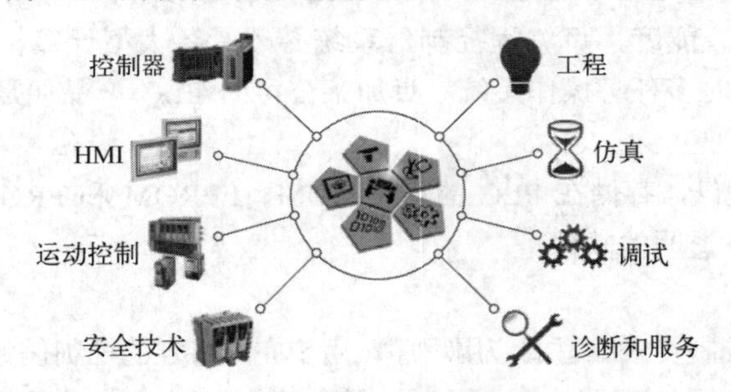

图 3-1　Automation Studio 全集成开发平台

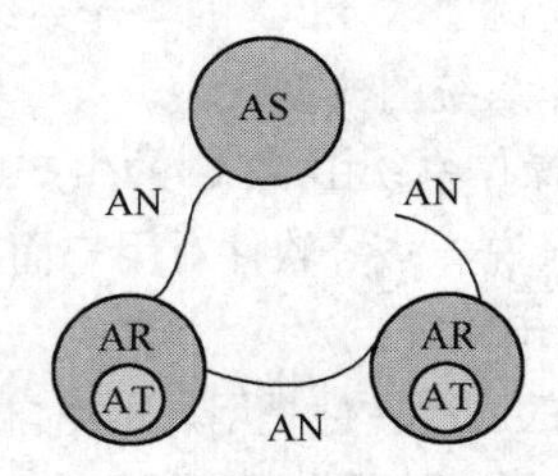

图 3-2　编程系统结构

（1）Automation Studio

Automation Studio（简称 AS）是 B&R 自动化产品的一个编程环境，为用户提供了多编程语言和大量的诊断工具。AS 使用 Windows 用户界面，可用于各种自动化任务的操作，如各种控制、传动、显示、通信任务，并能满足各种自动化要求。在 Automation Studio 的编程环境下，用户能选择最适合的编程语言进行编程。另外，由于所有的 Automation Studio 的编程和诊断功能全是在 PC 上运行的，因此，需要创建 PC 和控制器之间的连接。利用现有的接线或配线，运用多样传输媒介，完成各种诊断及远程维护任务。

（2）Automation Net

Automation Net（AN）提供了基于 Windows 的工业 PC、控制器、伺服驱动器、人机面板及编程工具之间统一的通信平台。Process Visualization Interface（简称 PVI）是 PC 和控制器通信的基础，Automation Studio 及所有的应用软件想要从控制器上读取数据就必须通过 PVI 这个接口。使用 PVI，在开发通信程序时不需考虑底层的通信过程，只需在逻辑结构上进行简单的配置即可访问 PLC 上的变量。PVI 的特点是能够使用程序直接操作 PLC 任务中的变量。网络上的每个通信站点都能够独立于目标系统、物理介质和协议，进行程序对象和过程数据的交换和处理。站之间可以相互通信，通常采用的通信方式有串行 Serial、CAN、CANopen、DeviceNet、Profibus、Ethernet/Ethernet Powerlink。

（3）Automation Runtime

在 B&R Automation 产品上运行的是一套实时多任务操作系统，这种操作系统称为 Automation Runtime（简称 AR）。所谓"实时"的概念源于：不同等级的任务（用户程序）要求不同的执行频率，一旦确定了这个任务的循环时间，即使修改了任务的执行时间，"实时"操作系统仍能在规定的时间内执行该任务，因此，实时操作系统可以保障控制系统的时间稳定性。Automation Runtime 操作系统作为用户和硬件的接口，是整个系统的基础，为 AS 和 AT 之间建立了一个操作系统平台，AN 作为通信介质，通过不同的服务来处理不同的任务。此外，操作系统的模块化结构将应用程序分成不同等级的任务，以达到最佳的资源分配效率。

Automation Runtime 操作系统有两大基本任务：①管理系统的硬件和软件资源，特别是时间和存储器的管理，其中，最重要的任务包括时序安排、内存分配和时间跟踪等；②为用户的应用程序提供一个统一的硬件访问方式，通过 Automation Runtime 操作系统的人机界面进行选项设置，使应用程序适合于多任务处理系统，这样的系统可以适时地控制所有任务。不同的软件部分可以按需要划分优先级，如应用程序中需要快速频繁执行的部分放在较快的任务级别中运行，另外一些程序可以在较慢的任务级别中运行。这样，在使用现有资源时，就可以达到最佳优化配置资源的目的。

Automation Runtime 操作系统具有的优点在于：①是一个实时操作系统；②具有模块化的软件体系结构；③拥有强大的监测功能；④有独立的处理器平台；⑤拥有方便的调试工具。

Automation Runtime 操作系统能够满足如下要求：模块化的功能函数库；应用软件结构化；操作系统应占用很少的系统资源，这使得应用程序可以使用更多的资源；低抖动性；高循环次；定时功能；有多种适宜于与外围设备或系统相连的接口；拥有诊断工具；在不同平台上运行的相同 runtime 系统。

（4）B&R Automation Target

Automation Target（简称 AT）是运行在 AS 操作系统上的硬件系统，包括以下 4 个部分。

① PLC Control Systems：多种不同系列的 PLC 控制系统适用于各种工业控制应用，如 X20 I/O System、Remote X67 I/O System 等；

② Motion Systems：数字式的驱动系统与伺服电机用于高精度的运动控制任务；

③ Power Panel Systems：从紧凑型终端到高性能的控制面板，提供了一个统一的图文显示平台

④ PROVIT 工业计算机。

3.2.2 编程软件

B&R Automation Studio 编程软件是针对贝加莱（B&R）所有工业自动化产品的集成化的软件开发环境，可应用于各种规模和范围的自动化项目，用户不仅可在这个编程环境中处理工程项目开发中的每个步骤，还可在同一个用户界面中处理控制系统、人机界面系统以及运动控制系统的操作控制。它可以做到简化项目的规划、配置、编程、文档和诊断，其中的常规功能和自动化组件保证了工作的有效性，实现了"一个工具，多个目标"。

Automation Studio 软件平台具有丰富的函数库。标准库函数中的所有功能块可以用任意一种语

言来调用。用户也可以在库管理器中添加新的库，更方便地利用现有的功能函数编制应用程序。操作系统软件还嵌套了方便的测试工具，如项目监测、LAD 监测、PV 变量监测（包括强制模式和档案模式），实时轨迹追踪和原代码调试（Line Coverage，断点，单步）。软件系统还将内容说明详细的帮助系统集成在系统软件中，能够提供项目创建、编制、调试过程所需的所有帮助。

更具体地讲，在 Automation Studio 软件平台中集成了如下开发工具或功能：

（1）项目的硬件配置

① 在线自动识别目标控制器模块型号；

② 提供所识别的控制器的具体性能信息；

③ 变量名直接分配到硬件模块的物理端口；

④ 显示树状控制器硬件模块配置图。

（2）项目的软件配置

① 控制系统的软件配置，包括图表显示的软件对象，对象的资源分配，版本号，文件大小，存储内存和描述信息，项目中所有软件对象的处理；

② 项目等级的清晰显示；

③ 软件编程定义。

（3）提供的 PLC 编程语言

① Automation Basic；

② ANSI C；

③ 符合 IEC61131-3 标准的梯形图（LD）；

④ 符合 IEC61131-3 标准的顺序功能图（SFC）；

⑤ 符合 IEC61131-3 标准的指令表（IL）；

⑥ 符合 IEC61131-3 标准的结构文本（ST）。

（4）功能库和功能函数

在 Automation Studio 中，提供了诸如系统功能（SYS_lib）、CAN 控制器的操作（CAN_Lib）、存储器的管理和字符的处理（AsString）、数据处理模块（DataObj）等大量的标准的功能函数，这些功能函数可以使编程人员在解决标准问题时，更加简单省时高效。

（5）图文显示

在 Automation Studio 配置和编程环境中，Visual Components 集成了创建高性能用户界面所需要的所有工具。

（6）运动控制配置

① 用参数表进行运动控制器配置；

② 示波器功能实现实时运动控制分析；

③ 跟踪功能记录所有相关状态和参数；

④ 集成的 NC 轴测试功能检测每种运动状态；

⑤ PLC open 运动控制功能块缩短项目开发时间；

⑥ Smart Process Technology 自由配置技术库实现经济的项目方案、更快的生产速度；

⑦ 凸轮编辑器，轻松链接复杂的运动；

⑧ 集成 CNC 系统。

（7）维护及诊断

① 在线变量强制；

② 在线变量监控；

③ 曲线跟踪；

④ 使用断点，单步执行，行显示等，调试源程序；

⑤ 信息记录本使系统状态查询更方便；

⑥ 用 Profiler 性能测试工具测量任务和系统的运行。

3.2.3 标准化与模块化软件

对于系统开发而言，标准化与模块化是与开发效率息息相关的重要一环，标准化与模块化做得好，工程师的软件开发效率会极大提高，代码鲁棒性也会更优。基于集成开发平台 Automation Studio 的标准化与模块化编程，也支持 PLCopen、针对各种行业应用的 mapp 封装。

（1）标准化规约 PLCopen

PLCopen 可以满足智能制造时代对于软件开发的需求，目前国际知名的自动化厂商，如贝加莱、西门子、罗克韦尔等均支持 PLCopen。PLCopen 的 4 种模块组如下：

◆ PLCopen IEC61131-3：逻辑控制的基础语言与功能块；

◆ PLCopen Motion：基础运动控制、协同运动控制（机器人与 CNC）和液压控制；

◆ PLCopen OPC UA：M2M（机器之间的互联）、B2M（业务管理系统与机器的互联）的标准，满足智能制造与工业 4.0 时代的机器互联需求；

◆ PLCopen XML：针对未来的设备描述，如工艺配方、生产制造过程数据的管理等。

以运动控制为例，PLCopen Motion 规范了运动控制不同状态间切换的标准，不论多么复杂的机器，其运动控制过程均由 PLCopen 所定义的回零、连续运动、同步运动、间歇运动、急停、停止、待机等状态跳转组成。这样，基于 PLCopen 的状态机思想来开发设备的运动控制过程，无论使用哪家公司的产品，其设计思想是统一且规范的，那么，对于机器开发者而言，PLCopen 是一个通用的方法体系，不需要学习不同流派的编程思路，可以极大提高编程者的开发效率和质量。

（2）模块化软件设计——mapp 技术

mapp 技术是基于软件复用思想而开发的组件，其设计思想在于通过标准化与模块化来提高系统软件开发的效率和代码质量，并降低开发成本。

Automation Studio 提供基础平台后，mapp 则基于它为行业用户提供的专业库和行业库，基于标准的 PLCopen 封装，实现了多层次的组件开发，这些组件可组合成为一个机器的软件。其思想类似于 AppStore，即在平台上开发一个个的工业 app，以解决不同的应用问题，而一个机器的软件由这些 app 组合配置来完成。

mapp 是工业知识和智慧的凝聚，它包含了各种面向行业或功能的组件，例如：

◆ mappMotion：机器人、CNC 和单/多轴同步控制等功能；

◆ mappControl：闭环控制、张力控制、温度控制和液压控制等功能；

◆ mappService：针对机器与生产线服务的远程诊断、日志、报警、用户管理、安全访问等功能；

◆ mappView：针对网页技术的新一代 HMI 画面开发工具；

◆ mappVision：针对机器视觉的配置和应用工具。

Automation Studio 是集成开发平台，mapp 是工业知识的凝聚，开放的连接使得自动化系统与数字化设计、数字化运营、机器学习算法等有机结合，构成了完整的智能制造全架构。

3.2.4 软件降低硬件成本

在工业自动化竞争日益激烈的今天，自动化硬件产品间的差异化越来越难实现，而软件却因其实现灵活性、可植入数学物理模型、可封装工艺 know-how 等特点，为 OEM 厂商打开了广阔的差异化竞争舞台。软件可以装载企业的核心工艺、独家的运动控制方案、高级自适应控制算法，以及人性化的交互界面设计，这些技术可以使得机器基于同样的硬件，而表现出更优异的运行性能和操作鲁棒性，甚至有些软件方案可以彻底颠覆传统硬件配置，用更少的硬件实现同样的乃至更优的性能，做到软件在同样的硬件基础上发挥其极致功能，降低硬件成本。

以印刷集成套色系统为例，对传统的套色系统进行了软件集成，利用可编程控制器直接将传动任务（相位调节）、色标检测、张力控制、套色控制等完全由一个 PLC 来完成，取代了传统的第三方套色昂贵的软硬件系统。集成套色实现的关键技术是多变量系统耦合和解耦的问题，工程师对其进行数学建模，经过大量的理论推理和现场试验，攻克了这一难题，将集成套色方案最终实现商业运营。通过在 Automation Studio 中编写算法来实现套色功能，无须独立的第三方套色，为用户节省了大量硬件即软件成本。

研发自动化软件解决方案是工业控制的方向之一，如利用 AI 算法、自适应控制算法、优化算法、系统辨识算法等数学工具，为印刷行业、橡胶行业、包装行业、新能源行业、港口行业、柔性制造行业、物流行业等多个行业开发高级控制算法方案，利用现有硬件的计算能力，在不增加任何硬件成本的基础上，显著提高机器性能。

3.2.5 HMI 设计工具

Automation Studio 平台不仅在自动化方案的算法设计、运动控制同步、开放通信方面功能强大，还能提供新一代 HMI 设计工具 mappView。

随着时代发展，机器制造商已经由传统的重性能轻画面转变为越来越重视人机交互界面的作用。精美、简约且现代化的操作画面可以大幅提高机器的营销竞争力，优质的 HMI 设计也体现出机器制造商对工艺的理解，对最佳操作的经验和积累，是企业间差异化竞争的手段之一。好的 HMI 让机器的运营维护等变得简单，如在画面中嵌入机器操作手册和调试视频等，同时也让数据获取和人员培训等多个方面获得效率；远程访问画面、智能终端接入、用户权限分级等功能，也将大大增强机器的可用性，便于管理人员对机器使用状况的监控。

尽管业界对于 HMI 设计的重视程度越来越高，但为了实现这一目标，还存在很多实际困难，例如，广大工程师群体基本都是理工科出身，在过往的理工科课程教育经历中鲜有针对美学的教育与培训，比较缺乏艺术的感觉，也不清楚该如何对画面进行美学加工。从技术实现角度来说，大多数的控制器和 HMI 都是基于嵌入式系统的，往往并不支持 Web 技术，或者纯粹的客户端采用 Windows 平台，可以支持 Web 技术，但只能纯粹作为 HMI 而无法有效地与下位程序间进行有效的沟通，并不能实现真正的关注点分离，因此，需要一定的技术手段支撑。基于 Automation Studio 平台的 mappView 技术解决了这些实际困难。mappView 技术是基于 html5、CSS3 和 JavaScript 等网页开发工具来进行人机交互界面设计的技术，借助网页开发技术的优势，mappView 可以极大地提升工业 HMI 的设计美感和交互体验，任何支持 html、Javascript、CSS 的客户端都可以访问 mappView 开发的 HMI，这意味着用户可以通过任意的 iOS 智能手机、Andriod 智能手机或平板电脑等来访问机器和生产线上的数据，并且画面会根据屏幕大小自动适配，就如同用不同尺寸的手机打开同一 app，画面会自动缩放，不会出现留白或遮挡等问题。

mappView 技术采用 OPC UA 这一开放式通用协议来实现上位画面与下位程序之间的数据通信，所有的 HMI 开发工作都在 Automation Studio 中完成，不需要任何第三方软件。

所有涉及网页开发的编程语言都被封装在 widget（即控件）中，对于用户工程师而言，只需要以拖曳的方式将控件拖入相应位置即可，不需要具备任何 web 开发经验。Automation Studio 平台提供了数百个 mappView 控件供选用，仅采用简单的配置即可快速实现美观的 HMI 设计，这就降低了对工程师在艺术方面的设计需求，无须美学功底也能完成精美的画面设计。

3.3 分时多任务操作系统与 I/O 处理

3.3.1 分时多任务操作系统概述

现代工业控制任务需求的日益提高要求 PLC 通常用于完成比较复杂的项目，例如，PLC 用于集散控制系统（DCS），不同的 PLC 模块分别完成管理、控制、现场的数据采集与处理，多个 PLC 控制从站之间的通信等。一个系统在完成之后，常常需要扩容，在不改动原有硬件的基础上，系统硬件以模块方式添加进行扩展，同时，系统的原有软件也不改动，新的软件也以模块方式添入。一个复杂项目下通常有多个任务同时执行。这些都需要分时多任务操作系统的支持。

控制任务对于操作系统的要求是：模块化结构，在一个精确的时间段内迅速、反复地执行应用程序。早在 1994 年，贝加莱便在全球第一个推出了基于定性实时多任务操作系统（Real Time multi-tasking Operation System）的可编程控制器，时至今日，B&R 各种系列的 PLC 和控制设备都支持多任务操作系统。

在 PLC 发展初期和中期，常规的 PLC 大多依赖于单任务的时钟扫描或监控程序来处理程序本身的逻辑运算指令以及外部 I/O 通道的状态采集与刷新，整个应用程序采用一个循环周期。但事实上，在一个较复杂的控制系统中，虽然往往有一些数据变量的实时性要求很高，但也有很多大惯性的模拟量对实时的要求并不是太高，如果所有的变量都采用同样的刷新速度，这实质上是对资源的浪费。循环顺序扫描的运行机制直接导致了系统的控制速度严重依赖于应用程序的大小，应用程序一旦复杂庞大，控制速度就必然降低，这无疑是与 I/O 通道高实时性处理的要求相违背的。

与常规 PLC 相比较，贝加莱的 PLC 引入了类似大型计算机的分时多任务操作系统理念，采用分时多任务的运行机制，使得应用任务的循环周期与程序长短并不是那么紧密相关，设计人员可根据工艺需要自由设定应用程序的优先执行顺序，在 CPU 运算能力允许的前提下，控制周期按照用户的实际要求设定，从而将应用程序的扫描周期同真正外部的控制周期区别开来，满足了实时控制的要求。

分时多任务操作系统可以分为多个任务层，具有以下优点：

① 模块化、结构化的应用软件：编制用户程序时，一个复杂项目可以分成多个独立的任务来完成。每个任务都是独立的程序部分，它可以完成许多不同的功能（数字量和模拟量的相互关联、控制、定位等）。合理地分配一个项目，可以使应用项目结构化、模块化；

② 用最适合的编程语言创建任务：结构化的优点是每个任务可以用最合适的编程语言来建立，单个的功能容易编写，并且使功能模块化，单个任务的故障处理也变得简单；

③ 用户可以按需要设定每个应用任务的循环时间；

④ 对于特殊任务的响应时间不受完整程序循环时间的限制；

⑤ 任务维护非常简单。

当使用分时多任务操作系统时，处理器的能力分在多个任务中，可能导致同时处理多个任务数据，因此分时多任务操作系统必须具有如下性能：

① 并行处理几个控制任务；

② 确定多个任务的处理时间；

③ 监控任务时灵活设定循环时间；

④ 每个任务级别分配一致的 I/O 映像。

基于分时多任务操作系统平台，PLC 的应用程序可分为多个独立的任务模块，用户可以方便地根据控制项目中各子任务的不同功能要求，如数据采集、报警、PID 调节运算、通信控制、数据打印等，开发相应的控制任务模块程序，在分别编写和调试之后，可一同下载至 PLC 的用户程序存储器中。控制项目中的各子任务在分时多任务操作系统的调度管理下，并行协同运行。

分时处理各个控制任务给控制项目执行带来的好处是设计人员可以根据不同任务对实时性能的不同需求，指定不同的优先等级，确定不同的循环周期，使得这些任务模块既相互独立运行，数据又保持一定的相互关联，从而实现确定的分时多任务控制，即使是某个任务处于等待状态，其他任务也可继续执行。

分时多任务操作系统的运行机制是源于大型应用软件模块化的设计思想，一方面，它带来了项目开发效率上的提高，有着常规 PLC 无法比拟的灵活性。多任务的设计使得各个任务模块的功能描述更趋清晰简洁。另一方面，用户可以自行开发自己独有的而又同时具有通用性的独立功能模块，将其封装以便于日后在其他应用项目中重新使用。第三方面，各个不同的任务程序还可以由开发小组的不同成员分别编写。不同的开发人员基于共同的约定，可以灵活选用符合 IEC1131-3 规范的不同编程语言进行任务编程设计，有利于软件设计可靠性的提高，也有益于开发人员短时间内编制出结构清晰、功能明确的控制程序。

3.3.2 存储器管理

内存及存储器管理对于应用软件是一个非常重要的方面，内存管理涉及变量、数组、结构、动态变量和内存分配等基本元素。内存管理分为操作系统管理和用户管理两部分，操作系统主要负责时间和内存的资源管理，用户可以在系统运行时请求分配内存、释放内存，或以变量、结构和数组的形式使用内存。

了解有关于内存管理、数据存储及相关知识，了解变量、数组、结构和内存分配之间的关系，了解动态变量和动态内存分配，熟悉数据处理的方式，这些都可以帮助程序设计人员从一开始就避免编程错误，并在 PLC 上存储数据时减轻工作量，增强确定性。内存应用和存储器管理方法恰当可以限制应用程序中的错误源，这是由于恰当地使用数据存储方式，或使用数据模块及文件，可以为应用程序带来更多的优势。

1．存储器的分割

存储器用来存储 Automation Runtime 操作系统、控制器程序、变量值、表格、数据模块、配方等。存储介质可粗分为 RAM 和 ROM，Automation Runtime 必须存储在不能被删除的存储器中。存储器分为许多不同的区域，用户只可以使用这些存储区域的一部分，而其他部分则由操作系统占用，用户是不能使用的。

在 Automation Studio 中，将 RAM 和 ROM 又分别划分为一个系统区域和一个用户区域。在用户区域存储用户任务、附加变量、永久变量、掉电不保持变量、数据模块；在系统区域存储操作系统、与系统相关的、永久的、暂时的数据。

2．变量与存储器

变量和常量是程序设计中的符号基础，其结构和范围大小由数据类型来决定，其物理地址由编译器在存储器中来分配。系统启动和运行时，不同的存储区域有不同的变量或常量的存储与运行方式。编程使用的变量是有名字的象征性元素，其不使用固定的内存地址。数据类型决定了变量取值的范围和所占内存的大小，解释了变量值所涉及的内涵（有无符号，小数点，ASCII 文本或日期时间）。数组是包含多个具有相同数据类型的变量，通过固定的名字和索引来寻址。结构是用户自己创建的变量，具有用户指定的数据类型。

（1）全局变量和局部变量

控制任务（也称控制器应用程序、用户程序）一定会涉及变量名、变量值、变量范围的大小、数据类型、结构等信息。变量分为全局变量和局部变量两类，它们的区别在于：所有程序都可以访问全局变量，所以，全局变量是存储在所有的任务都能访问的存储器区域，这样就可以保证当一个全局变量被一个任务改变或读取后，其他所有任务也能使用该全局变量。局部变量只能在自己的任务中被使用，一个任务不能访问另一个任务中的局部变量。也就是说，某一个全局变量是面向所有控制任务的，而某一个局部变量只是面向某一个特定的控制任务。

（2）掉电保持变量和永久变量

一般来讲，变量会在系统启动时按照变量声明表中初始值的设定进行初始化。在控制领域的许多场合，要求系统关机或突然掉电以后，某些数据还能够保存在 PLC 内部，当下次开机或上电后，这些数据可以被调出继续使用，这就涉及掉电保持变量和永久变量。

系统重启（热启）时，经常需要变量保持掉电前的值，称这种变量为掉电保持变量。掉电时，一个专门的逻辑操作器会将掉电保持变量的数值拷贝到记忆性存储器中，在重新启动时，把这些变量放回到原来的内存位置。当然，这一动作要求缓存电池处于有电的状态。

永久变量与掉电保持变量一样，在系统重新启动时也被拷贝到原来的内存位置。与掉电保持变量不同的是，永久变量在冷启动后也被恢复。同样，这一动作也取决于缓存电池的状态。

由于大量的数据经常被改变，当掉电或热启动时，需要一个高速存储器来管理这些数据。正是由于 DRAM 存储器适合高速读写，所以当控制器的应用程序运行时，非掉电保持变量、永久变量都被放置在 DRAM 中。

值得注意的是，掉电时的缓存电池可以是充电电池、普通电池、金箔电容器或外部电池。缓存电池可装在模块底板上或装在 CPU 模块中，缓存电池的状态可由 CPU 模块面板上的电池的指示灯来判断，电池的状态也可以由程序来检测，可视化界面中也可以显示电池的状态。用户应该定期更换缓存器电池，最大限度保障控制操作的可靠性和数据的安全性。

3．数组、结构、结构数组

① 数组：数组是具有相同数据类型的多个变量的集合，通过名字和索引来寻址。

② 结构：结构是一组基本数据类型，由一个共同的名字来寻址，结构中的每个独立元素也有自己的名称。结构主要是将相互关联的数据和值分组。例如，烤面包的多种配方，它们具有相同的成分（面粉、水、盐、发酵粉），只是各种配方成分的数量不同。

③ 结构数组：结构数组与基本数据类型的数组一样，其子元素也是通过索引号来寻址的，规则与数组一样。

④“sizeof”函数：变量、数组、结构、结构数组的大小可以用“sizeof”函数来确定，这个函数返回的是指定元素的字节大小。

“sizeof”函数具有如下功能：

★ 确定变量的大小；

★ 确定循环初始化数组时的结束值；

★ 计算偏移量。

例如，确认变量的大小（函数的返回值是变量在内存中所占的字节数）。

```
UINT  SizeInByte;
DINT  SetPosition;
SizeInByte:= sizeof(SetPosition)
```

例 3-1　初始化数组。

① 使用数字常量的方法

```
UINT  Pressure[10];
UINT  Icnt;
Loop lcnt  := 0 to 9 do
    Pressure[Icnt] := 0 ;   Initializing all elements
```

```
End_Loop
```

② 综合表达方式的方法

```
UINT  Pressure[10];
UINT  Icnt;
Loop Icnt:= 0 to (sizeof(Pressure)/sizeof(Pressure[0])) -1  do
    Pressure[Icnt] := 0 ;   Initialization of all elements
End_Loop
```

③ 用“sizeof”函数计算循环的结束值的方法

```
UINT  Pressure[10];
UINT  Icnt;
UINT  szAll;
UINT  szSingle;
UINT  elem;
szAll := sizeof(Pressure) ;          Size of the array in bytes
szSingle := sizeof(Pressure[0]);     Size of an element
elem := szAll / szSingle
    ; Number of elements = All bytes / bytes in an element
    ; End value of the loop is (elements -1 ) !!!
Loop Icnt := 0 to (elem -1 ) do
Pressure[Icnt] := 0 ;                Initialization of all elements
End_Loop
```

注意：在程序中使用固定的数字的确能缩短程序代码，但这会出现这样的情况：如果数组的大小改变了，则程序的代码也要随之改变。用一些复杂的方法（例如，用动态读取内存的方式或用偏移量的计算来管理内存）编写代码就不会出现这种情况，这样代码会更高效、更灵活。当数组大小改变程序代码并不需要改变时，无须一直操心及监视数组大小是否改变了。

4. 字符串

字符串是字节型的数组，每个字节包括的值（0 到 255）代表一个字符。ASCII 码定义了哪个值代表哪个字符。字符串必须以空终止符结束，这就意味着十进制数 0 必须位于字符串的最后一个字节后（注意：与 ASCII 码中的“0”不同，它的十进制值为 48），字符处理函数通过空终止符可以辨认字符串的结束，因此，字符串变量的长度应比所包含的最大字符长度多一个字节。

值得注意的是，当变量声明为字符串类型时，ANSI C 编程语言与其他编程语言相比较会有如下区别：在 ANSI C 中，声明字符串时必须要考虑空终止符（例：STRING[10] 最大包括 9 个字符和 1 个空终止符）。在其他编程语言中，终止符会自动添加，例如，如果定义了 STRING[10]，它包括 10 个字符，因为该字符串变量会自动加长到 11 个字节（10 个字符加 1 个终止符）。字符串长度用“sizeof”函数可以很容易地检测出来。

一个字符串的结构如图 3-3 所示，图中显示的字符串变量在内存中占 10 个字节。因此，它最多包括 9 个字符和 1 个空终止符。当使用了字符串的所有字节后，空终止符后的字节内容不会被定义。

（1）复制字符串

当复制字符串时，需要定义源字符串地址和目标字符串地址。源字符串中的字符和空终止符一起将被复制。应该确保目标字符串的长度至少和源字符串的长度一样，否则，位于目标字符串后面的数据可能被错误地覆盖。源字符串的长度比目标字符串的长如图 3-4 所示。

图 3-3　一个字符串的结构

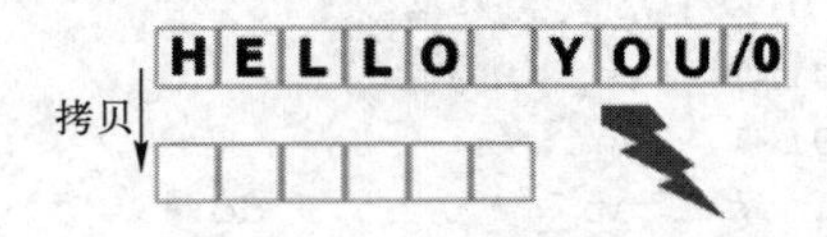

图 3-4　源字符串的长度比目标字符串的长

例 3-2　复制字符串

```
STRING strSource[10];
STRING strDest[10];
strcpy(adr(strDest), adr(strSource)) ;    Copying process
```

注意：先定义目标字符串的地址，然后再定义源字符串的地址。“strcpy”函数在“AsString”库中。

（2）比较字符串

用“strcmp”函数进行两个字符串的比较。比较字符串时也要考虑到两个字符串的大小是否一致。当两个字符串的二进制码长度必须一样时，函数返回状态值 status = 0。

例 3-3　比较字符串

```
STRING  strSource[10];
STRING  strDest[10];
UINT  status;
   status := strcmp(adr(strDest), adr(strSource)) ;
if  status = 0  then
   ; Both strings are the same
else
   ; The strings are different
end_if
```

（3）字符串连接

把一个字符串与另一个字符串连接起来可以用“strcat”来实现，这样，每个子字符串会连接到目标字符串中。

例 3-4　连接字符串

```
STRING  strSource[4];
STRING  strDest[10];
strcat(adr(strDest), adr(strSource)) ;
```

注意：调用函数前，“strDest”的内容是“ABC”，“strSource”的内容是“def”，调用函数“strcat”后，子字符串会连接到“strDest”后面，结果为“ABCdef”，目标字符串的长度必须足够大，可以用来保存 2 个子字符串。

5. 内存初始化、复制和比较

有时会由于程序的结构或在应用程序中处理任务的要求，将内存区域初始化后复制到另一个位置进行相互比较。在变量声明时可以定义变量的初始化值。在控制器启动时，只执行一次任务的初始化子程序，对变量进行初始化。

内存的初始化、复制和比较功能都在“AsString”库中。

（1）初始化内存

在应用程序中，常常需要初始化已定义的内存区域，使用函数“memset”可以用一个值对内存区域的字节进行初始化，但通常以 0 值初始化内存块中的所有字节。

例 3-5　对内存进行初始化。

```
USINT  Data[10];
memset(adr(Data), 0, sizeof(Data));
```

（2）复制内存

“memcpy”函数可以复制内存块，但不能检测源地址、目标地址和数据的长度。因此，用户在使用时必须确保指定的地址和长度是正确的。

如果不确定源数据的大小，那么在复制内存时，应该使数据的长度与内存区域的大小保持一致，这样可以确保在复制内存的过程中不会覆盖任何其他地方，因为复制数据的长度受这个区域大小的限制。

例 3-6 复制内存。

```
USINT srcData [10];
USINT destData[8 ];
    ; Warning! The target memory is smaller than the
    ; source memory
    ; Destination address, source address, length of the data
memcpy(adr(destData), adr(srcData), sizeof(destData));
```

执行“memcpy”函数时，位于“srcData”地址的内存区域会复制到“destData”地址中。数据的长度受目标内存大小的限制。

注意：源数据的大小必须小于目标内存的大小，否则位于内存后面的数据会被改写。通常用“adr”函数来定义地址，用“sizeof”函数来确定数据的长度。如果不确定源数据的大小，那么在复制内存时，应该使数据的长度与内存区域的大小保持一致，这样可以确保在复制内存的过程中，不会覆盖任何其他地方，因为复制数据的长度受这个区域大小的限制。

（3）比较内存

用“memcmp”函数比较内存块，对指定内存中的所有字节长度进行相互比较。当复制或比较非常大的内存块时，推荐在运行过程中优化这些步骤。内存区域可以在几个独立的循环任务中处理或分成几个小模块来处理。

例 3-7 比较内存。

```
USINT Data [10];
USINT Data [8];
UINT status;
        ; Data area 1, data area2 , length of the data
status := memcmp(adr(Data1), adr(Data2), sizeof(Data2 ));
if status = 0 then
        ; Memories have the same content
else
        ; Memories have different content
end_if
```

函数执行时，位于“Data 1”地址后的内存区域和位于“Data2”地址后的内存区域进行比较，数据的长度受较小内存（Data2）的大小限制。

6．动态变量/指针

为了使程序更为有效，常常需要使用引用数据而不直接使用数据本身，例如，将变量的地址或数据区域传输给函数时，只传输数据所在的引用地址。当处理完变量后，变量仍然可以以新的形式在其他程序中调用。这种引用类型叫作指针变量或动态变量，它指向一个区域（地址）或应用内存（DRAM）。

编程时，使用动态变量可以更为有效和更好地组织程序，适当地使用动态变量使软件部分的设计比使用静态变量更为智能、更为灵活。

（1）动态访问

对于不同的编程语言，虽然程序代码的地址读取方式不同，但基本原理是相同的。动态变量声明与静态变量声明不同，编译器没有给动态变量分配地址，因此也不会给它们分配独立的内存空间。但通过关键字“access”给动态变量分配一个地址后，动态变量就可以“指向”（→指向→指针）已分配好的内存位置，这时动态变量就可以像普通变量一样来读取了。

（2）动态变量规则

动态变量使用时遵循以下规则：

- 编译器不给动态变量分配独立的地址，地址是在运行时分配的。
- 一旦分配好地址，地址在系统运行时一直有效，不必循环分配地址。
- 可以在任何时候给动态变量分配新的地址。
- 0 是无效地址，在分配内存地址前应先检测其是否有效。
- 不要使用固定的内存地址，只能通过”adr”或偏移量的计算来获取地址。
- 动态变量在第一次读取前必须先被引用，如果没有检测内存引用，编译器不会给动态变量分配地址。对一个没有引用的动态变量进行写操作会引起系统重启并进入 service 模式，在错误记录本中生成一条错误信息。
- 动态变量必须与源内存区域的数据具有相同的数据类型，通过动态访问后的数据才能在动态变量中正确地显示出来。

例 3-8 使用动态变量的例程。

① 地址的辅助变量

```
UDINT  adrCounter;
USINT  Counter;
USINT*  pCounter;    !!Dynamic variable!!
adrCounter := adr(Counter) ;    Determines the address
pCounter access adrCounter ;    Dynamic access
If  pCounter =17  then ;    Warning!!! dyn. variable must
    ; be referenced
    ; Program code executed
end_if
```

② 直接读取地址

```
USINT  Counter;
USINT*  pCounter;    !!Dynamic variable!!
pCounter access adr(Counter) ;   Dynamic access
If  pCounter =17  then ;    Warning!! dyn. variable must
    ; be referenced
    ; Program code executed
end_if
```

③ 在读取前检测地址

```
UDINT  adrCounter;
USINT  Counter;
USINT*  pCounter;    !!Dynamic variable!!
if  adrCounter <> 0  then ;    Checking for null pointer!
    ; Address originates e.g. from
    ; another task
    pCounter access adrCounter ;    Dynamic access
    if  pCounter =17  then
       ; ...
    end_if
end_if
```

7. 内存分配

编写 PLC 应用软件时，仅仅创建数组或在结构中创建数组是不够的，因为这样在编译时只能定义成固定的大小。创建数组或在结构中创建数组时，数组的元素不能超过 4095 个，而且大的数组会使项目中每个任务的最大变量内存或全局变量内存很快被用完。因此在系统运行时，按照条件来创建内存区域的大小是十分有必要的。可以用动态读取内存的方式或用偏移量的计算来管理内存，这样做软件会有些复杂，但比使用静态数组变量更为灵活和容易配置。

例 3-9 假设通过用户数据类型来存储面包配方参数，共有 2000 种不同的配方。可以通过用户指定的索引号来读取数据。配方的结构如图 3-5 所示。

Name	Type	Scope	Force	Value
⊟ Bread	recipe_typ	global		
flour	SINT			120
water	UINT			12
salt	USINT			1
yeast	UDINT			2

图 3-5 配方的结构

```
recipe_typ  Recipes[2000];
UINT  elem;
UINT  index;
elem := sizeof(Recipes) / sizeof(Recipes[0]) ;   Amount
if  (index >= elem -1 )  then
   index := elem -1 ;    Index limitation
end_if
Recipes[index].water := 11;    Access to the elements
```

用“sizeof 函数测得整个数组的大小为 24KB，变量"recipes"包括 2000 个元素，数组的大小在系统运行时不能调整。另一种选择方案是，将内存区域分配成所要的大小，这样局部变量和全局变量的内存大小就不会改变。

（1）内存分配

内存分配有如下两种基本方式：

★“SYS_LIB”库→“TMP_alloc”函数；

★“AsMem”库函数。

在应用程序中使用 TMP_alloc 函数分配内存。在 SG4 系统中，该函数只能在初始化的子程序中执行，否则会引起循环时间超时。如果应用程序速度很高，就必须使用 AsMem 库中的函数。系统运行时以循环模式分配动态内存。

值得注意的是在循环分配动态内存时，已分配的内存块用完后必须要释放掉。在 DRAM 中创建已分配的内存块，所有已分配的内存块在系统重启后会自动释放掉。当分配动态内存时，可以用“sizeof”函数计算所需的内存大小。另外，新的内存分配区域一般不进行初始化，在用“memset”函数定义内存时需要初始化。

（2）“TMP_alloc”函数

“TMP_alloc”函数在“SYS_LIB”库中，用“TMP_alloc”函数申请内存块，用“TMP_free”函数释放内存块。

例 3-10 申请一个内存区域，大小为 1000 个 UINT 类型的元素，再用“TMP_alloc”函数释放内存区域。

```
UINT  uintVar;
UDINT  memlng;
UDINT  memptr;
UINT  status;
UINT*  pData;    !! Dynamic variable !!
(* init program *)
memlng :=1000 * SIZEOF(uintVar);    Size calculation
     ; Size, pointer to the address variable
status := TMP_alloc(memlng, ADR(memptr)) ;    Allocation
     ; Evaluation of the status variable
If  status = 0  then
     ; Working with the address of the memory area
     pData access memptr ;
     Dyn. access to the memory
```

```
else
    ; Error handling, error numbers can be found
    ; in the help files
end_if
; De-allocating the memory
; Size Address of the memory area
    status := TMP_free(memlng, memptr) ; De-allocate
; Evaluation of the status variable
if ... then
end_if
```

值得注意的是在系统重启或内存区域释放后，就不能再读取“TMP_alloc”定义的地址了，只有再次执行“TMP_alloc”函数时，才能使用返回的地址值。

（3）AsMem 库

在任务的初始化程序中分配应用程序所需要的全局内存区域的大小，这个内存区域也叫作内存分区。在系统运行时，内存分区内动态地分配每个内存块，这种时实分配的类型十分快速，基本不影响应用程序的运行时间，也有必要使用户通过应用程序看到系统需要分配多少动态内存。

例 3-11 申请 10KB 的内存区域。

```
UDINT  ident;
UINT  status;
UDINT  mem;
UINT*  pData;    !! Dynamic variable !!
(* init program *)
; Allocation of the memory partition
    AsMemPartCreate_0(enable:= 1, len:= 10000);
if AsMemPartCreate_0.status = 0  then
    ident:= AsMemPartCreate_0.ident;    Partition ident
end_if
(* cyclic program *)
if  cmd_CreateBlock =1  then
    if  AsMemPartCreate_0.status = 0  then
        ; Allocation of a 0 byte memory block
        ; ident of the memory partition must be specified
        ; AsMemPartAllocClear initializes the memory block
        ; with "0"
  AsMemPartAllocClear_0(enable:= 1, ident:= ident, len:= 50);
   end_if
   cmd_CreateBlock:= 0;
end_if
; Working with the allocated memory block
if  AsMemPartAllocClear.mem <> 0  then
   ; Address of the memory area
   mem:= AsMemPartAllocClear_0.mem;
   ; Dyn. access to the memory
   pData access mem;
end_if
if  cmd_ReleaseBlock =1  then
   ; Memory block with the start address "mem" in the partition
   ; De-allocate with specified ident
```

```
        AsMemPartFree_0(enable:= 1, ident:= ident, mem:= mem);
        cmd_ReleaseBlock:= 0
    end_if
```

8. 数据存储

数据包括机器设置，配方参数，运行时间等。数据存储是指在控制器的内存中存储数据（大多存储在 ROM 中、大容量的存储器中，有时也存储在 RAM 中）。

用户必须选择如何存储数据以及存储在哪种目标内存中。在大多数情况下，数据保存在非易失性内存中。

PLC 通常提供以下几种方式来长期保存数据：数据模块、文件、变量。

（1）数据模块

数据模块包括标题、实际数据、校验和。

系统运行时，系统会循环监控所有任务的校验，检测并响应非法读取指针的这类错误。监控是在闲置时间进行的，在每个系统时钟检测 512 个字节。

数据模块是最安全的数据存储方式，因为系统会自动备份数据模块，并作为应用程序的一部分。如果在写操作时数据模块受到破坏（例如，突然掉电），数据模块的备份仍然可用，并在控制器重启时数据模块会自动恢复。

值得注意的是在运行时创建的数据模块存储在 RAM 中，如果它们由指针准确地写入，可以关闭校验和监控。这时的数据模块与已分配的内存没有区别。

（2）文件

在 SG4 系统中，数据存储在大容量的存储器中。大容量存储器包括硬盘、CF 卡或 USB 等存储介质。数据文件也可以在 PC 上编辑并存储，并按需要传输回控制器中，这使得文件具有便捷处理、交换数据的优势，如面包配方文件只需创建一次就可以传输到其他相同的 PLC 中。在 PC 和 PLC 之间的数据处理和数据交换，通过文件可以简单实现。

数据存储通过以下方式进行：

★ 使用读卡器将 CF 卡和 PC 进行连接，或从 PC 上移除；

★ 用“FileIO”库将 CF 卡的内容复制到 USB 存储器中；

★ 通过以太网 FTP 读取 CF 卡的内容。

9. 数据模块

（1）在 Automation Studio 中创建数据模块

当创建项目或使用“DataObj”库的时候，可以在 Automation Studio 中创建数据模块，但应特别注意字节的排列（填充字节，字符串的空终止符），使数据在传输时，能够读取结构中正确位置的元素。

例如，面包配方的数据模块如图 3-6 所示。

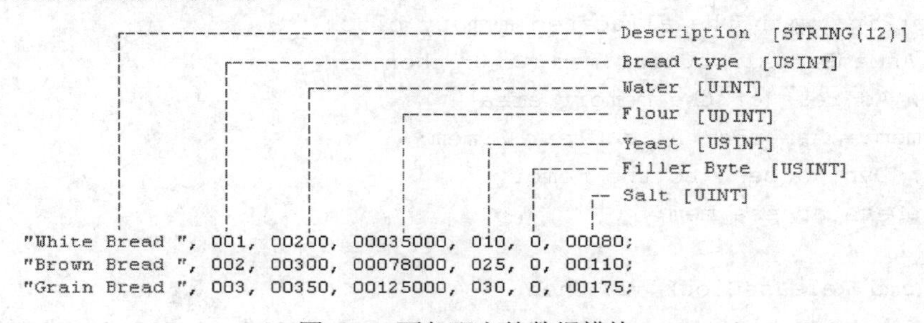

图 3-6 面包配方的数据模块

数据模块格式要求如下：

★ 字符串可以写在双引号之间（“White Bread”）或单引号之间（‘WhiteBread’）。当使用双引号时，会自动插入字符串的空终止符；当使用单引号时，存储在数据模块中的字符串没有空终止符。

★ 数字以逗号分隔（如 001, 00200)或另起一行。

★ 浮点数（REAL）用十进制小数点来定义（如 12.356 或 8.0），多个数量级用指数符号”e”来定义（如 2.34 e5 或 5.34 e−21）。

★ 注释用分号（;)表示，直到该行结束。

★ 数值之间的空格不用考虑，但字符串中的空格则表示该位的值。

通过结构和偏移量可分别读取数据模块的每一行。当确保结构中变量的长度和偏移量与数据模块中的相一致时，才能用结构来读取数据。

在“Yeast”元素后会自动插入一个填充字节，这也必须在结构和数据模块中考虑到，否则，定义的结构就没有任何填充字节。值得注意的是：

① 数值的数据类型自动按数字的数目或实际值来定义。

★ 1 个字节：最大 3 位数字，类型为 SINT 或 USINT；

★ 2 个字节：最大 5 位数字，类型为 INT 或 UINT；

★ 4 个字节：最大 10 位数字，类型为 DINT 或 UDINT；

★ 浮点十进制数（REAL）始终占 4 个字节。

如果用 UINT 变量（2 个字节）读取一个字节的值（如 200），必须在数据模块中输入至少 4 位数字（0200）。

② 当使用字符串时，应该确保数据模块中输入的字符串长度与读取的字符串长度一致（包括数据模块和变量中的空终止符，字符串变量后的填充字节）。

（2）运行时创建数据模块

在系统运行时创建、管理和编辑数据模块时，可以利用“DataObj”库提供的功能块访问已存在的数据模块，读写数据模块，创建数据模块，删除备份数据模块，将数据模块转移到另一个内存中。

（3）目标内存

使用数据模块时，必须指定哪个目标内存用来保存数据。指定内存类型时可以参照存储器、启动方式与保存数据的关系，如表 3-1 所示。

表 3-1　存储器、启动方式与保存数据的关系

存储器	在热启动时/保存数据	在冷启动时/保存数据
DRAM		
UserRAM(SRAM)	√	
UserROM, SystemROM(FLASH)	√	√

（4）读取和编辑数据模块

系统运行时，借助于 DataObj 库中的“DatObjCreate”功能块来创建数据模块，借助于“DatObjInfo”功能块可以得到进一步编辑已有数据模块的必要信息。当得到标识号后可以继续编辑数据模块。“DatObjRead”功能块可以从数据模块中读取数据。而“DatObjWrite”功能块可以往数据模块中写数据。

（5）管理数据模块

借助于 DataObj 库中的一些功能块来管理数据模块（删除、复制、改时间和转移到另一内存区域），这些功能块的详细信息可以在 AS 在线帮助下找到。值得注意的是必须检查 DataObj 所有功能块的输出状态，来判断功能块是否已完成或正确执行（当 status = 0）。否则，功能块必须在下一个循环周期再次执行或检测是否出错。

（6）动态访问数据模块

数据模块的存储区域也可以用动态变量（指针）直接访问，需要注意的是，只有在校验和监控关闭的时候才可以使用动态变量进行写操作。

3.3.3 运行状态

PLC 运行时，存在四种运行状态。PLC 运行状态描述如表 3-2 所示。

表 3-2 PLC 运行状态描述

状态	描述	开启各种状态的条件
RUN	系统启动后，将要执行的软件模块拷贝到 DRAM 中，并执行所有的用户程序；系统首先按设置好的启动方式启动	冷启动、热启动、掉电重启；按下 CPU 的复位按钮；库函数操作
SERVICE	PLC 系统启动后，任务等级系统没有启动（热启动或者启动可关闭 SERVICE 模式）	按下 CPU 的复位按钮；Automation Studio™停止执行目标任务；系统运行时发生错误（如循环时间超时、除数为 0 等）
DIAGNOSTICS	只允许执行从目标系统中删除模块、读错误日志、删除存储器内容的操作；执行热启动或冷启动；只能装载 System ROM 中的模块；存储器在诊断方式下可以被擦除	拨码开关切换；在 Automation Studio™中应用诊断模式；致命的系统错误（通过热启动或冷启动可关闭诊断模式）
BOOT	允许下载操作系统；格式化和分区 CompactFlash 卡（在正确设置拨码开关条件下，通过热启动或冷启动可以关闭 BOOT 模式）	先决条件：CPU 中有默认的 AR（Automation Runtime）；拨码开关切换；没有插入 Compact Flash 卡；在 Compact Flash 卡中没有操作系统

变量的启动方式可以由用户、库函数或操作系统本身来触发，各种启动方式的描述如表 3-3 所示。

表 3-3 各种启动方式的描述

启动方式	描述
热启动	可以用 Automation Studio™、PVI Transfer、按复位按钮、在应用程序中发出命令来触发热启动
掉电	缓存可以保存 remanent 数据（只有存在 SRAM 才可以）
冷启动	删除 RAM 中的内容，但保存永久变量。可以通过程序系统或应用软件发出命令来触发冷启动

3.3.4 多任务处理

Automation Runtime 作为一个真正的实时多任务操作系统，其多任务处理是一种软件技术，是指计算机在同时启动多个程序后，可以在后台有序地运行多个程序。但是，这些程序是按照 CPU 的处理能力及人为设置的优先级依次运行的，由于 CPU 的运行、处理速度非常快，所以，给用户的感觉是所有的程序是同时运行的。

一个复杂的自动化控制项目通常由多个任务组成，一个完整的控制应用程序通常也是由多个任务程序共同组成的。

每个任务的属性都有多个方面，它可以由用户设置或由系统预置，预置值就是系统设置的默认值。任务属性包括：①对任务的描述；②日期/时间；③版本号；④目标存储器；⑤编辑器选择（后端选择）；⑥优先级（任务等级）；⑦校验（由操作系统来监测）。

1. 任务等级

实质上并不是所有的任务都是在同一时间范围内被执行的。如果将大量的任务放置在一个任务等级中，由于这些任务必须在相应的短时间（本任务层的循环时间）内完成，则会引起系统过载。

这个问题可以通过选择合适的任务等级及正确地设置任务循环时间来解决。对于优先级高的、重要的控制任务需要迅速而频繁地被执行，而对于优先级低的、非重要的控制任务就不需要迅速而频繁地被执行。用户可以设置任务等级来区分任务的优先级，不同优先级的任务具有不同的循环时间。在一个自动化项目中，为了使各个任务程序具有不同的优先级，用户可以根据控制要求将任务设置在不同的任务级别中，同时，用户也可以改变不同任务等级系统默认的循环时间。一旦任务等级及循环时间设置完毕，在每个循环时间内，相应的任务就会被执行一次。

（1）循环时间、运行时间

每个任务等级都有一个预先设定的循环时间，它可以预先设置，所有的任务必须在各自的循环时间内执行完。执行任务的时间叫作运行时间，所有任务的运行时间总和必须小于相应任务等级的循环时间，剩余时间叫作闲置时间。循环时间、运行时间、闲置时间的关系如图 3-7 所示。

一个任务等级中，如果所有任务的运行时间之和超过这个任务等级的循环时间，即循环时间超时，这时就会出现一个非法操作状态，使系统在 service 模式下重启。

（2）容忍时间、循环时间超时

任务等级中的容忍时间主要用来补偿偶然发生的循环时间超时现象，但这会延时新任务等级的开始。如果任务的运行时间超过任务等级的循环时间和容忍时间，会引起循环时间超时。在所有情况下，必须检查相同任务等级的所有任务的运行时间之和应小于该任务等级的循环时间，这样才能保证应用程序的可靠执行。循环时间超时现象如图 3-8 所示。

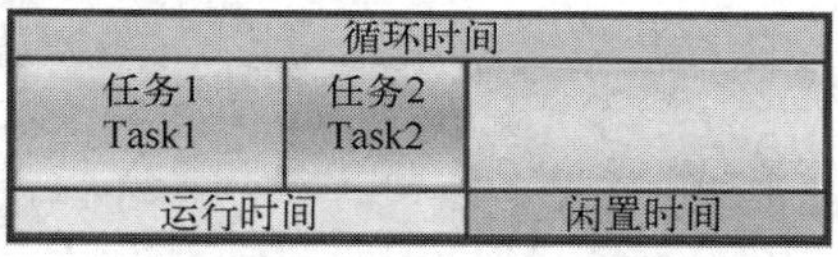

图 3-7　循环时间、运行时间、闲置时间的关系

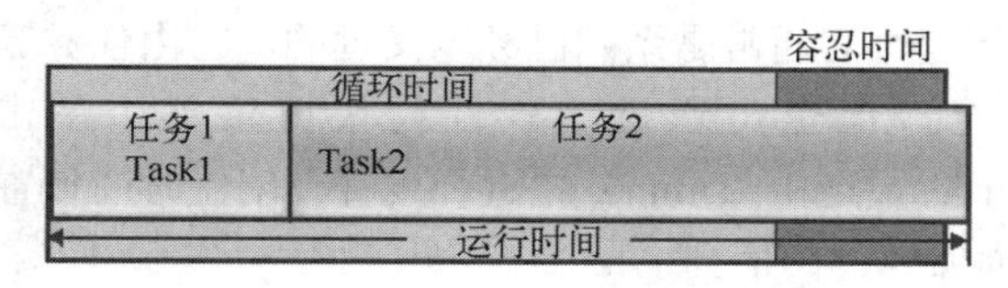

图 3-8　循环时间超时现象

相同的任务级别具有相同的循环时间，任务等级数及其循环时间默认值与 PLC 的 CPU 的能力有关，以 CP360 为例，任务等级、循环时间的默认值、容忍时间的关系如表 3-4 所示。

表 3-4　任务等级、循环时间的默认值、容忍时间的关系

任务等级	循环时间（ms）	容忍时间（ms）
Cyclic #1	10	10
Cyclic #2	20	20
Cyclic #3	50	50
Cyclic #4	100	100
Cyclic #5	200	100
Cyclic #6	500	100
Cyclic #7	1000	100
Cyclic #8	10	3000

值得注意的是，表 3-4 的 Cyclic #8 任务层的循环时间默认值也同 Cyclic #1 的一样为 10ms，但它们有本质的区别。Cyclic #1 的任务是每 10ms 必须执行一次，而 Cyclic #8 的任务执行是尽可能地快，即若 CPU 有空闲时间就执行 Cyclic #8 的任务，Cyclic #8 的任务的循环时间为 10ms～3000ms。

项目中的有些任务有时会同时执行，I/O 调度器用于协调执行这些任务。即：当启动一个任务等级时，I/O 调度器触发在每个循环开始时，需要做以下校验：①任务是否在设定时间内完成；②是否完全接收新输入镜像；③输出镜像是否被输出。

（3）闲置时间

例如，有 Cyclic # 1 任务和 Cyclic # 4 任务，每一个任务的执行时间都是 9ms（见图 3-9），由于任务等级的不同，在相同的时间内被执行的次数、每次运行的闲置时间、系统利用率都是不一样的，Cyclic # 1 任务和 Cyclic # 4 任务的闲置时间、执行次数、系统利用率如表 3-5 所示。

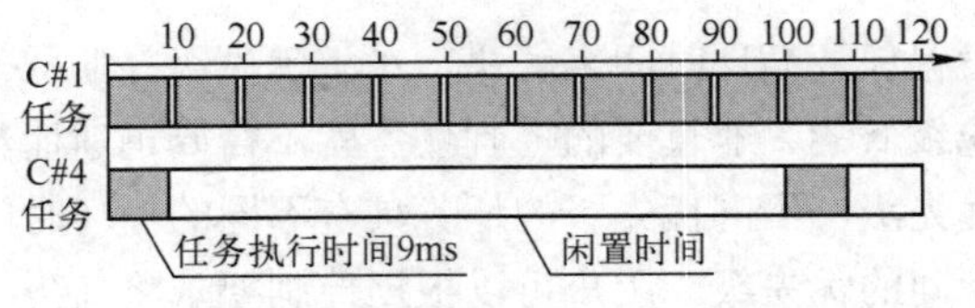

图 3-9　Cyclic # 1 任务和 Cyclic # 4 任务

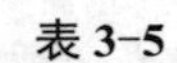

表 3-5

任务等级	100m 内处理次数	每次运行闲置时间（ms）	系统利用率(%)
Cyclic #1	10	1	90
Cyclic #4	1	91	9

当任务确定下来后，任务等级可以决定这个人物的循环执行的次数，其单个循环时的闲置时间依赖于所属的任务等级。系统中的闲置时间越多代表可以利用的时间资源也就越多。操作系统在闲置时间内可以处理如下任务：①网络接口通信；②可视化操作以及动画；③校验、监控系统中的所有模块；④文件存取等。

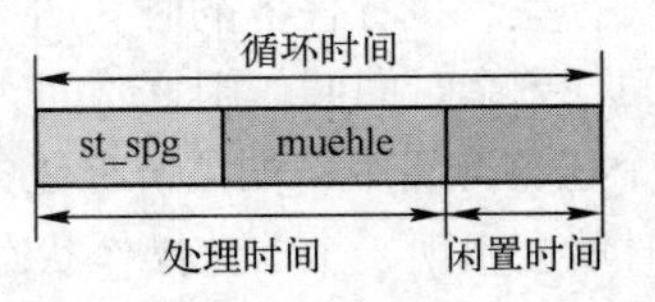

图 3-10　两个相同任务等级的任务的循环运行

通常称 CPU 处于“闲置”状态时的时间为闲置时间。在分时多任务操作系统管理下，任务的执行顺序与软件列表中的顺序一致（从上到下），用户可以通过在 Automation Studio 中设置任务参数来决定同一任务层内任务的执行顺序。在 Automation Studio 软件平台上，两个相同任务等级（Cyclic#1）的任务（st_spg 任务、muehle 任务）的循环运行如图 3-10 所示。闲置时间通常是系统已经定义过的，它由任务等级决定，但也可通过在软件树快捷菜单中单击 Properties，选中 Timing 栏进行设置。闲置时间设置界面如图 3-11 所示。

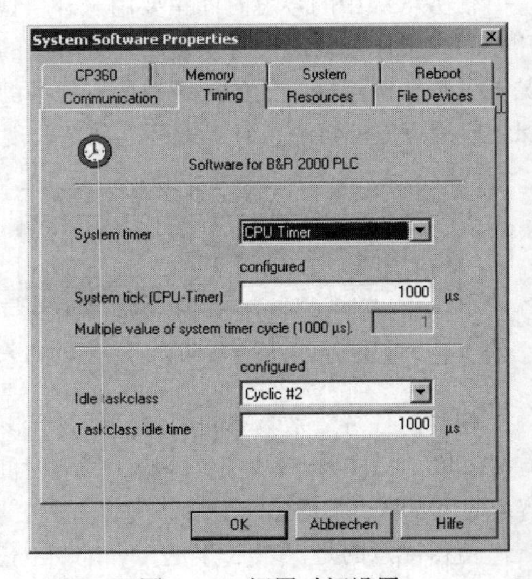

图 3-11　闲置时间设置

小练习 3-1：创建一个任务，其状态每循环一次改变一次。要求分别以循环时间为 20ms、500ms、1000ms 的任务等级运行该任务。（提示：可以通过快捷菜单中的 properties 来设定任务等级；有条件的读者在实验室里注意观察这个任务在不同的任务等级条件下，其状态变化的频率）

变量声明表：

Name	Type	Scope	Attribute	Value
doOut1	BOOL	local	memory	

编码如下：

```
(* cyclic program *)
doOut1:=NOT doOut1;
```

小练习 3-2：创建一个 loop（循环）任务，其终止值由一个变量指定，增加终止值直到出现循环时间超时。（提示：在不同任务等级中进行测试；可以通过快捷菜单中的 properties 来设定任务等级；查看错误记录本中的错误信息）

变量声明表：

Name	Type	Scope	Attribute	Value
endValue	UDINT	local	memory	
i	UDINT	local	memory	
value	UDINT	local	memory	

编码如下：

```
(* cyclic program *)
FOR i:=0 TO endValue DO
```

```
        Value:=Value+1;
    END_FOR
```

2．多任务处理模式

分时多任务操作系统可以将整个项目按照优先权的不同分成数个分别具有不同等级的任务，其中优先权高的任务等级有着较短的循环扫描周期，且每个任务等级还可包括多个具体任务，在这些任务中间还可再细分其优先权的高低。在这种操作系统的管理下，优先权高的任务总是先被执行，剩余的时间里可执行优先权较低的任务。

一个分时多任务操作系统可以将比较重要的以及对时间要求高的控制任务的任务等级定义得高一些，如调节任务（由用户自己定义）、例外任务（由系统产生的中断触发）、中断任务（由硬件产生的中断触发），而一些较一般的任务可以将任务等级定义得低一些，如结果处理任务、打印处理任务等，这样整个控制系统的资源便得到了优化，控制系统也具有了很好的实时性。

（1）操作系统内核和专用软件模块

分时多任务操作系统由操作系统内核和 PLC 专用软件模块两部分组成。

操作系统内核是一个具有多任务处理能力的标准操作系统，它能完成多任务间的协调处理、应用程序管理等最基本的功能。

借助于 PLC 专用软件模块，具有多任务处理能力的操作系统便可以执行 PLC 控制系统中的各项任务。PLC 专用软件模块由如下几部分组成：

① 系统管理器：系统管理器根据操作系统时钟每 10ms 执行一次，它完成监视各任务层的循环时间、系统校验、为每个任务层设置输入映像、管理与 Automation Studio 编程系统的在线通信或底板之间的串行通信等任务。

② 标准任务层：标准任务层的任务由系统管理器来协调运行，可完成控制任务层的 I/O 映像、根据任务的执行顺序调用本任务层中的其他任务、输入/输出的强制处理（强制处理变量就是在每次循环执行时给变量赋值）、调用完一个任务层内的所有任务后，调配输出映像等功能。

③ 高速任务层：高速任务层的任务由硬件定时器来激发，可完成调配或校验高速任务层的 I/O 映像、根据任务的执行顺序调用本高速任务层中的其他任务、输入和输出的强制处理等功能。

④ 通信软件：通信软件由系统管理器或通信中断激发，它完成模块的下载或上载、过程变量的读或写、多任务（创建、终止、恢复）或模块（烧结、擦除）的处理、Automation Studio 的通信管理、不同通信协议的驱动等功能。

⑤ 功能库：功能库可以被系统或应用程序调用，功能库完成访问硬件、访问系统及模块、数学运算的功能，大部分功能库的函数是固件的扩展，必须由用户自己将所需的功能库下载到 PLC 模块中。

⑥ 系统任务：系统任务由系统或应用程序设置，它是固件的扩展，必须由用户自己下载到 PLC 的 CPU 模块中。

⑦ 中断任务/例外处理任务：中断任务/例外处理任务是特殊的任务。

⑧ 应用程序：应用程序是由操作系统来管理的。由于分时多任务操作系统是一个多任务的操作系统，因此多个应用程序（又称为任务）可在 PLC 中同时运行。处理器的处理能力通过“任务开关”分配在多个应用程序中。

（2）循环任务和非循环任务

应用程序基本上可分为两类：循环任务（又称为 PLC 任务）和非循环任务（又称为空闲时间任务）。PLC 任务被循环执行，而非循环任务只有在操作系统和所有的 PLC 任务都不需要 CPU 时间时才执行。

循环任务是标准的 PLC 应用程序，在每一个设定的循环时间内被准确地执行一次，由分时多任务操作系统监视、管理它的执行情况。

非循环任务（空闲时间任务）在运行时没有时间上的校检，它们利用空闲的时间被执行，也就是说，非循环任务只有在操作系统和所有的 PLC 任务都不需要 CPU 时间时才被执行。典型的非循环任务是一些完成统计任务的程序，它们与循环程序同时进行，但这类事件一般不经常出现，例如，打印一个报表。

一般来讲，循环任务的优先级比非循环任务高，循环任务可以中断非循环任务，CPU 空闲时间的非循环任务的执行原则如图 3-12 所示。

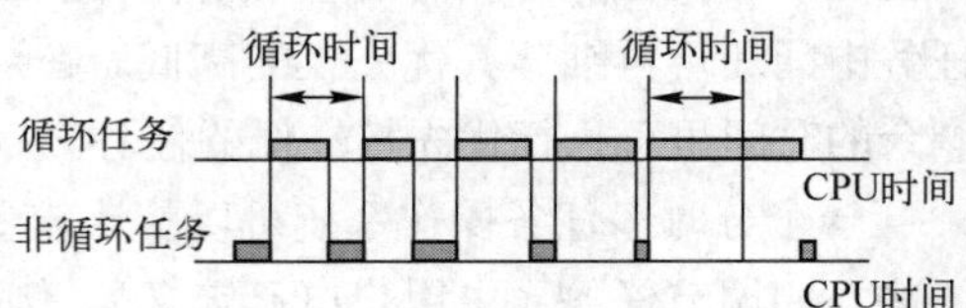

图 3-12　非循环任务的执行原则

分时多任务操作系统把 CPU 时间管理得很理想，它还具有许多优点：定性的多任务，即可预设置并行运行任务周期；不同任务等级的任务在不同的循环时间中调用；不同任务等级具有不同的周期设置；任务等级不同所具有的优先级不同；灵活的系统升级；具有错误记录，导致系统重置的错误通常保存在错误记录里。编程者还可以通过错误记录查阅预置限值，如果已超过限值，也将错误存于错误记录中。用这种方式，通常可以检查出导致系统崩溃的原因；检查单个任务，如在线启动，中止任务等。

3．任务层

用户可以使用两种不同的任务层：标准任务层和高速任务层。标准任务层的任务由系统管理器（操作系统）来激发，高速任务层由硬件定时器激发。

标准任务层的任务切换是由系统管理器来完成的。前面的表 3-4 已列出了各个标准任务层的任务等级、循环时间的默认值、容忍时间。例如，任务层 Cyclic #1 的循环时间被设置为 10ms（默认值），那么标准任务层 Cyclic #1 中的每一个任务在 10ms 内都被执行一次。

高速任务层中的任务不是由操作系统来调用，而是由各自的硬件定时器（中断）来触发。这样，它与标准任务层的不同如下：

① 由于硬件触发比系统管理器的切换更准确（因为有不同的校验动作等，而系统管理器会有一些偏差），所以这类任务的连贯性更好；

② Timer 任务层的优先级高于系统管理器和标准任务层的优先级。Timer 任务层可以在一个确切的时刻中断其他 CPU 任务，它只能被优先级更高的中断（例如，更高优先级的 Timer 任务层或来自 I/O 模块的中断）中止它的执行过程。

用户同样可以通过 Automation Studio 编程系统设置高速任务层的循环时间。循环时间为 1～20.0ms（以 0.5ms 为步长）。注意：不同系列 PLC 的不同 CPU 模块所能提供的高速任务层的个数不同，这与 CPU 的处理能力有关。各高速任务层的循环时间的默认值如表 3-6 所示。

任务优先级：为了让各任务能合理地共享处理器，用户必须设定任务的优先级（优先级高的任务可以中断优先级低的任务）。任务层的优先级不取决于任务层的循环时间，任务层的优先级如表 3-7 所示。

一般来说，循环时间应与优先级相适应（优先级越高，循环时间越短），否则，将会出现循环时间混乱的问题。值得注意的是，标准任务层和高速任务层的任务都可以被中断任务和例外任务中断。

任务调度：任务调度是在一个任务级别开始运行时，激活相应的任务，并为其提供 I/O 映像。在每次循环开始时，任务调度需要进行如下检查：①任务在设定的时间内是否完成；②新的输入对象是否完全有效；③输出对象是否被送出。

下面举例来说明控制器是怎样进行多任务处理的。例题中将具有不同运行时间的任务放置在不同的任务等级中；将运行时间长的任务放置在循环时间长的任务等级中。

例 3-12 在一个 PLC 系统任务中，多个任务可以运行在不同的任务级别中（例如，处理器为 CP260），系统中各任务的运行时间、任务等级、循环时间如表 3-8 所示。

表 3-6 高速任务层的默认循环时间表

任 务 层	循环时间（默认值）
高速任务层 1 Timer #1	3 000μs
高速任务层 2 Timer #2	5 000μs
高速任务层 3 Timer #3	7 000μs
高速任务层 4 Timer #4	9 000μs

表 3-7 任务层的优先级

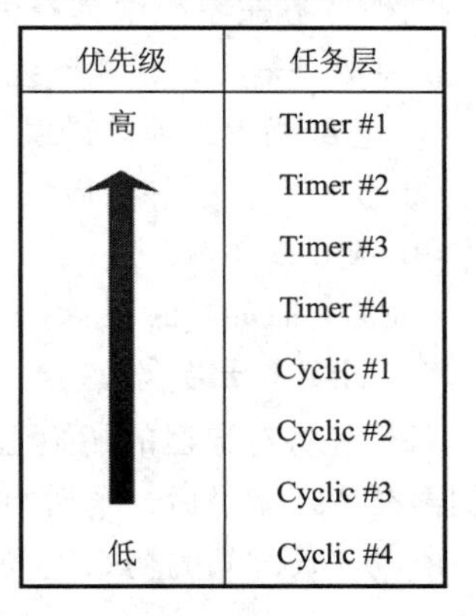

优先级	任务层
高	Timer #1
	Timer #2
	Timer #3
	Timer #4
	Cyclic #1
	Cyclic #2
	Cyclic #3
低	Cyclic #4

表 3-8 例 3-12 的表

运行时间（ms）	任务等级	任务等级的循环时间（ms）
0.8	Cyclic #1	10
1.6	Cyclic #2	50
2.0	Cyclic #3	100
2.2	Cyclic #4	尽可能快

多任务的处理、执行如图 3-13 所示。

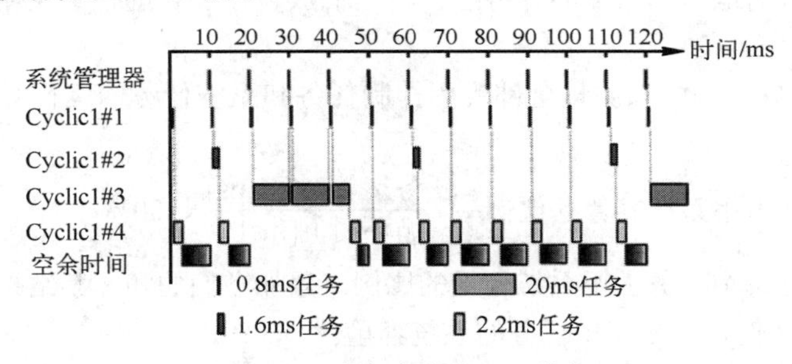

图 3-13 多任务的处理、执行

① 任务等级有不同的优先级，优先级随任务等级号的升高而减小。

② Cyclic#1 在任务级别中有最高的优先级，Cyclic # 2 其次，以此类推。只要有可利用的时间，系统尽可能快地执行任务等级 Cyclic # 4。

③ 优先级高的任务可以中断优先级低的任务。

④ 系统启动时，任务等级按优先级由高到低启动。当 Cyclic # 1 启动后，如果还有可利用的时间，那么就启动 Cyclic # 4；当 Cyclic # 2 启动后，如有剩余时间，也会启动 Cyclic # 4；当 Cyclic #3 启动时，被 Cyclic #1 中断，之后连续执行任务直到完成任务。在这期间，没有时间来启动 Cyclic # 4。

注意：①处理器能力的 10%保留下来供操作系统使用；

② 因为各程序的运行需要一定的条件，所以各任务的运行时间并不总是一个常数，图中显示的是理想的任务切换过程；

③ 多任务的循环校验保证在每一个循环时间内一个任务层的所有任务都执行一次。

4．例外任务

例外是指在任务运行时发生的不能由操作系统自己修正的严重错误。默认情况下，当例外发生时，系统执行急停。例：控制器以 service 模式启动。

与其他的错误不同，例外不仅可以让用户知道错误或例外的发生，而且还可以让用户有做出反应的机会，这是因为操作系统提供了例外处理器，它可以处理应用程序的大多数普通例外。

例外任务在系统中具有最高的优先级。当例外发生时，相应的例外任务会中断其他所有的任务。例外处理器可以检测到以下的错误：

① 总线错误：地址错误，访问错误的地址或 0 地址；

② 执行完例外任务后，系统以 service 模式启动；

③ 除 0 操作；

④ 循环时间超时。

5. 初始化任务

每个任务有自己的初始化子程序，控制器启动时，系统要相继执行所有任务的初始化子程序，控制器在执行完最后一个初始化子程序时才进入多任务处理状态。由于初始化子程序不以时间来监控，所以，长时间的初始化状态不会导致循环时间超时，但是必须注意初始化子程序中不能出现死循环。

3.3.5 系统容量

借助于 PLC 的多任务操作系统，一个复杂的应用程序可以被分成许多较小的任务，根据它们所需的执行速度，有目的地选择所需的任务层，将它们放置在适合的任务层中，可以使 CPU 系统容量最小化。

CPU 系统容量计算前，必须测量全部应用控制任务和系统任务的运行时间，每个任务占用系统容量的比例如下。

$$占用系统容量的比例=\frac{任务运行时间[ms]}{循环时间[ms]}\times 100\% \qquad (3-1)$$

由上式可以计算出每个任务占用系统容量的比例，累加它们的和，其结果就是整个应用程序占用 CPU 系统容量的总比例，也是应用任务的系统容量。

系统的总容量计算时应注意以下几点：

① 计算系统总容量应再加上 10%（粗估的操作系统占系统总容量的比例）。

② I/O 数据传送的任务由 I/O 处理器来完成，这就是说，CPU 不用传送数据。

③ 系统过载时，会输出一个循环时间混乱的警告。

④ 在各个任务层设置任务时，必须为非循环任务留出足够的时间。循环任务装载得越多，非循环任务（如通信）的处理时间就越短。

例 3-12 说明了如何合理地设置任务等级非常重要，既要充分地利用处理器的能力，又应该合理安排 CPU 资源。

例 3-13 某应用程序的一部分（一个任务）的平均运行时间是 4ms。将此任务设置在不同的任务层中，它的系统容量如图 3-14 所示，图中括号内的值是任务层的循环时间。

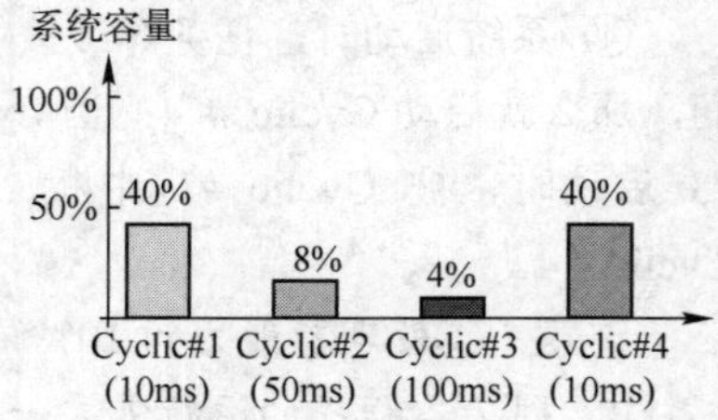

图 3-14 系统容量

3.3.6 I/O 处理

数据输入与输出处理即 I/O 状态刷新。输入刷新是对 PLC 的输入进行一次读取，将输入端各变量的状态重新读入 PLC 中并存入内部存储器。输出刷新是将新的运算结果送到 PLC 的输出端。

在 PLC 的存储器中，有一个专门存放 I/O 数据的区域。其中对应于输入端子的数据区，称为输入映像存储器；对应于输出端子的数据区，称为输出映像存储器。当 CPU 采样时，输入信号由缓冲区进入映像区，这就是数据输入的状态刷新；当 CPU 输出时，将映像区的内容输出到输出寄存器，这就是数据输出的状态刷新。

由 I/O 映像存储器中的内容构成了当前 I/O 状态表。状态表中的内容是用户程序计算处理的依据。其中输入状态在采样时刷新。输出状态根据用户程序扫描，逐个更新。每一逻辑或算术运算，都以当前 I/O 状态表中的内容为依据，计算的结果送至相应的输出状态表中，中间结果不能作为输出的依据，但前面结果可以作为下面计算的依据。对于整个 PLC 控制系统而言，只有执行完用户程序后的 I/O 状态才是该系统的确定状态。

1. I/O 映像

I/O 映射决定了哪个 I/O 数据由哪个过程变量读写，I/O 映射也可以在系统运行时由外部产生。

输入映像如图 3-15 所示，在每个任务等级的任务开始时，有输入映像。每个任务等级都有独立一致的输入映像区。在 I/O 总线上可传送的最小数据单位为 1 个 BYTE。

输出映像如图 3-16 所示，任务等级特定输出映像在任务运行结束后写入，每个任务等级都写到相同的输出映像中。

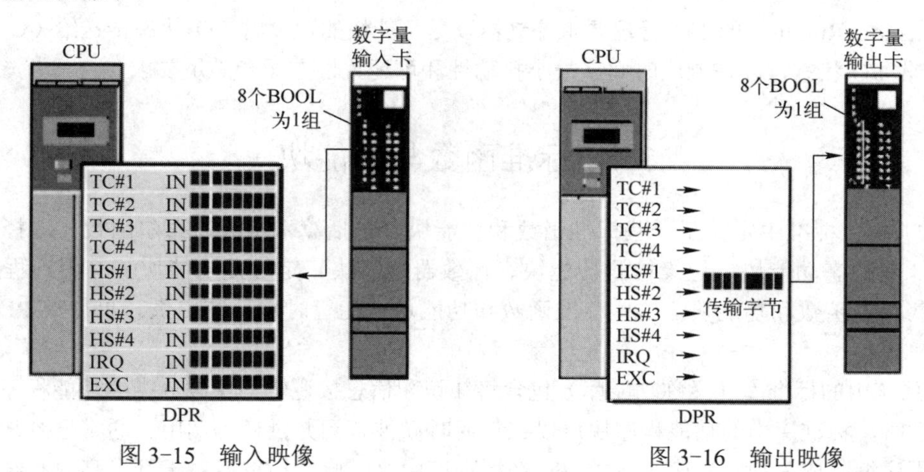

图 3-15　输入映像　　　　图 3-16　输出映像

I/O 映像就是直接从 CPU 上写入和读取信号。I/O 映像存储器定义变量的类型不同，则有不同的有效使用范围。在 PLC 中有如下几种类型：

① Global：全局变量，在整个 PLC 层中有效；

② Local：局部变量，只在本任务中有效；

③ Dynamic：特殊类型的局部变量。

在任务执行过程中也可以利用 Automation Studio 提供的 I/O 功能库（Library：IO_LIB）进行直接 I/O 访问。

2. I/O 数据传送

在 CPU 与 I/O 模块之间通过 I/O 总线安全协议执行数据交换（同时进行自监控）。CPU 在它的 DPR 表格/代码表中写入信息。I/O 处理器完成数据传送，即主站（CPU 上的 I/O 处理器）和从站（I/O 模块上的 I/O 处理器）一起建立了协议，并负责传送所有的数据，I/O 数据传送如图 3-17 所示。

DPR 控制器协调 DPR 中多处理器的访问。DPR 控制器支持 bit/Byte 的访问。实际上对于 CPU 来说，bit/Byte 的处理是没有区别的。对于每个物理上独立的总线与所有的其他周围设备都存在着 I/O 映像。主 I/O 总线使用 CPU 上的 DPR 直接作为它的数据存储器，数据传送结构如图 3-18 所示。

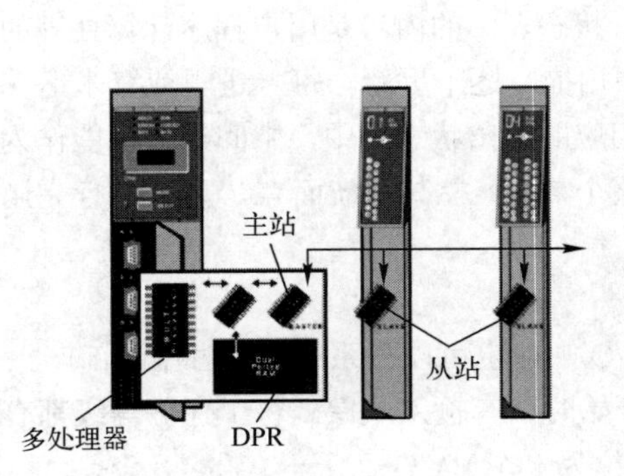

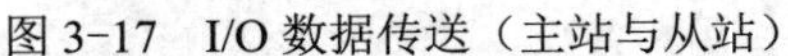

图 3-17 I/O 数据传送（主站与从站）

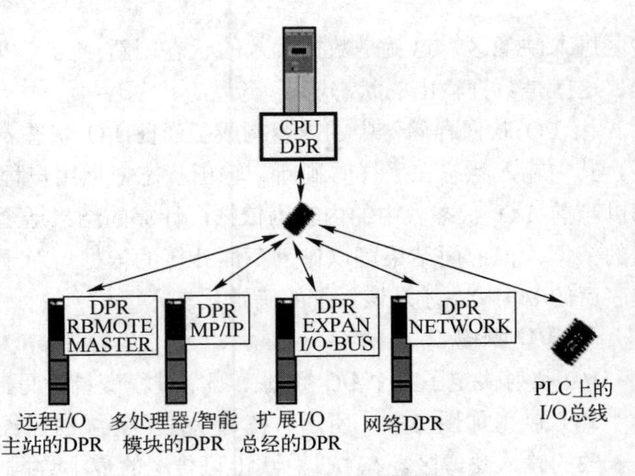

图 3-18 数据传送结构

3. I/O 管理器的基本功能

Automation Runtime 的 I/O 管理要求控制器以尽可能快的速度将 I/O 状态传送给 I/O 终端或从 I/O 终端接收 I/O 状态，并在响应时间、最小抖动性和可配置性方面能满足要求。

3.4 标准函数与功能块

IEC61131-3 标准中定义了一些标准函数和功能块，包括算术函数、布尔函数、选择函数、字符串函数、双稳态功能块、边缘检测功能块、计数器功能块、定时器功能块等。用户程序可以直接调用这些标准函数和功能块，这些标准函数和功能块在运行时由系统提供。贝加莱 PLC 提供标准库。

PLC 系统中的标准库（又称功能库）包含将知识和信息按逻辑与主题分类的功能程序块，当用户创建软件时，标准库中的功能程序块可以在任何时候被查阅并供任务调用。通常把经常使用的或复杂的子程序编制成为功能程序块按类放置在标准库中，因此，标准库对于开发高效和结构化的软件是一个重要的辅助工具。另外，使用标准库中的函数和功能块会大大减轻开发应用程序的工作量。库是封装在程序中的，所以能很容易传输给其他的项目或再次使用。

在程序设计中调用标准库中的函数或功能块对使用者来说有以下优点：

① 解决一些特定的问题可以调用系统或者用户预先编好的函数，而不需要编写新的代码，这样可以节省编程时间；

② 易于读懂和维护程序；

③ 标准的函数和功能块都是经过检测了的，使用它们可以避免可能的输入错误或运算法则的错误，提高了应用程序的可靠性；

④ 用户库允许创建用户指定的功能函数和功能块。

3.4.1 标准库概述

标准库是程序的组织单位，库中包含完整的函数与功能块，这些功能程序块经过了测试，可以可靠并安全地使用，它们可以由不同的任务程序来调用。

对于标准库，虽然 IEC 61131-3 标准并没有在函数或功能块方面做严格的定义，但是，标准库对组建预先定义的标准函数或功能块具有重要作用。在标准库中，各种子库分门别类针对某一具体应用领域的函数或功能块分组。用户只要将这些子库添加到项目中，就可以方便地在控制程序中调用这些函数与功能块。

在 AS 系统中提供了一个完整封装的标准库，标准库的功能块并不包含在各种编程语言的标准代码中，其主要功能模块如下：①计时器（带延时），计数器，边缘检测；②字符串处理；③算术运算；④逻辑操作；⑤控制算法；⑥数据对象和文件管理；⑦网络服务器的数据交换；⑧网络功能；⑨轴的控制；⑩图形功能。

（1）标准库具有如下特点：

① 嵌入在 Automation Studio 中；

② 由开发商维护，并不断更新和扩展；

③ 作为完整的程序单元，功能检测核对无误；

④ 不同的编程语言中内嵌文档和描述，AS 的在线帮助中集成统一的例程描述文档；

⑤ 遵照规范和标准；

⑥ 具有友好的用户界面。

（2）用户库具有如下特点：①可以由用户编写；②封装程序部分；③结构化；④明晰；⑤可以再度使用；⑥保存编程代码。

（3）功能块具有如下特点：①明晰；②清楚、紧凑的单位；③固定的系统功能；④不受应用检测约束；⑤清晰的定义接口；⑥开发简单；⑦标准化。

（4）库在组建软件功能的方法上具有如下特点：

① 将一具体应用领域的函数和功能块放在一起，便于管理和执行；

② 库作为一个完整的单位可以方便传递，在其他的项目中也可以使用；

③ 使用功能与功能块时，替换软件很简便；

④ 由于库具有独特的系统性能，函数和功能块可以使程序的代码标准化；

⑤ 函数和功能块与任务不同，它有唯一定义的接口，便于文档记录；

⑥ 库中不同的函数和功能块只在控制器上保存一次（例如，当多次执行函数和功能块时，没有使用额外的存储器）。

1．函数与功能块

标准库有两种类型的程序，即：函数和功能块，它们在性能上和使用上有所不同。

函数是一个程序组织单元，可以精确返回一个值，因此，它仅有一个输出，但是可以有多个输入。函数是一个例程，它能解决一个经常产生或非常困难的问题。它的本质是有一个或多个输入和一个输出的“黑盒子”。与功能块不同，函数没有任何静态存储区。用相同的输入参数重复调用一个函数时，一般总会返回相同的输出值，例如，计算一个角度的余弦，显示一段文本等。（但也有些例外，例如，调用时间或 I/O 的读取函数）。

功能块也是一个程序的组织单位，它可以返回一个或多个值，功能块有一个或多个的输入和输出。

功能块在使用之前必须要先创建它，先创建一个数据结构，包含功能块使用的所有参数（输入/输出和内部变量）。通过数据结构，功能块将分配静态存储区。

使用相同的输入参数重复调用功能块时，输出结果不是一成不变的。在有些情况下，使用多循环任务重复调用功能块时，需要大量的系统资源。

2．库管理器

库管理器是管理控制项目中所用库的接口，它主要管理标准库、第三方供应商的标准化库，并为编程人员创建用户库时提供帮助。

库管理器完全集成在 AS 中，可通过菜单选项 Open:Library Manager 打开。库管理器界面分为两个窗口：左边窗口显示集成在项目中库的名称，包括函数与功能块。在左边窗口中选中的库名称（每个库的名字应该是唯一的），其属性及信息会在右侧窗口中显示，内容如下：

① 标准库使用的数据类型和常数；

② 与其他库的附属关系；

③ 函数或功能块的参数声明；

④ ANSI C 库源代码文件的管理。

值得注意的是当选中函数或功能块时，其所有的输入变量、输出变量、内部变量会显示在声明表中并且带有数据类型，这是由于当库被集成和全局可调用时，库中所使用的数据类型和常数会自动加载到项目中去。另外，应该将库名作为数据类型输入到数据类型编辑器中。

3.4.2 函数、功能块的调用

一个复杂的应用程序通常分为若干个程序模块，每一个模块实现一个特定的功能。因此，几乎在所有的高级语言中都有子程序这个概念，编程时可以利用它来实现某个模块的功能。

调用函数或功能块是编写应用程序的一个常用的、也很实用的方法。对于用户来说，不需要知道函数或功能块的执行过程，只要知道函数或功能块的输入参数和输出参数分别代表的意思即可。

标准库中提供了大量的函数和功能块来完成不同的功能，例如，三角公式的计算，字符串的处理，以及错误报警等。

需要注意的是，在使用某个函数或功能块之前，必须先将此函数或功能块所在的子库装入项目中，否则在编译程序时就会出错。

1．函数的调用

使用下面的形式直接调用函数：

函数名（输入参数列表，输出参数列表）

例如，对于函数 DIS_chr(line，column，char)，其中第一个参数（line）与第二个参数（column）分别指出在 CPU 显示器的哪一行、哪一列需要显示字符，第三个参数（char）是要显示的字符。

对函数的调用通常有两种方式：

① 使用常数和字符作为实参，来调用函数。

```
DIS_char(1,0,"0")
```

② 使用 PV 变量名来调用函数，所有的变量必须在调用之前已经被声明并赋值。

变量声明表：

```
PV  Name     DATA  Type
Line         UDINT
Column       UDINT
```

函数调用：

```
line = 1
column = 0
DIS_char (line , column,"0")
```

在调用函数时，输入/输出实参的数据类型一定要与函数的形参的数据类型一致，否则在编译时会出错或得到错误的结果。

例 3-14 有一台带有一系列报警显示装置的机器，在机器运行中根据实际情况显示报警信息：温度过高，油压太低和燃料不足，一条报警信息被触发，并一直显示直至下一条报警信息被触发。

变量声明：

```
PV  Name     DATA  Type
message0         UDINT
message1         UDINT
too_hot          BOOL
```

```
oil_press       BOOL
low_fuel        BOOL
```

用高级语言 Automation Basic 编程实现如下：

```
strcpy(message0,"Alarm: ")
if  too_hot = 1  then
    strcpy(message1,"Overheat!")
else if  oil_heat = 1  then
    strcpy(message1,"Oil  press!")
else if  low_fuel = 1  then
    strcpy(message1,"Low fuel!")
endif
if  (too_hot = 1) or (oil_heat = 1) or (low_fuel = 1)  then
     DIS_str(0,0,message0)
     DIS_str(1,0,message1)
else
     DIS_str(0,0,"No alarm!")
     DIS_str(1,0,"      ")
Endif
```

例 3-15　在梯形图任务中调用位于“AsMath”库中的指数运算函数“pow( )”。梯形图编程中的指数运算如图 3-19 所示。

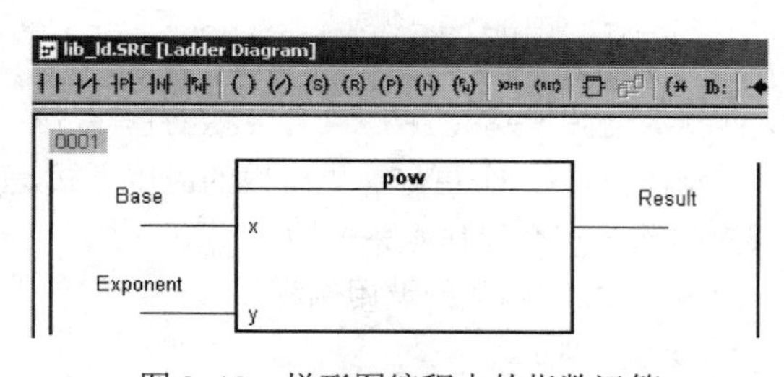

图 3-19　梯形图编程中的指数运算

例 3-16　在结构文本任务中调用位于“AsMath”库中的指数运算函数“pow( )”。

① 在结构文本任务中，使用对话框插入一个函数时，函数的调用过程如下：

```
(* Function name(input , input ) *)
pow(x, y);
```

输入（x 和 y）仅代表符号，必须要用相应的变量来代替。

② 函数像运算符一样，也可以直接运行而不使用对话框。

```
(* Result := function name(Basis, Exponent) *)
Result := pow(Base, Exponent);
```

例 3-17　在 Automation Basic 任务中调用位于“AsMath”库中的指数运算函数“pow( )”。

① 在 Automation Basic 任务中，使用对话框插入一个函数时，函数的调用过程如下：

```
; Function name(input , input )
pow(x, y)
```

输入（x 和 y）仅代表符号，必须要用相应的变量来代替。

② 函数像运算符一样，也可以直接运行而不使用对话框。

```
; Result = function name(Basis, Exponent)
Result = pow(Base, Exponent)
```

例 3-18　在 ANSI C 任务中调用位于“AsMath”库中的指数运算函数“pow( )”。

在 ANSI C 中，插入函数或功能块时没有对话框。从相应的头文件中将调用的必要信息拷贝到主程序段。

```
/* Output data type function name(data type input , data type input ) */
float pow(float x, float y);
```

当使用变量时，函数调用显示如下：

```
/* Result = function name(Basis, Exponent) */
Result = pow(Base, Exponent);
```

函数只有一个输出参数，这个参数可以是一个数组或一个结构。在调用时只有输入参数传递给函数，函数可以在表达式中作为一个操作指令来使用。

在使用指令表语言编制程序时，函数的输出参数值首先被存入 ACC 中。在调用时，第一个输入参数应先输入到 ACC 中，其他的输入参数放在调用行中。调用格式如下：

```
LD          in_1
INLINE      in_2, in_3 …
ST          result
```

函数 INLINE 的计算结果可直接赋值给其他的变量，这是它最简单的应用方式。

例 3-19 调用 COS( )函数。

变量声明：

```
PV  Name    DATA  Type
Result      REAL
Angle       REAL
```

① 在 Automation Basic 中调用 COS( )函数。

```
result = COS(angle)
```

② 在 IL 指令表中调用 COS( )函数。

```
LD  angle       ; input  angle  into  ACC
COS             ; the result of cos  is in the ACC
ST   result     ; result＝ACC
```

函数的另一个更好、更有效的应用方式是直接在数学表达式中使用它，也就是说函数的计算结果直接作为一个操作数来使用。

例 3-20 函数的调用例程。

变量声明：

```
PV  Name    DATA  Type
Z           REAL
angle_x     REAL
angle_y     REAL
```

在 Automation Basic 中调用：

```
z = SIN (angle_x)*COS (angle_y)+SIN (angle_y)*COS (angle_x)
```

当在线调用函数 INLINE 时，每调用一次，它的程序代码就在主程序中相应的位置插入一次，这将加长程序代码，不过程序的执行过程很快。

由于函数只是被循环在线调用，它们没有自己的内部内存区。所以函数 INLINE 中不包含静态的数据，每一次使用相同参数集合调用，得到的结果是相同的。

AS 提供的函数库可以完成许多特定的功能。功能库 SYS_LIB、STANDARD 库中均包含可以在线调用的函数。

2．功能块的调用

功能块是指能够完成特定功能，并有输入参数、输出参数、控制参数、控制算法的子程序，功能块也是一个程序的组织结构单位。功能块与函数的调用方法相同。

在 PLC 编程语言中，功能块 FBK 为具有一个或一个以上输出参数的函数。由于功能块 FBK 一般有多个输出参数值，所以它不能像在线调用函数那样直接用在数学表达式中。例如，在 IL 语言中调用后，功能块 FBK 输出值返给一系列的变量，ACC 中的值保持不变。所有的输出变量，以及必要的内部变量在此 FBK 调用时保存，也就是说，用相同的输入变量多次调用同一个 FBK，得到的结果不一定相同。

在功能块 FBK 的输入参数列表中有一个表示有效性的输入参数（Enable，即使能信号）。这个参数的逻辑值为“1”时，此功能块 FBK 被激活；当这个参数的逻辑值为“0”时，此功能块 FBK

被休眠。由于函数的输入参数列表中没有起这样作用的输入参数，所以每个任务执行周期，无论是否需要，使能信号都被执行。同时，在调用时，功能块 FBK 中的 Enable 使能参数可以和简单的开关量相连，也可以与一个复杂的逻辑运算的输出相连。

例 3-21 在梯形图任务中调用位于标准库中的累加计数功能块“CTU( )”。

标准库中的“CTU( )”功能块是一个累加计数器。

梯形图编程调用累加计数功能块“CTU( )”如图 3-20 所示。

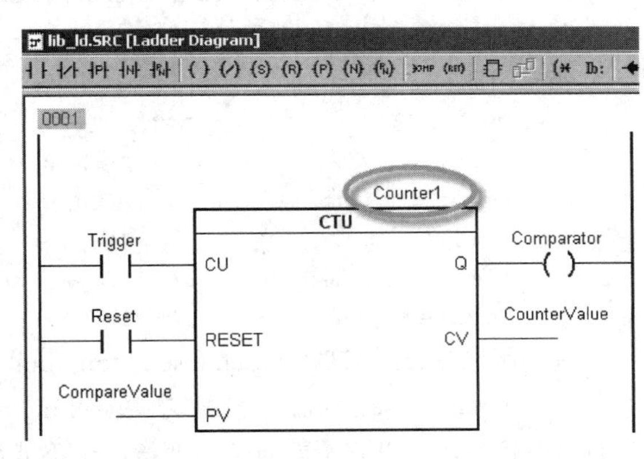

图 3-20 梯形图编程调用累加计数“CTU()”函数

在 Automation Studio 中有两种调用功能块 FBK 的方法。

1. 直接调用

使用功能块的直接调用方法时，所有的输入/输出参数均在调用行中指定。

下面以在梯形图、指令表及 AB 编程语言中调用延时开功能块 TON( )为例介绍功能块的直接调用。

许多控制器需要使用时间功能块去监控系统及机器的运行过程。在 PLC 操作系统提供的功能库中有许多类型的时间功能块，按它们的功能可以分成以下几组：

① 时间元素　　② 时间标志　　③ 时间测量

TOF( ) 延时关；　RTC_gettime( ) 读取实时时钟；　TIM_musec( ) 读取μs 定时器；

TON( ) 延时开；　RTC_settime( ) 设置实时时钟。　TIM_ticks( ) 读取 10ms 定时器。

TP( ) 脉冲产生。

TON()功能块是其中的时间元素。利用时间元素可以很容易地进行时间过程控制。三个时间元素功能块均是由 PLC 操作系统的标准（STANDARD）功能库提供的。每一组功能块的参数是完全相同的。

延时开（输入延时）的调用格式为：TON（IN，PT，Q，ET）。此功能块在输入信号 IN 变为 1（上升沿）时开始计时，到设定（PT 的值）的时间结束时，输出 Q 被置 1。

TON( )功能块的时序图如图 3-21 所示。

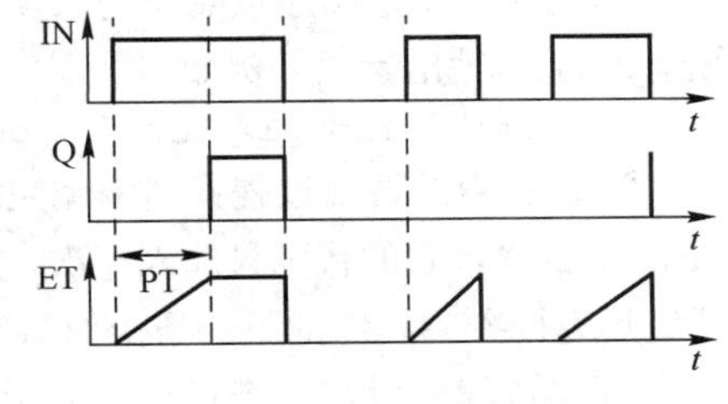

图 3-21 TON( )功能块的时序图

例 3-22 按下按钮（button）后，灯（light）被点亮。5s 后灯自动关闭。用 LAD 梯形图语言实现此功能。

① 在 LAD 梯形图语言中，直接调用功能块 FBK 的图形表格设置图形参数。调用时，自动生成方块图。

变量声明：

PV Name	DATA Type
Button	BOOL
light_on	BOOL
light_off	BOOL

用 LAD 梯形图语言编程实现灯光控制功能如图 3-22 所示。

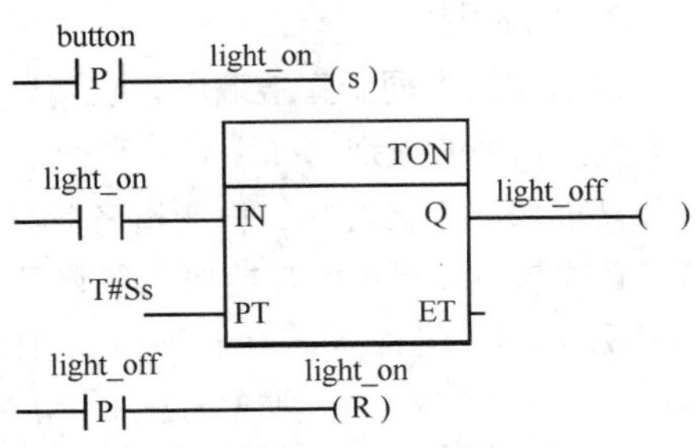

图 3-22 梯形图语言编程实现灯光控制功能

② 用 Automation Basic 语言编程如下：

```
If  edgepos(button)=1  then
    Light=1
```

```
Endif
   TON (light_on,T#5s,light_off,ET)
If  edgepos(light_off)=1  then
   Light_on=0
endif
```

在指令表IL语言中，使用IL的调用指令CAL（或CALNC或CALN）调用功能块FBK。

例3-23 调用向上计数器CTU( )。

变量声明：

```
PV  Name            DATA  Type
input                     BOOL
reset                     BOOL
limit                     INT
limit_reached             BOOL
counter                   INT
```

调用函数：cal CTU (input, reset, limit, limit_reached, counter)

其中input，reset，limit为输入参数，limit_reached，counter为输出参数。由于功能块有多于一个的输出参数，所以它不能赋值给变量，也不能在数学表达式中直接使用。

在Automation Basic编程语言中，可以直接使用功能块的名字调用函数。

① 调用向上计数器CTU( )

```
CTU (input, reset, limit, limit_reached, counter)
```

功能块按括号内的顺序调用，通过输入/输出变量，可直接访问。

② 实现2s的启动延时

```
(* Function Block Call  *)
Preset := T#2s;
TON ( diInput, Preset, doOutput, Elapse)
```

③ 实现2s的启动延时的另一种调用方法

```
TON ( diInput, T#2s, doOutput, Elapse)
```

调用时，变量顺序按照先输入参数，后输出参数，先上后下原则书写。注意：括号内必须写出所有的输入/输出参数。例如

```
heat (input1, input2, output1, output2)
```

直接调用的调用过程：当编译完后，功能块FBK的代码加到程序代码的最后面。无论调用此FBK多少次，它的代码只加入一次。执行时，遇到调用FBK，便直接跳到FBK的代码中执行，执行完后返回到主程序的下一条操作语句。

调用过程中，在命令行输入的所有参数被拷贝到功能块的内存区。每调用一次FBK，就产生一个新的FBK的实例。每个实例建立一块内存区，存储变量并跟踪内部变量。下一个任务执行周期中，当此FBK被调用时，它仍然使用上次开辟的那块内存区。

2. 别名调用

别名调用不同于直接调用，它可以创建多个不同名字但功能相同的功能块。每一个功能块都有一个直接相关的识别名（别名）和一个由输入参数、输出参数构成的数据结构。

功能块的命名遵循过程变量名命名的规则。别名结构的名字可以随便选择，但结构中的元素的名字必须与所要调用的功能块的参数名相同。

例3-24 用Automation Basic语言编程别名调用CTU( )。

```
Counter_1.CU=input
Counter_1.R=reset
Counter_1.PV=limit
```

```
Counter FUB CTU( )
Limit_reached= Counter_1.Q
Counter= Counter_1.CU
```

例 3-25 用 Automation Basic 语言编程别名调用功能块 TON( )。

```
time = T#2m_30s_500ms
TON_xx.IN := Input
TON_xx.PT := time
TON_xx FUB TON(  )
Elapse := TON_xx.ET
Output := TON_xx.Q
```

别名调用的调用过程：别名调用的过程与直接调用的过程非常类似，别名调用时，功能块的代码只在主程序的最后部分加入一次。不同的是，别名调用时每个参数均分配了内存，通过结构读取或赋值。

别名调用时不需要创建新的功能块，并允许使用不同的别名来调用，如果需要使用功能块，只需引用相同的别名就可以了。

3．直接调用与别名调用的区别

直接调用对于初学者或使用过其他语言的读者来说，非常容易理解。在调用时，所有的参数必须在调用行中被指定。别名调用时，参数可以通过结构来读取或赋值，不需要列出所有的参数。由于别名结构中的元素变量可以在初始化部分或主程序部分赋值，也可以直接访问，所以别名调用比较快。

例 3-26 在一个循环周期中四次调用同一个功能块，两次直接调用，两次使用相同的别名调用。计数功能块 CTU( )在 STANDARD 库中。

```
；初始化部分
；初始化别名功能块中的变量
a1_same.R = 0
a1_same.PV = 100
a1_same.CV = 0

；主程序
；直接调用
CTU(event_1,0,100,junk,n_out)
CTU(event_1,0,100,junk,n_out)
；别名调用
a1_same.CU=event_1
a1_same FUB CTU()
a1_same FUB CTU()
a_out = a1_same.CV
```

运行一个周期，结果为

```
n_out = 1
a_out = 2
```

由上述结果可以看出，直接调用时，每个功能块都需要分配新的内存地址。而相同的别名调用不需要重新分配新内存，直接在功能块已分配好的内存中执行，在功能块内部缓冲区保持，当再次调用时，以前存盘的值可以使用，所以别名调用执行的速度比较快。

如果仅仅以简单的方式使用功能块 FBK 一次，使用直接调用就可以了。一般来说，当要求快速执行或要求程序的扩展性较好时，最好使用别名调用。

需要注意的是，在功能块的调用中，无论是采用直接调用还是别名调用，都需要将被调用的功能块所在的库函数添加到该程序的 Library Manager 中。

例 3-27 用结构文本编程调用计数功能块。

输入（CU、RESET 和 PV）都是功能块的元素，当设置参数时，必须用相应的变量或值来代替。

功能块“counter ”的例子是一个数据类型为“CTU”的结构变量。

```
(* Function block name(input :=,
input :=, input :=) *)
Counter (CU:=, RESET:=, PV:=);
```

一个完整的功能块调用过程如下:

```
(* Function block parameter settings and call*)
Counter (CU:= Trigger, RESET:= Reset,
PV:= CompareValue);
Evaluation of the outputs *)
Comparator:= Counter .Q;
CounterValue:= Counter .CV;
```

当处理多个输入参数或长变量名字时，为了保持清晰而有组织的结构，功能块的参数设置按如下步骤处理:

```
(* Parameter settings *)
Counter .CU:= Trigger;
Counter .RESET:= Reset;
Counter .PV:= CompareValue;
(* Function block call *)
Counter ();
(* Evaluation of the outputs *)
Comparator:= Counter .Q;
CounterValue:= Counter .CV;
```

例 3-28 用 Automation Basic 编程调用计数功能块。

设置功能块的名字后，用对话框插入功能块的调用过程如下。

输入（CU、RESET 和 PV）都是功能块（结构变量）的元素，当设置参数时，必须用相应的变量或值来代替。

功能块“counter ”的例子是一个数据类型为“CTU”的结构变量。

```
Counter .CU= ; Parameter setting
Counter .RESET=
Counter .PV=
Counter FUB CTU() ; Function block call
```

一个完整的功能块调用过程如下:

```
Counter .CU = Trigger; Parameter setting
Counter .RESET = Reset
Counter FUB CTU() ; Function block call
; Evaluation of the outputs
Comparator = Counter .Q;
CounterValue = Counter .CV;
```

在 AB 中，功能块也可以在一行中调用。这种方法需要将输入/输出参数写在括号中。

```
; Parameter setting, call and evaluation
; of the outputs in a line
CTU(Trigger, Reset, CompareValue, Comparator, CounterValue)
```

为了保持清晰而有组织的结构，一般应该避免使用这种调用，因为这种调用没有清晰的输入/输出间的界限。当处理比较复杂的功能块时，会使调试很困难。

例 3-29　用 ANSI C 编程调用计数功能块。

在 ANSI C 中，插入功能或功能块时没有对话框。从相应的头文件中将调用的必要信息拷贝到这里（例如，“standard.h”）。

```
/* Variable declaration */
BOOL Trigger, Reset, Comparator;
UINT CompareValue, CounterValue;
/* Function block instance */
CTU_typ Counter ;
/* Parameter setting */
Counter .CU = Trigger;
Counter .RESET = Reset;
Counter .PV = CompareValue;
/* Function block call */
CTU(&Counter );
/* Evaluation of the outputs */
Comparator = Counter .Q;
CounterValue = Counter .CV;
```

4．调用带有使能输入和状态输出的功能块

有些功能块带有使能输入或状态输出，能处理复杂的任务或需要多个循环周期进行处理。

使能输入可以打开或关闭功能块（“0”：关闭，“1”：打开）。只要不是总在处理功能块，就可以减轻 CPU 的负担。

状态输出提供了功能块处理状态的信息，状态号与状态信息如表 3-9 所示。

表 3-9　状态号与状态信息

状态号	状态信息
0	功能块已执行，无错误
65535	功能块没有完全执行，下个循环周期将会继续调用
65534	没有设置使能输入，功能块关闭
其他号	处理功能块时发生了错误 在 AS 的在线帮助系统中，每个库都有错误号的解释

例 3-30　使用“AsHW”库的功能块“HwGetBatteryInfo”，来检查后备电池的电量状态。本例中“Batterinfo”是“Hwgetbatteryinfol”类型的。

```
USINT Battery status;
BOOL ReadBattStatus;
STRING Device[ ];
(* Parameter setting *)
Device:= oeSL0.SS0.HW ' ;
BatteryInfo.enable:= ReadBattStatus;
BatteryInfo.pDevice:= ADR(Device);
BatteryInfo.ordinal:= ;
(* Function block call *)
BatteryInfo();
(* Evaluation of the status *)
IF BatteryInfo.status = 0 THEN
    (* Evaluation of the output *)
    BatteryStatus:= BatteryInfo.state;
```

```
        ReadBattStatus:= FALSE;
    ELSIF BatteryInfo.status <> 0 AND
        BatteryInfo.status <> 65535THEN
        ReadBattStatus:= FALSE;
        (* Error correction *)
        ...;
    END_IF
```

有些功能和功能块需要用存储器的地址作为输入参数，它可以是变量的地址或是任意分配的存储区域的地址。

有些功能或功能块需要很多的系统资源来执行复杂的任务，例如，初始化硬件。因此，这些功能或功能块应仅在初始化的子程序中调用，以避免循环时间超时。

也有一些功能块处理过程与循环任务的级别系统是不同步的。这些大都是处理硬件的功能块，必须等待操作系统的响应（例如，存取 CF 卡）。因此，这些类型的功能块主要是在循环模式下处理的。

初始化子程序或循环程序的限制信息可在每个库、功能或功能块的在线帮助中找到。

3.4.3 用户库

通常来说，系统自带的功能块是通用化的，因此，当用户要实现某个特定的功能时还需要编写自己的功能库，尤其当某个功能模块在程序中需要多次调用时，用户定义自己的函数库更是十分必要的。

在程序设计中使用用户自己创建的功能块具有如下的优点：

① 对复杂问题处理的标准化；

② 对于经常使用的、复杂的、重要的程序部分（如定位或控制运算法则），从实际的程序中分离出来，并封装成用户指定的函数或功能块，这样，其他用户只需要改变参数便可应用到其他项目中；

③ 减少了程序所需的代码数量，并在以后的项目中可多次使用；

④ 改善程序的总体结构和清晰度。

在 Automation Studio 中使用库管理器创建用户库。用户库包括根据应用任务的需求，由用户自己来编程。

用户可以使用 Automation Studio 提供的编程语言（IL 指令表语言、结构文本 Structure Text 和高级编程语言 Automation Basic 或 ANSI C）中的任意一种来编制自己的功能块。功能块源代码的编写和变量的声明与一般程序是一样的，功能块存储在当前的项目中，在库管理器中定义输入与输出参数，一旦编辑成功，功能块就能生成了。

在创建自己的功能块时，应特别注意以下几点：

① 在编写功能块的程序代码时，可以调用在线功能块 INLINE 和其他的任意功能块，包括用户自己已编写好的功能块，即功能块之间可以相互嵌套使用。

② 功能块不能进行循环自调用。一个功能块不能调用自身；在一个功能块中，也不能通过调用其他功能块来调用自身。

③ 功能块的名字必须以字母开头，最多有八个字符。

④ FBK 中的变量只能定义为 LOCAL 或 DYNAMIC 类型。

⑤ 在编写 Function Block 时，先屏蔽掉其他任务程序，否则在编译时容易出错。屏蔽的方法是：在树状任务栏中选中要屏蔽的任务，单击鼠标右键，在弹出的对话框中，选择 Disable。

⑥ 编好的功能块在当前项目的任务中可直接调用；若要重新创建项目，则需将功能块复制到新的项目路径中或用户库中。

创建用户库实例：

1. 使用简单的数据类型来创建功能块

例 3-31 创建一个名为 ADD_OVER 的功能块。此功能块可以进行简单的 USINT 类型数据的加法运算，当得到的结果溢出（即超出了－128～＋127）时，进行特殊说明。

分析：

本程序的计算法则为：

```
result = in_1 + in_2
```

如果 reshlt＜in_1 或 result＜in_2，则置溢出标志为“1”

变量声明：

```
PV  Name          Scope          DATA  Type
in_1              VAR_INPUT      USINT
in_2              VAR_INPUT      USINT
result            VAR_OUTPUT     USINT
overflow          VAR_OUTPUT     BOOL
```

● Automation Basic 编程如下：

```
result = in_1 + in_2
if ((result< in_1)or(result<in_2)) then
    overflow=1
endif
```

● IL 编程如下：

```
start:    LD         in_1
          ADD        in_2
          T          result
          LT         in_1
          JMPC       over
          LD         result
          LT         in_2
          JMPC       over
          LD         0
          ST         overflow
          JMP        cont
over:     LD         1
          ST         overflow
cont:
```

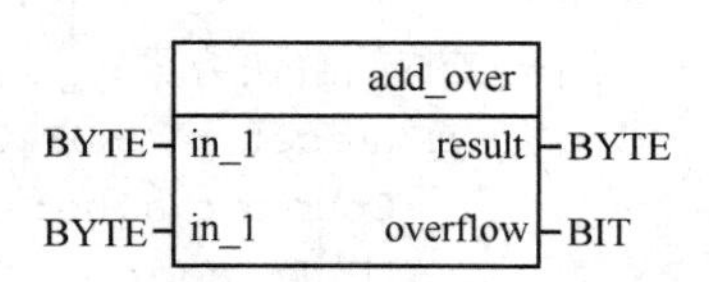

图 3-23 ADD_OVER 功能块

编译后，得到的功能块如图 3-23 所示。

用户创建的功能块的调用方式与系统本身提供的功能块的调用方式是一样的。功能块的参数从上到下，从左到右排列成参数表。

上面的功能块在 Automation Basic 中的调用如下：

变量声明：

```
PV  Name     Scope      DATA  Type
input_1      local        USINT
input_2      local        USINT
answer       local        USINT
o_flow       local        BOOL
```

采用直接调用法调用功能块 ADD_OVER( )时，格式如下：

```
ADD_OVER (input_1,input_2,answer,o_flow)
```

调用时，将实际参数列表中的 input_1、input_2 的值传递给 FBK 定义时给定的输入参数 in_1、

in_2，计算过程结束后，将 FBK 的输出 result 的值赋给 answer、overflow 的值赋给 o_flow。

例 3-32 创建一个功能块，限制输入的最大值与最小值。控制要求：

① 如果最小值大于最大值，那么输出值为最大值；

② 如果输入值小于最小值，那么输出值为最小值；

③ 如果输入值大于最大值，那么输出值为最大值；

④ 如果输入值大于最小值且小于最大值，那么输出值为输入值。

功能块名称：MinMax

输入参数：DINT Lower, In, Upper。

输出参数：DINT [Function name]。

结构文本编程的解决方案:

```
IF Lower > Upper THEN
   MyLIMIT:= Upper;
ELSIF In < Lower THEN
   MyLIMIT:= Lower;
ELSIF In > Upper THEN
   MyLIMIT:= Upper;
ELSE
   MyLIMIT:= In;
END_IF
```

例 3-33 创建一个能块，设计一个累加计数器。

功能描述：当“Reset”输入为真时，“CounterValue”置为 0。否则，每增加一个“Trigger”输入端的上升沿，“CounterValue”会加 1。如果输出“CounterValue”大于或等于“ComparatorValue”，输出“Compartor”为真。

输入参数：BOOL Trigger, Reset；DINT ComparatorValue。

输出参数：BOOL Comparator；DINT CounterValue。

内部变量：BOOL EdgeMarker。

备注：内部变量“EdgeMarker”作为辅助变量用于检测输入“Trigger”的上升沿。也可使用“standard”库中的“R_TRIG( )”，但必须将它声明为内部变量。

结构文本的解决方案：

```
 IF Reset = TRUE THEN
   CounterValue:= 0;
ELSIF Trigger = TRUE AND EdgeMarker = FALSE THEN
   CounterValue:= CounterValue + 1;
   EdgeMarker:= TRUE;
   ELSIF Trigger = FALSE THEN
   EdgeMarker:= FALSE;
END_IF
IF CounterValue >= ComparatorValue THEN
   Comparator:= TRUE;
ELSE
Comparator:= FALSE;
END_IF
```

2. 使用指针来创建功能块

数组和结构不能直接作为参数传递给一个功能块，但是地址可直接作为参数传递给功能块。所以在创建功能块时，如果要处理数组、字符串或结构类型的数据，一般都使用指针。将这些数据变量的地址传递给功能块，功能块建立一个指针指向这个地址，访问所需的信息。

例 3-34 创建一个名为 REVERSE 的功能块。将输入字符串中的字符按相反的顺序排列，然后输出。例如，输入字符串“LOOT”，经过功能块处理后，输出字符串“TOOL”。

变量声明：

```
PV  Name        Scope                 DATA  Type
Index           VAR                   UINT
new_index       VAR                   UINT
length          VAR                   UINT
string          VAR_INPUT_DYNAMIC     USINT[40]
out_string      VAR_INPUT_DYNAMIC     USINT[40]
```

编程实现如下：

```
    ；将输入和基准字符串相比较，然后求得输入字符串的长度
    length = strlen (adr(string))
if length > 0 then
    ；从最后一个元素开始搜索该序列中全部的元素
    index = length - 1
        loop new_index = 0 to length-1 do
        ；将当前的元素复制到下一个序列中
        out_string[new_index] = string[index]
        ；更新旧数组的元素
         index=index-1
      endloop
endif
```

USINT —	REVERSE string	out_string	— USINT

图 3-24　REVERSE 功能块

编译后，得到 REVERSE 功能块如图 3-24 所示。

REVERSE 功能块在 Automation Basic 中的调用如下：

变量声明：

```
PV Name      Scope      DATA Type
Forward      global     USINT[10]
Backword     global     USINT[10]
```

调用的程序代码：

```
strcpy (adr ( forward ) , "Hello")
reverse (adr ( forword ) , adr ( backword ) )
DIS_str ( 0, 0, adr ( forword ) )
DIS_str ( 1, 0, adr ( backword ) )
```

这时在 CPU 屏幕的第一行和第二行上，分别显示字符串“Hello”和“olleH”。

3.4.4　时间功能块

许多控制器需要使用时间功能去控制和监控系统与机器的运行过程。在 B&R PLC 提供的功能库中有许多类型的时间功能块，按它们的功能可以分成以下几组：

① 时间元素。

TOF( )：延时关；

TON( )：延时开；

TP( )：脉冲产生。

② 时间标志。

RTC_gettime( )　读取实时时钟；

RTC_settime( )　设置实时时钟。

③ 时间测量。

TIM_musec( ) 读取μs 定时器；

TIM_ticks( )　读取 10msec 定时器。

实际使用时，可以通过查阅帮助获得这些时间功能块的详细资料。

1. 时间元素

利用时间元素可以很容易地控制时间过程。三组时间元素功能块均是由 B&R PLC 的 STANDARD 功能库提供的，所有时间功能块的参数是相同的。

① 脉冲产生功能块如图 3-25 所示。

参数：IN——输入使能信号；PT——预先设定的延时时间；Q——输出。

TP 功能块输出一个宽度为预先设定的值（PT 的值）的脉冲。当输入 IN 变为 1 时，输出 Q 被置 1。此后输出一直保持为 1，直至设定的时间结束。

TP 功能块的时序图如图 3-26 所示。

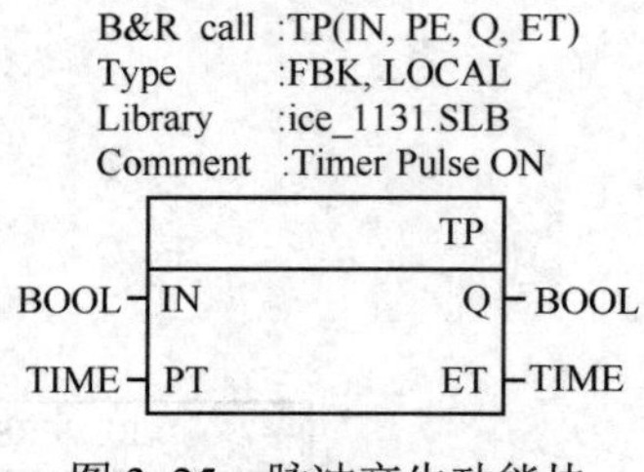

图 3-25　脉冲产生功能块

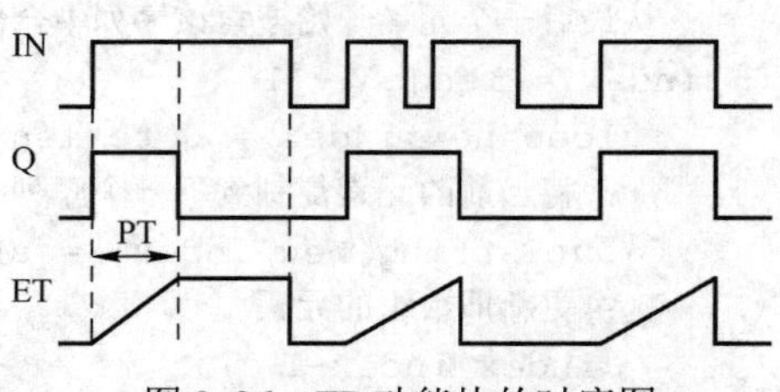

图 3-26　TP 功能块的时序图

② 延时开（输入延时）TON 功能块的时序图如图 3-27 所示。

```
TON (IN, PT, Q, ET)
```

此功能块在输入信号 IN 变为 1（上升沿）时开始计时，当设定（PT 的值）的时间结束时，输出 Q 被置 1。

③ 时关（输出延时）TOF 功能块的时序图如图 3-28 所示。

```
TOF (IN, PT, Q, ET)
```

此功能块在输入信号 IN 变为 0（下降沿）时开始计时，当设定（PT 的值）的时间结束时，输出 Q 变为 0（复位）。

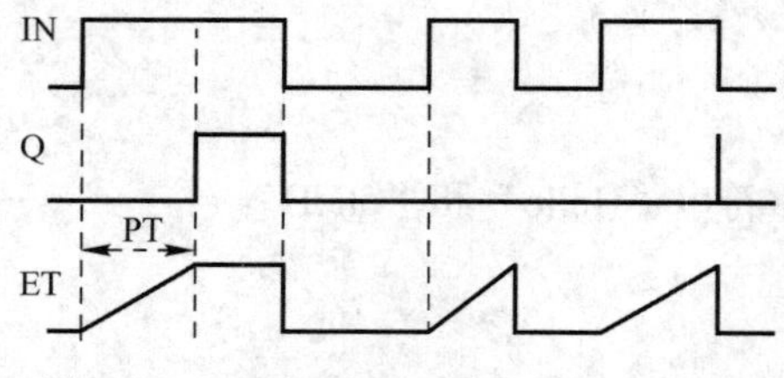

图 3-27　延时开 TON 功能块的时序图

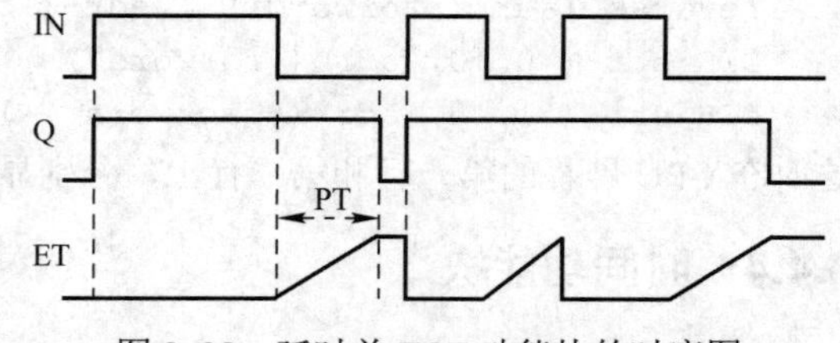

图 3-28　延时关 TOF 功能块的时序图

2. 时间标志

每个 HMI（人机接口）或过程控制均需要实时时钟，用以控制和显示过程。

实时时钟的功能由 SYS_LIB 功能库提供的功能块 RTC_gettime( )和 RTC_settime( )来完成。这两个功能块的参数是相同的。

```
error = RTC_gettime (adr(time))
error = RTC_settime (adr(time))
```

实时时钟功能块参数如表 3-10 所示。

时间结构的元素如表 3-11 所示。

表 3-10　实时时钟功能块参数

参数	类　型	说　明
time	时间结构	将时间和日期存入此结构中
error	UINT	错误代码（为 0 时没有错误）

表 3-11　时间结构的元素

元　素	数据类型	说　明
year	UINT	年
month	USINT	月（1～12）
day	USINT	日（1～31）
weekday	USINT	星期（1～7）
hour	USINT	小时（0～23）
minute	USINT	分钟（0～59）
second	USINT	秒（0～59）
milli	UINT	毫秒（0～999），在 2010，2005 中应用，在其他系统中为 0
micro	UINT	微妙（0～999），在 2010 中应用，在其他系统中为 0

3．时间测量

时间测量在过程监控中是非常必要的。PLC 系统中，有些硬件模块（触发点设置的）可以在 μs 或 10ms 时间内进行时间测量，也可以通过软件功能来完成时间测量的任务。B&R 的 STANDARD 功能库中的功能块 TIM_musec( )和 TIM_ticks( )用来完成时间测量功能。

① microsec = TIM_musec( )：返回当前一瞬间（1 个 system tick 时间内）的 μs 数。

每 10 毫秒 μs 定时器复位为 0。因此，此定时器只能在 10 毫秒内计时。

② ticks = TIM_ticks( )：返回当前一秒内的毫秒数。

每 1 秒定时器复位为 0。因此，此定时器只能在 1 秒内计时。

③ 也可以使用系统的功能参数，测量一个较长的时间。

```
Status  =  SYS_info(adr(init_cnt),  adr(tickcnt),  adr(version),  adr(od_
verion))
```

时间测量参数如表 3-12 所示。

表 3-12　时间测量参数

参 数 名	数 据 类 型	说　明
init_cnt	UDINT	初始化的执行数目
init_descr	UDINT	最后的启动方式 1：INIT（掉电后，重新启动） 2：TOTALINIT（删除所有的 RAM） 3：RESET/WATCHDOG（用户对系统复位） 8：RECONFIG（用户改变系统） 32：DIAGNOSE（最小配置） 64：ERROR（错误启动）
tickcnt	UDINT	tick 的计数
version	USINT（数组）	系统版本（为一个没有 NULL 结束符的字符串）
od_verion	UDINT	对象路径版本号
status	UINT	错误代码（0 表示无错）

其中 INIT、TOTALINIT、RESET/WATCHDOG 和 ERROR 是 B&R 2000 CPU 提供的不同启动方式。

此函数返回系统信息、启动方式，以及 PLC 软件的版本号。其中参数 tickcnt 每 10ms 增加一次（加 1），但由于它没有一个明确的开始时刻，所以只能用来进行相对时间的测量（比较两个时间点）。

对象路径版本号函数 od_version 的返回信息，在每一次下载或一个对象被删除时，才会改变。

例 3-35 调用时间功能块完成十字路口交通灯控制。要求：

（1）系统开关启动后，以南北方向红灯亮、东西方向绿灯亮为初始状态；

（2）某一方向的红灯亮保持 30 秒，而另一方向的绿灯亮只需维持 25 秒。当绿灯到时便转为黄灯亮 5 秒，之后，两个方向的红绿信号灯互换，开始下一过程，系统自动周而复始地工作；

（3）当有急通信号时时序为 t_0，无论当时交通灯的状态如何，均强制使来车方向的绿灯亮，而另一方向的红灯亮；

（4）当解除急通信号后时序为 t_1，则来车方向的黄灯亮 5 秒（t_1～t_1+5），随后转为红灯亮，之后便转为正常控制。

交通灯正常控制的时序图如图 3-29 所示。交通灯急通控制的时序图如图 3-30 所示。

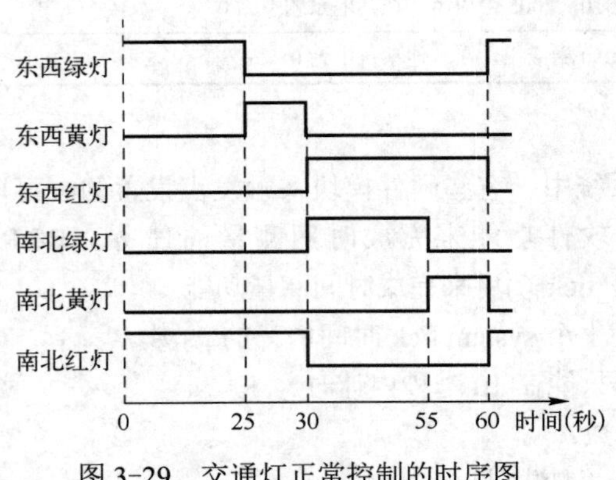

图 3-29 交通灯正常控制的时序图

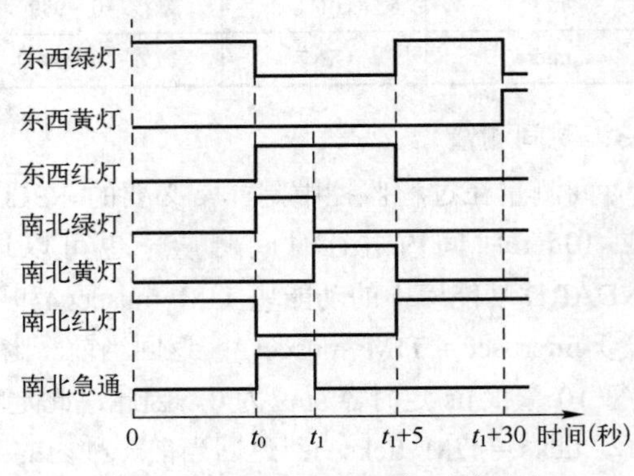

图 3-30 交通灯急通控制的时序

I/O 分配如表 3-13 所示。

十字路口交通灯控制梯形图如图 3-31 所示。

例 3-36 竞赛抢答器控制。

在很多竞赛活动中，经常要用到抢答器。对抢答器的要求，当有多个输入信号输入时，抢答器只接受第一个到来的信号，而不接受后面到来的输入信号，并使第一个到来的输入信号相应的灯或铃有反应。

本例中设有 4 个输入按钮，4 个输出灯或铃，一个复位按钮，一个开始按钮。复位按钮处于 OFF 状态时，4 个输出全为 OFF。要使系统能正常工作，首先应使复位按钮处于 ON 状态。当主持人说开始，并同时按下开始按钮时，若抢答者在此之前按下抢答输入，则属于违例，要给予指示，以便扣分惩罚；若在开始之后 5s 之内第一个按下抢答输入，要给予指示，以便答对之后奖励加分。

根据系统控制要求，I/O 分配如表 3-14 所示。

表 3-13 I/O 分配

输入地址	开关含义	输出地址	信号含义
X0	系统启动开关	Y10	东西绿灯
X1	东西方向急通信号	Y11	东西黄灯
X2	南北方向急通信号	Y12	东西红灯
		Y13	南北绿灯
		Y14	南北黄灯
		Y15	南北红灯

表 3-14 I/O 分配如

输入地址	开关含义	输出地址	信号含义
In1	1 号输入	Out1	1 号输出
In2	2 号输入	Out2	2 号输出
In3	3 号输入	Out3	3 号输出
In4	4 号输入	Out4	4 号输出
reset	复位	error	违例指示
start	开始	quick	5 秒奖励

竞赛抢答器控制梯形图如图 3-32 所示。

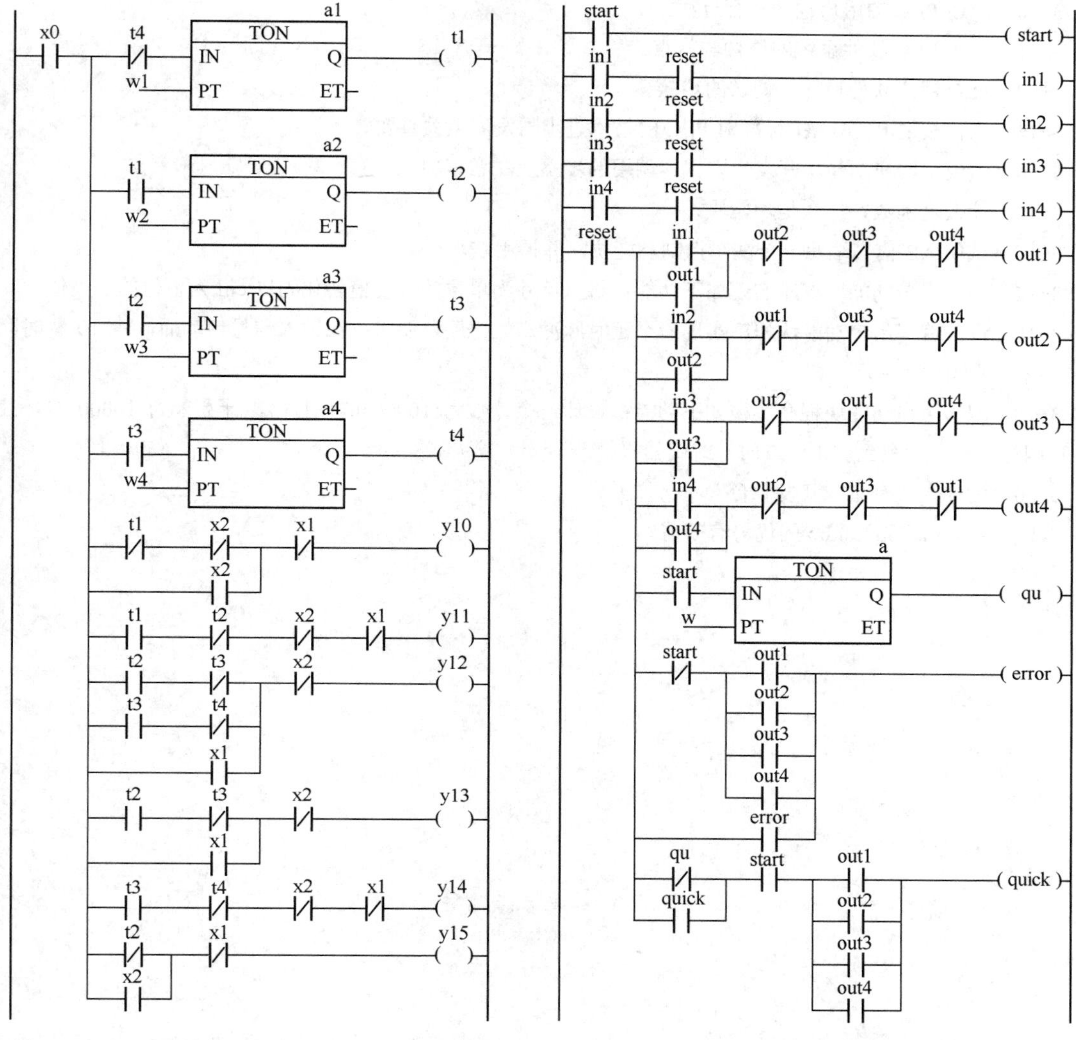

图 3-31 十字路口交通灯控制梯形图

图 3-32 竞赛抢答器控制梯形图

由梯形图可以看出，无论是奖励还是惩罚，只对第一个按下抢答按钮的人有作用，因为系统的输出仅指示出第一个输入信号，以及奖励或惩罚指示。如果希望对所有违例者进行惩罚，可对梯形图做一些修改。请读者试着完成。有兴趣的读者也可用其他编程语言完成程序。

思考题与练习题

3-1 IEC61131-3 标准对当今工业控制软件发展的作用是什么？

3-2 简述 IEC61131-3 标准的特点。

3-3 简述 IEC61131-3 标准的主要内容。

3-4 简述编制 PLC 控制程序的步骤。

3-5 PLC 系统软件与应用软件有什么不同？

3-6 PLC 的编程语言有何特点？

3-7 全局变量、局部变量、常量的区别？

3-8 如何对某些数据进行掉电保护？

3-9　PLC 编程指令系统有什么特点？

3-10　简述 PLC 的用户程序执行过程。

3-11　简述 PLC 软件系统的结构与特点。

3-12　PLC 用户软件设计、调试的步骤。

3-13　为什么说 IEC61131 标准对 PLC 的技术进步与发展至关重要？

3-14　试说明用户功能块开发、调试、调用的步骤及注意事项。

3-15　什么是函数？什么是功能块？

3-16　试用 AB 语言编写一个洗车控制功能块，并调用它。

3-17　编写用户功能块程序实现如下功能：将以英寸为单位的长度值转化为以 cm 为单位的长度值。

3-18　设计编写用户功能块程序实现一个延时脉冲产生电路，要求：在输入信号启动后，停 10 秒时间产生一个扫描周期的脉冲。

3-19　编写用户功能块程序实现如下功能：设计一个计数为 10000 的计数器，计数未到 10000 时，红灯每 2 秒闪烁 1 秒，计数到达 10000 时，蜂鸣器报警。

3-20　为什么要有集成开发平台？

3-21　Automation Studio 的优势有哪些？

第4章 可编程控制器的程序设计

依据 IEC61131-3 编程系统标准，可编程控制器支持多种编程语言，这些编程语言可以单独使用，也能互相调用，便于技术人员根据自身需求和条件编制控制设备的程序。

4.1 Automation Studio 编程语言基础

4.1.1 编程语言综述

Automation Studio 允许在同一个 PLC 中使用多种编程语言创建用户程序，程序开发人员可按照自己的编程习惯、经验、控制任务的要求等，对每一个特定的任务选择最合适的编程语言，或在同一个控制项目中，不同的任务软件模块用不同的编程语言编制。

在 Automation Studio 中，所有的文本编程语言用的是同一个编译器，同一个诊断工具，同一种处理方式，这使编程工作简洁、高效。另外，无论是文本化的编程语言还是图形化的编程语言，查看（Watch）窗口中检测和设置的处理是一样的，操作系统提供的功能块在这几种语言中均可调用。

值得注意的是不同型号或品牌的 PLC 系统对各种编程语言的支持是不同的，早期的 PLC 仅仅支持梯形图编程语言和指令表编程语言。Automation Studio™中可以使用的编程语言如表 4-1 所示。

表 4-1 Automation Studio 中可以使用的编程语言

编程语言	备注
梯形图（LAD）	图形化
顺序功能图（SFC）	图形化和文本化
IL 指令表（IL）	文本化
结构文本（ST）	文本化
高级语言（AB）	文本化
C 语言（C）	文本化

① 梯形图 LAD（Ladder Diagram）：由于梯形图编程语言与电路图很类似，它遵从了广大电气自动化人员的专业习惯，易学易用，具有直观性，可方便地组合逻辑开关和功能块，因此，梯形图对于数字量的顺序控制是最简单、最清楚的编程方式。

② 顺序功能图（SFC）：顺序功能图编程语言是为了满足顺序逻辑控制而设计的，编程时将顺序流程动作的过程分成步和转换条件，根据转换条件对控制系统的功能流程顺序进行分配，一步一步地按照顺序动作，每一步代表一个控制功能任务，用方框表示，在方框内含有用于完成相应控制功能任务的逻辑。这种编程语言使程序结构清晰，易于阅读及维护，大大减轻编程的工作量，缩短编程和调试时间。顺序功能图编程语言适宜于系统规模校大，程序关系复杂的场合。其特点是：以功能为主线，按照功能流程的顺序分配，条理清楚，便于对用户程序理解，避免了梯形图或其他语言不便于顺序动作的缺陷，同时也避免了用梯形图语言对顺序动作编程时，由于机械互锁造成用户程序结构复杂、难以理解的缺陷，另外，用户程序扫描时间也可以大大缩短。

③ 指令表 IL（Instruction List）：指令表（或称状态表）编程语言接近于机器代码，它是与汇编语言类似的一种助记符编程语言，和汇编语言一样由操作码和操作数组成。在无计算机的情况下，适合采用 PLC 手持编程器对用户程序进行编制。指令表编程语言的特点是：采用助记符来表示操作功能，具有容易记忆，便于掌握，便于操作，可在无计算机的场合进行编程设计，与梯形图有一一对应的关系。

④ 结构文本（ST）：结构文本编程语言是用结构化的描述文本来描述程序的一种编程语言，它是类似于高级语言的一种编程语言。在大中型的 PLC 系统中，常采用结构化文本来描述控制系统中各个变量的关系，适宜于其他编程语言较难实现的用户程序编制。结构化文本编程语言采用计算机的描述方式来描述系统中变量之间的各种运算关系，用以完成所需的功能或操作。多数 PLC 的结构化文本编程语言与 BASIC 语言、PASCAL 语言或 C 语言等高级语言相类似，但为了应用方便，在语句的表达方法及语句的种类等方面都进行了简化。结构化文本编程语言的特点：采用高级语言进行编程，可以完成较复杂的控制运算，程序编制人员需要有一定的计算机高级语言的知识和编程技巧，这种编程语言对工程设计人员要求较高，且直观性和操作性较差。

⑤ 高级语言（AB)和 C 语言（C)：Automation Basic 编程语言和 ANSI C 编程语言都是基于文本的高级语言，有与汇编语言不同的符号和语法，其编制的程序具有结构简单，易读易懂的特点，编程快速、有效，适合编制复杂的控制程序，但对程序编制人员有较高的要求。

⑥ 功能模块语言（FBD)：功能模块编程语言是与数字逻辑电路类似的一种 PLC 编程语言，它采用功能模块图的形式来表示模块所具有的功能，不同的功能模块有不同的功能，合理运用功能块可以实现其他编程语言不易实现的功能。功能模块编程语言的特点是：以功能模块为单位，易于分析、理解控制方案，功能模块用图形的形式表达功能，直观性强，对于具有数字逻辑电路基础的设计人员容易掌握，对规模大、控制逻辑关系复杂的控制系统，由于功能模块程序能够清楚表达功能关系，使编程与调试时间减少。

以上这些编程语言均符合 PLC 编程语言的 IEC61131-3 标准，PLC 也都支持这些编程语言的如下概念：

① 标准的数据类型；

② 标准的变量声明；

③ 隐含的数据转换；

④ 用于硬件操作的强制功能。

值得注意的是虽然理论上可以用任何编程语言实现各种控制功能，但每种语言都有其特长和不足，各种 PLC 编程语言能够完成的基本控制功能如表 4-2 所示。

表 4-2 PLC 编程语言能够完成的基本控制功能

逻辑	LAD	FBD	IL	ST	AB	C
算术	√	√	√	√	√	√
判断			√	√	√	√
循环			√	√	√	√
步序			√	√	√	√
动态变量				（√）	√	√
功能块	√	√	√	√	√	√

4.1.2 变量的基本概念

变量作为程序中的一个符号，用户不必考虑其内存分配问题，因为程序任务会对变量依据规则自行处理。通过对变量的访问，可以读写内存中的数值。常量与变量不同的是，在程序创建的时候常量就被设为一个定值，在运行时它的值不能改变。

变量和常量的范围有如下两种：

① 全局变量和全局常量在整个项目中全有效，可以在任何任务中被调用；

② 局部变量和局部常量只在当前任务有效，在其他任务中不能调用局部变量。

（1）数据类型

数据类型用于描述一个变量的性质，如变量的范围、精度，可以对它做什么操作。

在编程过程中定义变量（PV）的数据类型时，应注意以下 4 点：PV 的最大值；PV 是否带符号；PV 将执行的操作；PV 是否与硬件有关联。

明确以上 4 点后，才可以决定什么样的数据类型是此变量最合适的数据类型。

变量的数据类型与其取值范围如表 4-3 所示。

表 4-3　变量的数据类型与其取值范围

数据类型	长度[bytes]	取值范围
BOOL	1	TRUE (1)、 FALSE (0)，数字量输入/输出
SINT	1	-127～+128
INT	2	-32768～+32767，模拟量输入/输出
DINT	4	-2147483648～+2147483647
USINT	1	0～255
UINT	2	0～65535
UDINT	4	0～4294967295
REAL	4	- 3.4E38～+3.4E38
TIME	4	T#-4d_20h_31m_23s_648ms～T#24d_20h_31m_23s_647ms
DATE_AND_TIME	4	DT#1970-01-01-00:00:00～DT#2106-02-07-06:28:15
STRING	Variable	字符串显示

（2）变量和常量声明

变量和常量声明涉及名称、数据类型、取值范围、初始值、释义等内容，在 PLC 的应用程序编写过程中，所有的输入/输出和其他变量或常量通过有象征性的名字来定义，这样就能提供一个清晰易读的任务程序。

变量声明定义了变量和硬件（输入/输出和内部变量）之间的关系。变量声明中需要定义下面的内容。

① Name：变量的名称。

② Type：变量的数据类型。

③ Scope：变量的有效范围。

④ Attribute：变量为外部 I/O 变量、常量或内部变量。

⑤ Value：变量的初始化值。

⑥ Owner：与库函数的关系。

⑦ Remark：变量注释。

注意事项：

① 名称（Name）。

- 名称的前 32 个字符有效；
- 名称的第一个字符必须是字母；
- 非字母字符只能识别下画线“_”；
- 大小写字母为不同的字符；
- 名称不能为关键字（command，operator 等）。

② 类型（Type）。使用 FBK 时，各变量要按照 FBK 规定进行数据类型设置。

③ 属性（Attribute）

- I/O 代码：定义外部 I/O 点，在硬件配置中指定；
- Memory：用于计算的内部变量；
- Constant：常量。

（3）初始化

变量声明窗口：变量和常量的初始化值可以在变量声明窗口中输入。

Value 这一列就是用来设置变量初值的，有如下两种情况：

① 变量可以设置为一个固定的值（变量范围内的值）；

② 变量也可以设置为 remanent，这些值在系统重启前存储在缓冲存储区中，系统重启时复位（热起时保留）。

变量的初始值设置如图 4-1 所示。

Name	Type	Scope	Attribute	Value
VIS_MAIN	BOOL	global	constant	FALSE
diSwitch	BOOL	global	memory	remanent
doSwitch	BOOL	global	memory	FALSE
Array	BOOL[10]	global	memory	

图 4-1 初始值设置

任务初始化：循环任务执行前，首先执行初始化子程序（Init-Sp）。

循环任务：循环任务在变量声明和任务初始化执行后启动，变量直到再次被赋值或系统重启前将保持它的设定值。

Remanent 变量和永久（permanent）变量：系统重启时（热启或掉电），Remanent 变量储存在一个安全的存储区，当系统重启完毕，它的值可以从存储区中再次读入。Permanent 变量在处理上与 Remanent 变量非常相似，不同的是它的数值在冷启的时候也可以保持，在任何情况下，CPU 或底板上的缓冲（电池，可再充电电池）会保持它的值。

变量初始值必须符合其数据类型的定义，否则会出现错误信息。在每个初始化过程（掉电\热启动\程序下载\冷启动）中，初始值自动分配给变量。该变量在任务运行过程中可以被不断刷新。需要注意的是，变量通过变量声明设置的初始值，会被程序初始化的设置覆盖，因为，初始化程序在变量声明后执行。

（4）结构变量

变量可分为基本变量和结构变量，基本变量同一时刻只能有一个数值，结构变量包括多个独立的成分，可以把不同分散的变量在一起组成反映一个功能或任务的结构变量。

例如，创建一个烘烤面包的程序，面包原料配方是水、面粉、盐和发酵粉，其中的一种配方为：

```
Water :=3
Flour :=5
Salt := 1
Yeast := 1
```

若配置多种面包的烘烤配方，就需要大量变量，采用结构变量就可以把烘烤配方的四个变量组合起来，这样就可以减少整体变量的数量。

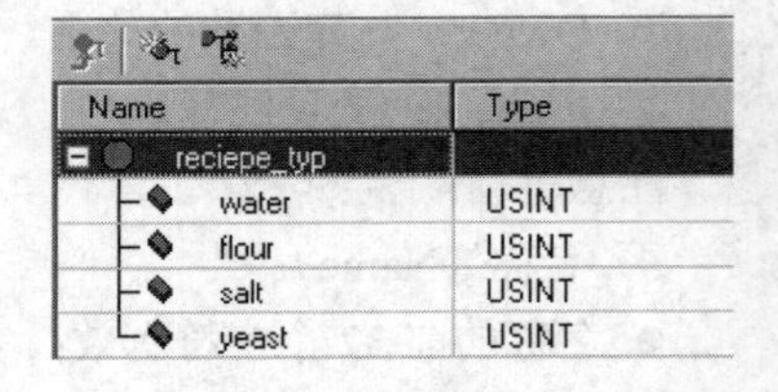

图 4-2 设置完毕后的结构变量

创建一个结构变量，并定义它的数据类型，设置完毕后的结构变量如图 4-2 所示。

每个功能块都有输入和输出变量，这些变量集中在一个结构体中，当功能块被调用时，当前程序就会接收到其数据结构，当一个功能块被添加后，在 Watch 窗口中，可以清楚地看到这个功能块的结构变量以及其包含的各个独立元素。

（5）数组

数组也是变量，它包括许多有相同数据类型的元素，这些元素通过索引来访问，它们既可以声明为基本数据类型（简单数组），也可以声明为用户数据类型（结构数组）。

数组的索引总是从 0 开始的，访问数组元素的格式如下：

① 简单数组：ArrayVariable[ArrayIndex]

② 结构数组：ArrayVariable[ArrayIndex].Element

当程序需要一系列相同数据类型的变量来执行相同的动作时，使用数组是必要的。

4.2 梯形图编程语言

梯形图（LAD）编程语言是在继电器控制系统电气原理图基础上开发出来的一种图形化编程语言，也常常被称为继电器的梯形逻辑控制语言，符合 IEC61131-3 编程语言标准。它在形式上沿袭了传统的电气控制图，借用了继电器、触点、串并联等术语和概念，简化了图形符号，加入了一些功能强、使用灵活的指令，这种编程语言的信号流向清楚、简单、直观、易懂，至今有许多电气工程师都喜欢用这种编程语言。

4.2.1 概述

梯形图编程语言是从 PLC 诞生伊始就流行的针对控制系统程序设计的编程语言，它融逻辑操作、控制于一体，是一种面向对象的、实时的、图形化的编程语言，即便是当今，梯形图编程语言在可编程控制器中也使用得非常普遍，各型号 PLC 通常都把它作为第一用户编程语言。

通过这部分知识的学习，应该掌握梯形图逻辑编程的指令和基本编程方法，了解梯形图编程的特点和所适应的控制任务，掌握数据类型的转换及编写梯形图程序的技巧。

下面以一个非常简单的指示灯开关控制为例，介绍采用梯形图编程语言实现控制任务，从而理解编程实现 PLC 控制的过程。

例 4-1 指示灯开关控制的电气原理图如图 4-3 所示，其 PLC 控制的等效梯形图程序如图 4-4 所示。

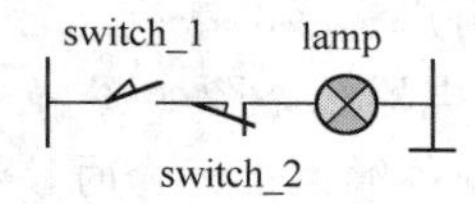

图 4-3 指示灯开关控制的电气原理图

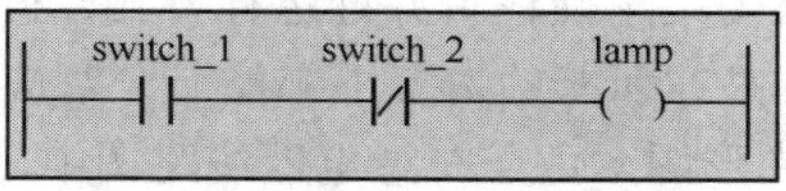

图 4-4 等效梯形图程序

在图 4-3 中，开灯按钮（switch_1）是一个常开按钮，关灯按钮（switch_2）是一个常闭按钮。在工业控制中，经常会听到常开和常闭这两个术语，它们经常和触点、输入/输出等一起运用。常开触点按下后导电，常闭触点按下后断电。例如，选择一个常闭触点控制闹铃，铃声会一直响，除非有人去按铃的开关，这时才能打开触点切断电路；如果用常开触点控制这个闹铃，则动作过程是相反的。又比如在机器的安全门上用常闭触点，如果门开了，触点会断开并且切断供电电路，这样可以防止事故发生。

按下开灯按钮（switch_1），灯（lamp）通电；按下关灯按钮（switch_2），灯（lamp）失电而关闭。图 4-4 是一个控制功能与图 4-3 完全等效的 PLC 控制梯形图程序。它的控制线路由常开触点（switch_1）、常闭触点（switch_2）和数字量输出触点（lamp）组成。数字量输出触点（lamp）的状态由与其相连的控制线路决定。如果控制线路中存在一条（或一条以上的）从左到右各开关触点都处于"闭合"状态的路径，即该控制线路的逻辑运算结果为"1"，则与其相连的输出触点被置"1"，即将 I/O 映像区中该输出触点被置"1"；如果控制线路中没有一条从左到右各开关触点都处于"闭合"状态的路径，即该控制线路的逻辑运算结果为"0"，则与其相连的输出触点被置"0"，即 I/O 映像区中该输出触点被置"0"。

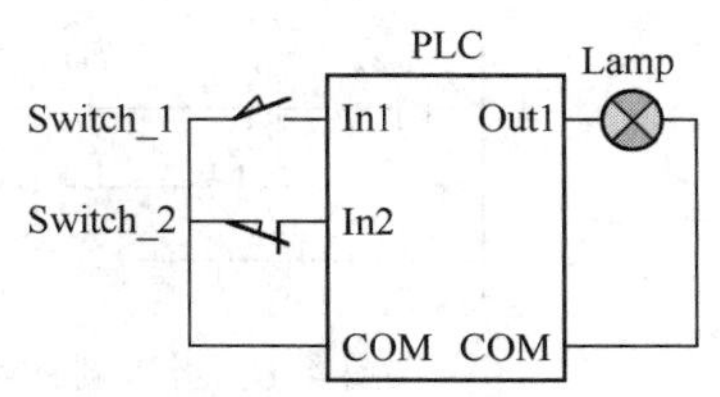

图 4-5 PLC 与外设的连接

PLC 与外设的连接如图 4-5 所示，In1、In2 分别为 PLC 的两个开关量输入端，In1 与开灯按钮（switch_1）相连，In2 与关灯按钮（switch_2）（此处采用的是常闭按钮）相连，Out1 为 PLC 的一个输出触点，Out1 与灯（lamp）相连。原来开灯按钮、关灯按钮经过硬接线连接实现对灯 lamp 通、断的控制，现在改为经过 PLC 实现对灯 lamp 的通、断电控制。当 PLC 投入运行后，按下 switch_1，In1 处于“闭合”状态，而 In2 处于“断开”状态。在输入采样阶段，CPU 将 In1 和 In2 的状态读到 I/O 映像区中，即将 In1 对应的位置 1，In2 对应的位置 0。在用户程序执行阶段，当扫描到图 4-4 所示的梯形图时，因为 I/O 映像区中 In1 对应的位为 1，因此常开触点 switch_1 闭合，而 In2 对应的位为 0，因此常闭触点 switch_2 闭合。这样，该梯形图的控制线路中存在一条从左到右各触点（switch_1 和 switch_2）都处于“闭合”状态的路径，因此与其相连的输出触点 Out1 被置 1，即 I/O 映像区中 lamp 对应的位置 1。在输出刷新阶段，Out1 闭合，从而使与 Out1 相连接的灯 lamp 通电。以下扫描周期，输入端 In1 和 In2 的状态不变，灯 lamp 继续通电。一直到按下 switch_2，在输入采样阶段，将其状态读入到 I/O 映像区中对应的位上。在用户程序执行阶段，当扫描到该梯形图时，由于常闭触点 switch_2 断开，使控制线路中没有一条从左到右各触点都处于“闭合”状态的路径，因此与其相连的输出触点 Out1 被置 0，即 I/O 映像区中 lamp 对应的位置 0。在输出刷新阶段，输出端 Out1 断开，从而使与输出端 Out1 相连接的灯 lamp 失电熄灭。

由上面所描述的梯形图程序的执行过程可知，梯形图结构表示了信号的流向，从梯形图的左上点开始，各指令按照从左到右，从上到下的顺序进行扫描；在一行或一组指令中，每一条指令的输出信号被作为其右边一条指令是否执行的条件，直到到达最右侧为止，然后扫描下一行或下一组指令；在一行或一组指令中，如果扫描出任一条指令的条件不满足，则不再往右扫描，原输出信号不变，立即转向另一行或另一组指令执行。这种结构给程序设计中的判断和分支操作提供了极大的方便。

从指示灯开关控制的电路图和等效梯形图来看，二者之间几乎完全相同，但是二者的逻辑运算不同。电路图采用硬逻辑并行运行方式，PLC 采用扫描用户程序的串行运行方式，因此二者的控制线路不是在所有的情况下都能一一对应的。例如，继电器线路图如图 4-6 所示，将其改写成 PLC 的梯形图。由于在继电器线路图中，当 G, E, B, D 各触点都闭合时，继电器 C 的线圈可以通电，但是在 PLC 的梯形图中却不允许出现这样一条含有逆向流通的触点（即从常开触点 E 的右端流向其左端）的路径，因此用户必须经过布尔代数的演算，消除控制线路中出现的这种逆向流通路径。

从图 4-6 所示的继电器线路图中可知，只要当常开触点 A, B, D 或 A, E, F 或 G, F 或 G, E, B, D 都闭合时，继电器 C 的线圈就会通电，可以用下式表示线圈 C 与各触点之间的逻辑关系：

$$C = A \times B \times D + A \times E \times F + G \times F + G \times E \times B \times D \tag{4-1}$$

根据布尔代数的分配率，式（4-1）可以表示如下：

$$C = A \times (B \times D + E \times F) + G \times (F + E \times B \times D) \tag{4-2}$$

根据式（4-2），可以编制出满足图 4-4 控制要求的梯形图程序如图 4-7 所示，其控制线路有四条不同的路径（即由常开触点 A, B, D 或 A, E, F 或 G, F 或 G, E, B, D 构成的四条路径），只要其中存在一条从左到右各触点都处于“闭合”状态的路径，则与其相连的线圈 C 就被接通。

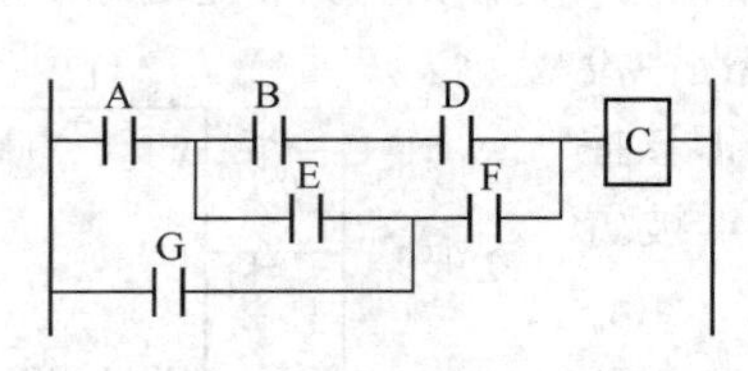

图 4-6　继电器线路图

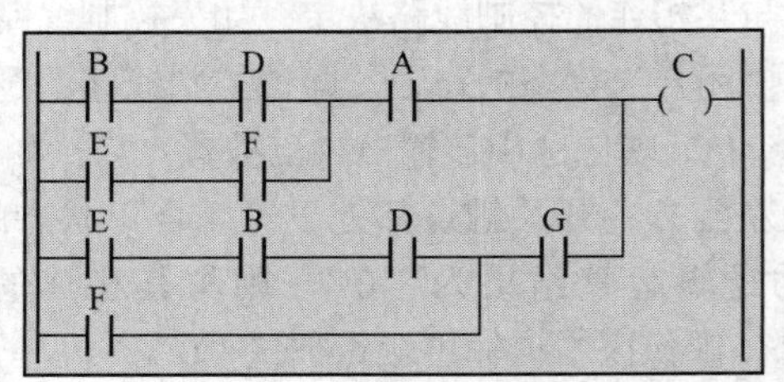

图 4-7　满足图 4-4 控制要求的梯形图程序

在梯形图中，不能出现如图 4-8 所示的桥式结构。对于图 4-8 所示的桥式结构，必须经过布尔代数的演算和变换来改变，以符合梯形图的结构要求。图 4-8 所示的桥式控制结构的逻辑关系为：

$$C = (B \times A + E) \times F + (E \times A + B) \times D \tag{4-3}$$

根据布尔代数的分配率，式（4-3）可以表示如下：

$$C = A \times B \times F + E \times F + E \times D \times A + B \times D \tag{4-4}$$

根据式（4-4），桥式控制结构等效的梯形图程序如图 4-9 所示。

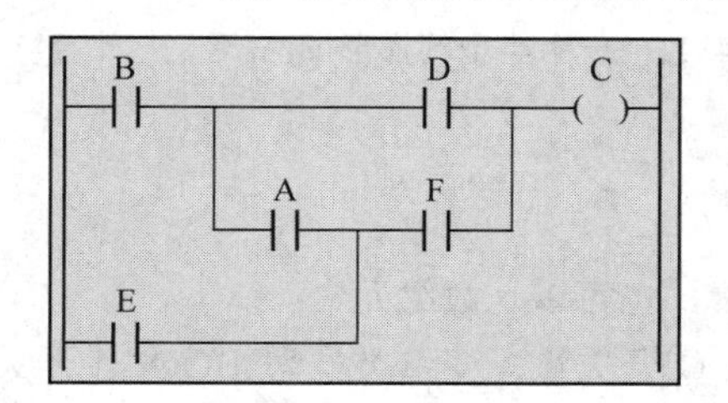

图 4-8　桥式控制结构

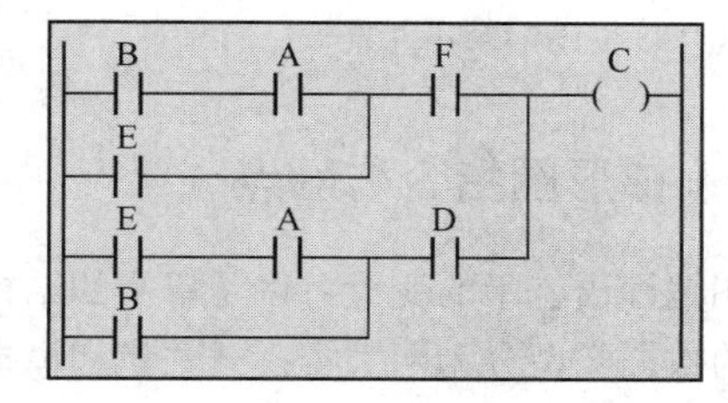

图 4-9　桥式控制结构等效的梯形图程序

4.2.2　梯形图编程注意事项

在 Automation Studio 中利用梯形图语言进行编程时应注意以下几点：

① 数字量输入可放置在 1～49 列中，任何类型的输出不能放置在第一列中，总的行数限制由控制器的内存大小决定；

② 模拟量直接和功能块相连，借助于功能块可以方便地实现模拟量控制；

③ 新的变量立即声明；

④ 当退出或存储一个任务时，检查程序的错误。这包括输出丢失、开环、未命名的开关或功能块的输入/输出参数；

⑤ 第一列和编辑环境中其他被覆盖的部分，不能放置功能块；

⑥ 信号流总是从左到右的；

⑦ 梯形图的控制线路采用两种触点构成：常开触点和常闭触点。对同一软触点，既可以采用常开触点也可以采用常闭触点。相同地址的触点在用户程序中可以被无限次地使用。一般来说，相同地址的输出触点不能重复使用，否则其最后的输出状态取决于排列在最后的那条梯形图的逻辑运算结果；

⑧ 连线与触点类型要一致，不同类型的连线不可以混用在一起；

⑨ 所有相交叉的连线均是相通的，没有空跨接的连线。

4.2.3　梯形图元件与网络

梯形图左边垂直的电源线叫“母线”，它可以不断地提供动力。右边分支出来的线叫“指令线”，通向右边指令的条件随指令线一起储存，右边的指令何时执行和怎样执行由这些条件的逻辑组合来决定。处于最右边的元件叫作线圈（可以外接各种执行元件，例如：指示灯、电动机、继电器等）。梯形图由两部分组成，左边的部分为控制逻辑条件，右边的部分由指令组成。当条件满足时，执行指令。梯形图的基本元件如图 4-10 所示。

梯形图的网络是表示具有某种完整的功能的程序模块，它包括元件、分支和模块。一个完整的梯形图程序通常由几个网络组成。网络从左边的母线开始，如果两个或多个分支电路连到母线上，那么，它们属于同一个网络。在一个网络中最多可以有 50 行和 50 列。一个完整的网络大小只受

PLC 存储器大小的限制。一个典型的梯形图网络如图 4-11 所示。

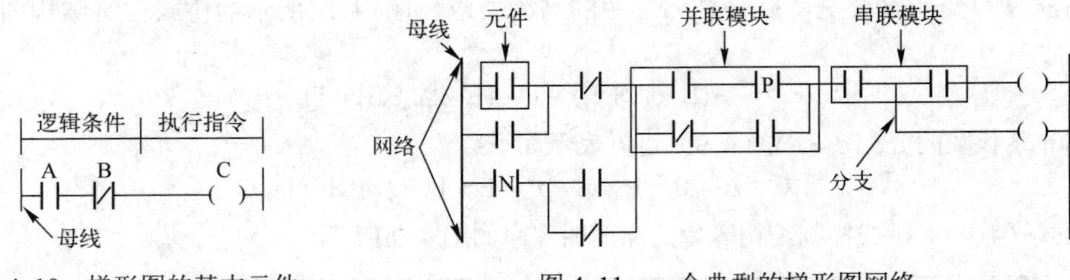

图 4-10　梯形图的基本元件　　　　图 4-11　一个典型的梯形图网络

4.2.4　梯形图指令与触点

梯形图编程语言中的变量可以是单个的结构元素，也可以是数组元素。

变量的数据类型分为两大类：开关量和模拟量。①开关量：变量类型为 BOOL。开关量类型的连线只能传输数字量类型的信号，在它上面只能有数字量触点。此种类型的连线主要在逻辑和状态控制中使用，可以有多个分支，可以组成复杂的网络结构。模拟量：变量类型可以为 USINT、UINT、UDINT、SINT、INT、DINT、REAL。这些模拟量没有梯形图符号，其连线不能用在逻辑网络中，也不能有分支。模拟量可以被直接连接在 function 或 function block 中。它们能使用工具栏输入，用工具栏连接一个模拟量如图 4-12 所示。

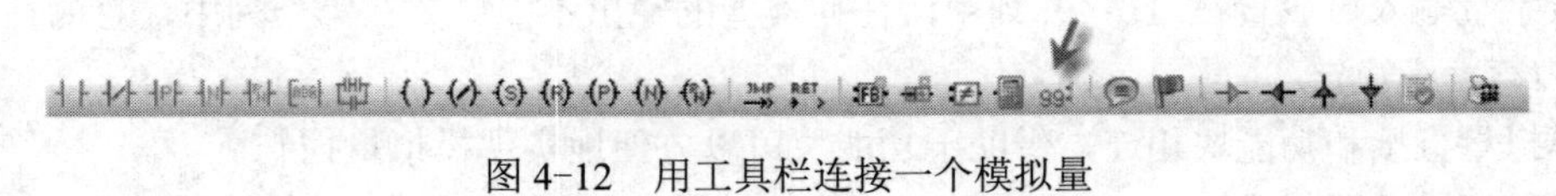

图 4-12　用工具栏连接一个模拟量

例如：模拟量 aiTempSet 与一个常数“2”在加法功能块中进行相加。调用加法功能块如图 4-13 所示。连线上的第一个触点的类型决定了连线的类型是开关量类型还是模拟量类型。例如：调用延时功能块 TON 如图 4-14 所示。

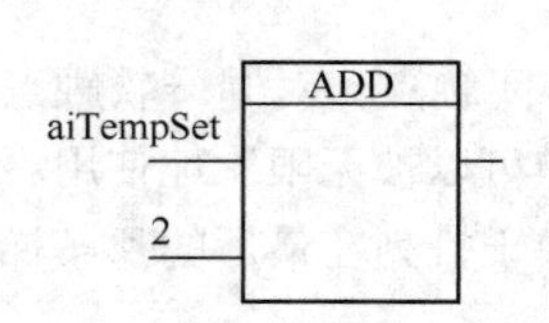

图 4-13　调用加法功能块

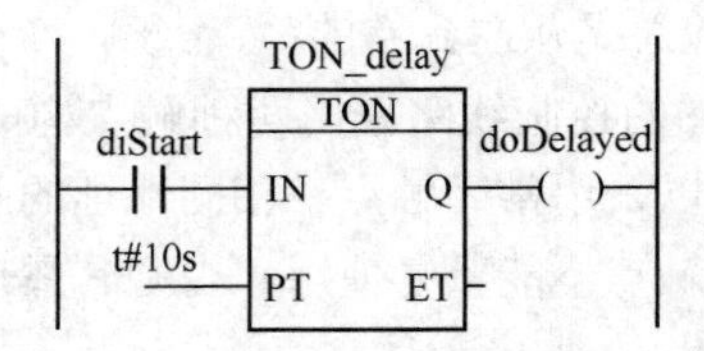

图 4-14　调用延时功能块 TON

第一行的连线将输入触点 diStart 与功能块的输入 IN 连接在一起（开关量类型）。第二行的连线将 t#10s 这个时间值与功能块的输入 PT 连接在一起（模拟量类型）。

Automation Studio 提供的梯形图指令或触点的工具条如图 4-15 所示，梯形图编程语言的指令或触点总表如表 4-4 所示，表中每格第二行为快捷键。除触点外，许多功能块都可以插入到梯形图中。

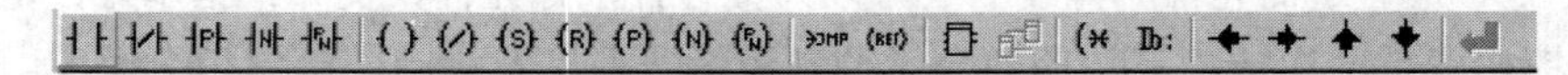

图 4-15　梯形图指令或触点的工具条

当打开梯形图编辑器时，会自动显示梯形图指令或触点的工具条，也可以使用菜单上的“View：Toolbars...”打开或关闭工具条。

表 4-4　梯形图编程语言的指令或触点及其快捷键总表

数字量触点 <c>	数字量触点，非 <i>	数字输入，上升沿信号 <p>	数字输入，下降沿信号 <n>
数字输入，上升或下降沿信号 <b>	数字量输出 <shift><c>	数字量输出，非 <shift><i>	置位“1” <shift><s>
复位“0” <shift><r>	数字输出，正向脉冲 <shift><p>	数字输出，负向脉冲 <shift><n>	数字输出，完整脉冲 <shift><b>
跳转 <j>	直接到程序尾 return<e>	功能块 <f>	模拟量 <space>
注释 <d>	标志 <l>	向左画线 <Alt><CuLeft>	向右画线 <Alt><CuRight>
向上画线 <Alt><CuUp>	向下画线 <Alt><CuDown>	回车符 <Enter>	

例 4-2　一个用来运送建筑材料的货运升降机。有三个按钮 diUp、diDown、diStop 和急停按钮 diE_Stop 控制升降机上升、下降和停止，货运升降机电气控制图如图 4-16 所示，变量声明如表 4-5 所示。

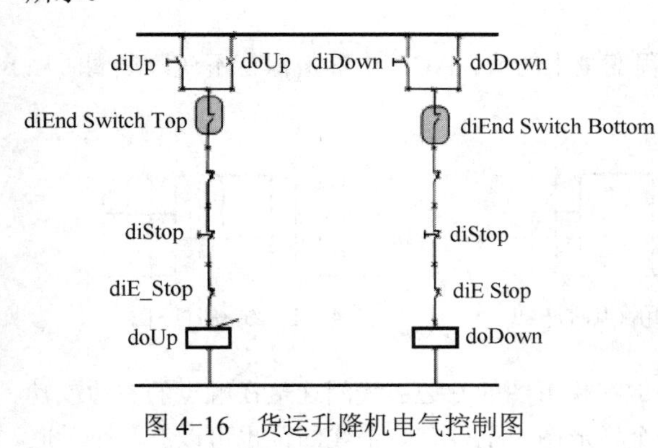

图 4-16　货运升降机电气控制图

表 4-5　变量声明表

Name	Type	Scope	Remark
diUp	BOOL	global	Digital input　上升按钮
diDown	BOOL	global	Digital input　下降按钮
diEnd Switch Top	BOOL	global	Digital input　到顶限位开关
diEnd Switch Bottom	BOOL	global	Digital input　到底限位开关
diStop	BOOL	global	Digital input　停止按钮
DiE_Stop	BOOL	global	Digital input　急停按钮
doUp	BOOL	global	Digital output　上升
doDown	BOOL	global	Digital output　下降

货运升降机控制的梯形图如图 4-17 所示。创建了货运升降机控制任务后，将这个任务下载到 PLC 的 CPU 中，用 LAD Monitor 工具开始监测，Monitor 监测模式如图 4-18 所示。

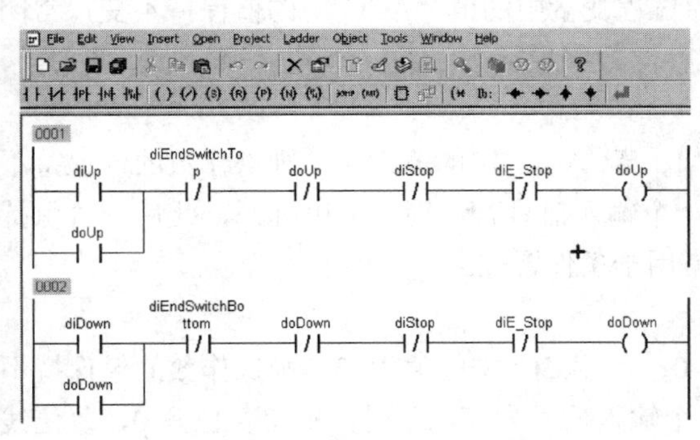

图 4-17　货运升降机控制的梯形图

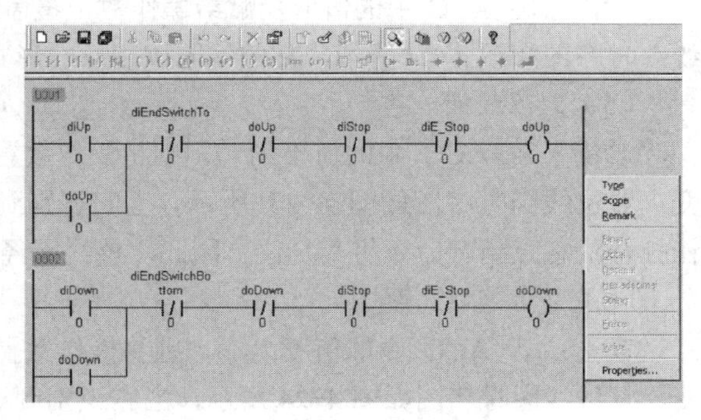

图 4-18　Monitor 监测模式

在 Monitor 状态下，单击鼠标右键显示选项：

① Type：显示当前变量类型；

② Scope：显示当前变量有效范围；

③ Remark：显示当前变量的注释；

④ Binary：显示当前变量的二进制格式 True 或 False；

⑤ Decimal：显示当前变量的十进制格式；

⑥ Hexadecimal：显示当前变量的十六进制格式；

⑦ String：显示 ASCII 字符；

⑧ Force：激活或取消强制方式；

⑨ Value：改变变量值；

⑩ Properties：显示任务属性。

4.2.5　梯形图指令的功能与时序

（1）常开触点：

功能：将操作数的值存储在 ACC（临时存储器）中，覆盖 ACC 中原来的值，常开触点的时序图如图 4-19 所示，常开触点用于连接布尔型变量。

（2）常闭触点：

功能：将操作数的值取反存储在 ACC 中，覆盖 ACC 中原来的值，常闭触点的时序图如图 4-20 所示，常闭触点是将一个布尔变量的状态取反。

（3）线圈：

功能：将 ACC 中的值赋给操作数，覆盖原过程变量中的值，ACC 中的值保持不变，线圈时序图如图 4-21 所示。

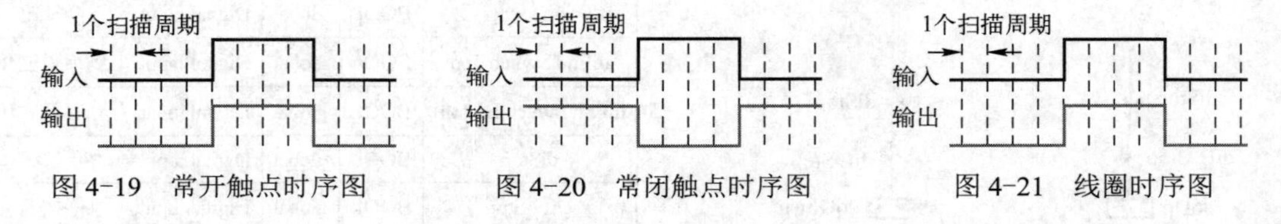

图 4-19　常开触点时序图　　图 4-20　常闭触点时序图　　图 4-21　线圈时序图

线圈是梯形图的基本元件之一，总是作为输出放在梯形图的右边。线圈连接在触点的右边或功能块的输出上，只有布尔变量可以分配给线圈。一个梯形图中至少有一个线圈，也可以有几个并联线圈，每个线圈都可以用作数字量输出或内部变量，并在以后的程序中作为其他网络的输入。

（4）常闭线圈：

功能：将 ACC 中的值取反赋给操作数，覆盖原过程变量中的值，ACC 中的值保持不变，常闭线圈时序图如图 4-22 所示，常闭线圈以相反的形式存储数字量状态。

（5）置位线圈：

功能：若 ACC 中的值不为 0，则将操作数置 1；若 ACC 中的值为 0，则操作数的值保持不变，置位线圈时序图如图 4-23 所示。当它识别到一个输入信号时，锁定输出打开，此后一直保持在打开状态直到有命令将其复位，因此，该线圈经常用于条件置位。

（6）复位线圈：

功能：若 ACC 中的值不为 0，则将操作数置 0；若 ACC 中的值为 0，则操作数的值保持不变，复位线圈时序图如图 4-24 所示，当它识别到一个输入信号为高电平时，输出复位到 0，复位线圈用于将一个变量置为 FALSE。

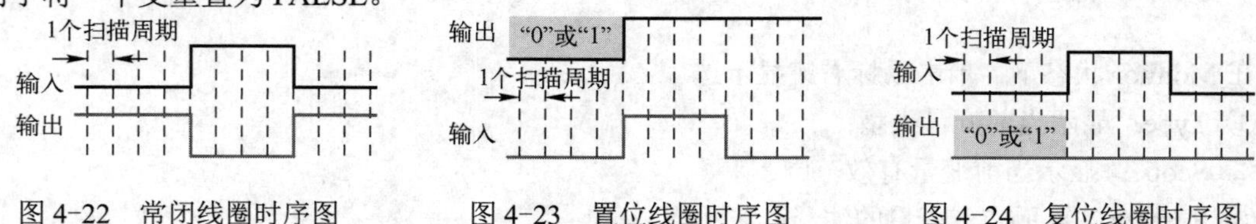

图 4-22　常闭线圈时序图　　图 4-23　置位线圈时序图　　图 4-24　复位线圈时序图

（7）正脉冲输入：

功能：它是数字量类型的过程变量的输入触点。当输入变量从 0 变到 1 时，此触点发出宽度为一个扫描周期的脉冲信号，正脉冲输入时序图如图 4-25 所示。正脉冲输入用来形成一个数字信号的上升沿，可以用来置位/复位状态或者对上升沿进行计数，如报警器的触发次数。

（8）负脉冲输入：

功能：它是数字量类型的过程变量的输入触点。当输入变量从 1 变到 0 时，此触点发出宽度为一个扫描周期的脉冲信号，负脉冲输入时序图如图 4-26 所示，它用于形成一个数字信号的下降沿，主要用来置位/复位输出或用在事件记录中，如报警器的关闭次数。

（9）正负脉冲输入：

功能：它是数字量类型的过程变量的输入触点。当输入变量从 1 变到 0 或从 0 变到 1 时，此触点均发出宽度为一个扫描周期的脉冲信号，正负脉冲输入时序图如图 4-27 所示，它主要用来置位/复位输出或用在事件记录中，如开关的开+闭的次数。

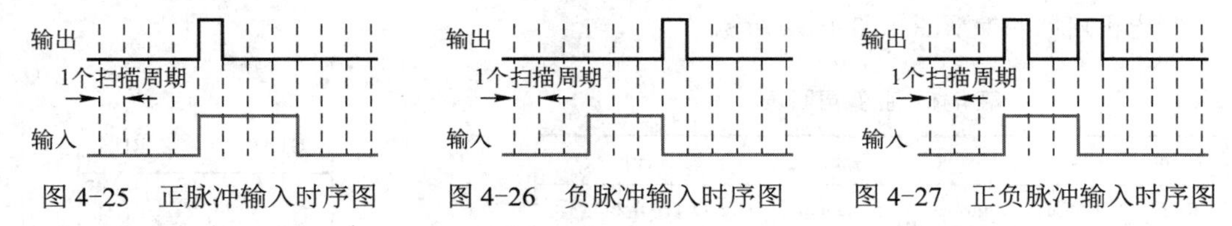

图 4-25　正脉冲输入时序图　　图 4-26　负脉冲输入时序图　　图 4-27　正负脉冲输入时序图

（10）正向跳变线圈：

功能：它是数字量类型的过程变量的输出触点。当接收到一个上升沿（0 到 1）信号时，此触点输出宽度为一个扫描周期的脉冲信号。正向跳变线圈时序图如图 4-28 所示，正向跳变线圈用于将一个变量在一次循环中置为 TRUE，在其他循环过程中，既使输入信号为 TRUE，输出仍为 FALSE。

（11）负向跳变线圈：

功能：它是数字量类型的过程变量的输出触点。当接收到一个下降沿（1 到 0）的信号时，此触点输出宽度为一个扫描周期的脉冲信号。负向跳变线圈时序如图 4-29 所示，负向跳变线圈用于将一个变量在一次循环中置为 TRUE，在其他循环过程中，既使输入信号为 TRUE，输出仍为 FALSE。

（12）正负向跳变线圈：

功能：它是数字量类型的过程变量的输出触点。当接收到一个下降沿（1 到 0）或一个上升沿（0 到 1）的信号时，此触点均输出宽度为一个扫描周期的脉冲信号。正负向跳变线圈时序图如图 4-30 所示。

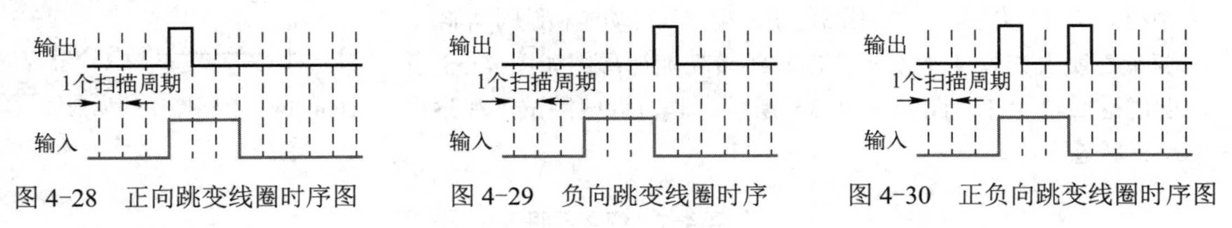

图 4-28　正向跳变线圈时序图　　图 4-29　负向跳变线圈时序　　图 4-30　正负向跳变线圈时序图

（13）模拟量：

功能：只用于功能块的输入，不能用符号表征变量，而是用线与之相连。例如，正弦函数输入/输出如图 4-31 所示。

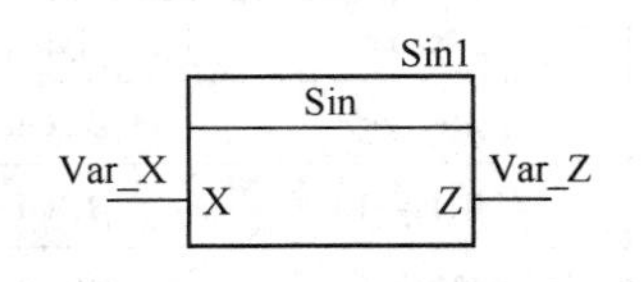

图 4-31　正弦函数输入/输出

在梯形图中还有 Jump、Label、Return 和 Description 命令。

（14）跳转：

功能：有条件地跳转到标签处。如果连接 Jump 的信号为逻辑 1，执行跳转命令。

（15）标签：

功能：对跳转的目标加标签。

（16）返回：

功能：有条件退出，跳转到程序尾。可以退出一个任务或一个功能块，因此可以在梯形图中使用功能块。

（17）注释：

功能：在梯形图中使用文档注释。

有时程序需要进行脉冲计数。脉冲计数的条件是有信号沿，这就必须监控输入信号的变化，选择适当的开关沿输入触点实现计数功能。

例 4-3 编程控制电机的运行。PLC 的输出为“RUN”，当检测到输入“START”的上升沿时，电机开始运行，当检测到输入“STOP”的下降沿时，电机停止运行。

变量声明表如表 4-6 所示。

控制电机启停的梯形图如图 4-32 所示。

表 4-6　变量声明表

Name	Type	Scope	Value	Remark
RUN	BOOL	global	remanent	Dig. OUT，电机运行
START	BOOL	global		Dig. IN，启动开关
STOP	BOOL	global		Dig. IN，停止开关

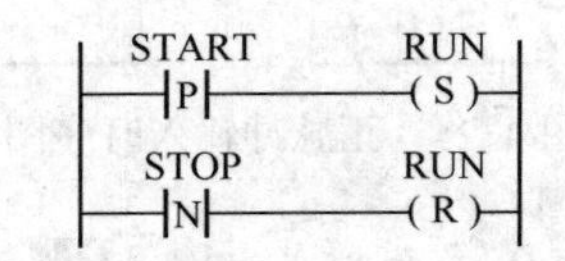

图 4-32　控制电机启停的梯形图

4.2.6　程序流程的控制

程序流程的控制可以通过条件跳转和返回指令来实现。

条件跳转是指利用一个条件跳转到以某个符号命名的网络中去。如果条件为 TRUE 就跳转，跳转标志必须是唯一的，并且必须每个跳转都有一个跳转标志。条件跳转用来跳过程序中的某些网络，这样可以有效地控制程序流程。因为跳过了不需要的网络，所以程序的运行时间也减少了。条件跳转梯形图如图 4-33 所示。

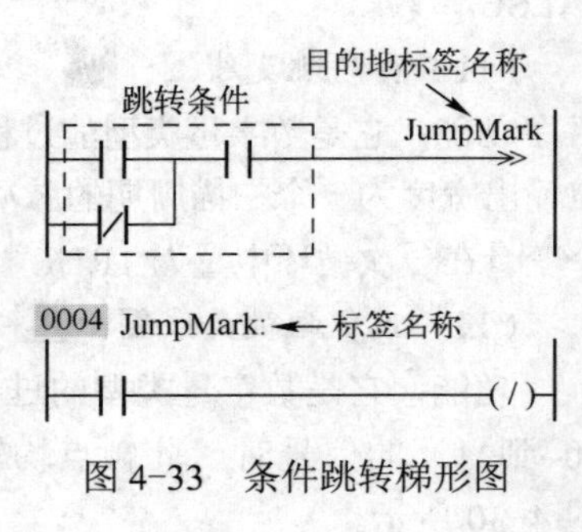

图 4-33　条件跳转梯形图

返回指令用来终止某个点的梯形图程序，系统不再执行之后的网络。返回操作的梯形图如图 4-34 所示。

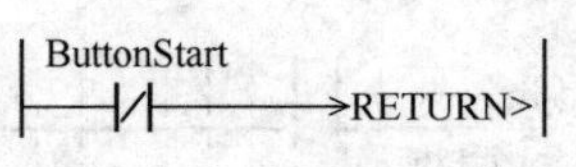

图 4-34　返回操作的梯形图

小练习 4-1： 创建如下梯形图程序，测试跳转功能和返回功能。

变量声明表如表 4-7 所示，创建跳转功能梯形图如图 4-35 所示，创建返回功能梯形图如图 4-36 所示，联机调试测试，观察程序的运行状态。

表 4-7　变量声明表

Name	Type	Scope	Attribute	Value	Remark
Relay_9	BOOL	global	QP5.0.4.9	* remanent	Dig. OUT, channel 9
Relay_10	BOOL	global	QP5.0.4.10	* remanent	Dig. OUT, channel 10
Key_1	BOOL	global	IP5.0.3.1		Dig. IN, channel 1
Key_2	BOOL	global	IP5.0.3.2		Dig. IN, channel 2

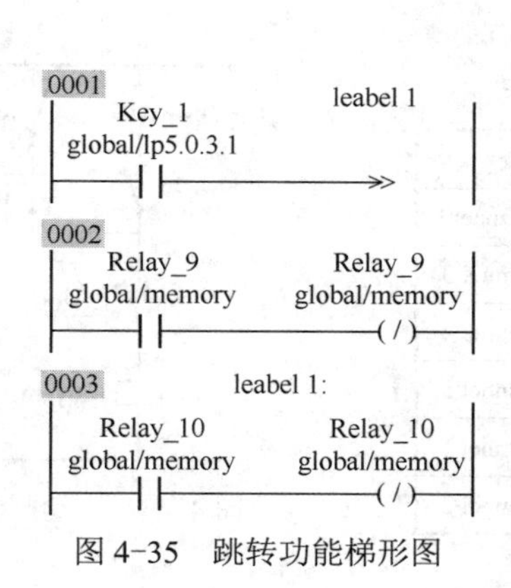

图 4-35　跳转功能梯形图

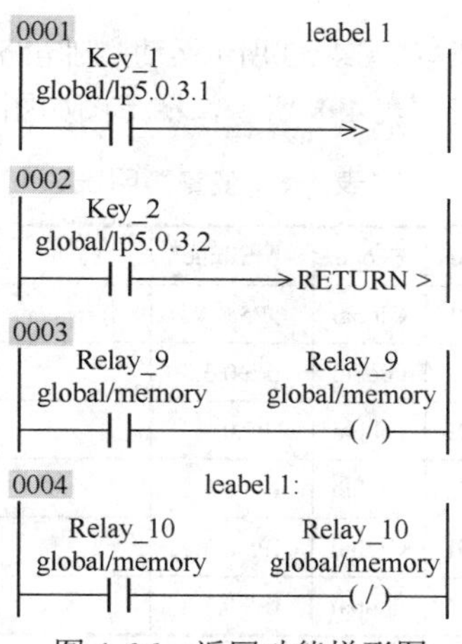

图 4-36　返回功能梯形图

4.2.7　梯形图指令可实现的基本逻辑功能

（1）逻辑与

功能：将当前 ACC 中的值与 BOOL 类型的操作数求逻辑与运算，然后将结果存入 ACC 中，ACC 中的结果实现刷新。逻辑与梯形图如图 4-37 所示。

（2）逻辑与非

功能：将 BOOL 类型的操作数求逻辑非运算后再与当前 ACC 中的值求逻辑与运算，然后将结果存入 ACC 中。逻辑与非梯形图如图 4-38 所示。

（3）逻辑或

功能：将当前 ACC 中的值与 BOOL 类型的操作数求逻辑或运算，然后将结果存入 ACC 中。逻辑或梯形图如图 4-39 所示。

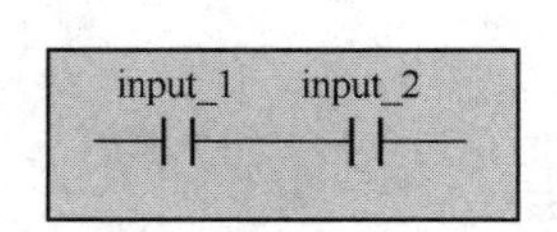

图 4-37　逻辑与梯形图

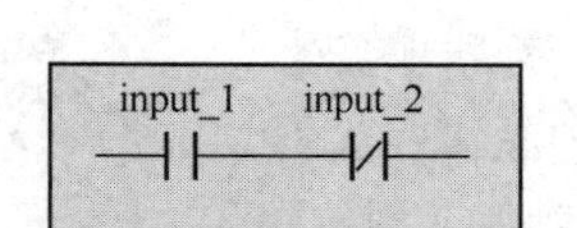

图 4-38　逻辑与非梯形图

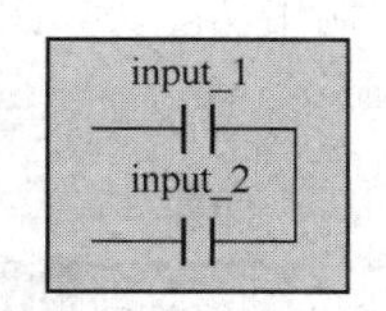

图 4-39　逻辑或梯形图

（4）逻辑或非

功能：将 BOOL 类型的操作数求逻辑非运算的结果与当前 ACC 中的值求逻辑或运算，然后将结果存入 ACC 中。逻辑或非梯形图如图 4-40 所示。

（5）逻辑异或

功能：将当前 ACC 中的值与 BOOL 类型的操作数求逻辑异或运算，然后将结果存入 ACC 中。逻辑异或梯形图如图 4-41 所示。

（6）逻辑异或非

功能：将 BOOL 类型的操作数求逻辑非运算的结果与当前 ACC 中的值求逻辑异或运算，然后将结果存入 ACC 中。逻辑异或非梯形图如图 4-42 所示。

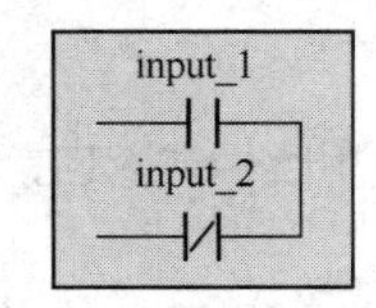

图 4-40　逻辑或非梯形图

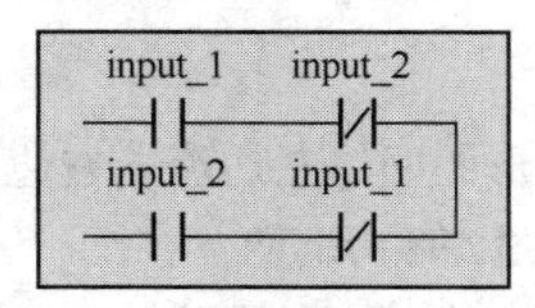

图 4-41　逻辑异或梯形图

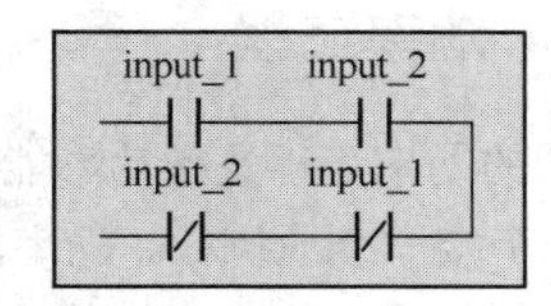

图 4-42　逻辑异或非梯形图

例 4-4 创建如图 4-43 所示运动控制电路的梯形图控制程序。

变量声明表如表 4-8 所示，梯形图如图 4-44 所示。

表 4-8 变量声明表

Name	Type	Scope	Attribute	Value	Remark
Movement	BOOL	Global	QP5.0.4.1	* remanent	Dig. OUT, channel 1
EndsClosed	BOOL	Global	IP5.0.3.3		Dig. IN, channel 3
EndsOpen	BOOL	Global	IP5.0.3.4		Dig. IN, channel 4
E_stop	BOOL	Global	IP5.0.3.5		Dig. IN, channel 5
KeyClose	BOOL	Global	IP5.0.3.1		Dig. IN, channel 1
KeyOpen	BOOL	Global	IP5.0.3.2		Dig. IN, channel 2

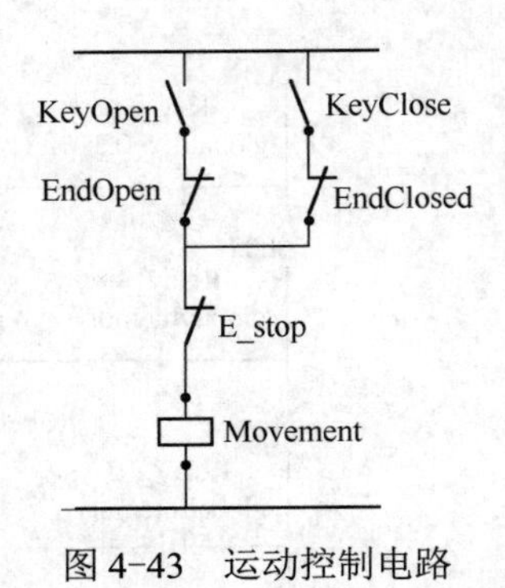

图 4-43 运动控制电路

4.2.8 梯形图中功能块的调用

功能块像一个“黑匣子”，它以图形模块的方式提供各种函数、转换、各种特殊的控制功能等，它的实质是一段子程序，只定义了这段程序的功能、输入与输出变量的关系与数据类型，这段程序的原代码支持用多种 PLC 编程语言编写，但对用户不透明。

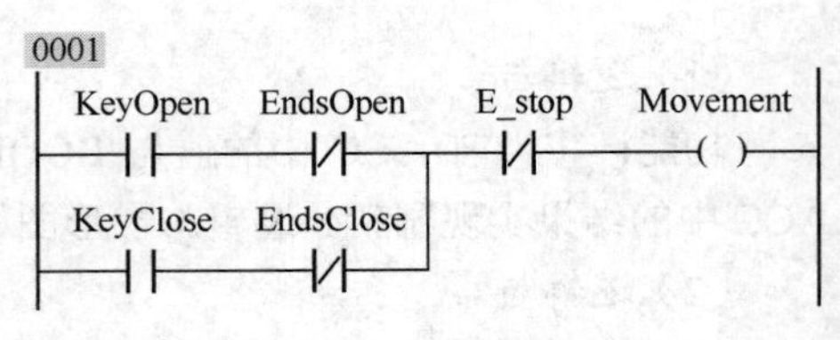

图 4-44 梯形图

在 Automation Studio 中，梯形图编辑器可以使用功能块。在梯形图程序中插入一个功能块，用连接触点作为激活功能块的输入逻辑条件，驱动功能块的逻辑运行。一个功能块可以有一个或多个线圈作为输出，用来存储功能块的状态或结果。如果不论何时都要启动功能块，可以用直线连接功能块来使能。在梯形图中调用功能块如图 4-45 所示，梯形图程序中插入一个计数功能块如图 4-46 所示。

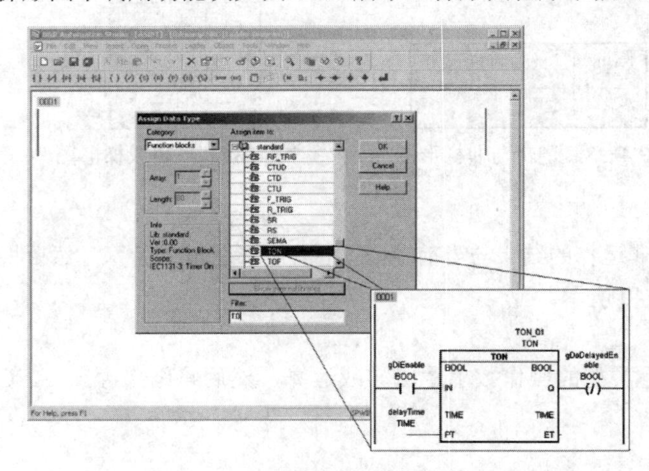

图 4-45 在梯形图中调用功能块

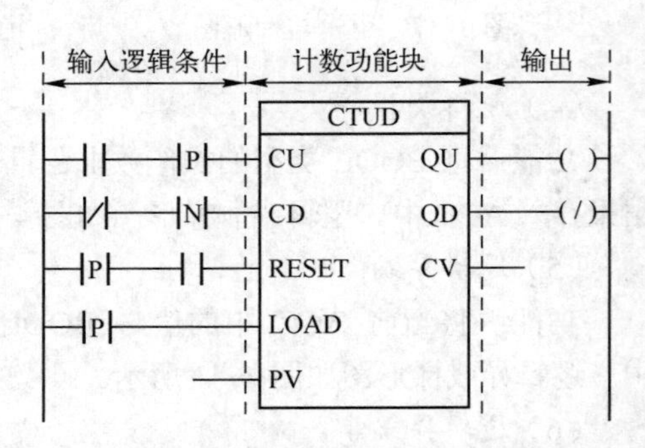

图 4-46 梯形图程序中插入一个计数功能块

4.2.9 功率流程

梯形图的功率流程是指功率能量从梯形图网络左边流向右边，除非发生跳转或返回，否则网络按照顺序一个接一个地执行。功率流向如图 4-47 所示。

在这个梯形图网络中有三种不同的连续功率流向路径，功率流向连续路径如图 4-48 所示。

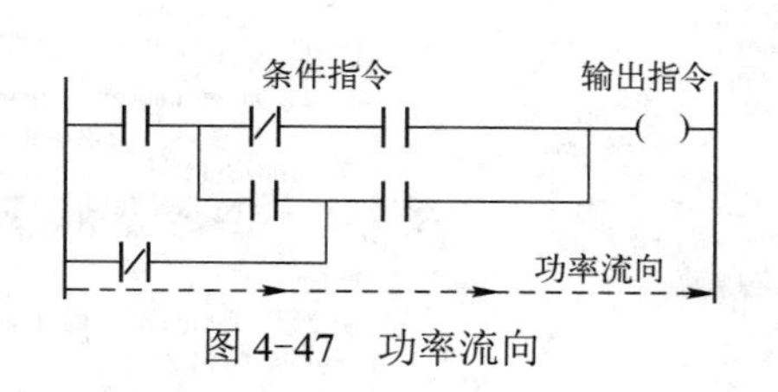

图 4-47　功率流向

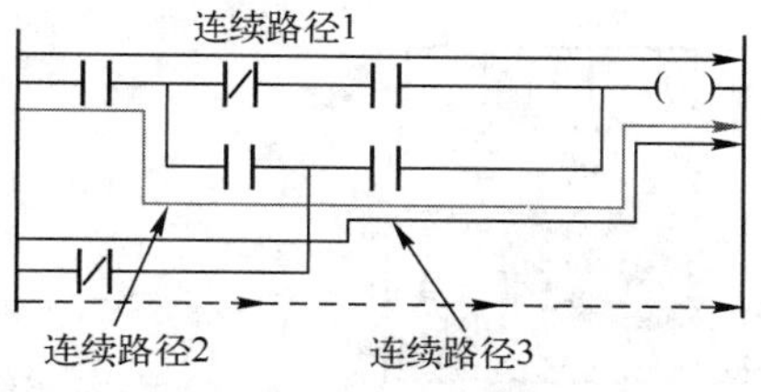

图 4-48　功率流向连续路径

与继电器硬件逻辑不同，在梯形图控制逻辑中反向功率流程是不允许的，如果逻辑需要执行反向流程，用户必须用顺序功率流程编写所有的连接元件。不允许执行的反向功率流程如图 4-49 所示。

例 4-5　设计一个液位控制系统应用程序。

控制过程：液位控制系统总体结构如图 4-50 所示。进料液体经过进料泵加压进入加热储罐，液体在罐中经过加热变成蒸汽后，蒸汽从储罐顶部排出。

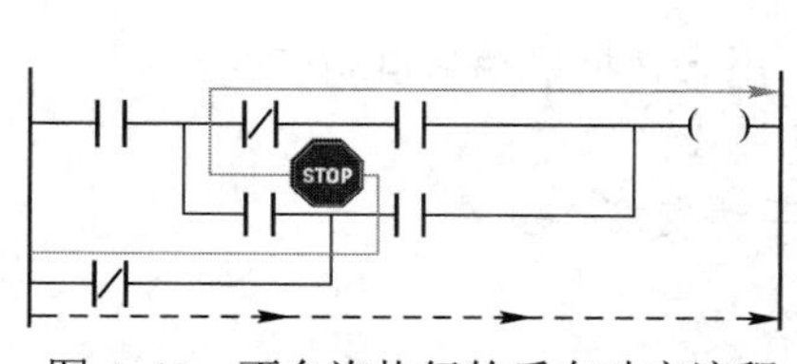

图 4-49　不允许执行的反向功率流程

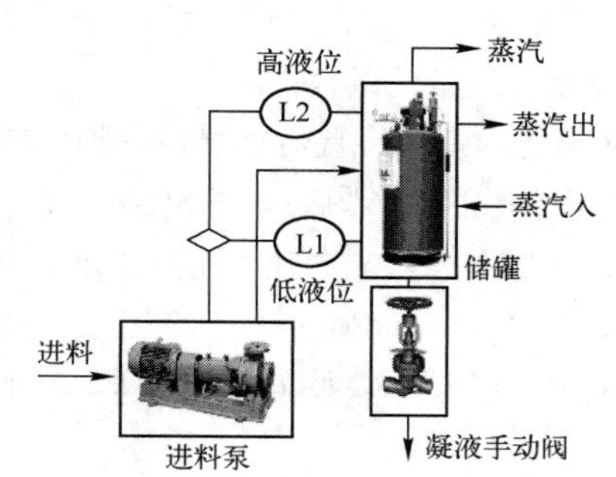

图 4-50　液位控制系统总体结构

控制要求：要求液位在 L1 至 L2 之间变化，以防止进料液体全部蒸发或进料液体过多而进入蒸汽排出管。

液位控制系统分析：液位控制系统有两个液位开关检测液位输入信号。当罐内液位高于液位开关检测位置 L2 时，接点断开；当液位低于液位开关检测位置 L1 时，接点闭合。液位开关接点用于控制进料泵的启、停。

控制步骤如下：

① 当罐内实际液位低于低液位开关 L1 的检测位置时，如果按下进料系统自动运行启动按钮 Start，则进料泵电机启动。

② 当实际液位高于低液位开关的检测位置 L1，但仍低于高液位开关的检测位置 L2 时，进料泵应保持运转。

③ 当实际液位高于高液位开关的检测位置 L2 时，进料泵自动停止运转。

④ 当按下自动运行停止按钮 Stop 时，不管液位实际位置在何处，进料泵停运。

液位控制系统梯形图程序如图 4-51 所示，液位控制系统电气接线图如图 4-52 所示。

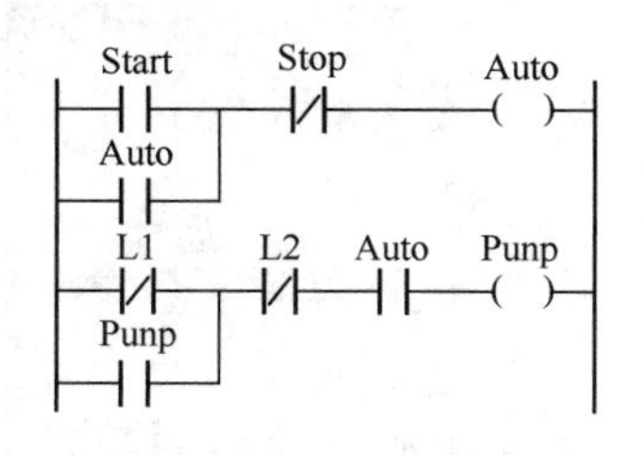

图 4-51　液位控制系统梯形图

例 4-6　设计一个传送带控制应用程序。传送带系统如图 4-53 所示。

★ 第一步：按下传送带启动按钮“btnConvStart”，要求输入和输出不能直接相连，因此使用“cmdManConvMotor”作为中间变量，控制变量“gDoConvMotor”的输出，变量“gDoConvMotor”的硬件通道设置为与传送带电机相连接。第一步控制的梯形图如图 4-54 所示。

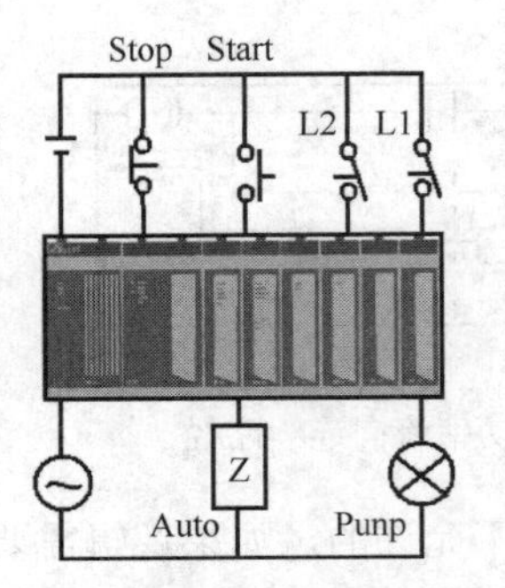

图 4-52　液位控制系统电气接线图

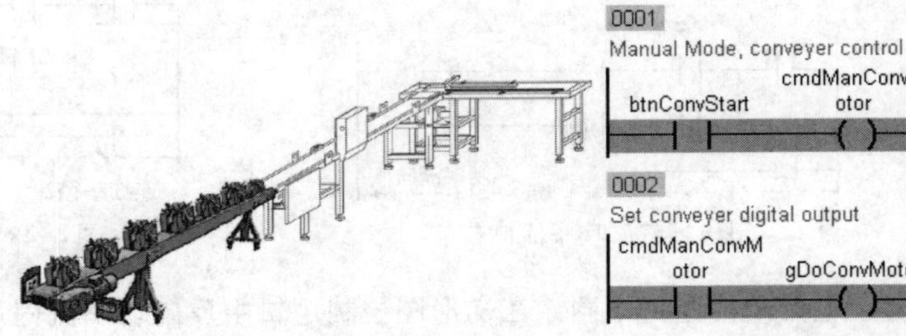

图 4-53　传送带系统　　图 4-54　第一步控制的梯形图

★ 第二步：

① 启动传送带的条件：

● 如果传送带的终端传感器“gDiLoadConvEnd”没有检测到原料；

● 如果传送带的终端传感器检测到原料且系统通过输入变量“gDiMachAskMat”需要更多的原料。

② 停止传送带的条件：

● 如果传送带的终端传感器检测到原料且机器不再需要更多的原料。

第二步控制的梯形图如图 4-55 所示。

★ 第三步：加入一个输入变量“gDiAutoMode”，用来切换手动和自动模式。

① 如果“gDiAutoMode”是 TRUE，网络执行自动模式；

② 如果“gDiAutoMode”是 FALSE，网络只执行手动模式；

③ 使用条件跳转；

④ 在自动模式中使用一个新变量“cmdAutConvMotor”。

第三步控制的梯形图如图 4-56 所示。

★ 第四步：在自动模式下计量传送带的原料数，使用 standard 库中的 CTU 计数功能块。第四步控制的梯形图如图 4-57 所示。

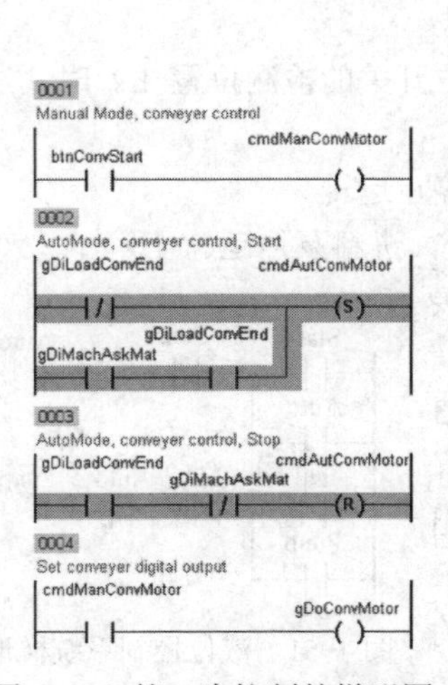

图 4-55　第二步控制的梯形图

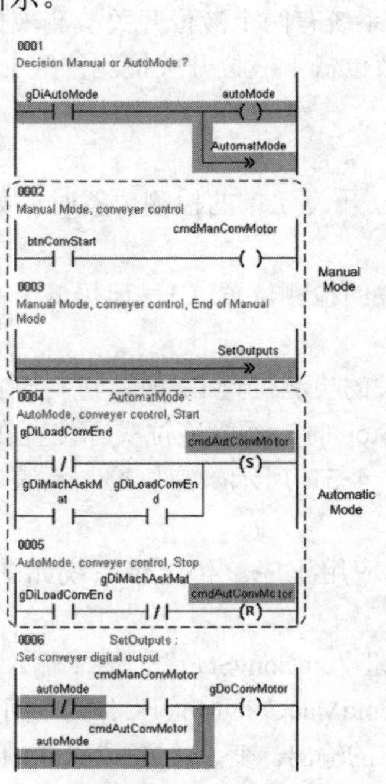

图 4-56　第三步控制的梯形图

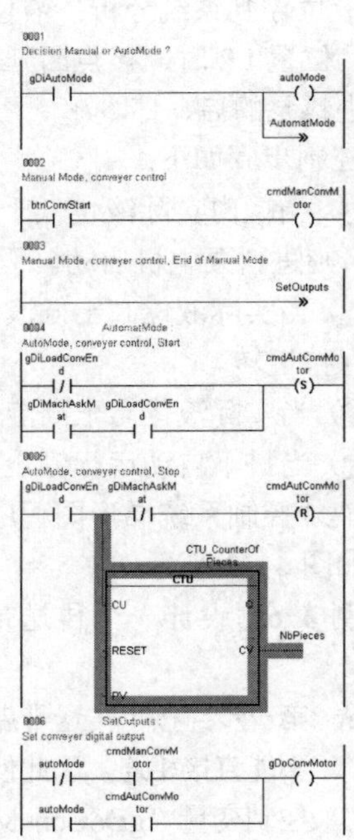

图 4-57　第四步控制的梯形图

4.2.10 数据类型转换

无论是梯形图编程还是其他语言编程都可能会涉及到数据类型转换问题，如果忽略了这个问题，会导致数据混乱，结果出错。

1．内部数据转换

内部数据转换是由编辑器自动检查两个变量的数据类型，然后自动按表 4-9 所示的规则由低级类型（即范围小的数据类型）向高级类型（即范围大的数据类型）方向转换。

表 4-9　内部数据转换规则

数据类型	BOOL	SINT	INT	DINT	USINT	UINT	UDINT	REAL
BOOL	BOOL	x	x	x	x	x	x	X
SINT	x	SINT	INT	DINT	USINT	UINT	UDINT	REAL
INT	x	INT	INT	DINT	INT	UINT	UDINT	REAL
DINT	x	DINT	DINT	DINT	DINT	DINT	UDINT	REAL
USINT	x	USINT	INT	DINT	USINT	UINT	UDINT	REAL
UINT	x	UINT	UINT	DINT	UINT	UINT	UDINT	REAL
UDINT	x	UDINT	UDINT	UDINT	UDINT	UDINT	UDINT	REAL
REAL	x	REAL	REAL	REAL	REAL	REAL	REAL	REAL

注：x—根据操作需要进行外部转换。

例 4-7　实现 end=USINT_ pv+UINT_ pv 的运算（用指令表语言 IL 进行编程）。

变量声明：

PV Name	DATA Type	注释
USINT_ pv	USINT	USINT 类型的变量
UINT_ pv	UINT	UINT 类型的变量
end	UDINT	UDINT 类型的变量

IL 编程如下：

```
LD      USINT_ pv
ADD     UINT_ pv
ST      end
```

执行时，内部数据类型转换的顺序为：

① 当前 ACC 中的过程变量 USINT_ pv 的值向上转换为 UINT 类型的值。

② 两个 UINT 类型的值相加，其结果是 UINT 类型的值，并存入 ACC 中。

③ 当前 ACC 中 UINT 类型的值转换为 UDINT 赋给变量 end。

内部数据类型转换的过程如图 4-58 所示，转换时，编辑器用“0”来填充转换后数据的高位。

注意：① 图中箭头的方向只表示数据类型级别的高低，由低向高转换，但不要理解为必须是按顺序转换。如例 4-7 中，过程变量 USINT_pv 的值就直接向上转换为 UINT 类型的数据。

② 相同位数的数据类型（如 INT 与 UINT 类型的）一个是负数，另一个是正数，两者相互转换时，编译器把带符号的数据当作无符号的数据来处理。例如：-1 000→64 536。

在梯形图中，只有在模拟量触点和模拟量类型的连线中，才会涉及到数据类型的转换。从左往右看梯形图，左边触点的数据类型必须与右边触点的数据类型相同或比右边触点的数据类型更低级，这样，编辑器才能按向上的转换规则自动进行数据类型的转换，否则，编辑器会产生一个错误报告。数据转换规则如图 4-59 所示。

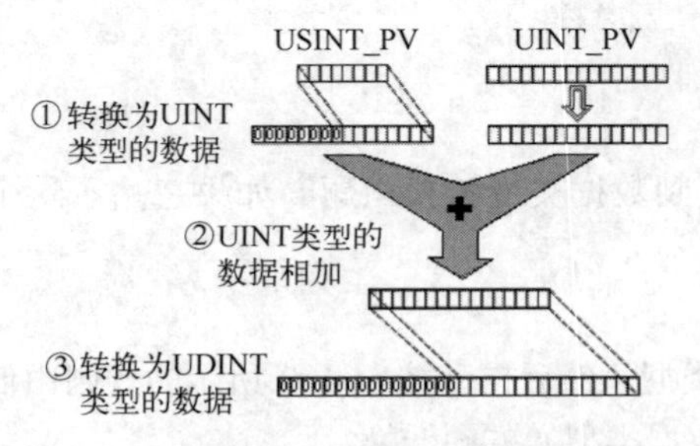

图 4-58　内部数据类型转换的转换过程

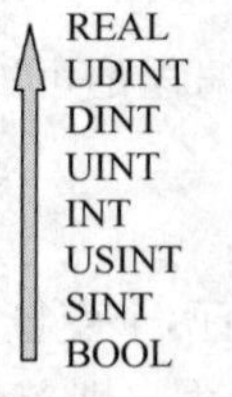

图 4-59　数据转换规则

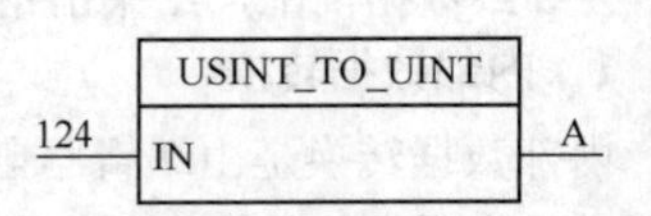

图 4-60　数据类型转换功能块

例 4-8　实现 USINT 与 UINT 数据类型的转换。

变量声明：

PV Name	**DATA Type**	**注释**
USINT_pv	USINT	USINT 类型的变量
UINT_pv	UINT	UINT 类型的变量

在梯形图中调用数据类型转换功能块如图 4-60 所示。

Automation Studio 提供了多种数据类型转换功能块，可以利用它方便地进行各种数据转换。在 LAD 窗体下，单击功能块的图标，弹出数据类型转换功能函数库界面如图 4-61 所示。单击“show external libraries”，在“Assign item to”下的框内找到“CONVERT”，双击它，即出现所有的数据类型转换功能块，选中所需的功能块后，单击 OK 键即可。

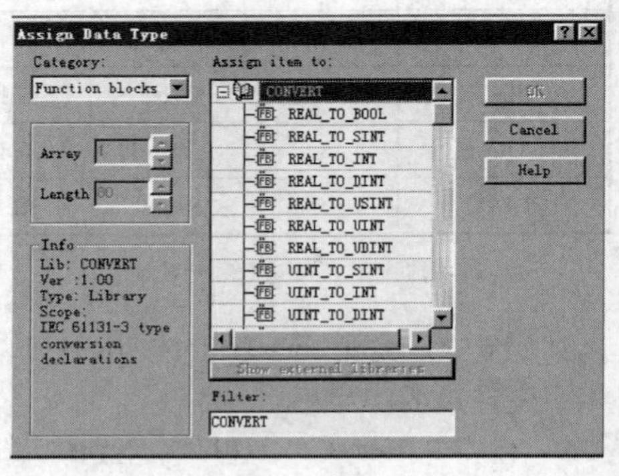

图 4-61　数据类型转换功能函数库界面

2．外部数据类型转换

实际操作中，在进行同一类型数据相乘或相加运算时，常常会出现溢出现象，即结果超出此类型的最大允许范围；同一类型数据相减时，也可能会出现下溢现象，即结果超出此类型的负向最大允许范围。这时由于发生过载，变量不能得到正确的值，因此必须按正确的顺序进行外部数据类型转换。

符合 IEC61131-3 规范的 CONVERT 库提供多种强制数据类型转换的函数或功能块。CONVERT 库可提供的数据类型转换功能块和函数如下：

- Conversion to BOOL　　转换为 BOOL 类型的变量
- Conversion to SINT　　转换为 SINT 类型的变量
- Conversion to USINT　　转换为 USINT 类型的变量
- Conversion to INT　　转换为 INT 类型的变量
- Conversion to UINT　　转换为 UINT 类型的变量
- Conversion to DINT　　转换为 DINT 类型的变量
- Conversion to UDINT　　转换为 UDINT 类型的变量
- Conversion to REAL　　转换为 REAL 类型的变量
- Conversion to LREAL　　转换为 LREAL 类型的变量
- Conversion to TIME　　转换为 TIME 类型的变量
- Conversion to DT or DATE_AND_TIME　　转换为 DT 或 DATE_AND_TIME 时间类型的变量
- Conversion to STRING　　转换为字符串类型的变量
- Conversion from Host to TCP/IP Network　　从 Host 转换为 TCP/IP Network
- Conversion from TCP/IP Network to Host　　从 TCP/IP Network 转换为 Host

◆ Swapping date types　　　　　　　　　　交换数字类型

例如：将 REAL 类型变量转化成 INT 类型变量的功能函数，调用 REAL_TO_INT 数据类型转换函数如图 4-62 所示。

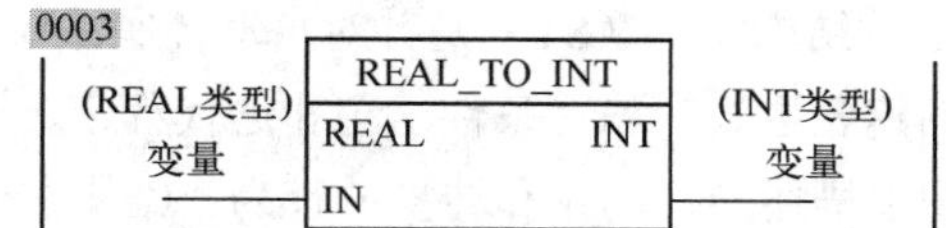

图 4-62　调用 REAL_TO_INT 数据类型转换函数

例 4-9　用 LAD 语言编程实现温度求均值的表达式：

```
average=(temp1+temp2)/2
```

变量声明：

PV Name	DATA Type	注释
Average	INT	温度均值
temp1	INT	温度 1
temp2	INT	温度 2

分析：由于提供的三个数据变量都是 INT 数据类型的，若出现当变量 temp1 与变量 temp2 之和大于 INT 正最大值（+32 767）时，由于超界将会导致输出变量 average 得不到正确的结果。为了避免因为数据类型超界导致的异常结果，必须进行外部数据类型转换。

① IL 语言编程如下：

```
LD  temp1        ; load  temp1
DINT             ; converts  the  ACC  value  to  DINT
ADD  temp2       ; now  temp2  is  implicitly
                 ; converted  to  DINT
DIV  2           ; 求均值
INT              ; converts  the  result  with  DINT
                 ; to the  result with  INT
ST  average      ; 给输出变量赋值
```

② LAD 语言编程如下：

变量声明如图 4-63 所示，温度求均值 LAD 程序如图 4-64 所示。

Name	Type	Description [1]
intTempZone01	INT	输入温区01的温度值(类型：INT)
intTempZone02	INT	输入温区02的温度值(类型：INT)
Average	INT	2个输入温区的温度平均值(类型：INT)
dintTempZone01	DINT	温区01经数据类型转换后的温度值(类型：DINT)
dintTempZone02	DINT	温区02经数据类型转换后的温度值(类型：DINT)

图 4-63　变量申明

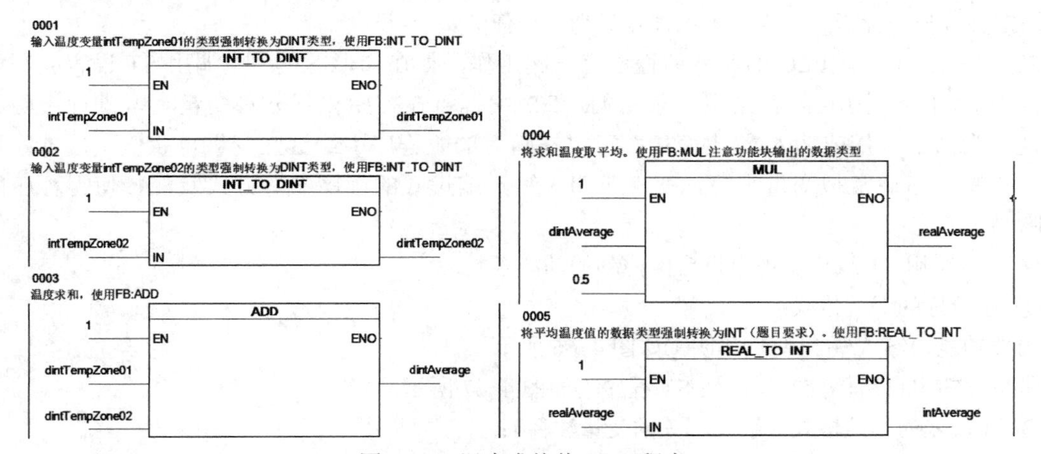

图 4-64　温度求均值 LAD 程序

4.3 结构文本编程语言

结构文本（ST）是针对自动控制系统的高级文本编程语言，可以用来对变量赋值、描述功能、创建表达式、编写条件语句和迭代程序、在 ST 程序中直接调用功能块等，还可以在顺序功能流程图中描述步、动作和转换的行为。结构文本（ST）编程语言表面上与 Basic、PASCAL、C 语言很相似，但它是一个专门为工业控制应用而开发的编程语言，在大中型的 PLC 系统中，常采用结构化文本来描述控制系统中各个变量的关系。ST 编制的程序具有简单、标准的结构，并能提供非常丰富的指令，保证了用 ST 编制的程序可以高效、快速运行。

4.3.1 概述

对于熟悉计算机高级语言的开发人员来说，结构文本（ST）编程语言简单易懂，特别是可以使用有实际意义的标识符、批注来注释。ST 编程语言是 IEC61131-3 标准的一部分，结构文本（ST）主要优点之一就是能简化复杂的数学方程，因此 ST 编程语言非常适合应用在有复杂算术计算的应用中。另外，ST 编程语言还能与 PLC 其他的编程语言一起运行。但是，每种语言都有它自己的优点和缺点，ST 语言不能代替其他的语言，ST 编程语言的突出优势在于它的简洁性，它比 ANSI C 简单易学，比梯形图或指令表的编程效率更高。如果已经熟悉 Basic 语言或 C 语言编程，用 ST 编程语言编程将会感到非常顺手。

例 4-10 ST 编程实现单循环计数。

在这个例程中，变量 i 被定义为整型数，程序开始时，变量 i 被赋值为 0，这个程序能够完成 i 从 0 到 10 的累加循环运算，循环体位于指令 REPEAT 和 END_REPEAT 之间，UNTIL 指令给出了退出循环的条件。

变量声明：

PV Name	DATA Type	注释
i	INT	计数变量

ST 语言单循环计数程序如图 4-65 所示。

```
PROGRAM _CYCLIC
    (* Insert code here *)
    i := 0;

    (* 每次循环周期内实现变量i自加，直到 i大于等于 10，跳出循环 *)
    REPEAT
        i := i + 1;   (*变量i自加*)
        UNTIL i >= 10  (* 退出循环的添加判断,需要 i >= 10 *)
    END_REPEAT;

END_PROGRAM
```

图 4-65 ST 语言单循环计数程序

由此可见，程序以纯文本方式书写。ST 编程语言与传统的编程语言的主要不同在于它具有程序流控制的特性。在上面的例程中，变量 i 可以被定义为一个标识符，程序可以被定义为一个任务。

ST 程序还可以与 PLC 的其他编程语言一起工作，如在梯形图程序中调用 ST 语言编写程序的功能块。ST 程序用“；”结束一条语句，ST 编程可在初始化部分对变量类型进行声明、赋值、定义为内部变量或输入/输出变量，可以在随后的主程序中给这些变量再赋值。文本编程不区别大小写，但通常把变量小写，变量声明大写，缩进式的程序书写方式及注释使得程序的结构清晰易读。

例 4-11 用 ST 编程实现电机启停控制的功能函数。

① 比较好的书写格式：

函数功能块输入/输出变量声明①如图 4-66 所示。

带自锁的电机启停控制功能块 ST 程序①如图 4-67 所示。

② 比较差的书写格式（缺少相关的变量注释）：

函数功能块输入/输出变量声明②如图 4-68 所示。

Name	Type	Scope	Description [1]
MotorCtrl			基本电机启停控制
iNOStart	BOOL	VAR_INPUT	常开启动按钮信号(0:按钮未被按下；1:按钮被按下)
iNCStop	BOOL	VAR_INPUT	常闭停止按钮信号(0:按钮被按下；1:按钮未被按下)
MotorRun	BOOL	VAR_OUTPUT	电机运行状态(0: 电机处于未运行状态; 1: 电机处于运行状态)

图 4-66　函数功能块输入/输出变量声明①

```
(* 基本电机启停控制 *)
FUNCTION_BLOCK MotorCtrl
    MotorRun := (MotorRun OR iNOStart) AND iNCStop;
END_FUNCTION_BLOCK
```

图 4-67　带自锁的电机启停控制功能块 ST 程序①

Name	Type	Scope	Description [1]
MotorCtrl			
iNOStart	BOOL	VAR_INPUT	
iNCStop	BOOL	VAR_INPUT	
MotorRun	BOOL	VAR_OUTPUT	

图 4-68　函数功能块输入/输出变量声明②

带自锁的电机启停控制功能块 ST 程序②如图 4-69 所示。

```
(* 基本电机启停控制 *)
FUNCTION_BLOCK MotorCtrl
    MotorRun := (MotorRun OR iNOStart) AND iNCStop;
END_FUNCTION_BLOCK
```

图 4-69　带自锁的电机启停控制功能块 ST 程序②

ST 程序中变量名称的命名规则与梯形图编程的要求一致，变量名称必须以字母开头，随后可以是字母、数字、符号，不允许用关键字或函数名来命名变量名。无效的变量名称，如 START、DATA、PROJECT、SFC、LADDER、I/O、ASCII、FORCE、PLC2、CONFIG、INT、ALL、YES、NO、STRUCTURED TEXT 等。有效的变量名称，如 TESTER、 I、I:000、I:000/00、T4:0、T4:0/DN 等。

结构文本（ST）编程语言的特点如下：①高级文本编程语言；②结构化的编程；③简单的标准化结构；④快速高效的编程；⑤使用直观灵活；⑥与 Basic、PASCAL、C 语言的指令类似；⑦有计算机编程经验的人可以很容易地使用它；⑧符合 IEC61131-3 标准。

结构文本（ST）编程语言具有如下功能：①数字量和模拟量 I/O 处理；②逻辑运算；③逻辑比较；④算术运算；⑤条件与判断语句；⑥状态语句；⑦循环语句；⑧功能块调用；⑨动态变量；⑩诊断工具。

ST 编程语言中的许多指令及用法与 Automation Basic 编程语言一致，因此，相似内容将简要介绍。

① 表达式：由操作符和操作数组成，操作数可以是常量、变量、调用函数或其他表达式。

② 赋值：通过一个表达式或一个数值给变量赋值，赋值语句包括位于左边的变量，赋值操作符“:=”，表达式。所有的语句，包括赋值语句，必须以分号“;”结尾。

③ 注释：是源代码中非常重要的一部分，它们解释了一部分代码，使程序更易读懂。注释对帮助人们读懂程序非常有用。注释不被编译，因此不会影响程序的执行。注释内容用“//”或一对星号和小括号包裹起来，如：(*comment*)。

例 4-12　ST 编程中的表达式、赋值与注释。

表达式 1：

```
(a - b + c)*cos(d)
```

表达式 2：

```
SIN(a) * cos(b)
```

赋值与注释：

```
Var1 :=Var2 * 2; //Var1 <-- 2*Var2
```

另一种注释格式：

(*准备添加注释内容 *)

④ 操作符的优先级：如果在一个表达式中使用几个操作符，程序操作按优先级的顺序来执行。操作符的优先级次序如表 4-10 所示。

表 4-10 操作符的优先级次序

操 作	符 号	优先级
括号	()	高
函数调用举例	Call argument(s) LN(A)，MAX(X)	
逻辑非	NOT	
注释	(* 注释内容 *) 或者 //注释内容	
乘、除、取模	*、/、MOD	
加、减	+、-	
比较	<>、<=、>=	
等于、不等于	=、<>	
逻辑与	AND	
异或	XOR	低
逻辑或	OR	

4.3.2 指令

ST 编程语言中许多指令及用法与 Automation Basic 编程语言一致，指令类型有：

（1）逻辑指令

ST 编程语言逻辑指令如表 4-11 所示。

（2）基本算术指令

ST 编程语言的基本算术指令如表 4-12 所示。

注意：数据类型是非常重要的参数，特别是在数学计算时需要注意数据类型的声明与转换。数据类型的转换规则与 Automation Basic 编程语言、梯形图编程语言要求的一致。

表 4-11 ST 编程语言逻辑指令

操作符	逻辑指令	举例
NOT	逻辑非	a ：= NOT b
AND	逻辑与	a ：= b AND c
OR	逻辑或	a ：= b OR c
XOR	异或	a ：= b XOR c

表 4-12 ST 编程语言的基本算术指令

操作符	基本算术指令	举例
：=	赋值	a ：= b
+	加法	a := b + c
-	减法	a := b - c
*	乘法	a :=sin(b) * cos(c)
/	除法	a := (b-c+d) / cos(e)
MOD	取模（除法取余数）	a := b mod c

（3）比较指令

比较指令经常作为逻辑条件用在 if、else、while、until 指令中组成条件判别指令。

ST 编程语言的比较指令如表 4-13 所示。

（4）条件判别指令

判别指令语句有如下几种结构形式：简单 if 语句；if else 语句；if elsif 语句；嵌套 if 语句。

ST 编程语言的判别指令如表 4-14 所示。

表 4-13 ST 编程语言的比较指令

操作符	比较指令	举例
=	等于	if a = b then
<>	不等于	if a <> b then
>	大于	if a > b then
>=	大于等于	If a >= b then
<	小于	If a < b then
<=	小于等于	If a <= b then

表 4-14 ST 编程语言的判别指令

指令	语法结构	注释
If then	If a > b then	比较
	Result := 1	操作
elsif then	elsif a > c then	比较（可选）
	Result := 2	操作
Else	Else	前面 if 语句的条件都不满足
	Result := 3	操作
Endif	endif	判断结束

例 4-13 ST 编程实现条件判别。

① 简单的 if 判别语句应用例程如图 4-70 所示。

② 带组合判定的 if 判别语句的应用例程如图 4-71 所示。

```
(* IF 语句示例:简单判别 *)
IF V1>V2 THEN
    V3 := 99;
END_IF

IF V3 = 99 THEN
    oLEDStatus := 1;
END IF
```

图 4-70 简单的 if 判别语句应用例程

```
(* IF 语句示例:组合判别 *)
//当实际液位高于最高设定液位或急停按钮被触发，停泵。
IF (iActLevel >= MaxSetLevel)OR(E_Stop = 1) THEN
    oPump := 0;
END_IF
```

图 4-71 带组合判定的 if 判别语句的应用例程

③ 嵌套的 if 判别语句应用例程如图 4-72 所示。

④ if else 语句的应用例程如图 4-73 所示。

```
(* IF语句嵌套 *)
IF V1>V2 THEN          //判别V1是否大于V2
    IF V2>V4 THEN      //判别V2是否大于V4
        V3 := 99;      //满足外侧两个条件判别后，V3赋值为99
    END_IF
END_IF
```

图 4-72 嵌套的 if 判别语句应用例程

```
(* IF ELSE 语句示例 *)
IF V1>V2 THEN
    V3 := 99;   //满足V1>V2的条件，程序执行该赋值语句
ELSE
    V4 := 66;   //不满足V1>V2的条件，程序执行该赋值语句
END_IF
```

图 4-73 if else 语句的应用例程

⑤ ST 编程中的 if elsif 语句流程框图如图 4-74 所示。

if elsif 语句的应用例程如图 4-75 所示。

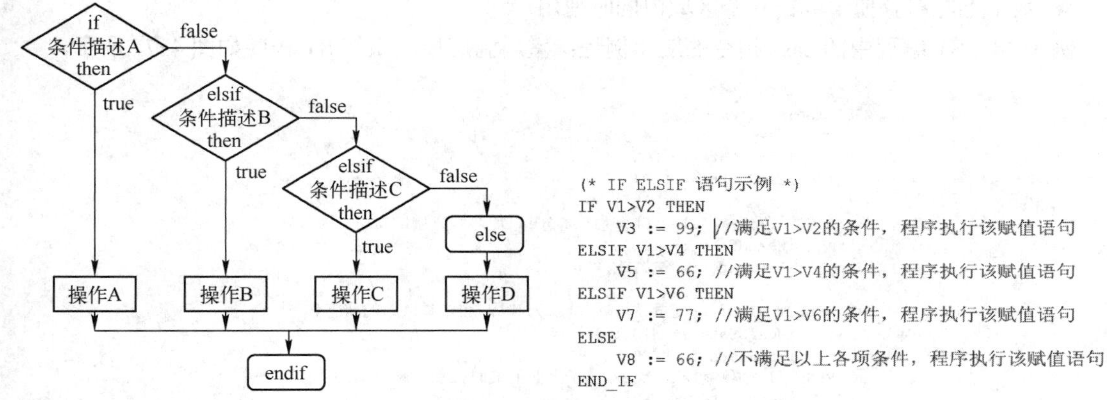


```
(* IF ELSIF 语句示例 *)
IF V1>V2 THEN
    V3 := 99; //满足V1>V2的条件，程序执行该赋值语句
ELSIF V1>V4 THEN
    V5 := 66; //满足V1>V4的条件，程序执行该赋值语句
ELSIF V1>V6 THEN
    V7 := 77; //满足V1>V6的条件，程序执行该赋值语句
ELSE
    V8 := 66; //不满足以上各项条件，程序执行该赋值语句
END_IF
```

图 4-74 ST 编程中 if elsif 语句流程框图　　图 4-75 if elsif 语句的应用例程

小练习 4-2： 用 ST 编程指令中的 if、elsif、else 实现室外的温度测量与显示，并以文本的形式显示。

温度通过温度传感器的模拟量读取（1℃= 10），具体的控制要求如下：

★ 温度在 18℃以下，显示“cold”（冷）；

★ 温度在 18～25℃，显示“opt”（最佳）；

★ 温度在 25℃以上，显示“hot”（热）。

备注: 在 ST 编程中，变量被赋值一个字符串的格式如下:

```
StringVar := 'COLD'
```

小练习 4-3： 用 ST 编程中的嵌套 if 指令实现室外的温度和湿度检测任务，并以文本的形式在房间里显示。温度通过温度传感器的模拟量读取（1℃=10），具体的控制要求：只有当湿度在 45%

和 75%之间并且温度在 18℃和 25℃之间时显示文本“Opt”，否则显示“Temp. OK”。

（5）case 指令

在 if 结构有过多分支时，采用 case 指令会使程序结构更清晰明了，更容易读懂。case 指令与各种 if 指令比较还具有另一个优点，即 case 语句中在每次循环时只做一次计算，因此更具有效的代码结构。

ST 编程中的 case 指令结构如表 4-15 所示。ST 编程中的 case 指令流程图如图 4-76 所示。

表 4-15　ST 编程中的 case 指令结构

指令	语法结构	注释
case of	case step variable of	case 开始
	1,5: Display := MATERIAL	1，5
	2: Display := TEMP	2
	3,4,6..10: Display: = OPERATION	3，4，6，7，8，9，10
endcase	endcase	case 结束

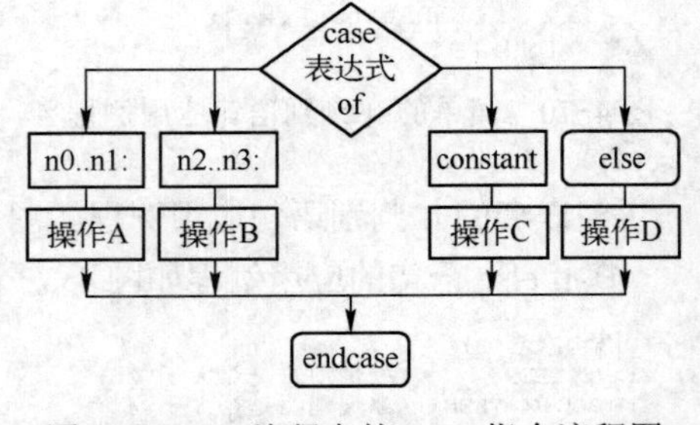

图 4-76　ST 编程中的 case 指令流程图

case 语句的语法要求:

★ case 语句以 case 开始，以 endcase 结束，并且各自单独占一行；

★ 在 case 和 of 之间的变量必须是 UINT 类型的；

★ 在 case 的下一层语句中，只能使用正整数，不允许使用变量名或表达式；

★ 数字不能重叠使用或在几个区域内同时使用。

例 4-14　ST 编程中的 case 指令的应用例程：室内温度控制系统 ST 程序如图 4-77 所示。

```
(* CASE 语句示例 *)
CASE iSelectItem OF
    0: //变量iSelectItem为0时，加热和风扇的状态如下：
        iHeatState := LOW;
        iFanState := LOW;

    1..3: //变量iSelectItem为1,2,3时，加热和风扇的状态如下：
        iHeatState := MEDIUM;
        iFanState := MEDIUM;

    SELECT_HIGH: //变量iSelectItem为4时，加热和风扇的状态如下：
        iHeatState := HIGH;
        iFanState := HIGH;
    ELSE //变量iSelectItem不属于上面的值时，加热和风扇的状态如下：
        iHeatState := OFF;
        iFanState := OFF;
END_CASE;
```

图 4-77　室内温度控制系统 ST 程序

小练习 4-4：用 ST 编程语言中的 case 指令实现葡萄酒酿造槽的液位控制任务。读取酿造槽内葡萄酒的液位值，将其与最大允许高度值相比较，转换成百分数来表示槽中液体的高度比值，用 low、ok、high 分别表示酿造槽内葡萄酒的填充程度，如果槽内葡萄酒的液位值低于总容量的 25%，发出一个警告声并有指示灯闪烁。

（6）循环指令

在很多应用程序中，需要多次执行某些步骤，循环指令能够帮助这些任务的实现。循环语句使源代码简短并一目了然，循环语句也可以嵌套在其他语句中。编制循环语句时应该注意避免循环程序进入死循环，否则会产生严重错误并阻碍程序的执行。因此，通常使用一些方法来跳出循环，如：设定循环次数、条件改变时停止循环。

在 ST 编程中有如下几种不同的循环方式：

★ 有限制的循环语句： FOR 指令。

★ 无限制的的循环语句：WHILE 指令、REPEAT 指令。

（1）FOR 指令

对于可以确定循环次数的任务，编制程序就用 FOR 指令，否则就用 WHILE 指令或 REPEAT 指令。

ST 编程中的 FOR 指令结构如表 4-16 所示。

注意：① FOR 指令可以递增循环或递减循环控制变量的值，使它从起始值到达终止值，递增或递减的默认值为 1;

② 每次循环之前都会检测终止条件，如果循环控制变量的值超过终止值，程序就执行 END_FOR 语句，不再执行循环语句段;

③ 当控制变量达到终止值时，循环控制变量、起始值和终止值都必须是相同的数据类型，如 (U)SINT、(U)INT、(U)DINT，并且不能由循环语句改变。

ST 编程中的 FOR 指令流程图如图 4-78 所示。

表 4-16　ST 编程中的 FOR 指令结构

指令	语法结构	注释
FOR TO BY DO	FOR i:=StartVal TO StopVal {BY Step} DO	{ }中的部分是可选的
	Res := value + ;	循环操作段
END_FOR	END_FOR	FOR 指令结束

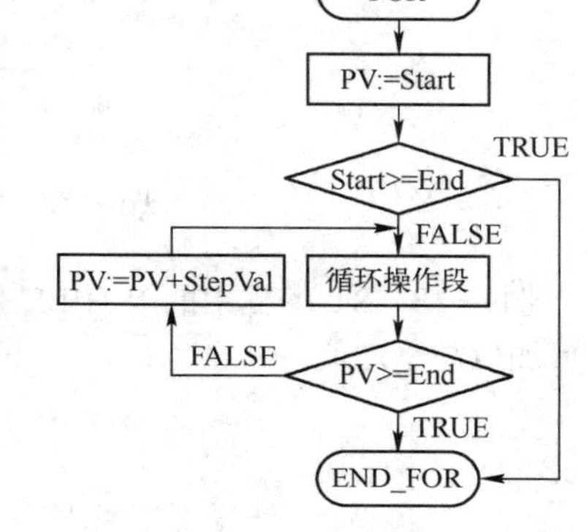

图 4-78　ST 编程中的 FOR 指令流程图

例 4-15　ST 编程中的 FOR 指令的应用例程 1 如图 4-79 所示。

```
(* FOR 语句示例 *)
StartValue := 1;
EndValue := 10;
VarFor := 0;
FOR i:=StartValue TO EndValue DO
    VarFor := VarFor + 1;       //FOR语句执行结束后，VarFor的值是10
END_FOR;
```

图 4-79　ST 编程中的 FOR 指令的应用例程 1

例 4-16　ST 编程中的 FOR 指令的应用例程 2 如图 4-80 所示，计算长度为 100 的数组 f[i]的累加值与平均值。

```
(* FOR 语句示例 *)
rAvg := 0;
FOR i:=0 TO 99 DO
    rAvg := rAvg + rArray[i]; //将100个数组rArray[]中的值逐一进行累计。
END_FOR;
rAvg := rAvg/100;    //取累加值的平均
```

图 4-80　ST 编程中的 FOR 指令的应用例程 2

小练习 4-5: 用 ST 编程语言中的循环指令实现斜拉索桥上的车辆数及车辆的总负荷累加计算，并显示桥梁承重正常或超载，桥面行进的车辆数。

（2）WHILE 指令

WHILE 循环指令除了条件可以是任意的布尔表达式，其他用法及要求与 FOR 循环指令一样。

ST 编程中的 WHILE 指令结构如表 4-17 所示。

ST 编程中的 WHILE 指令流程图如图 4-81 所示。

表 4-17　ST 编程中的 WHILE 指令结构

指令	语法结构	注释
WHILE DO	WHILE　i< 4 DO	循环条件，循环开始
	Res := value +1；语句	循环操作段
	i := i + 1;	
END_ WHILE	END_ WHILE	WHILE 结束

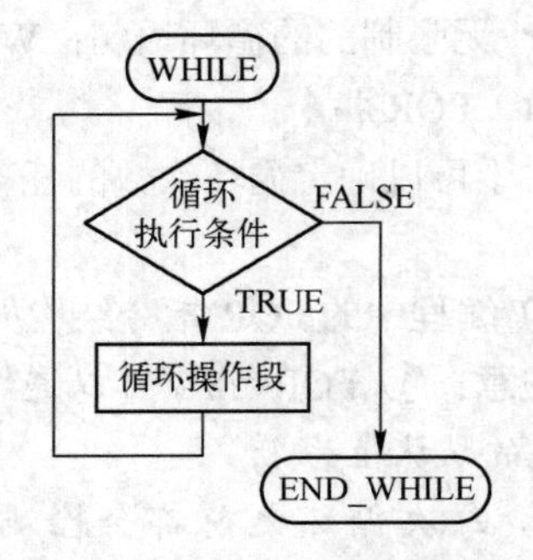

图 4-81　ST 编程中的 WHILE 指令流程图

例 4-17　ST 编程中的 WHILE 指令的应用例程 1 如图 4-82 所示。

```
(* WHILE 语句示例 *)
WHILE (index < EndIndex) DO   //判别index小于EndIndex，则
    VarWhile := VarWhile + 1; //VarWhile 自加
    index := index + 1;       //index自加
END_WHILE;
```

图 4-82　ST 编程中的 WHILE 指令的应用例程 1

例 4-18　ST 编程中的 WHILE 指令的应用例程 2 如图 4-83 所示，计算长度为 100 的数组 f[i] 的累加值与平均值。

```
(* WHILE 语句示例 *)
i := 0;
rAvg := 0;
WHILE (i<100) DO
  rAvg := rAvg + rArray[i];//将100个数组rArray[]中的值逐一进行累计。
  i := i + 1;
END_WHILE;
rAvg := rAvg/100;          //取累加值的平均
```

图 4-83　ST 编程中的 WHILE 指令的应用例程 2

（3）REPEAT 指令

REPEAT 语句与 WHILE 语句不同，它在循环操作语句执行后检测继续执行循环的条件，因此，无论有没有达到终止循环的条件，循环操作语句至少被执行一次。

ST 编程中的 REPEAT 指令结构如表 4-18 所示。

ST 编程中的 REPEAT 指令流程图如图 4-84 所示。

表 4-18　ST 编程中的 REPEAT 指令结构

指令	语法结构	注释
REPEAT	REPEAT	循环开始
	Res := value +1 ;	循环操作段
	i :=i +1 ;	
UNTIL	UNTIL　i >4	退出循环条件
END_ REPEAT	END_ REPEAT	循环结束

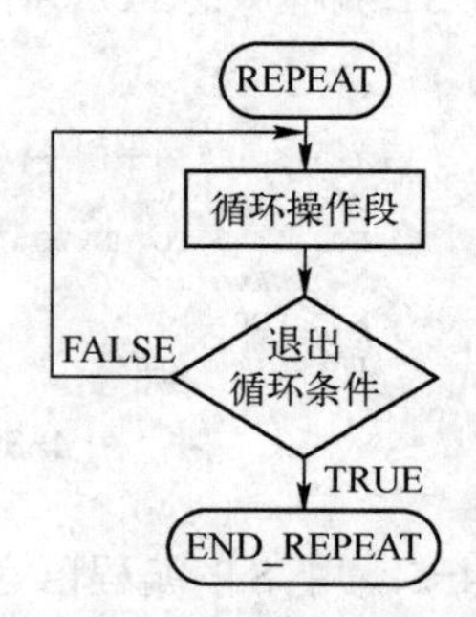

图 4-84　ST 编程中的 REPEAT 指令流程图

例 4-19　ST 编程中的 REPEAT 指令的应用例程 1 如图 4-85 所示。

```
(* REPEAT 语句示例 *)
VarRepeat := 0;       //计数变量初始化
REPEAT
    VarRepeat := VarRepeat + 1; //自加
    UNTIL VarRepeat>3            //退出REPEAT后, VarRepeat = 4;
END_REPEAT;
```

图 4-85　ST 编程中的 REPEAT 指令的应用例程 1

例 4-20　ST 编程中的 REPEAT 指令的应用例程 2 如图 4-86 所示。

```
(* REPEAT 语句示例 *)
Counter := 5;        //计数变量初始化
VarRepeat := 1;      //计数变量初始化
REPEAT
    VarRepeat := VarRepeat * 2; //倍乘
    Counter := Counter - 1;     //自减
    UNTIL
    Counter = 0                 //退出REPEAT后, VarRepeat = 32;
END_REPEAT;
```

图 4-86　ST 编程中的 REPEAT 指令的应用例程 2

小练习 4-6：上面两个例程中，如果将 REPEAT 语句前面的计数变量初始化那行给去掉，那么执行后的 VarRepeat 的值分别是多少呢？为什么？

（4）EXIT 指令

在 REPEAT 指令中，如果退出循环的条件永远不成立，那么，程序将进入死循环并产生一个运行错误。在 ST 编程中，可以用 EXIT 语句给出退出循环的条件，当退出条件满足时，退出循环语句。

ST 编程中存在 EXIT 指令的循环程序流程图如图 4-87 所示。

例 4-21　ST 编程中有 EXIT 指令的循环程序的应用例程如图 4-88 所示。

ST 编程中存在 EXIT 指令的嵌套循环程序流程图如图 4-89 所示。

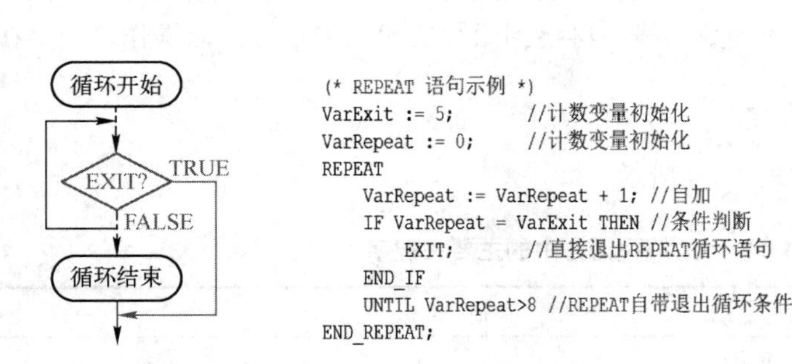


```
(* REPEAT 语句示例 *)
VarExit := 5;        //计数变量初始化
VarRepeat := 0;      //计数变量初始化
REPEAT
    VarRepeat := VarRepeat + 1; //自加
    IF VarRepeat = VarExit THEN //条件判断
        EXIT;         //直接退出REPEAT循环语句
    END_IF
    UNTIL VarRepeat>8 //REPEAT自带退出循环条件
END_REPEAT;
```

图 4-87　ST 编程中存在 EXIT 指令的循环程序流程图　图 4-88　ST 编程中有 EXIT 指令的循环程序的应用例程

循环1
循环2
EXIT?
TRUE
FALSE
结束循环2
结束循环1

图 4-89　ST 编程中存在 EXIT 指令的嵌套循环程序流程图

注意：当 EXIT 语句用在一个嵌套的循环中时，退出只是在 EXIT 所在的循环体中的操作语句段。

例 4-22　ST 编程中存在 EXIT 指令的嵌套循环程序的应用例程如图 4-90 所示。

```
(* EXIT 语句示例 *)
EndIndex := 10; //变量初始化
VarExit := 8;   //变量初始化
WHILE (index < EndIndex) DO       //判别index小于EndIndex
    VarWhile := VarWhile + 1;     //VarWhile 自加
    FOR i:= 0 TO 10 DO            //FOR 循环
        VarFor := VarFor + 1;     //自加
        IF VarFor = VarExit THEN  //判断条件是否满足
            EXIT;                 //EXIT 循环
        END_IF
    END_FOR
    index := index + 1;           //index自加
END_WHILE;
```

图 4-90　ST 编程中存在 EXIT 指令的嵌套循环程序的应用例程

小练习 4-7：上述例程执行后，index、VarWhile、VarFor 的值分别是多少？

4.3.3 功能块调用

在调用功能块之前，需要给输入参数赋值。功能块调用占用一行语句，并以分号结束该语句。在调用功能块之后就可以读取功能块的输出值。

调用功能块流程图如图 4-91 所示。

例 4-23 ST 编程中调用功能块的应用例程如图 4-92 所示。

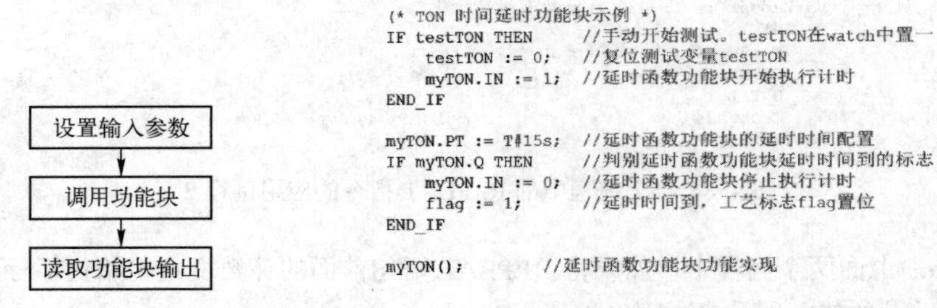


```
(* TON 时间延时功能块示例 *)
IF testTON THEN        //手动开始测试。testTON在watch中置一
    testTON := 0;     //复位测试变量testTON
    myTON.IN := 1;    //延时函数功能块开始执行计时
END_IF

myTON.PT := T#15s;    //延时函数功能块的延时时间配置
IF myTON.Q THEN       //判别延时函数功能块延时时间到的标志
    myTON.IN := 0;    //延时函数功能块停止执行计时
    flag := 1;        //延时时间到，工艺标志flag置位
END_IF

myTON();              //延时函数功能块功能实现
```

图 4-91　调用功能块流程图　　　　图 4-92　ST 编程中调用功能块的应用例程

4.3.4 关键字与函数

ST 编程语言中的关键字就是已被该语言本身使用的指令字，是具有特殊意义的标识符，不能作其他用途使用的字，如 if、for、while 等。操作符是在表达式中用于连接不同对象的运算符，不同的操作符指定了不同的运算方式，操作符本质上是语言内置的、最基础的函数。函数是一组一起执行一个任务功能的语句。函数与操作符的区别在于：①运算符只能重载，不能自定义，函数的起名可以用随意的标识符，操作符不允许，关键字也不能用作函数名；②函数本身有一段代码，程序执行遇到函数时，会先将函数的参数入栈，再跳到函数的代码来运行，而操作符则是在本地直接运算。

（1）关键字

ST 编程语言中的主要关键字如表 4-19 所示。

表 4-19　ST 编程语言中的主要关键字

关键字	描述
ACCESS	将地址赋值给动态变量
BIT_CLR	对一个数的特定位的值复位。例如：A := BIT_CLR(IN, POS)　返回的 A 是 POS 位被复后的变量 IN 的值，其他位保持不变
BIT_SET	对一个数的特定位的值置位。例如：A := BIT_SET(IN, POS)　返回的 A 是 POS 位被置位后的变量 IN 的值，其他位保持不变
BIT_TST	获得一个数中确定的一个位的值。例如：A := BIT_TST(IN, POS) A 是 IN 数中位于 POS 位的状态
BY	参见 FOR 语句
CASE	参见 CASE 语句
DO	参见 WHILE 语句
EDGE	确定沿信号
EDGENEG	确定一个信号的负向沿
EDGEPOS	确定一个信号的正向沿
ELSE	参见 IF 语句

续表

关键字	描述
ELSIF	参见 IF 语句
END_CASE	参见 CASE 语句
END_FOR	参见 FOR 语句
END_IF	参见 IF 语句
END_REPEAT	参见 REPEAT 语句
END_WHILE	参见 WHILE 语句
EXIT	参见 EXIT 语句
FOR	参见 FOR 语句
IF	参见 IF 语句
REPEAT	参见 REPEAT 语句
RETURN	结束一个函数
THEN	参见 IF 语句
TO	参见 FOR 语句
UNTIL	参见 REPEAT 语句
WHILE	参见 WHILE 语句

（2）函数

在 ST 编程语言中使用某些函数不需插入库函数，它们在 Automation Studio 编辑器中，用蓝色字显示，ST 编程语言中的常用函数如表 4-20 所示。

表 4-20　ST 编程语言中的常用函数

函数	描述
ABS	取一个数的绝对值。例如：ABS(-2)，返回 2
ACOS	返回一个数的反余弦值（反余弦函数）
ADR	返回该值的地址
AND	位操作的逻辑
ASIN	返回一个数的反正弦值（反正弦函数）
ATAN	返回一个数的反正切值（反正切函数）
COS	返回一个数的余弦值（余弦函数）
EXP	指数函数。例如：A := EXP (IN)
EXPT	一个操作数取另一个操作数的幂。例如：A := EXPT (IN1, IN2)
LIMIT	限幅函数。例如：A := LIMIT (MIN, IN, MAX)；MIN 为结果的下限，MAX 为结果的上限。如果 IN 小于 MIN，则返回 MIN 的结果。如果 IN 大于 MAX，则返回 MAX 的结果。否则返回 IN 结果
LN	返回一个数的自然对数
LOG	返回一个数以 10 为底的对数
MAX	取最大值函数，返回两个值中较大的那个
MIN	取最小值函数，返回两个值中较小的那个
MOD	取模函数。将 USINT、SINT、INT、UINT、UDINT、DINT 类型的变量与这些类型中的另一个变量进行模除法
MOVE	输入变量的内容被复制到输出变量。“:=”符号用作赋值操作符。“A := B;”等同于“A := MOVE (B);”

续表

函数	描述
MUX	选择函数。例如：A := MUX (CHOICE, IN1, IN2, …)；CHOICE 指定通道，IN1，IN2，…INX 输入通道的值，返回的结果 A 是 CHOICE 指定的通道中的值
NOT	取反的位运算函数
OR	按位逻辑或运算
SEL	二进制选择。例如：A := SEL (CHOICE, IN1, IN2)，CHOICE 必须是 BOOL 类型。如果 CHOICE 为 FALSE，则返回 IN1。否则返回 IN2
SHL	左移操作数的位。例如：A := SHL (IN, N);IN 向左移动 *N* 位，右边填充 0
SHR	右移操作数的位。例如：A := SHR (IN, N);IN 向右移动 *N* 位，左边填充 0
SIN	返回一个数的正弦值
sizeof	返回指定变量所需字节数的函数
SQRT	返回一个数的平方根
TAN	返回一个数的正切
TRUNC	返回数字的整数部分
XOR	按位进行的逻辑异或操作

4.4 ANSI C 编程语言

ANSI C 是 19 世纪 70 年代由 AT&T BELL 实验室的 Dennis M.Ritchie 首先使用的，最初是为 UNIX 设计并在 UNIX 上实现的，没有绑定到任何特殊的硬件或系统。由于它是在 Ken Thompson 的 B 语言基础上发展起来的，所以称之为 C 语言。因为 C 语言应用在许多不同的领域，使之标准化就成为必然。1983 年由美国国家标准协会（American National Standards Institute ，简称 ANSI）对 C 语言开始了标准化工作， 1990 年正式颁布，一年以后，该标成为国际标准，从此，ANSI C 就是一种可以用于不同工作平台的程序语言。

ANSI C 是适用于新一代 Automation Studio 的功能强大的高级编程语言，简单标准的结构使程序快捷有效，使用结构化语言使编程更容易，程序更具有可读性，特别是用 C 语言编写的程序可以无须改动而在任何支持 C 语言的机器上运行。与其他的 PLC 编程语言相比，ANSI C 编写的程序可实现更为复杂的功能。

C 语言的特点如下：

★ 简单易学；

★ 标准函数库，功能丰富；

★ 容易移植到各种不同的计算机上；

★ 先进的指令结构；

★ 提供了丰富的程序机制，易分解程序的复杂性，使之更容易控制和把握，能满足编制复杂程序的各种需要；

★ 不与任何硬件或系统绑定；

★ 具有预处理命令，支持程序或软件系统的分块开发，这种分别开发，然后再集成，构成最终系统的工作方式，对于开发规模很大的系统具有优越性；

★ C 语言开发的程序具有较高的效率，它提供了一组比较接近硬件的低级操作，可用于编写较低级、需要直接与硬件打交道的程序，大大提高了开发底层程序的效率；

★ C 语言对计算机控制的应用与发展具有重要的推动作用。

在 Automation Studio 平台上，支持用 ANSI C 编制控制任务，具有下述功能：数字量、模拟量的输入/输出；逻辑操作；逻辑表达式；算术运算；条件判别与决策；步序控制；循环；动态变量；诊断工具；标准 ANSI C 库函数；B&R 功能库；代码优化。

对于 C 语言中的许多概念、函数、结构、数组、指针、用法等内容，读者可参见任何一本 C 语言的书，本书只专注于用 ANSI C 编程语言编制用于 PLC 上的控制任务程序。

4.4.1 简介

为了能在可编程控制器上使用 C 语言程序，必须加上头文件“plc.h”，它包括了所有在下面指令中可能用到的宏的定义。像所有其他的 B&R 的头文件一样，“plc.h”也可以在 AS 安装目录下找到：

```
BrAutomation\AS\GnuInst\m68k-elf\include\bur\plc.h
```

若要加入 C 语言任务名，按 ENTER 键；或者使用主菜单项“Insert”下的“File”，都可使头文件加入 C 语言任务。当然这并非完全必要，然而这样就能连续监视头文件的变化。

（1）C 语言指令组

★ 基本操作符，例如括号：a = (b+c) * d。

★ 单项操作符，例如取反：a = !b。

★ 数学运算符；

★ 比较运算符；

★ 位运算符；

★ 逻辑运算符。

（2）C 语言程序结构

一个用 C 语言编制的控制任务至少有一个 C 文件（ *.c file），C 文件和头文件还可以不断添加，也可以说 C 语言编制的任务可以由几个不同的功能模块组成，若程序中使用了功能函数，相应的功能库文件就在当前的任务中添加了。C 语言编制的任务包括源文件、头文件、功能库文件、汇编程序源文件、目标文件。

用 C 语言编制的控制任务包括下述五种文件类型：

① 源文件 “*.c”，定义变量，执行函数；

② 头文件 “*.h”，在多个 C 源代码中用到的函数的原型及变量的声明；

③ 库文件 “*.a”，库文件由多个已编译的源文件组成，常简称为库，注意库文件常常加在任务的最后；

④ 汇编代码文件“*.s”；

⑤ 目标文件“*.o”，编译源文件。

4.4.2 创建 C 任务

如同创建 LAD 任务一样，只要选择编程语言为 C 语言就可以创建 C 语言任务，或者在软件窗口添加 C 任务即可。创建并命名 C 任务如图 4-93 所示。

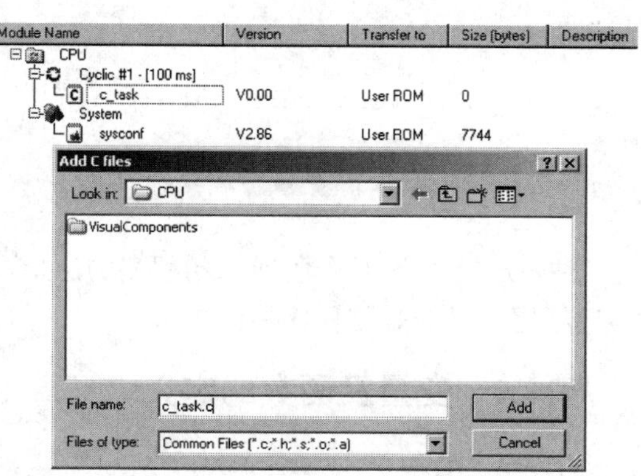

图 4-93 创建并命名 C 任务

一个用 C 语言编制的控制任务至少包含一个 C 文件，图 4-99 所示的窗口可以用来添加现有的文件或创建一个新文件，新文件 扩展名为*.c，这个文件名应该与任务名称一致。

一个典型的 C 任务结构如图 4-94 所示。

```
#include <bur/plctypes.h>

#ifdef _DEFAULT_INCLUDES
    #include <AsDefault.h>
#endif

void _INIT ProgramInit(void)
{
    /*------------------ Init subroutine-----------------*/

}

void _CYCLIC ProgramCyclic(void)
{
    /*------------Cyclic Part of the Task -----------*/

}

void _EXIT ProgramExit(void)
{
    /*------------------- Exit section-----------------*/

}
```

INIT ↓ 1x
CYCLIC ⟳
EXIT ↓ 1x

图 4-94　一个典型的 C 任务结构

4.4.3　头文件

定义、声明、宏指令都可以存于头文件中。

例 4-24　使用宏指令

```
#include "plc.h"                          /* B&R-标准文件 */
_GLOBAL int variable;                     /*定义 PLC-全局变量需要 GLOVBAL */

_INIT void Initialization ( void )        /*初始化部分， PLC 启动后仅执行一次*/
{
  variable = 1;                           /*设置初值 */
}

_CYCLIC void CyclicFunction ( void )      /* 执行循环体 */
{
  variable = variable + 1;                /* 每一个循环周期递增 1 */
}

_EXIT void Terminate(void)                /* 退出任务体 */
{
  variable = 0;                           /* 值复位 */
}
```

注：/*　*/为对一段或一句程序的注释，注释在程序编译时自动忽略。注释以“/*”开头，以“*/”结尾，目的是使程序易读。

4.4.4　变量及函数的定义

① 变量的定义

_GLOBAL：PLC 的全局变量的代码。

_LOCAL：当前任务局部变量的代码。

② 函数的定义。

_INIT：用于初始化。当 PLC 冷启动、热启动、传送一个任务时才执行。

_CYCLIC：称之为循环函数的代码。

_EXIT：退出任务的代码，退出任务时调用。

_NONCYCLIC：系统空闲时执行函数调用的代码，仅用于特殊应用。

4.4.5 变量声明

除了上面显示的宏“_GLOBAL”或“_LOCAL”外，C 语言文件的变量声明还可包括 C global 或 C local 变量。宏“_GLOBAL”和“_LOCAL”用于声明可编程控制器的过程变量，而 C global 和 C local 在 C 语言文件中可以在函数外或函数内直接声明，它们二者的区别在于目标存储器的不同。PLC PV 在 AS 数据库里，存储在双口 RAM 中。C 变量存储在 User RAM 中。

DPR PVs：_GLOBAL/_LOCAL 与 C Variables：C global/C local 的区别如表 4-21 所示。

表 4-21 DPR PVs：_GLOBAL/_LOCAL 与 C Variables：C global/C local 的区别

DPR PVs:_GLOBAL/LOCAL	C Variables: C global/Cocal
变量值保持上次的值	控制器重新启动，C 变量赋 0
模拟过程变量的最大值在 30KB 左右	C 变量的大小只取决于可供使用的存储器
_GLOBAL 过程变量可赋给硬件	C 变量值不可赋给硬件
_GLOBAL，_LOCAL 过程变量可以显示（如使用）PVI、NET2000 等	C 变量不可通过 PVI、NET2000 显示，也就是说，它们不能在 WATCH 窗口中显示
过程变量在变量声明或 INIT 任务中初始化	可在 C 文件中直接定义赋值（如：intvarble=123;）
矩阵中没有多维数列	允许有多维数列
结构最多为 16 层	结构没有限制
不支持枚举数据类型	支持枚举数据类型
使用指针时，地址在变量/结构中作为 UDINT	在 C 中指针正常使用

观察如表 4-21 所示的变量范围。

- 定义为_LOCAL 的过程变量在 PLC 中为局部变量，在 C 任务文件中为全局变量。
- 定义为_GLOBAL 的过程变量在 PLC 和任务文件中都为全局变量。
- 定义为 C 的 global 的变量对所有的 C 文件都是全局变量，范围在一个任务之内。
- 定义为 C 的 local 的变量只在定义的函数内有效。

为了在一个任务的多个文件中都可以使用 C 的全局变量，把它的属性声明为“extern”（外部属性）。这样，变量的值会被记忆。在所有涉及到这个变量的文件中，变量都需要用“extern”关键字声明。这会指示编译器，变量已在其他文件中声明。

注意：① 对于每个 PLC 任务，有且只有一个函数具有属性“_CYCLIC”。

② 对于每个 PLC 任务，如果需要的话，函数可以具有“_INIT”、“_EXIT”属性。

③ DPR PV 具有“_GLOBAL”或“_LOCAL”的属性，这样，这些变量被 AS 工程中的变量声明（通过 Open→Declaration 打开）管理。

如果一个或多个 DPR PV 不再在程序中使用，它们仍将保存在工程中，保留在 DPR 的存储器里，直到执行“Build All”。（通过 Project：Build All 打开）

④ DPR PV 变量名最多用 32 个字符，而 C 变量可以更长。

对于变量类型，由于 ANSI C 没有任何有关整形变量的位的长度的说明，因此，它的长度取决于处理器，对于 B&R PLC 来说是 32 位。

为了能够使用 ANSI C 中的 IEC1131 数据类型，B&R 给用户提供了名为“plctypes.h”的头文件。

plctypes.h 的路径：BrAutomation\AS\Gnuinst\m68k-elf\include\bur\plctypes.h

宏_LOCAL 和_GLOBAL 使用户可以定义 PLC LOCAL 和 PLC GLOBAL 变量。但必须确保变量作为 C 的全局变量声明，即在函数外定义。

例 4-25 变量定义。

① 正确定义：

```
#include <bur/plc.h>
int _LOCAL Variable_1;
int _GLOBAL Variable_2;
void _CYCLIC test ( void )
{
    …          /* 循环段 */
}
```

② 错误定义：

```
#include <bur/plc.h>
void _CYCLIC test( void )
{
    int _LOCAL Variable_1;
    int _GLOBAL Variable_2;
    …          /*循环段*/
}
```

例 4-26 定义一个结构的例程。

```
TYPE
    HeatingZone_typ : STRUCT        (*加热区数据结构*)
    SetValue : REAL;                (*设定温度值*)
    ActValue : USINT;               (*实际温度值*)
    ZoneName : STRING[11];          (*温区名字*)
    ZoneStatus : UINT;              (*温区状态*)
    END_STRUCT;
END_TYPE
```

结构应该定义在指定的 Types.typ 文件中，在变量声明时使用。

例 4-27 用 C 语言编程实现如下功能。

加热器加热液体，如果实际温度小于设定温度，加热器工作，否则加热器不工作。

实际温度设为“ActTemp”，设定温度设为“SetTemp”，加热器设为位变量“Heating”检查“ActTemp”，如果“ActTemp”小于“SetTemp”，允许加热“Heating”置位为1，否则停止加热，“Heating”复位为 0。变量声明如表 4-22 所示。

表 4-22 变量声明

Name	Type	Scape	Value	Desscription
TempAct	INT	Global		Analog IN, Chan.1
TempSet	INT	Global		Analog IN, Chan.2
Heating	BOOL	Global	*remnant	Dig.OUT, Chan.11

编程实现如下：

```
# include <bur/plctypes.h>         /*导入 BR ANSI C 扩展数据类型头文件*/
_GLOBAL INT ActTemp;               /*定义 PLC 全局变量*/
_GLOBAL INT SetTemp;               /*定义 PLC 全局变量*/
_GLOBAL BOOL Heating;              /*定义 PLC 全局变量*/
void _CYCLIC cyclic (void)
{
    if ( ActTemp < SetTemp )       /*判断程序执行条件*/
    {
        Heating = 1;               /*允许加热*/
    }
    else
    {
        Heating = 0;               /*停止加热*/
```

```
        }
    }
```

例 4-28 用 C 语言编程实现气象站的当日最高温度、最低温度。当前温度的指示功能。

要求：室外温度传感器检测室外的实时温度 aiTemp，当 aiTemp 小于当日显示的最低温度 minTemp 时，用 aiTemp 刷新 minTemp；当 aiTemp 大于当日显示的最高温度 maxTemp 时，用 aiTemp 刷新 maxTemp。变量 aiTemp 须设置为 local，变量 minTemp 和变量 maxTemp 须设置为 global。

变量声明如图 4-95 所示。

Name	Type	Scope	Attribute	Value	Owner
aiTemp	INT	local	memory		
maxTemp	INT	global	memory	remanent	
minTemp	INT	global	memory	remanent	

图 4-95 变量声明

编程如下：

```
# include <bur/plctypes.h>        /*导入 BR ANSI C 扩展数据类型头文件*/
/*变量申明*/
_LOCAL INT aiTemp;                /*定义 PLC 全局变量*/
_GLOBAL INT minTemp;              /*定义 PLC 全局变量*/
_GLOBAL INT maxTemp;              /*定义 PLC 全局变量*/
/*程序实现*/
void _CYCLIC cyclic (void)
{
    if ( aiTemp < minTemp )       /*判断程序执行条件*/
    {
        minTemp = aiTemp;         /*将最小温度值进行更新 */
    }

    if ( aiTemp > maxTemp )       /*判断程序执行条件*/
    {
        maxTemp = aiTemp;         /*将最大温度值进行更新 */
    }
}
```

4.4.6 Line Coverage

Line Coverage 是进行程序调试的一个十分有用的工具。它用于行扫描，即可以在程序运行时具体显示运行至哪一行。

Line Coverage 实现如下：

步骤 1：进入监视器模式。

单击图标 ，或单击主菜单 View->Monitor，或用热键〈Ctrl〉〈M〉打开 AS 的监视模式。

步骤 2：进入 Line Coverage 模式。

在 Monitor 的模式下，可以采用如下三种方式进入 Line Coverage 状态：

① 单击图标 ；

② 鼠标右键单击变灰（处于监视状态）的窗体，选中弹出菜单中的“Line Coverage”；

③ 在程序运行窗体下，单击 Debug->Line Coverage，进入“Line Coverage”模式。

4.4.7 函数

作为函数使用的子程序是 ANSI C 程序的重要组成部分。它使结构化的程序更清晰，子程序与功能块非常相似，但只用于 ANSI C 程序。

每一个函数的定义遵循下述的形式：

```
函数类型、函数名称（变量声明）
{
    agreements and statements
}
```

例 4-29 定义一个函数的例程。

```
/* 自定义一个加法函数 */
DINT funcAddVariables(INT var1, INT var2)
{
        DINT Res = 0;
        Res = var1 + var2;
        return (Res);
}
```

值得注意的是，当调用一个函数时，定义在函数中的变量没有被初始化为 0，而是假设为一个任意值。

另外，函数应该被声明。

例 4-30 声明一个函数的例程。

```
/* 声明：自定义的加法函数 */
DINT funcAddVariables(INT var1, INT var2);
```

值得注意的是，函数可以被定义或公告在一个文件中，但是函数声明应该在*.h 文件中，而函数定义应该在相应的*.c 文件中。

在编写子程序时必须了解 ANSI C 的函数结构。函数结构包括返回值、函数名、参数。例如：

```
void _Cyclic Function(void)
{
    ……      /*循环语句*/
}
```

① 返回值：如果函数需要，可以返回一个值，也可以只标注返回值的类型。在该例中，我们不需要返回值，因此用 void(void = empty)。

② 函数名：在程序中，函数名用于调用函数。

③ 参数：赋给函数的值。由于在该例中，没有值赋给函数，因此用 void；如果函数没有返回值，可以同样在函数名前加 void。

多次使用的程序段应该置于子程序（函数）中。函数可以在调用时提供所需的参数，如果需要的话，函数可以得到参数的返回值。

```
/* 导入BR PLC 头文件 */
/* 导入BR ANSI C 扩展库头文件 */
#include <bur\plc.h>
# include <bur\plctypes.h>
/* 申明变量*/
_LOCAL DINT Boot_information;
/* PLC启动后，初始化函数中的内容仅执行一次 */
void _INIT Initialization (void)
{
```

```
    Boot_information = PLC_info;
}
```

例 4-31 用一个函数实现两数相加，把结果保存到局部变量中。

```
/* 导入BR PLC 头文件 */
/* 导入BR ANSI C 扩展库头文件 */
# include <bur\plc.h>
# include <bur\plctypes.h>
/* 变量申明 */
_LOCAL DINT Boot_information;
_LOCAL DINT Result;
_LOCAL INT Value1, Value2; /*包含两个变量或两个以上的变量时必须用逗号分开*/
/* 声明函数原型 */
DINT Add ( INT Value1, INT Value2);
/* PLC启动后，初始化函数执行一次*/
_INIT void Initialization (DINT PLC_info)
{
        Boot_information = PLC_info;
}
/* 循环任务执行 */
_CYCLIC void Cyclic(void)
{
          /* 调用函数 */
          Result = Add(Value1, Value2);
}
/* 功能函数实现 */
DINT Add (INT Value1, INT Value2)
{
          DINT Res;                  /* 定义一个该函数内使用变量 */
          Res = Value1 + Value2;     /* 计算和 */
          return( Res );             /* 返回值*/
}
```

参数:（DINT PLC_info），此参数在该函数中作为ANSI C的局部变量被保存，且只能被该函数使用。一个函数要使用多个参数，必须用逗号分开。

任务全局函数是指一个任务中的所有函数都能使用这个子函数。

如果一个函数要返回多个值完成调用，或者函数直接依靠存储器完成调用，就必须依靠指针来完成函数的返回功能。

例 4-32 复杂数据类型的参数使用。

```
#include <bur\plc.h>         /* 导入BR PLC 头文件 */
#include <bur\plctypes.h>    /* 导入BR ANSI C 扩展库头文件 */
/* 常量定义 */
#define TRUE 1
#define FALSE 0
/* MEASSTRUCTURE类型定义 */
/* init:  使 max_value 置 0. */
/* current_value:  要计算的值Current value */
/* max_value:  current_value 的最大值 */
struct Measure_typ
```

```
{
        BOOL init;
        INT current_value;
        INT max_value;
};
/* 申明变量为自定义数据结构 */
_LOCAL struct Measure_typ fillstatus;
/* 变量赋给从指针 */
/* slavepointer 函数对于参数 data 没有采用值传递，而是采用指针传递，返回值通过指针直接写入参数中。所以在各参数 data 前必须加一个“*” */
/* 函数原型申明 */
void slavepointer(struct Measure_typ *data);
/* 初始化任务(INIT-SP) */
_INIT void initup (DINT OS_info)
{
        fillstatus.init = 1;
        slavepointer(&fillstatus);
}
/* 任务的循环段*/
_CYCLIC void cyclic_func(void)
{
        /* 使用从指针的最大值*/
        slavepointer(&fillstatus);
}
/* 函数原型 */
/* 如果当前值>最大值，当前值就设置为最大值*/
/* void slavepointer(struct Measure_typ *data) */
/*Slave Pointer 函数对于参数 data 没有采用值传递，而是采用指针传递，返回值通过指针直接写入参数中。所以在各参数 data 前必须加一个“*” */
void slavepointer(struct Measure_typ *data)
{
        if (data->init == TRUE)
        {
            data->max_value = 0;
            data->init = 0;
        } /* 如果满足条件(data->init 为 TRUE)就结束 */
        if( data->current_value > data->max_value )
        {
            data->max_value = data->current_value;
        } /*如果满足条件(data->current_value > data->max_value)就结束 */
        /* 没有返回值*/
}
```

例 4-33 计算函数中字符串的长度。

```
# include <bur\plc.h>         /* 导入 BR PLC 头文件 */
#include <bur\plctypes.h>     /* 导入 BR ANSI C 扩展库头文件 */
/* 常量定义 */
#define TRUE 1
#define FALSE 0
#define END_OF_TEXT 0         /* 字符串以零结束 */
```

```
/* 变量声明*/
_LOCAL STRING text[20];
_LOCAL INT length;
/* 函数原型申明 */
INT string_len ( STRING string[]);
/* 初始化任务(INIT-SP) */
_INIT void init(void)
{
    text[0]= END_OF_TEXT;
}
/* 任务的循环段*/
_CYCLIC void cyclic_func(void)
{
    length = string_len( &(text[0]) );
}
/* C字符串是以零结束，因此循环只要找到第一个零，就可以知道字符串的长度。*/
INT string_len( STRING string[])
{
    INT len = 0;
    while (string[len] != END_OF_TEXT)
    {
      len++;
    }
    return(len);  /*返回 len 的值*/
}
```

例 4-34 用 ANSI C 编程实现单按钮双路双通道输出控制功能，控制变量时序如图 4-96 所示。

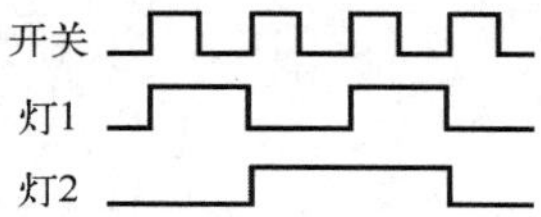

控制过程：用一个按钮控制两盏灯。第一次按下时，第一盏灯亮，第二盏灯灭；第二次按下时，第一盏灯灭，第二盏灯亮；第三次按下时，两盏灯都亮；第四次按下时，两盏灯都灭；依此规律循环下去。

开关

灯1

灯2

图 4-96　控制变量时序

分析：整个过程中有一个输入变量，在本例中定义为 switch，两个输出 light1 和 light2，为了控制过程进行循环，假如一个中间变量为 num。输入/输出均为 BOOL 型，中间变量 num 为整型。

```
# include <bur\plc.h>              /* 导入BR PLC 头文件 */
# include <bur\plctypes.h>         /* 导入BR ANSI C 扩展库头文件 */
/* 变量申明 */
_GLOBAL BOOL switch;               /*定义输入*/
_GLOBAL BOOL flag;                 /*定义标志位，作为中间循环变量*/
_GLOBAL BOOL light1;               /*定义输出*/
_GLOBAL BOOL light2;               /*定义输出*/
int num;                           /*定义中间计数变量*/
/* PLC初始化部分，启动后，仅执行一次 */
void _INIT intialization ()
{
        /* 实现对状态变量和中间变量初始化 */
        light1 = 0;
        light2 = 0;
        num = 1;
        flag = 0;
```

```
}
void _CYCLIC test()                                /*主程序*/
{
        If ((switch == 1) && (num == 1))          /* 第一次开关 */
        {
            light1 = 1;
            light2 = 0;
            flag = 1;
        }
        else if ((switch == 1) && (num == 2))    /* 第二次开关 */
        {
            light1 = 0;
            light2 = 1;
            flag = 1;
        }
        else if ((switch == 1) && (num == 3))    /* 第三次开关 */
        {
            light1 = 1;
            light2 = 1;
            flag = 1;
        }
        else if ((switch == 1) && (num == 4))    /* 第四次开关 */
        {
            light1 = 0;
            light2 = 0;
            flag = 1;
        }

        /* num 自加工艺：满足开关关闭且 flag = 1 */
        if ((switch == 0) && (flag == 1))
        {
            num = num + 1;
            flag = 0;
        }
        if (num == 5)         /* num 值复位 */
        {
            num = 1;
        }
}
```

例 4-35 编制程序完成水族箱温度测控任务。2 个温度传感器位于水族箱的不同位置，试计测平均温度。要求平均值函数的定义与声明在各自的文件中。创建一个 C 文件“aquarium.c”。

计算温度平均值函数代码如下：

```
# include <bur\plctypes.h>       /* 导入 BR ANSI C 扩展库头文件 */
/* 功能函数申明 */
INT fbAverage (INT value1, INT value2);
/* 功能函数实现 */
INT fbAverage (INT value1, INT value2)
{
```

```
        DINT Avg;
        Avg = ((DINT)value1 + value2)/2;
        Return( (INT) Avg );
    }
    /* 变量申明 */
    _LOCAL INT AvgTemp, Temp1, Temp2;
    /* PLC 初始化部分，启动后，仅执行一次 */
    void _INIT intialization ()
    {
    }
    void _CYCLIC test()                                 /*主程序*/
    {
        AvgTemp = fbAverage ( Temp1, Temp2);            /* 调用功能块实现计算平均值 */
    }
```

4.4.8 调用库函数

库和标准函数可有效地创建程序，在C任务中使用标准库函数，必须注意以下部分：

★ 库的头文件，如“standard.h”。包括变量类型声明和函数类型声明。

★ 库的档案文件，如“standard.a”。在系统文件的库代码中，包含了起始地址的连接信息。

★ 加入头文件。使用# include指令将头文件（*.h）加入C代码中，如果同时有库文件，需要使用Insert→File将库文件（*.a文件）和头文件（*.h）同时加入到任务中。

例 4-36 调用标准库中的延时功能块TON(…)例程1。

```
#include <bur\plc.h>
#include <bur\plctypes.h>
#include <standard.h>                              /* 导入标准库头文件*/
/* 申明变量 */
_LOCAL    TON fbTon;                               /* 申明 TON 的函数变量 */
_GLOBAL   BOOL gDiStart;                           /* 申明开始延时变量 */
_GLOBAL   BOOL gDoRelay;                           /* 申明输出继电器 */
void _CYCLIC use_standard_func(void)
{
    fbTon.PT = T#10s;                              /* 预设延时时间 10s. */
    fbTon.IN = gDiStart;                     /* 由 gDiStart 的值决定延时函数是否执行 */
    TON(&fbTon);                                   /* 调用延时函数执行体 */
    gDoRelay = fbTon.Q;                            /* 输出传递 */
}
```

例 4-37 调用标准库中的延时功能块TON(…)例程2。

```
#include <bur\plc.h>
#include <bur\plctypes.h>
#include <standard.h>                              /* 导入标准库头文件*/
/* 申明变量 */
_LOCAL    TON Ton_01;                              /* 申明 TON 的函数变量 */
_GLOBAL   BOOL gInput;                             /* 申明开始延时变量 */
_ LOCAL   TIME tPresetTime;                        /* 申明延时时间变量 */
_ LOCAL   TIME tElapseTime;                        /* 申明已用时间变量 */
_GLOBAL   TIME oOutput;                            /* 申明输出变量 */
```

```
/* 程序实现 */
void _CYCLIC use_standard_func(void)
{
    Ton_01.PT = tPresetTime;     /* 预设延时时间 */
    Ton_01.IN = gInput;          /* 由gInput的值决定延时函数是否执行 */
    TON(&Ton_01);                /* 调用延时函数执行体 */
    gDoRelay = Ton_01.Q;         /* 延时时间到状态传递 */
    tElapseTime = Ton_01.ET;     /* 输出延时时间函数，实延时时*/
}
```

例 4-38 数学库函数的调用例程。

```
#include <bur\plc.h>
#include <bur\plctypes.h>
#include "math.h"                          /*导入数学库*/
#define TRUE 1                             /* 常量定义 */
#define FALSE 0
#define SCANTIME 0.01                      /* 任务级循环时间 */
_LOCAL REAL x, y, freq, t;                 /* 变量声明 */
/*任务的初始化 (INIT-SP) */
void _INIT init(void)
{
    freq = 1.0;                            /* 初始化变量值 */
}
/* 任务的循环段 */
void _CYCLIC cyclic_func(void)
{
    t = t + SCANTIME;                      /* 时间变量累加 */
    x = sin( M_TWOPI * freq * t );         /* 使用sin() 计算x */
    y = cos( M_TWOPI * freq * t );         /* 使用cos() 计算y */
}
```

例 4-39 要求创建程序计数传送带的饮料瓶数目，调用 STANDARD 库中的 CTU（向上计数器）函数。

使用库管理器导入标准库，创建一个 C 文件“bottle_c”，在任务中添加 standard.h 和 standard.a，软件信息窗口将显示树状软件结构如图 4-97 所示。

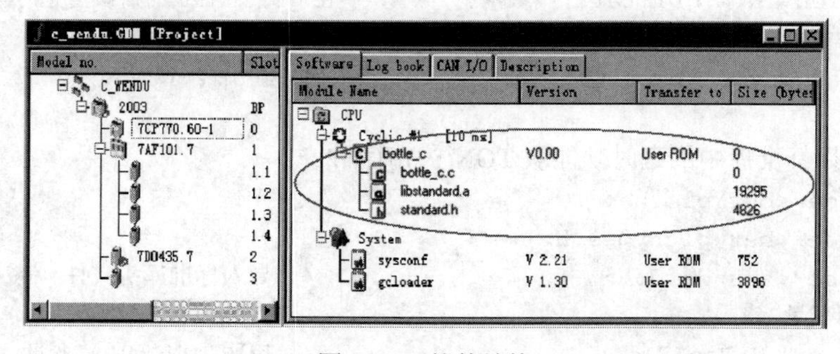

图 4-97 软件结构

源程序如下：

```
#include <bur\plc.h>
#include <bur\plctypes.h>
```

```
#include "standard.h"                    /*导入标准库头文件*/
/* 申明变量 */
_LOCAL BOOL diBottle, diReset;           /* 声明 BOOL 变量 */
_LOCAL DINT cntCompare, cntBottle;       /* 声明 DINT 变量 */
_LOCAL CTU  CTU_Bottle;                  /* 声明 CTU 函数变量 */
/*任务的初始化 (INIT-SP) */
void _INIT init(void)
{
}
/* 任务的循环段 */
void _CYCLIC cyclic_func(void)
{
    CTU_Bottle.CU = diBottle;            /* CTU 函数的次数累加事件 */
    CTU_Bottle.RESET = diReset;          /* CTU 函数的次数复位信号 */
    CTU  (&CTU_Bottle ) ;                  /* CTU 函数执行部分 */
    CntCompare = CTU_Bottle.CV;          /* CTU 函数的输出 */
}
```

4.5　Automation Basic 编程语言

Automation Basic（简称 AB 语言）是一种以文本为基础的高级编程语言，语言的结构符合 IEC61131—3 的标准，它简单易学。Automation Basic 的系列指令不仅使自动化任务的程序编制简单化，也使程序更易于阅读，还使得 PLC 的编程效率在许多情况下远远高于采用 LAD 和 IL 编程语言。

Automation Basic 编程语言具有如下特点：①高级文本语言；②结构化编程；③易于采用标准化结构；④快速、高效编程；⑤使用灵活、易读易懂；⑥与 PASCAL 编程语言类似；⑦对具有计算机编程经验的人员很容易。

Automation Basic 编程语言支持如下功能：①开关量、模拟量的输入与输出；②逻辑操作；③逻辑比较；④算术运算；⑤IF 条件满足时的判别；⑥步序；⑦循环；⑧使用动态变量；⑨调用功能块；⑩诊断工具。

4.5.1　指令

Automation Basic 编程的指令系列包括：数学指令、比较指令、逻辑指令、IF THEN 指令、CASE 指令、LOOP 指令、机器状态 SELECT 指令等。

1. 数学指令

在 Automation Basic 编程语言中，各种数学指令应用时应放在两个操作数之间，与通常的 Basic 语言使用一样。使用高级语言编程的重要原因之一是数学操作编程将变得非常简单。AB 编程语言提供基本数学操作指令如表 4-23 所示。

表 4-23　基本数学操作指令

操作符	数学指令	举例
=	赋值	a = b
+	加法	a = b + c
-	减法	a = b - c
*	乘法	a = sin(b) *cos(c)
/	除法	a = (b-c+d) / cos(e)
MOD	取模（除法取余数）	a = b mod c

注意：数据类型是非常重要的参数，特别是在数学计算时需要注意数据类型的声明与转换。

① 当有常量 REAL 类型参与计算时，至少指定其中一个操作数为带有小数点类型。例如：写成“3”时表示为 INT 类型；写成“3.0”时表示为 REAL 类型。

② 数据类型转换时，由高级类型向低级类型转换，必须由编程强制操作。如果变量类型的长度相同，则向无符号类型转换。

如：两个 SINT 变量相加（不需要转换）。

Result = Value1 + Value2

如：一个 INT 变量和一个 SINT 变量相加。

Result = Value1 + Value2

小的变量自动调整为 INT！结果应为 INT 值！

③ 变量长度和类型之间的关系。

SINT：8 bit，“S”代表短整型。

INT：16 bit，无特殊符号。

DINT：32 bit，“D”代表长整型。

例 4-40 求两个温度变量的平均值（要求必须是 INT 类型），即

Average = (Temp1 + Temp2) / 2

两个温度变量的和可能会超出 INT 类型的正向范围（+32767），这将导致一个错误（负值）的结果。如果温度平均值不能达到期望的结果（溢出等），那么这两个温度变量必须进行外部数据类型转换，这可以通过调用 STANDARD 库的数据类型转换功能块来实现。

正确的解决办法和步骤如下：

① 进行外部数据类型转换，将 Temp1 转换成 DINT 类型的。

② 编辑器从左到右执行操作。

③ 第二个温度值会自动进行内部数据类型转换。

(DINT(Temp1) + Temp2)/2

④ 再将 DINT 类型的计算结果转换回 INT 类型。

⑤ 为了使程序更容易读懂，最好将每一个温度变量进行外部数据类型转换。

Average = INT((DINT(Temp1) + DINT(Temp2))/2)

数据类型是一个非常重要的因数，计算结果不仅依赖于计算表达式，也依赖于数据类型，表 4-24 的例程就充分说明了这一点。

表 4-24　例程

表达式	数据类型			计算结果
	结果	操作数 1	操作数 2	
Res = 8 / 3	INT	INT	INT	2
Res = 8 / 3	REAL	INT	INT	2.0
Res = 8.0 / 3	REAL	REAL	INT	2.666
Res = 8.0 / 3	INT	REAL	INT	*Error

* 编译器出错信息: Type mismatch: Cannot convert REAL to INT.

小练习 4-8：测试锅炉三个不同区域的温度值，要求计算出锅炉温度的平均值并显示出来。

2．比较指令

比较指令不能用在计算公式中，它们只用来判断条件。

= 等于　　例如：if　a = b　then

<> 不等于　　例如：if　a <> b　then

> 大于　　例如：if　a > b　then

>= 大于等于　　例如：if　a >= b　then

< 小于　　例如：if　a < b　then

<= 小于等于　　例如：if　a <= b　then

表 4-25　逻辑指令

操作符	逻辑指令	举例
NOT	逻辑非	a = NOT b
AND	逻辑与	a = b AND c
OR	逻辑或	a = b OR c
XOR	异或	a = b XOR c

3. 逻辑指令

编程时，逻辑指令面向 BOOL 类型的数据，它们一般和比较指令一起应用于状态描述中，逻辑指令如表 4-25 所示。

例 4-41 将如图 4-98 所示的电路控制逻辑用逻辑指令表达出来。

变量声明如表 4-26 所示。

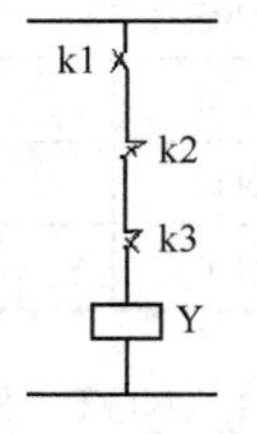

图 4-98 电路控制逻辑

表 4-26 变量声明

Name	Type	Scope	comments
K1	BOOL	global	Digital input
K2	BOOL	global	Digital output
K3	BOOL	global	Digital output
Y	BOOL	global	Digital output

任务程序：Y= (K1 AND (NOT K2) AND (NOTK3))

小练习 4-9： 将如图 4-99 所示的电路图用逻辑指令表达出来。一个起重机用来吊运建筑材料，在两个停止位置（顶部和底部）有三个按钮 diUp、diDown、diStop 和一个急停按钮“e-stop”。

变量声明如表 4-27 所示。

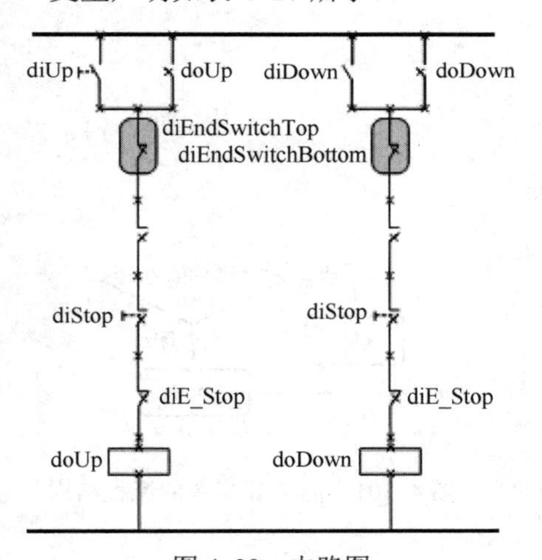

图 4-99 电路图

表 4-27 变量声明表

Name	Type	Scope	Remark
diUp	BOOL	global	Digital input
diDown	BOOL	global	Digital input
diEndSwitchTop	BOOL	global	Digital input
diEndSwitchBottom	BOOL	global	Digital input
diStop	BOOL	global	Digital input
DiE_Stop	BOOL	global	Digital input
doUp	BOOL	global	Digital output
doDown	BOOL	global	Digital output

Automation Basic 编程语言允许采用分界符“\”将一个较长的表达式分割成为多行，以使得程序更加便于阅读。

例 4-42 用分界符“\”将一个较长的表达式分割成多行表达式。

```
bOutput  =  bSwitch1 AND \
               ( bEmergencyStop1  OR  b EmergencyStop2 )  AND \
               bLevelHigh
```

例 4-43

```
Result = 6 + 7 * 5 - 3           Result = 38
Result = (6 + 7) * (5 - 3)       Result = 26
```

乘除比加减优先级高，括号（最高优先级）可以改变执行的次序。

例 4-44 用高级编程语言 Automation Basic 实现如图 4-100 所示的电路图。

变量声明如表 4-28 所示。

表 4-28　变量声明

Name	Type	Scope	Remark
K1	BOOL	global	Digital input
K2	BOOL	global	Digital input
K3	BOOL	global	Digital input
K4	BOOL	global	Digital input
K5	BOOL	global	Digital input
Y	BOOL	global	Digital output

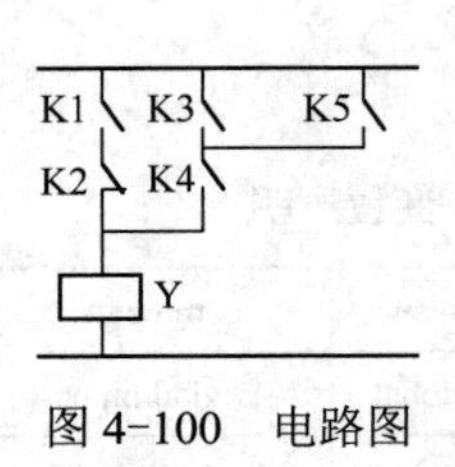

图 4-100　电路图

编程如下：Y =((K5　OR　K3)　AND　K 4)　OR (k1　AND　(　NOT　K2))

4．条件判别指令

条件判别指令的语法结构与注释如表 4-29 所示。

条件判别指令有如下几种：

（1）简单 if 指令

基本结构：

```
if   条件描述 then
     条件满足时执行的操作
endif
```

简单 if 指令的流程结构如图 4-101 所示。

表 4-29　条件判别指令的语法结构与注释

指令	语法结构	注释
If　then	If　a > b　then	比较
	Result = 1	操作
elseif　then	elseif　a > c then	比较（可选）
	Result = 2	操作
else	else	前面 if 语句的条件都不满足
	Result: = 3	操作
endif	endif	判断结束

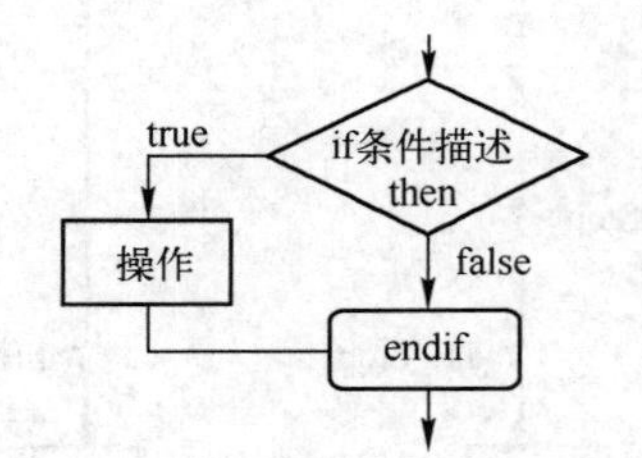

图 4-101　简单 if 指令的流程结构

在编程时应注意，流程图中的每一个框应独立占一行，对于简单的 if 语句有如下规则：

②　if 和 then 必须在同一行；

②“条件满足执行的操作”部分不允许和“if then”在一行中；

③ endif 必须单独在一行中；

④ 一个 if 必须对应一个 endif;

⑤ If then 语句还可以与比较指令结合构成复合的条件判别语句。

例 4-45　If then 语句与比较指令结合构成复合的条件判别语句。

```
if (((Userlevel > 10) or (diKeySwitch = True)) and (operationMode = 0) ) then
   LedEdit = True
Endif
```

例 4-46　容器中的溶液不能超过一定的温度。当温度过高时，报警器报警。

变量声明如表 4-30 所示。

编程如下：

```
if (curr_temp < max_temp) then
    hot_alarm=0
endif
if (curr_temp≥max_temp) then
    hot_alarm=1
endif
```

表 4-30　变量声明

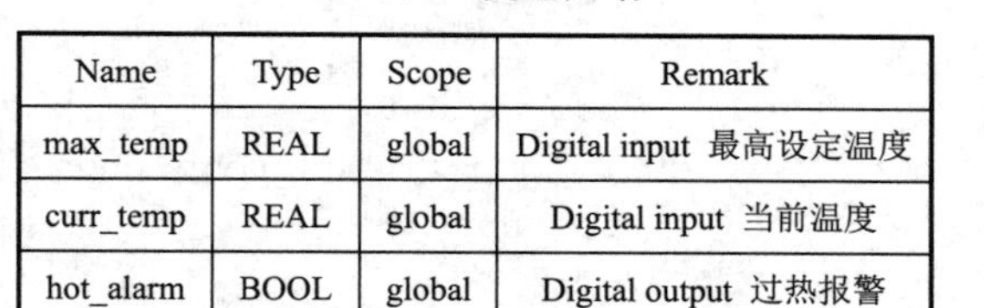

Name	Type	Scope	Remark
max_temp	REAL	global	Digital input 最高设定温度
curr_temp	REAL	global	Digital input 当前温度
hot_alarm	BOOL	global	Digital output 过热报警

（2）if else 语句

基本结构：

```
if  条件表示式  then
     条件满足时执行的操作 A
else
     条件不满足时执行的操作 B
Endif
```

if else 语句的流程图如图 4-102 所示。

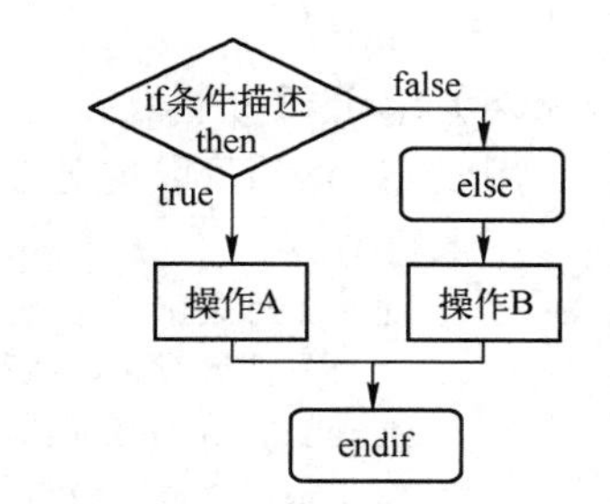

图 4-102　if else 语句的流程图

对于 if else 语句有如下新的规则：

★ 关键字 else 必须单独占一行。

★ 简单 if 语句的五条规则仍然有效。

例 4-47　在例 4-46 中，当容器中的液体温度大于温度上限（max_temp）时，报警器报警。

编程如下：

```
if  (curr_temp≤max_temp)  then
     hot_alarm=0
else
     hot_alarm=1
endif
```

（3）嵌套 if else 语句

嵌套 if else 语句可以实现多分支条件判断。

基本结构：

```
if   条件表示式 A  then
     条件满足时执行的操作 A
else
if   条件表示式 B  then
     条件满足时执行的操作 B1
else
     条件不满足时执行的操作 B2
endif
endif
```

图 4-103　嵌套 if else 语句流程结构

嵌套 if else 语句的流程结构如图 4-103 所示。嵌套 if else 语句时，应注意每个 if 与一个 endif 关键字相对应。嵌套 if else 语句层数不宜过多，当嵌套 if else 语句超过 9 个或 10 个时，最好重新调整程序的结构。

例 4-48　当温度低于最低温度时，低温报警器报警；当温度高于最高温度时，高温报警器报警。

变量声明如表 4-31 所示。

编程如下：

```
if curr_temp≤min_temp then
```

```
        too_hot=0
        too_cold=1
    else
        too_cold=0
    if curr_temp >= max_temp then
        too_hot=1
        else
        too_hot=0
        endif
    endif
```

表 4-31　变量声明

Name	Type	Scope	Remark
max_temp	REAL	global	Digital input 过热报警温度
min_temp	REAL	global	Digital input 过冷报警温度
curr_temp	REAL	global	Digital input 当前温度
too_hot	BOOL	global	Digital output 过热报警
too_cold	BOOL	global	Digital output 过冷报警

（4）elseif 语句

用 elseif 语句可以实现与嵌套 if else 语句相同的功能。

基本结构：

```
    if  条件表示式A  then
        条件A满足时执行的操作
    elseif  条件表示式B  then
        条件B满足时执行的操作
    elseif  条件表示式C  then
        条件C满足时执行的操作
        ……
    else
        以上条件均不满足时执行的操作
    Endif
```

对于 elseif 语句有如下新的规则：

★ elseif 和 then 必须在同一行。

★ 关键字 else 必须单独占一行。

★ 简单 if 语句的前三条规则仍然有效。

★ elseif 可以有多个，else 和 endif 只能有一个。

else if 语句的流程结构如图 4-104 所示。

例 4-49　一个有四个加热挡控制设定的电加热器，已知它的设定温度（set_temp）。当前温度与设定温度的比值越高，其加热设定挡位就越低，具体挡位加热要求与设置如图 4-105 所示。

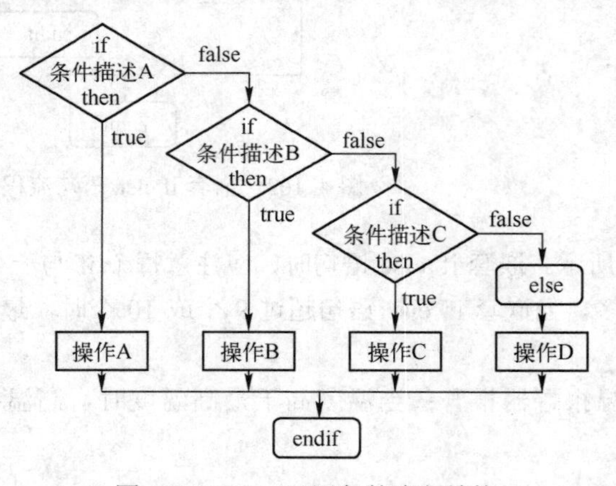

图 4-104　else if 语句的流程结构

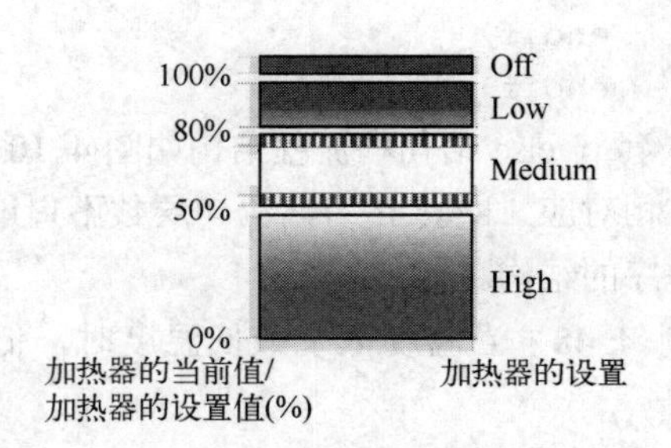

图 4-105　挡位加热要求与设置

变量声明如表 4-32 所示。常量声明如表 4-33 所示。

表 4-32　变量声明

Name	Type	Scope	Remark
set_temp	REAL	global	Digital input 设置温度
curr_temp	REAL	global	Digital input 当前温度
heat	USINT	global	Digital output 加热器

表 4-33　常量声明

Name	Type	Value
OFF	USINT	0
LOW	USINT	1
MEDIUM	USINT	2
HIGH	USINT	3

编程实现控制如下：

```
if curr_temp <= (set_temp * 5/10) then
        heat=HIGH
elseif  curr_temp <=(set_temp*8/10) then
        heat=MEDIUM
elseif  curr_temp <=set_temp then
        heat=LOW
else
        heat=OFF
endif
```

例 4-50　一个用 elseif 指令的例程。

编程实现控制如下：

```
D := B*B - 4*A*C ;
IF D < 0.0 THEN NROOTS := 0 ;
ELSIF D = 0.0 THEN
  NROOTS := 1 ;
  X1 := - B/(2.0*A) ;
ELSE
  NROOTS := 2 ;
  X1 := (- B + SQRT(D))/(2.0*A) ;
  X2 := (- B - SQRT(D))/(2.0*A) ;
END_IF ;
```

5．caseygk 语句

Case 语句是一个多分支选择语句，根据表达式的计算结果快速访问不同的程序段，这个过程类似于 elseif 语句。但是，这个语句不需要计算出每一个条件，只要指定可能的结果就可以了。

基本结构：

```
case 表达式 of
    action  n0..n1:
    条件满足时执行的操作 A
    endaction
    action  n2..n3:
    条件满足时执行的操作 B
    endaction
    action  constant:
    条件满足时执行的操作 C
    endaction
    elseaction:
    以上条件均不满足时执行的操作 D
    endaction
endcase
```

case 语句的流程结构如图 4-106 所示。

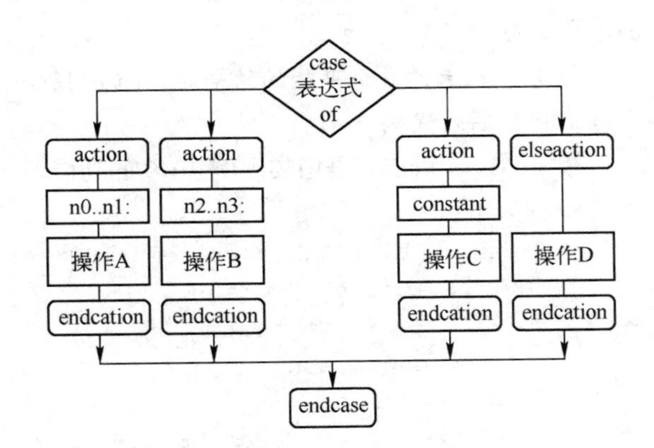

图 4-106　case 语句的流程结构

case 语法：

① case 语句以 case 开始，以 endcase 结束，并且各自单独占一行；

② 每一个 action 和 elseaction 都必须有相应的 endaction；

③ 在 case 和 of 之间的表达式必须转换成 UINT 类型的，它可以是复杂的表达式，也可以是一个简单的变量，取值不能超出 UINT 的范围（0～65 535）；

④ action 后面的范围和常数必须为正整数，不能用变量名或表达式来指定，例如：0..10 或 25 是正确的；-4 和 botton..top 是错误的；

⑤ action 后面的范围和常数必须带有一个冒号“:”；

⑥ action 后面的数值不能叠加或在多个区域内使用；例如：

```
action 1..6:
…
endaction
action 5:
…
Endaction
```

两个描述中均含有同一个值“5”，这是不允许的。

⑦ elseaction 的表中包含所有未直接调用的数值，每个周期只能执行一个 action；

⑧ action 后面的最大值与最小值之差不能超过 511，也就是说下例是不允许的；

```
action 1:
…
endaction
action 513:
…
Endaction
```

⑨ 如果几个不相邻的值要执行同一个命令，可以将多个 action 语句写在一起，以共同的 endaction 来结束。例如：

```
action 1:
action 5:
action 10..12:
…
Endaction
```

当 if 指令嵌套多层或使用 else if 不能表达清楚时，case 指令用起来会更容易理解。如果需要在一个表达式中判断三或四个可能的结果时，最好使用 case 指令。

case 结构中的计算只执行一次；而在 if else 结构中必须在每次比较时都要计算，执行速度比 case 语句慢。

注意：在选择多个可能的结果时，case 指令是最好的表达方法，它易读易理解，并能够帮助编程人员产生高效代码。

例 4-51　用 case 语句实现例 4-49 的功能。

编程如下：

```
case  UINT(REAL(curr_temp*100/set_temp)) of
      action    0··49:
                heat=HIGH
      endaction
      action    50··79:
                heat=MEDIUM
      endaction
```

```
        action    80‥99:
                  heat=LOW
        endaction
        elseaction  :
                  heat=OFF
        endaction
    endcase
```

在编程实现多分支选择时，case 语句是最佳的选择。

例 4-52 用 case 语句实现 stepPV 变量在不同数值时的不同操作要求。（注意：以“;”符号开头的一行文字代表程序中的注释）。

用 case 语句编程如图 4-107 所示。

小练习 4-10： 一个温度调节系统的控制要求如图 4-108 所示，用 case 语句编程实现温度控制，并在不同挡位显示相应的字符串。

例 4-53 用“case”语句创建一个包装箱传送系统的控制程序，传送系统原理示意图如图 4-109 所示。控制要求如下：

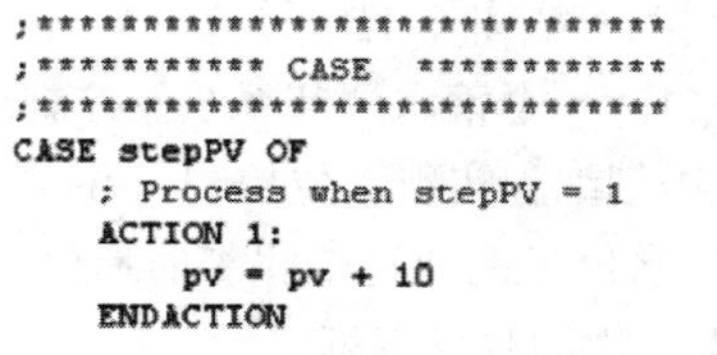

```
;********************************
;*********** CASE   ************
;********************************
CASE stepPV OF
    ; Process when stepPV = 1
    ACTION 1:
        pv = pv + 10
    ENDACTION

    ; Process when stepPV = 2 to 10
    ACTION 2..10:
        pv     = pv - 1
        Output = TRUE
    ENDACTION

    ; Process when stepPV = 11 OR 15
    ACTION 11:
    ACTION 15:
        MachineState = RUN
    ENDACTION

    ; Process when stepPV = ERROR (constant valu
    ACTION ERROR:
        MachineState = ERROR
    ENDACTION

    ; Process when stepPV = all other
    ELSEACTION:
        gError = TRUE
    ENDACTION
ENDCASE
```

图 4-107 例 4-52 的编程

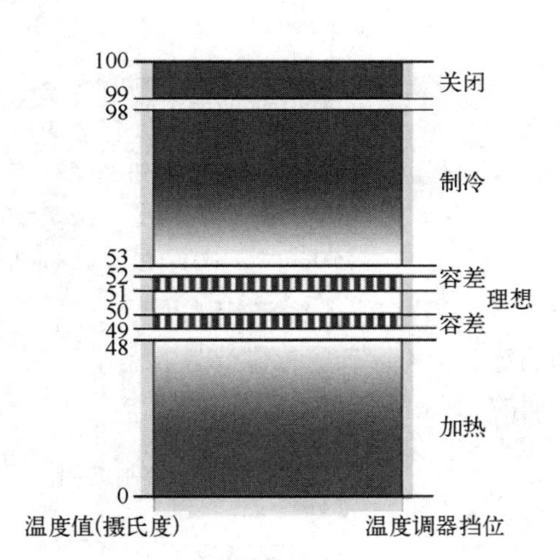

图 4-108 温度调节系统的控制要求

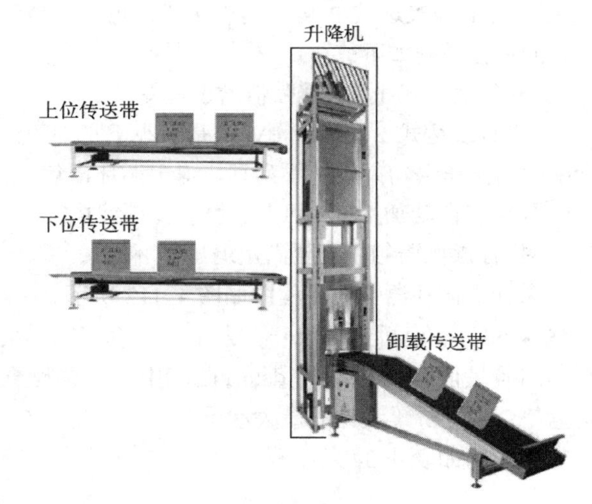

图 4-109 传送系统原理示意图

① 两个传送带（doConvTop、 doConvBottom）将包装箱传送至起降机；

② 如果光电传感器（diConvTop、 diConvBottom）被触发，则相应的传送带停止运行，调用升降机；

③ 当升降机没有被调用的时候，它会停在适当的位置（doLiftTop、doLiftBottom）；

④ 当升降机位于正确的位置（diLiftTop、diLiftBottom）时，升降机若被调用，则升降机的传送带（doConvLift）将运转至与上位传送带或下位传送带的接口位置，将包装箱完全移位于升降机中（diBoxLift）；

⑤ 当升降机达到卸载位置后，包装箱将被运送至卸载传送带；

⑥ 一旦包装箱运离升降机，则升降机处于空闲状态，等待下一次呼叫。

传送带控制编程如图 4-110 所示。

```
;conveyor
doConvTop= NOT (diConvTop) OR ConvTopOn
doConvBottom= NOT (diConvBottom) OR ConvBottomOn
;lift
CASE selectLift OF
   ;wait for request
   ACTION WAIT:
      IF (diConvTop = TRUE) THEN
         selectLift= TOP_POSITION
      ELSE IF (diConvBottom = TRUE) THEN
         selectLift= BOTTOM_POSITION
      ENDIF
   ENDACTION

    ;move lift to top position
    ACTION TOP_POSITION:
       doLiftTop= TRUE
       IF (diLiftTop = TRUE) THEN
          doLiftTop= FALSE
          ConvTopOn= TRUE
          selectLift= GETBOX
       ENDIF
    ENDACTION
    ;move lift to bottom position
    ACTION BOTTOM_POSITION:
       doLiftBottom= TRUE
       IF (diLiftBottom = TRUE) THEN
          doLiftBottom= FALSE
          ConvBottomOn= TRUE
          selectLift= GETBOX
       ENDIF
    ENDACTION
   ;move box to lift
   ACTION GETBOX:
      doConvLift= TRUE
      IF (diBoxLift = TRUE) THEN
         doConvLift= FALSE
         ConvTopOn= FALSE
         ConvBottomOn= FALSE
         selectLift= UNLOAD_POSITION
      ENDIF
   ENDACTION
    ;move lift to unload position
    ACTION UNLOAD_POSITION:
       doLiftUnload= TRUE
       IF (diLiftUnload = TRUE) THEN
          doLiftUnload= FALSE
          selectLift= UNLOAD_BOX
       ENDIF
    ENDACTION

     ;unload the box
     ACTION UNLOAD_BOX:
        doConvLift= TRUE
        IF (diBoxLift = FALSE) THEN
           doConvLift= FALSE
           selectLift= WAIT
        ENDIF
     ENDACTION
ENDCASE
```

图 4-110 传送带控制编程

小练习 4-11：一个蓄水调节系统及控制要求如图 4-111 所示，用 case 语句编程实现水位控制，并在不同挡位显示相应的字符串，当水位过高或过低报警时有红色或蓝色指示灯按照每 2 秒明暗一次的频率闪烁。

6. 循环“LOOP”语句

循环语句使得一个或多个状态根据用户要求多次地被执行，Automation Basic 提供的循环语句形式如下：

① 简单循环语句： loop…endloop；

② 增量计数循环语句：Loop…to…do；

③ 减量计数循环语句：Loop…downto…do

④ 有条件退出循环语句：配合 loop..endloop，使用 exitif 指令。

（1）增量计数循环语句

基本结构：

```
loop  PV=表达式 1  to  表达式 2  do
        操作语句
Endloop
```

表达式 1 与表达式 2 可以是表达式，也可以是简单的数字，它的执行过程如下：

① 求解表达式 1，将其赋值给过程变量 PV。

② 求解表达式 2，判断 PV 值是否小于它。条件为真，执行中间的操作语句；条件不为真，退出循环语句。

③ PV 值自动加 1，转回上面第②步继续执行。

④ 执行操作语句，直至满足退出循环的条件。

增量计数循环语句的流程图如图 4-112 所示。

例 4-54 一座桥梁上已开上去 100 辆汽车，采集到的每辆汽车的质量值存放在数组 data[index]中，需要检查它们的总质量是否大于桥梁设计的最大承重值。

变量声明如表 4-34 所示。

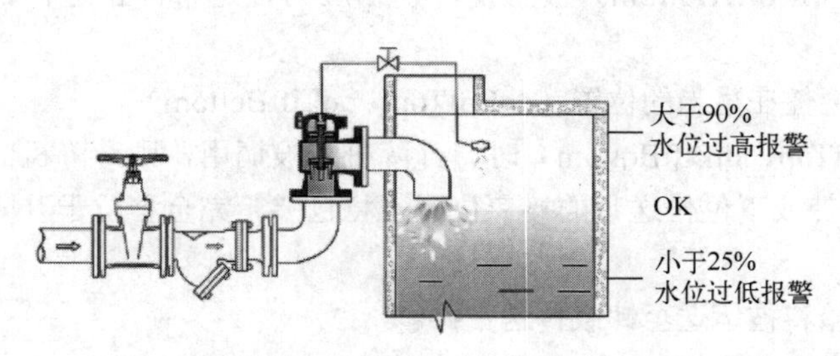

图 4-111 蓄水调节系统及控制要求

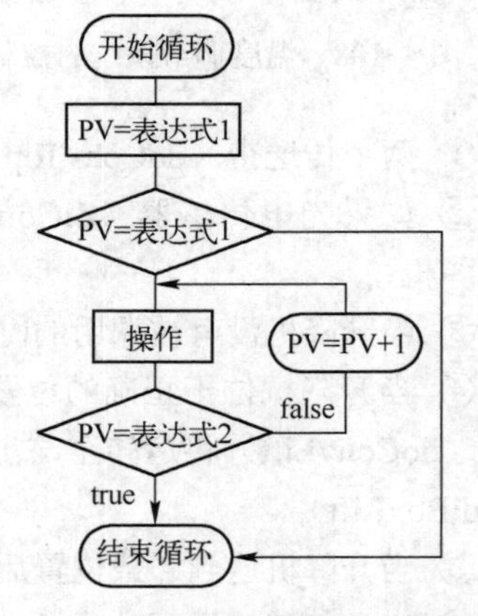

图 4-112 增量计数循环语句的流程图

编程如下：

```
check_new=0
loop  index=0 to 99  do
      check_new=check_new+data[index]
endloop
if  check_new > check_total  then
      error=1
endif
```

表 4-34　变量声明

Name	Type	Scope	Remark
check_total	REAL	global	设定值
check_new	REAL	global	数据之和
index	USINT	global	一批数据的数目
data	REAL[100]	global	数组
error	BOOL	global	报警

（2）减量计数循环语句

基本结构：

```
loop   PV=表达式 1 downto  表达式 2  do
         操作语句
Endloop
```

执行过程中，PV 执行自动减 1 操作。在减量计数循环语句中，表达式 2 的值一定要小于表达式 1 的值，否则循环操作不执行。在编程中，一定要仔细检查循环开始和结束的条件，特别是在条件表达式比较复杂时。

例 4-55　编程实现累加操作。

累加操作程序如图 4-113 所示。

```
;*******************************
;*** LOOP TO / LOOP DOWNTO ****
;*******************************

LOOP Var=END DOWNTO Start DO
    Res = value + 1       ; Commands
ENDLOOP
```

图 4-113　累加操作程序

（3）有条件退出循环语句

基本结构：

```
loop
    操作语句 A
exitif   退出条件
    操作语句 B
Endloop
```

循环语句不断执行直至退出条件为真。操作语句 A 与操作语句 B 是相互独立的，可单独存在。

有条件退出循环语句的流程图如图 4-114 所示。

下面用一个例子来说明有条件退出循环语句与计数循环语句的区别。

例 4-56　要进行质量控制，产品的质量过轻时为质量不合格。当第一次出现产品的质量不合格时，计算有多少产品合格，所占比例是多少。

变量声明如表 4-35 所示。编程如下：

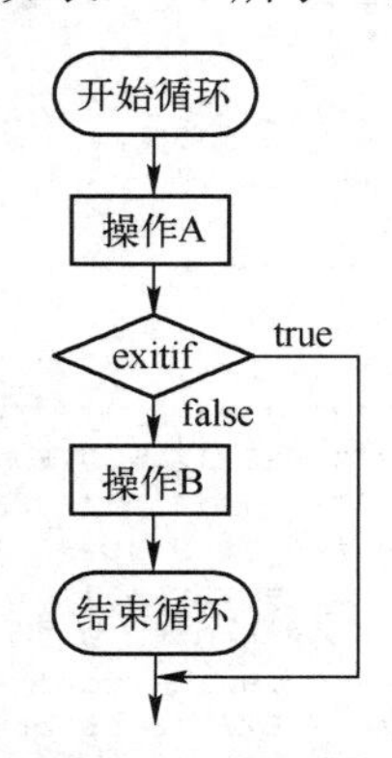

图 4-114　有条件退出循环语句的流程图

表 4-35　变量声明

Name	Type	Scope	Remark
min_weight	USINT	global	设置的最小质量
weights	USINT[100]	global	质量数组
count	USINT	global	循环数
total	USINT	global	一批产品数
quality	REAL	global	比例

```
初始化程序
min_weight = 123
主程序
```

```
count = 0
total=100
loop
    exitif (weights[count] < min_weight)
    exitif (count >= total)
    count=count+1
endloop
quality=REAL(count)*100/total
```

当不能确定何时退出循环时，最好使用有条件退出循环语句，以免出现无穷循环现象。使用这种循环语句建立循环，一定要注意以下几点：

① 确信没有建立无穷循环，以防导致循环周期的破坏，即一定要保证退出条件为真能出现。

② 使用计数器时，例如，上例的 count 值，它的增量表达式放在循环的开头、中间和结尾，会得到不同的结果。

③ 在循环开始之前，一定要初始化计数器。

综合使用有条件退出循环语句和计数循环语句，可得到多种形式的循环方式。例如：

- 操作语句至少执行一次。

```
loop
    操作语句 A
    exitif  退出条件
endloop
```

- 只有条件满足，操作语句才可执行。

```
loop
    exitif  退出条件
    操作语句 A
Endloop
```

- 操作语句将执行多次。

```
loop  PV=表达式 1 downto /to  表达式 2  do
    操作语句 A
    exitif  退出条件
    操作语句 B
Endloop
```

例 4-57　编程实现累加功能。

实现累加功能编程如图 4-115 所示。

例 4-58　循环嵌套流程图如图 4-116 所示，循环嵌套编程如图 4-117 所示。。

```
;*********************************
;****** LOOP TO & EXITIF ******
;*********************************
LOOP i=0 TO 9 DO
   var = var + 1
   EXITIF gStatus = ERROR
   varOK = varOK + 1
ENDLOOP
```

图 4-115　实现累加功能编程

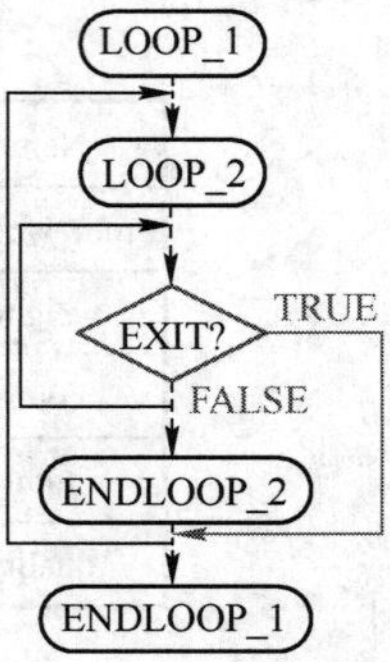

LOOP_1
LOOP_2
EXIT?
TRUE
FALSE
ENDLOOP_2
ENDLOOP_1

图 4-116　循环嵌套流程图

```
;*********************************
;***** EXITIF NESTED LOOP *****
;*********************************
LOOP i=0 TO 9 DO
   var = var + 1
   LOOP j=0 to 9 DO
      var1 = var1 + 1
      EXITIF gStatus = ERROR
   ENDLOOP
ENDLOOP
```

图 4-117　循环嵌套编程

7. 步进序列“select”语句

步进序列“select”语句由多个子程序（或步序）构成。程序在每次循环时，只执行一个子程序。依据子程序中的退出条件可以退出子程序或跳转到其他子程序。select 指令用来描述程序一步步执行的顺序状态，用步进序列语句编程是 PLC 的常用编程技术之一。

（1）基本“select”语句

基本结构：

```
select
    state         步序 1
        操作语句 1A
        when 条件 1
        next 步序 2
        操作语句 1B
    state         步序 2
        操作语句 2A
        when 条件 2
        操作语句 2B
        next 步序 3
    ……
    state         状态 n
        操作语句 n
        when 条件 n
    next 步序 1
endselect
```

在运行 select 语句时，每次只执行一个步序。在执行到 endselect 时，程序就重新开始执行。

以上 n 个步序各不相同：

当执行到步序 1，且条件 1 没有满足时，执行 next 行后的操作语句 1B。

当执行到步序 2，且条件 2 满足时，执行 when 和 next 之间的操作语句 2B。

当执行到步序 3 时，没有操作语句。

流程图通常不能清晰地表明步序 select 语句的执行过程，通常使用步序图来表示任务的执行过程。步序图中用多个圆框表示各种可能的步序，用箭头线连接表示各步序之间的转换关系。

例 4-59 用步进序列“select”语句实现电机的启停控制。

电机的启停控制编程如图 4-118 所示。

```
;********************************
;**********  SELECT  **********
;********************************
SELECT step
    pv = 1
    WHEN tastStop = 1
        cmdMotor = 0
    NEXT WARTE

    STATE WARTE
        cmdMotor = 0
        WHEN tastAuf = 1
        NEXT UP

    STATE UP
        cmdMotor = 1
        WHEN tastStop = 1
        NEXT WARTE
ENDSELECT
```

图 4-118 电机的启停控制编程

例 4-60 用步进序列“select”语句创建一个自动售咖啡机器的控制程序。它可以供应两种咖啡：白咖啡和黑咖啡。每一杯咖啡的价格是 25 美分，该机器可接受 5 和 10 美分的硬币。当有多余的钱投入时，会有零钱找出。（注：白咖啡即牛奶加咖啡，黑咖啡为纯咖啡）

分析：根据顾客投入钱的情况，自动售货机有 6 种步序状态：0，5，10，15，20 和 25 美分。当投入钱足够后按下选择咖啡种类的按钮，便会有零钱找出并给出咖啡。步序转移图如图 4-119 所示，6 种步序状态用 T_nn 表示。

机器从 T_0 步序状态开始，最终结束于 T_0 步序状态。变量声明如表 4-36 所示。

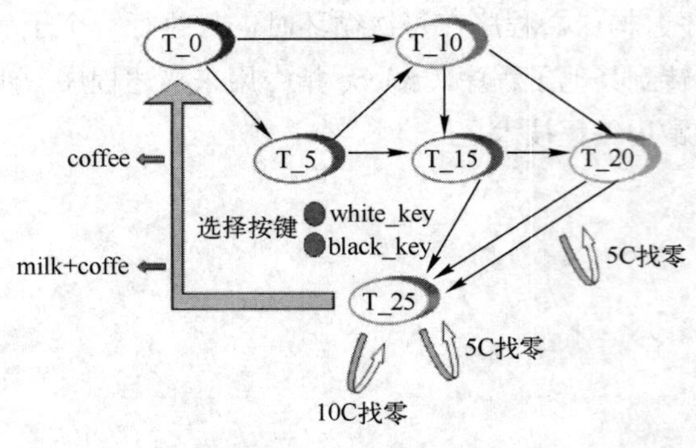

图 4-119　步序转移图

表 4-36　变量声明

Name	Type	Scope	Remark
coin_5	BOOL	global	5 美分投入
coin_10	BOOL	global	10 美分投入
return_5	BOOL	global	5 美分找零
return_10	BOOL	global	10 美分找零
milk	BOOL	global	牛奶电磁阀
coffee	BOOL	global	咖啡电磁阀
white_key	BOOL	global	白咖啡按键
black_key	BOOL	global	黑咖啡按键

编程如下：

```
       select
state T_0
       coffee=0
       milk = 0
       return_5 = 0
       return_10 = 0
       black_key = 0
       white_key = 0
       when coin_5 = 1  ; insert 5 cents
            coin_5 = 0
            next T_5
       when coin_10 = 1  ; insert 10 cents
            coin_10 = 0
            next T_10
state T_5
          when coin_5 = 1  ; insert 5 cents
               coin_5 = 0
               next T_10
          when coin_10 = 1  ; insert 10 cents
               coin_10 = 0
               next T_15
state T_10
          when coin_5 = 1  ; insert 5 cents
               coin_5 = 0
               next T_15
          when coin_10 = 1  ; insert 10 cents
               coin_10 = 0
               next T_20
state T_15
          when coin_5 = 1  ; insert 5 cents
               coin_5 = 0
               next T_20
          when coin_10 = 1  ; insert 10 cents
               coin_10 = 0
               next T_25
```

```
    state T_20
            when coin_5 = 1  ; insert 5 cents
                coin_5 = 0
                next T_25
            when coin_10 = 1  ; insert 10 cents
                coin_10 = 0
                return_5 = 1
                next T_25
    state T_25
            if coin_5 = 1  then
                 coin_5 = 0
                 return_5=1
            else if coin_10=1  then
                 coin_10 = 0
                 return_10=1
    endif
            when black_key=1
                coffee=1
                next T_0
            when white_key=1
                milk = 1
                coffee=1
                next T_0
    endselect
```

读者考虑一下，以上程序设计是否考虑周全？若接满一杯饮料需要 15 秒的时间，请补充完成以上的编程。

步序选择 select 语句的结构有如下规则：

① select 指令以 select 开始，以 endselect 结束，并且各自占一行。

② 每个步序中以关键字 state 开始，后面跟步序名，两个字在同一行。例如：state Begin。

③ 关键字 when 不能出现在其他指令块中（例如：在 if…then 中）。

④ 一般从第一个步序开始执行。

⑤ 如果步序的跳转条件不满足，那么在下一个周期仍然执行此步序。

⑥ 步序的跳转以 when 开始，后面跟跳转的条件，以 next 结束，后面跟将要跳转的步序名。

例如：when senzsor = 1
    command(s)
    next procedure

⑦ 在 when 和 next 之间的 command(s)只有在跳转条件满足时（当 sensor = 1 时）才能执行。

⑧ select 行后加入一个步序号，设定为 UINT 类型变量。

⑨ 不论步序号为多少，总是执行 select 和第一个步序（state）之间的操作语句。也可以是条件跳转语句（when…next）。

⑩ 无论程序运行在哪个步序，跟在 select 行后的操作语句总被执行。步序跳转条件（when…next）也可以写在此。这对于查错很有用，但不能用在两个步序之间。

Select 后的变量用来指示当前的步序号（0 表示第一个步序，1 表示第二个步序…），定义为 UINT 类型。可以由程序改变步序号，但非常危险，因为这可能使跳转条件没有执行完就跳转到其他步序，而且可能使有些变量没有执行完。所以只有当确定无论连接的步序反应如何都要跳转时，可以用此方法。

小练习 4-12：自动红茶售货机控制。红茶售货机根据选择可以提供有糖的和无糖的两种。每一杯咖啡的价格是 25 美分，该机器接收 5 美分和 10 美分的硬币。当有多余的钱投入时，会有零钱找出。用 select 语句编程实现。

（2）高级“select”语句

基本结构：

```
select   步序（where_am_i）
        总操作语句
state   步序 1
        操作语句 1A
        when  条件 1
        操作语句 1B
        next   步序 2
s state   步序 2
        操作语句 2A
        when  条件 2
        操作语句 2B
        next   步序 3
……
state   步序 n
        操作语句 n
        when  条件 n
        next  步序 1
        endselect
```

在进入步序语句之前，每一次执行 select 语句，总操作语句被执行。这个操作语句块中可以包括转换条件（即可包括 when…next），它非常有利于检查全局错误。

步序（where_am_i）是一个变量名，由它可知道机器现在所处的步序，0 代表第一个步序，1 代表第二个步序，以此类推。步序必须紧跟在关键字 select 后面，两者在同一行中，同其他变量一样在变量声明表中声明，且必须将它定义为 UINT 类型的数据。可以通过直接赋值或赋给它相关表达式的计算结果的方式改变 where_am_i 的值，同时来改变机器的当前步序。不过，这样做很容易突然跳入一个错误的步序，这是由于许多变量没有被设定好或者相关的操作还没有被执行，从而引起机器工作的混乱。所以在使用时一定要确信所有操作的正确性。

小练习 4-13：创建一个程序控制如图 4-120 所示电动冲孔机。

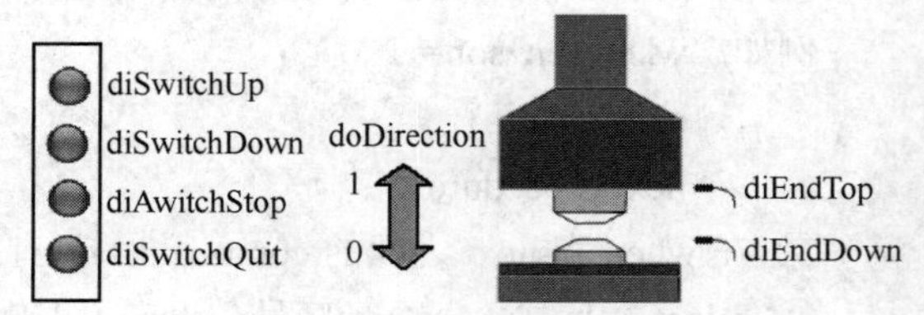

图 4-120　电动冲孔机

控制要求如下：

① 按下 diSwitchUp 或 diSwitchDown 按钮移动电动冲孔机直到限位开关 diEndTop 或 diEndDown；

② 电动冲孔机通过 doDirection 指示运动方向；

③ 通过 diSwitchStop 按钮，可以在任意时刻停止电动冲孔机的运动；

④ 当电动冲孔机正在朝一个方向运动时，相反方向的按钮按下，会产生一个错误；

⑤ 按钮 diSwitchQuit 能确认错误信息并将机器切换为手动输入模式；

⑥ 在每个步序中，可以阻止可能产生的错误。

例 4-61　用步进序列“select”语句创建一个化学反应罐的控制程序。化学反应罐系统如图 4-121 所示。

控制要求如下：

① 按下 diStart 按钮，doWater water 电磁阀打开直至罐内液体达到 diWaterOK 水平线，即 diWaterOK 传感器被触发；

② 然后，doColor 电磁阀打开，同时 doMixer 电机开始运行、搅拌；

③ 当 diFull 传感器被触发时，doColor 电磁阀关闭，doPumpOutflow 泵启动，doValveOutflow 电磁阀打开；

④ 当 diLow 传感器被触发时，doMixer 电机、doPumpOutflow 泵、doValveOutflow 电磁阀同时关闭。

化学反应罐控制系统编程如图 4-122 所示。

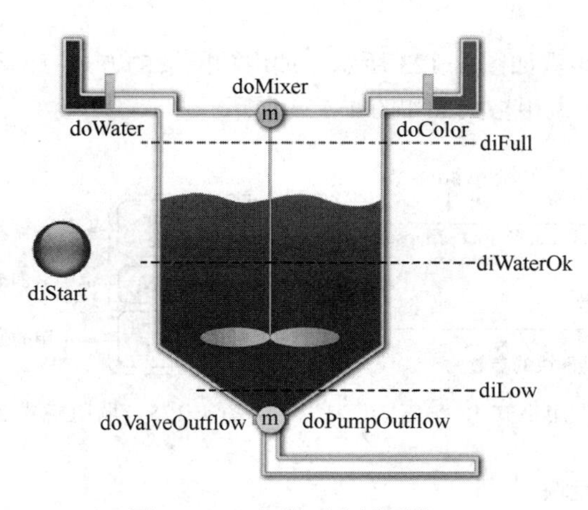

图 4-121 化学反应罐系统

```
select
    doWater = 0
    doMixer = 0
    doColor = 0
    doPumpOutflow = 0
    doValveOutflow = 0

    ; Wait for Start button
    state WAIT
        when diStart = 1
        next WATER


; let in Water , wait for Water Ok
state WATER
    doWater = 1
    when diWaterOk = 1
    next COLOR
; let color in, wait for sensor full
state COLOR
    doMixer = 1
    doColor = 1

    when diFull = 1
    next OUTFLOW
  ; outflow, wait for sensor low
  state OUTFLOW
      doPumpOutflow = 1
      doValveOutflow = 1
      when diLow = 1
      next WAIT
endselect
```

图 4-122 化学反应罐控制系统编程

8. Goto 语句

Goto 语句是无条件转换语句，它的一般形式为：

```
Goto  语句标号
```

结构化程序设计方法主张限制使用 Goto 语句，因为滥用 Goto 语句将使程序流程无规律，可读性差，但也不是绝对禁止使用 Goto 语句。一般来说，Goto 语句可以有两种用途。

（1）从循环体中跳到循环体外

例如，为了解决一个在很多情况下都可能出现的问题，从多层循环的内部跳出。

```
Loop…to…do
    Loop…to…do
        If…then
        Loop
        If ( major  problem)  then
            Goto   recover
        Endif
        Endloop
    Endif
```

```
        Endloop
        ...
    recover:
        fix or rescue the problem
```

（2）Goto 语句还常常用在检测程序中

在检测中，利用它跳过一部分程序去完成一段特殊的程序代码。

对于 Goto 语句中的标号有如下的规定：

① 标号的组成要求与过程变量的组成要求是一样的。

② 标号后面必须有冒号“:”紧跟着。

③ 标号不是变量，但也不能与某个变量重名。

如果在某个非正常的循环必须使用 Goto 语句，注意不能进行以下的处理：

① 不能跳入 if 语句的 then 或 else 部分。

② 不能从 then 部分跳入 else 部分，反之也不行。

③ 不能跳入 loop 块或 select 块中。

4.5.2 功能块调用

在 Automation Basic 编程中调用功能块的步骤如图 4-123 所示。调用功能块的方式有两种，以延时功能块为例，调用格式 1 如图 4-124 所示，调用格式 2 如图 4-125 所示。

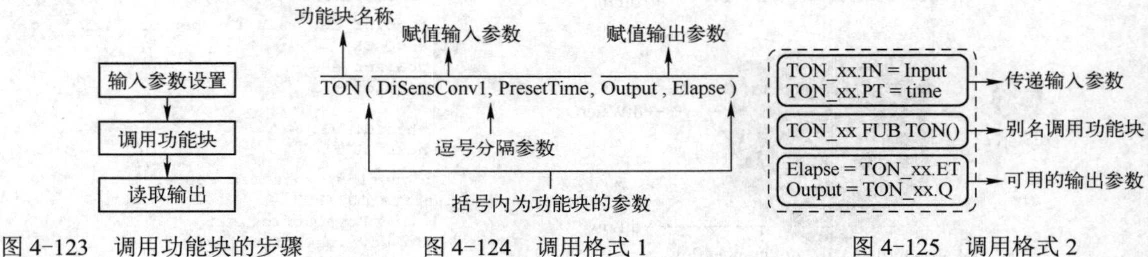

图 4-123 调用功能块的步骤　　图 4-124 调用格式 1　　图 4-125 调用格式 2

下面的两个例子用来说明如何调用延时功能块。

例 4-62 调用延时功能块。

调用格式 1 编程如图 4-126 所示。

例 4-63 调用延时功能块。

调用格式 2 编程如图 4-127 所示。

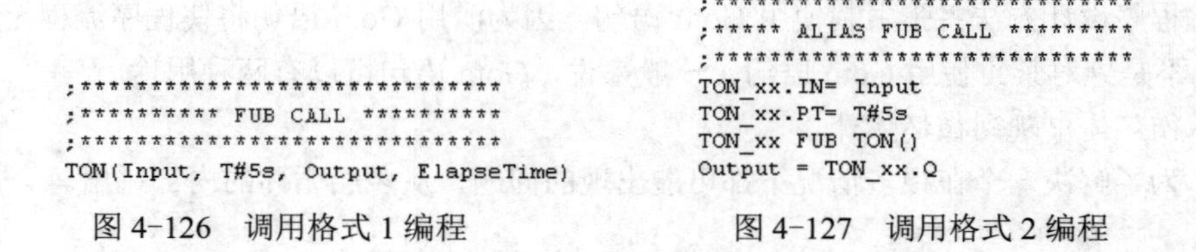

图 4-126 调用格式 1 编程　　图 4-127 调用格式 2 编程

4.5.3 指针与动态变量

Automation Basic 编程语言提供了指针与动态变量。在运行时，系统给动态变量 PV 分配了一个内存地址，这个过程叫作动态变量的寻参或初始化。一旦一个动态变量被初始化后，它就被用来访问被指定地址内的存储单元，获得它所指向的存储器里的内容。

动态变量的定位如图 4-128 所示。

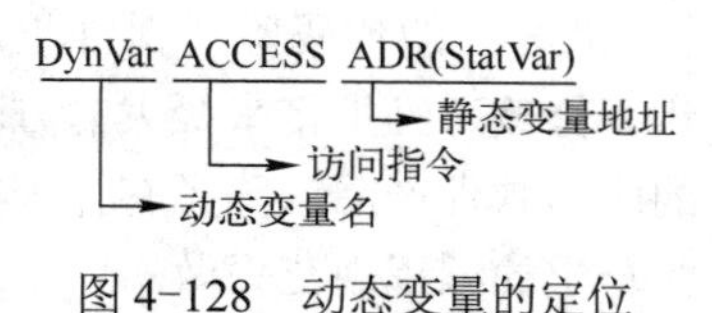

图 4-128　动态变量的定位

在调用动态变量时，使用了操作符“ADR( )”，指向括号内变量的存储地址，这个地址变量的数据类型为 UDINT，语句应以分号“;”结束。

4.5.4　数组 Arrays

普通的过程变量可以看作一个盒子，能存储和读取信息。如果需要多个过程变量，就需要对每个变量分别定义和存取。

数组是一个具有相同数据类型的多个变量的集合，通过名称和索引来寻址，数组元素寻址的最小索引号为 0，最大索引号是数组元素的总个数减 1，这就意味着变量的索引号为 0 到数组元素总个数减 1。数组也可以看作很多个存放物品的盒子的集合（每一个盒子都是相同的，但是“内容”却不同），数组通过一个简单的名字来读取这个集合，这说明了数组的优点，即简化编程且容易组织管理大量数据。

在 PLC 编程中，可以在变量声明表中通过长度来定义数组。

例 4-64　有一台起重机和 5 箱需要吊起的货物。要求：通过名为“Weight”的变量存取货物的质量。

变量声明如表 4-37 所示。

这些变量的集合用“Weight”存取。但是，存取数组中单个元素时，仍然需要指定这个元素的下标（索引号），数组变量中的各个元素如表 4-38 所示。

表 4-37　变量声明

Name	Type [length]	Scope	Remark
Weight	INT[5]	global	每箱货物质量

表 4-38　数组变量中的各个元素

Variable name	Indices				
索引号	[0]	[1]	[2]	[3]	[4]
Weight	1000	4000	0500	0300	0020
	Weight[0]	Weight[1]	Weight[2]	Weight[3]	Weight[4]

注意：数组的下标总是以“0”开始。

4.6　PLC 应用程序设计

随着控制系统复杂度提高， PLC 软件系统功能的增加和版本的提高，代码越来越复杂，源文件的代码数也越来越多。一些应用程序表面上可以工作，但其中却蕴含着许多隐患。应用软件缺陷可能会导致严重后果，即便是那些可以修正的错误也会带来大量的售后成本支出。另外，软件开发人员的失误难免，虽然很多由程序员犯下的错误可以被编译器及时地纠正（如键入错误的变量名等），但也有很多会逃过编译器的检查。

应用程序设计中存在的风险可能由 5 个方面造成：软件开发人员的失误、软件开发人员对语言的误解、软件开发人员对编译器的误解、编译器的错误和运行出错。这要求软件设计人员在编制 PLC 应用程序时应该具备良好的“编程素养”，注意编程的细微之处，细微之处见真功，这样才能编写高质量的应用程序。

对于软件开发人员来说，能工作的代码并不等于“好”的代码，“好”代码的指标很多，包括稳定、规范、易读、易维护、易移植和可靠等，其中，可靠非常重要，尤其是对安全性要求很高的系统。

“好”的代码除了保证程序运行的正确性和提高代码的运行效率，规范的编码会对软件的升级、修改、维护带来极大的方便，也保证程序员不会陷入“代码泥潭”中无法自拔。开发一个成熟的应用软件产品，除了有详细丰富的开发文档，必须在编写代码的时候就有条不紊，细致严谨，按照一定的编程规范去做。

规范对于软件开发人员来讲，一个很重要的意义就是提供规范，树立好的编程习惯和编程思路，摒弃那些可能存在风险的编程行为，编写出更为安全、健壮的代码。例如，很多软件开发人员都会忽略注释的重要性，但这样的做法会降低程序的可读性，也会给将来的维护和移植带来风险。

程序员编程六原则：

◆ 程序员花更多的时间在调试、维护和升级已有代码上，而不是编写新的代码；
◆ 应用程序最重要的是正确性，其次是可维护性，最后才是效率；
◆ 学习如何写规范的程序与学习如何正确地编写代码同样重要；
◆ 尽量让程序尽量简单易懂；
◆ 一个运行正常但没有注释的程序会为后续修改、升级这个程序带来麻烦和隐患；
◆ 好的编程风格应该成为一种习惯。如果在开始编写源代码时就关心风格问题，花时间去审视和改进它，将会逐渐养成一种好的编程习惯。一旦这种习惯变成自觉的行为，潜意识就会帮程序员关注许多细节问题。

4.6.1 PLC 应用程序设计规范

PLC 控制系统的控制功能的实现要靠应用程序来完成，编写应用程序应最大程度地满足系统控制功能的要求。应用程序的设计规范包含了程序排版、注释、命名、可读性、变量、程序效率、质量保证、代码测试和版本控制等注意事项。

1．排版

◆ 关键词和操作符之间加适当的空格；
◆ 程序块采用缩进风格编写，缩进的空格数为一个固定数；
◆ 相对独立的程序块与块之间、变量说明之后须加空行；
◆ 较长的语句、表达式（>80 字符）要分成多行书写；
◆ 长表达式要在低优先级操作符处划分新行，操作符放在新行之首，划分出的新行要进行适应的缩进，使排版整齐，语句可读性强；
◆ 循环、判断等语句中若有较长的表达式或语句，则要进行适应的划分，长表达式要在低优先级操作符处划分新行，操作符放在新行之首；
◆ 若函数或过程中的参数较长，则要进行适当的划分；
◆ 不允许把多个短语句写在一行中，即一行只写一条语句；
◆ 函数或过程的开始，结构的定义及循环、判断等语句中的代码都要采用缩进风格；
◆ 用 C 语言编写程序块时，分界符“{”和“}”应各独占一行，并且位于同一列，同时与引用它们的语句左对齐。
◆ 函数或过程的开始、结构的定义及循环、判断等语句中的代码都要采用缩进风格，case 语句下的状态处理语句也要遵从语句缩进方式；
◆ if、for、do、while、case、switch 等语句自占一行。

2．注释

◆ 通常，源程序有效注释量须在 20%以上，注释的原则是有助于对程序的阅读理解，注释不宜太多也不能太少，注释语言必须准确、易懂、简洁；

◆ 边写代码边注释，修改代码同时修改相应的注释，以保证注释与代码的一致性，不再有用的注释要删除；
◆ 在必要的地方注释，注释量要适中，注释的内容要清楚、明了、含义准确，防止注释二义性，易产生歧义的注释不但无益而且还有害，保持注释与其描述的代码相邻（注释的就近原则）；
◆ 对代码的注释应放在其上方相邻位置，不可放在下面；
◆ 对结构中的每个域的注释应放在此域的右方，同一结构中不同域的注释要对齐；
◆ 数据结构声明（包括数组、结构、类、枚举等），如果其命名不是充分自注释的，必须加以注释，对数据结构的注释应放在其上方相邻位置，不可放在下面；
◆ 变量、常量的注释应放在其上方相邻位置或右方；
◆ 全局变量要有较详细的注释，包括对其功能、取值范围、哪些函数或过程存取它，以及存取时注意事项等的说明；
◆ 在每个源文件的头部要有必要的注释信息，包括：文件名、版本号、作者、生成日期、模块功能描述（如：功能、主要算法、内部各部分之间的关系、该文件与其他文件关系等）、主要函数、过程清单、本文件历史修改记录等；
◆ 在每个函数或过程的前面要有必要的注释信息，包括：函数或过程名称、功能描述、输入参数、输出参数及返回值说明、调用关系（函数、表）及被调用关系说明等；
◆ 说明性文件（如：.h 文件、.inc 文件、.def 文件、编译说明文件等）头部应进行注释，注释必须列出：版权说明、版本号、生成日期、内容、功能、与其他文件的关系等，头文件的注释中还应有函数功能简要说明；
◆ 避免在注释中使用缩写，特别是非常用缩写，在使用缩写时或之前，应对缩写进行必要的说明；
◆ 注释应与其描述的代码相近，对代码的注释应放在其上方或右方（对单条语句的注释）相邻位置，不可放在下面，如放于上方则需与其上面的代码用空行隔开；
◆ 对于所有有物理含义的变量、常量，如果其命名不是充分自注释的，在声明时都必须加以注释，说明其物理含义，变量、常量、宏的注释应放在其上方相邻位置或右方；
◆ 注释与描述内容进行同样的缩排，这可使程序排版整齐，并方便注释的阅读与理解；
◆ 将注释与其上面的代码用空行隔开；
◆ 对变量的定义和分支语句（条件分支、循环语句等）必须编写注释，由于这些语句往往是程序实现某一特定功能的关键，对于维护人员来说，良好的注释可帮助更好地理解程序，有时甚至优于看设计文档；
◆ 对于 switch 语句下的 case 语句，如果因为特殊情况需要处理完一个 case 后进入下一个 case 处理，必须在该 case 语句处理完、下一个 case 语句前加上明确的注释；
◆ 除非必要，不应在代码或表达中间插入注释，否则容易使代码可理解性变差；
◆ 清晰准确的函数、变量等的命名，可增加代码可读性，使代码成为自注释，并减少不必要的注释；
◆ 当代码段较长，特别是多重嵌套时，在程序块的结束行右方加注释标记，表明某程序块的结束，这样做可以使代码更清晰，更便于阅读；
◆ 注释格式尽量统一，建议使用“/* …… */”。

3. 命名

◆ 标识符的命名要清晰、明了，有明确含义，同时使用完整的单词或大家基本可以理解的缩写，避免使人产生误解，较短的单词可通过去掉“元音”形成缩写，较长的单词可取单词的头几个字母形成缩写；

◆ 命名中若使用特殊约定或缩写，则要有注释说明，应该在源文件的开始之处，对文件中所使用的缩写或约定，特别是特殊的缩写，进行必要的注释说明；
◆ 命名规则中没有规定到的地方可有个人命名风格，但命名风格要自始至终保持一致；
◆ 变量命名禁止取单个字符（如：i、j、k 等），这是由于变量，尤其是局部变量，如果用单个字符表示，很容易敲错（如 i 写成 j），而编译时又检查不出来，有可能由于这个小小的错误而花费大量的查错时间。建议除了要有具体含义外，还能表明其变量类型、数据类型等，但 i、j、k 做局部循环变量是允许的。
◆ 在同一软件产品内，应规划好接口部分标识符（变量、结构、函数及常量）的命名，防止编译、链接时产生冲突；
◆ 用正确的反义词组命名具有互斥意义的变量或相反动作的函数等。

4．可读性

◆ 注意运算符的优先级，并用括号明确表达式的操作顺序，防止因默认的优先级与设计思想不符而导致程序出错；
◆ 避免使用不易理解的数字，用有意义的标识来替代。涉及物理状态或者含有物理意义的常量，不应直接使用数字，必须用有意义的枚举或宏来代替；
◆ 源程序中关系较为紧密的代码应尽可能相邻，这样便于程序阅读和查找；
◆ 高技巧语句不等于高效率的程序，程序的效率关键在于算法，除非很有必要时，通常不要使用难懂的、技巧性很高的语句。

5．变量与结构

◆ 公共变量是增大模块间耦合的原因之一，可能增加代码测试、维护的难度，故应减少没必要的公共变量以降低模块间的耦合度；
◆ 在对变量声明的同时，应对其含义、作用及取值范围进行注释说明，同时若有必要还应说明与其他变量的关系；
◆ 明确公共变量与操作此公共变量的函数或过程的关系，如访问、修改及创建等，这将有利于程序的进一步优化、单元测试、系统联调以及代码维护，对这种关系的说明可在注释或文档中描述；
◆ 明确公共变量与操作此公共变量的函数或过程的关系，如访问、修改及创建等；
◆ 当向公共变量传递数据时，要十分小心，应进行合法性检查，以提高代码的可靠性、稳定性，防止赋与不合理的值或越界等现象发生；
◆ 防止局部变量与公共变量同名；
◆ 仔细设计结构中元素的布局与排列顺序，使结构容易理解、节省占用空间，并减少引起误用现象；
◆ 构造仅有一个模块或函数可以修改、创建，而其余有关模块或函数只访问的公共变量，防止多个不同模块或函数都可以修改、创建同一公共变量的现象；
◆ 使用标准的数据类型，有利于程序的移植；
◆ 结构中的各元素应代表同一事务的不同侧面，而不应把描述没有关系或关系很弱的不同事务的元素放到同一结构中；
◆ 结构的设计要尽量考虑向前兼容和以后的版本升级，并为某些未来可能的应用保留余地。软件向前兼容的特性，是软件产品是否成功的重要标志之一。如果要想使产品具有较好的前向兼容，那么在产品设计之初就应为以后版本升级保留一定余地，并且在产品升级时必须考虑前一版本的各种特性；

- ◆ 不同结构间的关系不要过于复杂，若两个结构间关系较复杂、密切，那么应合为一个结构；
- ◆ 编程时，要注意数据类型的强制转换，当进行数据类型强制转换时，其数据的意义、转换后的取值等都有可能发生变化，而这些细节若考虑不周，就很有可能留下隐患；
- ◆ 若结构中元素个数过多可考虑依据某种原则把元素组成不同的子结构，以减少原结构中元素的个数，这样可以增加结构的可理解性、可操作性和可维护性；
- ◆ 留心不同语言及编译器处理不同数据类型的原则及有关细节。

6．函数

- ◆ 函数的规模尽量限制在 200 行以内。
- ◆ 一个函数最好仅完成一种功能，不要设计多用途面面俱到的函数，多功能集于一身的函数，很可能使函数的理解、测试、维护等变得困难。
- ◆ 函数的功能应该是可以预测的，即只要输入数据相同就应产生同样的输出。
- ◆ 函数独立性的基本要求尽量不要编写与其他函数内部耦合的函数。
- ◆ 避免设计多参数函数，不使用的参数从接口中去掉，减少函数间接口的复杂度。
- ◆ 用注释详细说明每个参数的作用、取值范围及参数间的关系。
- ◆ 为简单功能编写函数，虽然为仅用一两行就可完成的功能去编函数好象没有必要，但用函数可使功能明确化，增加程序可读性，可方便维护、测试。
- ◆ 函数的每种出错返回值的意义要清晰、明了、准确，防止使用者误用、理解错误或忽视错误返回码让使用者不容易忽视错误情况，对所调用函数的错误返回码要仔细、全面地处理。
- ◆ 编写可重入函数时，若使用全局变量，则应通过关中断、信号量等手段对其加以保护。若对所使用的全局变量不加以保护，则此函数就不具有可重入性，即当多个进程调用此函数时，很有可能使有关全局变量变为不可知状态。
- ◆ 检查函数所有参数输入的有效性。
- ◆ 检查函数所有非参数输入的有效性，如数据文件、公共变量等。
- ◆ 函数名应准确描述函数的功能，避免使用无意义或含义不清的动词为函数命名。
- ◆ 明确函数功能，精确地实现函数设计。
- ◆ 在调用函数填写参数时，应尽量减少没有必要的默认数据类型转换或强制数据类型转换。
- ◆ 避免函数中不必要语句，防止程序中的垃圾代码，由于程序中的垃圾代码不仅占用额外的空间，而且还常常影响程序的功能与性能，很可能给程序的测试、维护等造成不必要的麻烦。
- ◆ 如果多段代码重复做同一件事情，那么在函数的划分上可能存在问题。若此段代码各语句之间有实质性关联并且是完成同一件功能的，那么可考虑把此段代码构造成一个新的函数。
- ◆ 防止把没有关联的语句放到一个函数中，以防止函数或过程内出现随机内聚（随机内聚是指将没有关联或关联很弱的语句放到同一个函数或过程中，这会给函数或过程的维护、测试及以后的升级等造成不便，同时也使函数或过程的功能不明确）。
- ◆ 模块中函数划分得过多，一般会使函数间的接口变得复杂，所以过小的函数，特别是扇入很低的或功能不明确的函数，不值得单独存在。
- ◆ 设计高扇入、合理扇出（小于 7）的函数。扇出是指一个函数直接调用（控制）其他函数的数目，而扇入是指有多少上级函数调用它。扇出过大，表明函数过分复杂，需要控制和协调过多的下级函数。而扇出过小，如总是 1，表明函数的调用层次可能过多，这样不利于程序阅读和函数结构的分析，并且程序运行时会对系统资源如堆栈空间等造成压力。函数较合理的扇出（调度函数除外）通常是 3～5。扇出太大，可适当增加中间层次的函数。扇出太小，可把下级函数进一步分解成多个函数，或合并到上级函数中。分解或合并函数时，不能改变要实现的功能，也不能违背函数间的独立性。公共模块中的函数及底层函数应该有较高的扇入。较良好的软件结构通常是顶层函数的扇出较高，中层函数的扇出较少，而底层函数则扇入到公共模块中。

◆ 递归调用特别是函数间的递归调用（如 A→B→C→A），影响程序的可理解性，递归调用一般都占用较多的系统资源（如栈空间），对程序的测试有一定影响，故应减少没必要的递归调用。

◆ 仔细分析模块的功能及性能需求，并进一步细分，同时若有必要应画出有关数据流图，据此来进行模块的函数划分与组织，提高模块的最终效率和可维护性、可测性。

◆ 在多任务操作系统的环境下编程，要注意函数可重入性的构造。可重入性是指函数可以被多个任务进程调用。在多任务操作系统中，函数是否具有可重入性是非常重要的，因为这是多个进程可以共用此函数的必要条件。另外，编译器是否提供可重入函数库，与它所服务的操作系统有关，只有操作系统是多任务时，编译器才有可能提供可重入函数库。

7．可测性

◆ 在同一项目组或产品组内，在编写代码之前，要有一套统一的为集成测试与系统联调准备的调测开关及相应的打印函数，并且要有详细的说明。

◆ 在同一项目组或产品组内，调测打印出的信息串的格式要有统一的形式。信息串中至少要有所在模块名（或源文件名）及行号。

◆ 编程的同时要为单元测试选择恰当的测试点，并仔细构造测试代码、测试用例，同时给出明确的注释说明。测试代码部分应作为（模块中的）一个子模块，以方便测试代码在模块中的安装与拆卸（通过调测开关）。

◆ 在进行集成测试/系统联调之前，要构造好测试环境、测试项目及测试用例，好的测试用例应尽可能模拟出程序所遇到的边界值、各种复杂环境及一些极端情况等，同时仔细分析并优化测试用例，以提高测试效率。程序的调试与测试是软件生存周期中很重要的一个阶段，如何对软件进行较全面、高率的测试并尽可能地找出软件中的错误就成为很关键的问题。因此在编写源代码之前，除了要有一套比较完善的测试计划外，还应设计出一系列代码测试手段，为单元测试、集成测试及系统联调提供方便。

◆ 使用断言来发现软件问题，提高代码可测性。断言是对某种假设条件进行检查（可理解为若条件成立则无动作，否则应报告），它可以快速发现并定位软件问题，同时对系统错误进行自动报警。断言可以对在系统中隐藏很深，用其他手段极难发现的问题进行定位，从而缩短软件问题定位时间，提高系统的可测性。

◆ 不能用断言来检查最终产品肯定会出现且必须处理的错误情况。断言是用来处理不应该发生的错误情况的，对于可能会发生的且必须处理的情况要写防错程序，而不是断言。如某模块收到其他模块或链路上的消息后，要对消息的合理性进行检查，此过程为正常的错误检查，不能用断言来实现。

◆ 对较复杂的断言加上明确的注释，可澄清断言含义并减少不必要的误用。

◆ 用断言来检查程序正常运行时不应发生但在调测时有可能发生的非法情况。

◆ 用断言保证没有定义的特性或功能不被使用，假设某通信模块在设计时，准备提供“无连接”和“连接”这两种业务。但当前的版本中仅实现了“无连接”业务，且在此版本的正式发行版中，用户（上层模块）不应产生“连接”业务的请求，那么在测试时可用断言检查用户是否使用了“连接”业务。

◆ 为了加快软件运行速度，正式软件产品中应把断言及其他调测代码去掉（即把有关的调测开关关掉）。

◆ 在软件系统中设置与取消有关测试手段，即有测试代码的软件和关掉测试代码的软件，不能对软件实现的功能等产生影响。

◆ 调测开关应分为不同级别和类型。调测开关的设置及分类应从以下几方面考虑：针对模块或系统某部分代码的调测；针对模块或系统某功能的调测；出于某种其他目的，如对性能、容量等的测试。这样做便于软件功能的调测，并且便于模块的单元测试、系统联调等。

8．程序效率

◆ 编程时要经常注意代码的效率。代码效率分为全局效率、局部效率、时间效率及空间效率。全局效率是站在整个系统的角度上的系统效率，局部效率是站在模块或函数角度上的效率，时间效率是程序处理输入任务所需的时间长短，空间效率是程序所需内存空间，如机器代码空间大小、数据空间大小、栈空间大小等。局部效率应为全局效率服务，不能因为提高局部效率而对全局效率造成影响。

◆ 一味地追求代码效率可能对软件的正确性、稳定性、可读性及可测性造成影响，因此，在保证软件系统的正确性、稳定性、可读性及可测性的前提下，提高代码效率。

◆ 通过对系统数据结构的划分与组织的改进、对程序算法的优化来提高空间效率。

◆ 循环体内工作量最小化原则。应仔细考虑循环体内的语句是否可以放在循环体之外，使循环体内工作量最小，从而提高程序的时间效率。

◆ 在多重循环中，应将最忙的循环放在最内层，以减少 CPU 切入循环层的次数。

◆ 软件系统的效率主要与算法、处理任务方式、系统功能及函数结构有很大关系，仅在代码上下功夫一般不能解决根本问题，因此，应对模块中函数的划分及组织方式进行分析、优化，改进模块中函数的组织结构，提高程序效率。

◆ 编程时，要随时留心代码效率，但不应花过多的时间提高调用不很频繁的函数代码效率。

◆ 只有对编译系统产生机器码的方式以及硬件系统较为熟悉时，才可使用汇编嵌入方式。嵌入汇编可提高时间及空间效率，但也存在一定风险，因此，要仔细地构造或直接用汇编编写调用频繁或性能要求极高的函数。

◆ 尽量减少循环嵌套层次。

◆ 避免循环体内含判断语句，应将循环语句置于判断语句的代码块之中，目的是减少判断次数。循环体中的判断语句是否可以移到循环体外，要视程序的具体情况而定，一般情况下，与循环变量无关的判断语句可以移到循环体外，而有关的则不可以。

◆ 尽量用乘法或其他方法代替除法，特别是浮点运算中的除法，这是由于浮点运算除法要占用较多 CPU 资源。

◆ 不要一味追求紧凑的代码，因为紧凑的代码并不代表高效的机器码。

9．质量保证

◆ 在软件设计过程中构筑软件质量。

◆ 保证代码质量的优先顺序是：正确性、稳定性、安全性、可测试性、规范/可读性、全局效率、局部效率、个人编程习惯。

◆ 只引用属于自己的存储空间。

◆ 防止引用已经释放的内存空间。在实际编程过程中，稍不留心就会出现在一个模块中释放了某个内存块（如 C 语言指针），而另一模块在随后的某个时刻又使用了它，要防止这种情况发生。

◆ 过程/函数中分配的内存，在过程/函数退出之前要释放。

◆ 分配的内存不释放以及文件句柄不关闭，是较常见的错误，而且稍不注意就有可能发生。这类错误往往会引起很严重后果，且难以定位。因此，过程/函数中申请的（为打开文件而使用的）文件句柄，在过程/函数退出之前要关闭。
◆ 防止内存操作越界。内存操作主要是指对数组、指针、内存地址等的操作。内存操作越界是软件系统主要错误之一，后果往往非常严重。
◆ 时刻注意表达式是否会上溢、下溢。
◆ 系统运行之初，要对加载到系统中的数据进行一致性检查，使用不一致的数据，容易使系统进入混乱状态和不可知状态。
◆ 认真处理程序所能遇到的各种出错情况。
◆ 系统运行之初，要初始化有关变量及运行环境，防止未经初始化的变量被引用。
◆ 编程时，不能随心所欲地更改不属于自己模块的有关设置，如常量、数组的大小，严禁随意更改其他模块或系统的有关设置和配置。
◆ 不能随意改变与其他模块的接口。
◆ 充分了解系统的接口之后，再使用系统提供的功能。
◆ 要时刻注意易混淆的操作符。当编完程序后，应从头至尾检查一遍这些操作符，以防止拼写错误。
◆ 有可能的话，if 语句尽量加上 else 分支，对没有 else 分支的语句要小心对待。
◆ goto 语句会破坏程序的结构性，所以不要滥用 goto 语句。
◆ 不要使用与硬件或操作系统关系很大的语句，而使用建议的标准语句。
◆ 精心地构造、划分子模块，并按“接口”部分及“内核”部分合理地组织子模块，以提高“内核”部分的可移植性和可重用性，因为对不同产品中的某个功能相同的模块，若能做到其内核部分完全或基本一致，那么无论对产品的测试、维护，还是对以后产品的升级都会有很大帮助。
◆ 精心构造算法，并对其性能、效率进行测试，对较关键的算法最好使用其他算法来确认。
◆ 使用变量时要注意其边界值的情况。
◆ 留心程序机器码大小（如指令空间大小、数据空间大小、堆栈空间大小等）是否超出系统有关限制。
◆ 为用户提供良好的接口界面，使用户能较充分地了解系统内部运行状态及有关系统出错情况。
◆ 系统应具有一定的容错能力，对一些错误事件（如用户误操作等）能进行自动补救。
◆ 对一些具有危险性的操作代码（如写硬盘、删数据等）要仔细考虑，防止对数据、硬件等的安全构成危害，以提高系统的安全性。
◆ 编写代码时要注意随时保存，并定期备份，防止由于断电、硬盘损坏等原因造成代码丢失。
◆ 保护与联锁。各种应用程序中的保护和联锁功能可以防止由于非法操作而引起的控制逻辑混乱，保证 PLC 控制系统安全、可靠运行。

10. 代码测试与维护

◆ 单元测试要求至少达到语句覆盖。
◆ 单元测试开始要跟踪每一条语句，并观察数据流及变量的变化。
◆ 清理、整理或优化后的代码要经过审查及测试。
◆ 代码版本升级要经过严格测试。
◆ 正式版本上软件的任何修改都应有详细的文档记录。
◆ 发现错误立即修改，并且要记录下来。
◆ 设计并分析测试用例，使测试用例覆盖尽可能多的情况，以提高测试用例的效率。

◆ 尽可能模拟出程序的各种出错情况，对出错处理代码进行充分的测试。

◆ 仔细测试代码处理数据、变量的边界情况。

◆ 对自动消失的错误进行分析，搞清楚错误是如何消失的。

◆ 测试时应设法使很少发生的事件经常发生。

◆ 坚持在编码阶段就对代码进行彻底的单元测试，不要等以后的测试工作来发现问题。

◆ 保留测试信息，以便分析、总结经验及进行更充分的测试。

◆ 明确模块或函数处理哪些事件。

4.6.2 PLC 应用程序的质量评价标准

PLC 应用程序的质量通常可以由以下几个方面来衡量。

① 正确性。所有应用程序的正确性必须能经得起系统运行实践的考验，离开这一条，对程序所做的所有评价都没有意义。

② 可靠性。应用程序的可靠性是指可以保证系统在正常和非正常（如短时掉电再复电、某些被控量超标、某个环节有故障等）状态下都能安全可靠地运行，在出现非法操作（如误动操作等）情况下不至于出现整个系统控制崩溃。

③ 参数的易调整性。PLC 应用程序的某些功能的改变应该容易通过修改程序中的某些参数而方便地得到。因此，在应用程序设计时必须考虑怎样编写才能易于修改。

④ 简练性。简短的程序可以节省用户存储区，通常也可节省程序执行时间，提高对输入的响应速度。

⑤ 可读性。可读性好的程序不仅便于程序设计者修改、调试程序，也便于系统维护人员进行维护、升级，还有利于程序的移植。

⑥ 能够最大限度地满足被控对象的控制要求。

思考题与练习题

4-1 机械手是工业控制和加工中经常用到的执行部件，具有能适应恶劣工作环境、效率高、安全稳定和可进行高强度工作的优点，在自动化生产线上有广泛的应用。工业机械手的工作过程如题图 4-1 所示，要求依据机械手的工作过程和控制要求完成控制任务的编程。

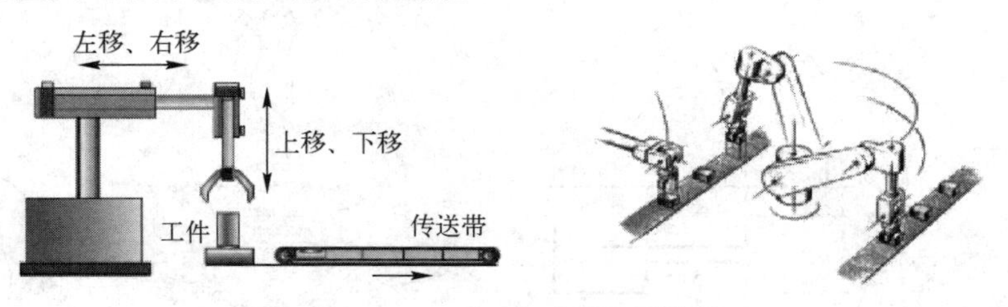

题图 4-1 机械手的动作过程示意图

机械手的动作分为三组六个步骤，即：上升（下降）、左移（右移）、放松（夹紧），要求机械手将工件从左边的工位上抓移至右边的传送带上。

机械手的动作由电磁阀控制。其中，上升（下降）和左移（右移）均分别由双线圈的两位电磁阀控制。当下降电磁阀通电时，机械手下降，当下降电磁阀断电时，机械手下降停止。当上升电磁阀通电时，机械手上升，当上升电磁阀断电时，机械手停止上升。同样，左移、右移分别由左移电磁阀和右移电磁阀控制。当机械手左移到位并准备下降时，必须满足左工位上无工件的条件，这时才允许机械手下降。可用光电开关进行有无工件的检测。机械手的放松、夹紧动作由一个单线圈的两位电磁阀控制，当该线圈通电时，机械手夹紧，当该线圈断电时，机械手放松。

4-2　编制程序完成下述任务：系统有一个手动/自动转换开关。处于手动状态时，当单击启动开关后，系统依下列顺序动作：

（1）执行泡沫清洗 10 秒（以 MC1 驱动）

（2）按 PB1 则执行清水清洗 20 秒（以 MC2 驱动）

（3）按 PB2 则进行风干 5 秒（以 MC3 驱动）

（4）按 PB3 则结束洗车

若处于自动状态，当单击启动开关后，则系统自动运行，控制顺序如下：先泡沫清洗 10 秒，然后清水洗净 20 秒，再风干 5 秒，结束后回到待洗状态。任何时候按下结束按钮，则所有输出复位，洗车控制系统停止。洗车控制过程如题图 4-2 所示。

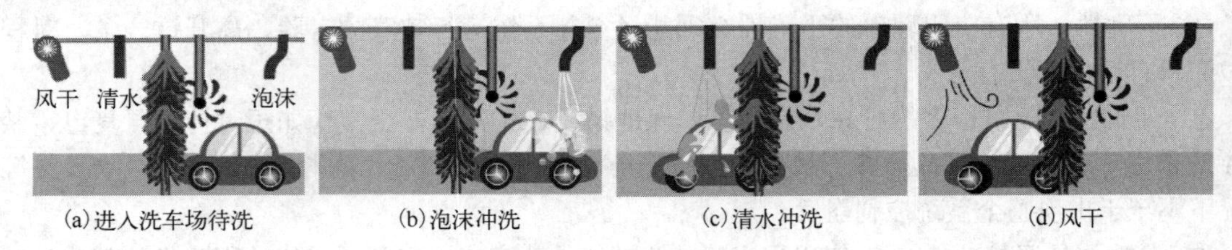

题图 4-2　洗车控制过程

4-3　创建自动售茶水和牛奶的售货机的控制程序。该设备可以提供两种茶水（纯红茶水和奶茶（红茶+牛奶））和纯牛奶，并具有硬币识别、币值累加、自动售货、自动找钱的功能。假设一杯纯红茶水的价格是 1 元；一杯奶茶的价格是 1.5 元；一杯牛奶的价格是 2.0 元，该机器可接受 5 角和 1 元的硬币。当有多余的钱投入时，会有零钱找出（备注：接满一杯纯红茶水或牛奶的时间是 20 秒，接满一杯奶茶的时间是 10 秒。有三个选择按键：红茶水按键、奶茶按键、牛奶按键）。每个按键、电磁阀、找零开关都有相应的指示灯。

4-4　编制两个喷泉控制程序。

① 假设喷泉有 A、B、C 三组喷头，工作过程的时序图如题图 4-3 所示。启动后，A 喷头先喷水 5 秒，然后 B、C 喷头同时喷水，5 秒后 B 喷头停喷水，再过 5 秒 C 喷头停止喷水。这样循环往复周而复始，直至系统停止开关闭合。

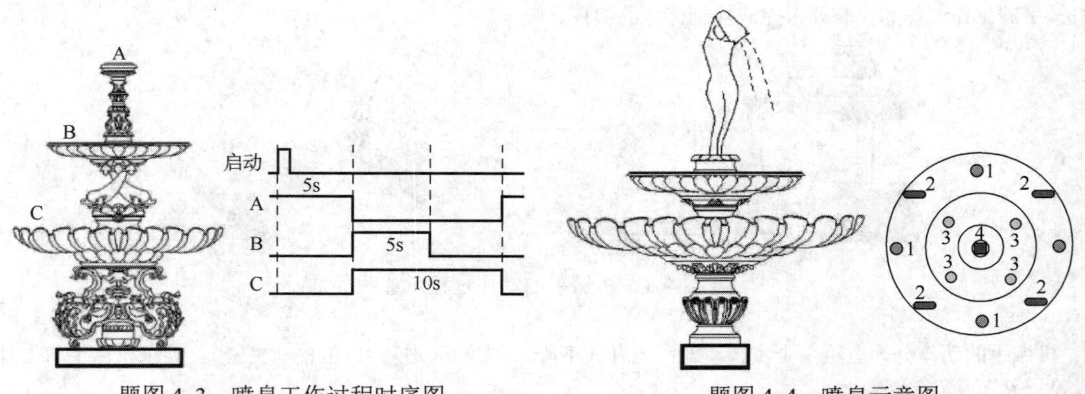

题图 4-3　喷泉工作过程时序图　　　题图 4-4　喷泉示意图

② 花式喷泉的喷嘴旁边配有各种彩灯，第 1 花样配以绿灯，第 2 花样配以蓝灯，第 3 花样配以黄灯，第 4 花样配以红灯。喷泉示意图如题图 4-4 所示。控制要求为：启动按钮按下后，第 1 花样输出且绿灯亮；1 分钟后，第 2 花样输出且蓝灯亮；2 分钟后，第 3 花样输出且黄灯亮；3 分钟后，第 4 花样输出且红灯亮；再过 2 分钟后，各彩灯与喷嘴以相反时序相继关断。如此循环往复周而复始，直至系统停止开关闭合。

4-5　某盒装饮料生产线，合格饮料的质量应为(1000±5)g。现有一批数量为 N 盒的饮料，要求计算出这批饮料的合格率、超重产品的比率和超轻产品的比率。

4-6　现采集到一批数目为 2000 的模拟量数据，要求：

（1）检查它们的总和是否大于一个设定的值；

（2）对这一批数据按照从小到大的顺序进行排列；

（3）去除最大值和最小值，计算出剩余数据的平均值；

（4）用高级语言 Automation Basic 编程实现。

4-7　编程完成下述功能:有一个恒温车间，内有 30 个温度采样点（30 个温度传感器），要求车间内的平均温度 $t \geqslant 20℃$，并且 $t \leqslant 25℃$。当温度低于 20℃并大于等于 10℃时，加热器开为低热挡；当温度低于 10℃时，加热器开为高热挡。当温度高于 25℃并小于等于 30℃时，制冷器开为低制冷挡；当温度高于 30℃时，制冷器开为高制冷挡。

4-8　有一个切纸控制系统如题图 4-5 所示。纸卷由电机 2 带动旋转，切刀由电机 1 带动上下运动，切刀运动的高点和低点处有位置传感器。已知电机 2 带动纸卷的运动速度为 Vm/s，要求切下的每段纸长为 L 米，试编程完成上述功能。操作面板上有系统启停开关 key，忽略切刀由高点到低点的时间。

4-9　设计六组竞赛抢答声光显示系统，用梯形图或指令表设计控制程序，其控制要求为：

（1）参赛组为六组，每组对应一个按钮和一个指示灯；

（2）抢答系统只有一个扬声器，在抢先按钮按下时，发出 1 秒的提示音；

（3）参赛组若要回答主持人所提出的问题，需抢先按下桌面上的按钮，同时对应指示灯亮，喇叭发出提示音，此后其他组按下按钮均无效；

（4）指示灯亮后，需等主持人按下复位按钮后才熄灭，下次抢答才能开始。

竞赛抢答声光显示系统如题图 4-6 所示。

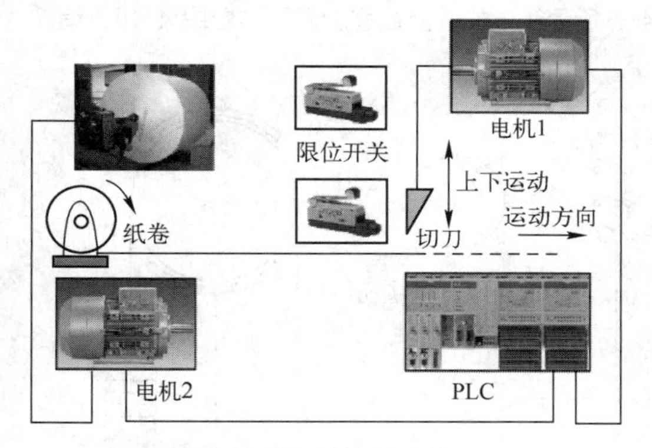

题图 4-5　切纸控制系统

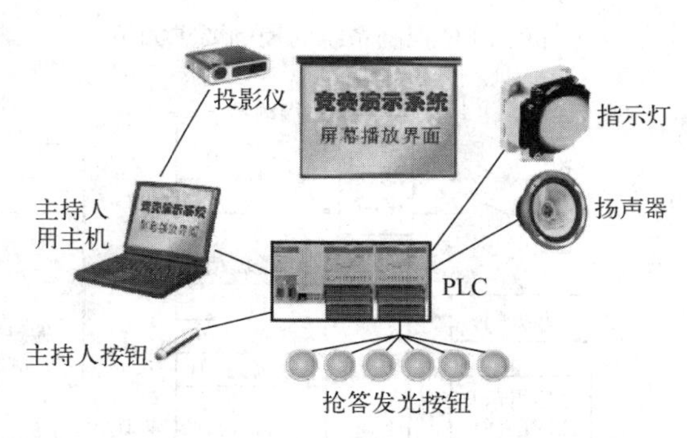

题图 4-6　竞赛抢答声光显示系统

4-10　在十字路口的东、南、西、北 4 个方向装设有红、黄、绿灯，它们按照一定工作顺序轮流交替发亮。十字交通路口的红绿灯控制系统如题图 4-7 所示。编制程序完成交通灯控制任务。东西方向的红灯亮 60 秒（同时，南北方向的绿灯亮 60 秒），60 秒后，两方向上的黄灯闪烁 5 秒后，东西方向的绿灯亮 60 秒（同时，南北方向的红灯也亮 60 秒）。任何时候，当有救火车辆或急救车辆时，可通过急停开关让救火车辆或急救车辆优先通过，然后复位至东西路口绿灯开始点亮。

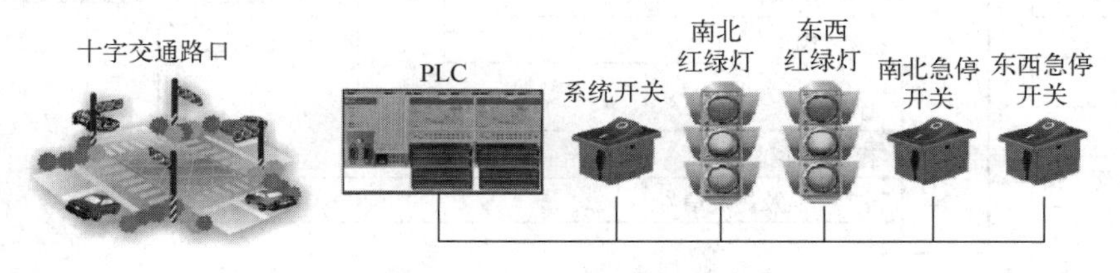

题图 4-7　十字交通路口的红绿灯控制系统

4-11　选矿厂碎矿工段有一条皮带移动小车卸料系统，移动卸料小车将矿石分配到 4 台细碎圆锥破碎机前的矿仓中。移动卸料小车运行系统如题图 4-8 所示。试设计 PLC 控制系统，控制系统要求为：

双侧卸料小车
1　2　3　皮带运输机
1#　2#　3#　4#
四个圆锥矿仓

题图 4-8　皮带移动小车卸料系统

（1）小车电机电缆为滑触线，通过刀架和电缆同电机连接起来；

（2）小车轨道旁 4 个矿仓及两头都安装了接近开关；

（3）4 个矿仓上方装有料位计探头，每个矿仓有 4 个内部接点，作为报警点输出，即：高—高报警，高报警，低报警，低—低报警；

（4）PLC 安装在控制柜内；

（5）动力配电柜内有空气开关，正、反转主接触器；

（6）操作台内部装设有正、反转 2 个继电器和左右极限用的 2 个继电器，表面装有转换开关，手动正转、停车、反转按钮，4 个矿仓指示灯，料位指示表及选择按钮，左右极限和高低料位指示灯，报警铃及消铃按钮。

（7）当 4 个矿仓都出现高料位或某一矿仓出现高—高料位时，自动停所有单筛给矿并报警；

（8）若负荷重，小车过载或主电源跳闸，报警并停给矿；

（9）为了保护电机，小车正向（反向）转为反向（正向）运行时，要有 5 秒延时；

（10）当小车因抱闸松等原因冲出两头矿仓时，限位开关动作，自动退回到矿仓并报警，两头矿仓都有机械挡板；

（11）小车始终依照料位最低原则将矿料卸载到料位最低的矿仓中；

（12）小车移动现场加装摄像头，并把信号引到操作室和中控室监视器，便于操作人员随时了解现场情况。

4-12　电梯升降 PLC 控制系统原理电路图如题图 4-9 所示，电梯升降过程示意图如题图 4-10 所示。一个四层楼电梯的 PLC 控制系统的控制要求如下：

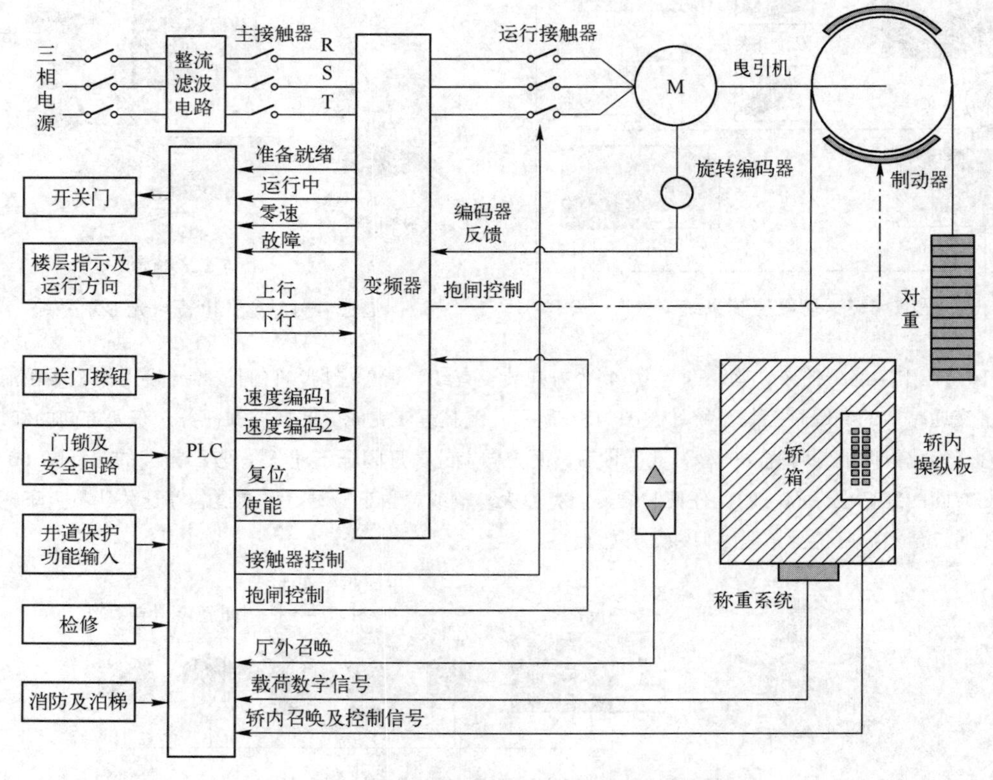

题图 4-9　电梯升降 PLC 控制系统原理电路图

（1）当轿厢停于第一层、第二层或者第三层时，按下第四层厅外召唤按钮呼叫电梯，则轿厢上升到第四层停止。

（2）当轿厢停于第四层、第三层或者第二层时，按下第一层厅外召唤按钮呼叫电梯，则轿厢下降到第一层停止。

（3）当轿厢停于第一层时，若按下第二层厅外召唤按钮呼叫电梯，则轿厢上升到第二层停止，若按第三层厅外召唤按钮呼叫电梯，则轿厢上升到第三层。

（4）当轿厢停于第四层，若按下第三层厅外召唤按钮呼叫电梯，则轿厢下降到第三层停止，若按下第二层厅外召唤按钮呼叫电梯，则轿厢下降到第二层停止。

（5）当轿厢停于第一层，而第二层厅外召唤、第三层厅外召唤、第四层厅外召唤按钮均有人呼叫电梯时，轿厢上升到第二层暂停 4 秒后继续上升到第三层，再暂停 4 秒后，又继续上升到第四层停止。

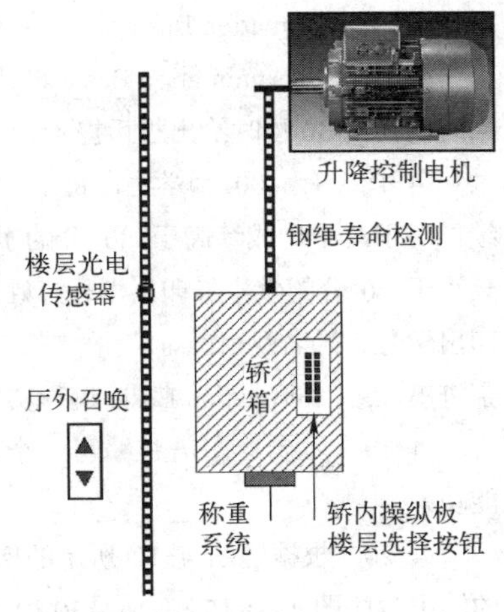

题图 4-10　电梯升降过程示意图

（6）当轿厢停于第四层，而第一层厅外召唤、第二层厅外召唤、第三层厅外召唤按钮均有人呼叫电梯时，轿厢下降到第三层暂停 4 秒后继续下降到第二层，暂停 4 秒后，继续下降到第一层停止。

（7）轿厢在楼层之间运行超过 20 秒，电梯停止运行。

（8）当轿厢上升（或者下降）途中，任何反向下降（或者上升）的厅外召唤按钮呼叫电梯均无效。楼层显示灯亮表示轿厢停于该层，灯灭表示轿厢离开该层。

试编制程序完成上述控制要求，并绘出电梯控制系统 PLC 外部电气接线图。

4-13　用梯形图语言实现下述控制并画出输入/输出信号的时序图。控制要求：使用一个按钮控制两盏灯，第一次按下时第一盏灯亮，第二盏灯灭；第二次按下时第一盏灯灭，第二盏灯亮；第三次按下时两盏灯都亮；第四次按下时两盏灯同时灭。依此规律循环往复。假设按钮信号为 X1，第一盏灯信号为 Y1，第二盏灯信号为 Y2。

4-14　物流检测系统工作示意图如题图 4-11 所示，编程完成下述任务。控制要求：系统中有三个光电传感器 BL1、BL2、BL3。BL1 检测工件为次品还是正品；BL2 检测凸轮的运行状态，凸轮每转一圈，发出一个移位脉冲。假设工件的间隔是一定的，故每转一圈就代表有一个工件的到来，所以，BL2 实际上是一个检测工件到来的传感器。BL3 检测有无次品落下，SB1 为手动复位按钮。当次品移到第 4 位时，拨杆动作使次品落到次品箱。若无次品，则正品移到正品箱，完成正品和次品分开的任务。

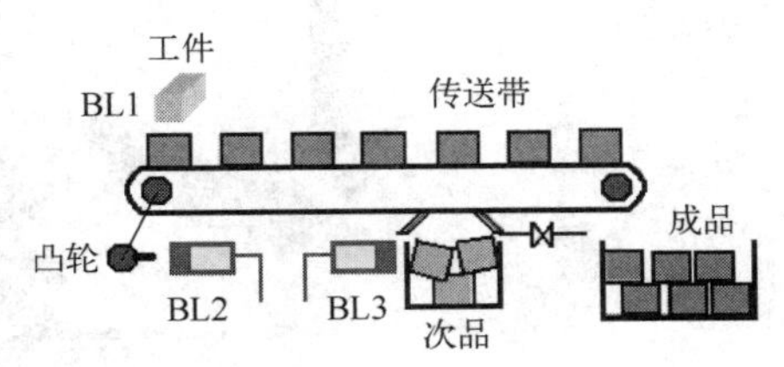

题图 4-11　物流检测系统工作示意图

4-15　有按红、黄、绿、红、……、黄、绿顺序布置的 12 只节日彩灯，要求：

（1）每 1 秒移动一个灯位；

（2）每次亮 0.5 秒；

（3）有一个选择开关：每次只点亮一只灯泡或者每次点亮相邻的三只灯泡。

请设计控制程序，绘出彩灯 PLC 控制系统电气接线图并编制控制程序。

4-16　某锅炉温度控制系统，每隔 10 秒的时间测试一次它的温度，测试三次后，计算这三次的温度平均值 act_tmp，预先给定预设温度 set_tmp，实现以下的控制要求：

（1）act_tmp < set_tmp 时，激活加热器开关 heat；

（2）act_tmp > set_tmp 时，激活降温器开关 cool；

（3）act_tmp < set_tmp 时，升温红色指示灯每隔 1 秒闪烁 0.5 秒；

（4）act_tmp > set_tmp 时，降温绿色指示灯每隔 1 秒闪烁 0.5 秒。

请用 Automation Basic 设计该控制程序。

4-17 用 Automation Basic 设计投币式公用电话的控制程序。控制要求：投入一个硬币可以通话 3 分钟，当时间还剩 30 秒时给出投币提示。

4-18 有 100 个学生，每个学生的数据包括学号、姓名、三门课的成绩。要求：计算三门课的总平均成绩，对于总平均成绩高于 80 分的学生打印出学号、姓名及“Excellent！”的字符串；对于总平均成绩高于 70 分小于 80 分的学生打印出学号、姓名及“Good！”的字符串；对于总平均成绩高于 60 分小于 70 分的学生打印出学号、姓名及“Pass！”的字符串；对于总平均成绩小于 60 分的学生打印出学号、姓名及“Not-Pass！”的字符串。用 Automation Basic 编程实现。

4-19 用梯形图语言编写一个用户功能块，实现 XOR 运算功能，并另外编写一段程序，调用这个功能块。

4-20 根据题图 4-12 所示的梯形图，画出 X10 接通后，T1、T0、Y10 的输出时序图（a1=15 秒，a2=30 秒）。

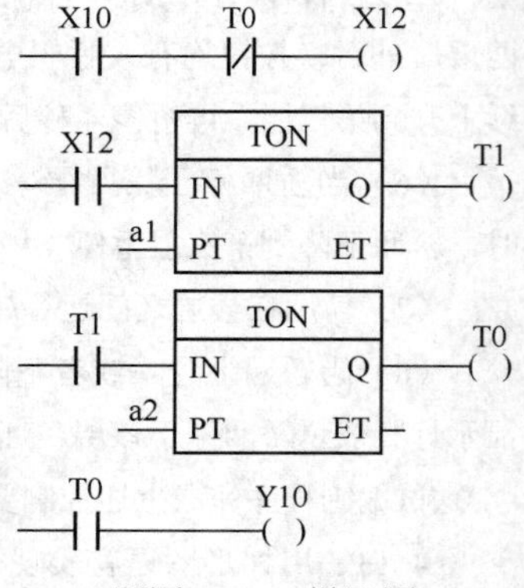

题图 4-12 梯形图

4-21 按照要求编制脉冲发生器控制程序：

（1）单脉冲发生器：输入点 X0 每接通一次，就产生一个定时的单脉冲。无论 X0 接通时间长短如何，输出 Y0 的脉宽都等于定时器预先设定的时间。

（2）占空比可调脉冲发生器：利用 2 个定时器产生方波脉冲序列，且占空比可根据需要灵活改变。

4-22 设计控制程序，完成水泥装运控制任务。散装水泥罐通过电磁阀控制出料。启动系统开关，传送带电机运转，5 秒后，若传送带底端有车辆时，散装水泥罐的电磁阀开启。当车辆达到最大允许载荷时，散装水泥罐的电磁阀关闭，传送带继续运转 6 秒。若按下系统急停开关，或传送带断裂，传送带电机与散装水泥罐的电磁阀同时关闭，报警灯闪烁。若电磁阀故障，传送带继续运行，报警灯闪烁。水泥装运系统如题图 4-13 所示。

题图 4-13 水泥装运系统

4-23 编制程序完成液体灌装生产线的部分控制任务。某工段的控制要求：当检测到传送带某工位罐体出现丢盖现象时，次品拨杆在这罐到位时动作，丢盖计数器计数累计；当检测到传送带某工位罐体的盖子出现歪斜现象时，纠正盖子的机构在这罐到位时动作，纠盖计数器计数累计；当检测到传送带某工位无罐体时，下一步贴标签机构在这个工位不动作。液体灌装生产线如题图 4-14 所示。

4-24 编制程序完成蛋糕包装生产线的部分控制任务。蛋糕包装生产线如题图 4-15 所示。系统控制要求：生产线包装速度：100 包/分钟，每包 4 个蛋糕，包装袋尺寸：长 200mm，宽 1500 毫米，高 50 毫米，每包质量：300 千克，误差小于 5 克。试设计控制系统，确定所需要的输入/输出变量，完成称重、质量不合格统计、生产包数统计、切点位置检测、切刀动作控制、传送带速度控制、空包报警显示的功能。

4-25 瓦楞纸板生产线横切控制系统结构如题图 4-16 所示，假设：裁切长度为 L，刀辊周长为 C，裁切线速度为 V，为了保证裁切的精度，在刀尖与裁切的纸张进行接触时，必须保证刀尖的线速度与纸的线速度一致，以防因为速度差而造成对裁切品的搓拉错位造成误差。如题图 4-17 所示，在刀辊的周长上被划分为同步区域和非同步区域，设置了同步起始位置、切割位置、同步结束位置、参考点位置、加速位置。①当 $L=C$ 时，刀辊匀速运行；②当 $L>C$ 时，则在裁切完成后，刀辊减速运行等待下一次裁切；③当 $L<C$ 时，则裁切完成后，刀辊加速运行等待下一次裁切。试设计控制系统，完成下述要求：

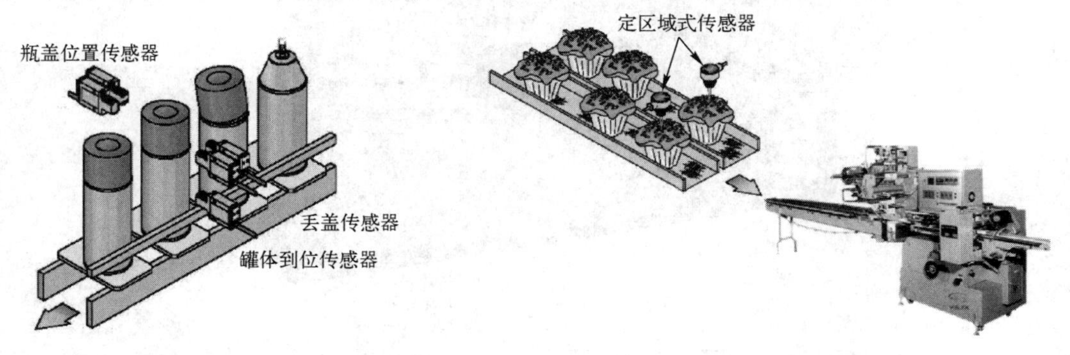

题图 4-14　液体灌装生产线　　　　题图 4-15　蛋糕包装生产线

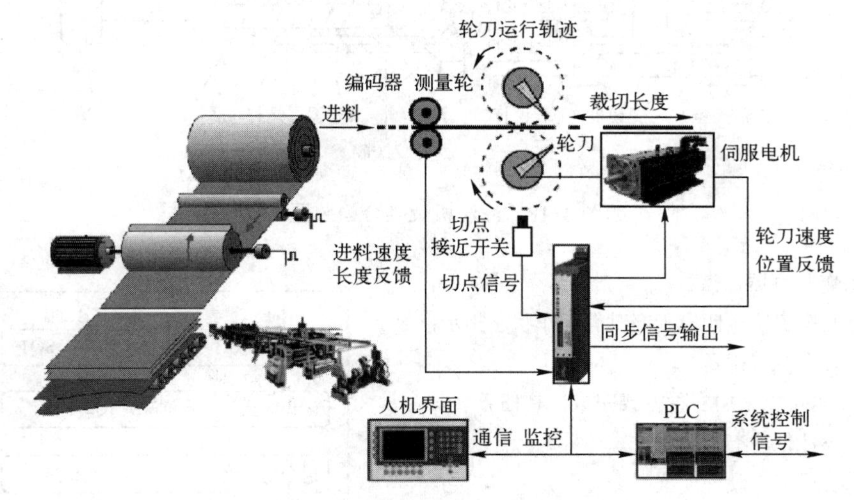

题图 4-16　瓦楞纸板生产线横切控制系统结构

① 完整的设计任务书；

② 完成系统组态或硬件配置；

③ 画出 PLC 控制系统输入/输出电气接线图；

④ 编制主要控制程序；

⑤ 编制系统的操作说明；

⑥ 编制系统的调试说明及注意事项；

⑦ 设计体会；

⑧ 参考文献。

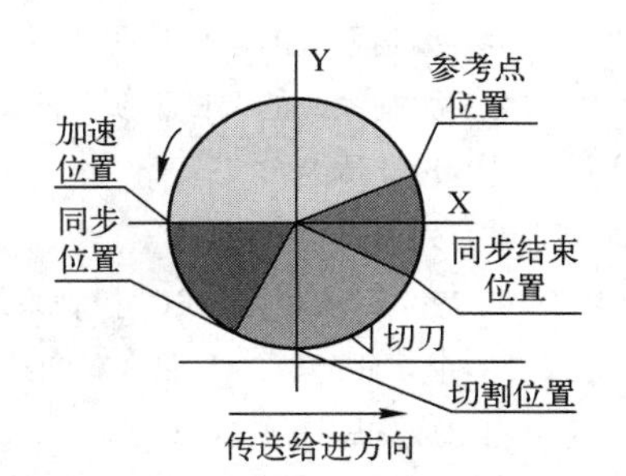

题图 4-17　刀辊的区域划分

4-26　设计注塑机 PLC 控制系统。注塑机用于热塑料加工，是典型的顺序动作控制。它借助 8 个电磁阀 YV1～YV8 完成闭模、射台前进、注射、保压、预塑、射台后退、开模、顶针前进、顶针后退和复位等操作工序，其中注射和保压工序需要一定的时间延时。注塑机及其合模装置结构如题图 4-18 所示，注塑机顺序控制工艺流程图如题图 4-20 所示。系统控制要求如下：

① 按照题图 4-19 所示的工艺要求完成顺序控制任务；

② 注塑机工作时有通电指示；

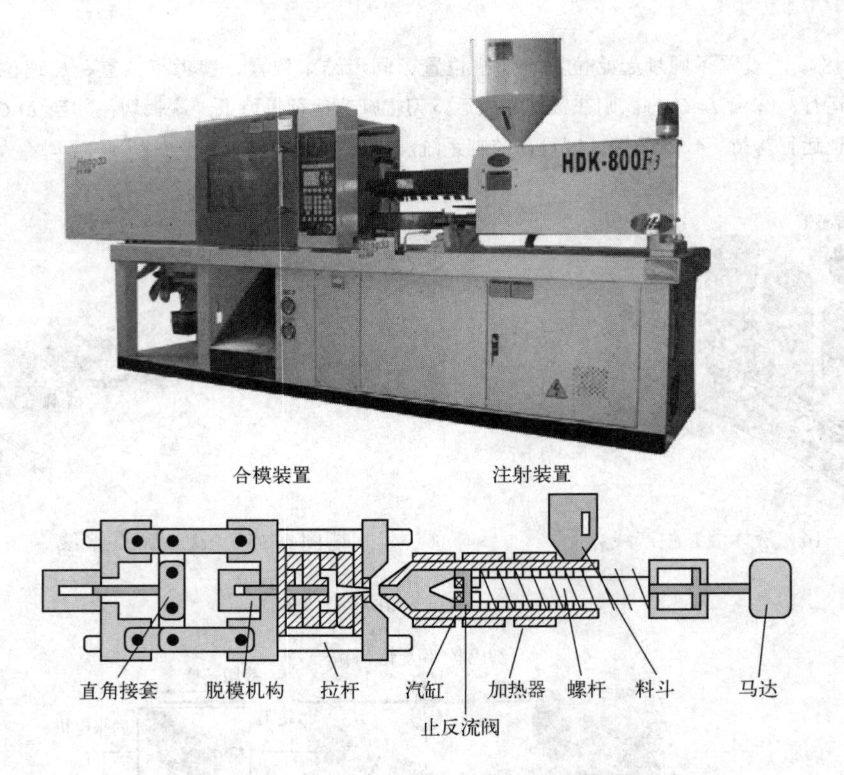

题图 4-18　注塑机及其合模装置结构

③ PLC 工作时有运行指示；

④ 在进行开模工序、闭模工序时有工作状态指示；

⑤ 在原点时有位置指示。

按照下述要求可以采用多种方式完成控制任务。

① 完整的设计任务书；

② 完成系统组态或硬件配置；

③ 画出 PLC 控制系统输入/输出电气接线图；

④ 编制顺序控制程序；

⑤ 编制系统的操作说明；

⑥ 编制系统的调试说明及注意事项；

⑦ 设计体会；

⑧ 列出参考文献。

4-27　污水净化 PLC 控制系统设计。系统由 2 台磁滤器、10 个电磁阀、2 个储水罐和连接管道组成。污水净化系统结构组成如题图 4-20 所示。

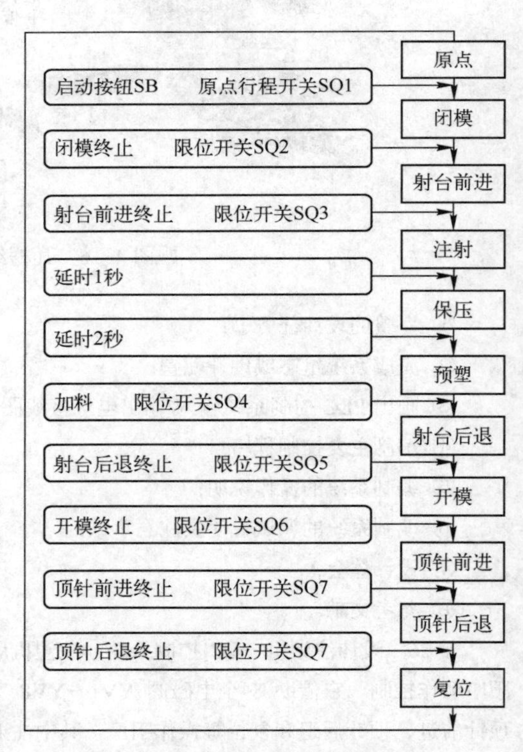

题图 4-19　注塑机顺序控制工艺流程图

污水净化处理分为两道工序，以 1 号机组为例，其工艺流程如下：

① 滤水工序：打开进水阀和出水阀，污水流经磁滤器时，如果磁滤器的线圈一直通电，则污水中的氧化铁杂质会附着在磁滤器的磁铁上，使水箱中流出的是净化水；

② 反洗工序：滤水 10 分钟后，必须清洗附着在磁铁上的氧化铁杂质。这时只要切断磁滤器线圈的电源，关闭进水阀和出水阀，打开排污阀和空气压缩阀，让压缩空气强行把水箱中的水打入磁滤器中，冲洗磁

铁，去掉附着的氧化铁杂质，使冲洗后的污水流入污水池，进行二次处理。

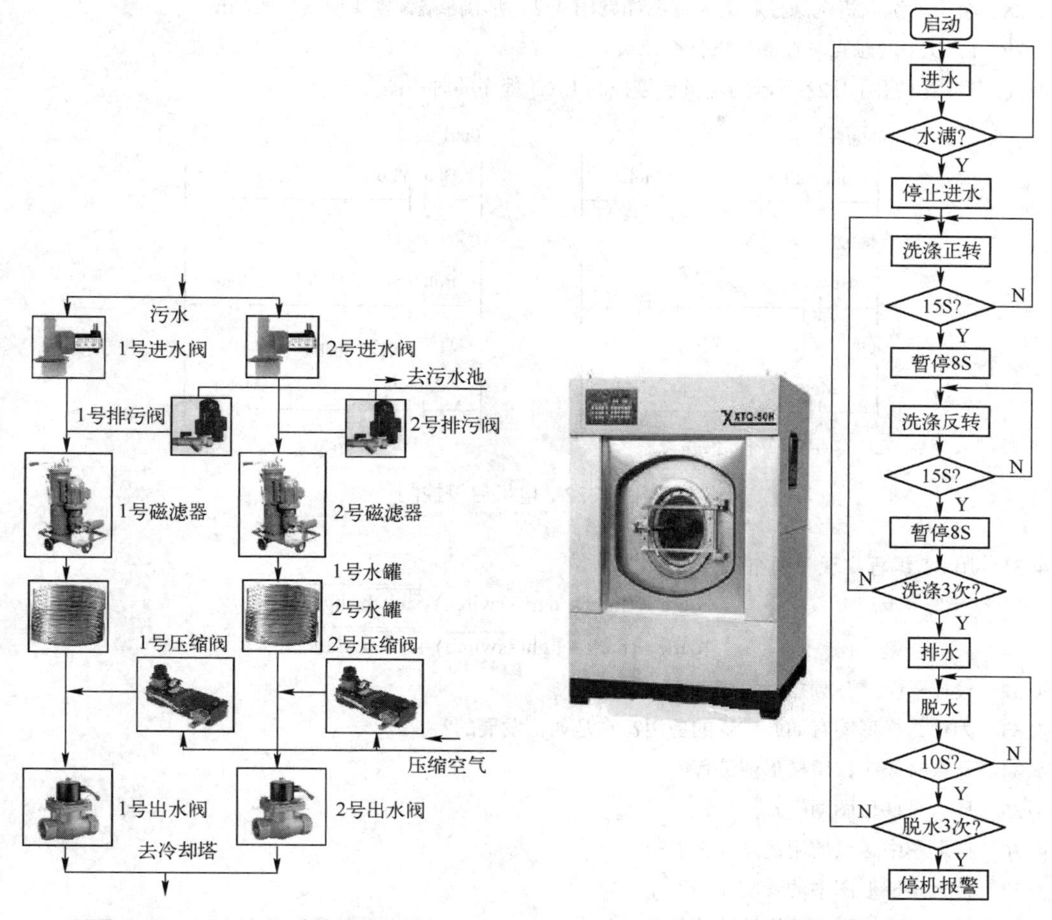

题图 4-20　污水净化系统结构组成　　　题图 4-21　全自动洗衣机洗涤控制的流程图

系统控制要求如下：

① 两台机组的滤水工序既可单独进行，也可同时进行。而反洗工序只允许单台机组进行工作。即一台机组反洗时，另一台机组必须等待。两台机组同时要求反洗时，1 号机组优先。

② 为保证滤水工序的正常进行，在每台机组的管道上均安装了压差检测仪表，只要出现“管压差高”信号，则应立即停止滤水工序，自动进入反洗工序。

③ 为增强系统的可靠性，将每台机组的磁滤器及各个电磁阀线圈的接通信号反馈到 PLC 的输入端，一旦某一输出信号不正常，立即停止系统工作，避免发生事故扩大化。

④ 具有接触器输出故障检测及报警功能。

按照下述要求完成控制任务。

① 完整的设计任务书；

② 完成系统组态或硬件配置；

③ 画出 PLC 控制系统输入/输出电气接线图；

④ 编制顺序控制程序；

⑤ 编制系统的操作说明；

⑥ 编制系统的调试说明及注意事项；

⑦ 设计体会；

⑧ 列出参考文献。

4-28　全自动洗衣机洗涤控制的流程图如题图 4-21 所示，试编程实现其控制功能。

4-29　LAD 中的触点与线圈代表什么意义？

4-30　试画出题图 4-22 所示的电机启停控制 LAD 程序的时序图。

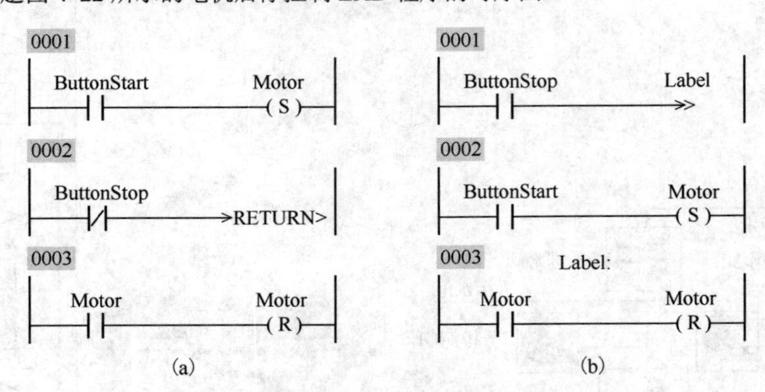

题图 4-22　电机启停控制

4-31　用 ST 编程实现下列布尔代数算式。

$$light = (light + dark \cdot switch) \cdot \overline{\overline{switch} \cdot light}$$

$$dark = (dark + light \cdot \overline{switch}) \cdot \overline{\overline{switch} \cdot dark}$$

4-32　设计一个二分频控制程序。

4-33　为什么梯形图有如此广泛的应用？它是如何发展的？

4-34　什么时候应该用梯形图编程？

4-35　什么是梯形图网络？

4-36　梯形图中触点的用途是什么？

4-37　什么是梯形图中的线圈作用？

4-38　编制一个实现一阶惯性滤波的算法。

第 5 章　模块化软件设计技术（mapp）

mapp 技术是基于软件复用的思路而开发的组件，其设计思想是通过标准化与模块化来提高系统软件开发的效率和代码质量，降低开发成本和周期，降低维护成本，并提高软件可靠性。

5.1　概　　述

mapp 是基于 Automation Studio 平台的专业库和行业库，借助于软件复用（SoftwareReuse）与组件技术（ComponentTechnology）思想，把行业的共性需求和通用需求进行了模块化封装，打包成相应的专业库和行业库供用户使用，用户能够采用共性技术模块便捷解决相应行业生产、管理问题。mapp 基于标准的 PLCopen 封装，实现了多层次的组件开发，用这些组件合成一个机器软件。

5.1.1　mapp 技术简介

mapp 类似智能手机的 AppStore，即在 AS 平台上开发出多个工业 App，每个 App 用于解决不同的工业应用问题，从标准配方管理到机器人技术，每个组件都可以在设备上独立使用，做到开箱即用，且具有高质量和高可靠性，工程师只需将组件拖曳到项目中即可使用而无须编码，这样，一套机器设备的控制、管理就由这些 App 组合配置协作完成。

mapp 基于组件技术的机器 App 如图 5-1 所示。

图 5-1　mapp 基于组件技术的机器 App

5.1.2　mapp 的典型组件

mapp 组件是工业知识、控制算法、工艺、经验、智慧的集成，它包含了多种面向行业或功能的组件。组件的范围在不断增长中，为很多工业上常见问题提供解决方案，如轴控制、配方管理、机器人技术、报警管理、组态画面、控制算法、视觉系统等。所有组件会自动交互信息，协力提供整体方案。例如，当一个机器人出现故障时，报警组件会自动记录此信息并在其组态画面组件中进行可视化显示，这些将自动发生而无须创建代码。

（1）mapp 的核心工艺、关键技术的典型模块

- mapp Motion：用于配置驱动器和轴对象，提供的运动控制解决方案包括控制单轴运动（mapp Axis）、CNC 机器（mapp CNC）、机器人（mapp Robotics）、柔性输送系统（mapp Track）等组件。由于对单轴和轴组采用端到端的配置方法，允许用一致的方法控制所有轴对象，意味着它们可以在一个自动化方案中自由组合。
- mapp Cotrol：闭环控制、张力控制、温度控制、液压控制等。
- mapp Service：用于为机器配置基础功能，机器与生产线的远程诊断、日志、报警、用户管理、安全访问等，便捷实现用户管理、机器选型管理等功能
- mapp View：针对网页技术的 HMI 画面开发工具，用于设计强大的人机交互画面。人机交互画面中的页面建立在 AS 环境中，人机交互画面的内容与布局与机器逻辑完全分离，虽然两者都使用 AS 进行配置，但这样复用性得到大大提高，减少了开发时间。
- mapp Vision：针对机器视觉和应用的工具。

◆ mapp Cockpit：用于诊断和调试。该组件提供了一个基于 Web 的可视化应用程序， 即可启动自动化组件的调试，只需将 mapp Cockpit 组件添加到项目中，它将自动在人机交互画面中开箱即用。

（2）数字化基础设施的典型模块

◆ mapp OEE：对于机器的用户、终端生产企业来讲，无论是啤酒饮料、电子半导体行业，还是光伏、锂电行业，设备综合效率（Overall Equipment Effectiveness，简称 OEE）都是关键指标。借助于 mapp 模块中的 mappOEE，可以通过实时获取机器的操作时间数据、品质参数等生成机器的 OEE 指标。

◆ mapp Database：机器本身也可以与数据库连接，包括 MySQL、MS SQL、MariaDB 等工业类数据库。通过配置的接口，PLC 和外部数据库之间可以进行创建表单、插入、选择、删除信息等操作，在数据库与控制系统之间进行数据传输。通过 mapp Database 来实现数据的上行与下行。构建数字化车间的数据流，包含了两个方向的数据： ①**上行数据**（机器到管理）：机器本地的生产状态、品质、OEE、故障等数据可上传至管理系统，包括生产排程、计划与调度、物料管理、工艺管控，质量、维护、全面生产性维护单元。②**下行数据**（管理系统到机器）：通过学习而获得的缺陷分析模型、工艺优化参数、以及新的程序升级，还包括产品换型所需的配方、参数、作业任务、流程等，可以被下发到控制器执行。当然，这些数据传输方式也可以借助于 OPC UA 访问或者 FTP Server。

◆ mapp Backup：为了解决数据的周期性备份，包括软件的版本，存储原有的机器程序（这就像打游戏存储过往的过程一样），也可以像克隆程序一样在调试完成后启动备份操作。

◆ mapp Energy：用于设备能源计量。

◆ mapp Alarm：用于报警日志。

◆ mapp User：用于用户管理。

◆ mapp J1939：为工程机械领域提供专用通信连接。

◆ mapp File：文件管理。

◆ mapp Recipe：工艺配方管理。

mapp 技术在数字化方面不会止步于此，mapp 模块家族仍然在不断地扩大中，为机器的数字化增加软实力，这种开放的连接使得自动化系统与数字化设计、数字化运营、机器学习算法能够有机结合，打造了完整的智能制造全架构。mapp 主要功能模块如图 5-2 所示。

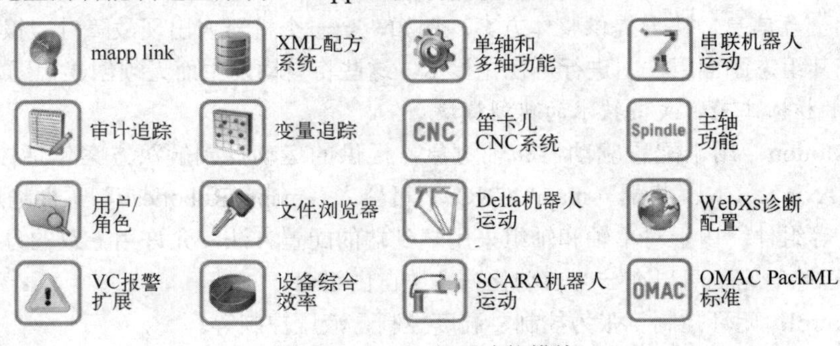

图 5-2 mapp 主要功能模块

5.1.3 mapp 的架构和开发思想

（1）mapp 的开发架构

在软件设计方面，基于系统软件 Automation Studio 的开放性架构设计，新的软件模块可以不断添加。mapp 就是运行于 Automation Studio 开发环境下的模块化机器软件开发系统，它基于 PLCopen 的库封装，实现标准化、模块化的软件设计。

mapp 将机器划分为为 4 个部分， mapp 的开发架构如图 5-3 所示。

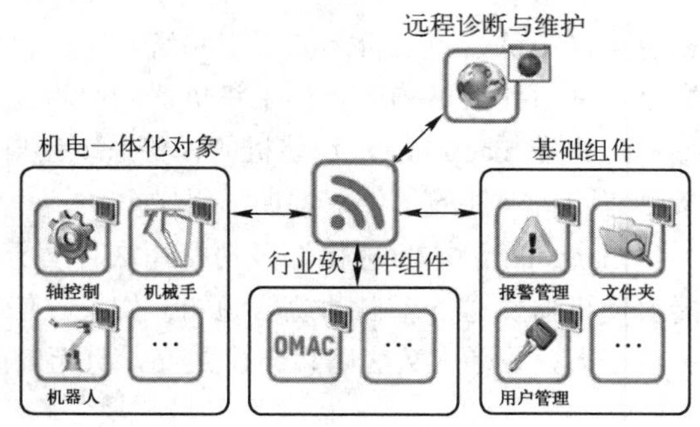

图 5-3 mapp 的开发架构

① 基础组件：对于每台机器而言，共性的部分包括了机器的文件管理、配方、用户报警、趋势显示等功能，这些功能对于各种机器来说都有需求，因此可以被封装为统一的模块。

② 机电一体化对象：机电一体化对象包含了轴的控制、多轴同步、CNC 和机器人的应用，这些是整个机器控制的基本组件。

③ 行业软件组件：行业软件组件包括了在不同行业里所需的功能应用，如：包装行业会考虑到张力控制、色标检测、温度控制、OMAC/PackML、鼓序列发生器等。

④ 基于 Web 的远程诊断与维护技术：对于机器的远程访问，mapp 提供了基于 Web 的访问。

（2）mapp 开发的思想

① 配置而非编程：应用 mapp，更多的是配置软件功能，而无须大量的代码编写工作。

② 标准化的模块封装：mapp 本身就是遵循 PLCopen 的编程思想与标准的，因此可以与 PLCopen 以及满足 PLCopen 标准的企业自定义库混合使用。

③ 分享更多的资源：很多不同行业的模块可以混合使用。对于一个机器开发者而言，企业内部的不同机器开发单元的工程师可以共享软件模块资源，如通信接口、行业库、为特殊应用开发的功能库等。

基于 AS 上的 mapp 技术，可以像插件一样安装在 AS 系统上，并可以任意扩展，工程师可以使用标准自动化语言与组件交互，流程任务、工艺任务可以与组件集成，为机器系统提供快捷、强大的解决方案。

5.1.4 mapp 技术的特点

（1）mapp link

mapp 技术的一个主要特点就是 mapp link，它是根据客户机服务器模型工作的。每个 mapp 组件都可以提供按需查询的数据。例如，只需要点击鼠标就能建立整个能源管理系统，当将 mapp energy 组件添加到应用程序中时，它会从所有轴中自动检索所需要的能源数据。如果添加一个新的轴，甚至一个多轴 CNC 机器，mapp energy 就会自动包含其能源数据，这就使得同类不同机型和选项的设计变得非常容易。

（2）mapp 节约潜力巨大

map energy 会根据用户偏好准备能源数据，图形编辑器允许用户创建自定义报表，并进行动态分析。例如，可以确定不同批次、各个产品和能源数据之间的关系用以优化生产，这代表它蕴含着巨大的节约潜力。在使用 mapp 之前，对能源管理方案进行编程需要花费数天时间和无数代码行，每个轴与能源管理系统之间的接口都必须单独编程；在使用 mapp 之后，通过使用 mapp，排除了这类粘合代码，mapp 能够将源代码数量大幅度减少。

（3）适用于工业 4.0 的模块化概念

如果想快速、高效地添加或删除可选设备，那么模块化设计是必然的，这样才能够满足工业 4.0 模块化设计需求。例如，传统上，在经过一年运行之后，如果想将一台新的机器人码垛机添加到原有生产线包装机中，那么码垛机代码就必须从一开始就被包含在机器软件中。否则，就必须重新编写软件，进行新的测试，甚至获取新的认证。借助于 mapp 技术，可以方便地添加新机器，即使在运行期间。

（4）管理选项无须编程

以包装机生产线的报警系统为例，mapp 架构使机器人码垛机拥有了自己的报警系统，它的数据也可以提供给包装机上的报警系统，即使机器被首次安装时还没有码垛机，包装机也能够读取该数据，并对此做出响应。如果将机器人码垛机添加到包装机中，那么没有必要对机器软件进行重新编程，凭借 mapp link，包装机的报警系统会自动包含码垛机的报警数据。这样用户就可以在不需要接触包装机软件的条件下添加了码垛机。

mappalarm 本身提供许多功能，这有助于最大限度地减少停机。其中一个功能是如果报警，它能够使机器发送一个自动短信通知，如果收信人未能在规定时间内响应，那么该通知就会被转发给另一个人，收信人列表可以自由定义，甚至随时修改。

5.2 模块化组件技术

为了实现、运行、管理工业 4.0 集成化的智慧工厂，智能设备的开发必定增加更多的软件研发投入，程序员不得不编写日益复杂的软件，使软件系统的开发及维护成本不断飙升。智能化连接的 mapp 技术组件可以帮助工程师们更快捷地创建并支持非常复杂的自动化解决方案。

mapp 技术为工业 4.0 转型提供了基础优势。虽然当今机器变得日益复杂，但是 mapp 软件在其整个生命周期中都是易于管理的，即使生产缩减至批量为 1，机械制造商和设备拥有者也可以继续提高整体生产率。mapp 技术以两种不同的方式降低软件维护成本。①mapp 组件本身可以简化整个机器软件，并使代码更容易理解，由于代码库缩小了 83%，因此更容易找到错误。②对每一个 mapp 组件会进行广泛测试和持续维护，用户无须付出额外努力，新的 mapp 组件就可以随时被添加并无缝集成到现有系统中。

1．mapp 框架

mapp 技术最大的好处就是为应用程序提供了一个 mapp 的框架。不同的 mapp 组件之间可以进行数据交换，一个 mapp 组件可以访问其他 mapp 组件的数据和功能。

mapp 框架类似于智能手机，如图 5-4 所示。例如，若添加了一个新的 mapp 轴，会立刻把它的报警传递给 mapp 的报警管理系统，同时，轴还会把它的能量消耗信息一起传递给分析能量数据的 mapp 组件，并在 web 浏览器中配置和诊断这个轴。每个 mapp 组件都无缝地集成在 mapp 框架中，它们相互独立又相互智能化连接，这为用户节省了许多额外的工作投入。

图 5-4　mapp 框架类似于智能手机

2．mapp Link

在 mapp 框架中，每个 mapp 是通过各自的 mapp link 来识别的（功能块的“MpLink”接口）。它相当于电话网络中的电话号码，每个 mapp 组件通过配置得到自己的“电话号码”，即 MpLink。有了 MpLink 之后，就可以使用 web 诊断和配置任务，在 mapp 组件之间进行数据交换，在 AS 中关联配置文件等。除此之外，它还具有如下功能：

◆ MpRecipe 通过 mapp 框架传递报警信息给 MpAlarm；
◆ 在 web 浏览器中查看机器人的位置和速度信息；
◆ Mpenergy 通过整个系统收集和处理能量信息；
◆ 当有用户通过 MpUser 登录时，MpAudit 会生成一个事件；
◆ 可以在 AS 中配置大部分报警管理系统而不用写代码。

在 Configuration View 中添加 mapp 组件的配置文件时，会自动创建该组件的 MpLink，如果需要的话可以给 MpLink 重命名。mapp 组件配置操作界面如图 5-5 所示。

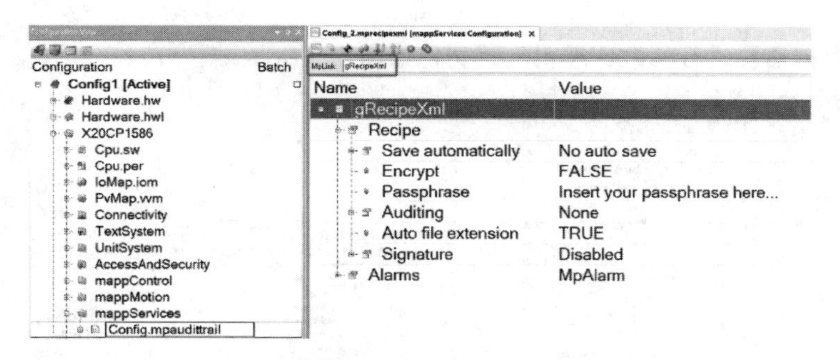

图 5-5　mapp 组件配置操作界面

3．添加 mapp 组件

每个 mapp 组件都有其自己的配置，这有助于使组件的功能适应于机器的实际需求，即简单并且不需要编程。添加一个 mapp 配置文件时，相应的 MpLink 会自动创建，并且给这个 mapp 组件一个唯一的标识码。MpLink 在 mapp 库的功能块中使用，在 WebXs 中也是使用 MpLink 来识别 mapp 组件的。

添加 mapp 组件的配置文件和 MpLink 步骤如下：

（1）在 Configuration View 中添加 mapp 文件夹

mapp 的配置文件是添加在 AS 的 Configuration View 中的，每个不同的 mapp 配置文件都有一个独立文件夹，如 mappServices 文件夹。mappServices 文件夹如图 5-6 所示。

（2）添加配置文件

选择对应的 mapp 文件夹，在 toolbox 中会显示对应的可以选择的 mapp 组件的配置文件。选择 mapp 组件的配置文件如图 5-7 所示。

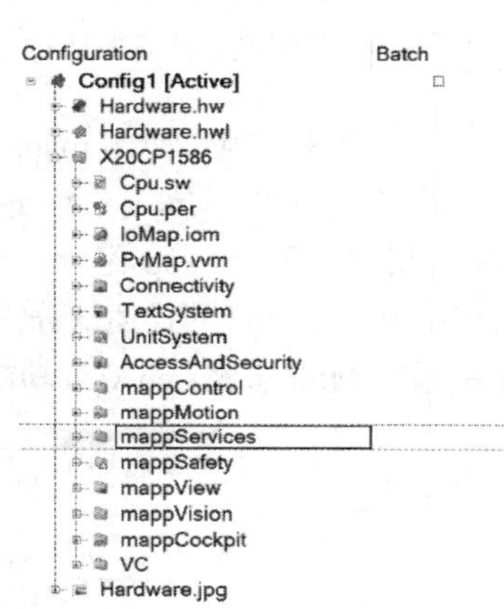

图 5-6　mappServices 文件夹

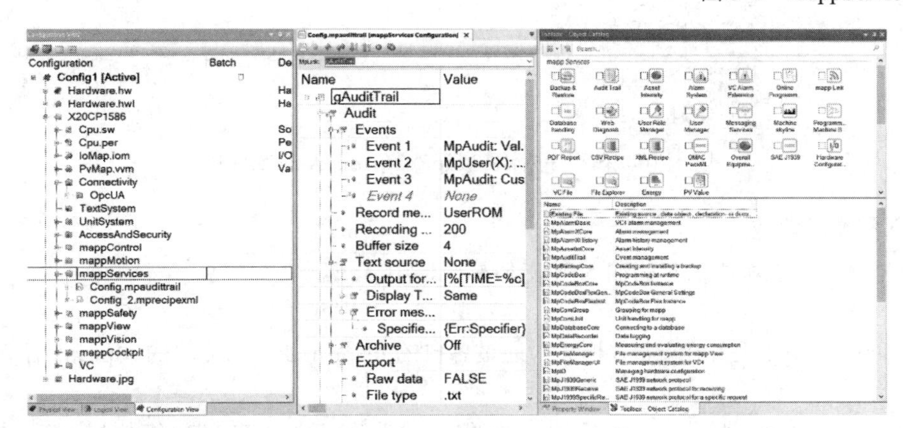

图 5-7　选择 mapp 组件的配置文件

勾选相应的组件，就可以快速找到需要的配置文件。例如，使用 mapp 创建一个“Comau Racer”机器人，对应的 mapp 组件是“MpRotoArm6Axis”。在结果列表中会显示所有的 6 轴机器人的可用配置。每个配置文件有相同的参数但是参数值不同。也就是说，“Comau Racer”的配置文件中的参数是专门为“Comau Racer”机器人预设好的，通过拖曳或双击的方式将配置文件添加到 Configuration View 中，如图 5-8 所示。

（3）使用配置文件

双击打开配置文件，可以对其进行编辑（1 号框中内容）。自动创建的 MpLink 显示在最上方

（2 号框），可以根据需要进行修改。编辑配置文件如图 5-9 所示。

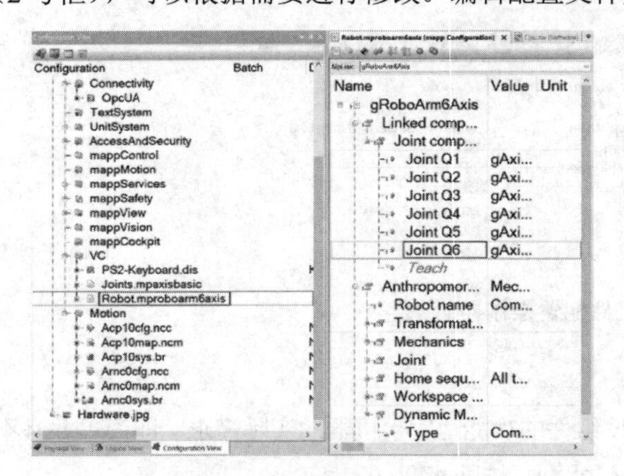

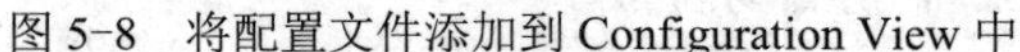

图 5-8　将配置文件添加到 Configuration View 中

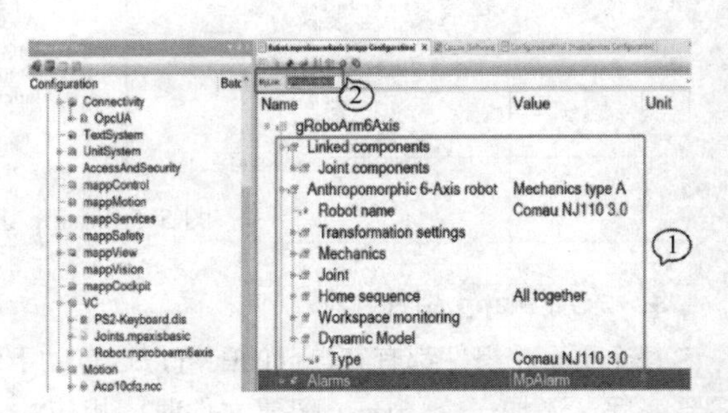

图 5-9　编辑配置文件

（4）使用功能块控制 mapp 组件

配置文件和 MpLink 创建完成后，就可以通过“MpRoboArm6Axis”功能块来启动 Comau Racer 机器人了。mapp 组件需要的功能块和 mapp 组件名字相关，同样在 toolbox 的结果列表中，可以找到配置文件的描述部分。在程序中添加功能块后，通过 MpLink 和配置文件建立联系。在程序中添加 MpRoboArm6Axis 功能块如图 5-10 所示。

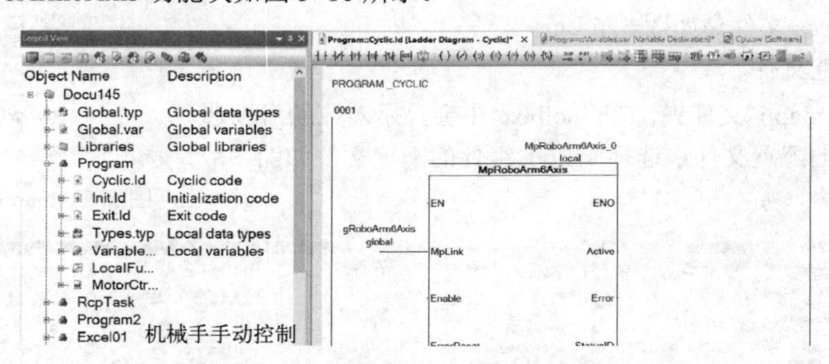

图 5-10　在程序中添加 MpRoboArm6Axis 功能块

4．输入和输出参数

这一节将介绍功能块所共有的输入/输出信息及使用方式。

（1）输入参数

① MpLink：mapp 组件在 mapp 框架中通过各自的 mapp link（功能块的 MpLink 输入端）作为唯一辨识。

② Enable：使能并初始化 mapp 组件。当“Active”输出端为 TRUE 的时候就表示成功初始化了。如果在“Enable=TRUE”时功能块就开始报错，那么需要在 Enable 端重新给一个上升沿来复位错误，在这种情况下，不需要使用“ErrorReset”。

③ ErrorReset：当“Error”和“StatusID”端表示功能块出错时，给“ErrorReset”端一个上升沿可以复位错误，同样也可以复位 warning（报警）。当功能块报警时，只在“StatusID”端有输出。如果在“Enable=TRUE”时功能块就开始报错，那么需要在 Enable 端重新给一个上升沿来复位错误，在这种情况下，不需要使用“ErrorReset”。

④ Parameters：包含在 mapp 组件运行时可以影响功能的参数，如轴的速度。

⑤ Configuration：连接到 mapp 组件的配置结构体，这个结构体用来在 mapp 组件启动前对其

进行配置，如轴的周期。

⑥ Update：该输入置 1 时，会重新传输功能块参数。也就是说，只有当 Update 置 1 时，新的参数值才会被 mapp 组件应用。如果一个需要特定参数的命令使能（上升沿），这些参数会直接被 mapp 组件使用，而不需要使用 Update 命令。例如，MpAxisBasic 的“MoveVelocity”命令使能，会直接使用参数结构体中的速度参数。如果想在命令执行的时候改变速度，就需要使用 Update 命令。

⑦ UISetup：用来配置组件的显示接口。这个结构体中的参数不会直接连接到 HMI 应用控件上，但是，会描述 HMI 应用（例如，一个页面上显示的文件数量对于应用程序的正确浏览是必须的）。如果 UISetup 的值改变了，这个功能块需要重新使能，改变后才能应用。

⑧ UIConnect：该结构体中的参数可以直接连接到 HMI 应用中（例如，保存配方命令）。该结构体中的参数是自动改写的，不应该在程序中使用。

（2）输出参数

① Active：功能块完成初始化后，Active=TRUE，这时就可以进行下一步操作了。

② Error：功能块报错时 Error=TRUE，只要 Error=TRUE，功能块将不能再动作。激活的报警不会显示在这个端口。

③ StatusID：提供功能块的当前状态信息，有以下几种级别：成功、信息、报警、报错。该端口的值小于 0 时，表示报警或报错。当值大于 0 时，会显示成功或其他信息，详细信息在 Info 端的结构体中。

④ UpdateDone：一旦参数更新过程完成该参数就会置 1。在更新过程中，功能块输入端的参数会读入功能块，但这并不表示数据已经被应用，比如，轴的参数，还取决于网络延时，数据在网络中传输需要一定时间。

⑤ CommaBusy：功能块的命令正在执行时，CommandBusy=TRUE。

⑥ CommandAbort：功能块的命令输入被另一个功能块打断时，CommandAbort=TRUE（例如，MpAxisBasic 的命令被一个 PLCopen 的功能块打断）。

⑦ CommandDone：命令成功执行后，CommandDone=TRUE；

⑧ Info：显示功能块的状态和诊断的详细信息。状态信息是根据 mapp 组件的功能来定义的，每个组件中的“Info”结构体和其子结构体内容会有所不同。

5．使用 mapp 组件

mapp 组件下载时注意：使用 mapp 功能块，程序下载后出现功能块报错，如果要避免这种情况，可按如下两种方法处理：

下载时，如果使用“Overload”模式，需要在退出程序中把 mapp 功能块在“Enable=FALSE”的情况下再调用一次。这样当功能块在循环部分或初始化部分再次调用使能时，功能块会被重新初始化。

如果下载模式使用“Copy”或“One cycle”模式，则不需要在退出程序调用。

mapp 功能块调用：使用高级语言时，建议在程序末尾循环调用。

思考题与习题

5-1　标准库中的函数功能块与 mapp 组件模块有什么异同？

5-2　mapp 技术对智能制造带来的影响有哪些？

5-3　在报警管理组件中，错误和报警状态的区别是什么？

5-4　mapp 报警和用户报警之间的区别是什么？

5-5　简述 mapp 各个组件之间的智能化连接所带来的优势。

5-6　为什么说功能块和预编程专用模块可以使编写应用软件变得更容易，但是对解决智能系统整体复杂性影响有限？

第 6 章　仿真与 Automation Studio 集成

工业控制和智能制造的发展离不开众多新技术的支持，仿真技术就是其中一种，它为整个制造产业带来了一场革命。仿真技术以计算机为载体，利用软件实现数据建模，综合分析参数性能，确定设计方案，从而实现方案的最优化。相较于传统设计方法，仿真设计具有可靠、安全、灵活、节约开发时间、降低成本、可重复利用、不受地域环境影响等优点。仿真工具与 Automation Studio 集成使 PLC 控制系统开发如虎添翼。

6.1　仿真层级与仿真工具

6.1.1　仿真层级

仿真，即使用计算机程序制作一个真实系统的复制品，复制品的准确性和范围很大程度上取决于用户的需求以及可用的计算能力，复制品越精确，其对真实系统的刻画就越逼真。

仿真模型的用途多种多样，例如：系统分析、测试。通过创建仿真模型，可以帮助用户更好地了解系统、流程或机器本身，以更好地获取控制和调节系统所必需的信息，提升效率。使用仿真模型，可以以相对较低的代价对对象硬件或软件进行测试，尤其是具有破坏性的测试。尽早地检测出机器或软件中存在的故障，显著减少现场调试所用的时间。仿真模型的用途还包括预测性维护、外观与功能展示、简化跨学科交流以及训练操作员等。

随着生产需求的急剧增加，系统复杂性的不断提升，软件在技术产品开发中的广泛使用，仿真已经成为系统、设备、生产线开发过程中必不可少的组成部分。根据仿真的对象以及详细程度，可以将仿真分为三个层级。

1．硬件层级

硬件层级是基础的仿真层级，即对单个硬件进行仿真。例如，在 Automation Studio 中对 Automation Runtime 进行仿真的 ARsim。

Automation Studio 是贝加莱自动化组件所使用的配置环境，其中包括了控制器、运动控制组件、安全模块和 HMI 应用程序等，可以在一个项目中包含所有机器型号。在工程的不同阶段，用户可以选择一系列不同的编程语言、诊断工具和编辑器，标准库和集成的 IEC 编程语言可以实现高效的工作流程。

Automation Runtime 为用户提供了一个独立于硬件、有多任务处理能力和确定性工具的平台用以创建应用程序，可以管理硬件和软件资源并提供完整的诊断。其仿真选项使应用程序无须任何硬件即可进行配置和测试。ARsim 是基于 Windows 的 Automation Runtime 仿真，它设有实时功能，并且与所有硬件目标系统的功能相对应。ARsim 可用于对控制器、HMI 应用程序和驱动器进行完全仿真。通过 TCP/IP 连接，ARsim 可以在本地或通过网络与 Automation Studio 进行通信。Automation Studio 通常和 ARsim 在同一台 PC 上运行，但是，ARsim 和 Automation Studio 也可以通过外部 TCP/IP 连接在不同 PC 上进行通信。

2．机器与部件层级

机器与部件层级可以仿真机器及其子系统的动态过程。通常由多个硬件层级的仿真模型组合而成，MathWorks 的 MATLAB/Simulink 和 Maple Soft 的 MapleSim 都适合用于机器与部件层级的仿真。

3. 工厂与流程层级

工厂和流程层级用于开发流程并优化技术和物流。静、动态流程与工厂仿真之间是有区别的。以前，该领域的传统仿真工具只用来在仿真中展示静态过程，系统只在处于平衡状态的时刻显示，模型与时间无关。现在，除了静态过程仿真，还使用动态过程仿真。在动态过程仿真中，在不同的时间点，系统显示不同，因此，可以基于系统活动来识别和分析系统中的更改，只是实时分析会需要更强的计算能力。

工厂和流程仿真是用于分析过程单元或由其组合成的复杂整体过程的重要工具，仿真得到的质量和能量效率可让使用者更深入地了解不同工艺步骤之间的依赖性和相互作用，仿真结果在流程开发、计划和优化中起着关键作用。如有必要，可以开发新的过程单元并将其集成到现有的仿真中。

工厂和过程仿真是虚拟调试的基础。使用合适的软件程序，可以以最佳方式计算和显示工厂的所有组件和过程。这就需要物理引擎真实地模拟运动顺序并进行碰撞检测，尤其对于模拟实时生产和填充过程的仿真，通常会添加 3D 动画，从而使得开发人员进行虚拟调试。

物理引擎的示例：

- 运动学（例如，机器人运动学、抓地力）
- 执行器（例如，输送机驱动器、轴驱动器）
- 传感器技术（例如，光栅、触觉传感器、图像识别）
- 刚体物理（例如，摩擦、质量/惯性）

仔细进行工厂和流程仿真有助于进一步规划复杂过程，这样可以预先测试模型变量，分析和比较不同方法所需的时间和成本。紧急情况或瓶颈情况下也可以进行仿真模拟，并对此开发提出解决方案，这避免了设备损坏和不必要的成本。

6.1.2 常用仿真工具

1. IndustrialPhysics

由 machineering 开发的 industrialPhysics 是一种 3D 仿真工具，用于对机电系统进行真实和快速的建模，它支持将机械 CAD 数据转换为物理模型，并且可以实时执行对材料流动过程的仿真，帮助使用者对系统进行虚拟调试。industrialPhysics 是一种创新的工具，能够真实地展示工厂运行状况，专为实时控制仿真而设计。除检查 PLC 编程的运行状况外，它还可以快速轻松地对系统和机器人进行仿真、支持对工厂流程的设计与规划。

作为一款仿真工具，industrialPhysics 有着可以进行实时仿真、控制仿真，以及适合用于设计自动化生产、设计机电一体化系统并进行硬件在环仿真的功能。使用 industrialPhysics 可以加快产品投入市场所需的时间、提高机器的机电一体化程度、对控制工程进行尽早的开发、更容易评估各种机电一体化产品的型号和对机器人单元进行综合全面的仿真。

2. MATLAB/Simulink

MATLAB（MATrix LABoratory）是一种由 MathWorks 开发的编程语言，该语言主要用于基于矩阵的数学计算。通过此开发过程和计算机环境的结合，可以对许多应用程序进行迭代分析，并可以使用 Simulink 等各种工具箱来扩展 MATLAB 功能。

Simulink 为 MATLAB 提供了图形化编程，为多领域仿真和通过 MATLAB 实现基于模型开发提供了基础。Simulink 支持系统级设计和仿真，并能够自动生成代码以及对嵌入式系统进行连续测试和验证。此外，Simulink 中可以使用现有的和自定义的 MATLAB 算法，并且可以在 MATLAB 中分析和处理仿真结果。

3. MapleSim

MapleSim 是一种系统级的建模仿真工具，使用 Modelica 建模语言，它使基于模型的工程设计与开发成为可能。创建 MapleSim 模型不需要微分方程，这节省了时间并降低了出错的概率，使得更多的时间可以用于构建不同的系统变体并对它们进行测试之类的工作中。

Modelica 是一种面向对象的物理模型建模语言，该语言有几种不同的图形开发环境（例如，MapleSim 或 Dymola）。这些开发环境允许用户使用图形符号开发复杂的仿真模型，每个图形符号都代表了一个物理对象。可以使用连接器来连接对象的图形符号，而连接器通常也是双向的，例如，电机轴就是一种双向的连接器。通过电机轴，电机可以使齿轮箱处于运动状态，同样，齿轮箱的负载也通过电机轴影响着电机。因此，电机轴有两个作用方向，一个从电机到齿轮箱，另一个从齿轮箱到电机。

Modelica 语言适用于描述包括但不限于机械、电气工程、电子、热力学、液压和气动、闭环控制以及过程控制等广泛领域的跨学科问题，其语言定义和 Modelica 标准库是免费提供的，并由 Modelica 协会进一步开发和推广。

Modelica 的一个主要优点是它可以处理方程而不是赋值，不必为了搜索变量而去解析它。其另一个优点是变量可以被赋予属性（物理大小、单位），这使得变量的方程可以通过仿真软件来进行验证。

4．B&R Scene Viewer

B&R Scene Viewer 是一款由贝加莱公司开发的，基于 OpenGL 的 3D 可视化工具，旨在帮助用户开发 CNC 和机器人应用程序。该软件提供了一个编辑器来创建 3D 模型，通过 OPC UA 或 PVI 接口将 Scene Viewer 连接到目标系统，从而实现可视化模型的运动。

模型可以由标准（内置）类型的对象或 CAD 导入的网格组成，这些对象可以分层组织。这形成了运动链，其中子对象在其父对象的坐标系中绘制，大多数对象都可以变换坐标系，每一个对象都有着自己的原点并可以旋转。

仿真场景中的对象是参数化的，它的属性可以通过可视化窗口中的 GUI 元素或根据自动化目标进行在线更改，属性的在线更改会立即生效，因此可以将连接的过程可视化。

6.2　MATLAB/Simulink 仿真

早期的 MATLAB 是 Cleve Moler 博士基于 Fortran 编写的，它专门以矩阵的形式处理数据，主要用于数值计算。20 世纪 80 年代初，MathWorks 公司成立，Cleve Moler、John Little 团队采用 C 语言开发出了具有数据图视功能的新一代 MATLAB 语言，在科学计算、控制系统、信息处理等多种领域得到广泛的应用。从 MATLAB 正式推向市场的短短几年间，这个工具软件就以其良好的开放性和运行的可靠性，淘汰了原先控制领域里的封闭式软件包。90 年代初期，MATLAB 在数值计算方面已经独占鳌头，特别是 Simulink 允许图解创建仿真模型，提供了一个交互式操作的动态系统的建模、仿真、分析集成环境，它提供了大量的函数库、工具箱，几乎涵盖了所有的工程计算领域，被誉为“演算纸”式的工程计算工具，它使工程技术人员摆脱了烦琐的程序代码，能够快速地验证所设计的模型和算法，这就为专业科技工作者创造了融科学计算、图形可视、文字处理于一体的高效率系统开发环境，MATLAB/Simulink 已成为控制系统设计与仿真的一个强大的开发工具。

特别是随着当今工业自动化项目中的大型、复杂系统的自动控制要求不断提高，人们对复杂回路的控制和整个机器的仿真需求也越来越迫切，把 MATLAB/Simulink 和 PLC 程序开发平台无缝结合在一起，取长补短，相辅相成，成为 PLC 设计人员梦寐以求的一种新的开发思想。

认识到 MATLAB/Simulink 在工控领域的实用性和重要性，同时，为了提高项目开发效率，从 MATLAB/Simulink 中自动生成 PLC 的程序代码得以付诸实践。新一代软件 Automation Studio 3.0（AS3.0）中集成了 Simulink 模型代码翻译功能，能将现有的 Simulink 模型翻译成 PLC 控制器可用的编程语言代码，可以实现用其他方式不可能实现或需要大量时间实现的功能。

正是由于在 Automation Studio 开发工具包中集成了 MATLAB/Simulink 仿真工具包，使控制系统设计变得简单而高效。本章内容就是介绍 MATLAB/Simulink 自动生成 PLC 的 C 程序代码，开发人员只需要在 MATLAB/Simulink 平台编辑控制系统模型和控制算法，在调试好控制参数后，通过自动代码生成器，就可在 Automation Studio 项目中集成 Simulink 模型代码，即将现有的 Simulink 模型翻译成 PLC 认可的 C 语言程序代码，在 C 代码中自动执行 Simulink 模型，与原有项目形成一个完整的整体。这样，用户可以很简单地将现有的 Simulink 模型移植在 PLC 的硬件上使用，在实际的硬件对象上验证算法和对象。这样带来的好处是那些已经习惯使用 MATLAB/ Simulink 进行仿真及方案设计的人员，不用再像以前一样进行冗长的重复工作，即再用 Automation Studio 支持的语言来实现结构，这样极大地提高了编程效率，减少了编程时间，降低了开发成本，同时也避免了重新编程和编程错误。

6.3 基本原理与项目管理

MATLAB/Simulink 自动生成 PLC 的 C 程序代码的基本原理和步骤如图 6-1 所示。使用 Real-Time Workshop（实时工作组）和 Real-Time Workshop Embedded Coder（实时工作组嵌入式编码器）把 Simulink 中建立的模型自动转化成适合目标系统的最佳语言（ANSI-C），无缝完整地嵌入到 Automation Studio 已有的项目中，这保证了原有项目中系统的一致性。

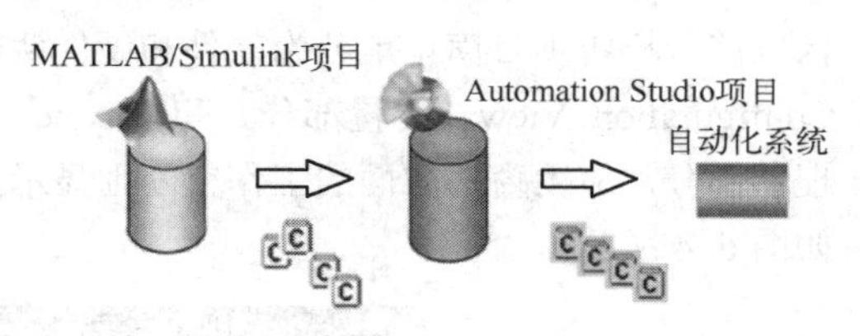

图 6-1　MATLAB/Simulink 自动生成 PLC 的 C 程序代码的基本原理和步骤

值得注意的是，去掉扩展的端口，能将复杂而棘手的仿真模型简单地传输到控制器中（循环硬件）。此外，用户无须调整大量的代码以及无须冒着产生新错误的风险，就可以在目标系统上方便地测试并优化控制相关的方案（快速模型化）。

6.3.1 “快速模型化”与“硬件在回路”

自动生成代码时，有两种基本方法。

（1）快速模型化

该方法的操作过程非常简单，具体操作步骤如下：在 Simulink 中创建模块，通过 AR4MATLAB/Simulink 传输到控制器中成为一个完整的任务，并在目标系统中执行它。“快速模型化”自动代码生成如图 6-2 所示。

该方法对于无论多么复杂的系统，都可以对系统模型使用 Simulink 进行分析，并在短时间内自动创建、编译和测试，由于自动代码生成器使用了上千个经过测试的结构，能够避免执行错误。

值得注意的是很多本来可能成功的方案由于需要大量时间转换为机器可执行代码而被否决，而且编程时容易出错的风险也使得方案的使用不合理。

（2）硬件在回路

系统试运行时，每个软件的修改都要承担破坏系统的危险。为了避免在测试新开发的算法时对实际系统造成破坏，一般建议预先使用系统仿真来代替实际系统。为了达到这样的目的，可通过“硬件在回路”控制器形式来组成第二个目标系统，仿真任务就在这个系统上运行，它能尽量精确地模拟实际系统的特性。新的开发系统可以在这个仿真系统中测试，同时避免了破坏硬件部件的风险。

硬件在回路自动代码生成原理与步骤如图 6-3 所示。

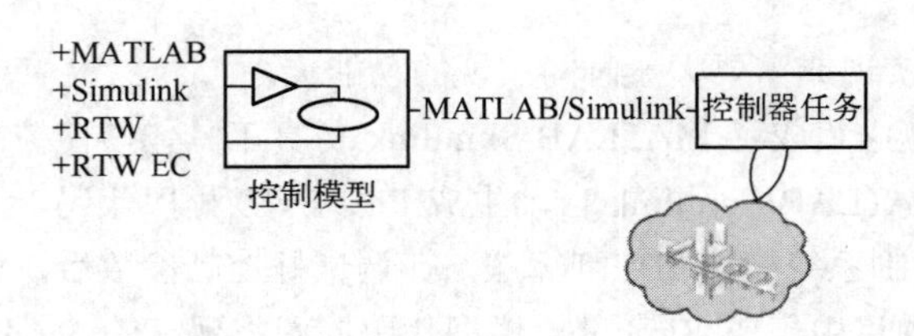

图 6-2 “快速模型化”自动代码生成

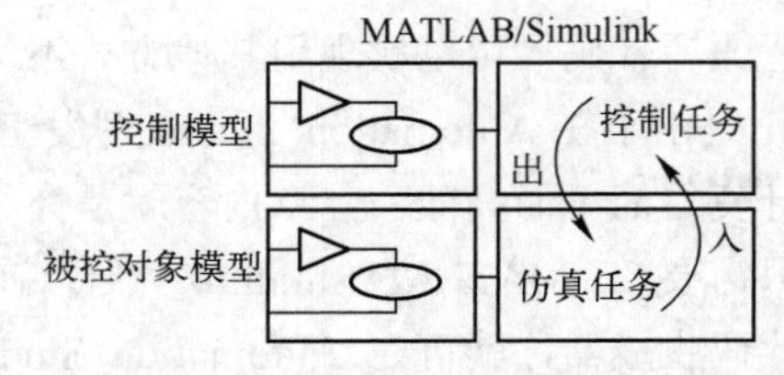

图 6-3 硬件在回路自动代码生成原理与步骤

一般来说，控制器使用时都有足够的空闲处理能力，同时由于 B&R 操作系统中任务结构的特点，使得在同一个控制器中可以运行两个任务。值得注意的是，仿真模型模仿的只是实际系统输入/输出的功能性关系。

虽然使用 Simulink 自动代码生成器时有不同的环境，但是都有一个共同点，即都可以使用一个按钮从 Simulink 平台中自动生成 ANSI-C 代码。

6.3.2 Automation Studio 3 简介

Automation Studio 3 与 Automation Studio 2 相比在项目的组织结构上已经有了较大变化，不再像以前一样将项目简单地分为软件和硬件两部分，而是将整个项目分为 Logical View（逻辑部分）、Configuration View（配置部分）和 Physical View（物理部分）。这三部分在应用窗口左面的项目管理器部分，应用窗口右面的工作空间则显示打开的文件，Automation Studio 3 项目的组织结构界面如图 6-4 所示。

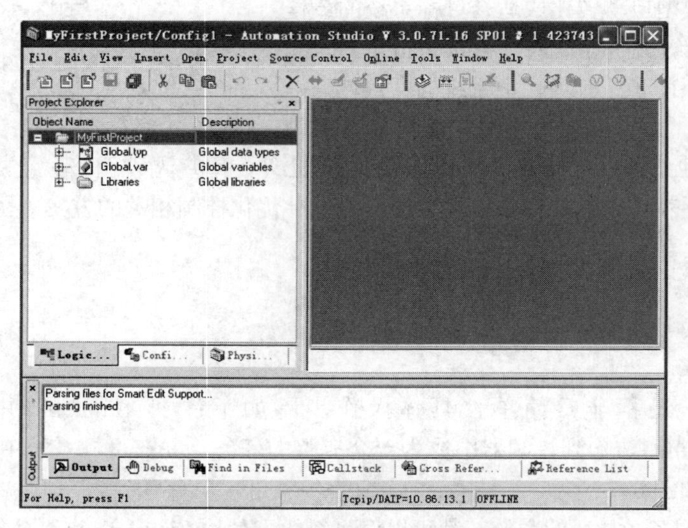

图 6-4 Automation Studio 3 项目的组织结构界面

（1）Logical View

所有的软件元素包括任务程序、变量声明和文档都以树状结构的形式排列在 Logical View 中，树中的每个元素都是文件夹或对象。这里文件夹也叫作 Package（包）。每个包，如完整的软件和文档，都可以表示一个项目的特殊的组成部分，这使得项目的组织结构更加清晰合理。逻辑部分的包可以单独配置到不同的硬件配置中去，数据类型和文档也可以添加到相应的包中。包可以被独立地导入/导出，这样就可以使团队中的每一个成员在同样的包上工作。

这部分模块中没有涉及硬件，它的主要作用是项目程序的结构组织和管理。如何把每个子程序定位到相应的硬件配置中去呢？Automation Studio 中有专门的 Configuration View 来创建和管理不同的配置。

（2）Configuration View

Configuration View 用来管理项目不同的硬件配置。在 Automation Studio 3 中，可以为一个项目做多个不同的配置，每个配置都包含硬件和软件两部分，可以对配置进行创建、改变、删除和激活等操作。值得注意的是，同时只能有一个配置是激活的，激活的配置在窗口中以粗体显示，被激活的配置硬件会显示在 Physical View 中。

（3）Physical View

Configuration View 中每个配置所选择的硬件以硬件树的形式显示在 Physical View 中，在这部分中，可以对所配置的硬件进行定义和调整，可执行的操作如下：

★ 设置接口卡（如在线连接需要的设置）；

★ 设置 I/O 模块；

★ 配置 I/O 对应连接的数据点；

★ 打开软件配置。

（4）软件配置

不同于 Automation Studio 2 中任务程序可直接在软件树中创建和调整，Automation Studio 3 中由于软件都在 Logical View 中管理，并不为程序分配相应的任务等级，所以还需要为相应的硬件配置再做软件上的配置。软件配置树可以通过双击 Physical View 中的 CPU 来打开，打开后它将显示在右面的工作空间中。此时，再将左边的项目管理器切换到 Logical View 项中，就可以通过鼠标将某个程序拖曳到相应的任务等级中，这样就完成了程序的软件配置。

6.4 AR4MATLAB/SIMULINK 自动生成 C 代码

为了更加清楚地讲述与演示如何使用工具箱中的模块，将借助于一个简单的例子来介绍如何使用 AR4MATLAB/SIMULINK 从 Simulink 中自动生成 Automation Studio 的 C 程序代码的过程。

6.4.1 Simulink 中的仿真模型

以一个简单的代数式为例：

$$c = k * (a+b) \qquad (6-1)$$

其中，a 和 b 是输入变量，c 是输出变量，k 是一个常数。c = k * (a+b)的 Simulink 仿真模型如图 6-5 所示。这个模型是一个基本模型，要把它转化为 B&R 的 Simulink 仿真模型才能自动生成代码。

（1）ARConfig 模块设置

转化为 Simulink 仿真模型的第一步就是插入 ARConfig 模块，这个模块不仅作为 Simulink 和目标系统的在线连接的接口，同时也是整个仿真模型的基础设置，必须在要生成代码的每个仿真模型中添加。ARConfig 模块如图 6-6 所示。

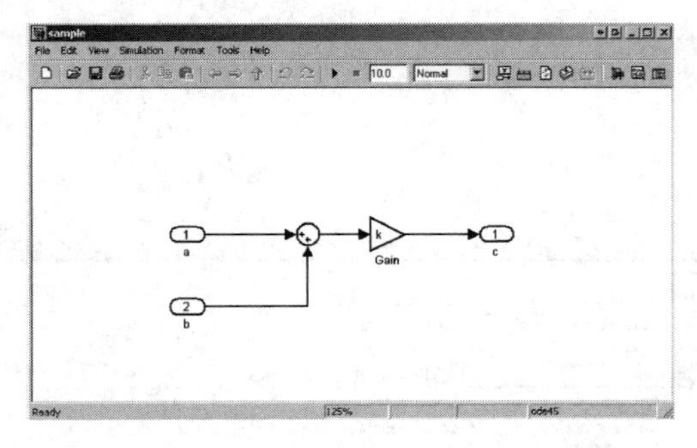

图 6-5　c = k * (a+b)的 Simulink 仿真模型

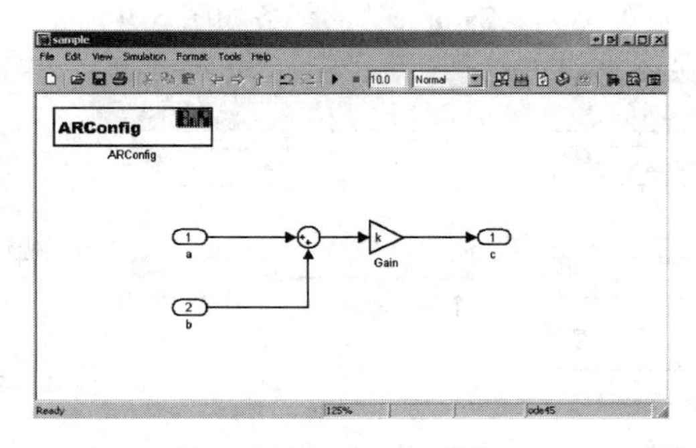

图 6-6　ARConfig 模块

（2）Input 模块和 Output 模块接口设置

为了使生成代码的过程变量能在控制器上监控，并且能和系统其他的应用程序相联系，这个仿真模型必须有相应的外部输入/输出接口。在自动生成代码的过程中，每一个输入/输出模块都会创建一个和相应模块名字相同的变量。Input/Output 模块如图 6-7 所示。

输入/输出模块除了命名，还要配置变量范围、数据类型和初始值等属性。初始值和数据类型是对输入模块而言的，输出模块没有这两个属性。

通过“范围”选项可以将变量声明为 local（局部）型的或 global（全局）型的。在 Automation Studio 中，局部变量是在自动生成代码的过程中自动创建的，而全局变量则需要用户在项目中手动声明。如果是手动声明变量的话，用户必须保证 Automation Studio 项目中的变量的数据类型和 Simulink 中选择的变量类型一致。

变量的初始值在属性的“Value”一栏定义，默认值为：0 或 FALSE。

a，b，c 三个变量的设置如表 6-1 所示。

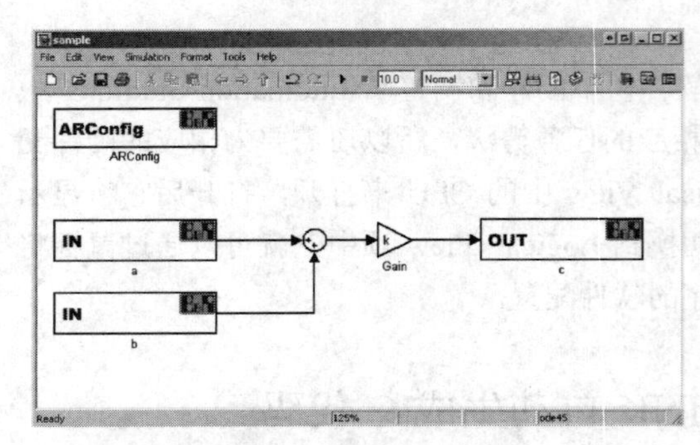

图 6-7　Input/Output 模块

表 6-1　变量的设置

变量名称	Scope	Type	Value
a	LOCAL	LREAL	1
b	PREDEFINED (GLOBAL)	INT	2
c	LOCAL		

（3）Paremeter 模块参数设置

为了能在应用程序运行期间读写参数 k，必须插入一个 Paremeter 模块。同样，变量的名字就是模块下面的标签中的名字，在这个例子中，就是 k。和输入/输出模块一样，要为参数模块配置范围、类型和初始值等属性。Paremeter 模块参数设置如图 6-8 所示。

6.4.2　Automation Studio 工程准备

生成的 Automation Studio 的代码必须放在一个已经存在项目的空任务中，因此在自动生成代码前，需要先进行 Automation Studio 项目的准备工作。首先，创建一个 Automation Studio 的空任务，而且这个任务的名字必须和 Simulink 模型的名字一样，在这个例子中，任务的名字就是“Sample”。而且必须选择 ANSI C 作为编程语言。

创建名为“Sample”的任务如图 6-9 所示。

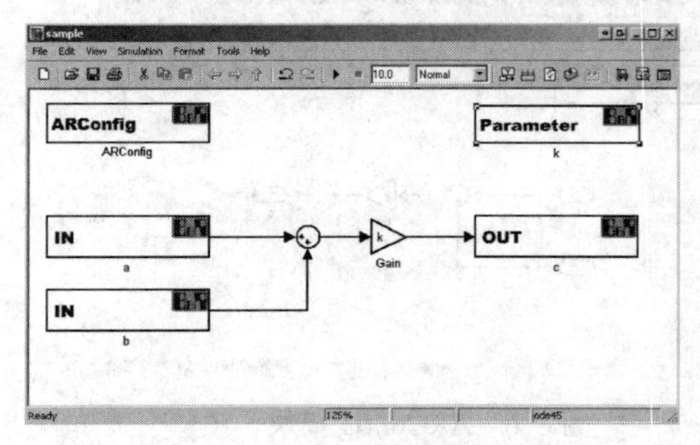

图 6-8　Paremeter 模块参数设置

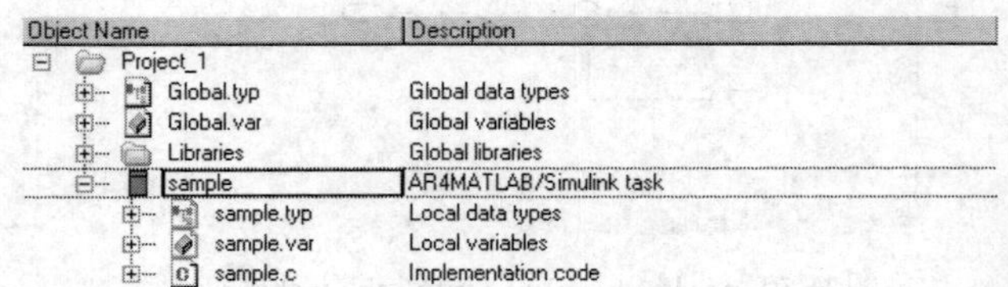

图 6-9　创建名为“Sample”的任务

如果有全局变量，要注意将变量手动添加到变量声明表中。如表 6-1 的例子中，b 为全局变量，需将它添加到 Global.typ 中，手动添加 Global 变量如图 6-10 所示。

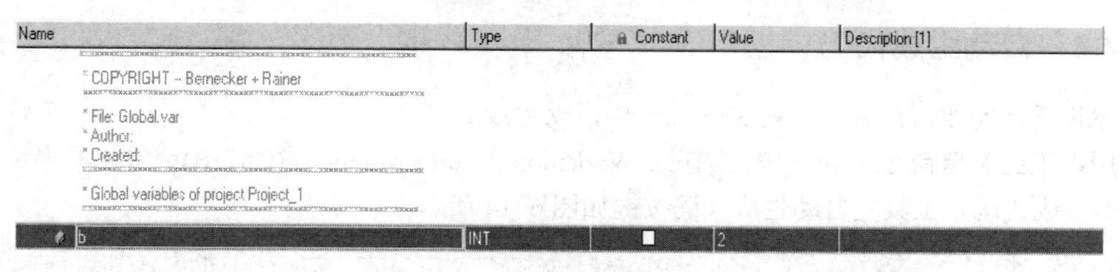

图 6-10　手动添加 Global 变量

6.4.3　目标系统设置

由于 AR4MATLAB/Simulink 不仅可从 Simulink 模型中生成代码，同时也可在 Automation Studio 中将源代码自动整合，所以必须在 MATLAB 中关于要整合的 Automation Studio 项目中进行相应的设置。

目标系统设置路径如图 6-11 所示。

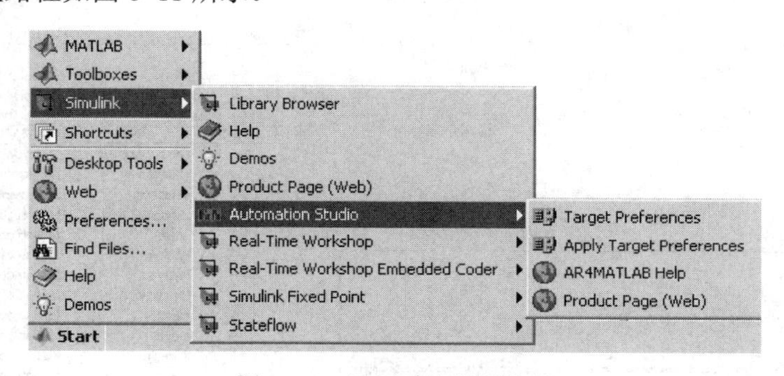

图 6-11　目标系统设置路径

打开 Target Preferences 属性框后，正确设置里面的条目：

AS_Configuration_Name：当前 Automation Studio 工程的配置名；

AS_PLC_Directory：当前 Automation Studio 工程的 PLC 名；

AS_Project_Directory：当前 Automation Studio 工程所在文件夹的根目录的路径；

Package_Name：当前 Automation Studio 工程中，自动生成代码的任务所在的包（Package）的名字；

Simulink_Model_Directory：Simulink 模型所在的路径。

目标系统设置如图 6-12 所示。其中配置名和 PLC 名可以通过当前 Automation Studio 工程来检查，配置名和 PLC 名如图 6-13 所示。

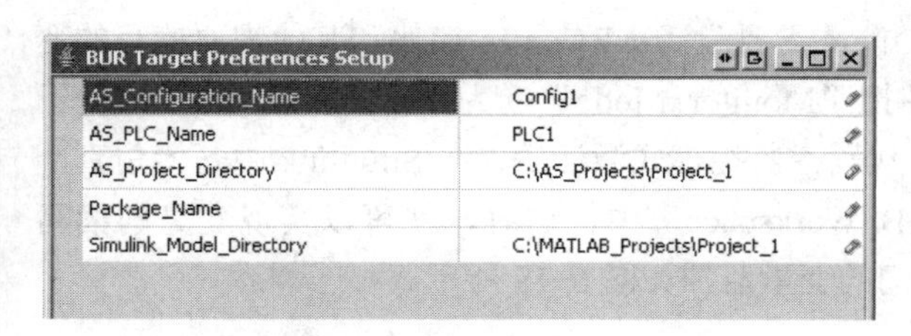

图 6-12　目标系统设置

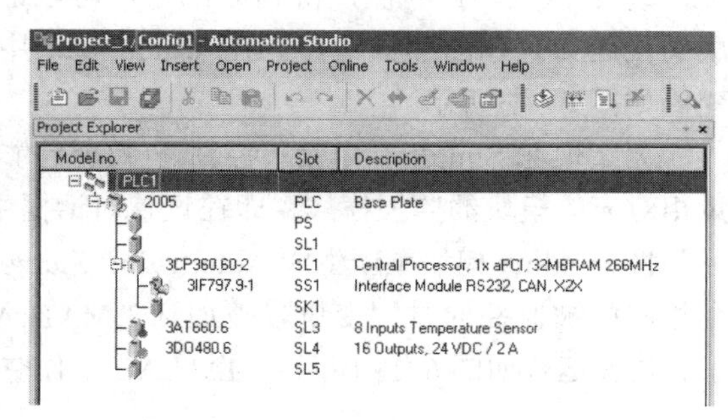

图 6-13　配置名和 PLC 名

上述配置完成后，要应用到相应的 Simulink 模型上，可通过运行 Apply Target Preferences 命令来实现。这样目标系统的设置就完成了。

6.4.4 自动生成代码

上述设置都完成后，就可以在 Simulink 中自动生成 C 代码了。

使用以下的菜单命令 Tools→Real-Time Workshop→Build Model… (Ctrl+B)或者工具栏中的相应按键自动生成代码。工具栏自动生成代码按键如图 6-14 所示。

图 6-14　工具栏自动生成代码按键

当这个过程结束后，在 MATLAB 命令窗口中会显示一条信息表明代码生成成功，自动生成代码完成如图 6-15 所示。

此时 Automation Studio 中对应的任务也不再是空任务，而是添加了代码和很多文件，自动生成代码后的任务如图 6-16 所示。将新生成的源代码嵌入到原有的工程中，成为一个完整的整体，可在 Automation Studio 中编译并下载到目标系统中。

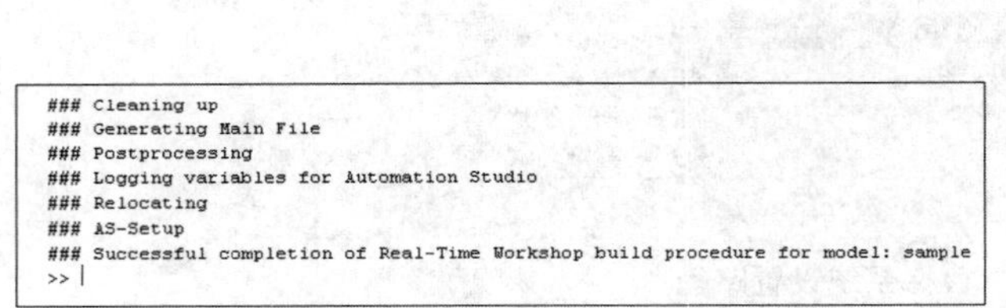

```
### Cleaning up
### Generating Main File
### Postprocessing
### Logging variables for Automation Studio
### Relocating
### AS-Setup
### Successful completion of Real-Time Workshop build procedure for model: sample
>> |
```

图 6-15　自动生成代码完成

Object Name	Description
Project_1	
Global.typ	Global data types
Global.var	Global variables
Libraries	Global libraries
sample	AR4MATLAB/Simulink task
sample.typ	Local data types
sample.var	Local variables
sample.c	Implementation code
GlobalVar.txt	Matlab code
emlrt.h	Matlab code
engine.h	Matlab code
fintrf.h	Matlab code
fixedpoint.h	Matlab code
io64.h	Matlab code
mat.h	Matlab code
matrix.h	Matlab code
mex.h	Matlab code
mwdebug.h	Matlab code

图 6-16　自动生成代码后的任务

6.4.5 调试和在线监控

在 Automation Studio 工程中打开一个 watch 窗口，添加变量时，可以看到 Simulink 中的变量，包括它们的数据类型和范围，都能在目标系统上找到。将 a，b，c，k 四个变量添加到 watch 窗口中，改变 a，b，k 的值，得到 c 的值，可以证明生成的代码如预期的那样运行。在 watch 窗口中监控变量如图 6-17 所示。

Name	Type	Scope	Force	Value
a	LREAL	local		1.0
b	INT	global		2
c	LREAL	local		30.0
k	LREAL	local		10.0

图 6-17　在 watch 窗口中监控变量

要实现在 Simulink 中读写控制器中变量的功能，需要激活 ARConfig 模块和其他需要读写的变量相对应的模块的监控模式，即在设置对话框中把“Monitor Mode”选为“enabled”。这个改变不需要将 Smulink 模块重新生成 Automation Studio 代码。监控模式激活后，在 Simulink 中开始仿真，则相应的被监控的过程变量就被加到“MATLAB Workspace”中，这时，就可以实现变量的读写了。仿真运行如图 6-18 所示，MATLAB 工作空间的变量监控如图 6-19 所示。

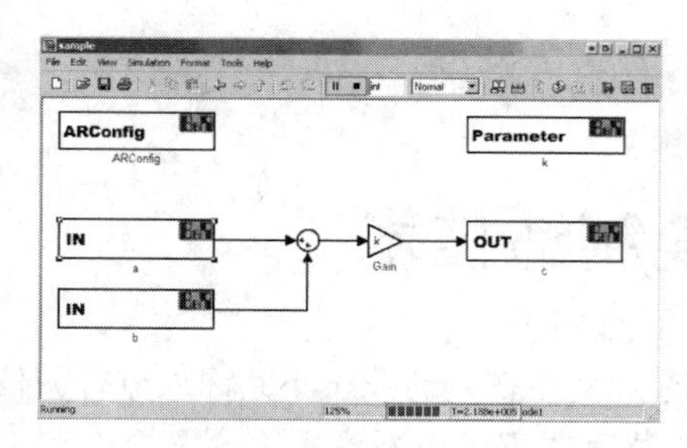

图 6-18　仿真运行

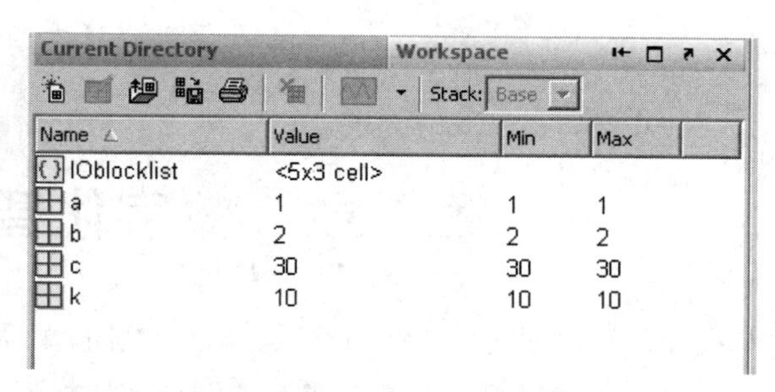

图 6-19　MATLAB 工作空间的变量监控

思考题与练习题

6-1　理解“硬件在回路”的概念，在 Simulink 中建立一个一阶系统，然后用自动生成代码功能生成到 Automation Studio 中，用“trace”功能记录此系统的阶跃响应曲线，并和 Simulink 中对比。

6-2　在“Simulink”中搭建离散 PID 控制器，对一阶系统进行控制，然后自动生成代码，在 Automation Studio 中调试，并对比结果。

第 7 章　数字化智能制造技术

制造业是技术创新最活跃的领域，新一轮科技革命和产业变革在制造业正不断深入进行。信息技术、新能源、新材料、新工艺等重要领域和前沿方向的革命性突破不断涌现、交叉融合。云计算、大数据、物联网、移动互联网等新一代信息技术与制造业的深度融合，带来制造模式、生产方式、产业形态和产业分工格局的不断变革。全球制造业创新体系也随之转变。创新载体从单个企业向跨领域多主体协同创新网络转变，创新流程从线性链式向协同并行转变，创新模式由单一技术创新向技术创新与商业模式创新相结合转变，具有跨界、融合、协同特征的新型创新生态系统正在形成。

在制造业迈向数字化、智能化的当今，传统制造业环境恶劣、危险、连续重复等工序需要智能化升级，数字化技术、系统集成技术、关键技术装备、智能制造成套装备发展方兴未艾，智能车间/工厂、离散型智能制造、流程型智能制造、网络协同制造、大规模个性化定制、远程运维服务等技术不断丰富成熟，完善和推广智能制造新模式，提高传统制造业设计、制造、工艺、管理水平，推动生产方式向柔性、智能、数字、精细化转变是不可阻挡的发展趋势。

1．数字化智能制造的新模式

（1）离散型智能制造。具体包括：车间总体设计、工艺流程及布局数字化建模；基于三维模型的产品设计与仿真，建立产品数据管理系统（PDM），关键制造工艺的数值模拟以及加工、装配的可视化仿真；先进传感、控制、检测、装配、物流及智能化工艺装备与生产管理软件高度集成；现场数据采集与分析系统、车间制造执行系统（MES）与产品全生命周期管理（PLM）、企业资源计划（ERP）系统高效协同与集成。

（2）流程型智能制造。具体包括：工厂总体设计、工艺流程及布局数字化建模；生产流程可视化、生产工艺可预测优化；智能传感及仪器仪表、网络化控制与分析、在线检测、远程监控与故障诊断系统在生产管控中实现高度集成；实时数据采集与工艺数据库平台、车间制造执行系统（MES）与企业资源计划（ERP）系统实现协同与集成。

（3）网络协同制造。具体包括：建立网络化制造资源协同平台，企业间研发系统、信息系统、运营管理系统可横向集成，信息数据资源在企业内外可交互共享。企业间、企业部门间创新资源，生产能力、市场需求实现集聚与对接，设计、供应、制造和服务环节实现并行组织和协同优化。

（4）大规模个性化定制。具体包括：产品可模块化设计和个性化组合；建有用户个性化需求信息平台和各层级的个性化定制服务平台，能提供用户需求特征的数据挖掘和分析服务；研发设计、计划排产、柔性制造、物流配送和售后服务实现集成和协同优化。

（5）远程运维服务。具体包括：建有标准化信息采集与控制系统、自动诊断系统、基于专家系统的故障预测模型和故障索引知识库；可实现装备（产品）远程无人操控、工作环境预警、运行状态监测、故障诊断与自修复；建立产品生命周期分析平台、核心配件生命周期分析平台、用户使用习惯信息模型；可对智能装备（产品）提供健康状况监测、虚拟设备维护方案制定与执行、最优使用方案推送、创新应用开放等服务。

2．数字化智能制造的关键技术

具体内容包括工业机器人、工业软件、智能物联装置、增材制造、人机交互、机器视觉、柔性生产线等装备；体系架构、互联互通和互操作、现场总线和工业以太网融合、工业传感器网络、工业无线、工业网关通信协议和接口等；数字化设计仿真、网络协同制造、智能检测、边缘计算、智能物流和精准供应链管理等智能工厂技术；数据质量、数据分析、云服务等工业云和工业大数据标准；个性化定制和远程运维服务等服务型制造技术，设计、工艺、仿真、管理、控制、工业流程运行能效分析软件。

7.1 数字孪生

智能制造的核心问题是实现物理世界和信息世界的融合，数字孪生（Digital Twins，简称 DT）技术是物理世界与信息世界融合的有效途径。数字孪生就是通过虚实交互反馈、数据融合分析、决策迭代优化等手段，以数字化虚拟模型模拟物理实体在现实环境中的操作行为，从而面向产品全生命周期发挥出连接物理世界与信息世界桥梁的作用。数字孪生融合了 VR（虚拟现实，Virtual Reality，简称 VR）和 AR（增强现实，Augmented Reality，简称 AR）技术，在物理世界与虚拟世界信息交互方面具有优势。数字孪生技术利用信息技术构建虚拟模型，对物理实体的性能、行为、特征进行描述，进而监控物理对象行为、预测物理对象性能以及反向控制物理对象。数字孪生体是指与物理实体对应的虚拟模型，用来模拟物理对象的行为和性能。数字孪生体具有多种特征，包括虚拟性、多维度性、全生命周期性、多学科性。真实设备与虚拟设备的“虚实融合”、以虚控实是数字孪生技术的主要目标。

7.1.1 数字孪生的定义

美国航空航天局将数字孪生定义为：一套复杂的飞行器仿真系统，充分运用了三维模型、物理实体运行历史数据和传感器检测数据，并在多物理量、多尺度、多概率下进行模拟运行，在虚拟世界里反映了物理实体的全生命周期状态。

国际标准化组织（International Organization for Standardization）将数字孪生定义为：具有数据连接的特定物理实体或过程的数字化表达，该数据连接可以保证物理状态和虚拟状态之间的同速率收敛，并提供物理实体或流程过程的整个生命周期的集成视图，有助于优化整体性能。

在企业界，通用电气将数字孪生定义为：物理资产、系统或流程的软件表示，旨在通过实时分析来检测、预防、预测和优化以提供业务价值。西门子认为：数字孪生是物理产品或过程的虚拟表示，在产品的整个生命周期中，被用于模拟、预测和优化产品和生产系统，并作用于物理原型和资产。

数字孪生本质上是虚实融合，通过自身迭代分析和分析运行数据来对实际生产过程进行优化和预测。

7.1.2 仿真与数字孪生

数字孪生技术发展与计算机仿真的发展关系十分密切。在工业界，各种仿真软件工具用来辅助和增强人的行为。CAD 软件帮助设计人员快速模仿产品的形状、结构和外观，CAE 软件实现产品在固体力学、流体力学、热学和电磁学等多种物理场情况下的性能仿真，CAPP 软件可对加工工艺过程进行仿真，并生成 NC 程序，CAT 软件则辅助模拟制造产品的测试过程，装配仿真软件对车间特定工艺进行虚拟化，生产线与工厂仿真软件对车间生产物流整体流程进行模拟。通过这些仿真软件，可在虚拟环境中建立与物理世界相对应的数字化模型，它们或是二维或三维的图形，或是某一过程的表达，但却很少与实际物理实体发生信息关联与交互。与前述众多仿真工具比较，数字孪生可进一步通过建立虚拟模型、物理实体甚至服务系统之间的实时高效信息流，形成数据和指令的交互机制、虚实状态的同步改变，从而赋予虚拟模型实时性、适应性、准确性和新服务。

“与物理产品等价的虚拟数字化表达”的数字孪生概念模型最早于 2003 年由美国密西根大学教授 Grieves 提出，主要思想在于：

① 应用数字化方式创建与物理实体多种属性一致的虚拟模型；

② 虚拟世界和物理世界之间彼此关联，可以高效地进行数据和信息的交互，达到虚实融合的效果；

③ 物理对象不仅仅是某一产品，还可延伸到工厂、车间、生产线和各种生产要素。

数字孪生近些年得到快速发展。2011 年美国空军研究实验室提出数字孪生体，开展基于数字孪生的飞机结构寿命预测研究，来帮助解决飞行器的保养维护问题。2012 年 NASA 与美国空军研究实验室共同提出基于数字孪生的未来飞行器和系统实时状态监控范例，数字孪生由此进入实际应用领域。另外，美国国家航空航天局在阿波罗项目中制造了两个相同的飞行器，地面的飞行器被称为孪生体，用来监控正在执行任务的飞行器的状况。计算机仿真是数字孪生的关键技术之一，数字孪生代表了最新的仿真技术，仿真领域的各软件厂商正积极布局数字孪生战略规划。2016 年 ANSYS 与 GE 合作试图将数字孪生解决方案从边缘扩展到云端，西门子收购工程仿真软件 CD-adapco，加上自有的多学科仿真工具，可极大提升数字孪生仿真的核心能力，2017 年 Altair 制定其领先的虚拟模拟技术与物联网平台 Carriots 相结合发展的战略规划，达索公司建立基于数字孪生的三维体验平台，PCT 利用数字孪生技术为客户提供高效的产品售后服务支持。

建模与仿真技术在现代工业控制系统设计中的作用越来越大，数字孪生是新一代仿真技术的代表。建模与仿真技术的发展如图 7-1 所示。

“数字孪生”是指利用物理模型、传感器更新、运行历史等数据，将物理实体映射至虚拟空间，从而反映对应的实体装备的全生命周期过程，为系统分析与决策提供参考的技术。

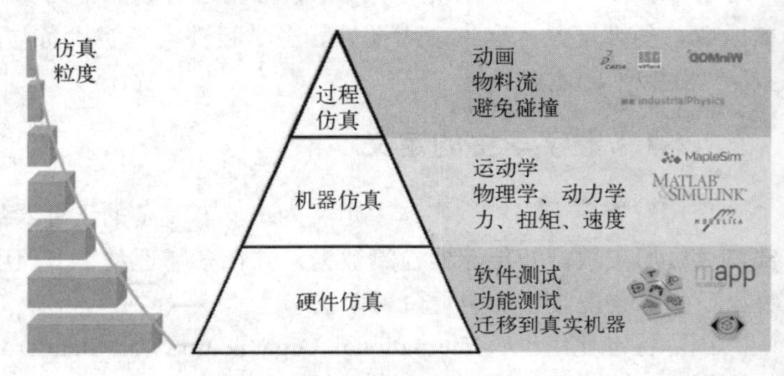

图 7-1　建模与仿真技术的发展

随着信息、通信、计算机、人工智能、物理模型数字化表达的发展及普及，数字孪生与大数据、物联网、云计算、增强现实等先进技术结合，数字孪生形态和概念不断丰富，在理论和应用层面都取得了快速发展，尤其在制造领域，其应用范围和深度越来越广泛，从产品设计阶段逐渐延伸到生产制造和产品运维服务等阶段，企业开始利用数字孪生提升产品创新、运营效率。

7.1.3　传统系统仿真制约因素

长期以来，传统系统仿真被制约在系统规划设计阶段，无法与生产系统实体完全融合的原因：

（1）仿真建模过程复杂。仿真实验分析的前提是仿真建模，实际生产系统进行仿真建模繁复而耗时，仿真建模需要专业化的仿真技术人员，且受建模人员规划能力、建模水平和个人经验影响，仿真模型的优劣直接决定了整个仿真项目的周期和成败。

（2）仿真模型的精确性和灵活性之间的矛盾。现实生产系统是复杂多变的，仿真模型在追求对实际系统的精确性描述时往往会变得庞大和冗余，灵活性会大大降低，仿真模型的可维护性、可移植性和重用性不强。生产线系统资源要素和生产模式不断调整重构，长期反复的仿真建模势必影响仿真的快速响应能力。

（3）仿真模型不具备实时更新的功能。仿真模型是对现实系统的抽象，而现实系统包含大量已知和未知的动态因素和异常情况，无论多么精确的模仿，与真实之间总会存在差异，传统的仿真模型不具备自我更新和迭代优化的能力。

（4）仿真的输出未统一定义。仿真实验设计需要有经验的数据分析人员来进行，并综合其他的统计分析工具来开展仿真分析，仿真输出结果通过人为解释进行展示，需要对仿真结果进行统一定义，以标准化的格式输出，才能更好地辅助决策。

数字孪生的本质仍是仿真，同时又极大提升仿真的服务能力和水平。传统系统仿真须将其提升到数字孪生的层面，才能进一步发挥应有的价值。数字孪生具有直观性、复杂系统模拟、随机动态表达、超实时性等特点，与物理生产线、服务系统之间实时数据交互，为生产运行时期的信息孤岛、透明管控、决策支持等提供新的解决方案。

7.1.4 数字孪生产线关键技术

数字孪生构建过程中涉及多种先进技术，这些技术的共同推动使数字孪生的实现成为可能。数字孪生基础支撑技术如图 7-2 所示。

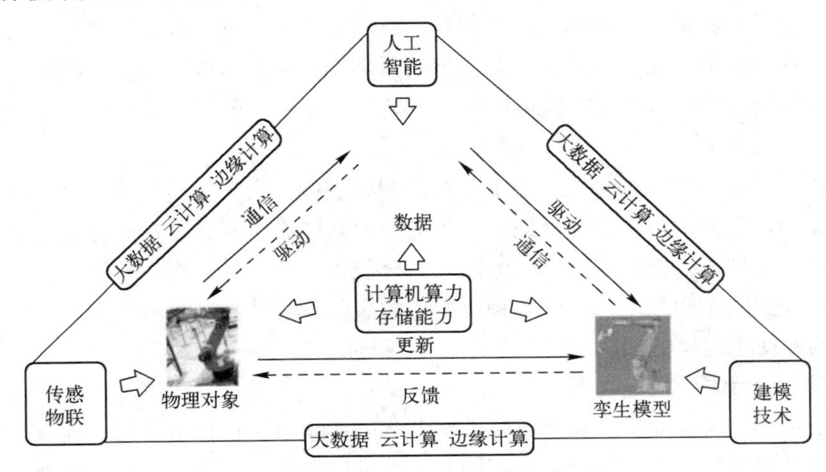

图 7-2　数字孪生基础支撑技术

与计算机仿真技术应用于制造领域各个层面和阶段相似，从产品的全生命周期的角度来看，从产品研发、设计、生产到服务的全过程，数字孪生都有着巨大的应用潜力。

数字孪生在生产不同阶段的功能：

① 产品研发阶段：搭建超高逼真的产品虚拟样机，并模拟加工、装配、检测、工艺、制造流程和应用环境等，提前获得产品行为表现，在反馈迭代中不断缩减与设计期望的差异，从而实现设计效率和质量的全面提升。

② 生产制造阶段：基于数字孪生可实现生产线快速规划设计、生产要素状态监测与控制、订单成本分析与评估、生产线生产调度优化、物流系统精准配送优化、制造能耗管理、质量分析与溯源等，实现企业数字化制造。

③ 产品服务阶段：实现产品的远程状态监控、故障预测与健康管理，形成产品或设备运维的新模式。

数字孪生是一种生产线设计、运维新方案，基于物理与虚拟模型的同步映射和实时交互，将极大地推动企业运营管理和计算机集成制造系统的发展与革新。

数字孪生产线关键技术：

（1）计算机算力与存储能力

计算机算力与存储能力是一切信息技术的基础，如今备受瞩目的人工智能技术就曾因计算能力不足而多次搁置不前。数字孪生的构建与运行同样需要计算机具有较高的算力与存储能力。计算机算力与存储能力不但决定了数字孪生本身能否流畅运行，还影响数字孪生的二次开发与可扩展性。

作为工业计算机的可编程控制器的计算能力不断提高，逐步胜任数字孪生的算力要求。

（2）系统建模理论与软件平台

数字孪生以物理对象为主体，为了实现对物理对象的描述需要对其进行建模，除了需要对物理设备的三维结构建模，还需要对其运行机理、衰退性质进行建模，以实现孪生模型对物理对象的高保真描述，因此对系统建模的理论与软件平台提出了较高的需求。另外，数字孪生具有实时同步的特点，需要孪生模型能够被采集到的物理数据驱动，因此也需要软件平台具有外部数据的接入接口。

（3）传感与物联技术

数字孪生的一大特点是能够与物理对象保持实时同步、动态映射，孪生模型不仅能够通过建模实现对物理对象某个时刻的静态描述，还能够通过数据驱动，使孪生模型与物理对象实时同步。实时驱动孪生模型的数据可以是实际采集的数据，也可以是因数据量大或传输距离远而采用模拟、预测得到的数据，但后一种情况应定期使用采集到的真实数据更新孪生模型，使孪生模型重新回归基线附近。因此对物理对象真实数据的采集是必需的，需要传感技术提供支持，满足对各种类型数据的采集。采集的数据需要尽可能实时地传输到孪生模型，也需要物联技术打通设备间通信的渠道。

（4）人工智能技术

人工智能为数字孪生的应用提供了更加丰富的想象空间。人工智能技术迅猛发展之前数字孪生只能用于状态监测，监测数据的变化，或者使用简单的回归方法预测数据的变化趋势，实现类似预测性维护的工作。各种人工神经网络带来的超强拟合能力，使图像分析、数据挖掘、神经网络回归等方法能够被整合到数字孪生中，提供各种定制化的服务，各种人工智能工具的人性化封装，降低了人工智能工具的使用门槛，加快了数字孪生的发展与推广。

（5）大数据、云计算与边缘计算

当数字孪生应用于大型企业、城市时，数字孪生的建模对象往往不在同一地点，建模对象的增加使孪生数据量迅速增加，传统数据处理方法无法满足孪生需求，因此需要大数据技术进行处理。数据规模的增加进一步提高了对计算能力的需求，为了避免在各地均配置高性能计算机，降低设备成本，需要云计算中心为各地设备的数字孪生提供计算能力，提高计算设备的利用率。而为了降低数据在云和本地之间的传输成本，提高计算的实时性，又需要边缘计算的支持。

（6）数据采集融合

与其他的信息管理系统一样，对生产线人、机、料、法、环、测实时多源异构数据进行采集与融合，是实现数字孪生虚实融合、信息物理交互的关键技术之一。

数据采集方法有很多。对于内部本身装有相应的传感器和数据存储通信模块的产品或设备，可以通过其 DNC、OPC、串口、以太网等通信接口直接获取数据，或者基于其电气电路及 PLC 来进行数据采集，或者通过外接智能数采装置（如传感器、RFID、条码、终端录入等），以及通过系统集成的方式获取数据。

数字孪生的应用目的不同，其数据采集内容、数据获取方式、数据特点也会有较大的差异。例如，将数字孪生应用于产品运维时，需要对振动、温度、力信号、声信号、电信号等实时数据进行采集，用于分析产品或设备的状态，采集的数据具有实时性要求高、数据量大、采集频率高等特点。面向生产物流过程的数字孪生产线应用，需要对流程数据、状态数据进行采集，数据实时性要求和数据密度相对较低，数据传输存储管理压力较小。也可以通过与其他信息系统交互相关数据获得。相比于产品运维往往关注于单个的产品、设备的数据感知交互，数字孪生产线对于生产线整体物联环境的建设要求更高，只有物理生产线要素之间实现较高水平的互通互联，孪生模型才能实时模拟生产过程规律与机制，并能在决策分析后实现一定的以虚控实。

（7）虚拟建模仿真

不同于物理场、工艺的仿真，面向生产物流过程的数字孪生产线应用所使用的仿真方法指在计算机上对系统的运行过程和状态变化进行模拟，并实现对特定问题的逼真表达。系统仿真主要包括离散事件仿真和连续系统仿真两种建模方法，其中大部分生产线和工厂都属于离散事件系统。

目前应用广泛的商业系统仿真软件主要有 eM-Plant/Plant Simulation、Arena、SIMIO、ExtendSim、Flexsim、QUEST（DELMIA）、Analogic 等，其基本仿真原理都大致相同，但各有特色。如 Arena 基于流程图形化的方式建模，Flexsim 直接应用三维建模，具有很强的虚拟沉浸感，Plant Simulation 具有极强的开放性和灵活性，其三维仿真建模能力也在最近几年迅速提高。

在智能化工厂生产执行阶段可利用虚拟工厂构建生产线管控系统，通过与设备层、控制层的实时数据交换，实时地与 MES 等系统信息交互融合，实现远程透明管控智能化工厂生产过程，提高生产管理效率。

（8）实时仿真优化

当对比方案较少、问题求解空间有限时，仿真模型通常结合实验设计理论来进行实验，获取仿真数据。What-if 分析是仿真分析最常用的方法，对比不同方案的仿真实验输出指标，选择较优方案。用统计分析的方法对仿真模型的输入/输出进行灵敏度分析，确定不确定性因素中对结果影响程度较大的因素，获得较优的输入参数配置方案。当问题求解空间较大时，一般将仿真模型看作一个实值函数，在仿真过程中嵌入优化方法进行仿真输入的迭代寻优，非枚举地从可行解中寻找最优方案。仿真优化过程如图 7-3 所示。

数字孪生产线不仅对仿真建模的实时性提出了很高要求。当数字孪生模型随着实际系统不断发生状态变化时，仿真运行策略和优化方法应适应变化带来的影响，这些策略和方法是动态的，能够通过事先建立的快速反应机制或自组织自适应学习等方式随系统状态的变化而自动优化，实时离散动态系统仿真技术是关键技术之一。

以机器学习为核心的大数据分析技术的发展促进了数字孪生新的研究和应用，孪生模型不仅仅可以为监督学习提供大量的训练样本数据，反过来机器学习等方法能够极大提升数字孪生的动态建模、策略选择、自适应优化等方面的能力。而且数字孪生以其超实时仿真的特性，可以和强化学习等方法很好地融合。强化学习分为无模型和基于模型的学习方法。模型指的是智能体基于对真实世界的理解，构建一个模型来模拟物理世界，并在决策前基于构想的模型预演未来可能的行为及其系统反馈，并选择其中最好的情况。基于模型的强化学习方法中的模型可以是一个数学表达式，也能够被仿真模型所代替。强化学习、物理工厂、数字孪生融合的概念模型如图 7-4 所示。

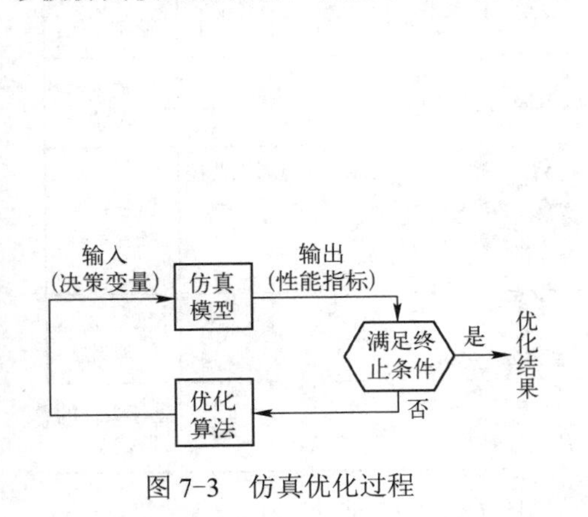

图 7-3　仿真优化过程

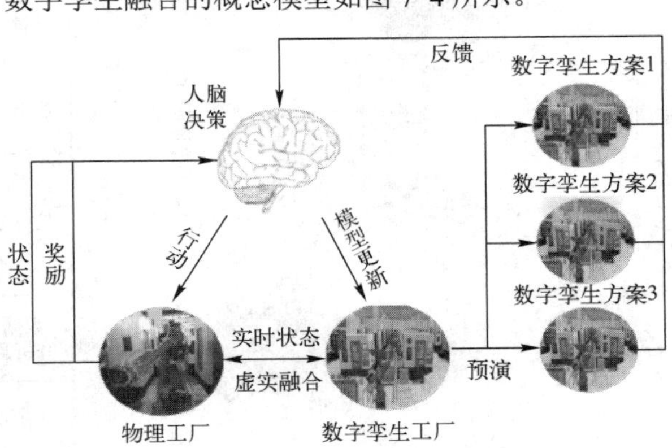

图 7-4　强化学习、物理工厂、数字孪生融合的概念模型

以往的生产线系统规划与设计过程依赖设计人员的工作经验，在方案的规划与设计时带有一定的盲目性与随机性，对生产线、仓储、物流方案的评价停留于定性分析层面，方案的规划与设计阶段难免产生部分偏差，对生产线建设后续的开展与实施产生极大影响。借助于数字孪生技术，根据生产线生产的工艺、物

流、仓储等信息，建立物理生产线与数字化生产线的映射关系。通过离散事件驱动的生产与物流仿真技术，对生产线的产能和瓶颈等关键性能指标进行综合定量分析，可以及早发现规划生产线的生产瓶颈与物流问题，找出影响产能与物料转运的关键因素，优化生产线规划与设计，发挥现有资源潜力，获得最大产能。

7.1.5 数字孪生三维、五维模型

三维、五维数字孪生模型是当前孪生技术的主流。

（1）三维数字孪生模型：由物理实体层、虚拟模型层及交互层组成。物理实体层指实际工作场景，包括加工设备、工件和采集数据的传感器；虚拟模型层是物理实体层的数字化孪生体，从几何、物理、运动等角度进行逼真模拟；交互层为物理实体层和虚拟模型层搭建桥梁，进行数据的互传和信息的互通。该模型注重对生产线的实时监控和数据分析。

（2）五维数字孪生模型：主要由物理实体层、数据层、虚拟模型层、服务层及交互层组成，相比于三维框架增加了数据层和服务层，其中数据层负责管理相关生产数据，服务层集成了各项服务功能。该框架更全面地融合了生产活动的各项流程，适用于大型企业。数字孪生五维模型与应用六准则如图 7-5 所示。

（3）CPS 5C 模型

CPS 5C 模型是一个可用于工业 4.0 制造系统的 5C 体系结构。模型为制造业提供了一种实用、可实现柔性制造过程 CPS 的指导方针，从而实现更好的产品质量、更高的系统可靠性，更加智能的柔性制造。模型由五部分构成（即 5C）：连接层（Smartconnection）、数据分析层（Data-to-information conversion）、信息层（Cyber）、服务层（Cognition）、反馈层（Configure）。连接层通过传感器直接采集数据或从控制器或企业管理软件（如 ERP、MES、PLM 等）中获得数据；数据分析层通过大数据分析实现设备故障预警和设备健康管理等，该层主要通过各种学习算法和数学模型，使设备具有自我学习、自我判断能力；信息层，即孪生体，通过汇聚各设备节点和管理系统的信息，分析系统短板以优化生产过程；服务层主要实现对被监控系统的透明化管控，正确地将优化结果传达给用户，形象地确定优化任务的优先级；反馈层通过与控制系统互联互通，实现优化结果的反馈，即以虚控实，使机器具有自我配置和自适应的功能。CPS 5C 模型如图 7-6 所示。

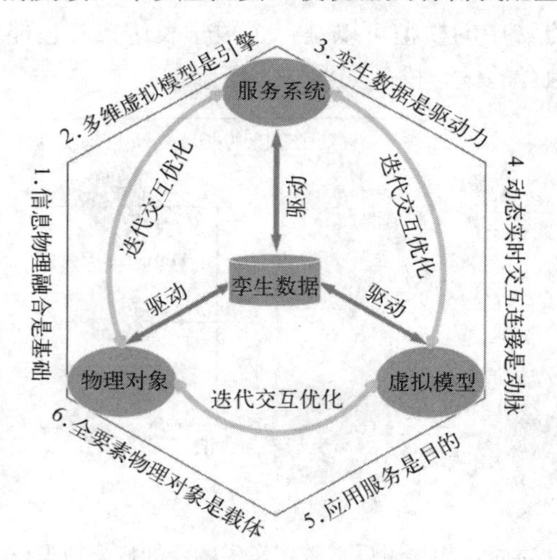

图 7-5 数字孪生五维模型与应用六准则

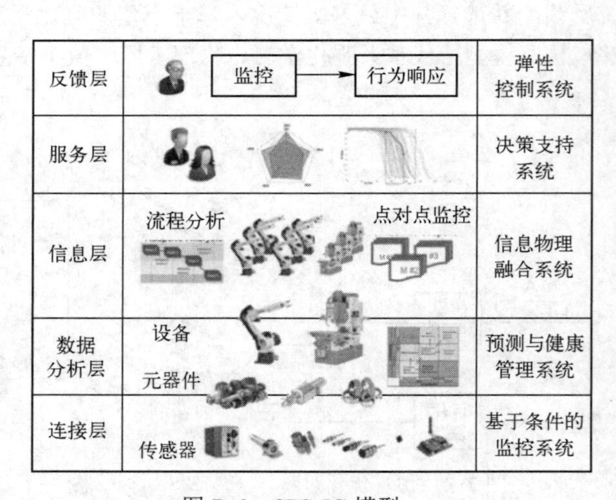

图 7-6 CPS 5C 模型

数字孪生技术的核心是数字镜像，它是与对应的物理实体完全一致的动态虚拟模型。在工作过程中，物理实体不断地向虚拟空间发送实时数据更新虚拟模型，数字镜像实时模拟物理实体在现实环境中的状态和性能，对物理实体进行分析、预测、优化和反馈。数字孪生技术主要应用在产品的

设计和生产阶段。

利用数字孪生技术解决实际生产制造问题时，需要创建对象的数字孪生模型架构。该模型由物理实体、虚拟镜像和数字纽带组成三维模型架构。其中物理实体是客观存在的对象；虚拟镜像是与物理实体完全一致的数字模型；数字纽带用于连接物理实体和虚拟镜像，实现两者之间的数据和信息流动。

物理实体是数字孪生技术应用的基础，决定了数字孪生技术的应用范围。虚拟模型是物理实体忠实的数字化镜像，集成并融合了几何、物理、行为及规则模型。几何与物理模型是对物理对象要素的描述；行为模型在此基础上加入驱动和扰动因素使各要素具备行为特征；规则模型对几何、物理、行为等层面上的规律规则进行刻画，使虚拟模型层具备评估、演化和推理的能力。

7.1.6 柔性电驱中的数字孪生技术

实现智能制造的瓶颈之一是实现制造环境下信息空间与物理空间的融合，数字孪生的出现为实现信息物理制造系统提供了新的技术手段。

为了在调试之前及早发现新机器设计中的缺陷，OEM 厂商正在越来越多地依赖数字孪生仿真。因为，如果没有进行全面测试就匆匆完成新机器的建造就可能面临设计有缺陷的风险，而对已完成机器设备的任何更改都是昂贵、费时的。数字孪生伴随着机器的整个生命周期，它的开发、调整、改进、测试与真实机器同步进行，可以及早发现机器设备设计缺陷，进行必要的优化与更改，避免浪费。

数字孪生物理实体的特征参数须实时、完备、正交地映射到虚拟空间，由此产生的海量数据需要全部归档。数字孪生技术通过物理实体的几何特征及海量历史数据建立相应静态数字模型，通过实体的运行数据实时同步静态数字模型与物理实体的加工状态，由此替代加工过程的形式化验证等烦琐工作。因此，可以将数字孪生看作现有仿真技术的升级。在智能制造领域，数字孪生是智能制造的关键技术之一，它通过孪生技术实现物理世界和信息世界的互联互通与智能化操作，可以实现生产线的早期验证、虚拟调试、预警等功能。

数字孪生需要对物理空间中物理实体建立虚拟模型，并对物理实体进行数据采集、数据集成，虚拟模型可以实时监控、动态跟踪物理实体的状态。物理实体可以在信息虚拟空间中进行全要素重建，构成了具备感知、分析、决策、执行能力的数字孪生。数字孪生也可以看作将物理实体映射到数字虚体中去，物理实体中的“形”和“态”与数字虚体中的“形”和“态”完全对应，如同一对双胞胎。

通常的建模仿真的关注点在于“保真度”，即对物理对象精确还原。数字孪生技术则关注“动态交互”，即物理系统与虚拟的模型系统之间可以实时（100mS 级）的交互。通过数据交互可以实现：①将现场物理设备状态反馈给数字系统；②接受来自数字系统的调整，将数据传递给物理执行机构。

数字孪生实现了物理实体与信息虚体之间的交互联动、虚实映射，提升了资源优化配置效率，是物理世界和信息世界进行融合的一种高效方式，在智能化过程中得到了越来越多的应用。

ACOPOStrak 的数字孪生架构如图 7-7 所示。

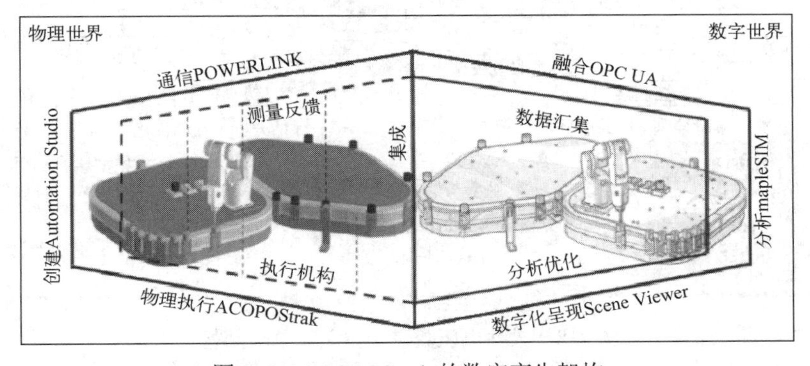

图 7-7　ACOPOStrak 的数字孪生架构

柔性电驱物理实体作为数字孪生技术的基础，是物理空间中生产系统的集合。在 ACOPOStrak 自动化装配生产线中，检测、控制、执行系统及辅助设备共同组成了这个物理实体层。ACOPOStrak 系统包括传感器、视觉、PLC、机器人等物理设备，这些物理设备接受指令并通过协作完成加工/装配任务，各种传感器安装在生产设备上，实时监测工作环境和运行状态，实现物理实体层的实时感知。

虚拟模型作为物理实体真实的数字化镜像，融合了与对象相关的几何、物理、行为及规则模型。其中，几何模型是 3D 实体模型，主要用于描述物理实体的尺寸、形状、装配关系等属性；物理模型用于分析对象的物理属性，如：应力、强度、速度等；行为模型在虚拟空间中响应物理实体受到的驱动及扰动，描述物理实体模型在控制指令及干扰因素下的行为；规则模型包括约束、关联、推导等规则，使数字镜像具备判断、评估、预测、优化等功能。虚拟模型层与物理实体层交互优化，不断调整模型的参数保证虚拟空间的高保真度。

服务应用层在物理实体和虚拟模型的基础上，通过监控、维修、保养、预测等系统模块向用户直观地展示物理实体运行情况和虚拟模型判断、评估、预测结果，并针对物理实体运行情况提供优化策略。例如，在监控方面，服务应用层可具备制造资源实时监控、生产质量监控、生产进度监控等功能；在维修保养方面，可与虚拟模型相关联，提供设备维修保养方案查询功能；在预测方面，可通过先进的算法，对系统运行过程中的关键问题提供评估预测结果。

数字纽带层通过 POWERLINK、OPC UA 实现两个功能：

- 包含、存储各层级中的数据和规则知识。例如，物理实体层的生产数据，虚拟模型层的仿真数据，服务应用层的维修数据、监控数据、故障分析数据和健康评估数据等。这些多源异构数据通过数字纽带融合成可统一操作的信息模型，并在物理对象的全生命周期中不断更新与优化。
- 数字纽带支持层级之间的数据流动，保证有效的信息传递，实现虚实空间的实时交互。例如，在获取物理层实体信息后，数字纽带层可将基于知识库的虚拟模型仿真结果和服务应用层的改进方案实时反馈到生产现场，对生产活动进行指导，实现生产过程的迭代优化和预测。

柔性电驱数字孪生系统总体结构如图 7-8 所示。

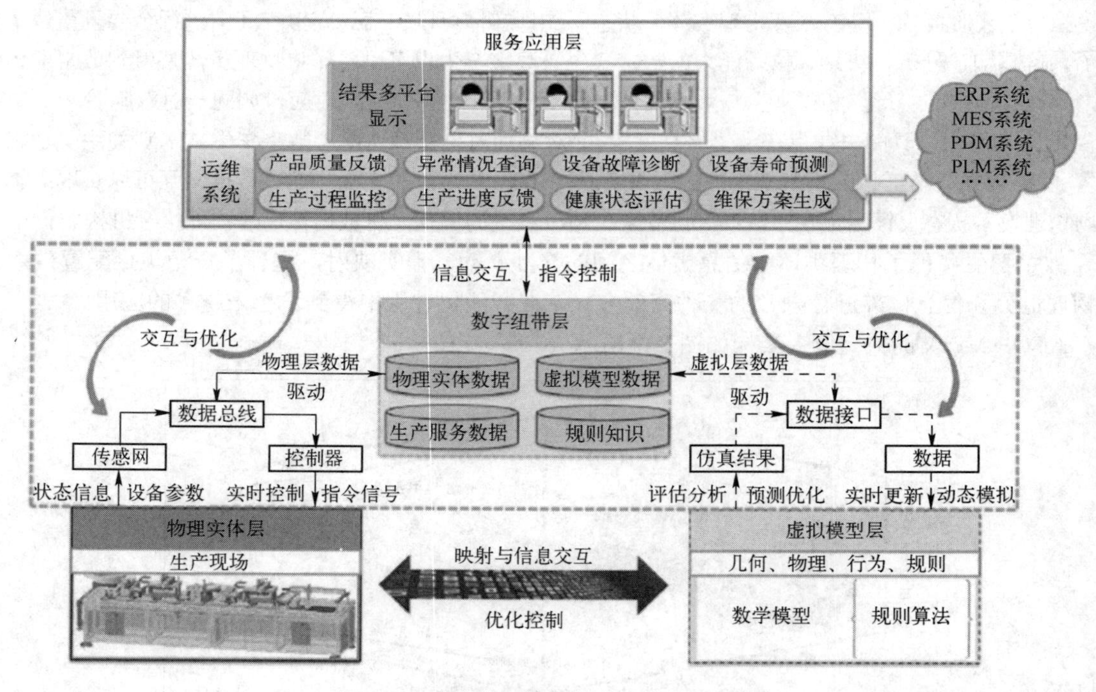

图 7-8　柔性电驱数字孪生系统总体结构

7.1.7 生产过程中的数字孪生

数字孪生以数字化方式创建物理实体的虚拟模型，借助数据模拟物理实体在现实环境中的行为，通过虚实交互反馈、数据融合分析、决策迭代优化等手段，为物理实体增加或扩展新的能力。作为一种充分利用模型、数据、智能并集成多学科的技术，数字孪生面向产品全生命周期过程，发挥连接物理世界和信息世界的桥梁和纽带作用，提供更加实时、高效、智能的服务。

数字孪生在产品设计、制造和服务等不同阶段有不同的实现途径。产品数字孪生体的体系结构如图 7-9 所示。

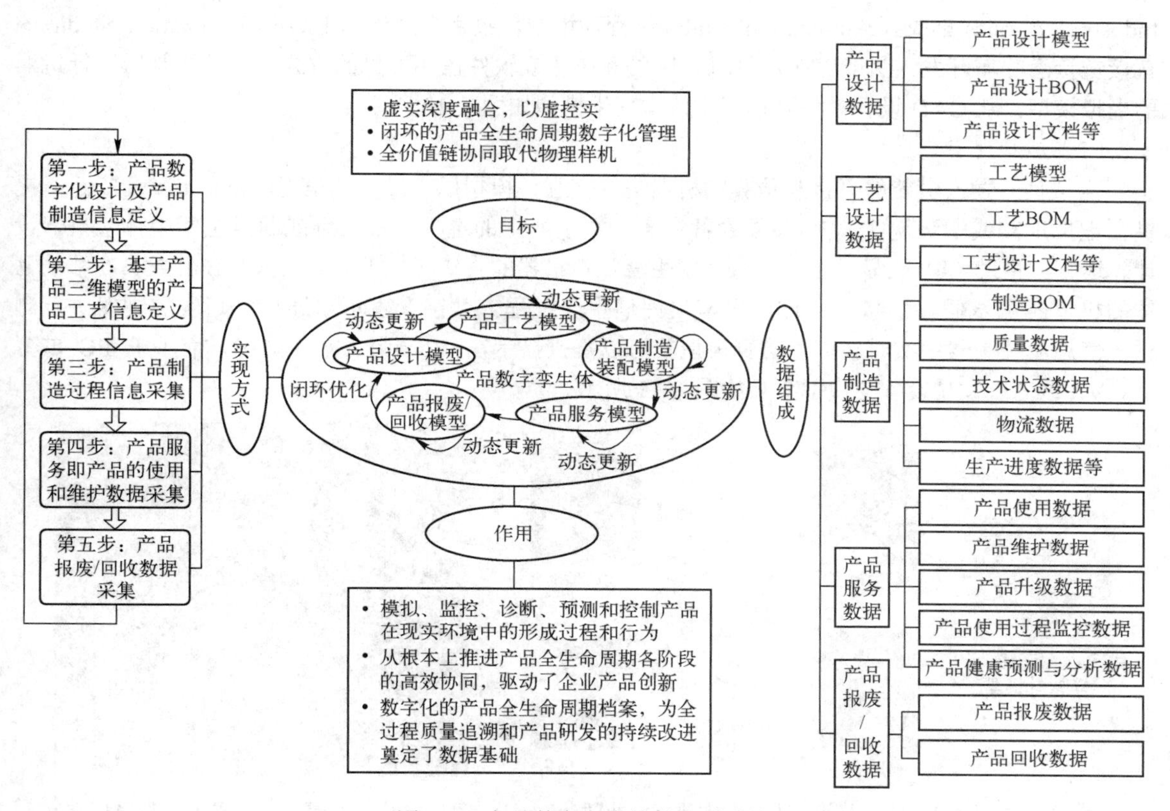

图 7-9　产品数字孪生体的体系结构

生产线系统运行中存在着时间的不确定性、工作要素路径的未知性以及生产要素信息的孤立性等问题，这将严重影响生产线运行效率并增加运行能耗，而生产过程中的数字孪生可以进一步提升生产信息集成水平，优化效能。

数字孪生技术以生产线设备、生产车间等物理实体作为基础，以传感器、通信设备等作为桥梁，实现在信息空间映射物理空间、可视化物理空间、仿真物理空间、优化物理空间的效果。数字孪生技术具备信息空间与物理空间的融合、实时交互的优势，其原理是利用上述“基础”与“桥梁”在计算机信息空间中构建出具有“映射”、“感知”、“交互”及“预测”特性的数字孪生模型。其中，“映射”是指数字孪生模型对生产线设备等的虚拟显示；“感知”是指数字孪生模型利用传感器等桥梁对生产线设备等的状态监测；“交互”是指数字孪生模型与生产线设备等的信息交互；“预测”是指数字孪生模型根据交互的信息给出生产线设备等的运行趋势。

数字孪生除了能对机器的硬件和软件进行仿真，还能够实时仿真生产过程。例如，对传送带上的产品运动进行仿真，数字孪生仿真工具可以结合实际控制器实时显示高速的生产过程，这有助于尽早发现潜在的产品之间的碰撞。

3D 集成实时仿真软件 Industrial Physics 可以兼顾仿真性能与实时性，使用 CAD 数据来创建数字孪生，对动态机器行为进行三维仿真。影响物料流的所有因素都可以通过数字孪生进行测试，开发人员可以即时获得视觉反馈，了解不同的机器组件组合会如何影响整体机器行为，不必要的停机也可以得到迅速识别和排除。

（1）导入 CAD 数据

Industrial Physics 使用机器的 CAD 数据生成数字孪生，开发人员只需以 STEP 格式导入此数据，即可创建数字孪生。数字孪生用来测试运动布置、组件配置、代码更改对机器运行的影响。Industrial Physics 集成到 Automation Studio 工程环境中，数字孪生仿真工具和 Automation Studio 的直接链接意味着开发人员能够在计算机上以硬件在环或软件在环配置的方式，连接控制器运行机器的虚拟模型。从 CAD 设计模型到物理实体与孪生模型如图 7-10 所示。

（2）虚拟现实

为了使开发人员能够直接与仿真的机器进行交互，模型以三维方式呈现。Industrial Physics 提供在虚拟现实或增强现实 VR 头显设备中查看数字孪生的选项，在三维或四维空间中体验机器设计、运行。借助 VR 头显设备，将数字孪生叠加在机器的真实环境上，开发人员在开发具有移动物体的机器时测试假设情景，通过数字孪生评估生产过程。数字孪生可以连接到真实控制器进行测试，信息从控制器中实时获取，仿真模型就可以直接显示在 VR 或 AR 头显中，而不是 PC 屏幕上。VR 或 AR 头显设备与模型交互如图 7-11 所示。

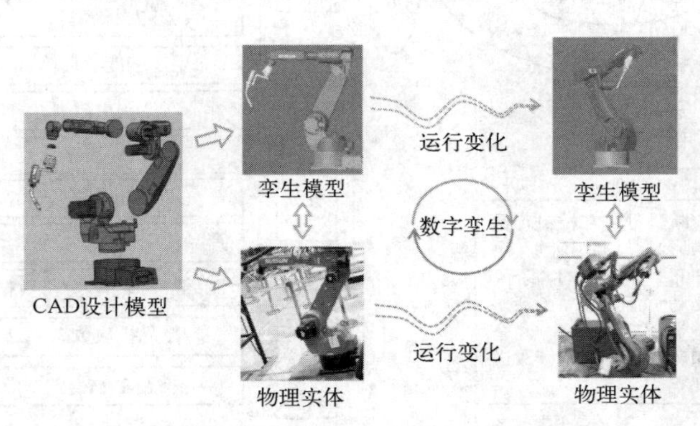

图 7-10　从 CAD 设计模型到物理实体与孪生模型

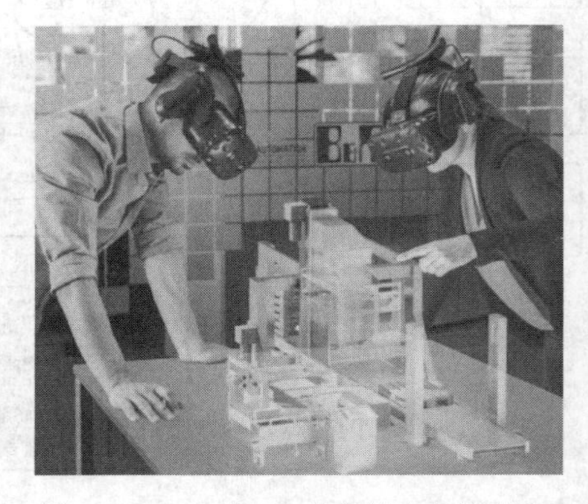

图 7-11　VR 或 AR 头显设备与模型交互

（3）虚拟调试

虚拟调试是在系统仿真、生产过程测试后进行的。在构建和调试真实机器之前，借助于数字孪生，虚拟调试过程不断重复迭代，以获得机器最佳工作状态。虚拟调试完成后才开始构建第一个物理原型。因此，虚拟调试与真实调试相比，可降低成本、节约时间。

（4）控制柜中的数字分身

数字孪生并不会随着虚拟调试而结束，工业物联网下的互联工厂会产生和处理大量运行数据，数字孪生可以利用机器运行提供的实时数据，使它像控制柜中机器的虚拟副本一样运行。如果实际机器的行为与数字孪生的行为有所偏离，例如，轴承出现磨损，数字孪生则会立即检测到差异。收集到的生产运行数据可用于预测性维护、故障检测、远程维护等。

（5）升级扩展

数字孪生在机器需要升级或扩展时也可以提供帮助。在操作过程中获得的数据可以反馈回开发过程中。机器制造商可以使用仿真模型来测试计划的修改，最大限度地减少机器停机，减少实施更改所需的时间。

数字孪生的开发、调整、改进和测试与真实机器同步进行，有助于及早发现设计缺陷、运维问题，有助于机器设备升级与扩展。

智能制造的目标是对生产过程进行全面监控和数字化呈现，数字孪生作为一项实现智能制造的重要技术，被越来越多的企业和机构所重视。

7.2 边缘计算

信息技术、无线接入技术以及移动智能终端技术的快速发展，极大地推动了传统工业的发展。随着传统工业的转型升级，中国提出中国制造 2025，德国提出工业 4.0。现代工厂自动化程度的不断提高，工业物联网（Industrial Internet of Things，简称 IIoT）随之兴起。在 IIoT 环境中，不同设备、平台和系统之间的数据相互共享和协同，为终端设备提供多样化的服务。

为了弥补云计算的不足，边缘计算（Edge Computing）被广泛应用在 IIoT 环境中。相对于云计算，边缘计算采用了分布式网络架构，将边缘计算节点分布在工厂现场生产环境中，使得计算资源更加靠近工厂现场设备，为工厂现场设备提供低延时、高可靠的本地化计算资源。边缘计算不仅可以提供快速响应的计算服务，减少计算任务的执行时间，而且可以缓解工业核心网络的传输压力。

7.2.1 工业物联网

2012 年，美国通用公司提出了“工业互联网”概念。IIoT 是指物联网技术在工业的应用与拓展，它将具有感知、交互能力的智能终端、智能分析及泛在技术等应用到工业生产过程中，从而大幅提高制造效率，将传统工业提升到智能化的新阶段。随着信息技术、信息物理系统以及互联网技术的快速发展，加快了 IIoT 的发展，使其成为工业体系智能化变革的重要推手。

工业物联网技术主要由感知控制技术、信息处理技术和网络通信技术等组成。随着信息技术、网络通信技术和移动终端设备技术的不断更新，工业物联网也沿着终端智能化、网络扁平化和服务平台化的方向发展。现代工厂底层设备逐渐朝着微型化和智能化的方向发展，工业控制系统的开发性也逐渐扩大，现有的各种工业有线和无线通信协议使得工业网络连接泛在化，实现设备间、系统间的互联互通。通过实时的数据采集，将工业生产状态数据上传到工业服务平台，对数据进行深入分析，挖掘生产数据价值，通过工业服务平台为用户提供设备远程管理、故障诊断和预防性维护等功能。

1．工业物联网应用层次

工业物联网应用分为以下四个层次。

① 数据采集与展示：将工业设备传感器上采集到的数据信息传输到云平台，并用可视化的方式将数据呈现出来。

② 基础数据分析与管理：偏向于通用分析工具的阶段，不涉及基于垂直领域深入行业知识的数据分析，基于云平台采集到的设备数据，并产生一些 SaaS（Software as a Service，软件即服务）应用。如设备性能指标异常的告警、故障代码查询、故障原因的关联分析等。基于这些数据分析结果，也会有一些通用的设备管理功能，像设备的开关机、调整状态、远程锁机及解锁等，这些管理应用根据具体的领域需求而不同。

③ 深度数据分析与应用：深度的数据分析涉及具体领域的行业知识，需要特定领域的行业专家来实施，具体根据设备的领域和特性来建立数据分析模型。

④ 工业控制：工业物联网的目的就是能对工业过程实施精准控制。基于前述传感器数据的采集、展示、建模、分析、应用等过程，在云端形成决策，并转换成工业设备可以理解的控制指令，

对工业设备进行操作，实现工业设备资源之间精准的信息交互和高效协作。

2. IIoT 的优势

IIoT 从传感器及设备获取大量实时及历史数据，借助机器学习的算法对机器进行预测评估，保证机器的有效运转和降低维修成本，增强设施管理的有效性。传感器与工业物联网软件相结合，可以监测温度、振动和其他可能导致低于最佳运行条件的因素，持续监控健康和安全的关键绩效指标。如果指标异常，问题可以立即得到处理。通过确保机器的特定工作环境、工作状态，可以节约能源，降低成本，消除机器停机时间，增强员工和资产的安全性，提高生产效率。IIoT 是实现智能工厂的抓手。

工业物联网通过联网设备创建高度连接的供应链“资产”，提供对实时供应链信息的访问，提高了货物的端到端可见性。通过将工厂与供应商连接起来，供应链相关的所有各方都可以相互追踪材料流动和制造时间、周期，有助于制造商预测问题，减少库存和资本需求。

工业互联网被称为物联网时代的新入口，即使能提高 1%的效率也会产生不可估量的经济价值。在计算机和通信领域，工业和“智能”设备的创新融合，不仅会改变用户与机器之间的交互方式，还会使机器相互接触的方式更具革命性。IIoT 改变了传统的物流与供应链运行方式，也会改善人们的职业生涯和生活水准，为生产创造巨大的增值空间。

IIoT 设备的使用寿命比消费品长，运行中也面临着诸多挑战。例如：

① 缺乏标准化：存在多种不同标准的设备之间的通信方式，但要求它们必须可互操作。

② 与传统技术的集成：存在许多不是为现代 IIoT 技术提供清晰可读的数据格式而设计的旧设备，因此，几十年前的工厂控制器需要进行改造才能与 IIoT 基础设施进行通信。

③ 安全问题：任何设备如果由网络通信控制，就容易被黑客攻击，IIoT 必须应对关键基础设施面临网络攻击的风险。

④ 与 5G 技术联合：5G 大带宽、低延时、广覆盖的特点使得一些传统 4G 网络无法实现的工业互联网场景在 5G 时代将成为可能。例如，在港口码头，港机吊臂在码头和船只之间转移和装载大型货物，需要将延时、精度误差降至最低，同时能够第一时间察觉异常情况并在边缘侧迅速响应；又如，高温高危的钢铁厂急需实现无人操作，将上千度的钢水瞬间精确倾倒，延时需要低至数毫秒。既然上述场景对网络延时和稳定性要求严苛，为什么不采用稳定高速的有线方式？事实上，有线方式看似简单易行，实则问题重重。因为有线网络部署繁杂，后续升级改造困难，网络的使用条件受制，而工业物联网环境复杂多样，有线网络并非能够布放到任何有需求的地方。相对而言，以 5G 为代表的无线网络是更加经济高效的连接方式。

对于 IIoT 在工业领域的应用，高可靠低延时的通信系统至关重要。一直以来工业物联网的应用只能停留在表层的数据采集展示和由此延伸出来的一些管理功能，很难涉及工业系统的控制等核心领域，其中通信系统的稳定性和延时达不到要求是其中主要的制约因素。

4G 在工业场景的应用更多是在对实时性要求不高的场景里，作为数据上传到云端的一种方式。比如工厂里的机床设备，每隔 5～10 秒采集一次数据，这些数据汇集到一个统一的终端，由终端通过 4G 发送到云平台。

5G 可以很好地满足以智能制造为代表的现代工业领域对通信系统的要求，极低的延时，保证了工业领域实时监测和控制的要求，网络质量的高可靠性确保工业系统对稳定性的要求，大带宽则可以实现高清 3D 视频，甚至 AR 传输，在远程操控领域大幅提高了操作精度。未来电信行业 5G 与物联网的市场机会更多依赖于企业，而非个人用户，在智慧工厂，5G 和物联网将创造新的机会满足多种多样的企业需求。

3. IIoT 需要解决的问题

近年来，国内外各大企业也纷纷提出各种工业物联网平台，工业物联网平台作为工业物联网应用的支持载体，推动着制造业的转型升级。例如，西门子公司提出了开放式的物联网操作系统MindSphere，作为西门子的数字化解决方案，可以为工厂设备和企业提供数据连接、分析处理和应用程序等功能。航天科工集团提出的 INDICS 工业互联网平台，可支持不同厂商的工业设备接入，集成各类工业应用服务，构建良性工业生态体系，使制造管理更加便捷高效。海尔提出的COSMOPlat 工业互联网平台，可以更好地助力企业进行快速有效的转型升级，在降低库存、提质增效的同时，准确满足用户需求。

相比传统的工业物联网，现阶段的 IIoT 应用场景相对比较复杂和特殊，使得 IIoT 对网络的可靠性、数据的实时性和计算任务请求的服务质量要求更高。近年来，大量的智能终端设备出现在 IIoT 应用场景中，为了满足工业生产的需求，网络边缘侧的终端设备逐渐具备数据处理和分析的能力。各种智能终端设备为工业生产提供实时的数据分析和动态、灵活的参数调节，同时也产生大量的计算任务请求数据。

大量的数据传输使得底层网络更加复杂多变，网络的灵活性、实时性和动态性也受到影响。随着现代工业的发展，工业生产系统越来越复杂，传统工业网络在计算资源调度，计算资源多样化需求和设备互联互通方面暴露出许多问题。IIoT 需要解决如下问题：

① 计算资源多样化需求

工业生产通常是多场景的系统，是设备之间协同工作的过程。不同场景中的应用对计算资源的需求也有所不同。对于一些计算密集型的场景，需要将大量的计算任务卸载到计算资源丰富的节点上进行处理。对于一些实时性要求较高的场景，计算任务请求需要得到及时的计算结果反馈。传统工业中的云计算平台虽然具有丰富的计算资源，但存在传输延时长、可靠性差以及计算资源过于集中的问题，难以满足不同计算任务请求对计算资源的差异性需求。如何进行计算资源布置，满足不同工业生产场景对计算资源的需求，实现计算资源的高效利用，已经成为影响 IIoT 发展的重要因素。

② 数据的实时传输

IIoT 环境中通常采用多种工业有线和无线协议进行数据传输，大量不同格式的数据传输使得工厂底层网络复杂多变，数据的实时性难以得到保障。过去常常通过提高网络的带宽，从而获得更高的数据传输速率。但随着智能终端数量的增加以及工业生产场景的增多，通过网络带宽的提速早已难以满足现代工业生产对数据实时性的需求。并且在传统的工业物联网中，由于自身体系结构以及相关技术的限制，缺乏对网络资源和计算资源的监控措施，想要获取整个网络资源的实际情况相对较难，工厂生产数据的实时性无法得到保障。

③ 缺乏互联互通标准

IIoT 是多设备、多系统以及多应用场景相互融合的网络结构。工业现场设备常常来自不同厂商，它们所采用的通信接口和通信协议也有所不同，同时不同厂商的设备和系统之间的信息集成还存在无法兼容的问题，在这种情况下要实现设备间互联以及互联后数据低延时高可靠的交互困难可想而知。要想实现 IIoT 中信息的共享，设备的互联互通，需要通过统一的术语和标准来规范工业物联网中各方面的通信。但是现阶段各个厂商和科研机构定义的互联互通标准多样，还没有形成一个比较完善的体系。

在传统的工业网络中，通常通过网络带宽的提速来满足工业生产对数据实时性的需求，未对数据流的类型做出明确的区分，不同数据流之间平等分配带宽，这种单一的网络服务模式不仅难以满足现代工厂对数据实时性的需求，而且容易导致网络资源的浪费和成本的增加。工业物联网中存在大量的实时和非实时、周期和非周期的数据，使得工业物联网成为一个承载不同类型数据的汇聚网络，为了解决传统 IIoT 中数据实时性的问题，SDN 新型网络架构被引入 IIoT 中。SDN 作为一种新型的网络架构，其数据平面和控制平面相互分离。SDN 控制器可以维持全网的网络拓扑，收集实时的网络参数，同时解析工业网络中数据流对网络参数的需求。针对不同类型的计算任务请求，合理地规划计算任务卸载的传输路径，不仅可以实现计算任务流的确定性实时通信，有效地支撑 IIoT 中的时间敏感应用，而且可以避免网络负载不均造成的网络拥塞。

7.2.2 边缘计算技术背景

随着 IIoT、云计算、人工智能以及大数据分析等技术的发展，如今计算资源出现两个完全不同发展方向，一种是集中化的资源管理，另一种是分布式的资源管理。以云计算为代表的集中式计算模式给工厂转型升级带来了深刻的变革。基础设施云平台化，减少了企业投资建设、运营维护的成本，这也使得云计算得到了飞速的发展。随着全球数字化革命引领新一轮产业变革，行业数字化转型浪潮的到来，IIoT 发展不断深入，以大数据、机器学习和人工智能为代表的智能技术已经在语音识别、图像处理、增强现实（Augmented Reality，简称 AR）、无人自动驾驶等方面得到广泛的应用，各式各样的智能终端设备不断涌现。由于云数据中心通常不在产生数据的物联网终端设备附近，数据从传感器直接传输到云数据中心会导致较高的延时并造成网络拥塞。另外，在工业互联网现场，工厂中的设备都会通过网络连接实现远程控制，工业应用对延时要求严格。随着物联网设备数量呈现指数级的规模增长，出现了数据的增长速度远远超过工业网络带宽增速的现象，海量的物联网终端设备数据需要得到实时的处理，工业生产现场存在大量的计算任务，需要计算资源平台完成复杂的计算任务，现场设备产生海量的生产数据需要相应的设备完成数据的过滤、融合和分析。工业应用场景的多样化和复杂化带来计算需求的多样化，以及对计算要求的不断提高。基于云计算模型的集中式服务逐渐显露出其在实时性、网络带宽、资源开销和隐私保护上的不足，单一的计算平台显然难以满足计算能力对计算资源的差异性需求，难以满足当前物联网数据处理的需求，低延时、高可靠的本地化处理已经成为现阶段物联网发展的必然趋势。

边缘计算的出现弥补了云计算存在的诸多不足，提供了丰富的计算资源，满足了不同工业场景下的计算需求。与云计算相比，边缘计算更加靠近物或数据源头的网络边缘侧，是将计算、网络、存储以及带宽等能力从云延伸到网络边缘侧的新型架构模式，其具备实时、敏捷、智能和安全等特性。边缘计算将原本集中的资源扁平化，使得丰富的计算资源更加靠近终端设备，直接对终端设备数据进行智能化的本地处理，不仅提供高可靠、高效率、低延时的用户体验，还节省了大量的计算资源、传输和存储成本。边缘计算作为新兴产业，横跨通信技术、信息技术以及自动控制技术等多个领域，被广泛地应用在智能制造、车联网、智慧城市和移动互联网等领域，推动着物联网的发展。

工业界成立了许多与边缘计算相关的组织。例如，由华为、中国科学院沈阳自动化研究所以及英特尔等几家单位成立的边缘计算产业联盟（Edge Computing Consortium，ECC）。由丰田、英特尔、爱立信等公司发起的汽车边缘计算联盟（Automotive Edge Computing Consortium，AECC）。由 ARM、Cisco、Intel 和普林斯顿大学等联合发起的 OpenFog 联盟。我国也制定了一系列标准并启动了一些国家重大专项。例如在 2019 年 7 月制定《物联网边缘计算第 1 部分：通用要求》标准，用于规定部署在物联网网络、平台以及终端上的边缘计算网络架构和通用要求。2018 年，工信部针对工业互联网边缘计算设立了“工业互联网边缘计算基础标准和试验验证”等项目。

边缘计算平台有 ParaDrop、Cloudlet 和 Mobility Edge 等平台。ParaDrop 平台支持位于网络边缘的网关设备的边缘计算，可以作为物联网的边缘网关平台，被广泛地应用在智能电网、无线传感执行网络（Wireless Sensor and Actor Network，WSAN）和智能电网等领域。Cloudlet 平台由卡内基梅隆大学于 2009 年提出，是一个计算资源丰富、可靠高的主机群，可以部署在网络的边缘，为设备提供各种形式的计算服务。Mobility Edge 平台是由霍尼韦尔公司推出的一款移动计算平台，其架构下的 Dolphin™ CT60 移动计算机具有超强的网络联接性，能够为不同需求的业务应用和快速数据输入提供实时连接，帮助企业加速配置、认证和部署流程，简化高重复性任务，降低企业成本。

边缘计算打破了传统云计算集中式的网络架构，将计算资源从云端下放到网络边缘侧，满足现代工业生产场景对计算资源的多样化需求，为工厂现场设备提供高可靠、低延时的本地化计算资源。

7.2.3 边缘计算网络架构

边缘计算是去中心化、分布式的新型计算模型，通过中心和边缘之间的协同，达到优势互补、协调统一和资源共享的目的。

① 设备域：靠近或嵌入传感器、机器人和机床等设备的现场节点，支撑现场设备在确定时间内实现智能互联和智能应用。

② 网络域：为系统的互联、数据汇聚和承载提供联接服务。

③ 数据域：提供数据优化和安全隐私保护等服务。

④ 应用域：基于设备域、网络域和数据域提供的开放接口，提供行业应用的全生命周期管理，支撑边缘业务高效运营和管理。

随着边缘计算产业的发展逐步走向实践应用，边缘计算的软硬件平台、体系架构和信息安全等问题逐渐成为产业界的关注焦点。2018 年 ECC 再次发布边缘计算参考架构 3.0，该架构将整个系统分为云、边缘和现场设备三层，每层提供了模型化的开放接口，实现了架构的全层次开放，减少系统异构性，简化跨平台移植。边缘计算参考架构 3.0 如图 7-12 所示。

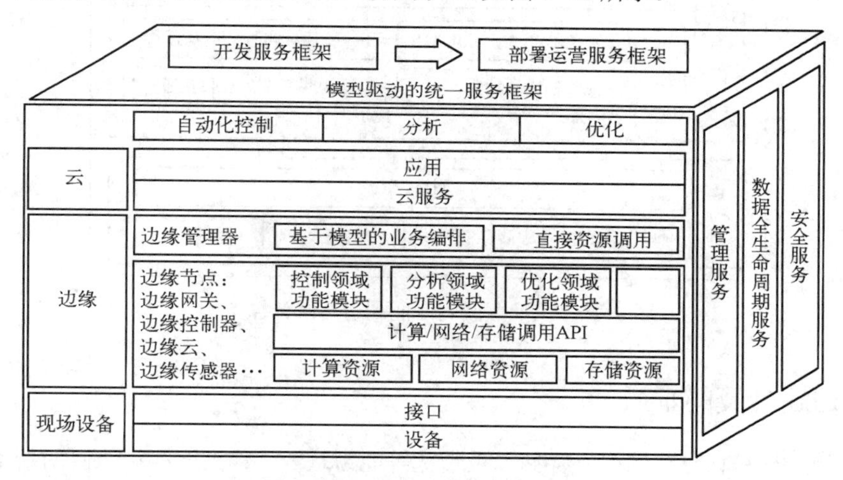

图 7-12 边缘计算参考架构 3.0

边缘计算位于云和现场设备层之间，边缘层向下支持各种现场终端设备的接入，向上可以与云端对接。边缘层主要由边缘节点和边缘管理器两部分组成，边缘节点主要负责边缘计算业务，包括网络通信协议的转换、实时闭环系统控制以及大数据分析等，而边缘管理器主要对各类边缘节点进行统一的管理，完成业务编排、资源调度以及服务管理等业务。

边缘计算可对来自智能工业设备的数据在离工业设备较近的节点上进行聚合和分析，而不是在云数据中心。一些对延时敏感的工业应用，如制造执行系统（MES）、监控和数据采集（SCADA）系统等可以部署在边缘节点上进行数据处理和分析。将数据分析放置在靠近数据源的位置，可以减少网络的数据量，最小化延时和总体成本，另外，将批处理和实时流的分析同时移动到边缘，可以使应用获得快速、准确的响应。然而，由于边缘节点上有限的存储资源无法在边缘节点上存储大量历史数据并实时分析，一些需要大量全局数据进行处理和分析的工业应用程序，如企业资源规划（ERP）系统、产品生命周期管理（PLM）系统等仍然适合部署在云数据中心。

边缘计算在不同领域内应用，其侧重点也有所不同，智能制造行业对生产系统的确定性、实时性和安全性有较高的要求，这关系着行业生产的安全。

工业互联网智能制造边缘计算架构如图 7-13 所示。架构分为三层，基础层表示工厂生产环境中的各类生产设备、控制系统和网络资源。边缘层是边缘计算设备，实现对基础层数据的分析计算，业务的动态编排，异构网络的互联互通以及高并发任务的实时迁移等。云计算层对边缘层提供的工业大数据进行处理分析、智能决策和生产订单安排等业务。在智能制造工厂中，大量而又零碎的计算资源、存储资源和设备控制器分散在生产现场环境中，通过边缘计算技术实现数据流的处理、数据智能分析以及分布式协同，从而提高工厂计算资源的利用率，使异构性的网络和系统变得更加实时和安全。

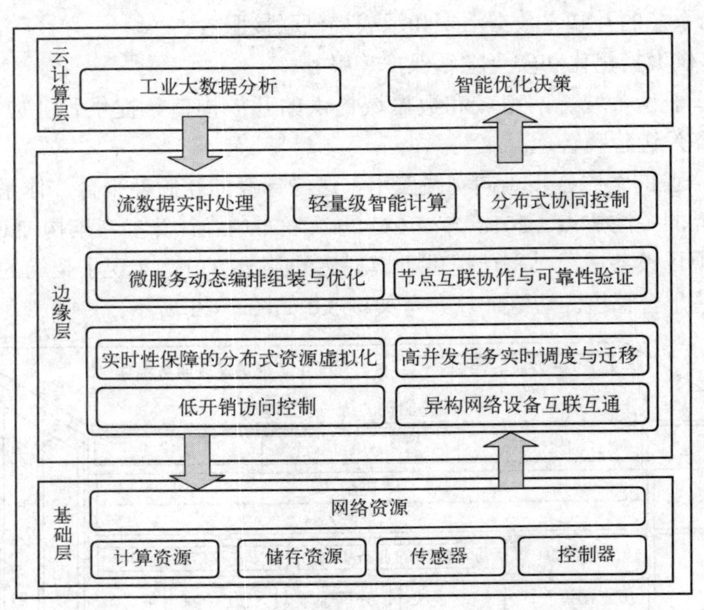

图 7-13　工业互联网智能制造边缘计算架构

7.2.4　边缘计算的本质

边缘计算是一种将计算、网络、存储以及带宽等能力从云延伸到网络边缘侧的新型架构模式，将原本集中式的网络结构扁平化，使得整个工厂网络架构体系得到简化，从而进一步提升系统性能，降低网络的维护成本。边缘计算技术将丰富的计算资源分布在工厂现场设备周围，为工厂现场设备提供高可靠、低延时的本地化计算资源，具有安全、快捷和易于管理等优势，能够支持本地任务的实时智能处理和执行，从而实现工业生产的实时控制、科学决策和精确管理。边缘计算不仅可以满足不同计算任务请求对计算资源的差异性需求，提供行业数字化在实时业务、数据优化和安全隐私等方面的服务，而且可以减少不必要的数据上云，缓解工业核心网络的传输压力，避免数据传输量过大造成网络拥塞。

7.2.5　边缘计算面临的挑战

边缘计算是一种去中心化、分布式的新型计算模型，意味着边缘计算网络覆盖的面积更广，需要协同的资源更多，并且还需要与上层的云、底层的现场终端对接，从而使得边缘计算面临着众多的挑战：

（1）计算资源协同

在传统的云计算中，计算资源集中于云平台中，任务卸载是将一些高并发的任务卸载到资源充足的云计算节点上进行处理，但由于云计算平台规模过大，各个云平台系统之间相互隔离，使得计算资源的利用率不高。在边缘计算环境中，不同处理能力的边缘计算节点分散在整个系统网络中，当终端设备进行任务卸载时，需要协同整个网络的计算资源，通过相应的卸载决策将计算任务卸载到某个或多个计算节点上执行。如何协同各类计算能力不同的计算节点，将卸载的计算任务合理地分配给计算节点，实现数据传输开销的最小化和计算资源利用的最大化，成为边缘计算领域面临的挑战之一。

（2）互操作性

边缘计算架构能够大规模使用的前提是不同厂商的边缘设备之间能够互操作。由于边缘计算网络具有设备数量庞大、形式多样和分布广阔的特点，要实现不同协议数据的互通、不同系统之间的互联，需要不同设备商之间制定相关的标准规范、统一的接口和通用的传输协议。这项工作需要相关组织不断努力推广，逐渐形成一个标准体系，这又是对边缘计算的一个挑战。

（3）隐私和安全

边缘计算和云计算、分布式计算等模式一样，同样面临着数据隐私和信息安全问题。由于边缘计算去中心化、分布式的网络架构，网络边缘高度动态的环境增加了网络遭受恶意软件侵入和安全漏洞攻击的风险，这是边缘计算面临的一项长期挑战。

7.2.6 边缘计算的维度

从不同维度视角去看边缘计算，有助于理解边缘计算任务与功能。

（1）单机控制与多机规划

一个简单的例子：1 台 AGV（Automated Guided Vehicle，自动导引运输车）沿着路径运动，它运动的精度和速度由一个控制器来实现即可。控制器采集物理的速度、位置信号，并对运动的速度、位置进行动态的调整。但是，如果有 100 台 AGV 在工厂里分布，每辆 AGV 如何走最短路径且不与其他 AGV 碰撞，那么这个规划算法就是一个“计算”的场景，在这个场景中，这个规划算法的核心在于为每个 AGV 制定调度策略，并给予指令，它的问题是在全局的层面，而不是单机层面，但也需要实时地采集每个车辆的参数来运行。

类似的场景非常多，例如，火车的调度、飞机的班次都属于这类问题，另一类是优化问题，最优、最经济、最安全的策略问题。但是，其共同点是基于全局的策略、规划、优化、调度问题。

（2）数字与物理世界间的协作层

另一视角，即从整个智能制造中的层次架构来看，通过数字建模将整个制造的物理系统映射为数字世界对应的模型，然后，通过边缘层进行实时的数据采集，将生产的现状反馈给信息系统，在测试验证、运行、维护的各个阶段，都可以在虚拟系统中对制造的工艺、参数、策略进行优化，进而下载到物理系统，并且可以根据物理系统的变化在虚拟系统中进行调整，这是一个不断交互的层面，因此，边缘计算可以被理解为在数字与物理世界间的协作层。

（3）靠近地面的云

云计算很火，它和边缘有什么区别呢？简单地说，边缘就是靠近地面（现场）的云，“边缘”理解起来有几个维度：

- 时间维度：它的时间周期处于云的长时间周期（s，Day，Week，Month）和控制的短周期（从 ms 到 μs）之间，比如，在 100ms 级别的任务，就像机器人协同的周期可以定义在 ms 级。
- 职能维度：它比较了解现场，一方面，作为接近 OT 端的存在，它需要了解各种现场总线，解决数据的连接问题；另一方面，它需要有 IT 经验，包括实时数据、历史数据存储、Web 技术发布等，因此，边缘计算是一个衔接现场控制与云端服务之间的架构层。

因此可以说，边缘计算问题就是位于工厂整体调度规划软件层与现场层之间，进行协同的基于信息的策略与优化问题。

7.2.7 边缘计算的应用场景

（1）资产与数据管理

在工业 4.0 的体系里，管理者需要实时地知道生产运营数据、状态。数据对象包括物流仓库中的原材料、在制品（在线物流）、成品仓库，它们要处于被监测之下。个性化生产需要精准地计量每个产品的质量、能源、机器、人工的消耗，设备资产的状态也必须被监测到，整个工厂运行的方方面面都是处于透明状态下的。只有这样，企业管理者才能够知道每天加工了多少个产品，了解整个生产和生产线的运营情况，才能精确掌握企业的家底。这是一个基于 ABB Ability 与现场设备集成的资产性能监测器的架构，可以通过边缘侧的数据采集，存储到云端，除了本地实时显示，也可以为远程的移动端提供访问，采用边缘计算架构主要借助于 IT 成熟的网络、软件资源。

（2）生产运营监测

OEE（Overall Equipment Effectiveness，设备综合效率）就是一个最简单的计算例子，即

$$\text{OEE}=\text{可用率}\ A\times\text{表现性}\ P\times\text{质量指数}\ Q$$

式中：

- 可用率 A = 操作时间/计划工作时间，它用来计算停工所带来的损失，包括引起计划生产发生停工的任何事件，例如，设备故障、原料短缺以及生产方法的改变等。
- 表现性 P = 理想周期时间/(操作时间/总产量)=总产量/(操作时间×理论生产速率)，表现性考虑生产速度上的损失。包括任何导致生产不能以最大速度运行的因素，例如设备的磨损、材料的不合格以及操作人员的失误等。
- 质量指数 Q = 良品/总产量，质量指数考虑质量的损失，它用来反映没有满足质量要求的产品（包括返工的产品）。

利用 OEE 的最重要目的就是减少制造业存在的六大损失：停机损失、换装调试损失、暂停机损失、减速损失、启动过程次品损失、正常运行时产生的次品损失。

OEE 对于制造企业非常关键，这个参数直接反映了生产的效率。例如投资 10 亿元建了生产线，如果 OEE 只有 50%，可以理解为这个生产线 50%的时间在帮企业赚钱，另外 50%的时间在帮企业浪费，浪费比赚钱快，可知 OEE 对企业主何其重要。

当然，生产中的质量分析、过程统计分析、帕累托图等都可以通过边缘计算来呈现。

（3）策略优化

举个例子。印刷厂接了 A4、B5 等各种尺寸的订单，但是，一般印刷机都是对开四色印花机，如何在一个纸张上最高效、节约地使用，就是一个“拼单”的问题，这需要一个节省成本的算法。玻璃在线切割也是如此，一般玻璃生产线出来的幅面比较大，而且在线检测系统会对玻璃的质量进行监测，然后与订单进行匹配，在线裁切出不同尺寸需求的。用于汽车行业的玻璃和用于建筑行业的玻璃品质要求不同，让订单与生产实时匹配也是一个边缘应用场景。

（4）智能协同

对无人驾驶的场景，交通拥堵多半来自路口，当绿灯亮的时候，每个人的反应速度不同，有的人甚至因为打电话而耽搁数秒才启动汽车。如果采用统一的车与车之间的数据协同，每个车都可以同时启动，就保持了交通的畅通。另外，若与车间存在及时的数据交互，保持车距的策略可以被执行，就会消除潜在的风险。边缘协同就是通过数据的协同，保持车辆的同步启动、等车距这类安全、高效的交通调度，就可以使得交通得到优化，大幅度降低堵车现象发生。

（5）预测性维护

传统上预测性维护基于机理模型、机械失效分析等方法，往往需要复杂的建模和专业的人员。现

代的预测性维护通过边缘侧的数据采集、处理，基于数据驱动型的机器学习方法，充分发挥算法、模型的作用，借助于计算机的算力、学习能力来寻找最优的维护参数，能够获得更高的预测准确度。

7.2.8 Orange BOX——面向边缘计算的实现

工业 4.0 的进程如火如荼，中国制造 2025、互联网+、工业物联网（IIoT）等新概念、新技术正在打破工业自动化的传统架构。工业 4.0 旨在通过设备与设备之间的水平交互、机器到企业管理系统的垂直交互，减少人为干预和非计划停机并实现全局优化。在此大背景下，制造业对现有技术改造和新建设施提出了新要求。

工业 4.0 的种种优势更有利于新建工厂项目，针对现有工厂的技术改造却困难重重。原因在于那些已经运行了 15 年、20 年，甚至 50 年的机器所基于的网络基础和工业 4.0 所需的截然不同。无缝通信，与 ERP 系统实时共享数据，这些实现工业 4.0 的必要条件，对存在多年的老工厂而言很难实现。

（1）工业 4.0 时代老工厂存在的问题

老工厂、老设备存在的问题影响系统的互联互通：

① 早期的设备根本没有总线接口，即使总线技术已经发展了 30 多年，在过去的很多年里，总线也并非是设备和生产线的标配。

② 同品牌的系统也无法保证其总线的兼容性，因为总线的不同版本、针对不同应用场景的总线类型都会有差异。

③ 总线之间也欠缺互联的统一接口。不仅要实现互联也要实现互通与语义互操作，即使今天统一到 OPC UA 下也并非功能都被实现了。

在工业 4.0/智能制造的现实推进过程中，实现互联互通与语义互操作是很困难的。不同的行业所采用的信息模型不同，不同的行业需要的应用数据不同，使用的数据分析模型不同。

（2）Orange BOX 为边缘计算提供解决方案

Orange Box 不仅仅是产品，而是一套解决方案，独立灵活的 PLC 系列产品是 Orange Box 的一部分，基于 mapp 技术的软件则是 Orange Box 的另一部分。mapp 功能块可以提供大量标准功能，包括 OEE 计算、用户管理、PackML、数据获取等。与传统功能块相比，mapp 功能块具有交互性，彼此链接就能自动交换数据。例如，mapp 能源块支持从其他 mapp 功能块中获取数据，计算能源消耗等。通过菜单指引进行操作和配置，取代过去的编程，不再依赖专业人士。软件操作可以通过网络或 USB 执行安装、备份和更新。通信方面，可以在各种通道上进行通信，如 LAN 或 WLAN。协议方面，满足 TCP 上的 OPC UA 和 ISO 标准。Orange Box 方案的多种通道通信如图 7-14 所示。

对老工厂，其实现采用以下方案：

（1）现场没有总线的设备，采用直接的 I/O 物理线路连接来实现，有丰富的 X20 系列 PLC I/O 模块支撑。

（2）支持总线的设备，则通过现场的总线控制器来连接（如 Modbus、CAN、Profibus 等模块）。

（3）有以太网支持 OPC UA 的设备，可以直接访问，OPC UA 本身支持 TCP/IP 的连接。

Orange BOX 实现边缘计算的架构如图 7-15 所示。Orange Box 由控制器和 mapp 模块组件构成，控制器可以通过 I/O 通道或现场总线从机器获取操作数据，mapp 会生成并显示 OEE 及 KPI（Key Performance Indicator，关键绩效指标），也可以通过 OPC UA 与更高层系统共享信息。

（3）Orange Box 的特点

① 操作简易：Orange Box 是一个基于开放技术开发的系统，无须复杂的软件编程，借助于 MAPP 模块化应用技术，技术人员能轻松操作 Orange Box，把在智能手机里随处可见的“App”原理应用到工业领域内，大大降低了程序维护和参数更改的难度。

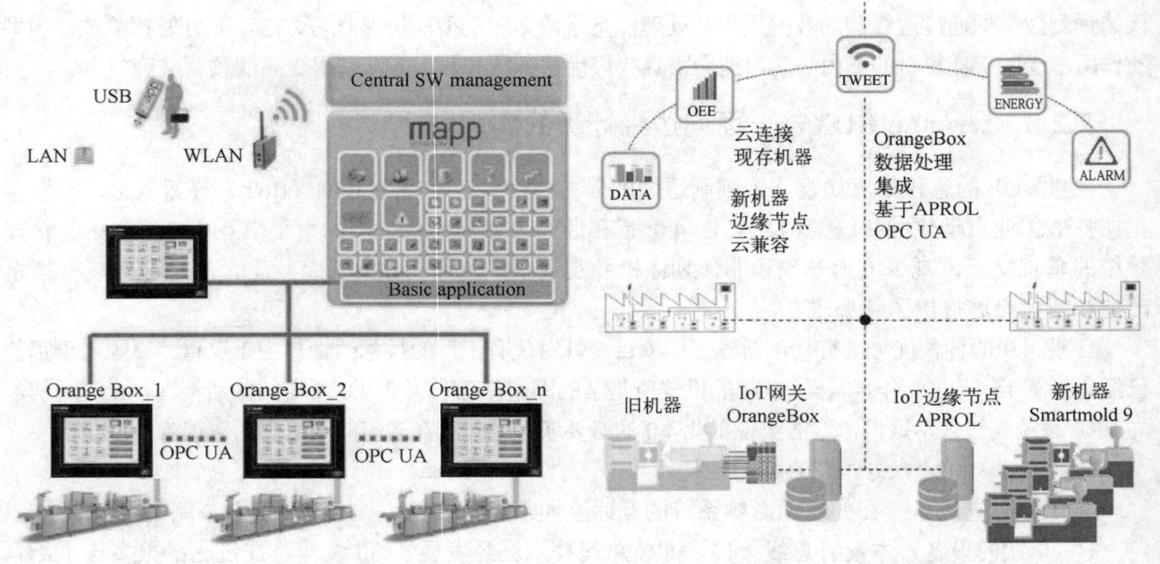

图 7-14　Orange Box 方案的多种通道通信　　　　图 7-15　Orange Box 实现边缘计算的架构

② 无须 IT 专家：Orange Box 让用户拥有一个无须现场专家就可即时评估及呈现生产线状态的数值的工具。生产过程透明化，事件有准确的时间戳，所有与生产过程相关的事件都会以报告呈现，客户可以随时查看和下载整个生产过程中的数据，生产集中管理得以实现。

③ 支持现有总线：Orange Box 支持与已有设备的通信，无须对现有系统进行接口升级即可实现数据交换。Orange Box 具有很强的功能扩展性，例如，在生产统计的基础上扩展出机器使用效率、能源评估等功能，在辅助功能，如用户管理方面扩展采用 RFID（Radio Frequency Identification）技术代替原有的用户名密码登录模式。

④ 数据独立性：Orange Box 适用于各种生产工位，既适用于老旧设备，也适用于新设备。Orange Box 可以通过现场总线或多种连接方式获得生产过程中的数据，例如，I/O、ISO on TCP、OPC UA 等，而且能够做到收集到的生产数据与设备生产商、类型及服役年限无关。

（4）Orange BOX 集成的技术

① mapp 技术：预编程自动化技术，采用软件复用和软件组件可以实现快速的软件应用构建，节省研发时间。

② mappVIEW：通过 Web 提供机器运行数据，借助于 OPC UA 共享数据，HMI 画面与程序相互独立。

③ 生产统计：实现生产参数显示，提供 MES（Manufacturing Execution System，制造执行管理系统）数据，实现报表、趋势管理等功能。

④ 整体设备效率：OEE 在不同的行业有不同的计算方法，在 Orange Box 中可以对其进行定义。

Orange Box 设计采用了贝加莱现有硬件和软件模块，可结合工厂的实际应用架构进行重组，实现 IIoT 应用。

（5）Orange Box 功能

① 数据采集：借助于种类丰富的 I/O 模块，Orange Box 可以采集各种现场数据；

② 通过各种总线模块实现对具有总线接口的设备的数据采集，Orange Box 开放的互联技术，支持 Profibus、Modbus、DeviceNet、CAN 等传统现场总线，以及基于以太网的 POWERLINK、Profinet、Ethernet/IP 等。

③ mapp 软件的强大功能：mapp 中的 mappOEE、mappEnergy、mappAudit 可以为现场设备提

供在 OEE、能源监测、维护、审计追踪等方面的服务。

对工厂的数据采集和边缘计算任务，有 Orange Box 和 APROL 两个解决方案，只是 Orange Box 更适用于小型的、老旧的工厂，APROL 则更适合大型的、新的工厂，当然，Orange Box 和 APROL 可以无缝集成。

图 7-16～图 7-20 展示了 Orange Box 部分功能。

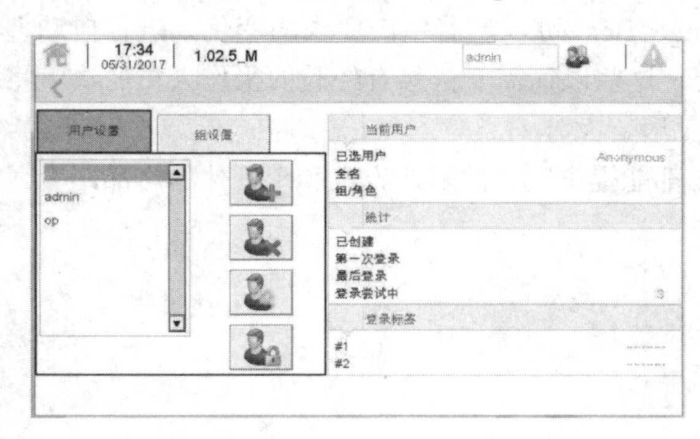

图 7-16　用户管理

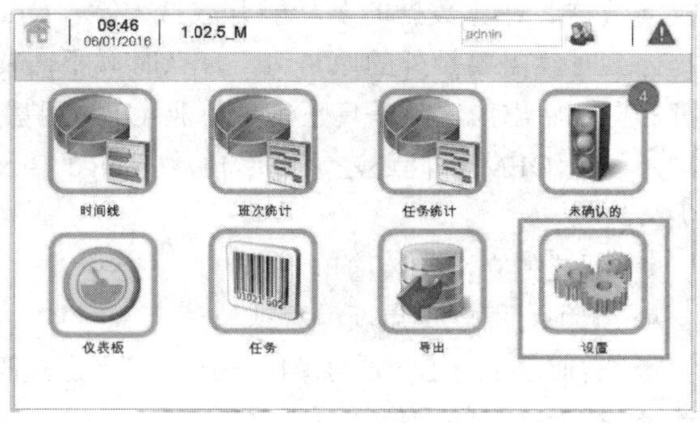

图 7-17　生产统计

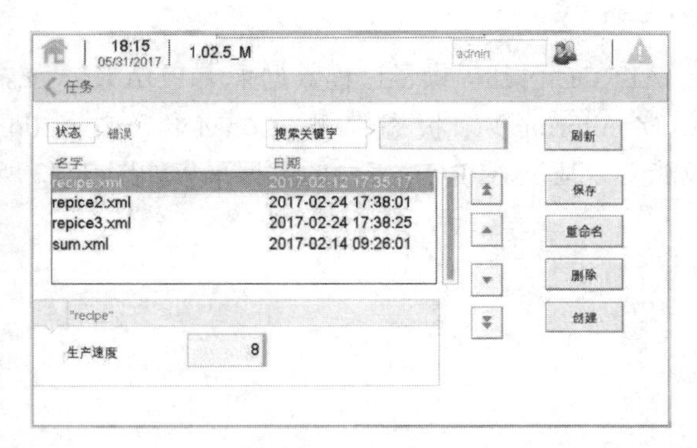

图 7-18　配方管理

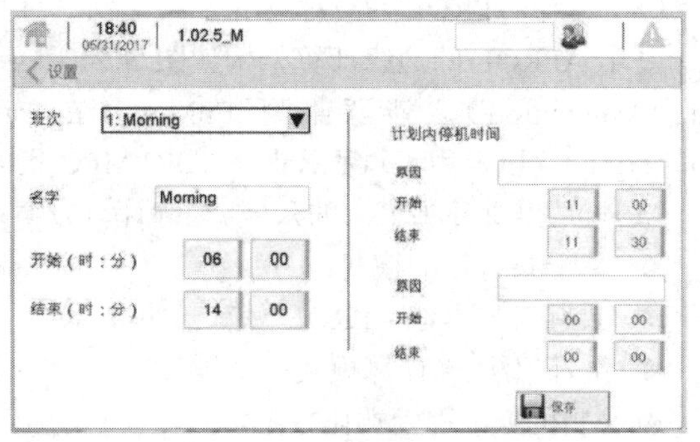

图 7-19　班次管理

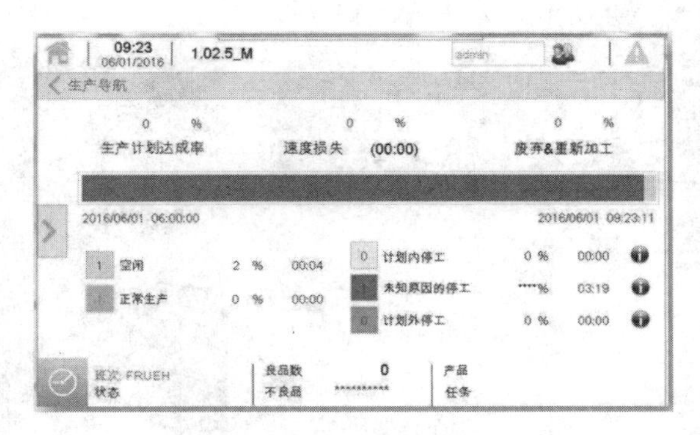

图 7-20　生产线数据统计显示

（6）Orange Box 是面向工业 4.0 的平台

在基础互联方面，无论是集成开发平台软件 Automation Studio，还是 APROL 智慧工厂平台，都已具有 OPC UA 通信能力和基于 OPC UA 的安全集成，满足工业 4.0、IIoT 对高效数据的访问。同时，在本地数据采集层，Orange Box 提供可应用集成于雾计算/边缘计算节点的通信集成网关，将 OEE 功能、能源功能、显示功能集成在一起，以确保新旧生产线均可实现数据访问与传输。

得益于 Orange Box 对 OPC UA、MQTT、REST 等 IT 传输协议的支持，自动化生产线的数据将被纳入整个物联网和大数据平台。借助开放的应用软件和分析软件，数据可被应用于智能的生产指导，如路径规划、能耗调节、缺陷反馈、排产等，Orange Box 将模块化硬件和定制化软件进行最优结合，创建了面向工业 4.0 的生产平台。

（7）Orange Box 的优势

Orange Box 可以用于任何行业，特别适合拥有大量生产线和机器设备的工厂。作为一个可以实时收集数据、计算数据的多功能开放性方案，Orange Box 可以随着生产要求的变化来进行自动调整。什么时候需要额外的原材料，什么时候不需要，这些以往需要依赖有经验的操作人员的决策将由机器自己做出，这就是真正满足工业 4.0 的智慧工厂。

不管是 OEM 厂商还是终端用户，Orange Box 都能提供完整的解决方案和个性化的产品组合。其优势为：

◆ 配置独立，安装简单。

◆ 无须对旧软件重新编程或修改。

◆ 类似于 App Store 的操作，技术升级方式简单。

◆ 基于网页的操作及可视化。

◆ 可以升级，满足 IIoT/工业 4.0 未来的要求。

（8）基于 APROL 的边缘计算架构

基于 APROL 的边缘计算架构如图 7-21 所示。APROL 内部提供了过程数据采集 PDA（Process Data Acquisition）、能源监测 EnMon（Energy Monitoring）、状态监测 ConMon（Condition Monitoring），以及用于过程控制的 APC/MPC 集成能力。基于 APROL 平台的数据采集如图 7-22 所示，APROL 提供各种灵活的云/雾/边缘计算方案：

◆ 基于共有云的模式；

◆ 共有云与本地 APROL 私有云的混合；

◆ 雾计算/边缘计算模式；

◆ APROL 工程云端化方案。

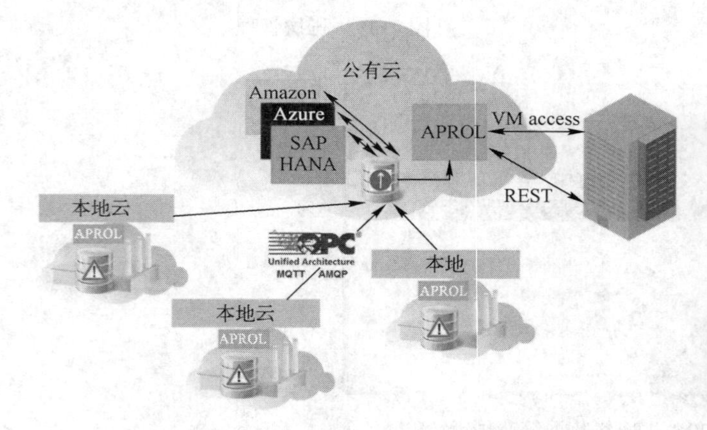

图 7-21 基于 APROL 的边缘计算架构

图 7-22 基于 APROL 平台的数据采集

7.2.9 边缘控制器

边缘计算相对于云计算，在时间上，边缘计算的实时性要求更高，更倾向于在工厂侧部署。边缘计算对安全性提出更高的要求，因为这关系到制造业的工艺信息安全。而边缘控制器正是位于 IT 和 OT 之间的一个物理实体，将汇总数据、处理、本地分析直接下行给生产线执行，并将长周期数据发送到云端。边缘控制器开放的架构如图 7-23 所示。

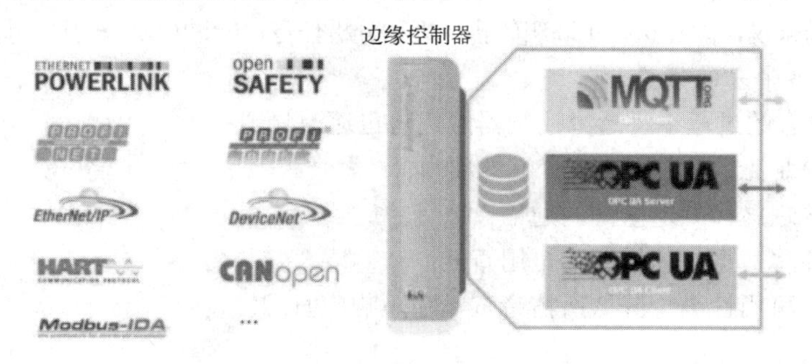

图 7-23　边缘控制器开放的架构

（1）工业物联网对边缘控制器的要求

- 高性能，坚固耐用，使用寿命长。工业计算要求数据源更可靠，因此对边缘设备的要求也更高。
- 能够实现车间到云端的连接。通过本地和第三方现场总线协议实现车间连接，第三方总线也能无缝集成。
- 通过 UCB-Server 来处理和汇总数据，对现场实时 KPI 进行处理；对内存、文件系统和 GPOS 数据库中的数据进行缓冲，有效预防数据丢失；支持系统和用户的双重数据记录存档，NoSQL-DB（Berkeley）用于存储连续的信号和事件，SQL-DB（MySQL/MariaDB）用于存储用户特定的数据；可通过 REST API 和 SQL 客户端对数据记录进行访问。
- 对数据进行边缘分析。具有趋势系统，数据库完全免维护，并通过压缩技术来减少数据量；报警系统适合广泛的事件和报警，包括元数据；嵌入式商业智能套件生成即时报表；通过控制性能监控（CPM）对控制回路精度进行永久性评估，提高控制回路效率；通过能源控制减少能耗；通过状态监测降低维护成本；资产性能监测对资产进行保护等。
- 工业物联网对安全的要求极高。通过每月更新和完成系统软件测试，防止病毒软件安装；嵌入式网络安全可以强化系统，自动预配置内置防火墙，TLS 加密；针对嵌入式远程维护、访问，无须专门的 IT 知识，就可通过拖放进行配置。
- 实时数据采集和毫秒级控制实现对机器的实时控制；机器协同控制实现生产管理。
- 针对多变量系统进行过程控制，对过程控制进行复杂仿真。
- 数据、报表可视化。基于 mappVIEW 的 HMI 应用，不同的客户化 HMI 内容不需要进行单独编程，可按权限同步显示在不同 HMI 上，操作的用户彼此独立。例如，管理者的平板电脑上正在显示 KPI 整体概况，而技术人员正在自己的笔记本电脑上修改机器设置。

（2）三类边缘控制器

根据不同的应用和数据大小，OT 层收集到的数据将以不同的方式被传输到云端，三类边缘控制器来确保适合于不同控制情况的解决方案。

① 假设传感器一个小时只接收一个信号直接发送到云端，如用于监测输油管道泄漏的传感器。这类控制对实时性没有要求，无须本地控制逻辑，而且，对维修团队来说维护检测油管的时间充足。针对这类应用，一个总线控制器就足以将无须预处理的 I/O 信号以加密方式经由 OPC UA 传送到云端。

② 在处理大量数据时，需要先汇总机器的各种数据。这样做的好处在于降低了所需带宽、减少云服务成本，提供足够的缓冲，防止错误事件出现时造成的数据丢失。针对这类应用，需要采用嵌入式边缘控制器（Embedded Edge）。

③ 更复杂的情况是需要对整个生产线进行监测，大量的 I/O 数据在送往云端之前需要进行预处理。针对这样的控制任务，标准的控制器不足以满足要求，需要采用由 Automation PC 和综合的工业物

联网（IIoT）构成的边缘控制器，其具有强大的处理能力和存储能力。配置了工业 PC 的边缘控制器相比前面两类边缘控制器来说，能够执行更高级的预处理和分析任务，能进行复杂的算法计算，如机器学习。

（3）边缘控制器带来的优势

在 OT 与 IT 融合的过程中，边缘控制器的优势也逐渐显现：

◆ 能更好地满足工业物联网（IIoT）的要求；

◆ 实现运营管理区和制造区间的通信；

◆ 分布式智能将数据快速转变为可用智能；

◆ 机器灵活，可用性高，降低所需带宽，缩短响应时间。

7.2.10 OICT 融合

随着两化融合（两化融合：指信息化和工业化的高层次、深度结合，以信息化带动工业化、以工业化促进信息化的新型工业化）与工业物联网的推进，在边缘侧的计算需求正在变得越来越旺盛，边缘计算也像它的名字一样，它是 IT 与 OT 世界融合的边缘。

智能时代制造业的战略目标：通过 OICT（运营 Operational、信息 Information、通信 Communication Technology）的融合实现数据的采集、传输、存储、分析，实现生产过程的品质、能耗、维护等的优化，提高整体运营效率。

基于 OICT 融合的应用场景架构如图 7-24 所示。一方面，从底层的传感器、变送器、仪表传送的数据通过 PLC 实现控制任务的处理，另一方面，这些参数也会参与生产整体优化。在这个应用场景架构中，自动化技术基于信号的控制，边缘计算则基于信息的控制，是一个包含了策略优化、路径规划、分析、任务处理周期的应用场景。

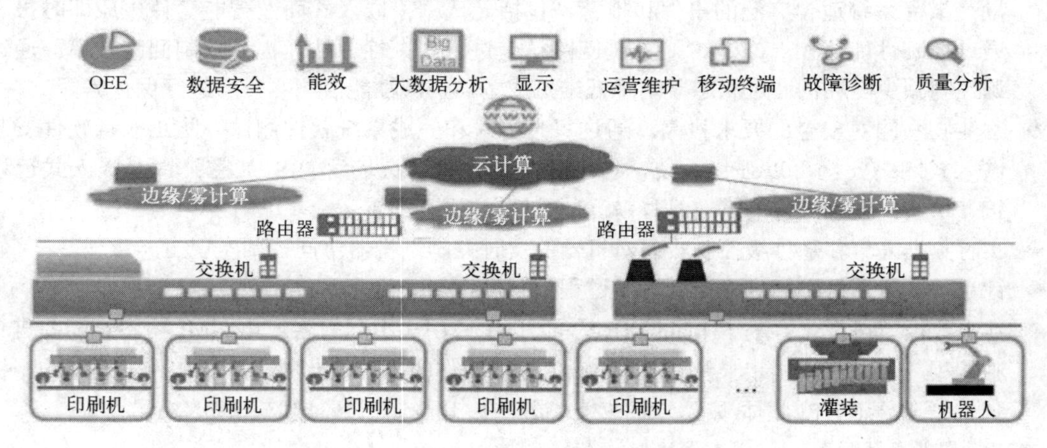

图 7-24 基于 OICT 融合的应用场景架构

不同层级数据连通的时间需求如图 7-25 所示。从 OT 的现场控制到边缘节点再到云，对于任务的时间需求不同。自动化现场的高速响应达到 μs 级，边缘计算在 ms 级，云计算为大的时间周期的数据，如秒、分钟、小时、天、月。OPC UA 与边缘计算系统、云平台进行数据传输，可以选择自有的系统架构，也可以对接第三方的系统。

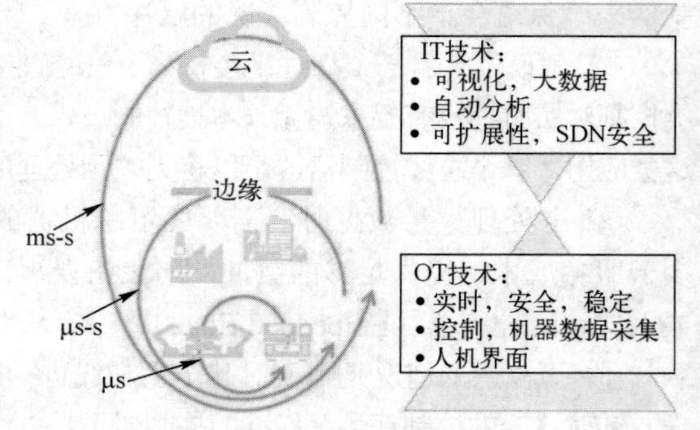

图 7-25 不同层级数据连通的时间需求

边缘计算包括了数据感知（传感技术）、数据采集（总线连接）、数据传输、存储与管理，由此实现策略、优化、规划级的大范围控制。

边缘计算的应用最终会为制造业带来生产效率的提升，表现在：

◆ 降低 30%～50%机器的整体宕机时间；
◆ 通过知识自动化来提升技术专业 45%～55%的生产效率；
◆ 降低 20%～50%的库存成本；
◆ 降低 10%～20%的质量成本；
◆ 提高预测精度到 85%；
◆ 缩短 20%～50%的面市时间；
◆ 降低 10%～40%的维护成本。

7.3 集成一体化机器视觉

机器视觉就是用机器代替人类视觉系统对外界环境或物体做出测量和判断，通过机器视觉产品将被摄取目标并转换成图像信号，传送给专用的图像处理系统，根据像素分布和亮度、颜色等信息，转变成数字信号。图像系统对这些信号进行运算来抽取目标的特征，根据判别的结果来控制现场设备动作。机器视觉系统配备有传感视觉仪器（如：自动对焦相机或传感器）的检测部件，可于检测各种产品缺陷、测量物体尺寸、识别物体形状等，其通常应用在自动化生产线上对物料进行校准与定位，适用于工厂自动化检测设备及机器人，可以提高生产效率，控制生产过程中的产品品质，采集产品的信息。其应用涵盖了制药、包装、电子、汽车制造、半导体、纺织、烟草、交通、物流、人脸识别、无人驾驶、遥感检测、农业、军事、航天、气象、天文、公安、交通、安全、3C制造等国民经济的各个行业。

机器视觉技术涉及图像处理、机械工程、控制、电光源照明、光学成像、传感器、模拟与数字视频、计算机软硬件。一个典型的机器视觉系统包括图像捕捉、光源系统、图像数字化、数字图像处理、智能判断决策和机械控制执行等模块。对于机器人而言，机器视觉赋予其精密的运算系统和处理系统，模拟生物视觉成像和处理信息的方式，让机械手拟人更加灵活，同时识别、比对、处理场景，生成执行指令，进而智慧地完成控制任务。

机器视觉系统最基本的特点是提高生产的柔性和自动化程度，对不适于人工作业的危险工作环境或人工视觉难以满足要求的场合，常用机器视觉来替代人工视觉。对大批量重复性工业生产过程，用人工视觉检查产品质量效率低且精度不高，用机器视觉技术可以在最快的生产线上对产品进行测量、引导、检测和识别，可以提高设备的生产效率和自动化水平。机器视觉易于实现信息集成，是实现计算机集成制造的基础之一。

7.3.1 机器视觉的定义

美国制造工程师协会的视觉分会和美国机器人工业协会的自动化视觉分会给机器视觉下的定义为：机器视觉是通过光学的装置和非接触的传感器自动地接收和处理一个真实物体的图像，以获得所需信息或用于控制机器人运动的装置。一个机器视觉系统就是一个能自动获取目标物体图像，对所获取图像的各种特征量进行处理、分析、测量和判断，并做出定性分析和定量解释，从而得到有关目标物体的认识并做出相应动作决策的系统。进一步讲，机器视觉系统是建立能够从图像或者多维数据中获取信息的人工智能系统。

7.3.2 工业应用对机器视觉的要求

视觉工业应用场景如图 7-26 所示。

工业应用对机器视觉的要求如下：

① 机器视觉强调实用性，要求能够适应工业生产中恶劣的环境，有合理的性价比，有通用的工业接口，能够由普通工人来操作，有较高的容错能力和安全性，不会破坏工业产品，有较强的通用性和可移植性。

② 机器视觉系统不仅要具有灵活的算法理论与计算机软件编程模块，也需要具有光、机、电一体化的综合能力。

③ 机器视觉更强调实时性，要求高速度和高精度。高速的任务执行周期，能够执行复杂的判断算法，具有高速的网络通信方式。

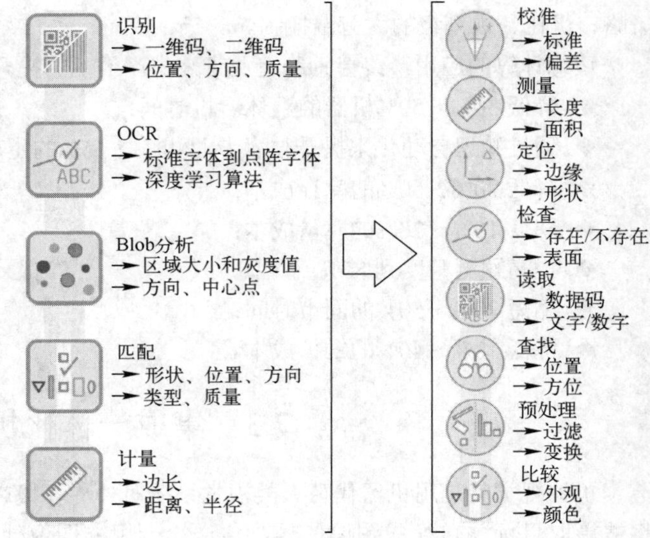

图 7-26　视觉工业应用场景

7.3.3　机器视觉的产业链

① 上游部件：涉及光源、镜头、工业相机、图像采集卡、图像处理软件等。

② 中游系统：涉及集成和整机装备。

③ 下游应用：技术逐步成熟，具有更强的计算能力，更高的分辨率，更快的扫描速度，更完善的软件功能，更小的结构尺寸，更低的价格，更符合工业要求的耐用性和稳定性，更广泛的网络通信能力，更新的机器学习算法，更优的高速成像和处理技术，更尖端的解决方案，更集成一体化的系统，使其在各行各业获得越来越多的新应用，尤其是在智能制造、智慧工厂、机器人、智能生活领域。

7.3.4　影响机器视觉发展的因素

影响机器视觉发展的因素众多，主要体现在：

① 价格高昂：视觉系统对图像采集、成像、处理的要求高，而处理芯片、光学器件价格昂贵。

② 专业人才缺乏：与传统的自动化相比，其对人才的专业知识技能要求更高、更全面。

③ 软硬件技术：软件与先进而实用的机器视觉算法相关，硬件与相关器件、芯片技术性能相关。图像处理算法与软硬件配套设备处于同等重要的地位，算法的精度与执行效率是影响机器视觉性能的主要因素。

④ 技术难度：工业机器视觉技术的难点在于同时保证精度和速度。

⑤ 集成困难：传统的机器视觉都是独立的系统，与自动化系统分属两个领域。当然，传统视觉系统也可以实现一些复杂苛刻的视觉任务，但是与工业控制系统集成时会出现过高的时间和成本支出。

7.3.5　机器视觉技术的发展

机器视觉技术起源于 20 世纪 50 年代对二维图像的统计模式识别研究，例如：数字、字母和符号的识别、表面缺陷分析等。60 年代中期，美国学者 L.R.Roberts 进行了图像预处理、边缘检测、轮廓像构成、对象建模和匹配等研究，采用“积木世界”的全新理论对机器视觉进行分析的方法拉开了对于三维机器视觉探索的序幕。七八十年代，机器视觉技术进入了“黄金时期”，期间一系列新的理论和方法层出不穷，例如视觉集成理论、主动视觉理论、基于感知特征群的物体识别理论等，这时无论是对二维信息的处理，还是针对三维图像的模型及算法研究都有了很大的提高。90 年代，机器视觉技术的相关理论渐趋成熟，开始向工业领域应用发展。进入 21 世纪，机器视觉技术已大规模应用于智能制造和智能生活领域。

机器视觉近年来的发展归因于其核心技术不断完善及市场需求的牵引。随着科学技术发展，生产自动化程度不断提高，人工智能领域研究不断完善，人眼视觉已经跟不上生产速度与精度的需求，通过机器视觉完成生产与检测可以保证精度和效率，可靠性也更高。有了市场需求的牵引，机器视觉核心技术的不断完善为机器视觉发展奠定了基础。CCD 图像传感器的出现取代了原有的硅靶管摄像，实现了小型化、廉价、低功耗的图像采集，使机器视觉在不同领域得到了广泛的应用。CPU、DSP、ARM 等图像处理硬件技术飞跃发展，为机器视觉发展提供了硬件保障。图像处理技术是机器视觉在特定领域完成其功能的核心技术，是实现人工智能的决定因素。图像目标检测、图像匹配、图像模式识别等图像处理算法日益完善，使得机器视觉在模仿人类视觉获取外界图像后，就可以完成图像信息提取、识别和目标检测，为后期的执行控制提供了必要的条件。

机器视觉是一门涉及人工智能、神经生物学、计算机科学、图像处理、模式识别等诸多领域的交叉学科。机器视觉应用于工业检测有着其他检测手段无法比拟的优点：第一，机器视觉可以实现与被测对象的非接触检测，因此对视觉设备与被测对象均不会产生任何二次损害，十分安全可靠；第二，检测范围十分广泛，可以检测到人眼看不到的范围，例如红外、微波、超声波等超出人类观察的范围，因此可以说扩展了人类的视觉系统；第三，可实现恶劣环境下的长时间工作，避免人类视觉检测中的主观误判与疲劳对检测结果造成的不良影响。

7.3.6 集成机器视觉的分类

随着智能化进程的深入，在工业控制系统中集成机器视觉技术已经成为了一种趋势。现有的视觉与控制系统的集成方法主要分为两类，即基于 PC 和基于嵌入式设备。

（1）基于 PC

基于 PC 的视觉集成方法，属于软件集成，即由摄像机采集图像，然后将图像信息通过成熟的通信方式如 PCI（Peripheral Component Interconnect）、USB（Universal Serial Bus）、串口、火线或 TCP/IP 协议直接传给 PC，由 PC 中的专用软件进行图像处理，最终通过输出实现控制功能。例如 NI（National Instruments）公司发明的在火花塞检测中达到了 6Sigma 标准的紧凑型机器视觉系统，集中应用于电子行业的 PCB 印制、SMT 表面组装、电子器件制造装置，及自动化加工中的质量控制等。基于 PC 的视觉集成在食品质量检测、动物行为观测等非工业方面也有所应用。该方法的好处就是现有的视觉资源丰富，可以满足绝大多数的需求，同时 PC 的高性能可以有效地减少图像处理的时间。但是，该集成方法需要通过非实时性接口传输大量的图像信息给 PC，很容易成为整个系统性能提升的“瓶颈”，同时 PC 的操作系统如 Windows，通常并不具有实时性，难以直接应用于对实时性有严格标准的工业控制当中，并且由于非实时性，系统进行图像处理的时间无法确定，因此时间的波动性也较大。

（2）基于嵌入式设备

基于嵌入式设备的视觉集成方法，属于通信集成，即通过嵌入式设备直接进行图像的采集和处理，然后将处理的信息通过 USB、串口或 TCP/IP 协议输出给控制系统实现控制功能。智能相机是这种视觉集成方式的典型代表，例如 PointGrey（灰点）公司掌握了完整核心技术的 USB3.0 相机和广州施克公司推出的 Ranger 高速 3D 相机。基于嵌入式设备的视觉集成方法在自动化领域应用不断深入，例如，抓取机器人、装配机器人、目标捕捉的伺服控制器等。该方法使得整个系统变得小巧，且具有一定的图像处理实时性，技术关键是要确保控制系统的实时性，如果需要实现特定功能，其整个开发周期较漫长。

传统的视觉系统与控制系统相对独立，是分开的工程，有各自独立的接口，缺乏集成导致控制系统整体性能受限。随着智能制造的兴起，生产和质量数据实时采集需求旺盛，芯片与软件处理技术的成本不断下降，视觉产品开始大规模应用于工业测量中，其应用范围从读码追溯，到追踪定位，从外观识别到归类统计，用户对于视觉系统的期待也越来越高，不仅期待视觉产品拥有更高的识别精度，更智能的识别功能，还期待视觉与自动化系统无缝的融合，与自动化系统实现微秒级的精准同步，被称为工业物联网和工业 4.0 的“生产之眼”的集成一体化机器视觉系统应运而生。

7.3.7 机器视觉系统结构和工作流程

机器视觉系统的工作流程是通过使用 CMOS（Complementary Metal Oxide Semiconductor）或 CCD（Charge Coupled Device）感光元件等组成的摄像装置将被摄取目标转换成图像信号，传送给专用的图像处理系统，根据像素分布和亮度、颜色等信息转化为数字信号；图像系统对这些信号进行各种运算来抽取目标特征，进而根据判别的结果来控制现场设备动作。机器视觉系统结构如图 7-27 所示。

机器视觉的工作原理大体上与人类视觉相仿，包括视觉感知单元、图像信息处理单元和执行控制单元。机器视觉与人类视觉对应关系如图 7-28 所示。

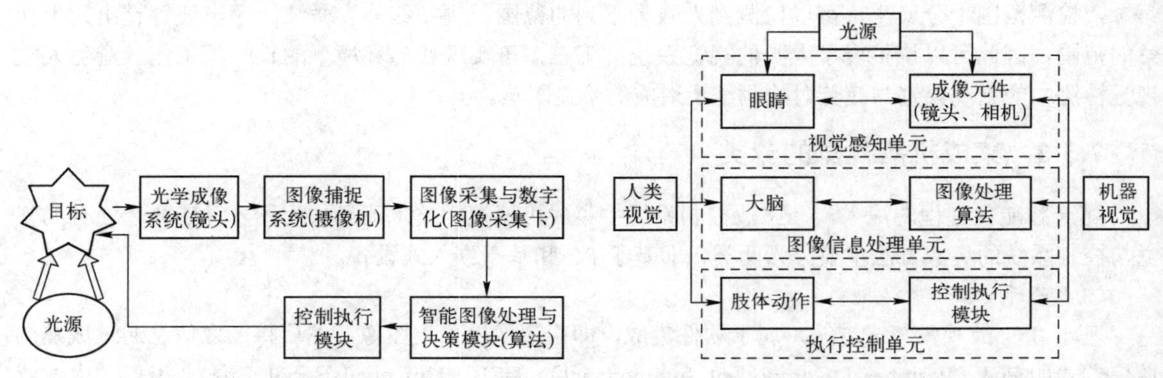

图 7-27 机器视觉系统结构　　图 7-28 机器视觉与人类视觉对应关系

事实上，人类视觉远比机器视觉工作原理复杂得多，其各个部分工作原理也不尽相同，但人类视觉有一些固有缺陷，即人们所看到的景象往往受其周围环境的影响。视觉错觉是人类视觉系统的一个特性，这一特性尚未被人们所完全了解。相比之下，机器视觉的可靠性更高，通过图像处理算法实现的各项检测功能不会受视觉错觉的影响，且机器视觉可检测的光谱范围也超过了人类视觉的范围，应用面更广。

7.3.8 机器视觉图像采集技术

机器视觉图像采集系统主要包括照明光源、光学镜头、相机和图像采集卡。

（1）照明光源：机器视觉中照明的目的是使被测物体的重要特征显现，而抑制不需要的特征，增加对比度，保证足够的整体亮度，使物体位置的变化不影响成像的质量。 因此，应考虑光源与被测物体之间的相互作用。其中一个重要因素就是光源与被测物体的光谱组成。机器视觉应用系统中一般使用透射光和反射光。透射光可用于检测物体形状，反射光可用于检测物体表面。光源设备的选择需要符合物体检测所需的几何形状，照明亮度、均匀度、发光的光谱特性要符合实际要求。光源的发光效率和使用寿命也是重要因素。

（2）光学镜头：光学镜头相当于人眼的晶状体，在机器视觉系统中非常重要。光学镜头用于聚集光线在摄像机内部成像。镜头的作用是产生锐利的图像，以得到被测物体的细节。镜头的种类按焦距可分为广角镜头、标准镜头、长焦距镜头；按动作方式可分为手动镜头、电动镜头；按安装方式可分为普通安装镜头、隐蔽安装镜头；按光圈可分为手动光圈、自动光圈；按聚焦方式可分为手动聚焦、电动聚焦、自动聚焦；按变焦倍数可分为 2 倍变焦、6 倍变焦、10 倍变焦、20 倍变焦等。镜头的主要性能指标有焦距、光阑系数、倍率、接口等。

（3）相机：相机的作用是把通过镜头聚焦于像平面的光线生成图像。相机中最重要的组成部件是数字传感器，主要包括 CCD 和 CMOS 两种重要的传感技术。目前 CCD 摄像机以其小巧、可靠、清晰度高等特点在商业和工业领域得到了广泛应用。

（4）图像采集卡：在机器视觉系统中，图像采集卡是控制相机拍照，完成图像采集与数字化，协调整个系统的重要设备，是图像采集部分与图像处理部分的接口。图像采集卡一般具有以下功能：

① 图像信号的接收与 A/D 转换模块：负责图像信号的放大与数字化；

② 相机控制输入/输出接口：主要负责协调摄像机的同步或异步重置拍照、定时拍照等；

③ 总线接口：负责通过 PC 内部总线高速输出数字数据；

④ 显示模块：负责高质量的图像实时显示；

⑤ 通信接口：负责通信。

现有高级相机已经集成了图像采集卡的功能，可直接实现与 PC 的通信，方便机器视觉系统的开发与研究。

7.3.9 机器视觉中的数字图像处理技术

机器视觉中为实现不同功能而设计的算法相当于人脑对于眼睛获取的图像进行处理分析的过程，是机器视觉系统实现其功能的核心，其主要实现方式依赖于数字图像处理技术。工业应用中的机器视觉系统涉及数字图像处理的方方面面，包括图像增强、图像平滑、边缘提取、图像分割、特征提取、图像识别与理解等。经过图像处理后，输出图像的质量得到了相当程度的改善，便于计算机对图像进行分析、处理、识别，之后根据处理与识别的结果控制反馈执行机构。

7.3.10 集成机器视觉的同步

集成一体化机器视觉系统将机器视觉纳入整个控制系统架构，视觉检测应用中的同步问题容易得到解决。

（1）照明与成像的同步

对于视觉而言，照明的良好设计构成了视觉应用 70%的成功权重，它为被检测对象提供了最大的信噪比，让图像更为突出而降低无关部分的影像。

针对不同的视觉采样，LED 照明的时间与相机的曝光时间必须最佳同步，这关乎成像质量。对于高速运动的被测对象，较长时间的曝光会带来模糊，因此照明强度、频闪、颜色必须与相机进行良好的同步，集成视觉使同步变得容易。由于由同一控制器控制，照明的 LED 强度、频闪和相机的对焦、曝光、成像过程在极高速度下实现同步，这是传统的分立厂商构成的视觉系统所无法完成的。

（2）视觉系统与自动化系统的同步

当检测到一个产品组件的边缘、中心时，需要将这些信息发送给 PLC、机器人的控制端，目前很多都是通过 RS232、EtherNet/IP 等方式实现的，显然与现在实时以太网的 μs 级同步无法相比，而另一方面，即使采用了总线也往往会需要多个网络配置，集成一体化机器视觉系统的控制、运动控制、I/O 都是在 POWERLINK 架构下实现同步的，μs 级的同步使得系统精度更高、速度更快。

7.3.11 贝加莱集成机器视觉

目前普遍存在的问题是机器控制和机器视觉各自独立，这使得系统集成需要多个软件及不同的网络连接，机器视觉系统不能充分集成到整个控制系统中。但是，智能制造迫切需要全集成式解决方案以发挥机器视觉系统的潜力。在原有硬件、通信、软件架构下来改变传统视觉系统会使成本高昂，从“整体”架构设计机器视觉系统，兼顾与已有自动化系统的融合，集成一体化的机器视觉系统架构优于传统视觉独立的方案架构。

机器视觉与自动化系统融合产生的一体化集成机器视觉系统的集成体现在如下方面。

1．工具集成

工具集成意味着机器视觉可以被集成到 Automation Studio（简称 AS）平台中，通过 AS 平台可以对机器视觉进行编程。AS 平台不仅是一个开发软件，它还集成了编程、诊断、运动控制、HMI、Safety、通信等功能。Automation Studio 操作系统的模块化架构的特点就是一个 AS 工具适用于所有控制目标，所有数据、变量和参数在一个 AS 系统中，它易于编程、设置、服务，可添加新的控制系统、智能模块，比如，集成机器视觉系统。使用 Automation Studio 可以完成 PLC 编程、HMI 组态、运动控制编程，以及视觉功能的开发，视觉产品可作为一个普通 I/O 模块来操作，开放变量通道直接映射程序变量。集成机器视觉的控制系统如图 7-29 所示。

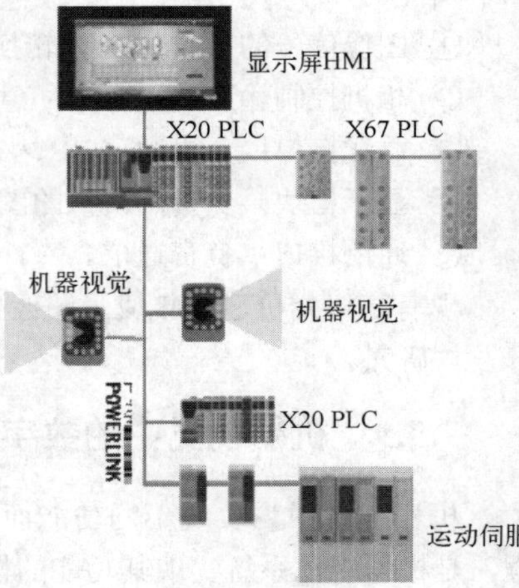

图 7-29　集成机器视觉的控制系统

在传统机器视觉系统中，控制系统与视觉系统将使用完全独立的两套软件进行开发和维护，工程师需要熟悉两套完全不同的软件环境，通常生产线既需要视觉工程师，又需要自动化工程师，才能完成整个系统的开发及后期维护。

而集成视觉系统，无须特定的视觉工程师完成视觉功能的开发，负责控制系统的自动化工程师能完成整个系统的开发以及维护，视觉系统与控制系统共享同一套变量及参数，即视觉与控制共享数据接口，简化视觉系统开发工作，缩短系统开发时间。

2．网络集成

在网络方面，与 POWERLINK 实时以太网集成，使得机器视觉可以像一个 I/O 节点或者伺服驱动轴一样被轻松集成到网络中，达到极高的实时性能，并可实现与其他设备 μs 级的同步。

若采用传统视觉方案，自动化工程师需要自行开发与视觉系统对接的通信程序，多数视觉产品提供的通信协议皆采用非实时通信网络，如 TCP、UDP、ModbusTCP、RS485 等，导致视觉与控制系统之间不同步。

将 POWERLINK 标准集成到 Cognex Connect 通信包中，并将摄像头集成到 Automation Studio 开发环境中，就可以将图像处理系统整合到 POWERLINK 网络中，并将它们连至控制器。在集成一体化视觉系统中，每一台相机都集成了工业实时以太网总线 POWERLINK 接口，工程师无须自行开发视觉与控制系统之间的通信接口，视觉系统反馈的结果数据以最快微秒级的速度实时传送给控制系统，从而显著提升整个系统的运行性能。视觉系统与控制系统之间精准同步，支持灵活的拓扑接口，如菊花链、星型及树型，支持光纤拓展。由于标准以太网协议也能通过 POWERLINK 实现数据传输而不影响循环数据通信和实时通信，因此摄像头无须配置额外的以太网接口。

3. 系统集成

系统集成指在工具与网络集成之上，使得机器视觉与 HMI 融合、与其他设备实现高精度的同步。机器视觉系统完全集成到自动化系统中，其特点是：易于使用的 mapp 支持；一个项目，没有接口；视觉本身集成在 UI 中；简单的参数化、维护、诊断；开发者和使用者易于使用。

如果采用传统视觉方案，视觉产品不能被控制系统直接控制（拍照、调整相机参数），与视觉产品相关的控制参数无法存储在控制系统内，更改视觉系统参数时，需要停止系统功能，使用由视觉厂商提供的软件进行调整。

若采用集成一体化视觉系统可直接由 PLC 程序控制，包括触发拍照、调整曝光时间、改变光源强度以及颜色等，所有视觉产品的控制参数也可作为配方存储在 PLC 内部，程序运行时，可随时在线切换。因此，视觉系统的参数可根据不同的工况灵活切换，例如，不同颜色的产品经过时，控制系统可以动态调整光源颜色进行精准识别，识别不同产品时，对应的视觉产品参数可作为配方存储在 PLC 内部，系统运行时可灵活切换。

mapp 技术框架提供了现成的软件组件，通过较少的编程就可以轻松创建机器视觉应用程序。由于 mapp 组件可以实现相互之间的直观通信，因此只需要点击几下即可将智能摄像头捕获的图像集成到 mapp View HMI 应用程序中，而所有这些都不需要编写任何一行代码。摄像头和照明参数及触发条件都可以随时更改，从而使产品换型及其他运行工况调整都容易实施。

例如，mapp Vision 软件包含广泛的机器视觉功能选择，并封装在易于配置的软件模块中，减少了传统编程工作。

◆ 码类检测（识别）：mapp Vision 可以处理 40 多种不同的条码类型，包括所有最常见的一维码和二维码。该功能可以实现自我优化，即使在极其高速的情况下也能获得可靠的结果。

◆ 文字识别（OCR）：集成的字符识别功能可以与深度学习算法结合使用，OCR 功能可靠，即使图像质量较差也能高速读取。

◆ 形状检测（Blob）：形状检测以微像素精度确定形状的大小及重心，还可以提供有关方向和平均灰度值的信息。

◆ 对象比较（匹配）：匹配功能可以轻松识别对象及其位置和方向。除了基于边缘的匹配，还可以使用基于相关性的匹配。

◆ 测量（计量）：通过计量，mapp Vision 可以提供功能强大且高度精确的测量仪器，直线或圆弧段的边缘可以以亚像素精度进行测量。

4. 智能机器视觉

集成一体化机器视觉系统具有的智能体现在三个方面：

① 智能相机

智能相机及镜头如图 7-30 所示。当控制系统替换同一型号的相机时，无须进行参数调整，通过即插即用来提升系统运维效率。

◆ 嵌入式视觉系统；

◆ 可扩展功能：智能传感器/智能相机；

◆ 图像传感器：130、320、500 万像素；

◆ FPGA 图像预处理和多核处理器；

◆ 集成光学元件（4.6～25mm，电子聚焦）/C 型安装座（12～50mm）；

◆ 工厂校准传感器和照明灯（易于更换）；

◆ 一个电缆连接，具有菊花链式布线。

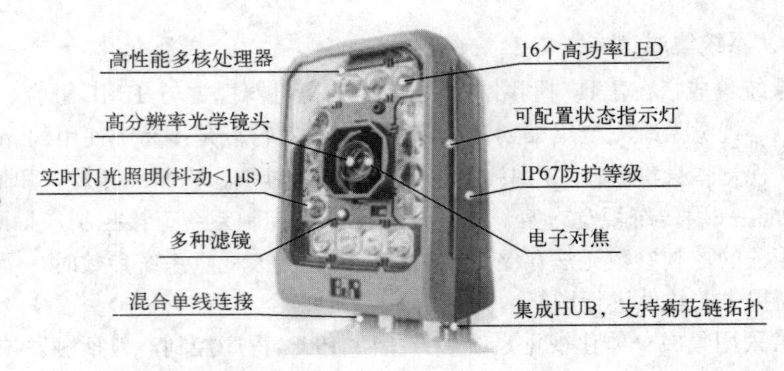

图 7-30　智能相机及镜头

② 智能光源
◆ 完全集成智能光源；
◆ 内置式或独立式；
◆ 背光/灯条–模块化、电子角度调节（−40°～+90°）；
◆ 集成闪存控制器；
◆ μs 级精度和速度（高速物体）；
◆ 不受外部光线影响，超高速，采用高功率 LED；
◆ 多种 LED 颜色及组合（白、红、蓝、绿、黄绿、红外线、紫外线）；
◆ 操作期间可配置灯光（持续时间、角度、颜色）；
◆ 自带集成光源，16 个 LED；
◆ 灵活调节；
◆ 自带光源可提供多种颜色光（红光、绿光、蓝光、青柠光、白光及红外光）；
◆ PLC 程序可直接控制并切换光源颜色；
◆ 高功率集成光源；
◆ 有效抑制强光干扰；
◆ 高频率闪光（抖动<1μs）；
◆ 曝光时间缩短至最短 1μs，即使被摄对象高速运动，相机依然能够获取清晰图像，并且不会降低识别精度；
◆ 提供丰富的外置光源，并接受 PLC 控制：条形光、背光、环型光等；不同的颜色：红光、绿光、蓝光、青柠光、白光、红外光及紫外光；外置光源也可被 PLC 灵活控制，如颜色、光强及光源角度。

③ 智能功能
智能功能体现在：
◆ 高性能和强大的图像处理功能；
◆ 机器视觉算法（HALCON 库）；
◆ 自我优化参数，深度学习算法；
◆ 具有智能功能的完美用户支持；
◆ 完全集成到 mapp 技术套件中，在 Automation Studio 中，机器视觉被设计为 mapp 中的一个模块进行便捷的配置。

传统的分立部件构成的视觉系统往往其镜头、相机、光源来自不同的厂商，因此，在应用中需要针对各家的实际参数进行标定，更换了镜头等仍需再次标定，这些标定本身需要一定的专业性，且经常性的调整会耗费时间。集成视觉则在出厂时对 CMOS 器件与机械安装公差、不同 LED 光强等进行了统一标定，这使得其具有品质的一致性，减少了批量化生产及维护更新所需时间。

入门级多功能智能摄像头的价格已不再昂贵，更重要的是系统软件不再需要花费力气使用高级语言进行编程，仅需对参数进行简单设置即可。智能摄像头支持 POWERLIN，过程和图像数据可以通过相同介质进行传输，而这在过去则需要两个独立网络。这不仅简化了摄像头在自动化系统中的集成难度，也提高了机器视觉系统在 OEM 厂商中的接受程度。实时以太网 POWERLINK 连接意味着，系统并非只是发送简单的触发信号，而是将更详细的定位数据发送给运动轴，因此，运动序列可以实现更高精度的同步协调控制。

机器视觉提供了光学镜头、相机、照明、控制、通信的硬件集成，对于用户来说，仅需使用一个产品就可以构建一个视觉应用，而不用分别采购一个镜头、相机、光源、接口模块等，集成视觉系统是按照最优的架构来匹配的。

越来越多的制造业企业开始使用机器视觉系统以支持生产线的质量控制和文档流程管理。工业应用中的生产控制和质保管理可以从将机器视觉、控制逻辑、I/O 和运动集成在灵活而协调的解决方案中获益。

集成一体化机器视觉在现代制造业中正在扮演着越来越重要的角色，是机器视觉应用的一个重要的发展方向，未来将紧密地与机器人、工艺装备融合，并且，在 OPC UA 的新规范中，机器人、机器视觉将会实现统一的语义互操作。

5. 集成视觉与传统分立视觉的布局

传统上，视觉与控制系统往往来自不同厂商，而采用了集成视觉的设计使得视觉、PLC 任务、机器人、运动控制轴等任务可以在同一架构中完成，这给系统带来了诸多好处。

对于传统的视觉而言，分立的镜头、相机处理器、光源照明与控制器之间无法实现严格的同步，因此需要更长的照明窗口时间，会影响 LED 光源寿命，对于频繁进行的视觉检测来说，这个影响是比较大的，而且成像效果也会打折扣。而采用集成视觉，相机的快门与灯光的频闪可以同步控制，在快门瞬间打开灯光，可以提供瞬时高强度的照明。此外，在传统分立视觉架构中，视觉处理任务、信号传输、控制器响应和运动控制任务之间总会有一个瓶颈，为了达到最快的响应，例如，系统任务要达到 1ms，需要各个环节都分摊一些。但是由于控制器任务比较慢，就必须压缩其他组件的时间来给它预留多一些时间，这导致了整套方案必须采用极高性能的相机来弥补其他环节所需消耗的整体时间，使得方案成本增加。

而对于集成视觉架构而言，它与控制器和运动控制轴之间都建立在如 POWERLINK 的 200μs 或 100μs 的任务周期上，而且本地智能相机可以与运动控制同步来设置光源的频闪，以获得最好的照明效果，并缩短照明窗口，延长 LED 光源寿命。

7.4 ACOPOS 6D 平面磁悬浮

柔性制造中的工件台是柔性传输系统的核心部件之一，其运动控制性能的优劣直接决定了柔性加工的速度、精度和生产率，工件台的运动驱动单元应具有多自由度、长行程、高加速度、高定位精度和高动态响应等特点。平面电机能够直接利用电磁能产生平面运动，具有出力密度高、热耗低、精度高的特点，作为工件台大行程和大推力的驱动部件可实现响应速度快、灵敏度高、结构简单的柔性输送系统。磁悬浮永磁悬同步平面电机（Magnetically Levitated Permanent Magnet Synchronous Planar Motor，MLPMSPM）是一种新型平面运动机构，动子悬浮于定子表面并实现大行程平面运动。由于磁悬浮方式无机械接触，MLPMSPM 具有结构简单、无摩擦磨损和运动质量小等特点，它具有良好的运动性能，无须额外机械导轨支撑，直接驱动动子实现六自由度运动，方便扩展运动行程。磁悬浮平面电机的动子除具有大范围平面定位能力外，还能在小范围内进行悬浮运动和旋转，这为精密机械加工补偿以及光学系统聚焦提供了实现手段。磁悬浮平面电机无须润滑，没有磨损，同时由于采用电磁悬浮而非气浮的方式，更适应高精密加工中的超净与真空环境。采用磁悬浮 PMSPM 驱动的工件台相比采用直线电机叠加的驱动结构，驱动部件具有更高的集成度。磁悬浮 PMSPM 直接驱动的工件台降低了运动部件的质心高度，可以获得更高的加速度，但是也使得系统的耦合关系更为复杂，因此，传统的电机控制方法在应对六自由度运动的磁悬浮 PMSPM 控制中也显露出了明显不足。

磁悬浮 PMSPM 直接驱动的宏动台，在具有紧凑机械结构的同时对运动控制提出了更高的要求。磁悬浮 PMSPM 是一个强耦合、多输入、多输出、非线性、零阻尼、多自由度运动及开环不稳定系统。相比传统的电机控制，磁悬浮 PMSPM 控制需要应对磁悬浮 PMSPM 的多自由度模型、多自由度运动的解耦、高性能的闭环控制算法及高动态响应的位置控制等问题。

7.4.1 磁悬浮平面电机控制的关键问题

磁悬浮永磁平面电机的驱动原理是利用定子提供单侧加强的磁场，通电线圈在洛伦兹力的驱动下实现多自由度的运动与定位。

磁悬浮平面电机的控制过程是通过位置传感器检测并解算出当前动子位置，在磁悬浮平面电机电磁模型基础上，采用解耦算法实时求解出当前位置下的每相绕组中的电流，对解耦后的系统进行多自由度的位置闭环，通过电流放大器对磁悬浮平面电机进行驱动，实现运动控制。

但是，磁悬浮平面电机系统具有严重的非线性、开环系统不稳定、零阻尼、多输入、多输出、强耦合等特点，虽然磁悬浮平面电机的结构多种多样，绕组的形式也不尽相同，但从系统控制的角度来说，要实现磁悬浮平面电机的高质量控制，需要解决以下关键问题：

（1）高精度的电磁建模。在多自由度的运动控制过程中，平面电机的电磁模型精度直接影响了控制系统的解耦性能，电磁模型的运算时间影响控制程序的运算速度，因此在满足实时运算性能的基础上，建立精确的磁悬浮平面电机的电磁模型非常重要。

（2）高性能的解耦算法。解耦算法过于复杂势必要增加控制程序的运行时间，因此必须合理地权衡解耦性能和解耦时间之间的矛盾。传统的解耦算法非常依赖于被控对象的数学模型，但所建立的数学模型很难体现平面电机的加工制造误差和时变因素。当控制系统中存在建模误差和时变因素时，传统的解耦算法不具有实时调整和适应性，所以很难保证解耦品质，甚至导致系统的不稳定，因此高品质的解耦算法是多输入、多输出、强耦合系统稳定运行的重要保证。

（3）高鲁棒性的闭环控制。解耦后的磁悬浮平面电机系统，能够实现多个自由度上的电磁力和转矩的独立控制，同时，控制器应能够对磁悬浮平面电机端扰动及时进行调节，对磁悬浮平面电机在悬浮自由度上力的非线性变化也要有较好控制性能。实现磁悬浮平面电机系统高品质的运动控制，当今强大的 PLC 已经能够胜任其复杂的算法。控制算法是决定控制性能的关键，每种控制算法都有其优点和缺点，在满足实时控制的前提下，合理地选择和优化控制算法是实现磁悬浮平面电机高鲁棒性闭环控制的重要环节。

（4）高动态响应的运动控制。提高系统的动态响应能够有效减小伺服系统的位置跟随误差，提高系统的鲁棒性。磁悬浮平面电机相对于传统的单自由度的直线或旋转电机具有更复杂的电流、力、转矩关系。采用前馈的控制方法能够有效提高系统的动态响应，前馈控制的关键是如何得到精确的前馈系数。

（5）MLPMSPM 的设计与优化。电机的结构及具体参数直接决定电机的性能，MLPMSPM 在多组线圈的共同作用下产生悬浮力和水平推力，实现直接悬浮支撑、平面运动和绕动子质心转动，本质上是一个多输入多输出系统，电磁力和转矩的数学模型复杂，定位精度要求高，设计中还需要考虑磁场、电场和温度场的耦合作用，因此，MLPMSPM 设计与参数优化工作是困难与复杂的。

（6）多自由度运动控制的电流分配技术。平面电机的驱动机理是，利用线圈通电电流与 Halbach 永磁阵列之间的洛伦兹力的作用实现多自由度运动，因此，合理有效的线圈通电电流分配策略是实现其运动与定位功能的重要基础。

7.4.2 磁悬浮永磁同步平面电机结构及工作原理

磁悬浮 PMSPM 由永磁阵列和线圈阵列构成，动子和定子间在电磁力和转矩的作用下产生相对运动。磁悬浮 PMSPM 根据运动部件的不同，划分为动线圈式结构和动磁钢式结构。磁悬浮 PMSPM 采用的线圈可以设计成长方形、正方形、圆形等，布置成不同的阵列形式。

1．永磁同步平面电机磁钢阵列

为了满足大行程的平面运动，永磁平面电机的二维永磁阵列设计有多种形式。二维磁钢阵列如图 7-31 所示。箭头表示水平充磁方向，N 和 S 分别表示垂直于纸面向外充磁和垂直于纸面向内充磁。每一种阵列方式在磁通密度、空间利用率、表面漏磁、加工和安装难度、加工安装成本、数学模型及结构简单性、单位质量永磁体磁场幅值、气隙磁密谐波、控制难度等方面各不相同，各有优劣。

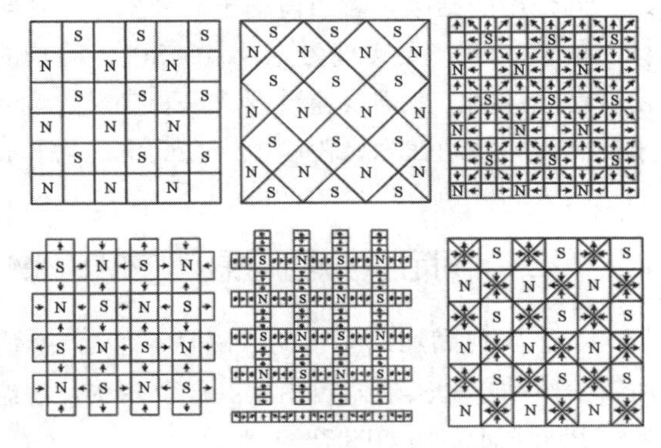

图 7-31　二维磁钢阵列

2．永磁同步平面电机线圈阵列

除了磁钢阵列，线圈阵列也是永磁平面电机中一个重要组成部分。永磁平面电机线圈阵列如图 7-32 所示。每一种阵列在线圈铜耗、控制难度、谐振电压、动子质量、线圈结构、数学模型、电磁特性、水平推力、动态特性、拓扑结构、电机功耗、推力波动、推力干扰、涡流效应等方面各有千秋。

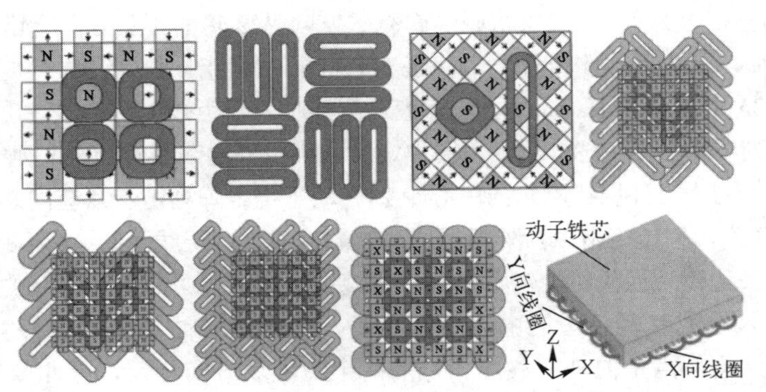

图 7-32　永磁平面电机线圈阵列

3．同心式绕组磁悬浮 PMSPM 工作原理

磁悬浮 PMSPM 基于洛伦兹力原理，Halbach 永磁阵列在工作空间上产生三维分布磁场，当线圈中通入电流并置放于磁场中就会在线圈与永磁阵列间产生电磁力和转矩。由于采用方形线圈结构，每个线圈都能够在空间六自由度上产生电磁力和转矩，且电磁力和转矩是绕组电流与绕组相对磁场位置的函数，其中绕组相对磁场的位置决定了电磁力和转矩在六自由度上的分配情况，电流的大小仅能改变其电磁力和转矩的幅值。动子加工制造完成后，每套绕组在动子坐标系上的坐标为已知量，只要能够测量出动子局部坐标系相对定子全局坐标系的位置，就可求得每套绕组相对磁场的位置，因此可以建立一个能够反映六自由度上电磁力和转矩与动子位置及每相绕组输入电流关系的电磁模型，通过对该电磁模型的解耦运算，就可以实现磁悬浮 PMSPM 每相绕组控制电流的求解，进而实现磁悬浮 PMSPM 的六自由度运动控制。

图 7-33 磁悬浮 PMSPM 力和转矩分布图

磁悬浮 PMSPM 力和转矩分布图如图 7-33 所示。图中深色部分表示力和转矩为正值，浅色部分表示为负值，作用在动子质心上的力和转矩是十六套绕组共同作用的结果。若当前动子局部坐标系在全局坐标系的位置下，要实现磁悬浮 PMSPM 动子的六自由度运动控制，就需要通过调节每套绕组的输入电流来控制每相绕组在六自由度上产生的电磁力和转矩的幅值大小，进而得到运动过程中动子质心需求的电磁力和转矩。

7.4.3 同心式绕组磁悬浮 PMSPM 结构特点

为了实现高加速度运动，磁悬浮 PMSPM 动子在单位质量下应具有尽可能大的推力。考虑采用较少驱动单元实现六自由度的运动控制，绕组结构设计要简单紧凑便于加工制作，同心式绕组磁悬浮 PMSPM 结构如图 7-34 所示。

磁悬浮 PMSPM 由动子、定子和气隙构成。其中动子由基板和绕组阵列组成，绕组阵列安装在动子基板上并进行封装，动子基板中留有水道用于冷却，十六相绕组采用线缆进行供电。定子主要由轭板和永磁阵列构成，永磁阵列采用旋转 45°的 Halbach 结构。由于动子没有任何机械约束，因此磁悬浮 PMSPM 动子可在六个自由度上产生运动，分别是沿 x 轴、y 轴的平移运动，沿 z 轴的悬浮运动，绕 x 轴、y 轴及 z 轴的偏转运动。

N-S 永磁阵列单元如图 7-35 所示。定子永磁阵列的每个 N-S 磁极单元由两块主永磁体和七块辅助永磁体构成。其中主永磁体为正方形沿 z 轴方向充磁，辅助永磁体为长方形沿水平方向充磁。永磁体通过粘贴固定在次级轭板上。主永磁体的充磁方向沿 z 轴的正负方向交错布置，形成沿 z 方向交错的 N-S 阵列。辅助永磁体布置要求保证充磁的正方向指向图 7-35 中定义的 N 极主永磁体。同时，在图 7-35 中定义了 Halbach 永磁阵列未旋转时的极距τ和旋转 45°后的极距τ_n。

同心式绕组阵列结构如图 7-36 所示。图中定义了绕组外层线圈对边中心距 L_1、绕组内层线圈对边中心距 L_2、相邻相绕组外层线圈边的中心距 L_3。动子绕组阵列由十六套同心式绕组构成，十六套绕组成 4×4 的阵列，每相绕组由内外两层方形线圈构成，内层线圈的 L_2 为 $3\tau_n$，外层线圈 L_1 为 $5\tau_n$。由于线圈的两条边跨距为极距的奇数倍数，线圈在运动过程中两条边对应的磁场大小相同方向相反，当线圈中通入电流时两条边的电流方向相反，这样两条边产生的电磁力方向相同大小相等。由于绕组阵列结构特点是内外层线圈相邻的两个边磁场方向相反，因此要实现两个线圈产生的电磁力方向一致，需要两个方形线圈反向串联，保证一套同心绕组的两个线圈相邻边的电流方向相反。在绕组阵列中，每相绕组的中心与其他相邻绕组中心距离为 $6.5\tau_n$，这样每相绕组与相邻的绕组之间有相对 90° 电角度的相位差，绕组阵列实现了在相对电角度 360°×360° 的平面范围内的均匀分布。

这种同心式绕组阵列结构具有高绕组利用率、良好的动态性能，没有齿槽力，适合应用在高精度二维平面运动中。从控制角度来看，同心式绕组结构增加了每相绕组线圈的有效长度，因此在相同动子面积下拥有较少的绕组相数、较少的电流驱动单元的数量及解耦矩阵的阶数，更有利于实现实时控制。

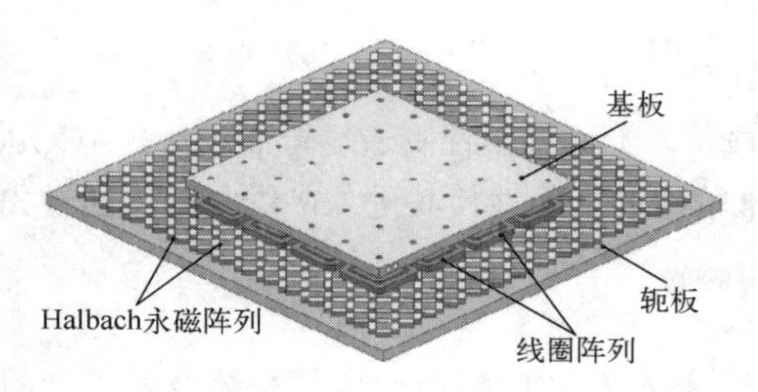

图 7-34　同心式绕组磁悬浮 PMSPM 结构

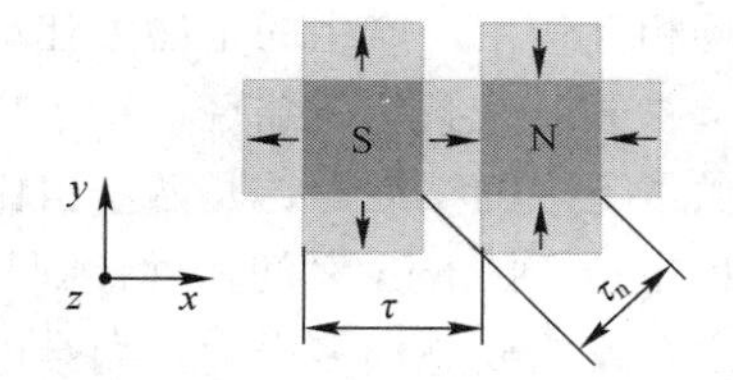

图 7-35　N-S 永磁阵列单元

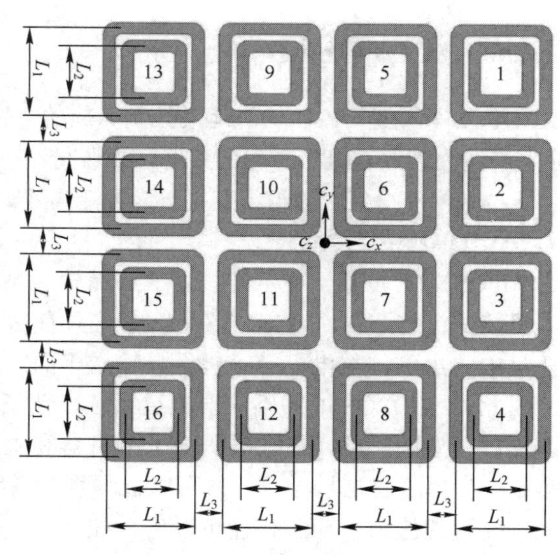

图 7-36　同心式绕组阵列结构

7.4.4　六自由度运动控制平台结构

磁悬浮 PMSPM 运动控制系统主要由工业 PC、显示器、控制器、控制平台、机箱、数据采集卡、电流驱动器、激光位移传感器、辅助直流电源、磁悬浮 PMSPM、测量框架、辅助调试机构等模块组成。控制器是实现磁悬浮 PMSPM 闭环控制的核心设备，控制器与工业 PC 采用网线进行连接，组成实时控制系统平台。数据采集卡有两个作用：对激光位移传感器传出的模拟信号进行数据采集、软件滤波，并在位置解耦计算后将计算的结果上传给控制器；输出模拟信号控制电流驱动单元。运动控制平台架构如图 7-37 所示。

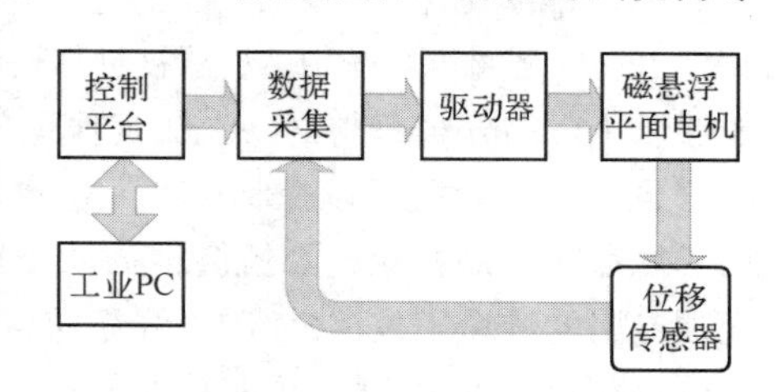

图 7-37　运动控制平台架构

7.4.5　自适应机电一体化制造方案

制造业柔性化面临的挑战是客户个性化需求的迅速增长。产品的小批量、多批次、短寿命周期、大规模定制及未来市场难以预测的不确定性。对复杂机电一体化生产线系统提出了更高的自适应要求。这些问题需要一个集成解决方案，就是一种全新的自适应制造方案，它能够解决四类问题：

① 能够实现“零停机换型”，用以解决产品批次骤然增长而批量减少的问题，实现不同产品和包装的即时转换。

② 为未来未知的产品生产做好准备。传统和当今的绝大部分生产线无法预测生产线整个寿命周期的所有变化，今天制造出来的生产线无法满足尚未诞生的产品要求，即无法适应未来产品的要求。

③ 实现“高生产率”并“加速上市”。生产线性能、功能能够预测并满足未来产品需求的波动。

④ 实现可盈利的小批次生产。能够降低小批次产品的单位成本，这个成本要与大批量生产的产品的单价成本相当。

为实现自适应制造，这就要求机器和生产线具备自动化技术的协同能力。数字孪生、机器视觉、机器人，这些技术需要无缝集成到控制系统中，作为一个整体协同工作。数字孪生仿真、机器视觉集成在控制器软件系统中，还有 ACOPOS 驱动器、机器人，它们与自适应机电系统一起紧密协作。自适应生产的最后一个环节是智能、柔性的传送系统，能够传送产品，穿梭在机器与生产线之间。这种柔性生产线，如 SuperTrak、AcoposTrak，它们的动子托盘与机器视觉、机器人完美协同。

7.4.6 ACOPOS 6D

ACOPOS 6D 是 ACOPOS 运动控制家族的全新成员，为面向柔性制造场景而设计。ACOPOS 6D 让生产线突破原有机械布局的束缚，摆脱传统一维输送的局限性使其进入多维空间，通过先进的磁悬浮技术，使得生产的组织变得更为灵活高效。

1. ACOPOS 6D 概述

ACOPOS 6D 是基于磁悬浮技术的产品输送系统，这种自适应机电一体化系统改变了产品的制造、组装、包装方式。ACOPOS 6D 系统只有 3 种模块：动子托盘、平面动子模组、控制器。动子托盘中的永磁体与电机定子模组（输送平面）产生磁场相互作用，产生的电磁力让动子悬浮空中，因此，ACOPOS 6D 不需要轨道系统，动子托盘不会被限制在预定的路径，动子可以在定子平面上做任意的移动，在二维平面上为机器和生产线提供了无限的柔性，这是两个自由度的运动。第三个自由度就是悬浮，系统可以控制悬浮高度，从 0.5mm 到 4mm 之间，并控制与负载无关的动子托盘的施力。动子托盘可以告诉控制系统保持恒定高度需要施加多少力。剩余的三个方向的运动不是直线运动而是角度运动。动子托盘可以以 x 轴、y 轴为中心旋转，用于倾斜动子托盘的平面，而且这个倾斜可以与其他动子同步。这两个自由度加以利用可以增强防晃动功能，就像赛车跑道上的倾斜线。使用这两个自由度的另外一个用途是替换加工工位上的轴，从而节省空间、简化加工工位、降低硬件成本。最后一个自由度是绕 z 轴旋转，增加了扭动功能，可以让产品在工位之间进行移动时转动，而不需要在一整个单独的区域内进行转动，进一步使加工工位变得简单、紧凑。

在 6D 磁悬浮系统中，机器视觉与软件系统紧密集成，继承了实时工业以太网总线 POWERLINK，能够以 1μs 的分辨率与网络上的其他设备同步，实现视觉与动子托盘紧密同步。

同一个单元既可以控制机器人，也可以控制整台机器。机器人把一个产品放置在托盘上，同时动子托盘对产品称重，系统会根据动子托盘的总质量施力给托盘以保持给定的高度。计算产品质量无须专用的称重工位，6D 磁悬浮系统或简化了工位，或取消了工位。

动子托盘可以对其正在输送的产品施加一个确定的力，这个功能在封盖、组装生产中非常有用。ACOPOS 6D 具有施力控制算法，以便进行多样、高质量的加工。

动子托盘可以独立移动，也可以编组运行。编为一组的动子托盘虚拟地连接在一起，并被虚拟代码认定是一个动子托盘，剩下的运算由系统完成。ACOPOS 6D 可以根据产品的尺寸、体积、形状做出适应性的调整，成为一个灵活、可变的自适应系统，可以解决不同产品在同一条生产线上同时生产的困难。

如何把产品从 ACOPOS 6D 平台上转移到其他系统中，或反向为之？例如，动子托盘与一个直线电机机械手之间转移产品。两个动子托盘调整悬浮高度，托出产品，施加适合的力，让产品保持在两个动子托盘之间，与机械手配合完成产品的转移。ACOPOS 6D 可以同时控制多个动子多个自由度的运动，这将改变产品生产工艺过程。

动子托盘可以采用不锈钢封装，它表面光洁，可以与标准动子托盘混合运行，也可以采用匹配产品需求的材料封装动子托盘，也可以封装定子模组式输送台面，材料可以是塑料、玻璃、不锈钢。对于医疗、食品加工行业要求的无尘、无菌、洁净、快速清洁，对电子、精密制造等行业的无磨损、真空等都能够满足。

ACOPOS 6D 的重复定位精度可达 ±5μm，满足在 3C（计算机、通信、消费电子）行业小型元件高精度精准组装的需要。

一个电机定子模组可以控制四个动子托盘，这样就可以减少占地面积，同时提高了生产力。

ACOPOS 6D 集成在控制系统软件中，运动控制系统中的软件模块可以控制全部动子托盘，可以把动子托盘的位置当作一个从动轴的参考坐标，也可以作为主轴，其他轴可以通过凸轮曲线与其耦合，动子托盘可以跟随 CNC 程序生成的路径，或者与一个外部轴同步。

ACOPOS 6D 由高度集成的软件支持，可以采用 CNC 解码器控制动子托盘，定义移动轨迹，不受机械轨道的约束，允许用户实时、自由地定义路径，完成硬件与软件的融合，实现制造的柔性。

在仿真模块 Scene Viewer 中，可以仿真完整的产品组合。仿真 ACOPOS 6D 与机器人合作的场景，位置信息可以从真实的 PLC 或者仿真的 PLC 中传递到计算机中。用于仿真的代码可以完全地传递到真实系统中，AS 系统生成 ACOPOS 6D 布局，包括工作站和产品 3D 图，呈现真实系统的模样，例如，改变参数就可以直观看到改变了大小的动子托盘。无须硬件就可以离线开发系统并验证生产线性能，了解成品机器能够达到的性能，减少生产线的前期投入损耗、错误，缩短生产线设计周期。ACOPOS 6D 柔性输送平台实物如图 7-38 所示。

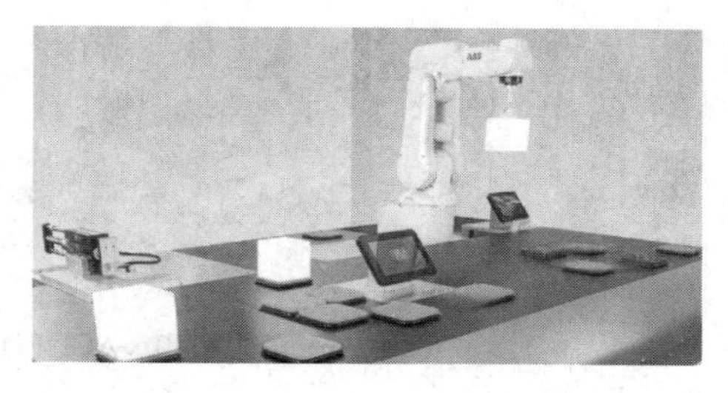

图 7-38　ACOPOS 6D 柔性输送平台实物

2．ACOPOS 6D 生产线

永磁同步电机、直线电机这类传统电机完成的是一维旋转运动或直线往复运动，AcoposTrak 的动子可以在二维空间（x，y）运动，ACOPOS 6D 则提供了 6 个维度的运动控制。ACOPOS 6D 动子运动的 6 个自由度如图 7-39 所示。

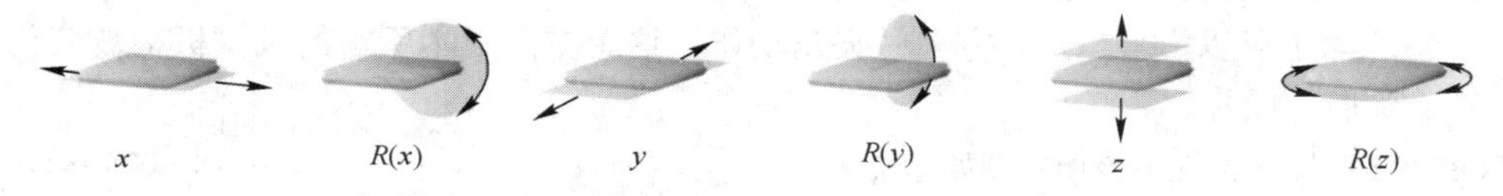

图 7-39　ACOPOS 6D 动子运动的 6 个自由度

传统的机器、输送系统、工装夹具等构成的制造系统为适应大规模标准化生产而制造，其制造成本已经没有多少优化空间。个性化、小批量、多批次生产需要频繁进行生产线换装、制程改变，使得传统生产线单位时间产出下降，开机浪费造成不良品率、成本升高。产品个性化对生产线提出了更多的产品组合和更小的批量、更短的产品寿命周期、大规模定制、不可预知的需求挑战，ACOPOS 6D 柔性生产线为应对上述挑战而诞生。

柔性制造的一个场景：传统的灌装系统通常针对单一品种，优势是生产能力超强，可以达到 10.8 万瓶/小时的生产速度，适合大批量标准产品生产。如果要求小批量的 10 个不同的饮料同时灌装并包装在一个盒子里，传统生产线很难应对这批订单。ACOPOStrak 和 ACOPOS 6D 生产线就可以实现这种小批量多品种的生产。生产流程是 10 个白瓶（未贴标）流向 10 个不同的灌装头→排队进入 2 个工站进行瓶口旋盖→分流 10 个标站贴 10 种标签→回流一条生产线排队装箱。这个生产过程实现零停机工艺切换，且可对后期未知产品随时待机，新产品快速面市，并实现盈利。

在当今电商消费时代，生产需要满足降低库存、快速交付、节日峰值的特点，传统制造会被新的生产组织模式所替代，ACOPOS 6D 通过改变生产组织形式，使产品摆脱传统生产线机械束缚达到较高的自由度，实现大规模定制化生产。

ACOPOS 6D 让被加工工件在多个维度运动和旋转，无须复杂且缺乏灵活性的机械结构，可编程的动子运动使得整个加工过程变得更为灵活。

ACOPOS 6D 的动子托盘不仅可以对产品进行灵活的输送，而且，可以与工位之间形成复杂的运动关系，如 CNC 插补、同步关系，也可以与机器人形成各种协作关系，它不仅是输送，更是对生产模式的任意组合，改变了传统制造的复杂过程，而变得自由、灵活，不受限制。

3．ACOPOS 6D 柔性组合

ACOPOS 6D 的动子、定子模块可以根据产线的布局像拼接积木一样灵活排布，在其旁边、上方设置加工位，配合机器人、工装夹具、工作站进行生产。ACOPOS 6D 灵活成组并与机器人集成布局如图 7-40 所示。

图 7-40　ACOPOS 6D 灵活成组并与机器人集成布局

在生产线规划和实施中，传统的机械输送须配合各种非标的机械机构才能实现各种加工动作，而 ACOPOS 6D 由于有 6 个自由度简化了机械系统。

- ◆ 悬浮：上下动作配合，取消了机械上下定位机构。若没有 ACOPOS 6D 的 z 轴运动，产品加工需要额外增加一个机械机构来实现一个高精度的上下动作。
- ◆ 换向：动子可以转向，无须额外的机械换向机构，动子托盘可高速移动，且没有机械限制。
- ◆ 旋转：z 轴可旋转省略翻转机构，如加工产品 z 轴的两个侧面。
- ◆ 倾斜：动子可以沿着 x，y 方向做夹角动作，这个方向原本所需的机械机构被简化。如磨边、涂胶、贴标。

ACOPOS 6D 输送柔性组合顶视图如图 7-41 所示。

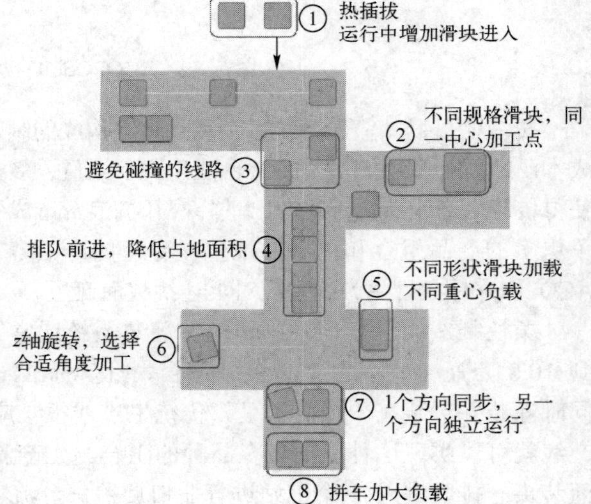

图 7-41　ACOPOS 6D 输送柔性组合顶视图

ACOPOS 6D 实现的功能：

① 在特定区域，ACOPOS 6D 的动子滑块可以实现热插拔，系统会自动重新规划路径；

② 不同规格的动子滑块可以加工不同尺寸规格产品，不同尺寸规格产品可以处于同一加工中心点，如激光打码；

③ 动子滑块可以在平面上自由选择路径，避免碰撞；

④ 排队同步运动可以让生产线整体占地面积小；

⑤ 不同动子滑块让不同产品纳入同一生产中；

⑥ 沿着 x，y，z 轴旋转，选择合适角度加工；

⑦ 动子滑块可以在一个方向同步，在另一个方向独立运行；

⑧ 多个动子滑块拼装并加大其负载能力。

ACOPOS 6D 取消了产品与对应输送机构间的特定绑定关系，机械系统被简化。产品没有传统生产线的机械束缚，按照所需快速实现加工动作，降低了机械输送、等待、上下料过程所需的时间，缩短了加工周期。

4．ACOPOS 6D 提升生产效率

传统生产线由于产品与机械耦合，工艺流程只能在定型的流程上实现。ACOPOS 6D 对于未知产品也无须特定的机械系统进行生产，这是由动子滑块赋予它可“塑形”和“柔性”的功能，因此不被约束在硬件的路径上，且可以成组、同步协同。ACOPOStrak 和 ACOPOS 6D 的本质都是通过自主调度实现最优的生产效率，这个调度算法被封装为易于使用的软件模块。用户仅需考虑生产任务编排，系统会自动为其实现最优路径与调度，未知产品的生产就这样被快速定义，不受制于机械系统。解耦后的生产组织，降低了非加工所需的输送和等待时间，提升了加工效率。

ACOPOS 6D 简化了机械的设计复杂度，使得机械系统与产品之间的强绑定关系被柔性关系所取代，产品能够实现多种混线生产，无须投资更多的生产线来适应变化。这就是精益生产，即不断挖掘生产潜能，改善生产过程，获得不断的效率提升。ACOPOS 6D 将产品解放到多维空间，让加工与组装过程变得自由、灵活、高效。

ACOPOS 6D 的应用适合于具有典型个性化个性化需求、高精度、复杂过程的生产与组装。PLC 家族的系列产品与技术，如控制技术、ACOPOS 伺服驱动、柔性输送系统、HMI、机器视觉、机器人、安全系统，完整的解决方案，有助于实现整个柔性生产线的完全集成。通过 ACOPOS 6D，一台机器可以同时生产不同型号的产品，甚至是完全不同的产品。每个产品根据实际需要，沿各自路径通过工位加工生产。

5．ACOPOS 6D 的特点

（1）无接触、无噪声、极精确

磁悬浮动子托盘在定子模组表面上自由地滑行、加速，由于非接触，因此没噪声，且可以达到微米级的定位精度。

（2）非接触、零磨损

ACOPOS 6D 动子托盘可以自由悬浮，没有任何接触和摩擦。由于没有磨损，因此也就没有需要维护的零部件。如果在电机定子模组上加装了不锈钢外壳，则 ACOPOS 6D 可提供 IP69K 防护等级，从而使其非常适合洁净室应用或食品饮料生产。

（3）全集成架构

ACOPOS 6D 完全集成在 AS 生态系统中。动子托盘可以与伺服轴、机器人、轨道系统和机器视觉相机之间实现微米级的同步。动子托盘的路径规划在专用控制器中进行，该控制器通过 POWERLINK 连接到机器网络。

（4）智能动子托盘

每个 ACOPOS 6D 动子托盘都分配有全球唯一的 ID。一旦启动，控制器就会立刻知道每个动子托盘在电机定子模组上的位置，无须耗时的复位序列或操作员手动输入即可开始生产。动子托盘的重复定位精度为±5μm，这使 ACOPOS 6D 非常适合具有严格定位要求的应用，例如电子行业以及机械和电子组件的装配。

（5）开发简单

ACOPOS 6D 在机器与生产线规划方面的设置简易。智能算法可以确保动子托盘避免碰撞，并在尽量降低能耗的同时，遵循最佳路线移动。生产线规划人员可以开发使生产率提升的最佳机器过程。

ACOPOS 6D 的特点如图 7-42 所示。

6．ACOPOS 6D 控制系统

X20、ACOPOS 6D 控制器均可通过 POWERLINK 连接组成控制系统，ACOPOSmulti 提供电源，用于控制磁场方向、动子定位、成组运行等，实现 ACOPOS 6D 磁悬浮平面电机、机器人的控制。ACOPOS 6D 控制系统如图 7-43 所示。

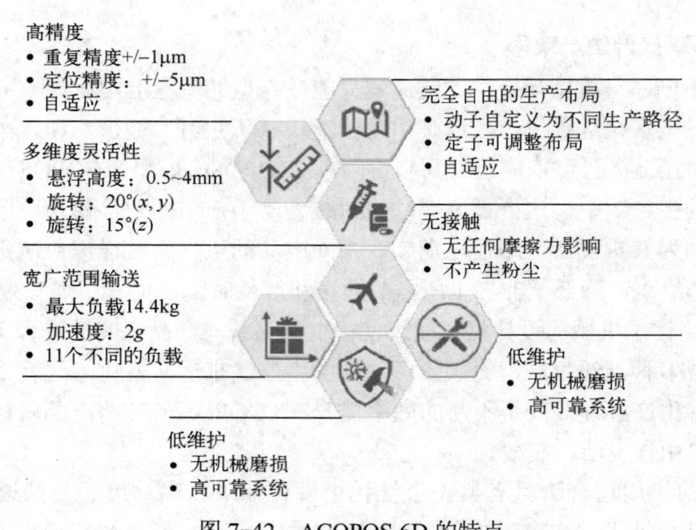

图 7-42　ACOPOS 6D 的特点

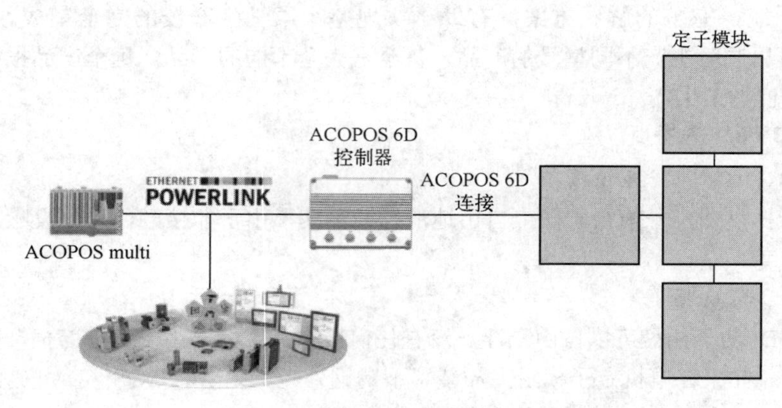

图 7-43　ACOPOS 6D 控制系统

7.5　柔 性 制 造

随着人们生活水平的提高和社会进步，消费者的个性化需求日益强烈，传统的大批量、单一品种的流水线生产模式已经与日新月异的制造业发展需求脱节，企业在满足个性化需求的同时需要规划大规模的定制化生产。

市场需求正在逐渐由相对稳定向动态变化转变，产品更新周期加速，客户对产品的需求更加多元化，产品需求愈发倾向于以客户为导向。市场需求和企业生产特点体现在市场竞争日益激烈、变化性和不可预测性上。

柔性制造是应对“大规模定制”生产而产生的，具有批量小、品种多的特点。中小批量、多品种的生产模式通过柔性制造系统可以大幅度提高劳动生产率、产品质量并缩短产品生产周期。柔性制造和生产会对制造业商业模式产生巨大的影响，对机器制造的设计与流程提出新的和更高的要求。

目前，柔性制造系统已渗透到制造业的各个领域，并促进生产方式变革。柔性制造系统能够支持企业在最短的生产周期内识别响应市场需求的变化，以较短的开发周期和较低成本制造出品种多样的高质量产品。

“人们可以订购任何颜色的汽车，只要它是黑色的”。发明了流水线运作的汽车大王亨利·福特的这句话鲜明地表明了对“个性化”的拒绝。实现工业生产的个性化是非常困难的。对于传统、成熟的大规模流水线生产，个性化会带来很多“麻烦”，会直接影响到企业生产中最为关心的指标：质量、成本和交付能力。

20 世纪 70 年代，企业生产制造过程中对柔性的需求促使一种新的制造方式——柔性制造系统（Flexible Manufacturing System，简称 FMS）的诞生。柔性制造系统被要求在保证质量的前提下不断改变产品性能，调整产品结构，并在此基础上做到提高生产效率，降低生产成本。

7.5.1 个性化需求

20 世纪 90 年代以前的中国，个性化难以生存。例如，衣服的颜色和款式常见的是中山装、黄军装；自行车主要型号是男式 28 横梁、女式 26 无横梁；汽车主要有北京吉普 212、上海牌轿车，桑塔纳还是 90 年代后期才开始风靡。在那个时期，企业对柔性生产几乎没有考虑，机械制造商按照标准图纸设计，用户采购没有太多选择空间。

自动化技术、信息技术的高速发展，经济实力的快速提升，工业制造能力随之大幅度增强。以饮料灌装为例，传统机器仅达到 12000 瓶/小时，新型机电控制技术使得灌装产能提升到 108000 瓶/小时；以印刷机械为例，印刷速度从以前的 200 米/分钟到现在的 500 米/分钟。

技术发展和大规模制造使得生产成本下降，产品质量稳定提高，但随之出现的问题是：

- 产能过剩：产业快速达到了饱和状态，企业很难再获得持续的发展，沉积的成本越来越高，导致企业处于高位风险，无法长期盈利。
- 同质化竞争：标准化产品带来的同质化竞争使得企业风险加大，通过价格厮杀使盈利能力下降，如果出现新的产业变化，则企业无法生存。

人们个性化需求越来越多样化的趋势限制了大量生产方式的发展，迫使制造业不得不朝低成本、高品质、高效率、多品种、中小批量、自动化生产方向转变。同时，科学技术的迅猛发展推动了自动化程度和制造水平的提高，使制造业的柔性化转变在技术上成为可能。

个性化需求会沿着产业链传导到各个上游环节，直接影响到生产制造企业。机械制造商、系统集成商需要给出快速应对的机械与测试的工程集成方案。柔性量产可以解决大规模生产和私人定制之间的矛盾。自动化工程师则需要设计满足个性化要求的生产线和控制系统。个性化需求在产业链中的传递如图 7-44 所示。

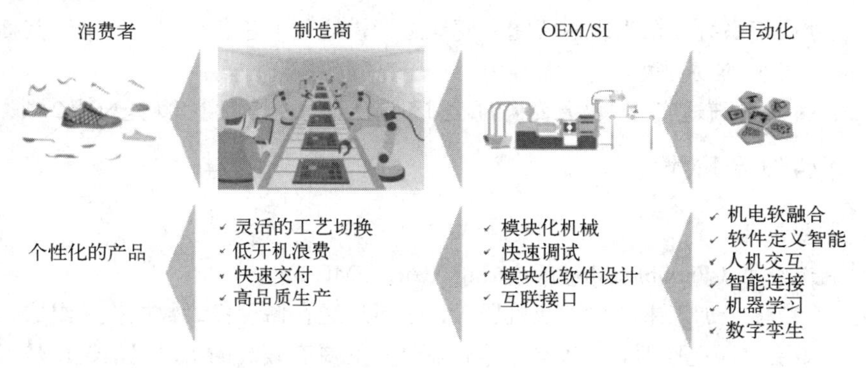

图 7-44　个性化需求在产业链中的传递

柔性制造涉及四个技术领域：

- 自动化加工技术：机电设备的自动加工技术是柔性制造的基础支撑。
- 物流输送技术：被加工的物料在不同单元之间智能输送，以实现物流的自由流动。
- 信息技术：为协同及调度提供保障。
- 软件技术：通过软件建模、配置来应对生产需求，解决灵活性问题。

7.5.2 制造柔性及分类

制造柔性是可以根据不同维度进行定义的多维概念，与设备布局、企业文化、管理组织结构、信息系统和工艺技术等多个因素相关。制造柔性可以从战略、作业时间、生产单元等不同层面进行描述与分类。

根据企业制造环境的范围将制造柔性分为外部柔性和内部柔性。外部柔性主要包括新产品柔性、交付柔性、产品组合柔性、产量柔性和改进柔性。外部柔性因消费者需求波动而变化，建立良好的外部柔性对企业树立竞争优势至关重要。内部柔性包括加工路线柔性、机械柔性和物料处理柔性。内部柔性与企业生产效率相关，与市场需求和外部环境不确定性无关。

以企业的生产单元作为研究对象，制造柔性分为：过程柔性、产量柔性、品种柔性以及物料处理柔性，其中产量柔性和品种柔性属于满足消费者需求这一外部驱动维度，过程柔性和物料处理柔性属于配合企业生产制造的内部驱动维度。

理想的柔性制造系统应该具有八种柔性：

① 设备柔性：指系统中的加工设备具有适应加工对象变化的能力。其衡量指标是当加工对象的类、族、品种变化时，加工设备所需刀、夹、铺具的准备和更换时间，硬、软件的交换与调整时间，加工程序的准备与调校时间等。

② 工艺柔性：指系统能以多种方法加工某一族工件的能力。工艺柔性也称加工柔性或混流柔性，其衡量指标是系统不采用成批生产方式而同时加工的工件品种数。

③ 产品柔性：指系统能够经济而迅速地转换到生产一族新产品的能力。产品柔性也称反应柔性。其衡量指标是系统从加工一族工件转向加工另一族工件所需的时间。

④ 工序柔性：指系统改变每种工件加工工序先后顺序的能力。其衡量指标是系统以实时方式进行工艺决策和现场调度的能力。

⑤ 运行柔性：指系统处理其局部故障，并维持继续生产原定工件族的能力。其衡量指标是系统发生故障时生产率的下降程度或处理故障所需的时间。

⑥ 批量柔性：指系统在成本核算上能适应不同批量的能力。其衡量指标是系统保持经济效益的最小运行批量。

⑦ 扩展柔性：指系统根据生产需要能方便地进行模块化组建和扩展的能力。其衡量指标是系统可扩展的规模大小和难易程度。

⑧ 生产柔性：指系统适应生产对象变换的范围和综合能力。其衡量指标是前述 7 项柔性的总和。

7.5.3 柔性制造种类

柔性制造主要包括：

（1）柔性制造单元（Flexible Manufacturing Cell，FMC）

FMC 由一个或多个加工中心、工业机器人、物料运送存储设备或数控机床组成，可根据不同工件的生产加工需要自动更换刀具及夹具。柔性制造单元具有较高的机器灵活性，较低的人员参与性和加工灵活性，通常适用于小批量、形状复杂、工序简单、加工时间长的零件生产。

（2）柔性自动生产线（Flexible Manufacturing Line，FML）

FML 主要由加工设备、运储设备、辅助设备以及计算机控制系统组成，负责生产线设备资源管理与调度、生产计划与进度管理、生产线状态监控等工作。其加工设备可以是通用的加工中心、CNC 机床；亦可采用专用机床或 NC 专用机床，对物料搬运系统柔性的要求比 FMC 低，但生产率更高。它是离散型生产中的柔性制造系统和连续生产过程中的分散型控制系统（DCS）的结合，其特点是实现生产线柔性化及自动化。柔性生产线的价值主要体现在生产线系统的灵活性，其灵活性是指系统在最短时间内以最低成本、最少精力和最少性能的改变来响应变化的能力。

（3）柔性制造系统（Flexibility Manufacturing System，FMS）

FMS 通常由计算机进行控制和管理，并包括两台及以上机床和一套物料运输系统（传输装置和自动装卸装置）的高度自动化制造系统。该系统主要可在不停机的情况下实现中小批量、形状复杂、多品种的零件生产及管理。

（4）柔性制造工厂（Flexible Manufacturing Factory，FMF）

FMF 将多条 FMS 连接起来，配以自动化立体仓库，通过计算机系统将订货、设计、加工、装配、检验、运送至发货联系起来的完整 FMS。它包括了 CAD/CAM，并使计算机集成制造系统（CIMS）投入实际使用，实现生产系统柔性化及自动化，进而实现全厂范围的生产管理、产品加工及物料储运进程的全盘化。FMF 是自动化生产的最高水平，反映出世界上最先进的自动化应用技术。它是将制造、产品开发及经营管理的自动化连成一个整体，以信息流控制物质流的智能制造系统（IMS）为代表，其特点是实现工厂柔性化及自动化。

7.5.4 柔性制造系统

柔性制造系统作为先进制造系统的代表，适合工件形状复杂、工序多、定制化的制造场景，主要解决柔性加工车间中制造执行层与设备层的一系列难题。

我国对 FMS 的标准定义为:柔性制造系统是由数控机床、物流传送设备和计算机控制系统组成的自动化制造系统，它包括多个柔性制造单元，具有根据制造任务不同和生产环境变化迅速做出调整的能力，主要应用于多品种、中小批量产品的制造。

欧洲机床工业委员会（CECIMO）对 FMS 的定义是：能够以最少的人工干预，对加工能力范围内任意工件进行加工，具有调度生产和使产品通过系统路径的功能，并能够产生报告和系统操作数据的自动化制造系统。该系统通常应用于中小批量产品族和不同批量零件的混合加工，柔性能力受制造系统设计时产品族和零件族的限制。

柔性制造系统以多台（种）数控机床或数组柔性制造单元为核心，通过自动化物流系统进行连接，统一由主控计算机和相关软件进行控制和管理，组成多品种变批量和混流方式生产的自动化制造系统，它有统一的信息控制系统、物料储运系统和一组数字控制加工设备，能适应加工对象变换。

柔性制造系统由三部分组成：

① 自动加工系统：由多台高度自动化数控机床和加工设备（加工中心、切削中心及其他由计算机控制的机床）组成，基于成组技术将尺寸相同、形状相近、材料和工艺类似的工件在相同的一台或多台机器设备上集中进行加工制造的系统。

② 物料运输系统：由多种运输装置（轨道、传送带等）和装卸装置（起吊机器和工业机器人等）构成，实现物料的存放、运输，以及工件、加工所用刀具传输的系统，该子系统在柔性制造系统的三个子系统中最为重要。

③ 控制管理系统：由计算机控制系统和软件系统组成。计算机控制系统主要负责对柔性制造系统工件加工和物料运输过程中的信息进行收集和处理，并输出机器设备和物料系统自动操作所需的信息，还可通过电控、气压或液压等控制装置对机器设备和物料系统进行分级控制。软件系统包括生产过程分析与调度、工艺设计规划、系统管理和监控等软件，是柔性制造系统对生产制造进行有效管理的重要组成部分。

这三个子系统的共同作用产生了柔性制造系统的能量流、物料流和信息流。

7.5.5 柔性制造中的精益生产

柔性制造系统是为了解决传统的生产方式在多品种、中小批量产品生产过程中出现的生产效率低、周期长、成本高、质量差等问题而出现的，其伴随着社会经济和科学技术的进步而不断发展。

精益生产（Lean Production，简称精益）是通过系统结构、人员组织、运行方式和市场供求等方面的变革，使生产系统能很快适应用户需求的不断变化，并能使生产过程中一切无用、多余的东西被精简，最终达到包括市场供销在内的生产的各方面最好结果的一种生产管理方式。与传统的大生产方式不同，其特色是多品种、小批量。

精益生产方式的基本思想是：在需要的时候，按需要的量，生产所需的产品。其核心是追求零库存和快速应对市场的变化，其认为高库存是“祸害”。因为，库存提高了经营的成本，掩盖了企业的问题。

精益生产的终极目标是“零浪费”，具体表现在七个方面：

- “零”转产工时浪费（多品种混流生产）：加工工序的品种切换与装配线的转产时间浪费降为“零”或接近为“零”。
- “零”库存（消减库存）：将加工与装配相连接流水化，消除中间库存，变市场预估生产为接单同步生产，将产品库存降为零。
- “零”浪费（全面成本控制）：消除多余制造、搬运、等待的浪费，实现零浪费。
- “零”不良（高品质）：不良不是在检查位检出，而应该在产生的源头消除它，追求零不良。
- “零”故障（提高运转率）：消除机械设备的故障停机，实现零故障。
- “零”停滞（快速反应、短交期）：最大限度地压缩前置时间，消除中间停滞，实现“零”停滞。
- “零”灾害（安全第一）：安全事故会造成多种损失。

精益生产的关键衡量指标是质量、成本、交付，需要避免设备的六大浪费，这些浪费会影响精益生产的质量、性能、可用性指标，个性化会使得这些机器与生产线的浪费进一步放大。精益中设备的六大浪费如表 7-1 所示。

表 7-1　精益中设备的六大浪费

六大损失类别		OEE 损失类	事件原因	
停机损失	停机时间	可用率损失	计划的停机	
	停止时间		刀具损坏、非计划维护、设备故障/异常、制程异常	重大的设备故障或突发事件引起的停工
换装调试损失		可用率损失	设备/工艺改变、原料短缺、人力不足、大调整、设备预热	
暂停机损失		性能损失、生产速率损失	不通畅的制程、传感器关闭、产品在线流通受阻、清洁、检查	低于正常产能或设计产能之下的工作造成的损失
减速损失		性能损失、生产速率损失	低于设计产能运行、设备磨损、员工失误	设备启动/调试运行前的次品
启动过程次品损失		质量损失	报废、返工、不合理装配	
生产过程次品损失		质量损失	报废、返工、不合理装配	生产稳定时产生的次品

个性化生产中影响可用性、质量、性能的因素：

① 开机浪费与运行中的浪费。对于一个大批量的订单，开机浪费计入成本，但是，这个成本从整体考虑可以忽略不计。对于个性化的小批量订单，开机浪费就变成了“巨大的成本”。例如：一台注塑机生产一个产品的时候，如果订单是 10 万个，第一模产品通常不会合格。如果机器进入稳定生产前浪费 10 个产品，那么就是 0.01%的开机浪费。由于一种产品的开机浪费通常是固定

的，当订单变为 10000 个的时候，这个开机浪费就会提高 10 倍，不良品占比就会提高，这代表质量下降。而且这些废品都会计入成本，良品率的下降导致成本上升。

运行浪费则与机器本身的稳定性与可靠性有关。控制工艺的稳定性和机器运行的稳定性欠缺都会造成不良品的产生。例如，机器由于维护或排故会造成在制品的损失，这同样会被纳入整个生产的不良品统计中。

② 设备故障与工艺切换。如果生产线能够高品质地生产出成品，那么，这个产品生产过程称为“增值”；否则就是“不增值”环节。由于个性化需要频繁地更换模具、对生产流程进行调整，机械、电气调整都需要花费时间，这些都会造成机器的可用性的降低，无法稳定地提供有价值产品的输出。

③ 空转与短时停机、减速。机器与生产线都会有设计速度（额定值），生产中的物料等待、加热时间延时、机器故障或停机等，都会影响设备的整体性能，即相对于额定速度的真实运行值。

个性化会带来成本提高，虽然可以通过提高售价实现盈利，但又与价格竞争相悖。虽然用户需要个性化的产品，但如果价格太高，消费者无法接受。

智能化的柔性制造需要解决一个问题“如何让个性化产品和标准化产品一样的价格”，这就需要借助于各种先进技术来解决。

7.5.6　柔性生产线应解决的问题

柔性制造系统通常由四个单元构成：自动化加工设备（如机床、注塑机等）、信息系统、软件系统、输送系统。作为从大规模制造不断发展起来的自动化加工设备，其技术已经成熟，柔性制造的工作在于“如何把它们衔接起来”构成一个协作的生产线。柔性生产线需要解决以下几个问题：输送的柔性、软件支撑、信息交互与传递。

实时工业以太网 POWERLINK、OPC UA over TSN 全架构可以为工业现场的信息交互与传递提供解决方案。

生产线中的主要输送方式：链条传动、蜗轮蜗杆、齿轮齿条、曲轴连杆、液压传动、气动、物流自动辊传输、分度盘或转台、机器人搬运。

机械的输送方式存在的问题：

- 机械磨损带来的维护问题：除了机械磨损造成的精度损失外，还需要经常润滑、维护，这使得生产经常需要被中断，维护也是需要成本的。
- 工站之间的间距不能灵活变动：机械本身具有一定的安装精度要求，一旦调校需要相对稳定，频繁调整生产需要大量的时间重新安装调校。
- 生产流程复杂：为了实现产品的各种传输变化、翻转、分流等动作，需要设计大量的机械辅助抓手、机构。当这些设计变化时，工装夹具都需要更换，因此，传统的机械输送方式难以胜任变化。
- 缺乏有效的数据协调：传统机械输送系统通常没有信号的传输，因此依赖于人工检测，对于磨损、运行状态，机械结构之间的协调无法形成有效的机制。

由不同的机器群组成生产线，因其速度不同，一般采取一个主机匹配多个后道机器的方案，这样成本高昂；若设置缓冲区，又会使生产占地面积大。另外，由于机械惯量大、机械结构复杂，生产节拍通常比较长。

可见传统的机械传送不能满足“大规模定制”。大规模定制生产对自动化传送系统有着高度柔性和自适应的要求，频繁的机械调校使得工艺切换时间变长，会导致制造企业无法快速响应市场。

除了机械问题，柔性制造在电气测试、软件上也存在着一些需要解决的问题：

- 如何为产品建模，以自动适应变化，无须手动配置和干预。

➢ 产品变化后，相应的工装夹具的负载、空间尺寸等都会发生变化，如何进行电气测试验证？且测试验证会增加成本。

虽然已有 CAD/CAE 等建模仿真软件，但机械、电气、工艺软件如何在这种集成性的柔性生产线上实现协同？这些软件都有明显的“专业属性”，即“术业有专攻”，各有其任务与操作系统平台，统一协调困难重重，如各类软件的数据接口问题。如何把不同单元整合为一个整体，需要机电软一体化的规划能力。如何设计一种新的柔性电磁驱动输送系统，使得制造的生产线能够获得高度的生产柔性，是工程师们面临的问题。

7.6 柔性电驱输送系统

柔性电驱输送系统是一种全新的机电一体化系统，是为解决生产的“灵活性”而诞生的设计方案。它通过直线长导轨上多组动子的运动，并配合机器人工作，为 3C 制造、食品包装、药品包装、饮料灌装等生产线需要灵活加工与组装的应用领域提供最大的生产灵活性，从而实现高柔性和高效率的“大规模定制”。

柔性电驱输送技术方案是：在同一直线或曲线导轨上，多个永磁体动子根据生产组装工艺需求进行位置、速度、间距等参数的调整，配合机器人可以实现快速定位、CNC 跟随、系统仿真、波动抑制等功能，可以让承载的产品按照各自不同的速度、加速度、运动方向来传送。通过低维护与易维护设计，实现生产线稳定、可靠运行。此外，可以通过 POWERLINK 将第三方的机器人系统、CNC 系统、视觉等予以集成，把传统机械工艺切换的人工调校变成软件自动化配置实现，减少工程师的工作量。这种设计方案的优点：一方面，单独控制每个滑块的输送方式非常贴近柔性生产的工艺；另一方面，大幅降低换型、换线时间，提高了生产效率，降低了生产成本，紧凑的结构也降低了设备占地面积。柔性电驱输送系统结合 CAD/CAE 软件、实时通信技术、建模仿真/数字孪生技术，解决了柔性生产线中的输送问题，是对整个生产过程的一种重组。

从 2016 年以来，全球的主要自动化厂商如贝加莱（B&R）、罗克韦尔（Rockwell AB）、博世力士乐（Bosch Rexroth）、倍福（Beckhoff）等，均推出了柔性电驱输送系统。产品包括：贝加莱的 SuperTrak/ACOPOStrak、罗克韦尔的 MagMover、博世力士乐的 FTS、倍福的 XTS 等。ACOPOStrak 柔性电驱输送系统外观图如图 7-45 所示。

图 7-45　ACOPOStrak 柔性电驱输送系统外观图

7.6.1 柔性电驱工作原理

柔性电驱输送系统也可以称为“长定子直线电机”。其原理结构示意图如图 7-46 所示，其结构图如图 7-47 所示。

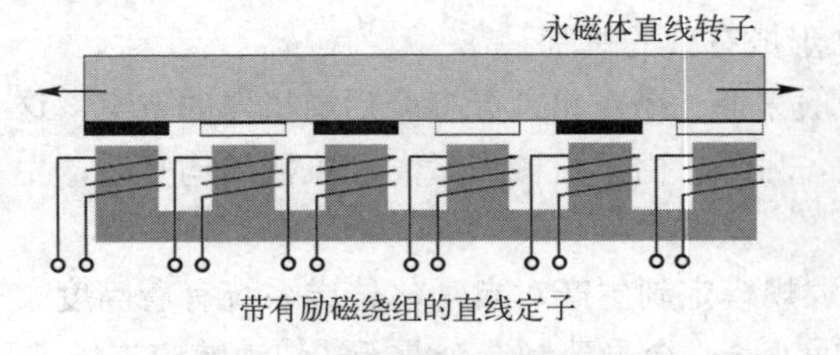

图 7-46　长定子直线电机原理结构示意图

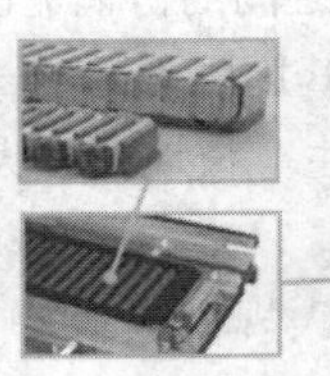

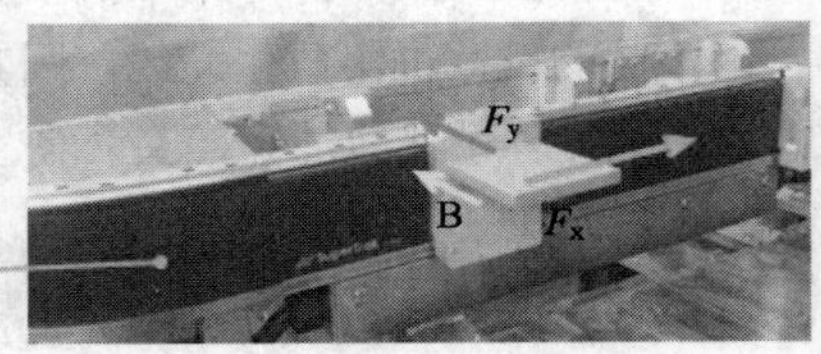

图 7-47　柔性电驱输送系统结构图

轨道就是带有励磁绕组的直线电机的定子，采用垂直安装的方式。转子（也称为动子、滑块、穿梭车，本书统称为“动子”）采用永磁体，并在其上装有磁条，用于传感位置信息。轨道的光眼扫描磁条，将动子位置信息传输至控制系统，用于柔性电驱输送系统的统一调度、协调，并与机器人、视觉同步。通过控制轨道上励磁绕组族的电压或电流，就能控制动子的运动速度。

由图 7-47 可见，柔性电驱输送系统的动子受到轨道垂直方向的吸力 F_y 和轨道水平方向的电磁推力 F_x，带着托盘（或其他形式的工装夹具）在轨道上运行。被加工件安装于托盘之上沿着轨道移动，经过不同的工位进行相应的加工处理，如焊接、钻孔、打磨、点胶、检测、贴标、灌装、打码、旋盖等。

SuperTrak 构成的生产线，单条轨道可长达 50 米，实现上百个动子的运动控制。ACOPOStrak 由于轨道设计更为灵活，可实现长达数百米的柔性电驱输送，控制数千个动子的运动。

这种新型的电驱输送结构设计方案，避免了传统机械传送的弊端，在同一导轨上的多个永磁体动子可以根据生产组装工艺需求方便地进行位置、速度、间距的控制，而且这些被控参数的调整可以由软件配置，使加工实现了“柔性”。

7.6.2 机械结构设计

以两种典型的柔性电驱输送系统 SuperTrak 和 ACOPOStrak 为例，说明其机械结构设计的特点。

1．SuperTrak 机械结构

SuperTrak 机械结构如图 7-48 所示。SuperTrak 的环形轨道结构分为直道和弯道两部分。其弯道设计采用欧拉螺线，也称“羊角螺旋线”，具有缓和直线段与圆曲路线之间曲线变化的作用，可以完美连接直线与任何圆弧曲线，保证连接点与圆弧曲线的曲率完全一致。这种设计带来的好处就在于“平稳过弯”。通常过弯的时候需要减速，否则会有翻车的危险。设计采用羊角螺旋线的方式可以实现匀速过弯，确保整个输送的机械稳定性。

图 7-48 中，A～J 模块名称：

A：SuperTrak 电控柜。

B：直线段轨道。

C：SuperTrak 系统供电模块，为轨道上的直流母线提供 28V 供电。

D：基架连接板，用于两机架间连接固定。

E：调水平脚，用于机架的水平调节。

F：托盘。

G：锲型调节板，可调节轨道往前或后。

H：高度调节架，可调节轨道高度。

I：弯曲段轨道。

J：基架，用于安装 SuperTrak。

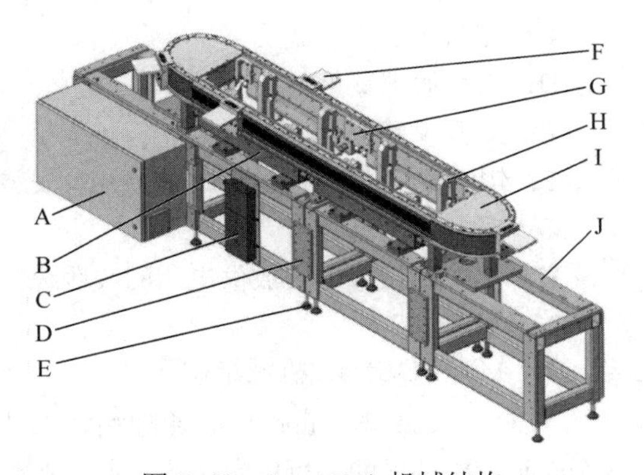

图 7-48　SuperTrak 机械结构

SuperTrak 动子结构如图 7-49 所示。

图 7-49 中，A～G 模块名称：

A：托盘架。

B：红外标签，可为每个托盘提供独自的标号来追踪托盘。

C：编码器带支架。

D：抗顶块，意外碰撞时保护托盘，带防静电刷。

E：保险杠，手动移动托盘时提供缓冲、减震。

F：装卸螺丝，为装卸托盘工具提供连接支点。

G：前盖板

托盘背面结构如图 7-50 所示，其 A～J 模块名称：

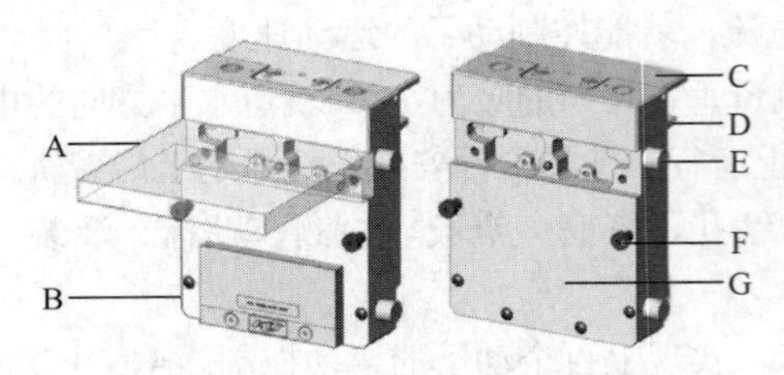

图 7-49　SuperTrak 动子结构

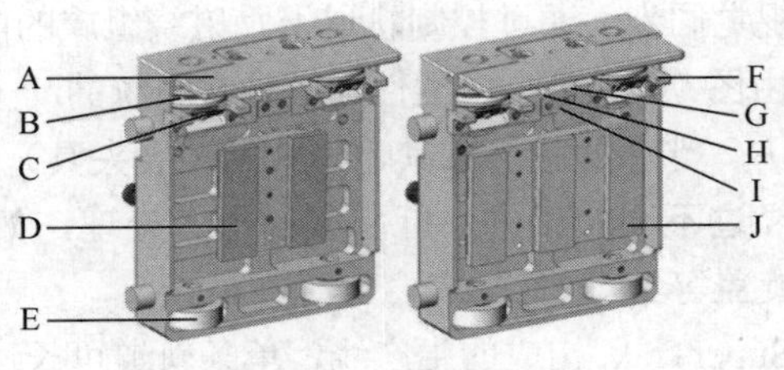

图 7-50　托盘背面结构

A：编码器支架。

B：V 型轮，在直线段的 V 型轨道上行进。

C：防静电刷，消散在穿梭运动中产生的静电。

D：磁体，托盘背面的磁体数量为 2 或 3。

E：平轮，在直线段的平整防磨片上行进。

F：抗顶块，在意外碰撞时保护托盘，带防静电刷。

G：润滑毛毡，用于润滑上方的 V 型轨道。

H：有弹簧支撑的润滑毛毡。

I：润滑锁块，用于固定润滑支撑。

J：磁体。

SuperTrak 直线段结构图如图 7-51 所示。弯道与直线段一致，只是轨道形式为螺旋线形式。

图 7-51 中，A～I 模块名称：

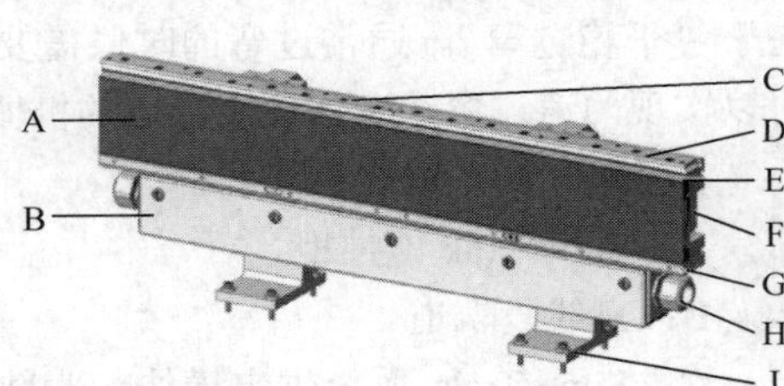

图 7-51　SuperTrak 直线段结构图

A：直线电机，产生电磁力推动托盘运动。

B：电气元件舱门。

C：左编码器支架。

D：右编码器支架。

E：上方 V 型轨道。

F：铝制结构轨道，其他轨道模块组件安装在其上面。

G：平整防磨带。

H：电缆连接口，安放供电和网线线缆。

I：轨道支架。

2．ACOPOStrak 机械结构

ACOPOStrak 与 SuperTrak 原理相同，只是增加了“变轨”技术。“变轨”指一个轨道的动子在两个轨道交汇的区间，可以实现从一个轨道到另一个轨道的切换。ACOPOStrak 还可以实现开放的轨道形式，即无须闭环。ACOPOStrak 这二个显著机械特性赋予了它更大的灵活性，它的轨道形式更多样。ACOPOStrak 轨道机械结构如图 7-52 所示，ACOPOStrak 构成的轨道类型如图 7-53 所示。

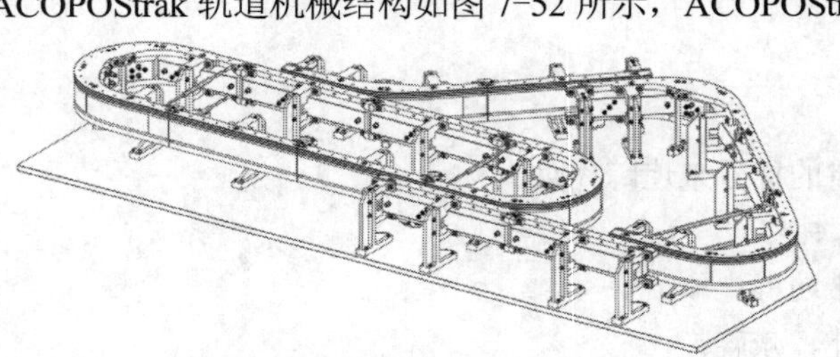

图 7-52　ACOPOStrak 轨道机械结构

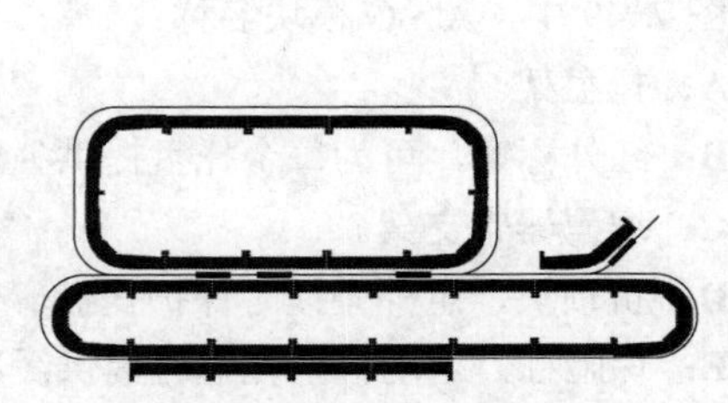

图 7-53　ACOPOStrak 构成的轨道类型

ACOPOStrak 可以构成多种类型的轨道组，如圆弧型的闭环、直线段开环、弯道开环等，在直线段和闭环还可以实现变轨，即动子从一个轨道转向另一个轨道运行。

SuperTrak、ACOPOStrak 可以满足不同的用户需求。若需要环形轨道，且负载较大（大于4kg），宜采用 SuperTrak。应用如：电子连接器、锂电池封装的生产线单元。

ACOPOStrak 更适合对“分流”、“汇流”有需求的场景，满足开放式生产线需求。应用如：啤酒饮料的后道包装、婴儿纸尿裤的码垛线、日化产品的生产线。

7.6.3 基于柔性电驱输送的生产线设计优势

柔性电驱输送技术为智能生产线的设计带来了“变革性”的影响。柔性电驱输送系统带给生产线规划的影响如图 7-54 所示。

图 7-54 柔性电驱输送系统带给生产线规划的影响

基于柔性电驱输送的生产线设计优势：

① 灵活的生产线输送：被加工件置于动子托盘，生产线变化时，其位置、间距、速度、加速度等可依据需求进行控制，仅需软件即可更改参数设置。

② 低维护：由于轨道与动子间为非接触的方式，不产生机械的磨损，不会有大量的维护工作，可长期运行。

③ 结构简单：柔性输送系统仅需匹配合适数量的动子，即可实现复杂的生产线需求。

④ 波动抑制的功能：传统机械输送（如液体）需要考虑液位的波动，因此无法高速运行。柔性输送系统可以通过算法控制动子速度和加速度，抑制液体波动，以较高的速度输送液体。

⑤ 生产线复用：传统的机械生产线在经过大的工艺变更后，几乎完全被抛弃，需要重新规划。如：手机从金属外壳转为陶瓷、塑料外壳的生产线工艺变更。柔性输送系统则会尽量复用大部分生产线，仅需修改工装夹具，可大幅降低工程量，节省成本。

7.7 基于 ACOPOStrak 的柔性生产线设计

ACOPOStrak 是一个基于线性驱动技术的智能轨道系统，采用模块化设计，拥有完全自由的设计轨道布局，不同轨道间可以变轨，可以进行灵活、无死角的工站配置，借助于高效智能系统软件，满足不同客户升级或者扩容的需求，完成高效地大规模生产小批次个性化产品的加工任务。柔性生产线的项目实施流程如图 7-55 所示。

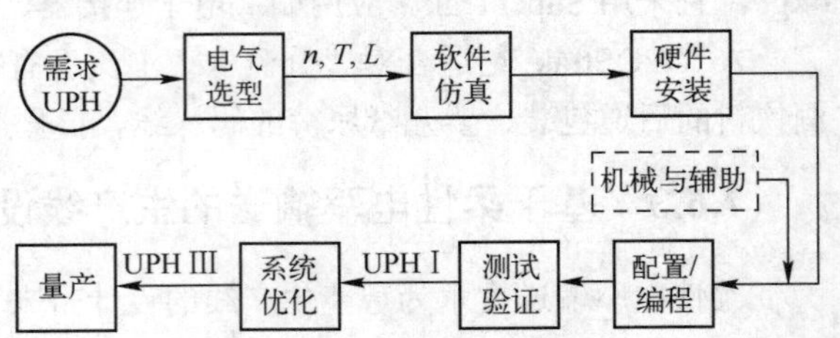

图 7-55　柔性生产线的项目实施流程

柔性生产线流程执行中的几个重要参数：

（1）UPH：单位时间产出（Units per Hour）

UPH 是用户对于整个生产线所设定的产能指标，是单位时间内的产成品的数量，UPH 参数由需求方设定，作为整个项目实施的目标。在实施过程中，UPH I 代表经过仿真得到的产能；UPH III 代表最终生产线投产中的产能。系统设计与规划的目标在于使 UPH= UPH I= UPH III。

（2）n：工站数量

根据 UPH、生产流程来规划设计的工站个数。如：经过一个焊接工站、一个检测工站、一个钻孔工站，则 $n=3$。

（3）T：动子在每个工站所需的停留时间

动子在每个工站加工动作不同，所需的停留时间不同。因此，生产线设计需要确定每个动子停留时间，这个时间与整个生产线动子的匹配相关。如：假如 A 工站每个加工过程需要 3s，B 工站需要 1s，则在整个生产线规划时，在 A 工站安排 1 个产品加工的同时，B 工站安排 3 个产品加工，这样就可以优化生产。对于生产线整体设计，需要依据工站数、动子数量、T 值等指标，优化生产配置。

（4）L：生产线轨道总长

生产线轨道的整体长度由各个轨道段的轨道长度和间隔长度构成。动子在单位轨道上的布局数量与所需的加减速性能有关。尽管 ACOPOStrak 提供 150mm 的动子最小间距，但是过短会影响每个动子的加减速性能，过长则会增加生产线整体的成本。

UPH, N, L, T 参数是柔性生产线设计的关键参数，后续的配置与开发都围绕这几个重要参数进行优化。

7.7.1　需求分析

需求分析是整个工程实施的第一步，必须明晰用户需求，才能避免设计的反复及遗漏，并据此制定有效的架构，为项目制定时间、质量控制的计划。

工程项目的需求分析是项目成功的基础保障，而且，在项目的进程中，必须不断地与需求方沟通，以确保使用方和技术提供方之间的工程效率，避免返工等影响进度和质量的事件发生。整个项目的需求分析、沟通过程中，必须形成规范的文档，以指导后续操作实施。柔性生产线需求定义表如表 7-2 所示。

制定明确的生产线规划目标非常重要。产能的需求、工艺路径、生产规格范围，都会影响后续的选型工作。选型、布局又关系到设备整体的投资，以及是否能够达到设计目标。柔性生产线的设计规划，需要机械、电气、工艺制程、软件、管理人员共同协作完成，工艺制程人员负责提出整个生产线的工艺需求，其他人员在整个生产线实施过程中必须予以满足。

表 7-2 柔性生产线需求定义表

基本信息						
	用户名称		行业			
	项目编号		机械联络人			
	时间		电气联络人			
生产线需求						
目标输出						
机器参数						
环境	温度		湿度		化学品	
	IP 等级		清洗			
安装方式	垂直		水平		夹角	
工站数						
流程时间						
动子数量						
同步的动子						
动子信息						
动子重复定位精度需求						
工装安装坐标点						
夹具质量						
工装及产品空间						
动子加工流程中的受力						
动子规格		□50mm □ 100mm				
系统是否有速度限制？		注:与安全或者运动的震动影响有关				
产品是否有加速度限制？						

7.7.2 选型设计

确定需求之后，首先就进行选型设计。选择合适的机械和电气单元，通过 POWERLINK 网络与控制系统进行连接，并将柔性输送系统与机器的其他单元（如机器人、驱动系统、视觉系统、I/O 系统、HMI 系统）进行协同，构成柔性生产线的机、电、软一体化架构。

（1）轨道选型

在柔性生产线设计中，轨道是核心单元。轨道组件有多种类型，柔性输送线的轨道种类如表 7-3 所示。

表 7-3 柔性输送线的轨道种类

轨道类型	直道	45°	90°	135°	180°
长度	660mm	900mm	1140mm	1380mm	1620mm
外形					

ACOPOStrak 的各种轨道模块可以构成多种开放的、闭环的轨道形式。输送系统选型考虑的因素：

- 轨道布局。

- 负载大小。
- 功率匹配。
- 动子的加、减速性能。
- 轨道上动子的密度。过度密集会造成加、减速性能的损失，过低密度则使得轨道过长，成本提高。
- 空间干涉。通过 IndustrialPhysics 软件验证是否会产生空间干涉。
- 常用和特殊产品加工中的变化。

（2）轨道布局

ACOPOStrak 柔性生产线系统的选型首先需要确定轨道的布局，根据布局选择轨道组件。根据生产的物料进入、流向、加工工位、检测工位、废品出口、成品出口对轨道进行布局。

规划一个生产过程的轨道布局如图 7-56 所示。

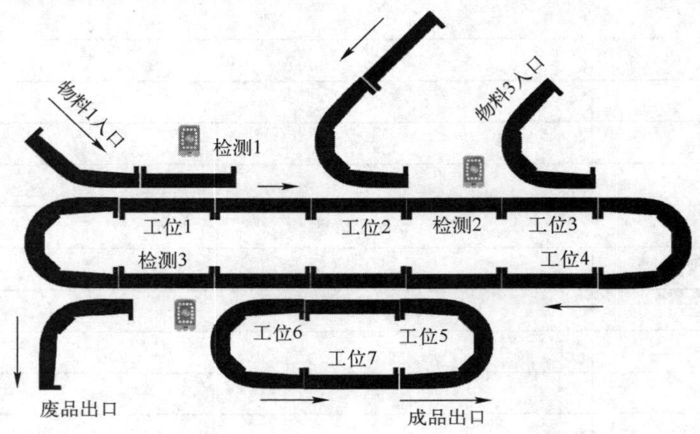

图 7-56　规划一个生产过程的轨道布局

（3）电气配置

轨道布局完成后，需要根据轨道长度、动子数量等配置相应的电源、制动电阻、控制器、机器人、视觉系统、熔断器等组件。一组柔性生产线电气配置案例如图 7-57 所示。

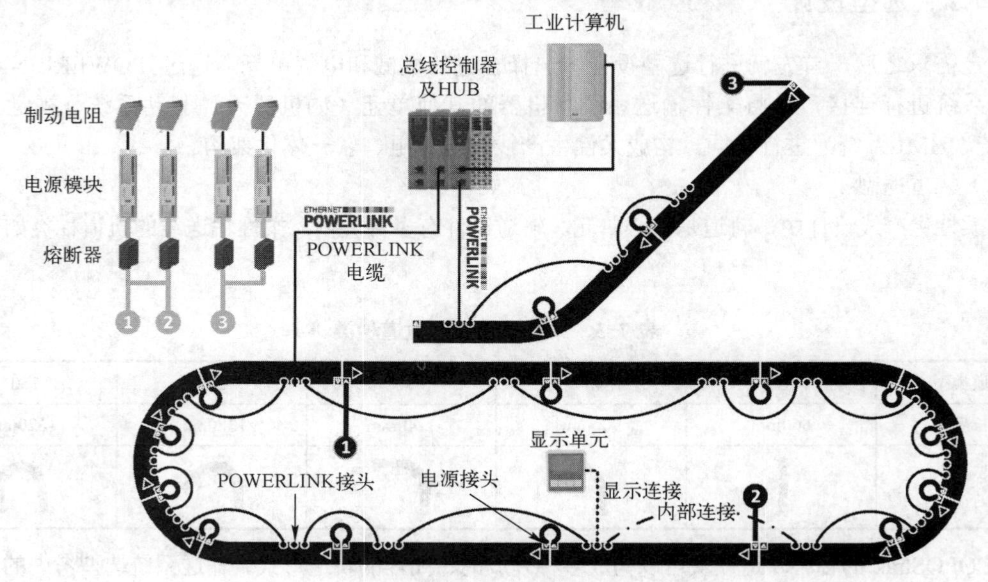

图 7-57　一组柔性生产线电气配置案例

（4）通信配置

柔性生产线 ACOPOStrak 系统通过 POWERLINK 链接工业 PC、控制系统、机器视觉系统、I/O、伺服驱动、电机，形成一个完整的柔性电驱输送系统。

POWERLINK 配置规划如图 7-58 所示。在这组配置案例中，控制器（工业 PC、PLC）与电机之间的通信通过 POWERLINK 进行。

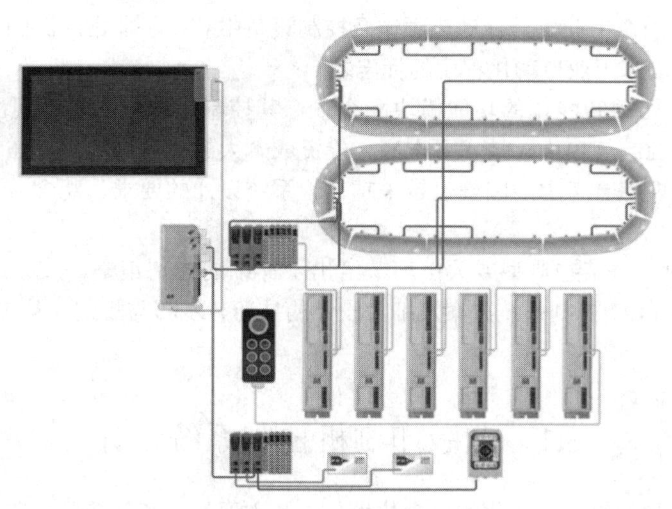

图 7-58　POWERLINK 配置规划

第8章 典型工程应用案例

可编程控制器在当今工业生产自动化领域及控制设备中获得了非常广泛的应用，其应用深度和广度已成为衡量一个国家工业自动化程度的标志之一。

可编程控制器在各种智能化的功能模块配合下，其控制系统越来越呈现出功能强大、结构复杂、智能化水平高、控制规模大、技术要求高、投资成本大的特点，因此，在对可编程控制器控制系统进行设计时，需要综合考虑的因素也越来越多。系统设计的要求、观念、手段也有了较大的发展和进步。

以下应用实例中，对某些典型或关键环节给出了详细的控制策略，或系统结构，或程序源代码，读者可自行体会 PLC 控制系统方案及细节设计的技巧、步骤与规则，从中借鉴 PLC 控制系统的设计方法。

8.1 凹版印刷机控制系统设计

凹版印刷机是典型的机电一体化的自动化设备，其主要特点和优势是压印力大、印刷精度高、品质精美、印刷图案鲜艳且层次丰富、主体感强、细小线条清晰、印版耐力强、印速高、承印材料广泛、承印幅面宽，与胶印、柔印、丝印比较具有不可替代的独特优势。特别是高速运转方式使凹版印刷能够在短时间内完成批量产品的印刷，并且印刷质量稳定，同一批产品可实现无色差。因此，随着用户对商品包装品质和品种的要求越来越高，凹版印刷在食品、日化及医药产品包装等领域获得越来越广泛的应用，促进了高质量包装印刷业的迅速崛起和快速发展。

高性能、智能化的凹版印刷机控制技术涉及高精度的色标检测、实时通信、套色控制算法、电子凸轮/电子齿轮同步控制、温度控制、张力控制等技术。典型的机组式凹版印刷机如图 8-1 所示。

图 8-1 典型的机组式凹版印刷机

凹版印刷机控制系统复杂，诸多机电一体化设计问题在系统设计中都会遇到，用什么方法？如何解决这些问题？这也是本书把凹版印刷机作为一个典型案例进行分析的原因。

案例介绍的凹版印刷机内容涉及控制系统的需求分析、选型设计、模块划分、控制策略、集成套色、软件设计等，希望通过这个案例，帮助读者掌握机电一体化设备工程化设计的基本步骤与方法。

8.1.1 印刷机简介

印刷（Printing 或 Graphic Arts），是将文字、图画、照片、防伪等原稿经制版、施墨、加压等工序，使油墨转移到纸张、织品、塑料品、皮革等材料的表面上，批量复制原稿内容的技术。印刷机是印刷文字和图像的机器，现代印刷机一般由装版、涂墨、压印、输纸等机构组成。印刷原理如图 8-2 所示。

按照印版方式分类，印刷机的种类如下：

（1）柔版印刷机

柔版印刷机工作原理类似于橡皮印章，通过网纹辊将油墨转移到印版上的图文部分，在印版装置和压印装置的共同作用下，将印版图文部分的油墨转移到承印物上，完成印刷。柔版印刷机工作原理如图 8-3 所示，柔版印刷机实体如图 8-4 所示，柔版印刷机结构如图 8-5 所示。

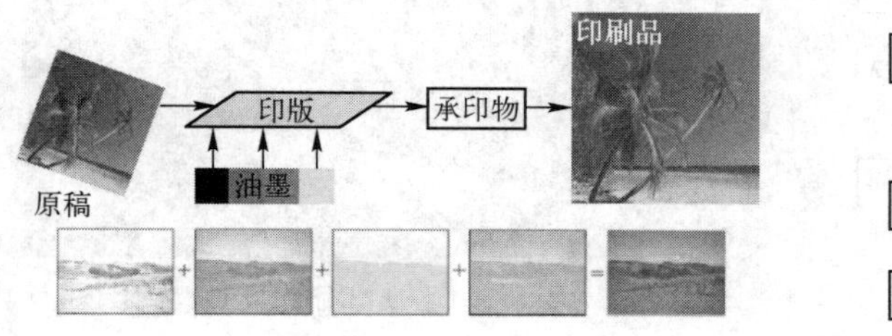

图 8-2　印刷原理

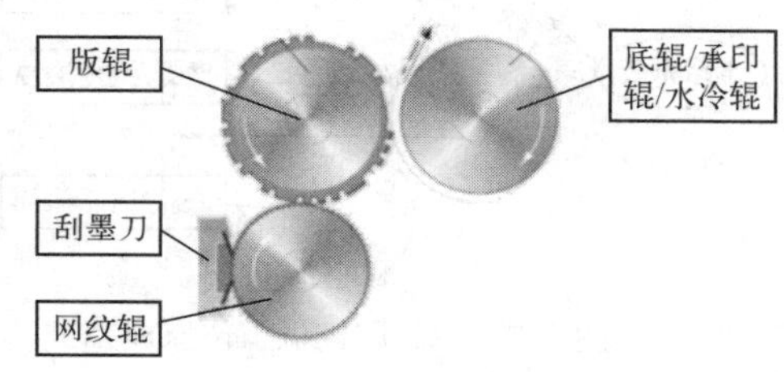

图 8-3　柔版印刷机工作原理

图 8-4　柔版印刷机实体

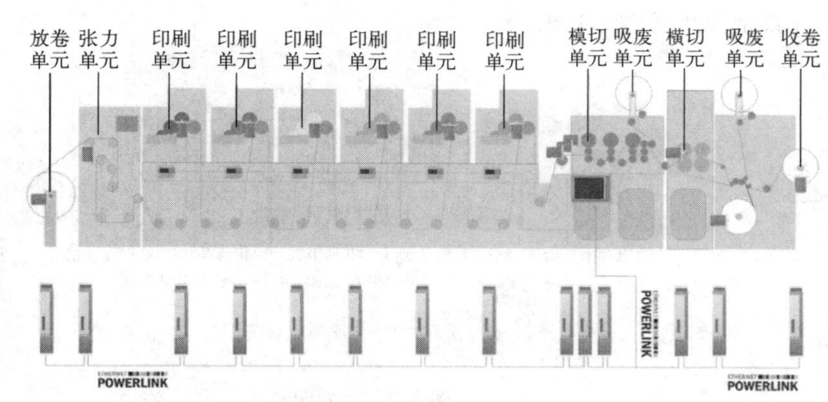

图 8-5　柔版印刷机结构

柔版印刷机的特点：

◆ 环保。采用新型水性油墨和溶剂型油墨，无毒无污染，完全符合绿色环保和食品包装的要求。

◆ 设备结构比较简单，因此操作起来也比较简单、方便。

柔版印刷机主要由四个部件组成，分别是解卷给料部件、印刷部件、干燥部件和复卷收料部件。

根据柔版印刷部件的排列方式，可将柔版印刷机分为 3 类：卫星式柔版印刷机、层叠式柔版印刷机、机组式柔版印刷机。

层叠式柔版印刷机如图 8-6 所示。柔版印刷机的比较如表 8-1 所示。

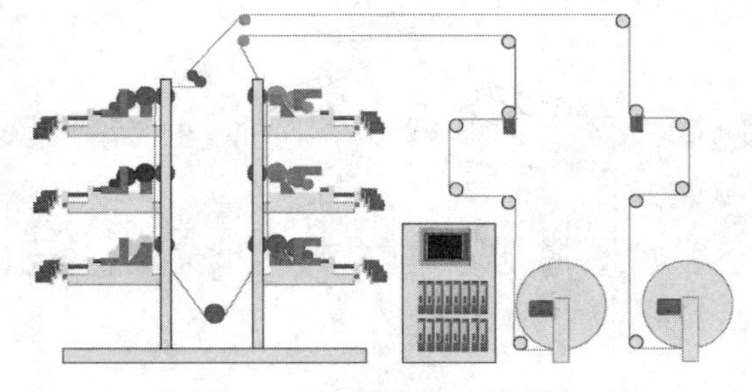

图 8-6　层叠式柔版印刷机

表 8-1　柔版印刷机的比较

机组式	卫星式	层叠式
机体组装方便，精度高，速度快，便于双面印刷及印刷后加工	适合宽幅印刷	占地面积较小
占地面积较大	机械精度要求高	印刷精度有限

（2）胶版印刷机

胶版印刷机的原理是，通过滚筒式胶质印模把沾在胶面上的油墨转印到纸面上。胶版印刷机工作原理如图 8-7 所示，胶版印刷机实体如图 8-8 所示。

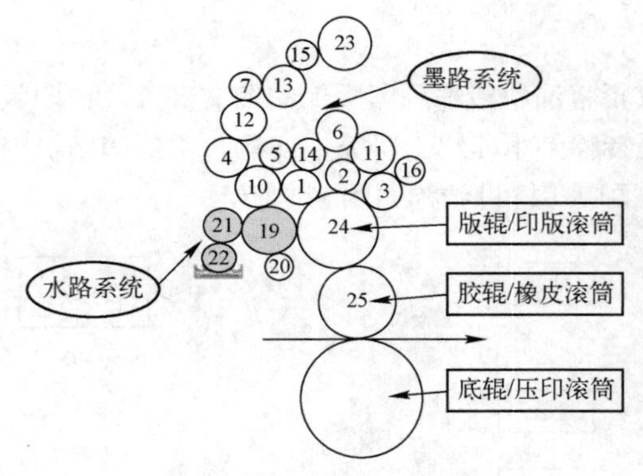

图 8-7　胶版印刷机工作原理

图 8-8　胶版印刷机实体

胶版印刷机结构如图 8-9 所示。胶版印刷机主要有四个部件，分别是解卷给料部件、印刷部件、干燥部件及复卷收料部件。

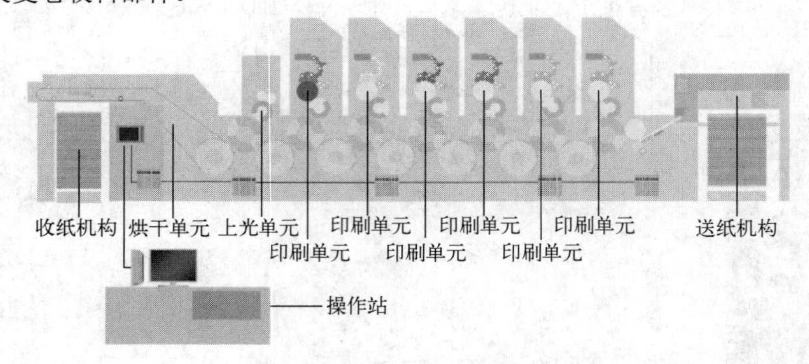

图 8-9　胶版印刷机结构示意图

胶版印刷机的特点：

◆ 低成本。胶版印刷所需的油墨较少，印版的制造成本也比凹版低。

◆ 高时效。由于制版简单快速，所以胶版印刷主要应用于印刷报纸、书刊、彩色画报、画册、宣传画、彩印商标及一些高档书籍，以及书籍封面，插图等。

（3）凹版印刷机

凹版印刷的印版由一个个与原稿图文相对应的凹坑与印版组成。印刷时，油墨被充填到凹坑内，印版表面的油墨用刮墨刀刮掉，印版与承印物之间有一定的压力接触，将凹坑内的油墨转移到承印物上，完成印刷。凹版印刷机工作原理如图 8-10 所示，凹版印刷机结构如图 8-11 所示。

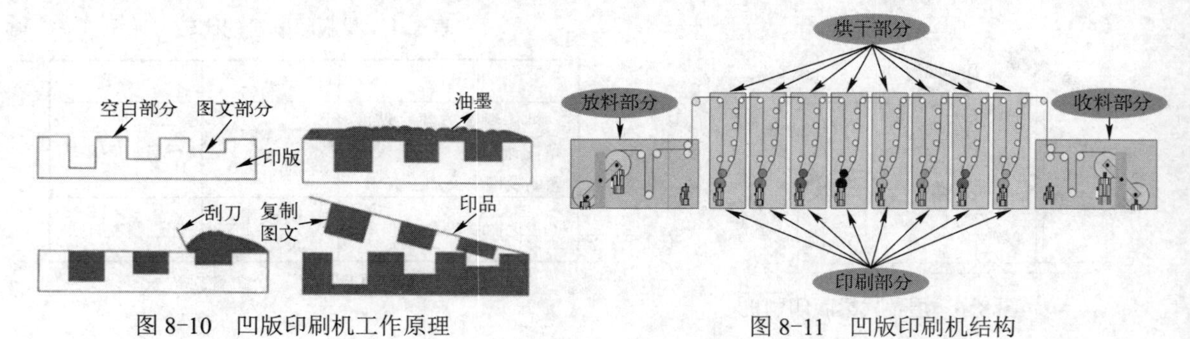

图 8-10　凹版印刷机工作原理

图 8-11　凹版印刷机结构

凹版印刷机的特点：

◆ 适用范围广。一般的软材料都可以作为凹版印刷的承印物。

◆ 防伪特性好。凹版印刷以按原稿图文刻制的凹坑载墨，线条的粗细及油墨的浓淡层次在刻版时可以任意控制，不易被模仿和伪造。

◆ 大批量印刷。凹版印刷的制版周期较长，效率较低，成本高，但是印版经久耐用，适宜大批量的印刷。批量越大，效益越高，对于批量较小的印刷，效益较低。所以凹版方法不适于批量较小的商标印刷。

（4）丝网印刷机

丝网印刷机工作原理如图 8-12 所示。丝网印刷是将丝网状织物绷在网框上，然后制作成印版来印刷。丝印机的主要结构包括机架、工作台、印刷机构、外罩、上下料机械手、网框支臂部件、机器视觉系统、电气控制系统等。丝网印刷机结构如图 8-13 所示，丝网印刷机实体如图 8-14 所示。

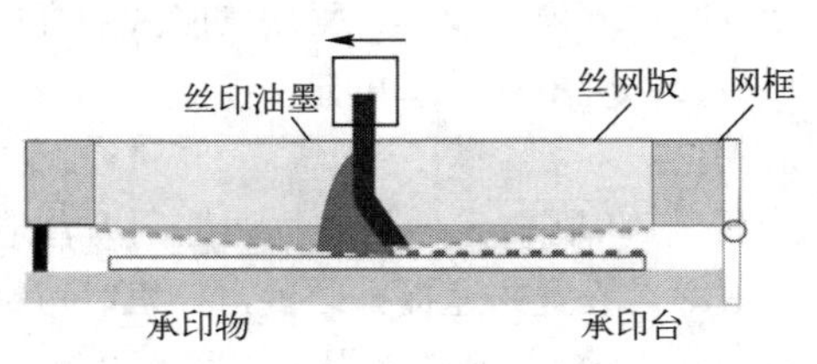

图 8-12 丝网印刷机工作原理

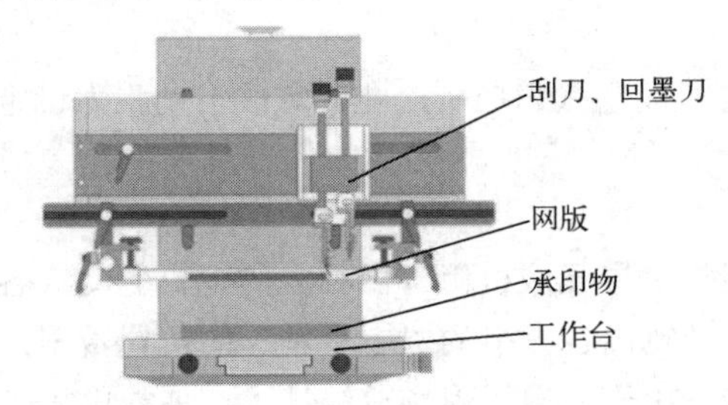

图 8-13 丝网印刷机结构

图 8-14 丝网印刷机实体

与其他印刷方法相比，丝网印刷的特点如下：

◆ 适应性强。凹印、凸印、平印只能在承印物为平面的物体上面印刷，但丝网印刷除了可以在平面承印物上印刷外，还可以在球面、曲面以及凹凸表面等特殊形状的表面进行印刷。承印物，如纸张、塑料、玻璃、陶瓷、金属、线路板、纺织品等。

◆ 油墨层厚实，质感与立体感较强。

◆ 耐旋光性能强，光泽不变。

◆ 漏印是丝网印刷的一大特点，在印刷中可以使用各种特性的油墨和涂料，同时对颜料的颗粒粗细要求不太严格。

◆ 印刷面积大。

8.1.2 凹版印刷机系统

凹版印刷机由收放料机构、进料牵引机构、印刷机构、干燥机构、给墨机构、传动系统、辅助装置等部分组成。机组式凹版印刷机结构如图 8-15 所示。

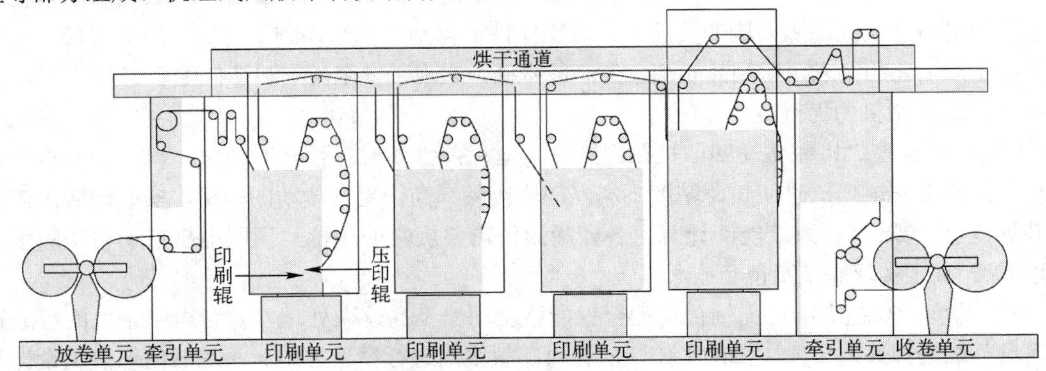

图 8-15 机组式凹版印刷机结构

机组式凹版印刷机各部分的功能、要求及特点：

① 收放料单元：滚动支承装置上安装的放料轴，采用智能化闭环控制系统，双轴双电机驱动，高速不停机换卷，采用气胀式放卷轴，更换快捷，要求精度高，定心准确；

② 进/出料牵引单元：钢柔辊结合，保证张力区段划分，采用同步圆弧齿形带传动，使传动更加平稳；

③ 印刷单元：三方位调整刮刀营造最佳刮刀位置角，采用通轴装版的快速装夹机构，提高换版效率，设置快速提升装置，停机时可锁定压印胶辊；

④ 干燥单元：采用二次回风设计，节约能源，整箱内负压设计，防止热风外流；

⑤ 冷却单元：结构设计简单，可减少料膜运行阻力，水冷却设计能够彻底冷却料膜，使料膜恢复原状，便于精准套印；

⑥ 主传动单元：能够低速满负荷起动，完成速率自动控制，手动增速功能，要求传动准确、平稳、控制精度高；

⑦ 张力控制单元：采用 PLC 集中控制，多轴电机闭环张力控制，能够完成自动张力设定，要求操作简单。

1. 无轴与有轴机组式凹版印刷机比较

无轴传动凹印机取消了传统的机械长轴，每一组机械单元或机组都由独立的电机驱动，各电机之间通过驱动控制系统进行跟踪和同步。中央控制器计算出各虚拟的“电子轴”的位置数据，控制各传动电机按照中央控制器发出的程序指令同步运转。由于采用了现场总线技术，使得电子轴之间互相跟随，并可实时、可靠地检测印刷色组的套准误差，并通过总线实时传输给中央控制器，然后将控制信号通过网络传递给伺服驱动器，驱动伺服电机进行准确的相位调整，从而能够达到高精准套印目的。正是由于各机组间单独驱动，省却了传递动力的机械长轴，故称为无轴传动，无轴传动也称为“电子轴”或“虚拟轴”。

传统的机组式凹版印刷机为有轴印刷，其各色组版辊是由一个电机带动一个机械主轴传动的，各色组版辊都通过机械连接机构与主轴连接在一起，因此，各色组版辊能够运动同步。高质量的印刷机也要求各色组版辊的运动步调严格一致。印刷图案的套准控制需要通过控制浮动辊的运动及承印物张力来完成。

无轴和有轴的根本区别在于版辊的传动方式不同。无轴机组式凹版印刷机的各色组版辊的传动是各自独立的，它们各自分别由单独的电机驱动，这样就取消了机械主轴，各单元版辊可以独立控制。无轴机组式凹版印刷机控制的难点和关键技术在于各单元的严格同步，高精度的同步控制与整个机器印刷品质密切相关。

无轴印刷的图案套准控制有别于有轴印刷，它是在各轴同步的基础上，通过控制版辊的相位来实现的。无轴凹版印刷涉及版辊传动控制和套准控制，由于各个版辊独立，使版辊的控制更加复杂，也更加灵活。无轴凹版印刷的灵活性、可操作性、自动化水平得到了提高，能够适应当今印刷行业复杂生产工艺的要求，印刷品质高，生产成本低，实现了安全生产和环保生产。

无轴传动凹印机的优点：

① 快速预套准：机械传动凹印机在换版后及运行前都要进行预套准调整，以减少开机套印的废品量，但其操作烦琐，时间长，精度不高，印刷废品率高。无轴传动凹印机，安装印版滚筒时无须将其恢复至“零位”，系统能够计算出各印版滚筒需要旋转的相位，伺服电机自动将印版滚筒转到“零位”，真正实现高精度预套准。

② 高精度、高速套准：无轴传动配合智能型驱动器及高速微处理器，各电子轴之间可通过高速的现场总线进行数据传输，协同工作，能够对印版滚筒进行精确控制。系统的闭环控制设计和快速响应能力使设备在高速运转状态下也能保持极高的控制精度，在高印刷速度下也能获得比机械轴

传动凹印机高得多的套准精度。

③ 机械结构简单，精度高：无轴传动凹印机的机械结构大大简化，如取消了补偿机构、印版滚筒的驱动齿轮、齿轮箱、皮带轮、皮带、传动轴等，提高了机械的稳定性，大大降低了由于机械结构的影响而产生的废品，最大限度地提高了性价比，简化了机械润滑系统，降低了噪声，减少了机械震动。

④ 自动化、智能化：无轴传动技术的应用使独立驱动的概念得以实现，各机组既可以联动进行印刷套印，也可以单独运转，实现了一个机组印刷，另一个机组同时进行印前准备，减少了辅助时间。另外，机器组合方便，可随时扩展、加色，提高了机器的印刷精度，缩短了调试时间，增强了设备的适应能力，可省去大功率的驱动电机，节省能源。

正是由于实时工业以太网 POWERLINK 技术、可编程控制器技术、全数字伺服驱动器 ACOPOS 技术的发展与应用，无轴凹版印刷控制才能够得以实现。

2. 无轴与传统长轴印刷机械比较

随着高速数字伺服技术与工业实时通信网络技术的发展，目前最先进的凹版印刷机普遍采用电子轴、虚拟轴或无轴传动技术，克服了传统的机械传动技术带来的诸多问题，大幅度提升了印刷效率、精度与品质。

由于无轴传动可以完全取代精密机械齿轮，省去了许多机械部件，如驱动装置、变速装置、轴、齿轮、蜗轮蜗杆机构、额外的牵引机构等，使设备的制造成本和使用费用大大降低，避免了传动中的机械共振，降低了维修成本。

无轴传动印刷机结构简单、运行平稳，机械磨损和机械振动小，运转和操作、安装调试、维护保养等以色组为单位，操作方便。

采用无轴传动技术，可以避免传统印刷机械长轴驱动带来的机械误差累积导致的印刷质量难以保证的缺点，计算机控制有利于多台电机同步控制，提高整机传动控制精度和运转平稳性，也便于实现印刷机的计算机操作台集中控制和远程控制。

采用无轴传动的印刷机色组选择灵活，每个印刷色组都可以独立更换印版，纸路选择比传统的有轴印刷机灵活，张力控制问题可由专用的电机控制策略和软件方案解决，使得印刷张力更恒定。

由于无轴凹版印刷机独立的机组配置，驱动方式灵活，因此，各单元可分别进行单独操作和调节，增加或撤消一个印刷机组容易且方便，增加了生产的灵活性，提高了生产效率。同时，无轴传动控制技术能够方便实现设备的维修和系统的升级、扩展。

无轴传动系统采用的监控和诊断软件可监控任意一个与电子轴相连的印刷滚筒，实时分析印刷过程中的负载，方便地实现模块化生产和调试。

但是，无轴传动控制系统的复杂度高，涉及的技术水平先进，对设备设计、制造、维修及操作人员提出了更高的要求。无轴传动技术与传统长轴技术比较如表 8-2 所示。

表 8-2 无轴传动技术与传统长轴技术比较

变量名称	机械长轴传动	无轴传动
速度	200m/min	可达 450m/min
精度	±0.1mm（一般±0.15mm）	±0.1mm
噪声	较大	较低
误差	机械磨损造成误差较大	可理解为无机械误差的传动
二次印刷	无法实现	可实现
预套准	无此功能	可实现
不同版周涂布	较难实现	可实现

续表

变量名称	机械长轴传动	无轴传动
不良品率	较高	低
机械复杂度	高	简化机械结构
维护	机械维护复杂	简化结构降低维护复杂度
能耗	高	低
机械结构	复杂	简单
远程控制	无此功能	可实现

无轴传动技术为印刷机带来了全新的技术变革，速度、精度得到提升，不良品率降低，无轴传动技术在凹版、柔版、卫星式柔版、表格纸、标签印刷、新闻纸塔式轮转等印刷领域得到广泛应用。

无轴传动对于系统电气控制与传动、网络通信等各个方面均提出了更高的要求，其套色技术是系统的核心技术。

8.1.3 凹版印刷机控制需求分析

凹版印刷机主要由放卷单元、前牵引单元、印刷单元、后牵引单元、收卷单元构成，其中印刷单元可根据客户的需求提供不同的色组数。凹版印刷机主要性能参数如表 8-3 所示。

表 8-3 凹版印刷机主要性能参数

参数名称	参数指标（单位）	参数名称	参数指标（单位）
最高印刷速度	400m/min	最大张力设定	40kg
加速时间	10s	版辊最小直径	180mm
停机时间	10s	版辊最大直径	450mm
纸张克重范围	20～40g/m^2	减速比	1:9
印刷幅宽	1200mm	放卷与收卷模式	中心收卷
套印精度	±0.1mm		

1．收放料单元

异步电机变频器驱动系统控制放卷单元，它通过摆辊反馈控制电机转速，使摆辊稳定在中位，达到稳定张力的控制效果。实际张力由连接摆辊的汽缸压力决定。

（1）收放料的基本操作步骤

① 张力投入：用户按下张力投入按钮，收放料机构运动将摆辊控制到中位。

② 联动：用户按下联动按钮，收放料跟随主机运动，启动 PID 控制摆辊在中位。

③ 放料接料：用户按下接料准备按钮，放料架转动。如果此时 A 轴在工作，则当检测开关检测到 B 轴到位后，停止放料架转动。计算 B 轴直径，B 轴开始转动到主机线速度，准备接料。用户按下接料按钮，压滚下压将 AB 轴材料粘合，同时裁刀出刀将 A 轴材料切断，B 轴 PID 投入运行，A 轴减速停止，完成接料。

④ 收料接料：按下收料准备按钮，收料架转动。如果此时 A 轴在工作，则当检测开关检测到 B 轴到位后，停止放料架转动。B 轴直径为纸芯直径，B 轴开始转动到主机线速度，准备接料。用户按下接料按钮，压滚下压将材料粘合到 B 轴，同时裁刀出刀将 A 轴材料切断，B 轴 PID 投入运行，A 轴减速停止，完成接料。

（2）收放料控制系统的主要控制要求

① 初始卷径具备手/自动两种方式。手动模式时，初始卷径以用户输入为准；自动模式时，初始卷径通过摆辊摆动进行计算。

② 自动卷径计算发生突变时，变频器的输出不能跳变，需要一个逆向计算过程，要求 PID 函数具备设定输出功能。

③ 放卷自动裁切的三种模式：

计圈数裁切：按裁切按钮，压辊下压，到达指定圈数后出切刀裁断；

弧面裁切：按裁切按钮，当检测到弧面开关时压辊下压，再一次检测时出切刀裁断；

变频器编码器反馈裁切：按裁切按钮，系统根据压辊下压时间计算何时出压辊，根据切刀出刀时间及设定料尾长度计算何时出切刀。

收放卷单元 I/O 及注释说明如表 8-4 所示。

表 8-4　放卷单元 I/O 及注释说明

DI 变量	注释说明
收料正转	手动控制塔台旋转正转
收料反转	手动控制塔台反转
收 A 工作位	当接料工作轴由 B 轴转到 A 轴时，塔台开始旋转，检测到此信号表示新卷 A 轴到达工作位，塔台停止旋转，然后准备出大臂动作
收 B 工作位	当接料工作轴由 A 轴转到 B 轴时，塔台开始旋转，检测到此信号表示新卷 B 轴到达工作位，塔台停止旋转，然后准备出大臂动作
收料预备	开始塔台旋转等自动操作
收料解除	收料接料解除。在收料接料过程中用户可以按下此按钮解除接料流程
收料接料	在预驱同步后，按下该按钮，进行裁切动作。首先裁切压辊出，根据卷径和当前速度计算转 1.5 圈的时间，时间到出切刀，切刀动作时间到返回切刀，回压辊，回大臂，裁切结束
收料换轴	在机器联动后不能进行轴切换，空转或者停止状态可以进行轴切换
收料光栅	该信号上升沿出现时，塔台不能旋转，给出报警信号
收料复位	按下该按钮后，塔台的报警复位，塔台可以旋转
放料正转	手动控制放料塔台的正转
放料反转	手动控制放料塔台的反转
放 A 大臂	接料工作轴由 B 轴转到 A 轴，塔台到位后，放料大臂出，当检测到此信号时，表示大臂到位，执行下一步动作。塔台继续旋转直至卷径检测光眼被挡住或者最小卷径检测有信号。当光眼被卷径检测挡住后，新轴开始预驱动
放 B 大臂	接料工作轴由 A 轴转到 B 轴，塔台到位后，放料大臂出，当检测到此信号时，表示大臂到位，执行下一步动作。塔台继续旋转直至卷径检测光眼被挡住或者最小卷径检测有信号。当光眼被卷径检测挡住后，新轴开始预驱动
放料预备	开始手动状态时的轴切换
放料解除	接触轴切换，只要大臂退回即可
放料接料	在新轴达到同步状态后，可以按下该接料按钮
放料换轴	在非机器联动状态下，进行放料轴的轴切换
放料光栅	该输入检测到信号后，光栅报警
放料复位	按下该按钮后，光栅报警消除
放料光眼	在接换料过程中，塔台旋转，该信号有输入后，塔台停止旋转，开始计算实际卷径
放料弧面	放料弧面检测光眼
上刀小卷	使用上裁刀时的最小卷位置，到达该位置后，塔台禁止旋转，接料接触

续表

DI 变量	注释说明
下刀小卷	使用下裁刀时的最小卷位置，到达该位置后，塔台禁止旋转，接料接触
DO 变量	
收料正转	控制对应的继电器，手动输入和接换料时控制该 DO 的输出
收料反转	控制对应的继电器，手动输入和接换料时控制该 DO 的输出
收 A 启动	使用程序控制，不用 I/O
收 B 启动	使用程序控制，不用 I/O
收料大臂	检测到对应输入的工作位置时，大臂抬起，切换料结束或者接料接触后大臂缩回
收料压辊	功能同名
收料切刀	功能同名
收料同步	新卷的速度到主机速度后，该指示灯亮起；裁刀结束或者接料解除后熄灭
收料光栅	当光栅检测到信号后，光栅报警，进行闪烁指示
收料回转架警示	当自动接换料时，塔台开始旋转，该输出闪烁，提示进行自动接换料
收料抱闸	预留，在塔台旋转时接通
收料 36 寸选择	当上位界面为 3 寸时，该 DO 不输出；为 6 寸时该 DO 输出
收料上下裁刀	上位界面选择上裁刀时，该 DO 不输出；选择下裁刀时该 DO 输出

2．引入引出单元

引入引出单元结构形式与收放料单元相似，也是控制摆辊在中间位置。由于不发生直径变化现象，所以控制相对简单。PID 的输出直接加到输出转速上，所采用的控制算法与收放料单元一致。

引入引出单元的基本操作：

① 联动：用户按下联动按钮，压辊下压，引入引出单元按照设定时间从静止加速到联动速度。由于压辊压在驱动轴上，故印刷材料会随着引入引出机构运动，达到联动速度后就处于联动状态。当色组压辊下压后，PID 控制投入运行。

② 同步测试：这个功能是指引入引出单元不投入 PID 控制，与版辊一起转动，用户通过外部转速表来监测引入引出速度与版辊速度是否一致。

3．色组单元

色组单元的控制是印刷机械的关键技术，内容涉及同步控制、套色控制、横向控制、张力控制等，这些都是印刷机械的核心技术。

① 同步控制：同步控制是指所有色组版辊与主轴保持 1∶1 同步，通常用虚轴（虚拟轴）作为主轴，因为虚轴的位置速度和加速度最为平滑。控制系统支持将主轴放在引入引出单元、色组单元或主控 PLC 上，以使所有色组同时收到虚轴的位置。通常为了编程的便捷，将虚轴放在引入色组单元。

② 张力控制：张力控制通常也称为涂布控制，是指在色组单元控制张力。张力控制有两种方式：

无摆辊方式：在这种方式下，手动调整该色组的同步比例来调整张力；

有摆辊方式：其控制方式与引入引出控制相同。纸张印刷时常常使用多色涂布，这时无轴系统的优点便体现出来。不需要修改任何机械部件，直接在人机界面输入涂布辊周长，便可以实现多色组不同直径的印刷。可以对任意色组设置软涂布方式，对首尾两色有摆辊的色组可以设置硬件涂布方式。软涂布方式可以在开机情况下微调同步系数，即调整张力。

③ 横向控制：指控制印刷色组的横向位置。由于印刷机在加减速和切换料的时候常常发生横向跑偏，手动修正时间比较长，浪费多，因此，可通过检测色标的宽度进行横向的自动修正。横向控制要求每个色组的控制参数可以分别设定，每个色组也可以手动横向移动，碰到限位开关的时候

终止此方向的移动。

④ 单标记印刷：在锁定色标的时候只看一个色组的色标信息，通常这种印刷方式用于印刷很浅的色标，或者光油，此时光电眼无法检测到该色组色标信息，只能通过前一个色组的色标信息进行套印。由于只看一个色标信息，故印刷精度会降低。单标记要求可以在开机的情况下进行选择，可以锁定之前任何一个色组。

⑤ 套色控制：对于机组式凹版印刷机，一种颜色为一个色组，多色图案由多个单色图案叠印而成。只有将各版辊上的单色图案精确套印在一起，才能印刷出合格精美的产品。套色控制是指通过调整色组的前后位置进行套印，恢复原始图案。套色控制是印刷机的核心技术，设备验收的第一原则就是套色精度是否合格。套色控制通过虚轴实现，每个色组都有一个虚轴，作为从轴（附加轴）作用在色组上，即色组主轴在同步的基础上叠加套色虚轴运动。

套色精度受多种因素影响，即便是有多年工作经验的调机人员也很难快速、准确地判断出问题的所在。影响套色精度的因素很多，如：导辊跳动，阻力过大；水冷辊滞后，水流不畅，阻力过大；刮刀磨损，刮刀压力不合适，刮刀位置不合适；色组锥头压力不合适；印刷压辊压力不合适；张力控制误差；检测套印标记的光电头的检测精度；胶辊磨损，或胶辊下压不平行；烘箱温度不合适；排风不通畅造成料膜抖动；控制系统参数不合适；印刷版辊的周长；印刷单元之间会补偿印辊电机的运动精度；套印控制系统的控制精度；墙板平行度不足等。但是，影响套印精度最关键的因素在于张力控制精度，许多外部因素，例如：卷筒纸的质量，环境的温度、湿度，收放卷的自动拼接，印刷速度变化等，这些最终都会反映为纸张张力不稳定，从而使套印精度超出正常范围。为了使印刷过程稳定，必须保持纸带的张力恒定不变并保持适当的大小，因为张力过大会造成卷材的拉伸变形甚至断裂，张力过小会使卷取材料产生皱褶或处理尺寸不准，从而影响印刷质量。张力不稳定还会使带材跳动，会导致套印不准或重影。

对于整个印刷机械的控制系统，套色控制是最困难的。由于印刷色组之间压辊将各色组之间的张力进行了隔断，色间基本张力又是从前向后传递而来，调整任何一个色组都会影响后面色组的张力，色组张力之间存在耦合关系，为了在调整一个色组的时候对其他色组不会造成影响，需要进行解耦控制。

4．整机逻辑 I/O 及功能说明

★ 报警按钮：按下任一色组上的报警按钮后，对应的总报警输出。

★ 排风启动：按下全体排风，进行排风启停切换。排风启动时，首先是星形接法运行，延时设定时间后，开始三角形运行。如果用变频器进行排风控制，那么将排风启动输出作为变频器的运行使能条件。排风变频器的频率由色组的使用个数及风量决定，由客户自己设定。排风关闭时，应该先关闭加热，然后再关闭热风，延时设定时间到再关排风。急停不控制排风电机。

★ 全体热风启停：排风启动后，按下全热风，色组上的风机输出开始运行，而且必须在设定的间隔时间，进行顺序启动，防止全热风运行是每个色组热风运行的条件，并不控制实际的全热风机。

★ 全体加热：在排风启动、全热风启动时，按下全体加热，在色组热风启动条件下，色组的加热按照设定的间隔启动。

★ 启动按钮：机器停止状态下，按下启动按钮，报警响铃，三秒后再次按下启动按钮，机器进入空转状态，否则机器继续在停机状态。在空转状态时，按下启动按钮，机器达到空转速度。在联动状态时，按下启动按钮，机器运行到自动运行速度。

★ 色组冷风：色组冷风输出，根据实际的冷风输入来控制。但在急停状态下，色组冷风全部关闭。

★ 空转按钮：机器在启动按钮按下且响铃结束后，按下空转按钮进入空转状态，版辊匀墨。在联动状态下，按下空转按钮，机器进入空转状态。

★ 联动按钮：在空转状态时，按下联动按钮，机器开始走料，并且走到主机速度。

★ 减速按钮/加速按钮：在空转或者联动状态下，按下加速或者减速按钮时，相应地增加或者降低机器速度，但有最高限速。

★ 版夹紧报警：任一处于联动状态的色组有版夹紧信号就报警。

★ 气压低报警：仅仅报警显示。

★ 预热风：全热风打开后，按下预热风开关，预热风启动。

★ 气压低报警：有输入时，报警有输出，且有报警提示。

★ LEL 电磁阀：每色的排气电磁阀，用于将要测试的气体排出，可以将原先测试的采样气体排出，巡检电磁阀送来的气体流过检测头。采样电磁阀是检测头的工作信号，可以一直工作。如果检测的浓度过高，需要进行控制。如：回气电磁阀减小，排气电磁阀开度变大。

★ 收牵/放牵压辊手动：手动模式时，直接输出压辊的控制。既不手动也不自动时，压辊直接离开。收放卷在计算卷径时压下，算出卷径后离开。自动时，机器联动时就合压，放牵合压后延时一段时间投入张力控制，收牵在色组有合压后才会投入张力控制。

★ 收放牵压辊指示：在收放牵压辊合压时，对应的指示灯亮起或熄灭。

★ 检视灯：对应的输入连接到输出上。

★ 色组调整，向左向右：在非急停状态下，按下向左按钮，向左横线输出；按下向右按钮，向右横向输出。

★ 色组压辊：手动、自动模式，曲线拖曳时动作。

★ 全体离压，全体合压：对于在自动模式下的色组进行顺序的离压和合压。全体离压、合压的指示灯，表明全体离压、合压的状态。

8.1.4 凹版印刷机控制系统硬件配置

考虑到高速印刷机对于响应速度的需求，应选择高性能的主控制器和高速位置响应的驱动系统，选择基于 B&R 的 PLC 控制系统。

1. 主控制器及 I/O 模块选型设计

控制系统硬件结构如图 8-16 所示。控制系统由可编程控制器 PLC、人机界面 Power Panel、伺服驱动器 ACOPOS 和伺服电机组成。

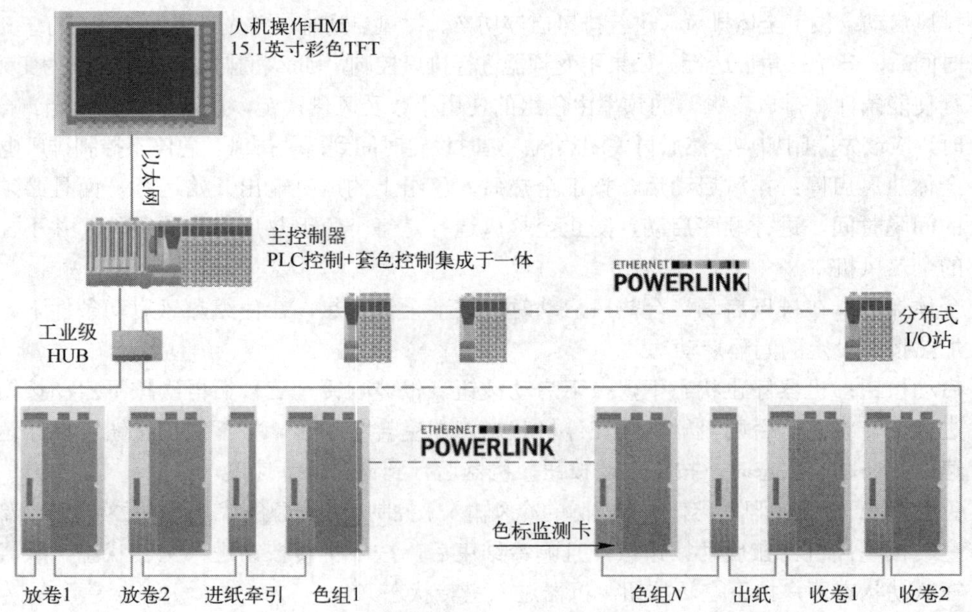

图 8-16　控制系统硬件结构

① 主控制器 PLC 选型

由于色标检测需要大量的数据通信，解耦函数也需要大量浮点型数据计算，所以要求 CPU 速度高。选择 B&R 的 X20 系列 PLC，CPU 模块为 CP1585，主频为 1.0GHz，最小任务周期为 200μs，指令执行周期为 4.4ns。

② 人机界面 Power Panel 选型

人机界面 Power Panel 采用 B&R 的 4PP320.1505-31，这是一款 15 寸触摸屏，采用铝合金外壳，支持 32 位真彩色。

③ 单个印刷单元 I/O 选型

凹版印刷机每个印刷单元均需本地 I/O 模块，凹版印刷机单个色组 I/O 硬件配置如表 8-5 所示。I/O 信号涉及启动、停止、空转、联动、紧急停止、张力投入、加速及减速等。

表 8-5 凹版印刷机单个色组 I/O 硬件配置

模块型号	I/O	模块数量
X20AI4622	4 路模拟量输入	1
X20AO2622	2 路模拟量输出	1
X20DI9371	12 路数字量输入	1
X20DO9322	12 路数字量输出	1

2. 电机、减速器、编码器及驱动器选型设计

① 电机选型

电机参数如表 8-6 所示。电机的选择应当满足以下条件：转速可以达到要求，扭矩可以达到要求，惯量比在 10～20 之间。

据此要求选择 8LS 系列自冷型电机，参考 B&R 电机选型手册，选择电机 8LSA56.ee030ffgg，该电机功率 4.4kW，额定扭矩 14N·m。电机主要技术参数如表 8-7 所示。

表 8-6 电机参数

参数名称	参数值	参数单位
线速度	300	m/min
加速时间	10	s
最大张力	40	kg
版辊直径	180	mm
版辊筒质量	50	kg
版辊转动惯量	0.06225	kgm^2

表 8-7 电机主要技术参数

参数名称	参数值	参数单位
额定功率	4.4	kW
额定扭矩	14	Nm
额定转速	3000	rpm
转动惯量	0.000166	kgm^2
额定电流	8.6	A
峰值电流	45	A

② 减速器选型

减速箱可以提高扭矩，匹配惯量。印刷机的减速箱精度高，应选择一级行星齿轮减速箱。由于印刷机动态性能要求不高，但精度要求高，所以惯量比不需要很小，从经济性上考虑，惯量比通常为 10～20，减速比为 1∶5。

③ 编码器选型

对于高精度的凹版印刷设备而言，其印刷精度最大偏差为±0.1mm。0.1mm 是人的肉眼可以分辨的界线，行业里以此为标准衡量印刷精度，因此，必须确保其传动精度要比这个参数高一个数量级，而测量精度应该再高一个数量级。EnDat 接口是 HEIDENHAIN 专为编码器设计的数字式、全双工同步串行的数据传输协议，具有传输速度快、功能强大、连线简单、抗干扰能力强等优点，是编码器、光栅尺数据传输的通用接口，应选择高精度的 Endat 编码器。选择编码器的参考因素如下：

- Endat 编码器每线可以分辨出 16384 个脉冲，考虑到干扰及噪声，精度除以 16，即每线 1000 个有效脉冲；

● 要求精度为±0.05mm，即一共 100μm，通常要求控制精度比需求精度高一个数量级；
● 仅考虑位置跟踪偏差非常小的情况。

考虑以上三个因素，编码器选型参数如表 8-8 所示。

表 8-8　编码器选型参数

编码器选择	减速比	每圈增量数	常用版周（mm）	每个增量误差（μm）	要求精度 100μm 控制精度 10μm
512 线	1∶5	2560000	900	0.35	可以满足精度
32 线	1∶5	160000	900	5.6	可以满足精度
旋变	1∶5	81920	900	10.98	接近要求精度
512 线	1∶1	512000	900	1.76	可以满足精度
32 线	1∶1	32000	900	28.1	不能达到要求精度

设计中，高速机选择 512 线 Endat 编码器，中、低速机选择 32 线或旋变编码器。

④ 驱动器的选型

根据电机额定电流、功率选择驱动器。由于驱动器功率选择样本没有电机那么多样，如果需求功率介于两个驱动功率之间，偏向选择功率大的那个驱动器。对于薄膜印刷机选择 ACOPOS1180，额定电流 18A，功率 9kW。对于纸张印刷机选择 ACOPOS1320，额定电流 32A，功率 16kW。

8.1.5　集成套色系统

基于 PLC 的自动套色印刷控制系统能高速准确地进行采样和运算，版辊每转动一圈就能够及时修正一次，以适应套色偏差的快速变化，从而确保消除套色偏差的积累，实现高速、准确套色。

凹版印刷机中每个色组只印刷一个颜色，多个色组印刷的颜色重叠印刷在一起后形成最终图案。套色印刷如图 8-17 所示。

当套色偏差小于±0.2mm 时就超出了人的肉眼可分辨界限，因此，凹版印刷行业通行的印刷标准为套色偏差小于等于±0.1mm。为了便于传感器检测，每一个色组都会印刷一个色标，通过光电传感器检测色标，得到套色偏差，通过反馈进行调整，修正套色偏差。套色偏差控制原理如图 8-18 所示。

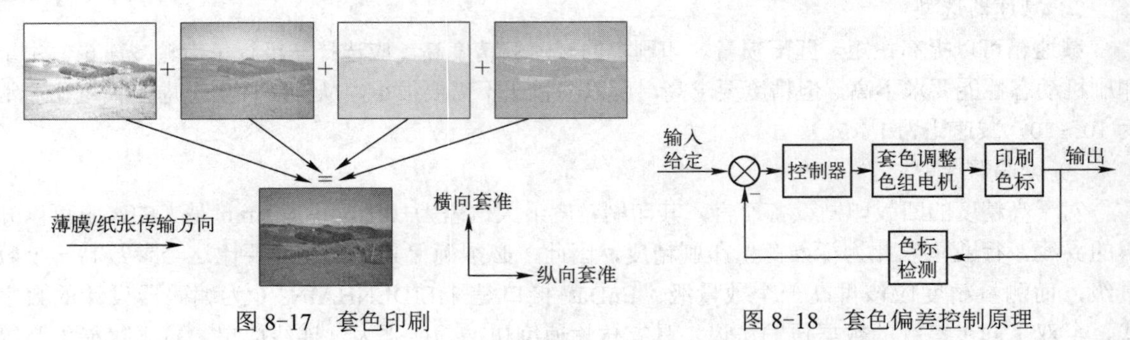

图 8-17　套色印刷　　　　图 8-18　套色偏差控制原理

套色系统硬件由光电传感器、套色模块和主 PLC 组成。

光电传感器由一个平行光源、2 个透镜和两个光电管组成，因此，在反射面上聚焦有 2 个焦点，这 2 个焦点相距为各色标中心距，2 个光电管分别接收 2 个焦点的反射光。在印刷过程中，各色色标线通过焦点面时，强度发生变化的反射光照射在光电管上，光电管将反射光光强度变化转换成电流的变化，再将这种电流变化信号转换成电平信号送入套色模块进行处理。光电传感器工作原理如图 8-19 所示。

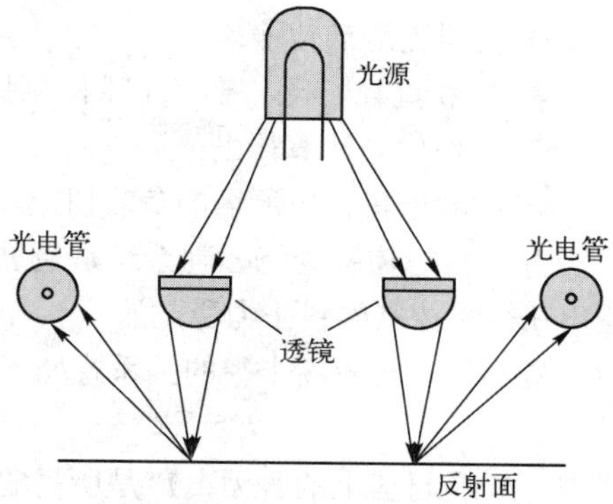

套色模块类似于一个比较器，当模拟量值低于所设的门槛值时输出为 1。

对于双眼的光电眼来说，它的两个电眼信号分别相应地输入到色标检测模块的两个模拟量输入通道，为了使两个通道不同峰值的信号都能最好地数字化，在设置色标检测模块的两个通道的门槛值时要随着等待数字化信号峰值的变化而变化。

图 8-19　光电传感器工作原理

色标检测模块两个通道的门槛值如图 8-20 所示。图中两条虚线是色标检测模块的两个模拟量输入通道的门槛值，门槛值的计算公式为：

$$门槛值 = (基值 - 峰值) \cdot \lambda\% \tag{8-1}$$

式中，λ 是根据现场条件和光电眼的质量来调整大小的，一般设为 0.5。

色标检测脉冲信号波形如图 8-21 所示。由于图中信号从第三色组采集而来，故有三个色标信号，它们分别是第一色组到第三色组的色标脉冲信号。

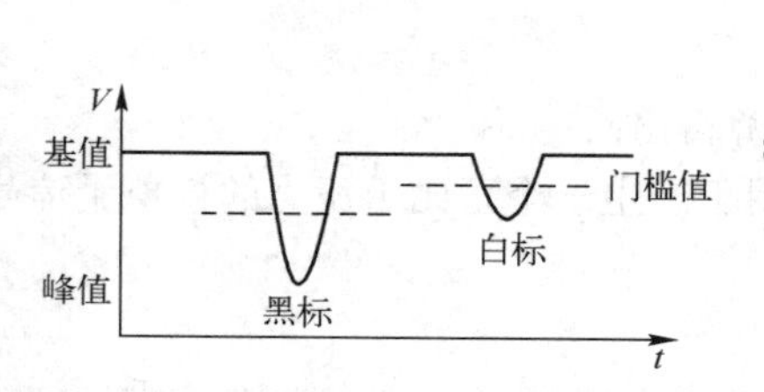

图 8-20　色标检测模块两个通道的门槛值

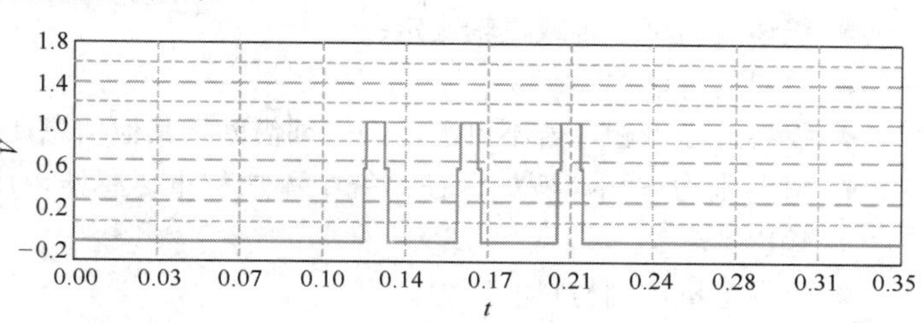

图 8-21　色标检测脉冲信号波形

本案例采用的硬件是 B&R PLC 的 8AC132 模块，这是专门用于色标的采样与处理模块，可以直接插入至 ACOPOS 伺服驱动器的插槽中，并安装在印刷单元的电柜中，现场直接接入。

套色控制系统采用 PID 控制策略，主 PLC 接收套色偏差信号，经过解耦控制，输出控制信号控制相应的伺服电机。由于任何一个色组单元的调整都会影响到其后面所有的色组，解耦的目的就是为了在调整某一个色组单元时，避免影响其他色组。因此，套色的关键技术是解耦控制。

8.1.6　收料系统控制

收放料机构是凹印机的重要组成部分，一方面要保证卷料能够连续供料或收卷，另一方面要对料带进行张力控制，保证印品的套准精度。现代凹印机印刷速度越来越高，料带规格或厚薄变化也越来越多，因而对收放料机构的控制要求也越来越高。

1. 卷绕控制

凹版印刷机的卷绕控制系统由牵引辊传动控制系统和卷绕张力控制系统组成。牵引辊传动控制卷绕材料匀速运动，卷绕张力控制系统要保证整条卷绕材料的张力均匀，否则会造成成卷质量差，严重者甚至会损坏卷绕材料。典型的张力控制方式为开环扭矩控制、直接张力控制和摆辊控制。

① 开环扭矩控制

开环扭矩控制卷绕控制系统结构如图 8-22 所示。开环扭矩控制卷绕控制系统的特点：

- 收卷轴和牵引辊都是驱动辊；
- 线速度由牵引辊或主轴决定；

- 材料无滑动传输；
- 收卷直径可测，若不可测，则必须借助于其他信息计算得出；
- 收卷电机输出所需的负载扭矩。

开环扭矩控制卷绕控制系统是通过控制电机的输出扭矩来控制卷料张力稳定的。

卷料张力与收卷半径的关系式如下

$$F = TR \qquad (8\text{-}2)$$

式中，F 是材料上的张力，T 是所需的扭矩，R 是收卷半径。

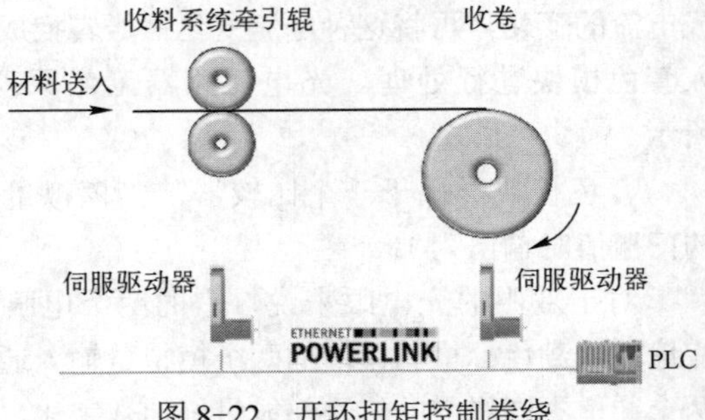

图 8-22 开环扭矩控制卷绕控制系统结构

由式（8-2）可知，随着收卷过程的继续，R 将逐渐变大，要保持 F 恒定，则 T 也应相应增大。

开环扭矩控制方式中没有张力的检测环节，无法监测和反馈印刷过程的实际张力，因此也无法获得高的控制精度。

② 直接张力控制

直接张力控制卷绕控制系统结构如图 8-23 所示，直接张力控制卷绕控制系统的特点：

- 收卷轴和牵引辊都是驱动辊；
- 线速度由牵引辊或主轴决定；
- 材料无滑动传输；
- 收卷直径可测，若不可测，则必须借助于其他信息计算得出；
- 材料张力可测。例如，在系统中添加称重传感器，用于产生一个正比于压力的模拟量信号输出；
- 收卷电机控制材料的张力。

直接张力控制方式中添加了张力检测机构，可以直接检测卷料张力，针对张力进行闭环控制，控制器的输出用于调节收卷电机的速度，进而实现卷料的张力调节。

③ 摆辊控制

摆辊控制卷绕控制系统结构如图 8-24 所示，摆辊控制卷绕控制系统的特点：

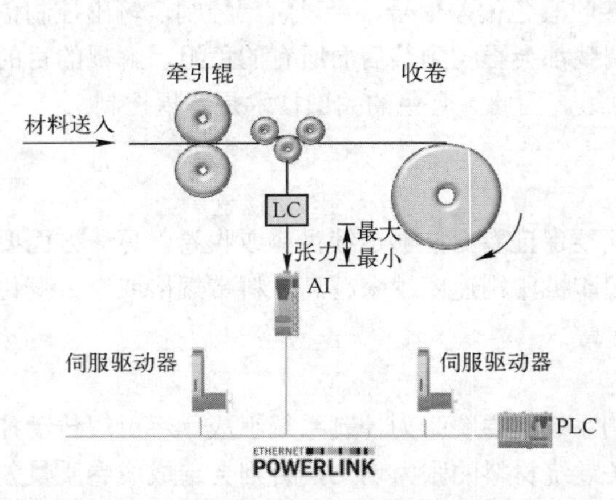

图 8-23 直接张力控制卷绕控制系统结构

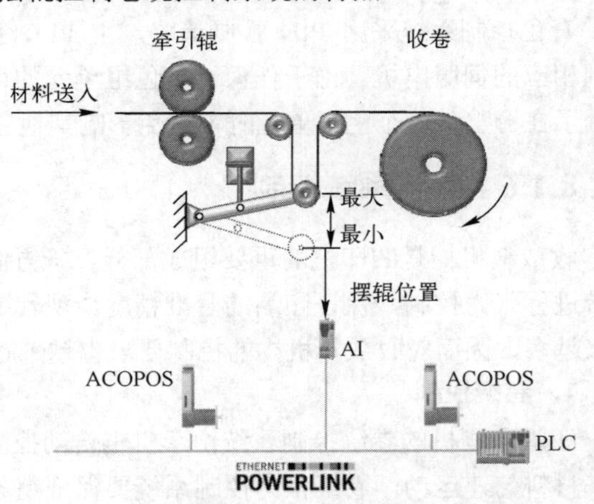

图 8-24 摆辊控制卷绕控制系统结构

- 收卷轴和牵引辊都是驱动辊；
- 线速度由牵引辊或主轴决定；
- 材料无滑动传输；

- 收卷直径可测，若不可测，则必须借助于其他信息计算得出；
- 摆辊位置可测；
- 收卷电机控制摆辊位置；

在牵引辊和收卷轴之间添加一个摆辊，摆辊受到卷料张力和摆辊重力的作用。另外，摆辊臂上还受到一个外力/扭矩的作用，当三力平衡时，摆辊停在某一个固定位置，如果张力变大，摆辊受到向上的力变大，摆辊就会上升；反之，如果张力变小，摆辊就会下降。控制摆辊维持在初始位置，就可以控制卷料张力的恒定。

需要注意的是，摆辊臂上所受的外力/扭矩可以由任意方式产生，如电机、液压装置、气动装置，或者就是一个简单的机械重力，但通常是外部装置产生的恒定力，因此它和材料的张力控制无关。

2．张力控制

摆辊控制是凹版印刷机张力控制中较为常用的一种控制方式，以这种结构为例分析张力控制系统的设计具有典型意义。

开环扭矩控制、张力控制和摆辊控制都需要测量或计算收卷直径。这是因为卷径会随着收卷过程持续发生变化，而这又会影响收卷电机的速度、收卷轴负载的转动惯量，进而影响摆辊控制。卷径的获取通常采用计算的方法，卷径估算如图 8-25 所示。

张力控制的主要目的是实现收卷过程中卷料张力的稳定。在摆辊控制结构中，摆辊位置代表了当前系统中卷料的张力。对摆辊的位置进行 PID 闭环控制，通过调整电机速度，纠正位置偏差，就可以调整卷料张力的大小，使其稳定在设定值，从而实现卷料张力控制。摆辊位置控制结构如图 8-26 所示。

收卷系统运行时，由牵引辊速度或主轴速度决定的卷料线速度通常是恒定的。对于收卷轴来说，由于收卷半径随时间变化，要保持线速度恒定，则收卷轴的设定速度也随时间变化。另外，考虑到收卷轴上转动惯量、收卷轴速度、卷径都在不断地变化，为了保证张力均匀恒定，对应到收卷电机上，电机的设定输出扭矩也相应按需求不断变化。特别是在加减速过程中，这种变化更为快速。用于保证速度和张力的 PID 控制器是基于误差控制的，具有滞后性，因此，通过添加一个前馈控制设计来计算当前时刻的收卷轴速度和扭矩，可以提高系统响应速度，也使系统运行更加平稳。前馈控制结构如图 8-27 所示。

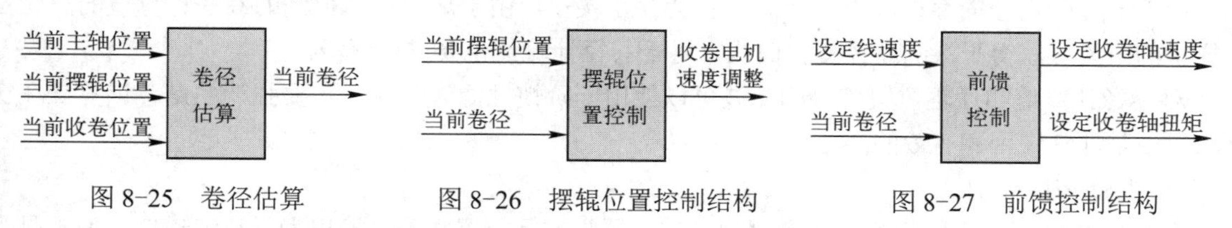

图 8-25　卷径估算　　图 8-26　摆辊位置控制结构　　图 8-27　前馈控制结构

收卷控制系统结构主要包含四个部分，如图 8-28 所示。

对于凹版印刷机，只有稳定的张力控制才能确保套印精度。由于印刷过程中路径较长，张力的微小变化都会对套印精度造成不良影响，因此，稳定的张力控制是套色控制的关键技术。

凹版印刷机的膜料张力控制涉及印刷色组前后放料、引入、引出、收卷的张力控制和印刷时色组间由于纠偏与解耦的需要而进行的张力控制。

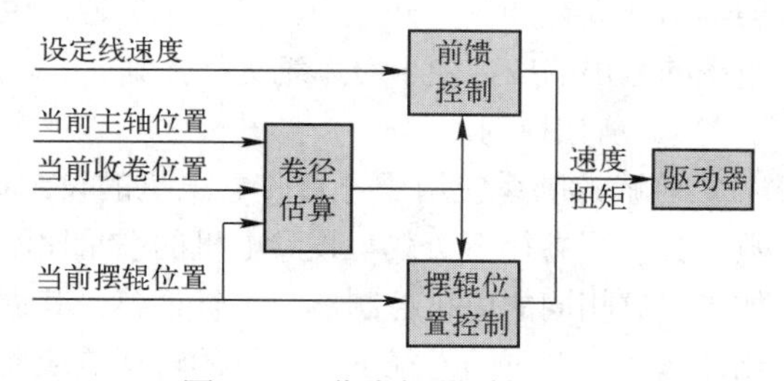

图 8-28　收卷控制系统结构

物料张力产生的原因在于外界因素迫使其发生

弹性形变，由胡克定律可得：

$$T = EA\varepsilon = EA\frac{L - L_0}{L_0} \tag{8-3}$$

式中，T 为物料张力，E 为弹性模量，A 为横截面积，ε 为形变率，L 为连续色组未拉伸的物料长度，L_0 为连续色组拉伸后的物料长度。

正常印刷时，凹版印刷机各个版辊是同步的，它们之间的张力为引入单元的设定张力。当第 i 个版辊速度发生变化时，其与前后两个版辊间物料的张力都会发生变化，这样就造成了一个色组的调整影响了所有色组。

假设在 $\mathrm{d}t$ 的时间内，卷入第 i 个版辊承印物的长度为 $\mathrm{d}L$ 。

$$\mathrm{d}L = (v_i - v_{i-1})\mathrm{d}t \tag{8-4}$$

式中，v_i 为第 i 个版辊处的线速度，v_{i-1} 为第 i-1 个版辊处的线速度。则时间 t 内卷入第 i 个版辊承印物的长度为

$$\Delta L = L - L_0 = \int_0^t (v_i - v_{i-1})\mathrm{d}t \tag{8-5}$$

将其代入式（8-3）中可得
$$T = \frac{EA}{L_0}\int_0^t (v_i - v_{i-1})\mathrm{d}t \tag{8-6}$$

在不计加减速及前色张力影响的前提下，由式（8-6）可知，张力和速度差是一个积分环节。

3．收卷控制

① 卷径估算

初始卷径可由用户设定，或在开机时通过调整摆辊到达中位，通过测量获得初始卷径。根据主轴当前位置、收卷轴当前位置，以及摆辊距离中位的偏差计算出卷径值。

卷径 D 的计算公式
$$D = \frac{\varDelta_{\mathrm{LinePos}} + \varDelta_{\mathrm{DcrPos}}}{\varDelta_{\mathrm{WndPos}} \cdot \pi} \tag{8-7}$$

式中，$\varDelta_{\mathrm{LinePos}}$ 为主轴距离初始位置的距离；$\varDelta_{\mathrm{WndPos}}$ 为收卷轴距离初始位置的距离；$\varDelta_{\mathrm{DcrPos}}$ 为摆辊距离中位的偏差。

卷径计算需要摆辊的位置信号，这是一个模拟量信号。工程上通常对所有的模拟量输入都要进行滤波处理，以减少信号噪声，但要注意滤波时间不能过长，以免影响真实的摆辊位置信号。另外，由于输入的误差的存在，卷径计算值也会存在误差。由于离散计算得到的卷径计算值的变化是阶梯状的，为了获得平滑的卷径变化曲线，对于卷径计算值也要进行滤波。

对卷径计算值和摆辊位置信号的滤波可以使用一阶惯性滤波算法，需要强调的是，该算法在实际项目中是非常实用和有效的。

② 摆辊 PID 控制

在收卷 PID 控制系统中，输入是摆辊设定位置与实际位置之差，输出为卷料线速度，而不是收卷电机转速。电机转速可以通过对卷料线速度和卷径计算得到。这样设定带来的好处是可以将 PID 的输出与卷径计算分开进行。当摆辊位置产生相同的偏差时，控制器输出与卷径无关，这便于分析系统的输出响应，便于对系统进行控制。

③ 前馈控制

前馈控制系统用于计算收卷电机的设定速度和设定扭矩，此外，还可计算收卷电机的控制参数。在不同卷径下负载与收卷电机的惯量比不同，卷径变化越大，这个惯量比的变化范围就越大。如果仅靠相同的电机控制参数进行调整，其调整范围有限。首先，卷径变化会造成电机响应发生变化，例如，在不同卷径下，电机的阶跃响应曲线不同。如果电机控制参数一成不变，则会造成控制响应发生变化。为了保持系统的一致性，应该在不同的卷绕阶段设置不同的驱动器控制参数，以适

应电机负载变化，加快电机响应速度。例如，在大卷径下，增加驱动器的速度环比例系数，减少积分时间，使电机的响应指标满足设计要求。

8.1.7 关键技术

1. 开环张力控制

开环张力控制是对张力无法测量且对张力要求不高的过程的一种配置。张力是通过卷绕机的电机转矩产生的。开环张力控制的系统配置如图 8-29 所示。

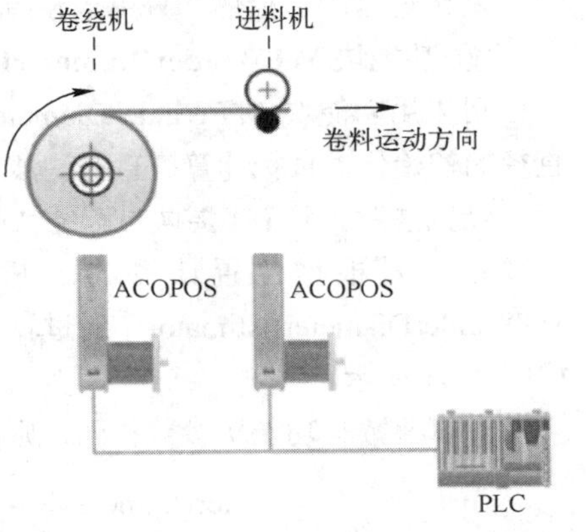

开环张力控制的优势：

◆ 不需要传感器来测量张力，它代表了一种具有成本效益的解决方案；

◆ 由于部件数量较少，系统不易发生机械故障。

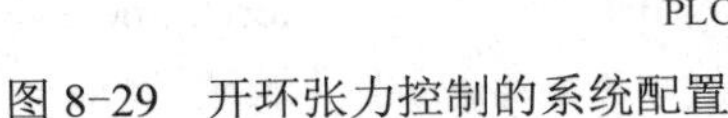

图 8-29 开环张力控制的系统配置

开环张力控制的缺点：

◆ 拉力只向前传递，不直接测量，因此，不能保证精确的张力值；

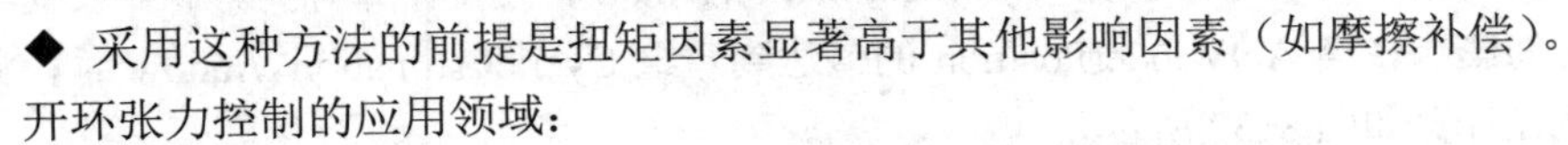

◆ 采用这种方法的前提是扭矩因素显著高于其他影响因素（如摩擦补偿）。

开环张力控制的应用领域：

◆ 材料需要预张力的情况，例如，在印刷机的退卷区。在这里，通常用较小的张力卷绕材料，并且只需提供后续轴区所需的精确张力。

◆ 带有卷材引导系统的轴区。引导系统纠正了卷材的位移，确保了材料的直线运行。在这些轴区中，材料中的张力非常重要，但并不需要特别精确。

开环张力控制由以下多个子系统组成。

◆ **输入：**包括用户定义的值，以及来自系统本身的信号。

◆ **直径估算：**利用现有的信号估算出卷绕机的直径，并将其提供给其他功能模块。

◆ **轴控：**计算得出轴运行所需的所有参数。

◆ **轴的通信：**轴与轴的通信。

◆ **摩擦补偿：**摩擦会影响系统的运行，因此应始终注意。

（1）直径估算

系统有多种可用信号。因此，可以使用位置信号或速度信号来确定直径。

① **基于位置的直径估算：**必须获取卷绕机的当前位置和当前线位置。解卷机用于估计直径所需的参数如图 8-30 所示。

半径不变，线位置 Δx 随着卷绕机角度 $\Delta\varphi$ 的变化而变化。

$$\Delta x = r \cdot \Delta\varphi \qquad (8\text{-}8)$$

反之，如果知道绕线机和线的相对位置，则可以计算半径。

$$r = \Delta x / \Delta\varphi \qquad (8\text{-}9)$$

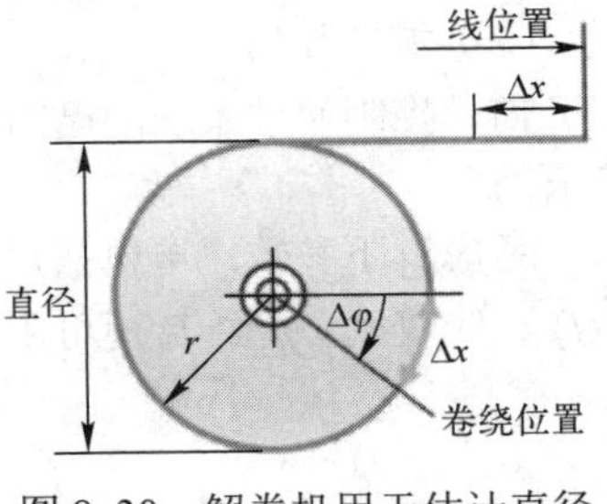

② **基于速度的直径估算：**必须获取卷绕机的当前速度和当前线速度。

图 8-30 解卷机用于估计直径所需的参数

用线速度和角速度代替线位置和角位移计算，则半径为：

$$r = v / \omega \qquad (8\text{-}10)$$

这种计算的一个主要缺点是在零速度下，直径无法计算。一个解决方法是做速度积分以确定位置，然后就可以按照基于位置的方法进行计算。

$$\Delta x = \int v \mathrm{d}t \qquad (8\text{-}11)$$

$$\Delta\varphi = \int \omega \mathrm{d}t \tag{8-12}$$

基于速度的直径估算只用于没有位置信号的情况下，由于采用速度的积分，结果会稍有不准。

③ 功能块 **MTWinderDiameterEstimator**

可以用功能块 MTWinderDiameterEstimator 进行直径估算。估算分为 4 个步骤：调用功能块、直径的初始化、直径计算、直径滤波。

特别注意：将 FB 接口与卷绕机连接，以了解所有的输入和输出。

直径是根据位置计算的。开始时，位置为零，因此直径取初始化值。使用功能块 MTWinderDiameterEstimator，通过输入参数 PresetDiameter 和 SetPresetDiameter 完成。调用功能块如图 8-31 所示。

计算参数与功能块参数相同，则：

$$\text{ActDiameter} = \frac{2 \cdot \varDelta_{\text{ActLinePosition}}}{\varDelta_{\text{ActWinderPosition}}} = \frac{2 \cdot \varDelta_{\text{ActLinePosition}}}{\text{CyclicEstimationWindow}}$$

由于 ActLinePosition 和 ActWinderPosition 都是绝对值，因此计算存在时间误差。使用功能块 MTWinderDiameterEstimator，可以通过参数 CyclicEstimationWindow 设置计算时间。计算仅受卷绕机位置影响，不受时间影响。当 ActWinderPosition 的值达到一组 CyclicEstimationWindow 时，将计算一个新的直径。直径计算如图 8-32 所示。

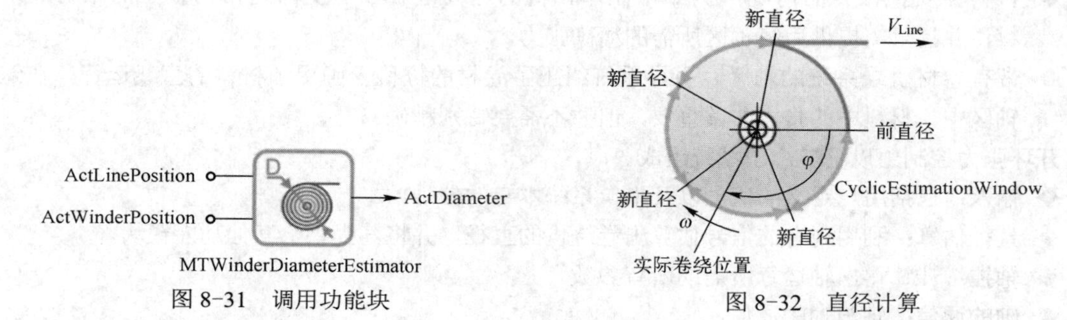

图 8-31 调用功能块　　　　图 8-32 直径计算

由于每次直径是在不连续的时间点计算的，因此形成了直径的折线曲线。可以通过 FilterWindow 参数对信号做平滑处理。滤波和未滤波信号的比较如图 8-33 所示。

（2）轴控

轴控中总结了所有直接影响轴运行状态的函数。

（3）前馈控制

前馈控制通过系统的已知数据来计算电机的转矩设定值。前馈控制的输入和输出信号如图 8-34 所示。

考虑以下参数：电机扭矩 T_{Mot}、所需张力 F_{Web}、当前直径 $D(t)$、齿轮比 i、卷绕机的转动惯量 $J(t)$、线速度 v_{Line}。转矩可用于前馈控制或限制电机转矩。

$$T_{\text{Mot}} = F_{\text{Web}} \cdot \frac{D(t)}{2i} + J(t)\frac{2i}{D(t)} \cdot \frac{\mathrm{d}}{\mathrm{d}t} v_{\text{Line}} \tag{8-13}$$

限扭矩的控制轴：在开环张力控制下，前馈电机转矩设定值用于控制材料的张力。因此，必须确保轴一直保持在控制的扭矩下。

一种方法是将轴驱动到扭矩极限。为此，需要在速度控制器的输入中添加偏移量，控制器的输出因此变得大于 SetMotorTorque，从而将输出限制到所需的值。速度偏移整流如图 8-35 所示。

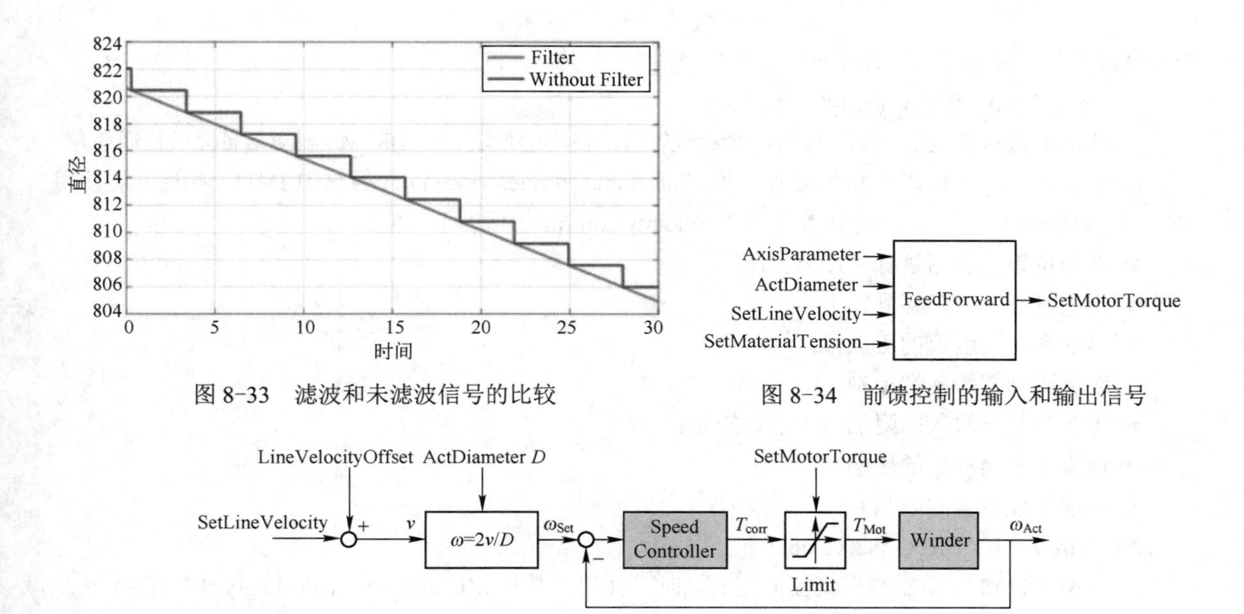

图 8-33　滤波和未滤波信号的比较

图 8-34　前馈控制的输入和输出信号

图 8-35　速度偏移整流

在材料破损的情况下这种方法的优点将显著体现出来。如果物料破损，卷绕机保持一定的转速旋转，如果轴在扭矩控制下运行，则可能出现这样的情况：由于卷材的抗扭矩力不足，材料将断裂，并且导致卷材加速到最大速度。

（4）卷绕机轴速度控制器参数

卷绕轴采用 PI 控制器进行速度控制。

① 参数调控

由于卷绕机的直径及工作特性在运行过程中不断变化，所以轴控参数也必须适应当前的状态。为此，需要提前确定控制器参数，一次是在卷绕机空载的情况下，一次是在卷绕机满载的情况下。其他所有直径的控制器参数都可以在这两个值的基础上进行调整。卷绕轴参数调控如图 8-36 所示。

② 功能块 **MTWinderAxisController**

MTWinderAxisController 功能块（见图 8-37）涵盖了所有以上特性及更多的特性，其属于 MTWinder library、Function blocks 库。

特别注意：将 FB 接口与卷绕机最好连接；了解所有的输入和输出。

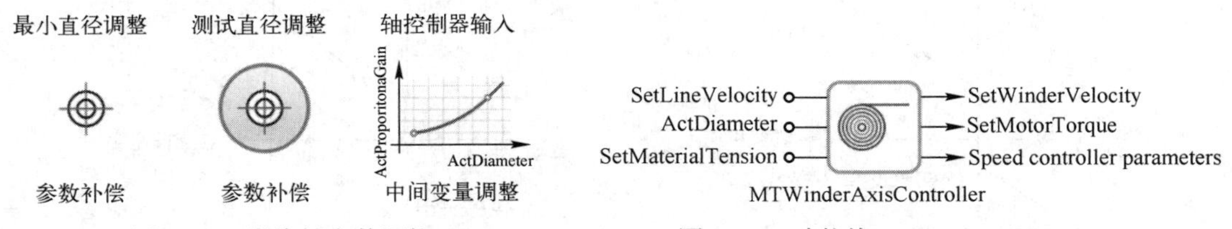

图 8-36　卷绕轴参数调控

图 8-37　功能块 MTWinderAxisController

③ 轴的通信

- 记录轴的设定值。
- 读取当前轴的参数。

函数库与 ACOPOS 之间的通信如图 8-38 所示。

（5）写入数据

通过 ACOPOS 写入值时，要控制的轴的直径是可变

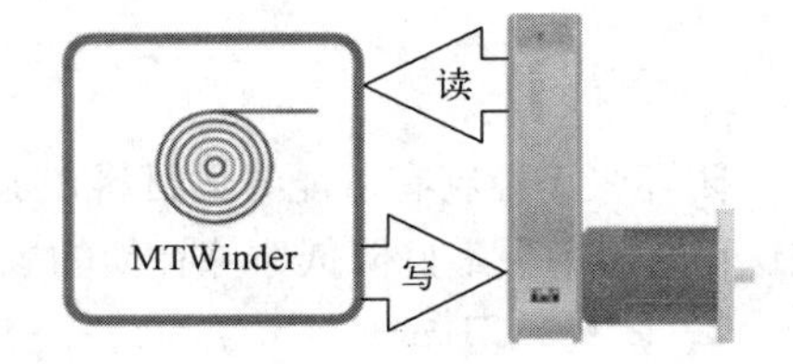

图 8-38　函数库与 ACOPOS 之间的通信

的还是固定的，控制方式有所不同。

① 功能块 MC_BR_VelocityControl

使用 ACOPOS 驱动器控制可变直径的卷绕轴时，使用函数块 MC_BR_VelocityControl 进行通信。

限转矩设置：实现限扭矩的轴控，必须将 inputTorqueMode 设置为 mcLIMIT 才能正常调用 MC_BR_VelocityControl。功能块 MC_BR_VelocityControl 包括以下功能：

- 禁用位置控制器进行纯速度控制；
- 将速度设定值转移到轴上；
- 增加额外速度值的可能性；
- 轴的限制扭矩前馈控制；
- 电流控制器输入的附加扭矩前馈控制；
- 速度控制器参数的传递；
- 加速度设定值的限制。

② 功能块 MC_BR_OffsetVelocity

使用 ACOPOS 驱动器操作直径恒定的轴时，使用函数块 MC_BR_Off-setVelocity 进行通信。

主从轴功能块的设置：要控制的轴必须已经与主轴连接（例如调用 FBs MC_GearIn）。FB MC_BR_OffsetVelocity 只对主轴速度施加纠正速度。

功能块 MC_BR_OffsetVelocity 包括以下功能：将校正速度转移到轴上；限制加速度设定值。

（6）读取数据

① 功能块 MC_BR_ReadCyclicPosition 用于读取轴的当前位置，属于 ACP10_MC library、Function blocks 库。

② 功能块 MC_ReadActualVelocity 用于读取轴的当前速度，属于 ACP10_MC library、Function blocks 库。

（7）摩擦补偿

每个轴都存在一定的摩擦力，如果不进行补偿，就会对控制性能产生负面影响。有几种方法可以补偿轴的摩擦力。

轴的自动调节除了确定控制器参数，还确定了摩擦参数，这决定了静摩擦的正、负旋转方向，以及速控相关的摩擦。如果 ACOPOS 上的摩擦补偿选项不够，可以手动补偿摩擦。调用 MTLookUp 库，可以创建任何摩擦特性。摩擦补偿如图 8-39 所示。

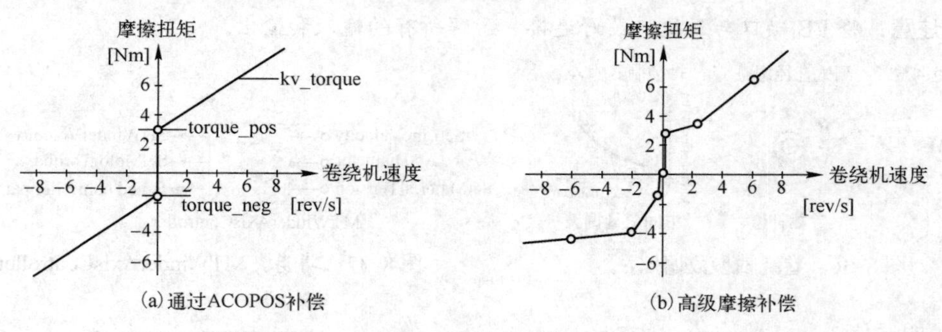

图 8-39　摩擦补偿

闭环张力控制有可能导致材料在加速阶段张力下降，这可能是由于摩擦力的过度补偿造成的，在这种情况下，最好降低摩擦补偿的参数，并分析系统的响应。

2. 闭环张力控制

若需要时刻保证材料精确的张力，应采用闭环张力控制。相对于开环张力控制，闭环张力控制系统中多了传感器，它可以测量材料的张力。闭环张力控制系统配置如图 8-40 所示。

① **特性**

- 材料的张力可以测量，例如，一个测压元件产生一个与拉力成比例的模拟信号。
- 卷绕机的电机用作执行机构。

② **优势**：可以实现张力的精确控制。

③ **缺陷**：测压元件极易受到机械干扰。

④ **应用领域**

- 闭环张力控制用于各种高线速度的应用，例如，打印领域。
- 任何对张力要求高的系统。

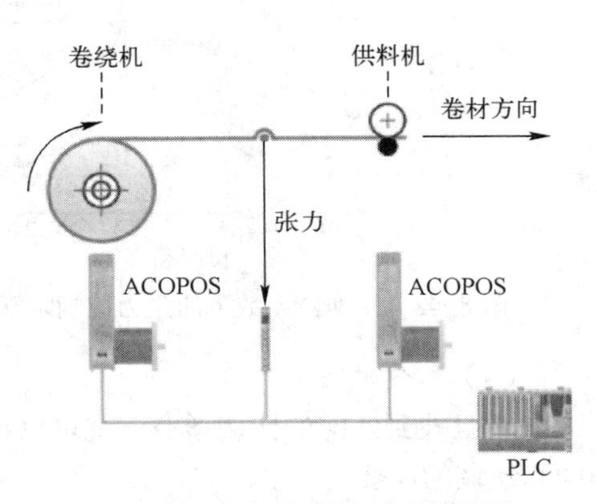

图 8-40　闭环张力控制系统配置

⑤ **函数结构**：张力控制子系统如图 8-41 所示，说明如下。

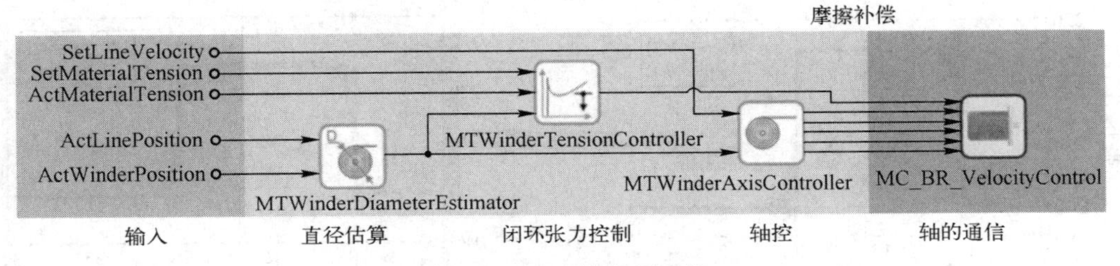

图 8-41　张力控制子系统

输入：包括用户定义的值及来自系统本身的信号。

直径估算：直径估计函数与开环张力控制的方法相同。

闭环张力控制：计算卷绕机轴所需的修正速度，以保持所需的材料张力。

轴控：轴控功能与开环张力控制功能相同。

轴的通信：轴向通信功能与开环张力控制功能相同。

摩擦补偿：摩擦补偿功能与开环张力控制相同。

（1）闭环张力控制器

张力必须手动设定。在大多数情况下，配置 PI 控制器就足够了，通过对闭环系统阶跃响应的分析，确定系统参数。这些设置在初始化时完成，线速度为零。

要求：在下一步骤之前，材料中必须已经存在张力；张力步长变化应双向分析。

（2）比例增益

首先，需要为比例增益找到一个匹配值，因此，将所有测试的积分时间初值都设置为零。开始可以选择非常保守的增益初始值，直到找到正确的值范围。低增益系数下的张力控制阶跃响应如图 8-42 所示。

只要阶跃响应时间满足要求，增益就可以一直增加，直到出现轻微的振荡为止。最优增益因子的闭环张力控制阶跃响应如图 8-43 所示。

虽然增加增益可以得到更快的阶跃响应，但这可能会导致强振荡，这意味着不再有时间优势，因为系统需要更长的时间才能恢复常态。高增益因子闭环张力控制阶跃响应如图 8-44 所示，建议此时降低这个增益因子。

在静止状态下，由于线速度为零时系统具有积分特性，因此使用纯比例控制器可以得到有用的结果。然而，连续运行中，为了避免稳态偏差，控制器的积分值是绝对必要的。

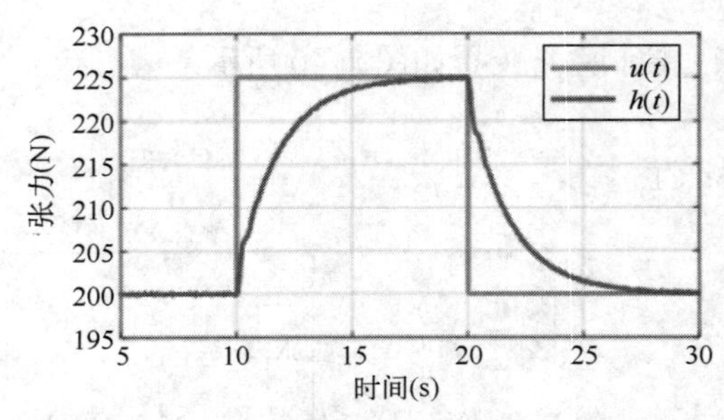

图 8-42　低增益系数下的张力控制阶跃响应

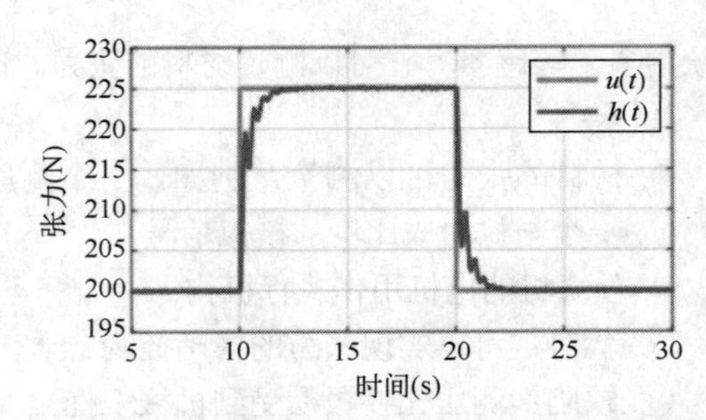

图 8-43　最优增益因子的闭环张力控制阶跃响应

（3）积分时间

一旦找到匹配的比例增益，就可以设置控制器的积分值。控制器的积分时间应满足输出上升时间和超调的需要。

积分时间太长可能会导致到达设定值的速度非常慢，这种缓慢爬升很容易被忽视，特别是在高干扰信号的情况下。长积分时间闭环张力控制阶跃响应如图 8-45 所示。

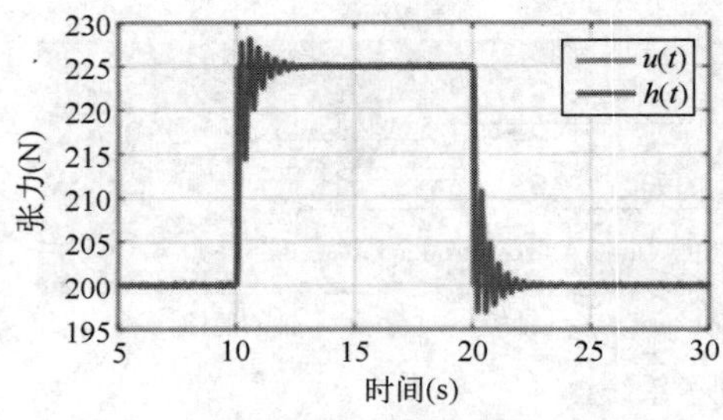

图 8-44　高增益因子闭环张力控制阶跃响应

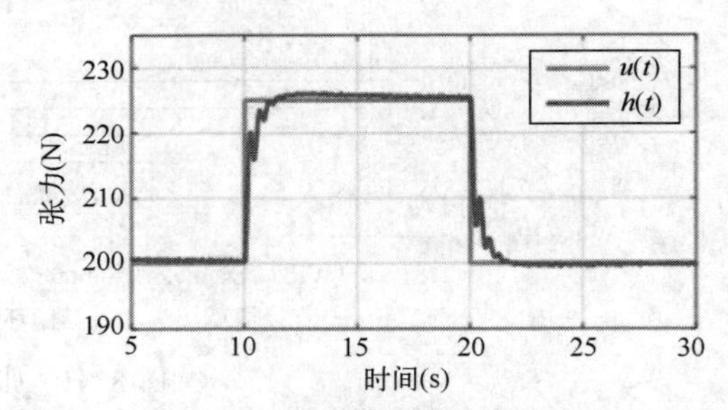

图 8-45　长积分时间闭环张力控制阶跃响应

较小的积分时间意味着更快地达到设定值，但因此可能造成更频繁地发生超调；较长的积分时间恰恰相反。要注意权衡速度与超调的控制需求。最佳积分时间的闭环张力控制阶跃响应如图 8-46 所示。

积分时间过短会导致系统产生强烈的振荡，要避免这种情况。低积分时间闭环张力控制器的阶跃响应如图 8-47 所示。

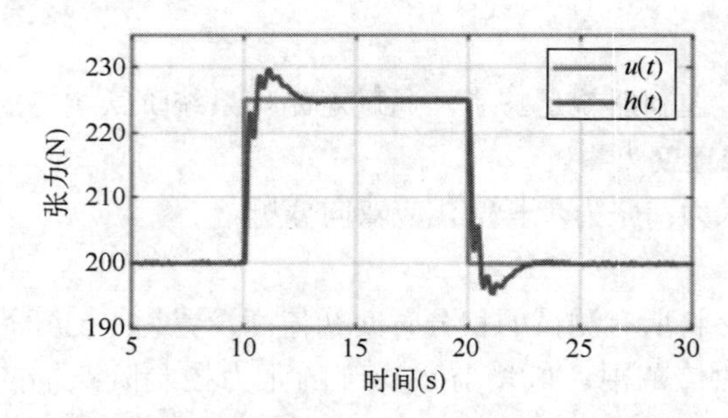

图 8-46　最佳积分时间的闭环张力控制阶跃响应

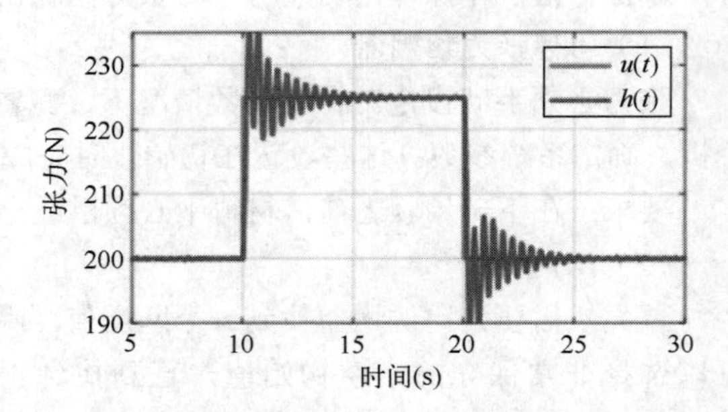

图 8-47　低积分时间闭环张力控制器的阶跃响应

如果静止时的阶跃响应满足要求，则必须以不同的线速度对控制器进行测试，为此，线速度将增加到所需的值。然后应用张力阶跃变化，对系统的阶跃响应进行分析。

（4）功能块 MTWinderTensionController

张力控制采用 MTWinderTensionController 功能块（见图 8-48），属于 MTWinder library、Function blocks 库。

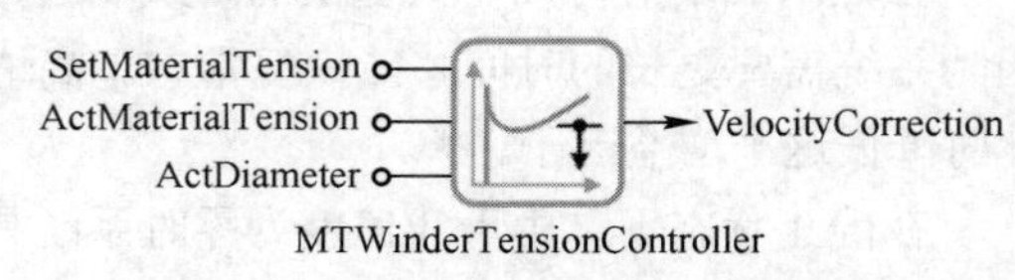

图 8-48　MTWinderTensionController 功能块

特别注意：将 FB 接口与卷绕机连接；了解所有的输入和输出。

3．张力调节器控制

与之前的系统不同，该系统材料中的张力不是由两个轴之间的速度差造成的，而是由一个外力（调节器）施加的，因此，要控制的变量不是张力，而是调节器的位置。

特性

- 调节器的位置可以测量；
- 用卷绕机的电机控制调节器的位置；
- 材料的张力是由调节器的外力产生的，这种力可以由电机、气缸或机械重力等产生，这种力通常是静态的或外部控制的。

调节器的最大移动范围通常受到机械上的限制，只要调节器能自由移动，且不处于末端位置，材料中的张力就几乎是恒定的。

优势：

- 调节器位置的变化不会引起很大的张力变化，前提是调节器不是在尾端；
- 由于系统的延时反映，调节器的位置控制通常比张力控制更容易。

缺点：

- 调节器有一定的摩擦和惯性，会对控制性能产生不利影响；
- 根据调节器的设计，调节器的位置可能会产生不同的张力；
- 大多数情况下，缺少检查材料的张力的传感器，例如拉力传感器；
- 由于材料的张力是由调节器引起的，所以张力的变化总是与调节器的变化相关；
- 调节器是一个额外的机械部件，取决于设计，需要额外的空间，必须定期维护。

应用领域：

- 只允许轻微张力变化的系统；
- 有大尺寸滚轮的系统，因为它们的速度太慢，无法直接控制张力，调节器可以做很好的张力补偿。

函数结构：

张力控制子系统如图 8-49 所示。该子系统与闭环张力控制子系统基本相同，只有闭环张力控制器被调节器控制器所取代。

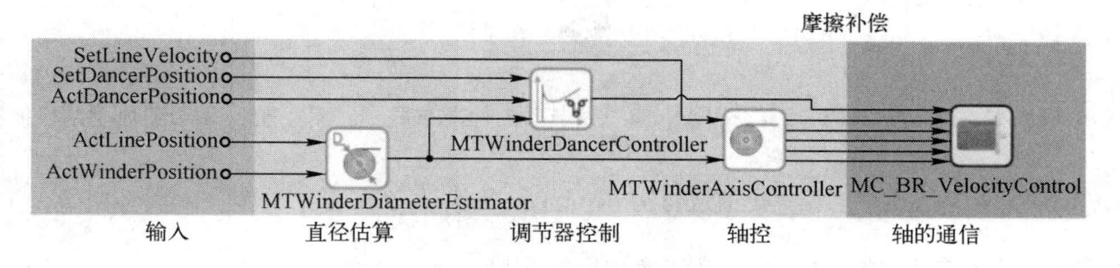

图 8-49　张力控制子系统

（1）张力调节器

张力调节器对材料施加一个力 F，材料中的张力与调节器所产生的力成正比。调节器的力对材料张力的影响如图 8-50 所示。

（2）机械结构

调节器有多种方法可以产生调节力，常见的有以下 3 种机械结构。

① 重力调节器。重力调节器通过自身的质量产生张力。根据需要的张力，调节器调节相应的

重力。但这可能会导致调节器的高惯性矩。为了达到张力的变化，调节器必须调整自身质量。重力调节器如图 8-51 所示。

② 气动调节器。气动调节器所需的力由压缩空气缸产生，张力可以通过气缸内的压力来调节。要实现张力的变化，只需调整气缸内的压力即可。气动调节器如图 8-52 所示。

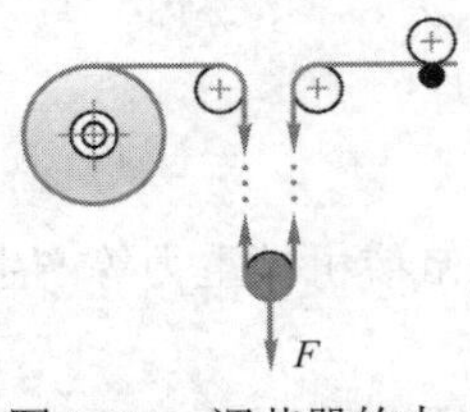

图 8-50 调节器的力对材料张力的影响

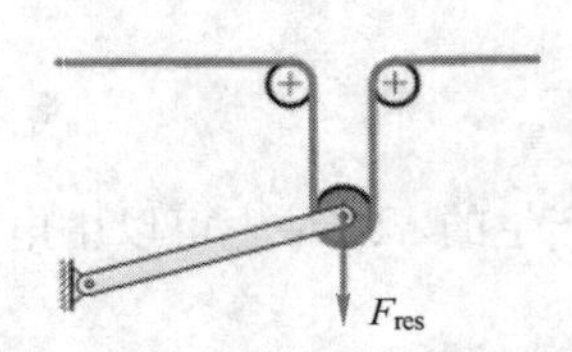

图 8-51 重力调节器

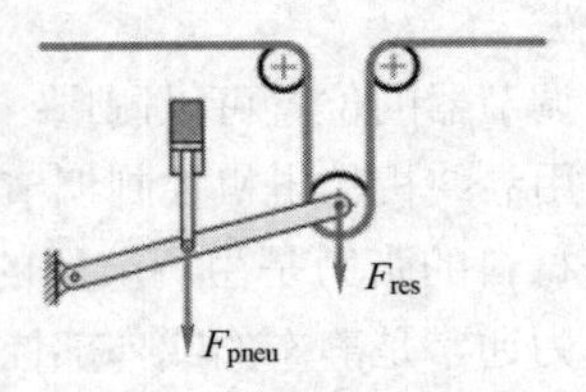

图 8-52 气动调节器

③ 电动调节器。调节器的力矩由电机产生。电机的转矩可以控制，从而提供调节器所需的力，用于带有张力传感器的闭环系统，可通过改变电机的转矩改变张力。电动调节器如图 8-53 所示。

（3）调节器标准布局

调节器的机械结构是多种多样的，但都可以简化为标准布局，如图 8-54 所示。

如果调节器移动了 Δs，则线位置移动了 Δx。调节器标准布局公式：

$$\Delta x = 2\Delta s \tag{8-14}$$

式中，Δs 为调节器位置差（m），Δx 为线位置差（m）。

假设调节器的移动路径是直线。

（4）调节器机械臂

在多数情况下，调节器是由机械臂带动的，机械臂做圆周运动。调节器典型的机械结构如图 8-55 所示。

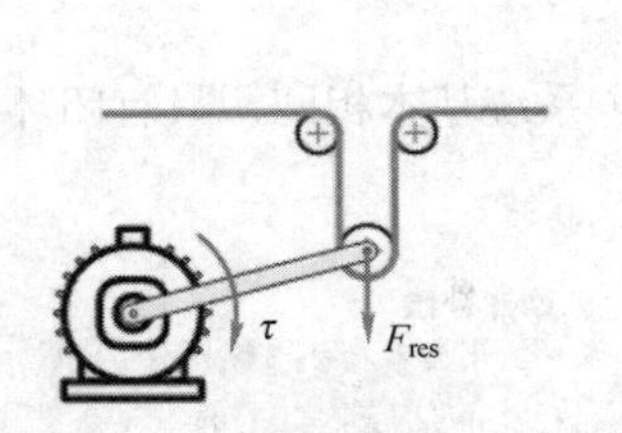

图 8-53 电动调节器

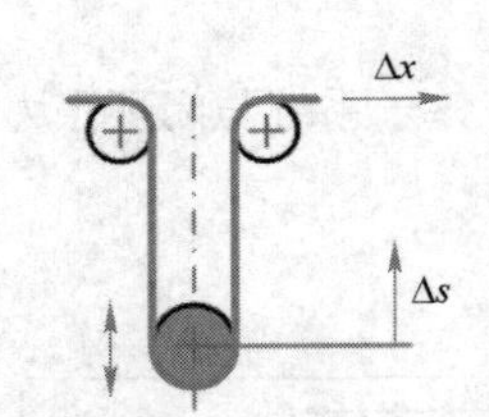

图 8-54 调节器的标准布局

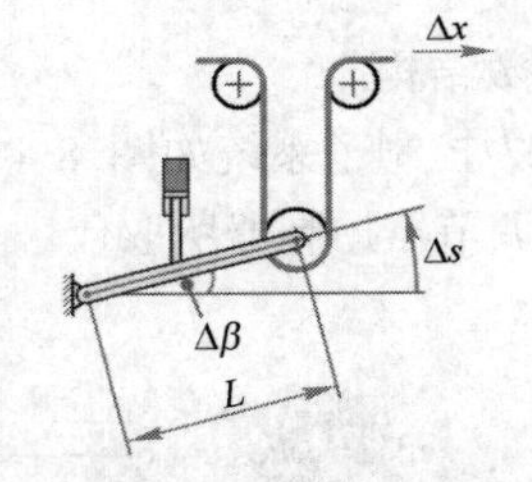

图 8-55 调节器典型的机械结构

转换为标准布局，则：

$$\text{ActDancerPosition} = s = \frac{L\cdot\pi}{180^\circ}\beta \tag{8-15}$$

如果调节器没有上述结构，也可以转换成标准布局，则

$$\text{ActDancerPosition} = \Delta s = \frac{1}{2}\Delta x(\beta) \tag{8-16}$$

式中，Δx 为线位移（m）；L 为调节器机械臂长度（m）；Δs 为调节器机械臂位移（m）；$\Delta\beta$ 为调节器机械臂角位移（度）。

（5）调节器控制

调节器控制的调节方式与闭环张力控制器的调节方式相同，唯一不同的是，需要分析的不是张力的阶跃响应，而是调节器位置的阶跃响应。

（6）功能块 MTWinderDancerController

张力控制调用 MTWinderDancerController 功能块如图 8-56 所示，属于 MTWinder library、Function blocks 库。

特别注意：将 FB 接口与卷绕机连接；了解所有的输入和输出。

（7）卷材缓存控制

卷材缓存器是调节器的变体，不同之处在于，调节器的位置在运行过程中会发生特殊变化，可以将材料存储在调节器中，也可以从调节器中释放。由于调节器是提供补偿运动的，因此会有不同的卷绕器和线速度，为了储存更多的卷材，需要对调节器有不同的机械设计。在卷材缓存控制中，调节器也称为缓冲器。

（8）系统配置

卷材缓存器的系统配置如图 8-57 所示。

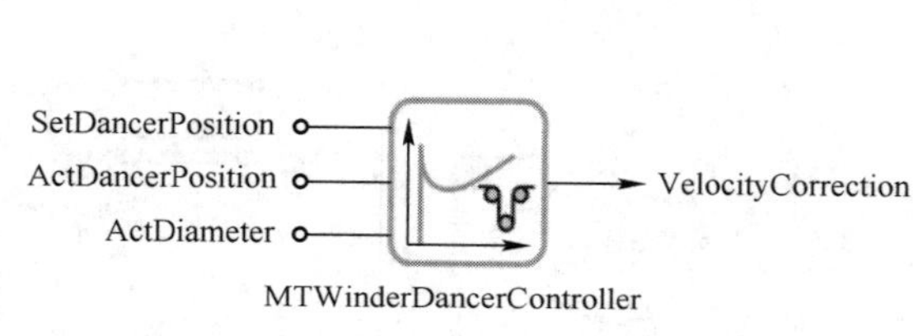

图 8-56 MTWinderDancerController 函数块

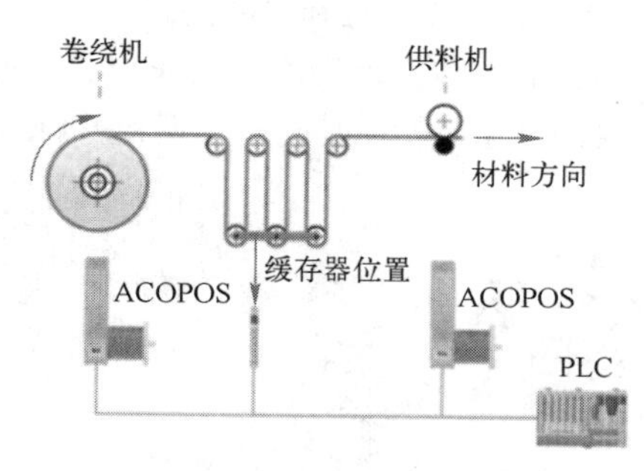

图 8-57 卷材缓存器的系统配置

（9）特性

- 缓冲位置可以测量；
- 卷绕机电机控制缓冲位置。

（10）应用领域

- 时控系统；
- 运行过程中更换轴辊；
- 每个轴区采用不同速度曲线的设备。

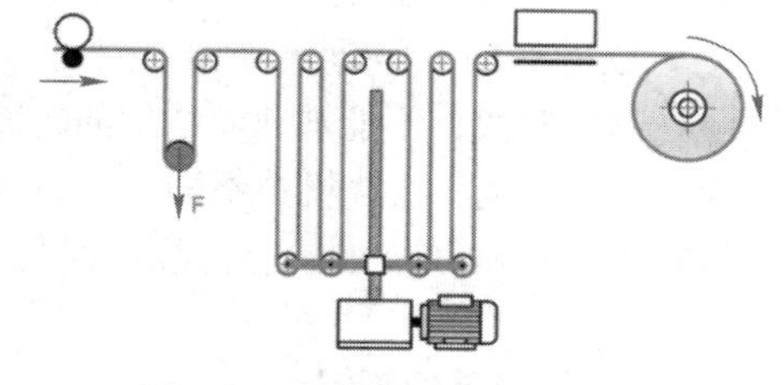

图 8-58 调节器和缓冲区组合

在卷材缓存器控制中，缓冲器控制材料的拉伸载荷。重型缓冲器由于惯性大，所以不适合。对于这些系统，张力是在其他机械装置的帮助下产生的，缓冲器专门用于存储材料。调节器和缓冲区组合如图 8-58 所示。在该实例中，材料张力是通过第一轴区的调节器产生的，缓冲器只储存材料，不影响张力。调节器的位置控制可以通过 MTWinder 库来实现。相反，缓冲器的位置控制不是通过系统的轴来控制的，而是必须根据机械结构进行外部控制。

（11）函数结构

卷材缓存器控制子系统如图 8-59 所示。

卷材缓存器控制这些子系统与调节器控制的子系统基本相同，调节器位置须适应缓冲区的布局。

4．同步系统

同步系统适用于所有在不同轴区中需要同步改变线速度的机器，通过这种布局进行某些加工过程（如冲孔、填充、包装等）。

在第一段材料的加工过程中（例如，冲孔过程），第二段材料等待下一个循环处理。同步系统冲孔加工过程如图 8-60 所示，经历了以下 3 个阶段：

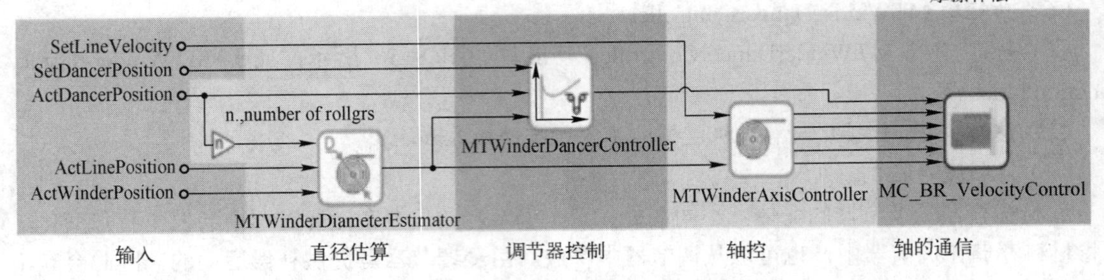

图 8-59　卷材缓存器控制子系统

- 直线速度为零；
- 材料冲孔；
- 卷绕机旋转，直到缓冲区储存了下一阶段足够的材料。

一旦冲孔完成，运动阶段就开始了，此时同时进行缓存器的位置控制，这一步也可以在冲孔结束前完成，以免对循环时间产生不利影响。同步系统运动阶段如图 8-61 所示，其过程为：

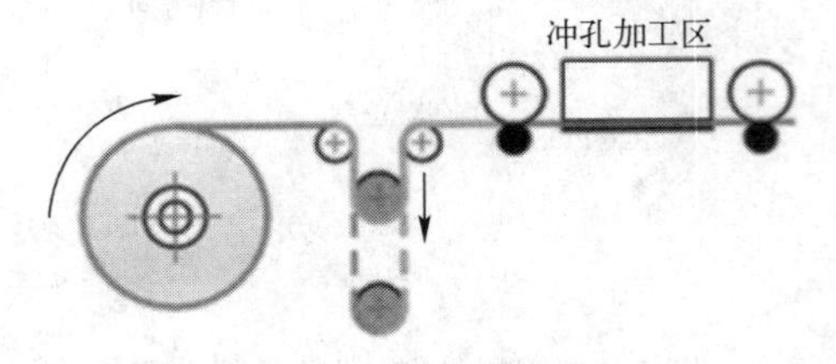

图 8-60　同步系统冲孔加工过程

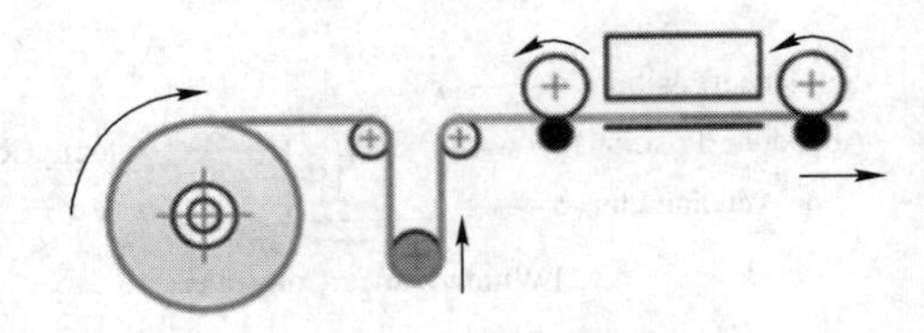

图 8-61　同步系统运动阶段

- 生产线加速到最大线速度，在缓存区内有足够的材料时生产线减速到停下；
- 缓存区向上移动。

在这一阶段，不能加速卷绕轴的转速，是因为轴的质量很大，可能产生的应力过大。缓存器的位置随着生产线和卷绕机的不同速度而改变。因此，缓冲区必须存储足够的材料，以便在一个周期内位置不会达到其极限。一旦线速度为零，加工过程就会重新循环。

5. 运行中更换轴辊

卷绕辊上卷绕和解卷的材料是无穷无尽的，因此不可避免地需要更换卷绕辊。当更换滚轮时，如果整个系统的线速度降至零，将大幅影响生产效率。为了防止这种情况，可以在解卷机之后或卷绕机之前安装一个材料缓冲器。在切换滚轮时，从缓冲器中提取或存储材料。根据线速度和缓冲大小，为更换轴辊提供相应的时间。带缓存器的解卷机更换轴辊如图 8-62 所示。

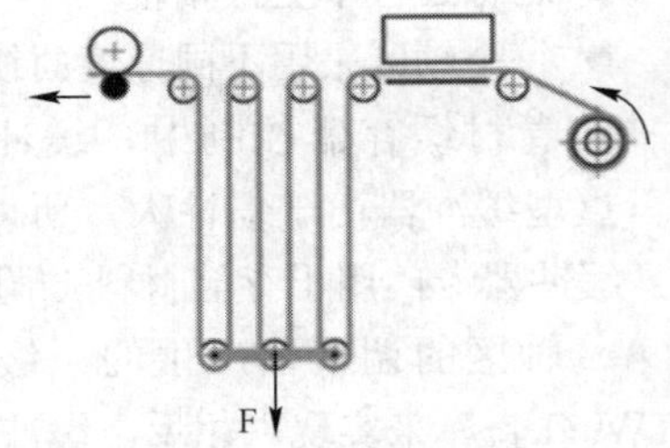

图 8-62　解卷机更换轴辊

① 输出阶段

- 生产线以预设的速度移动；
- 卷绕机达到最小直径；
- 卷绕速度降低；
- 卷材缓冲器储存了足够更换轴辊的卷材。

一旦卷绕速度为零，下一阶段就开始了。输出阶段如图 8-63 所示。

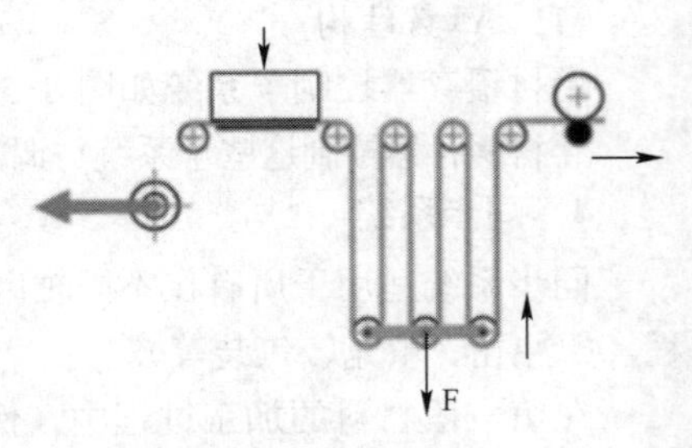

图 8-63　输出阶段

② 固定阶段

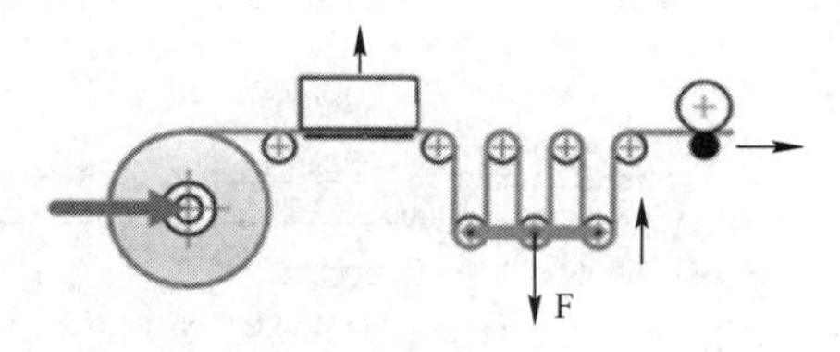

图 8-64　固定阶段

- 卷绕机速度为零；
- 卷材夹紧在卷材缓冲器前；
- 卷材在解卷机和夹紧点之间分离；
- 取下卷绕辊；
- 生产线以预设速度匀速移动；
- 卷材从缓存区中送出。

一旦卷绕辊换好了，下一阶段就开始了。固定阶段如图 8-64 所示。

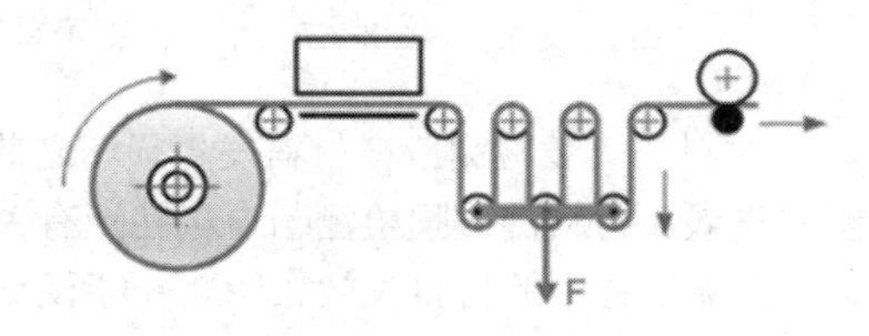

图 8-65　重连阶段

③ 重连阶段

- 新卷绕辊安装完毕并连接到卷材上；
- 夹紧装置释放；
- 直线以预设速度匀速移动；
- 材料取自缓冲区，材料缓冲器接近其上端限位。

一旦夹紧装置完全释放，下一阶段就开始了。重连阶段如图 8-65 所示。

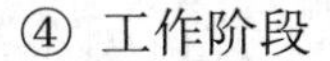
④ 工作阶段

- 提升卷绕速度；
- 生产线以预设速度匀速移动；
- 卷材缓冲器开始储存材料。

6. 驱动辊的闭环张力控制

所有需要控制张力的运输区域都有这样的系统配置。恒定进给闭环张力控制的系统配置如图 8-66 所示。

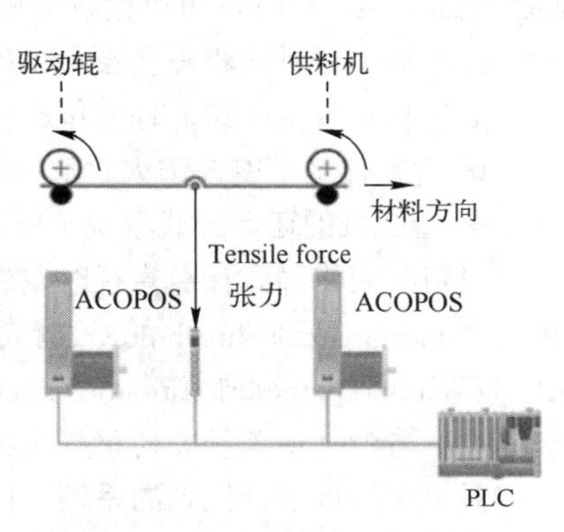

图 8-66　恒定进给闭环张力控制的系统配置

① 特性

- 要控制的轴的直径是不变的；
- 材料的张力可以测量。

② 应用领域

每一个内部轴区都必须有控制张力的设备，如印刷机。张力的波动变化会导致印刷图像失真。

如果需要连续控制多个轴区的张力，例如打印设备，MTTension 库可以提供更好的解决方案，其前提是每个轴区的实时张力可测。

不一定要控制张力，这种配置对于带有调节器的系统也是有效的。在这种情况下，必须使用调节器控制而不是闭环张力控制。

③ 函数结构

函数结构可分为输入、闭环张力控制、轴的通信 3 个子系统，如图 8-67 所示。由于控制轴的直径是不变的，因此这里进行了简化，不需要直径估算子系统；轴的直径是固定和已知的，也不需要轴控子系统。

输入：包括用户定义的值。

闭环张力控制：闭环张力控制计算出卷绕机轴所需的修正速度，以保持所需的材料张力。调用功能块 MTWinderTensionController，通过当前直径来匹配校正速度，即使轴的直径是常量，也必须作为输入值。

7. 材料破损检测

在连续生产过程中，损坏的卷材应尽快处理。根据系统的不同，需要立即紧急停止或减少卷材进给量。受损卷材示意图如图 8-68 所示。

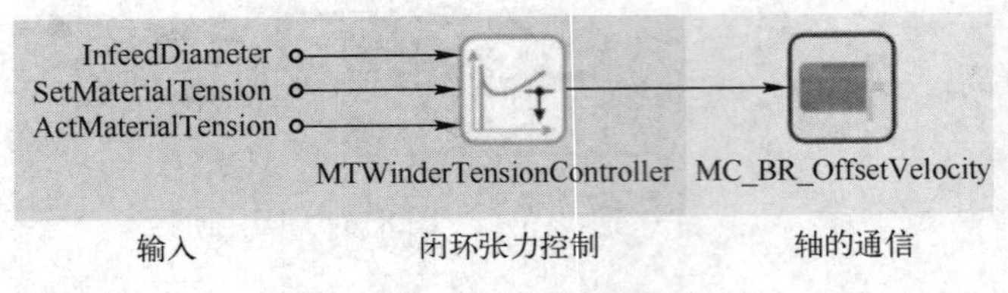

图 8-67　张力控制子系统

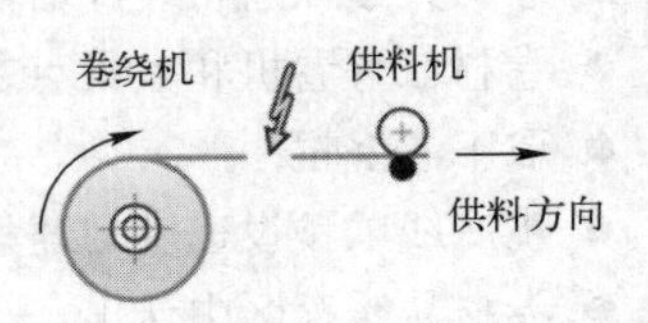

图 8-68　受损卷材示意图

材料的失效检测应在材料发生损坏之前。根据应用的不同，可以通过监测不同的信号来检测材料的失效。材料的破损检测与电机扭矩有关。如果材料发生断裂，电机转矩会随着张力的变化而变化。解卷过程中的材料失效如图 8-69 所示。

电机转矩的变化可以检测，这意味着在没有控制器或直径估计器的系统中，材料的破损可以被识别。然而，其前提是相比于其他影响，张力对总扭矩的影响占主导地位。通过功能模块 MC_ReadActualTorque 可以读取电机的实际转矩。

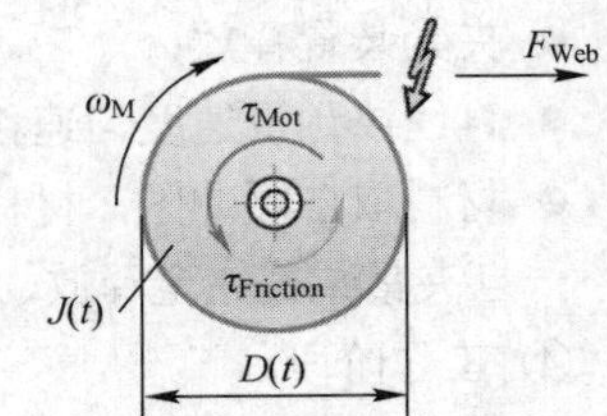

图 8-69　解卷过程中的材料失效

（1）检测材料破损与直径变化的关系

如果材料发生断裂，轴的运动就会受到影响。

- 进料保持不变，因为它继续遵循线速度设定值；
- 卷绕机的运动方式取决于所选的配置，因此，绕组可以反方向加速。

材料断裂将导致计算直径时发生数值异常。在功能块 MTWinderDiameterEstimator 中，可通过参数 MaterialBreakThreshold 设置每个计算周期允许的最大直径。若材料断裂直径超过此值，则输出 MTWinderDiameterEstimator.MaterialBreak 被设置为 1。

（2）与控制误差相关的材料破损检测

对于采用调节器控制的系统，控制误差计算方法为：

$$\text{ControlError} = \text{SetDancerPosition} - \text{ActDancerPosition}$$

如果材料断裂，调节器就会跌到机械极限点，实际调节器的位置也会降到最低。调节器在空挡位置如图 8-70 所示，调节器在材料断裂后的位置如图 8-71 所示。

这导致调节器的位置会产生一个很大的误差，对于采用闭环张力控制的系统，控制误差计算方法为:

$$\text{ControlError} = \text{SetMaterialTension} - \text{ActMaterialTension}$$

如果材料发生断裂，材料张力随之变为零。正常运行下的材料张力如图 8-72 所示，材料断裂时的材料张力如图 8-73 所示。

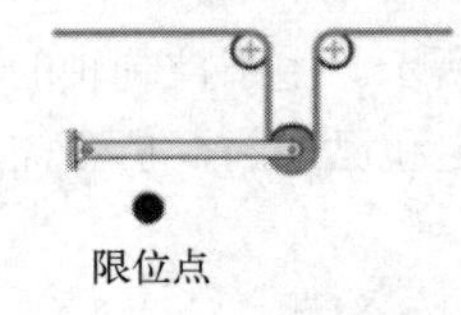

图 8-70　调节器在空挡位置

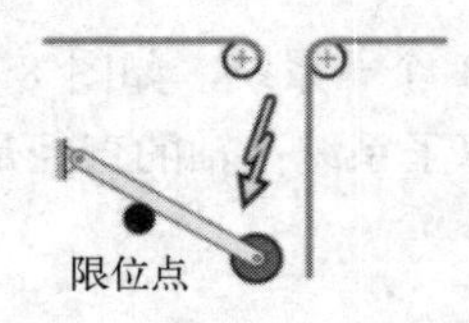

图 8-71　调节器在材料断裂后的位置

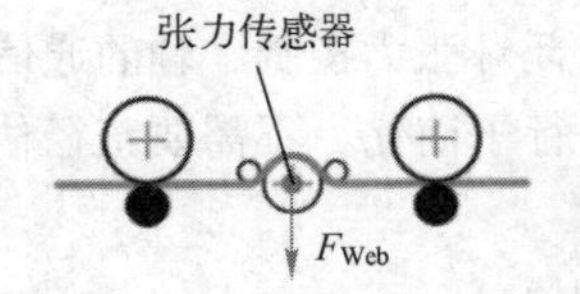

图 8-72　正常运行下的材料张力

图 8-73　材料断裂时的材料张力

材料断裂后控制误差急剧增大，如果控制误差超过设定的最大值，即确认为材料发生断裂。

$$\text{ControlError} > \text{MaxControlError} \rightarrow \text{MaterialBreak}$$

注意：当机器开机时，材料的张力也为零，或者调节器处于最低位置。此时不要检测材料断裂。

在功能块 MTWinderDancerController 和 MTWinderTensionController 中，可以使用参数 MaxControlError 设置允许的最大控制误差。如果超过这个值，则输出 MaterialBreak 置 1。

8．卷绕过程中的张力调节

解卷过程：在解卷作业中，解卷轴区需要恒定的材料张力，以便向下一轴区提供相同张力的材料。

卷绕过程：卷绕过程多种多样。通常材料的张力要适应当前的直径，以获得良好的卷绕工艺。

第一层卷材卷绕时采用高张力，剩余的层的负载也保持这样的高张力。如果材料卷绕得不够紧，可能会导致卷层位移，卷材就会收缩。如果中心轴的卷绕张力相比于后续的卷层过低，张力差会导致从轴心开始的材料皱缩。这就是启动效应。卷材的收缩如图 8-74 所示，卷材的启动效应如图 8-75 所示。

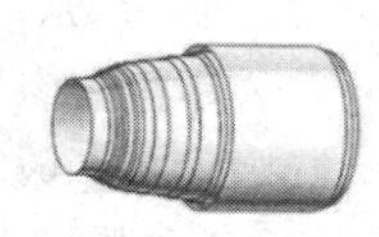

图 8-74　卷材的收缩

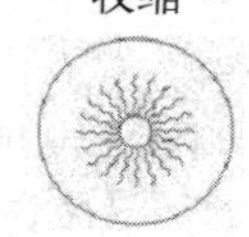

图 8-75　卷材的启动效应

过低的张力会导致卷绕不够圆，或卷绕不平滑。每绕一层，材料就会缩得更紧，从而增加了内部压力。此外，如果卷材在烘干后进行卷绕，处于温暖状态，缠绕过程中卷材更容易拉伸，随后它会冷却下来，缩回到原来的长度，从而进一步增加内压。因此，在直径不断增加的情况下，应逐渐降低张力，避免对材料造成损伤。卷绕辊径向压力如图 8-76 所示，显示了在恒张力和直径变张力下，卷绕辊径向压力的变化过程。

在这两种情况下，轴心的压力都达到了最大值，而最外层的压力为零。而卷绕材料的中间层情况就不同了，恒张力径向压力几乎不变，没有自适应功能，而变张力径向压力会随着直径增大而减小，可以自适应。中间层过度的张力会导致材料的变形，如收缩、阻塞、卷芯断裂、皱缩、产生应变、压片和罐纹。

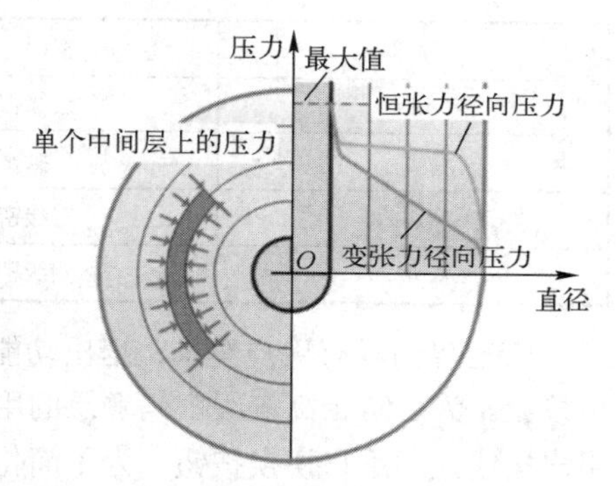

图 8-76　卷绕辊径向压力

9．解耦测试

解耦测试是印刷机最重要的功能测试项目之一，测试前要保证机械运行稳定才能得到正确的结果。解耦测试的最少色组为 4 色组。

① 稳定性测试。锁定标记后，所有色组关闭自动套色，看套色偏差是否稳定，当所有色组偏差波动小于±0.1mm 时认为进入稳定状态，完成稳定测试后可以开始解耦测试。

② 解耦效果测试。将第 2、3、4 色组开环，对第 2 色组手动调整 1mm，记录第 2、3、4 色偏差，如果第 3 和第 4 色套印偏差变化小于 50μm，说明解耦控制工作正常。

③ PID 控制效果测试。将第 2、3、4 色组闭环，手动调整第 2 色组运动 5mm，记录第 2 色组偏差，系统响应快速且超调量小于 10%，则说明 PID 效果满足要求。

8.1.8　凹版印刷机软件设计

凹版印刷机的软件设计采用软件项目流程、软件标准化与模块化设计方法，涉及整个系统的软件需求分析、模块化划分、编程与测试等设计步骤。

1．模块化软件设计的需求分析

在进行设计之前，必须明晰并细化每个模块的功能要求，尽力避免设计缺陷，避免返工，提高编程效率。

（1）参数与设定

① 参数配方

参数配方是所有参数的集合。凹版印刷机主要参数如下：

★ 版辊参数：与印刷版辊相关的所有参数，包括色标信息、版辊相位信息、加减速参数、色组模式等。由于使用了很多版辊，所以需设计保存 600 组版辊参数，版辊参数可以通过人机界面保存、提取、删除、浏览。

★ 控制参数：用来控制设备的参数，这些参数与版辊无关，只需要保存一组，通常情况下不需要修改。没有界面支持，每次修改完毕后自动保存，每次上电自动调用。控制参数包括：收放料控制参数，包括 PID 参数、锥度参数；引入引出参数，包括 PID 参数；套色控制参数，包括报警限制参数、偏差曲线显示配置参数、横向控制参数。

② 设备参数

设备参数指用来配置设备的参数，一旦设备成型，这些参数将不再变化。参数值保存为一组，每次修改完毕后自动保存，每次上电自动调用。设备参数如表 8-9 所示。

表 8-9　设备参数

序号	参数
1	最高速度，最高加速度，主轴位置
2	色组数量，减速比，三环参数
3	引入引出使能，减速比，周长
4	横向使能，减速比，螺距，电机转速

③ 用户管理

用户管理指每个用户有自己的密码和用户名，不同用户的管理权限不同。用户等级管理如表 8-10 所示。

表 8-10　用户等级管理

序号	密码等级	管理人员	备注
1	一级密码	机器操作员，机长	
2	二级密码	班长，领班，高级操作员	
3	三级密码	设备管理员，厂级领导	终端用户最高密码
4	四级密码	系统管理员，调试工程师	

管理界面具有用户登录、退出功能。三、四级密码可以添加或删除新用户，用户退出时点击退出按钮。为了防止高等级密码登录的用户退出后低等级密码用户重新输入密码，增加了退出到前一用户按钮，即用户切换按钮。为了简化程序设计，没有设计上下翻页的功能，所有用户均在一页列表中显示。

④ IP 设定

为了支持远程监控，需要进行 IP 地址设定。IP 设定的功能如表 8-11 所示。

⑤ 屏幕校正

考虑到触摸屏在长时间使用后可能发生触摸偏移的情况，所以需要设计屏幕校正功能。触摸屏校正设计在初始页面，用户在初始页面的任何一点连续触摸 1 秒便进入触摸校正程序。

（2）软件界面结构安排

软件界面结构如图 8-77 所示。软件界面结构设计考虑的内容如下：

- HMI：人机交互界面；
- HMI Module：界面相关任务；
- PCC：PLC 任务，主要包括开机流程，逻辑动作处理，模式处理，报警处理；
- Motion module：伺服控制任务。

2．用户界面和程序框架设计

凹版印刷机系统软件结构框架和用户界面设计步骤：

① 确定上位界面风格。

② 确认页面层级安排及各页面内容。

表 8-11　IP 设定的功能

序号	功能
1	上电自动读取 IP、子网掩码、网关
2	设置默认 IP、子网掩码、网关
3	设置其他 IP、子网掩码、网关
4	为防止用户输入错误导致通信失败，断电后恢复默认 IP、子网掩码、网关

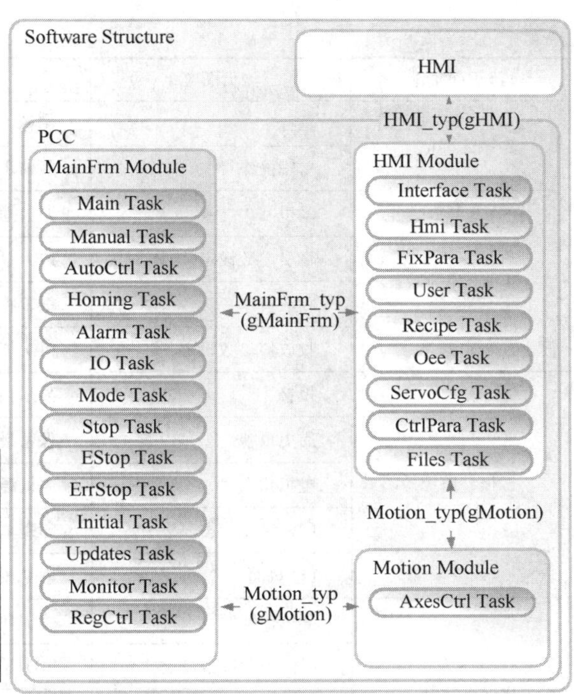

图 8-77　软件界面结构

③ 将上位程序分割成多个任务模块，模块划分按照互相依赖程度最小的原则及面向对象的原则进行。这样每个任务模块只处理一部分内容，便于后续测试和维护。

④ 将下位程序分割成多个任务模块，模块划分按照互相依赖程度最小的原则。

（1）上位界面风格

上位界面也可以称为全局界面或公用界面。选择灰色作为底色，这也是工程设计采用 Windows 编程时通常选择的底色。最上面的公共部分显示用户名、版辊参数名、印刷速度、当前时间、通信状态、设备当前状态、报警状态信息。

（2）页面层级设计

将页面设计为两级，一级页面按钮安排在最下方，一共有 8 个，分别是生产准备、偏差曲线、锁定标记、张力控制、报警监控、控制参数、用户管理、帮助画面。每个一级页面下有二级页面，在屏幕上方。页面层级设计如表 8-12 所示。

表 8-12　页面层级设计

一级页面菜单	二级页面菜单	基本功能	密码级别
初始化页面		设备启动，触摸校正	0
1-生产准备	基本参数	设定参数，显示收料长度	1
	高级参数	色组单独设定，设定特殊功能	1
	配方	浏览所有用户配方	1
	相位操作	快速保存恢复工作相位	1
	预对版	用于两种预对版方式	1
2-偏差曲线	当前误差动态显示	第一种瞬时偏差，第二种偏差曲线，横向偏差修正，一个页面有 12 个画图，根据色组设定自动切换	0
	历史偏差曲线	显示历史偏差	1

续表

一级页面菜单	二级页面菜单	基本功能	密码级别
3-锁定标记	锁标	锁标	
	单轴操作	版修正相位	
4-张力控制	牵引	监控摆辊状态	1
	牵引参数设定	PID 参数	2
	收放料	摆辊状态，锥度设定，当前直径	1
	收放料参数设定	PID 参数	2
5-报警监控	报警	显示当前报警，确认伺服报警	0
	历史报警	保留最近的 1000 个报警	
	电机状态	电机温度，电流	
	印刷单元状态	印刷单元 I/O 监控	0
	I/O 页面	主 PLC I/O 监控	0
6-控制参数	套色控制参数设定	控制参数	1
	横向控制参数设定	PID	2
	料长参数设定	设备参数	3
	高级参数	设备配置参数，减速比	3
7-用户管理	用户管理	用户登陆及用户管理	0
	时间日期设定	时间日期设定，语言切换，IP 设定	3
8-帮助	各页面帮助，硬件接线，开机流程，常见故障		0

3．模块化的程序编制

① 上位任务。采用 C 及 C++语言面向对象编程，将没有关联的控制任务分割成独立的任务模块，以便后续测试和调试。上位任务内容如表 8-13 所示。

表 8-13 上位任务内容

上位任务	任务模块名称	完成功能
色标示教	Teach	模拟量信号画图，锁定色标操作，将锁定位置发送给下位程序
报警管理	Alarm	处理报警信息
用户管理	User	管理用户
IMA 通信	IMA	通信任务，断线重连
历史偏差	ErrorCurve	套色偏差和横向偏差画图
当前偏差	ErrorBar	将套色偏差和横向偏差通过棒状图显示
IP 设定任务	VisIPCfg	设定上位 IP 地址
页面控制	PicCtrl	上位切换到不同页面时，控件显示
屏幕校正	VisInit	初始页面延时进入主页面，屏幕校正
计算预套色	CalSpru	计算由于更改版周长造成的料长变化

② 下位任务。下位任务内容如表 8-14 所示。

表 8-14　下位任务内容

下位任务	任务模块名称	完成功能
循环通信	CycPru	获取伺服轴位置、速度等参数
主轴控制	Master	控制主轴任务，启动停止，加减速，S 曲线
色组控制	PruCtrl	控制色组实轴，初始化，编码器参数
套色任务	RegCtrl	控制色组虚轴运动
X67 模块配置	X67Cfg	配置套色模块参数
信号处理	X67Out	横向及纵向套色偏差信号处理
引入引出任务	Feed	控制引入引出
主逻辑	Main	开机流程，启动，空转，联动，加速，减速等
收料放料	Winder	控制收放料
横向任务	SideCtrl	控制横向套色
相位纪录	AngleCtrl	监控色组相位，保存或恢复相位
报警	Alarm	报警处理，停机或急停
用户参数	RcpUser	参数保存、提取或删除
控制参数	RcpCtrl	保存一组
设备参数	RcpFix	保存一组
参数初始化	Init	参数初始化，保证开机后所有参数正常
色组逻辑	PruLogic	料长计算，压辊避让，裁切避让

③ 相互关联的任务数据流向图

分析任务数据流向有助于了解多个任务之间的相互关系，例如，套色相关任务数据流向如图 8-78 所示，套色任务流程如图 8-79 所示。

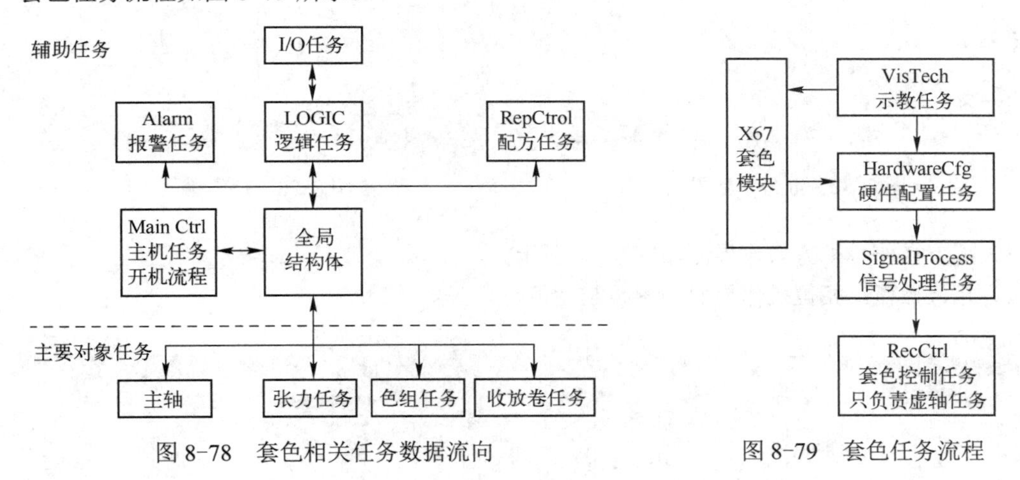

图 8-78　套色相关任务数据流向　　　　图 8-79　套色任务流程

4．套色信号处理任务描述

套色信号处理是一个算法比较集中的任务，需要在文档中将整个流程描述清楚，然后再动手编程。信号处理任务描述如图 8-80 所示，信号处理函数 Signal 流程如图 8-81 所示。

5．人机界面设计

人机界面是控制系统的重要组成部分，它规定了操作人员如何控制和操纵系统。好的人机界面应该为用户提供统一、规范的交互界面，从而提高工作效率，尽量规避可能的人为操作失误。界面设计总体原则、窗体布局、界面配色、控件风格、字体、交互信息等都以操作人员能够更好地掌控机器、避免失误为目的。

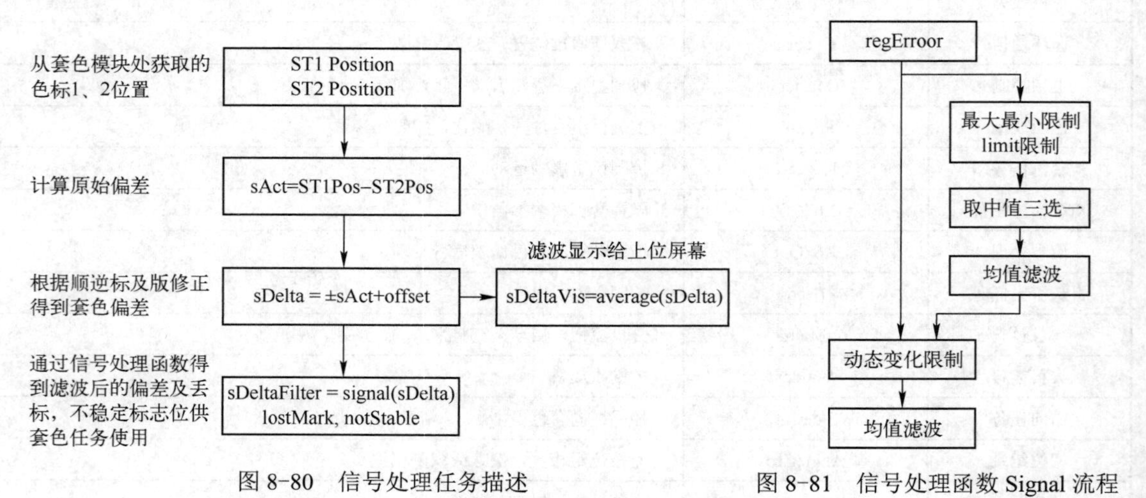

图 8-80　信号处理任务描述　　　　图 8-81　信号处理函数 Signal 流程

（1）生产准备。准备参数界面为操作人员提供机器自动升速、加减速时间等生产运行准备参数，以便能够在开机时确保准确印刷。准备参数界面如图 8-82 所示。

（2）色组模式。色组模式界面为用户提供套色的可选模式，如图 8-83 所示。

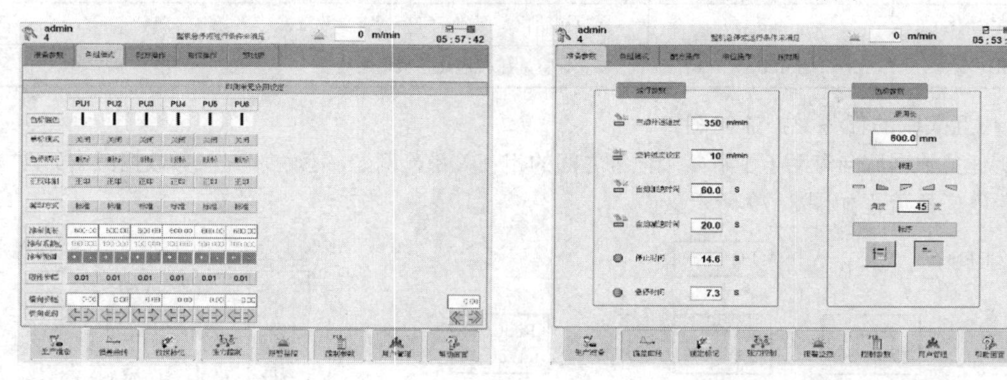

图 8-82　准备参数界面　　　　图 8-83　色组模式界面

（3）配方操作。配方操作界面如图 8-84 所示。

（4）相位操作。相位操作界面如图 8-85 所示。

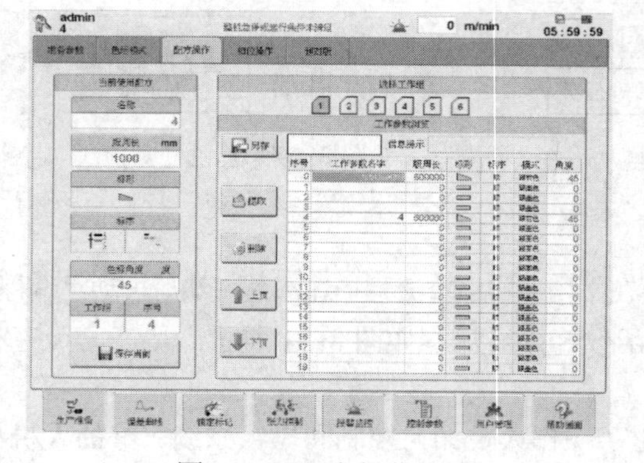

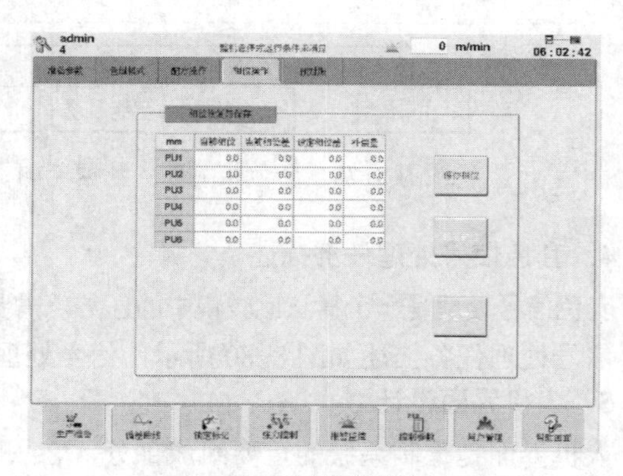

图 8-84　配方操作界面　　　　图 8-85　相位操作界面

（5）偏差曲线。偏差曲线界面如图 8-86 所示。

（6）张力控制。张力控制界面如图 8-87 所示。

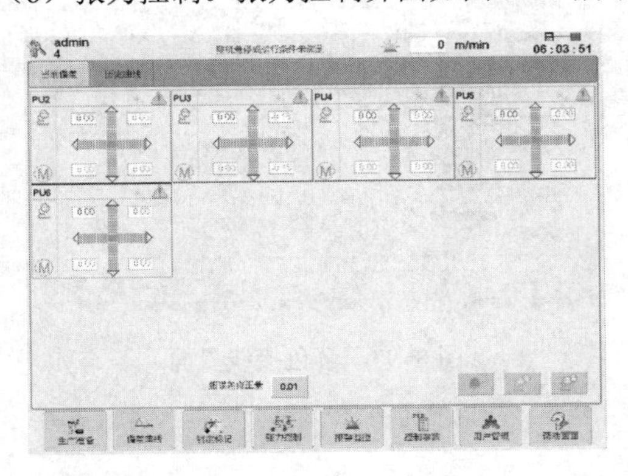

图 8-86　偏差曲线界面

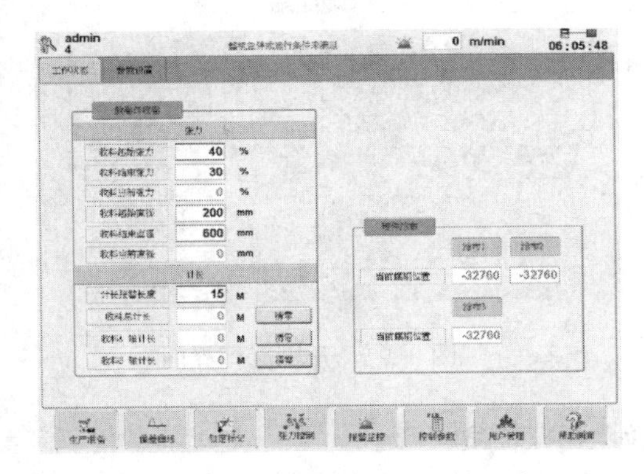

图 8-87　张力控制界面

（7）I/O 监控。I/O 监控界面如图 8-88 所示。

（8）控制参数。控制参数界面如图 8-89 所示。

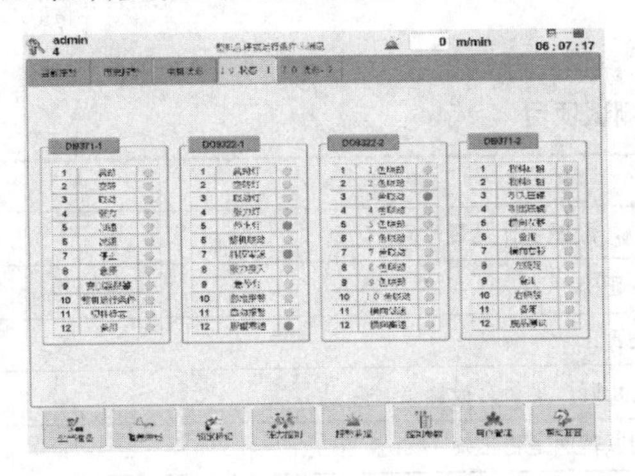

图 8-88　I/O 监控界面

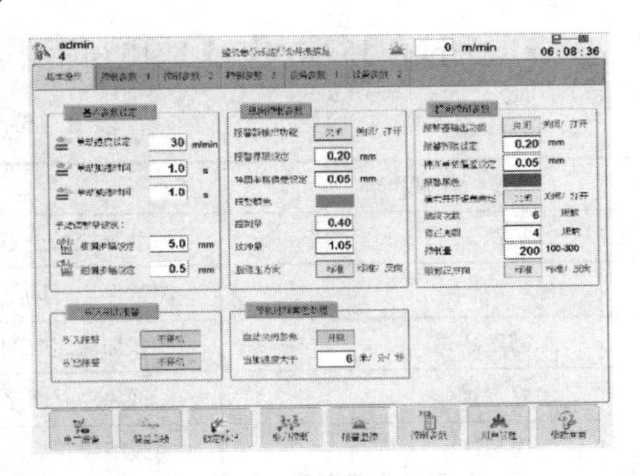

图 8-89　控制参数界面

（9）帮助界面。对于现场机器操作人员而言，如何更快地熟悉操作系统，更好地操作机器，在机器故障时知道如何分析问题，在线帮助系统可以提供说明。帮助界面如图 8-90 所示。

（10）准备参数模式。准备参数界面如图 8-91 所示。

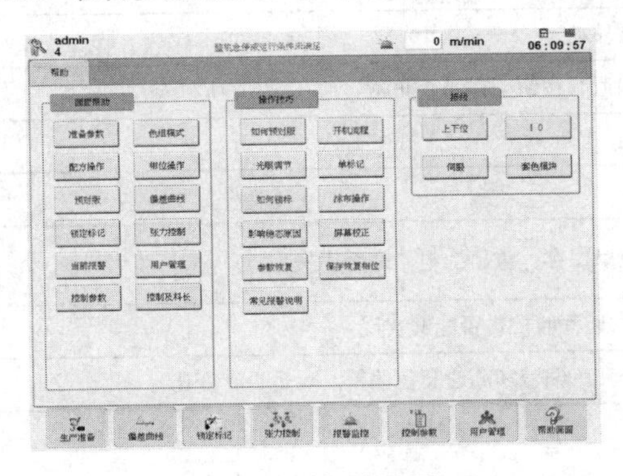

图 8-90　帮助界面

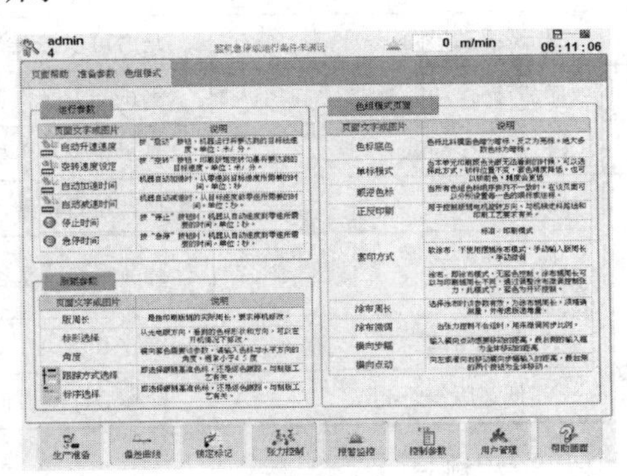

图 8-91　准备参数界面

（11）开机流程。开机流程界面如图 8-92 所示。

（12）套色接线。套色接线界面如图 8-93 所示。

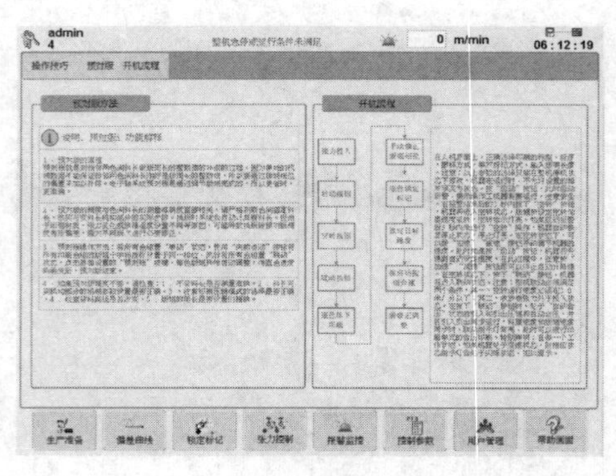

图 8-92　开机流程界面

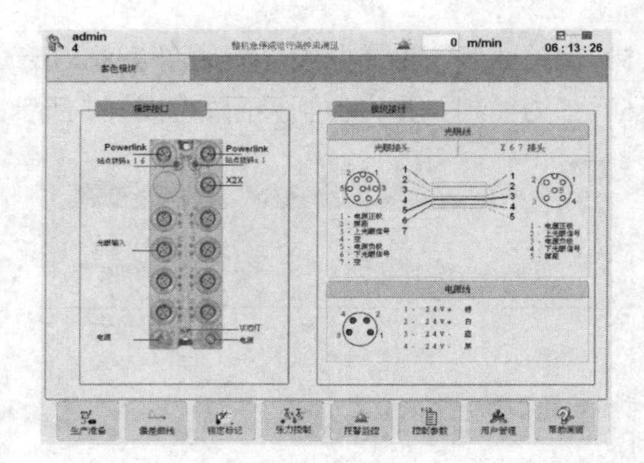

图 8-93　套色接线界面

6．软件整合测试

完整的控制软件系统程序编制完成后，需要进行整合仿真测试，包括逻辑测试和算法测试，通过后才能够在实际机器设备上进行全面的现场调试。由于在印刷机械上测试需要花费大量时间及费用，故在实验室的测试平台上先行整合测试。

① 测试项目

在实验室的测试有 15 项，如表 8-15 所示。

表 8-15　测试项目

序号	测试内容	说明
1	开机测试	启动→空转→联动，测试动作是否正确
2	停机测试	测试停止时间是否正确
3	加减速测试	测试加减速时间是否正确
4	急停测试	测试急停时间是否正确，是否有报警
5	版周测试	修改版周长后，测试转速是否正确
6	色标信息测试	包括顺逆色标，亮暗色标，单标记，矩形色标，三角色标，跟前色，跟基准色，测试这些方式偏差符号是否正确
7	测试反向印刷	测试色组方向，转速
8	测试涂布方式	涂布周长是否有效，涂布微调是否有效，摆辊反馈是否正确，PID 模块是否工作正常
9	测试手动横向	是否可以按照设定移动
10	配方操作功能测试	测试配方操作页面所有按钮工作是否正常
11	相位操作测试	显示相位是否稳定
12	测试报警	报警是否正常
13	测试控制参数、设备参数读写、保存	修改参数，是否可以保存；重新上电，是否丢失
14	IP 地址测试	修改 IP 地址，测试远程监控是否能够实现
15	高/低速版修正测试	锁标后，察看低速套色偏差和高速套色偏差，看是否有变化

② 开机流程测试

印刷机的开机流程测试是：启动→空转→联动。

按下启动按钮后，报警 3 秒；在这 3 秒之内按下空转按钮，版辊进入空转速度；按下联动按钮，膜料速度加速到版辊速度。在仿真测试平台观测动作顺序是否正确，通过追踪相关变量，检测相关程序模块设计准确与否。值得注意的是用户界面上所有的功能都需测试。开机流程时序如图 8-94 所示。

③ 高/低速版修正测试

光眼、检测模块、内部算法均存在时间延时，可能导致相同的色标在低速与高速时检测出现偏差，需要通过版修正来纠偏。高速印刷时版修正会带来大量废品，故希望这部分偏差越小越好。

这个测试项目只能在实验室测试平台上进行，因为要对同样的色标进行检测。实际印刷时由于高速与低速印刷的颜色及清晰度可能发生变化，对结果会产生影响，故不能在实际印刷中测试。

高/低速版修正测试的过程为：低速开机→锁定色标→色组开环→打开软件追踪套色偏差→加速到最高速度 300m/min→等待稳定后停止变量追踪→上载追踪的变量→分析数据。

高/低速版修正测试结果如图 8-95 所示。

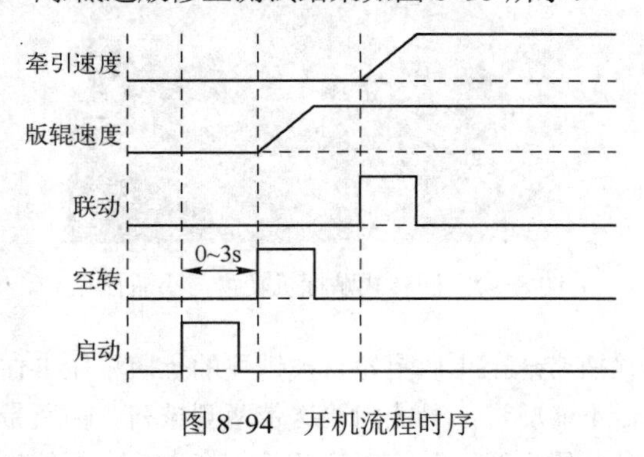

图 8-94 开机流程时序

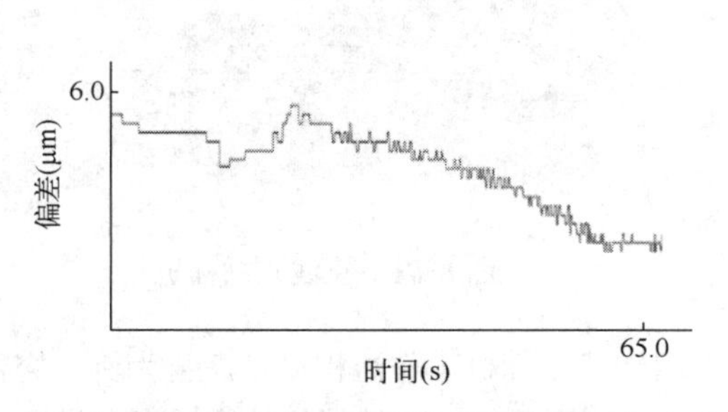

图 8-95 高/低速版修正测试结果

图 8-95 中前 10 秒速度为 30m/min，20～55 秒为加速过程，55～60 秒速度为 300m/min。偏差每变化一次说明版辊转动了一周，故在高速下偏差变化的时间短，变化频率高。加速过程中纵向偏差逐渐变小，加速停止后，偏差稳定，高速与低速纵向偏差变化了 10～12μm。通常无轴凹版印刷机要求的套色精度是±0.1mm，即±100μm。纵向偏差在高速与低速时有 10～12μm 变化，如果该印刷机有 9 个色组，那么有 8 个色组需要套色，如果采用跟踪前色的方式，累积起来是 80～96μm，为了减少这部分偏差造成的影响，用户可手动输入版修正来补偿这些偏差。

8.2 贴 标 机

随着人们生活水平的不断提高，人们购买产品时不再只看重质量，更注重包装的精美程度，由此而发展的现代包装行业成为了工业生产中的重要组成部分。贴标机是现代包装行业中关键的一环，它能够将成卷的不干胶纸标签（纸质或金属箔）粘贴在产品或规定包装材料上。

生产技术的进步，带动了生产速度的逐步提高。提高贴标机的性能，以满足消费者对产品外观质量的要求，从而提高产品的总体竞争力。

8.2.1 贴标机机型

根据贴标方式的不同，贴标机可分为直线式和回转式两大类。

① 直线式贴标机

直线式贴标机通过加标机构将标签贴在做直线运动的包装件或产品上。在目前的直线式贴标机的标站上，只有一个伺服电机，其采用被动式放卷，送标轴出标时直接带动收卷盘运动。直线式贴标机如图 8-96 所示。

产品在标站下方的输送带上运行，在接近标站时，会有一个传感器来检测产品，当传感器检测到产品后，输送带运行一段距离，开始贴标。标站上有一个标签传感器，用于检测标签中间的间隔。在收到标签信号后，标签移动一段距离停止，完成一张标签的贴标。如果送标过程中没有标签信号，则送标轴在运行一个标签长度后停止。

下方的输送带在实际控制中，可能是伺服，也可能是变频器。如果是伺服，则送标轴以输送轴为主轴；如果是变频器，则送标轴跟随外部编码器运动。

② **回转式贴标机**

回转式贴标机通过加标机构将标签贴在做回转运动的包装件或产品上，标签运行与直线式贴标机相似，不同在于产品运行路线的控制。回转式贴标机转盘与小瓶托盘如图 8-97 所示。

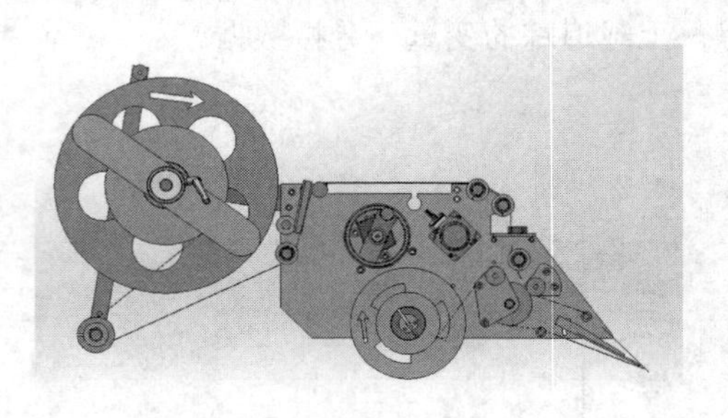

图 8-96　直线式贴标机

图 8-97　回转式贴标机转盘与小瓶托盘

回转式贴标机工作流程以贴瓶身为例，容器由输瓶带送至止瓶星轮，被锁住的止瓶星轮卡住，而输瓶带不断运行，使被挡住的容器逐渐增多，容器不能前进，只能向输送带两侧排列。输瓶带两侧装有旁板，旁板上装有感应开关。由于容器的增多，压向旁板触动感应开关，产生一个电信号使电磁阀打开通气，压缩空气使锁着止瓶星轮的气缸开锁，止瓶星轮与旁板联合作用允许瓶子单列通过并输送至进瓶螺旋。托瓶转塔由托瓶台和定瓶组件两部分组成，进瓶螺旋将容器输入进瓶星轮，进瓶星轮与中心导板配合，改变产品运行方向并等距将容器送入托瓶转塔。

为了满足不同的应用场景的贴标需求，粘胶涂布方式会根据实际情况发生变化。当前市场上常用的粘胶涂布方式为不干胶、热熔胶和冷胶。其中不干胶标签广泛应用于各种食品、日化、服装、药品等商品的外包装上，具有不用刷胶，不用浆糊，无污染，节省贴标时间，以及图案精美，易于更换，可现场打印等优点。

粘胶涂布方式的不同，也会导致贴标机的类型不同。由不同的贴标机机型和机类组合，各种各样的贴标机被应用在了现代包装行业，经过不断的改良迭代，贴标机可细分为以下典型机型：

◆ 直线式贴标机：通常应用于圆瓶和方形包装容器的贴标，即便标纸的尺寸非常长，直线式贴标机也能够更好地兼容。

◆ 回转式不干胶贴标机：适用于白酒、啤酒、调味品、饮料等行业。

◆ 回转式热熔胶贴标机：通常适用于塑料瓶（如，矿泉水、饮料）等行业。

随着生产技术水平的提高，产品批量越来越大，生产速度越来越快，客户对交货时间要求越来越高，使得工厂对贴标机的性能要求也越来越高，主要体现在生产速度、贴标精度及标签更换的难易程度。

下面以回转式贴标机为应用案例，进行贴标机设计、控制、调试、分析。

8.2.2　机械结构

机器的整体结构分为入口螺旋，入口星轮，大盘（带多个小托瓶盘），出口星轮，出口螺旋。回转式贴标机结构如图 8-98 所示。

① **螺旋推进轴**。螺旋推进轴的主要作用是将输送带上连续的瓶子隔开，螺旋推进轴每旋转一圈，瓶子向前移动一个瓶位。螺旋推进轴通过机械齿轮与大盘联动，大盘每转过一个瓶位，螺旋推进轴旋转一圈。螺旋推进轴如图 8-99 所示。

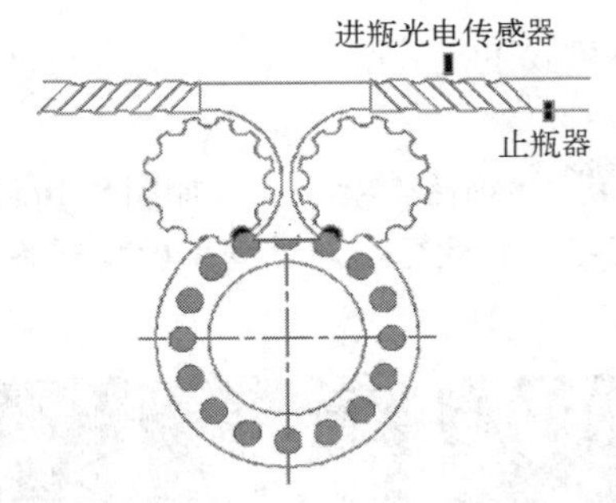

图 8-98　回转式贴标机结构

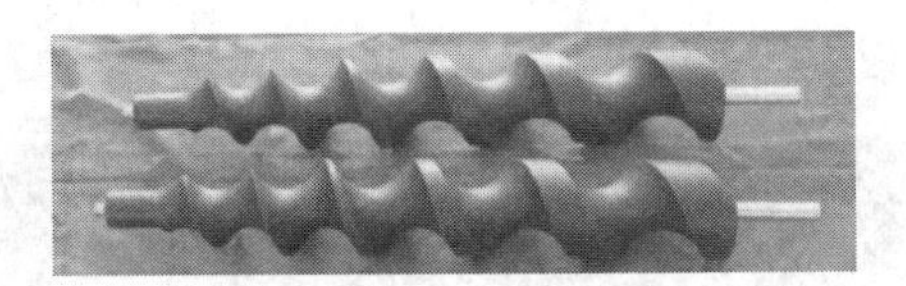

图 8-99　螺旋推进轴

② **星轮**。瓶子经过螺旋推进之后就会进入到星轮中，星轮的作用是把瓶子分为固定的间隔。星轮实体如图 8-100 所示，贴标机实体如图 8-101 所示。

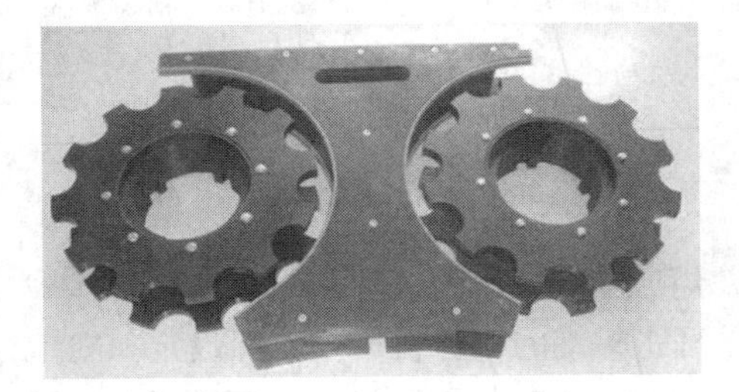

图 8-100　星轮实体

图 8-101　贴标机实体

③ **大盘**。大盘上有很多小托瓶盘，托瓶盘的数量根据机器的最高转速来确定，一般按照每个托瓶盘 1000 瓶/小时来计算。小托瓶盘在大盘上的位置是等分的，当瓶子进入到大盘上时，会被上面的压瓶头压在下面托瓶盘上，这样就可以将瓶子固定住。

8.2.3　标站结构

标站分为放卷、收卷、出标三个部分。标站结构如图 8-102 所示。

① **放卷**。放卷使用了一个伺服电机，工作在速度模式下，电机的速度与大盘的速度按一定的比例运行。放卷机构实体如图 8-103 所示。

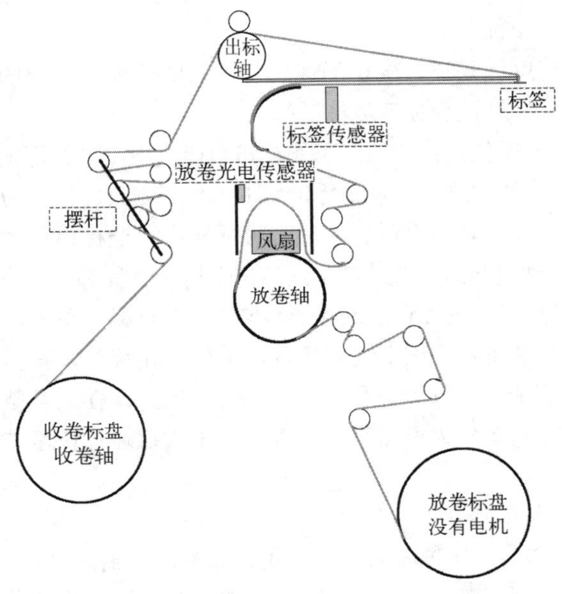

图 8-102　标站结构

图 8-103　放卷机构实体

② **收卷**。收卷也使用了一个伺服电机，工作在扭矩模式下，只要设置一个恒定的收卷力矩即可。收卷机构实体如图 8-104 所示。

③ **出标**。出标伺服通过带着剥离板后边的底带将标送出。标站整体结构实体如图 8-105 所示。

④ **剥离板**。剥离板就是一块铁板，出标伺服带着底带向后运行，通过剥离板将标签与底带分离。剥离板实体如图 8-106 所示。

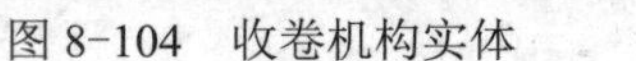

图 8-104　收卷机构实体　　图 8-105　标站整体结构实体　　图 8-106　剥离板实体

8.2.4　硬件配置

1．机型

回转式贴标机依照胶体的不同分为不干胶型、热熔胶型、冷胶型。

① **不干胶型**。一般一个瓶子贴 1～4 张标签，每张标签的贴标机需要按照设定独立运行。其中，不是圆形的瓶体，需要回零以保证瓶子正常进入托盘。当定位、刷标时，托盘需要使用带定位控制的电机。

② **热熔胶型**。一个瓶子贴 1 张标签，一般为圆形瓶体。非圆形瓶体时，需要托盘回零以保证瓶子正常进入托盘。

③ **冷胶型**。一般一个瓶子贴 1～4 张标签，每张标签的贴标机需要按照设定独立运行。冷胶贴标机旋转电机在一个工位的设定角度开始时，与大盘同步即可。

2．设备概况

（1）不干胶机型

不干胶机型贴标机硬件拓扑结构如图 8-107 所示。

① 大盘。大盘使用变频电机，需要安装高精度编码器，常用 Hyperface 编码器，一般一个瓶位旋转一圈，标站主要可以分为放卷、收卷、出标三个部分。

② 放卷。放卷使用一个伺服电机，工作在速度模式下，电机的速度与大盘的速度按一定的比例运行，要求保证存储区有标，标纸过多减速停，标纸过少加速放标进行工作。

③ 收卷。收卷使用一个伺服电机，收卷无浮动辊位置检测的，工作在扭矩模式下，设置恒定的收卷力矩。有浮动辊检测位置的，通过 PID 控制放卷电机速度来保证浮动辊的位置恒定，即恒张力。

④ 出标。出标使用伺服电机，出标伺服通过带着剥离板后边的底带将标送出。送标机在每个工位的特定角度开始出标，跟随大盘，以保证送标速度与瓶体线速度一致。每个送标过程都有一个加速、匀速、减速过程，其中加速段、减速段要尽量短，理论上整个过程全为匀速时对贴标效果最好。

⑤ 托盘运动。不是圆形的瓶体，需要回零以保证瓶子正常进入托盘，定位、刷标时，托盘使用定位控制的电机，通常采用步进电机。托盘的整个运动过程都是跟随大盘运行的，即在大盘整个 360°按照设定曲线在某个阶段完成特定的功能。托盘跟随大盘运行，速度取决于大盘运行快慢。大盘区域功能需求示意图如图 8-108 所示。

一般情况下，在大盘 360°中需经过 3 步：

① 需要定位的先定位，不需要定位的执行第二步。定位方式：数字量、模拟量、拍照等。

② 按照设定曲线完成贴标、刷标等过程，需要回零的执行③，不需要回零的返回等待执行①。

曲线即在大盘某个区域同步旋转一定度数，在停下后进入下一区域同步旋转一定度数，允许分为 9 个区域。

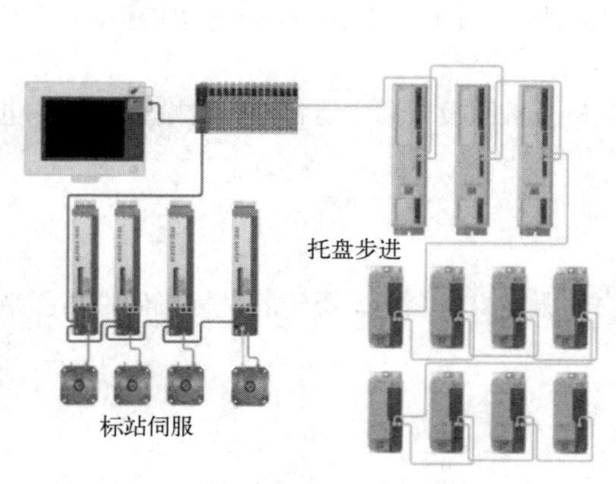

图 8-107　不干胶机型贴标机硬件拓扑结构

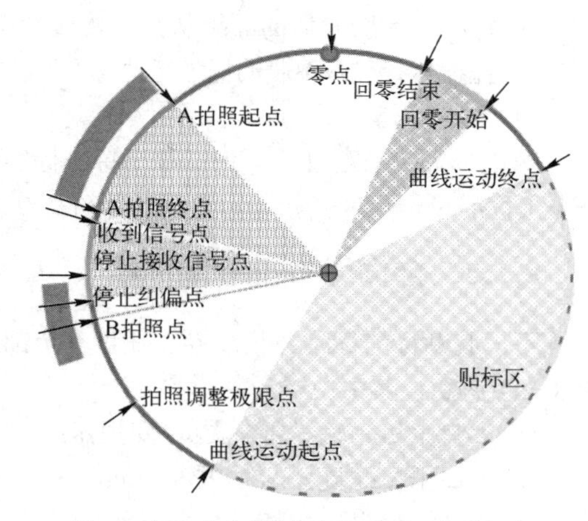

图 8-108　大盘区域功能需求示意图

③ 需要回零的执行回零，结束后返回等待执行①。

以上三步无缝衔接，全部在同步运行。同步运行 StateIndex（0）为等待，根据功能选择跳转；（1～3）为定位过程；（4～12）为曲线运动过程；（13～14）为回零过程。

（2）热熔胶机型

热熔胶机型贴标机硬件拓扑结构如图 8-109 所示，热熔胶机型贴标机机械结构如图 8-110 所示。大盘使用变频电机，需要安装高精度编码器，常用 Hyperface 编码器。一个瓶位旋转一圈，标站分为放卷、送标、切标、上胶、贴标等功能。热熔胶机型贴标机机械结构如图 8-110 所示（图中，1．标纸托盘；2．张力调节 ；3．标纸纠偏；4．色标检测；5．送标轴；6．切标，定刀轴；7．上胶轴；8．真空抓标，动刀轴；9．主机转台）。

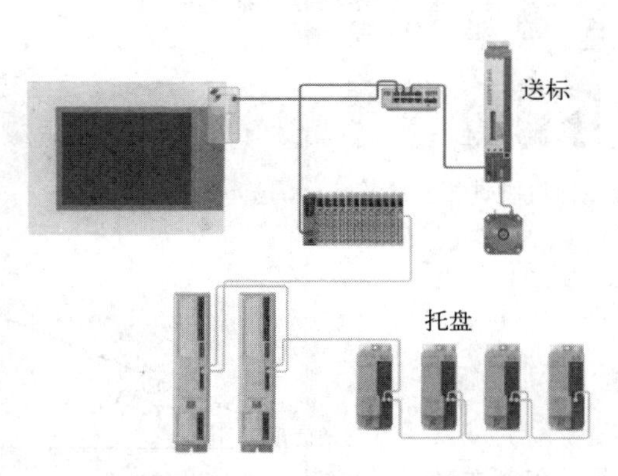

图 8-109　热熔胶硬件拓扑结构

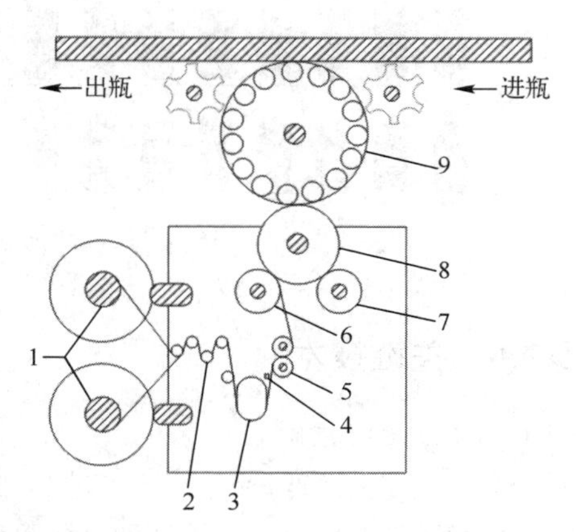

图 8-110　热熔胶机型贴标机机械结构

① 放卷。放卷使用一个伺服电机，工作在速度模式下，电机的速度与大盘的速度按一定的比例运行。有浮动辊检测位置，通过 PID 控制放卷电机速度来保证浮动辊的位置恒定，即恒张力。

② 送标。使用一个伺服电机，瓶子达到时，在切标辊特定位置开始送标，瓶子连续时送标连续，需要根据色标信号进行纠偏处理。

③ 切标。切标辊可以是单刀或者双刀，即切标棍选择一圈切一次或者两次。切标辊跟大盘使用同步轮，根据大盘角度确定刀口的位置。切标辊使用伺服电机独立运行的，切标前需要进行回零

过程，即在特定角度开始与大盘同步运行。

④ 上胶。切断的标纸传递到上胶辊后两端被涂上胶水。

⑤ 贴标。涂胶以后的标纸从胶辊传递到瓶子上，贴完后瓶体要旋转刷标。

⑥ 托盘运行。热熔胶的托盘运动与不干胶类似，只是中间的曲线不一样，根据实际设定运行。

（3）冷胶机型

一般一个瓶子贴 1～4 张标签，每张标签的贴标机按照设定独立运行。冷胶贴标机旋转电机在一个工位的设定角度开始与大盘同步即可。

8.2.5 全伺服不干胶贴标机

不干胶贴标的标站、收放卷、托盘等全部使用伺服电机。全伺服不干胶贴标机硬件拓扑结构如图 8-111 所示。其中：

◆ 大盘主机、输送带：ABB 变频器；
◆ 入口出口螺旋：ACOPOS Multi；
◆ 标站、收卷、放卷：ACOPOS P3；
◆ 托盘：ACOPOS Motor。

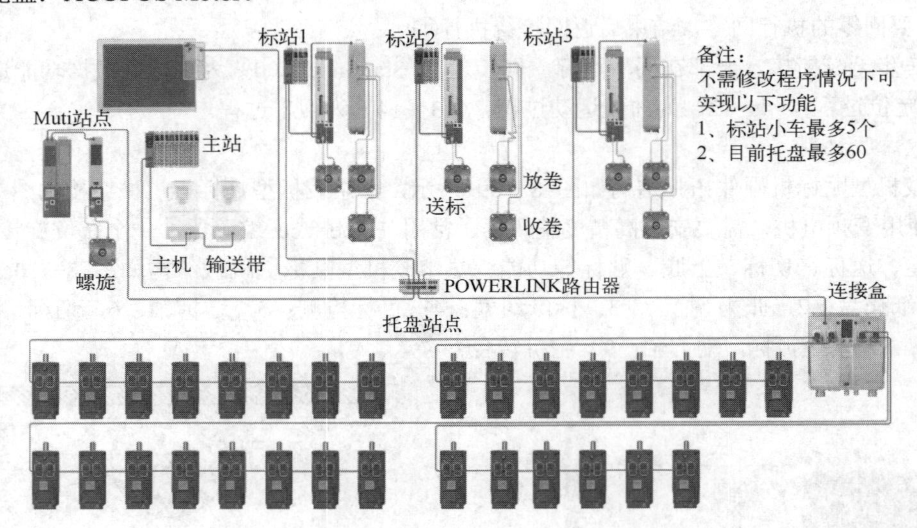

图 8-111　全伺服不干胶贴标机硬件拓扑结构

8.2.6 关键技术

（1）高精度出标控制

系统采用位置跟随出标方式，在输送带上安装有一个位置编码器，将输送带的位置实时采集到出标驱动伺服上。在输送带上设置有一个产品检测传感器，当检测到产品信号时，输送带运行设定的一端距离后，出标电机开始出标。出标时采用电子凸轮方式来跟随输送带编码器运动。在出标位置设置有一个标签传感器，用于检测两个标签之间的标缝信号。在出标过程中，检测到标缝信号后，继续出标设定的距离后停止出标。每次出标结束后需要保证标签的停止位置是一致的。位置信号时序图如图 8-112 所示。

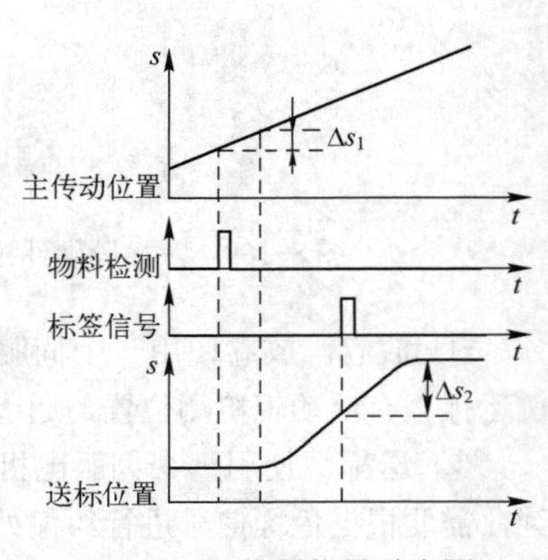

图 8-112　位置信号时序图

（2）标签停止精度

每次出标后标签的停止位置精度直接影响到贴标精度。由于标签传感器信号存在延时（1～15毫秒），导致在不同速度下，停标位置不同。因此，需要对标签信号的延时进行补偿，使标签停止的位置误差尽可能小。

（3）出标开始位置精度

产品检测信号同样也存在延时的问题，也需要对其进行补偿，即当采集到产品信号的上升沿后，需要根据信号的延时，取输送带编码器延时之前的位置作为产品的边沿位置，在输送带继续运行设定的距离后，开始出标。

（4）协同放卷控制

放卷电机通常是根据标室内的传感器信号进行动作的，当传感器无信号时，说明标室内缺标，需要放卷电机动作，向标室内补充放卷，直至标室内传感器有信号。高速时，由于出标速度快，只靠传感器信号进行放卷会导致放卷电机的频繁启停，甚至放卷跟不上出标的速度，导致标签拉断。协同放卷功能是在产品传感器检测到产品信号后，出标的同时，放卷也一起运动，出标按照加速—匀速—减速停止的方式出标，而放卷则按照输送带运行一个工位放卷运动一个标签长度的方式匀速运动。当标室内传感器无信号时，放卷电机在匀速放卷的基础上叠加一个补充放卷的动作，直至传感器重新检测到标签信号。

（5）收卷控制

在收卷的张紧辊上设置有一个角度传感器，用于检测张紧辊的当前角度。收卷电机根据收卷张紧辊的角度控制收卷轴的速度，保证张紧辊在设定的角度位置，从而保证收卷底纸的张力，避免出标后标纸被出标辊回卷将标签拉断。

（6）标站协同控制

标站协同控制是在一台贴标机配置两个相同功能的标站时，协调两个标站，使得其中一个作为活动标站，另外一个作为备用标站。当活动标站上的标签使用完后，将活动标站关闭，开启备用标站继续贴标，实现不停机更换标签。

8.2.7 控制算法

（1）标站控制原理

不干胶贴标机的标站的控制原理：瓶子到达，标站伺服以与瓶子同步的速度送标，等待标签信号，当检测到标签信号时，运行一个固定的距离后停止，等待下一个瓶子到达。

① 标站启动信号

当进瓶光电传感器检测到有瓶进入时，延时一定的瓶位（具体移位数通过实验得出）。进瓶光电传感器延时一定瓶位之后的信号称为移位信号，当移位信号到达时，就给 Automat 电子凸轮发启动送标信号，当 Automat 接收到启动信号之后，并不是马上出标，而是要等待编码器到达设定的角度时才开始送标（这个编码器角度称为贴标位置）。

② 连续送标过程

接收到启动信号之后开始送标，送标伺服在启动阶段要用凸轮的补偿段设置一个加速距离（一般为 3～5mm），用作一下个缓冲，否则机械的冲击会比较大，声音也比较大。加速段过了之后，就开始以与大盘同步的速度送标，在这过程中等待标签信号到达。当标签信号到达之后，再运行一个（停止距离-减速距离）同步距离，然后进入减速阶段，在减速阶段运行一个减速距离后停止。等待下一个启动信号，周而复始。出标示意图如图 8-113 所示。

停止距离的作用：停止距离用来调整标签与玻璃板之间的位置关系。当出完一张标之后，下一张标签应该露出剥离板 3～5mm，这样是为了方便标签往瓶子上沾，此参数与标长有关，还与标签传感器到玻璃板前端的距离有关，不需要距离测量这些参数，通过试验得出即可。

（2）Automat 控制流程

Automat 流程图 1 如图 8-114 所示，Automat 流程图 2 如图 8-115 所示。

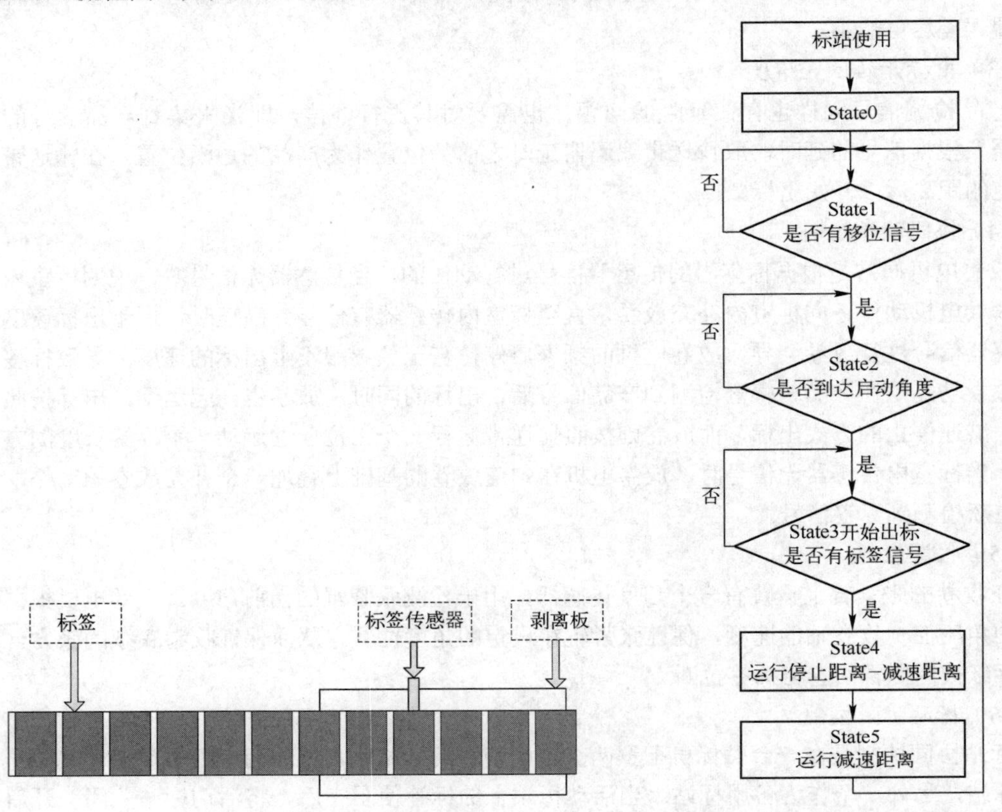

图 8-113 出标示意图

图 8-114 Automat 流程图 1

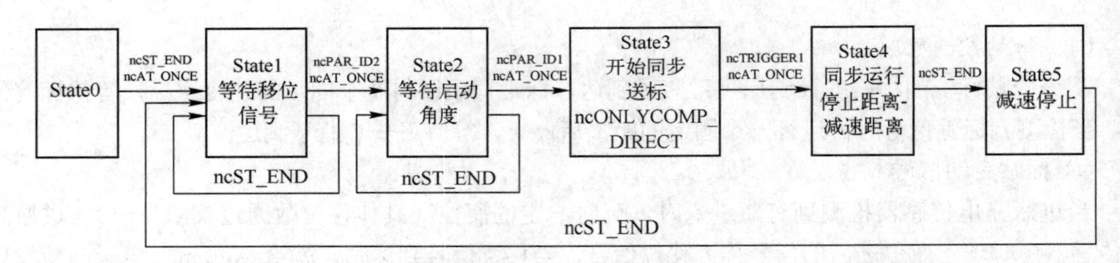

图 8-115 Automat 流程 2

（3）网络同步与延时补偿

跟随外接编码器的情况下，网络延时为：2*t_powerlink。ID428 到 ID113 的延时是 t_total+400，其中 400 是固定的，是 ACOPOS 的位置环循环周期，是由于数据生效造成的。

（4）主轴与从轴同步

通过增加主轴 t_total 时间的方式可以实现主轴与从轴的同步：主轴 t_total = 从轴 t_total + 2*t_powerlink。主轴与从轴同步如图 8-116 所示。

（5）主轴、从轴与编码器同步

由于网络延时的存在，使得 ID113 无法与外接编码器的值同步。此问题可以通过设置编码器的预测时间来实现。ACOPOS 中的参数为 ID775。将 ID113 滞后编码器的值通过编码器的预测时间进行补偿。编码器预测时间 ID775 =主轴 t_total + 400μs。主轴、从轴与编码器同步如图 8-117 所示。

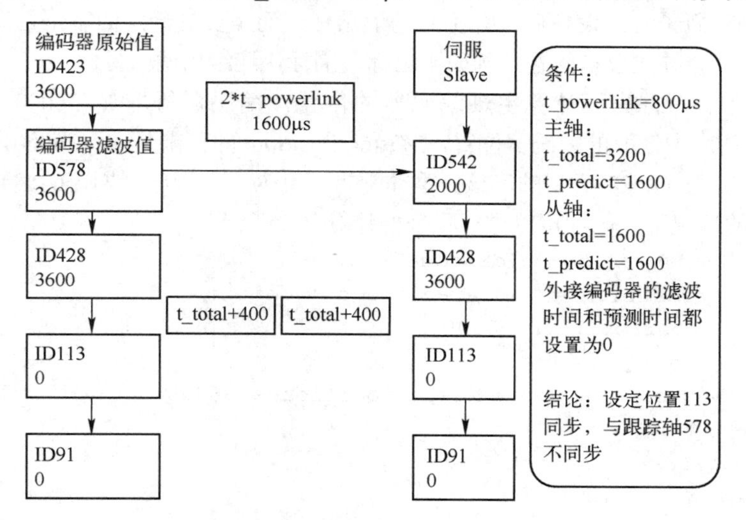

图 8-116　主轴与从轴同步

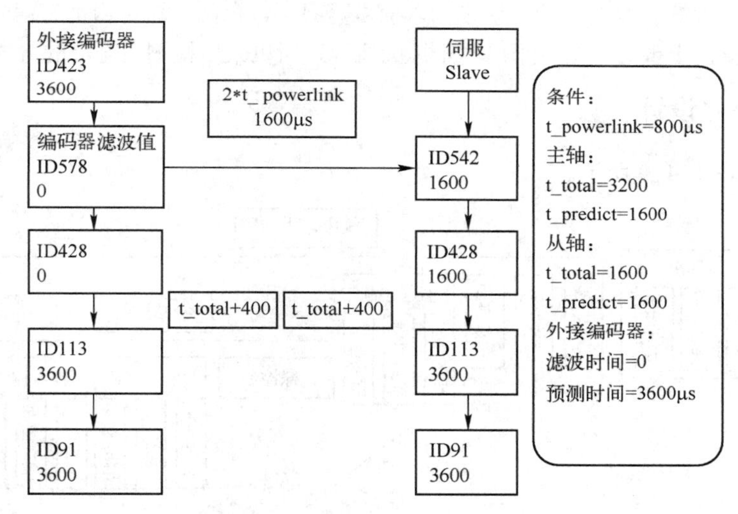

图 8-117　主轴、从轴与编码器同步

（6）标站启动角度信号的处理

不能使用 Event ncS_START 信号，因为当编码器值溢出变为负值之后，ncS_START 信号将不再触发，直到编码器的值变为正值之后才可以。需要使用 CAMCON 功能块来生成启动信号，CAMCON 功能块如图 8-118 所示。

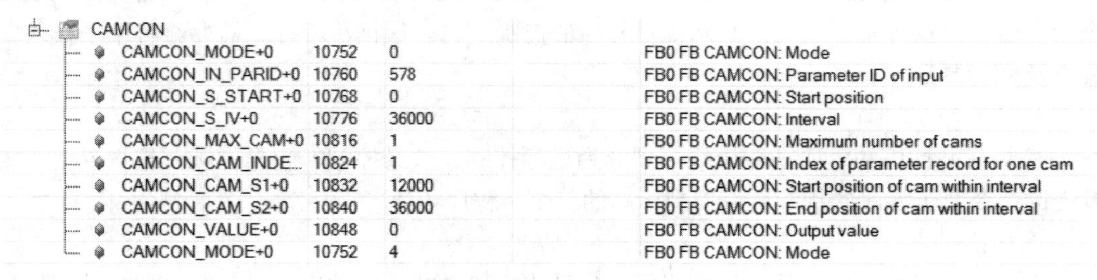

CAMCON

名称	地址	值	说明
CAMCON_MODE+0	10752	0	FB0 FB CAMCON: Mode
CAMCON_IN_PARID+0	10760	578	FB0 FB CAMCON: Parameter ID of input
CAMCON_S_START+0	10768	0	FB0 FB CAMCON: Start position
CAMCON_S_IV+0	10776	36000	FB0 FB CAMCON: Interval
CAMCON_MAX_CAM+0	10816	1	FB0 FB CAMCON: Maximum number of cams
CAMCON_CAM_INDE...	10824	1	FB0 FB CAMCON: Index of parameter record for one cam
CAMCON_CAM_S1+0	10832	12000	FB0 FB CAMCON: Start position of cam within interval
CAMCON_CAM_S2+0	10840	36000	FB0 FB CAMCON: End position of cam within interval
CAMCON_VALUE+0	10848	0	FB0 FB CAMCON: Output value
CAMCON_MODE+0	10752	4	FB0 FB CAMCON: Mode

图 8-118　CAMCON 功能块

（7）移位控制方式

移位在贴标机中是一个非常重要的概念。在设备的入口处有一个光点，用于检测是否有瓶子进入设备，当检测到有瓶子进入设备后，并不是马上贴标，而是要过一定的瓶位之后再贴标，这就是移位。移位处理不好会导致很多问题，例如不出标，漏标，连续出两张标。

在处理移位之前，首先要计算主轴编码器的位置，编码器每增加 36000 代表一个瓶位。Encoder2Pos 为从伺服中读取的编码器位置，Master Position 的范围是 0～36000，代表一个瓶位内的编码器角度。delt 为 DINT 类型的，该类型非常重要，为一个程序周期内的编码器增量，即使在 Encoder2Pos 溢出的情况下，同样可以进行正确的计算。

```
delt = Encoder2Pos - oldEncode2Pos;
    MasterPosition = MasterPosition + delt;
    if（MasterPosition >36000）
    {
        MasterPosition = MasterPosition - 36000;
}
oldEncode2Pos = Encoder2Pos;
```

（8）移位信号采集

移位信号采集有两种方式，一种是检测输入信号的上升沿，一种是检测高电平，这两种方式各有利弊。输入信号是会持续一段时间的，如果输入信号跨界了，在两个瓶位内都有信号，这时若使用检测高电平的方式，就会出现进一个瓶子出两张标的情况，所以采用检测上升沿的方式是比较可靠的。

8.2.8　模块化设计

模块化设计如图 8-119 所示。

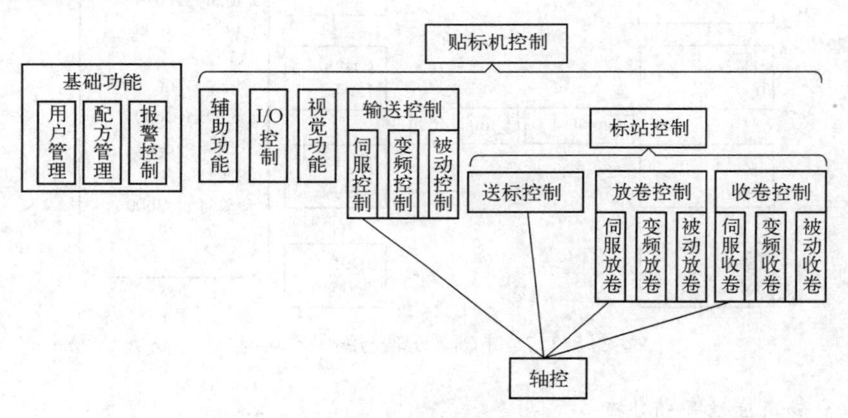

图 8-119　模块化设计

（1）主控程序

协调管理各个子功能，实现贴标机控制逻辑，完成开机、关机等控制。接收来自界面以及按钮的指令、参数，根据各个子模块的状态执行相应的控制逻辑。根据流程控制需要给各个子模块发送控制命令及控制参数。

（2）标站控制

标站控制是贴标机的主要功能模块，划分为送标控制、放卷控制、收卷控制。根据界面、主控程序发送的命令及子程序的状态协调控制标站的三个子程序模块。

（3）送标控制

送标轴的控制具有单张出标、连续出标、自动出标等功能。自动出标时，需要根据检测信号跟

随主传动同步运动完成贴标。该程序中不包含具体的轴控操作，具体的轴控操作在轴控程序中实现。该程序根据控制需要给轴控程序发送控制指令和参数，程序的各个参数需要保存在配方中。

（4）放卷控制

有三种实现方式：被动式、伺服、变频器，三种工作方式共用同一套接口。其中伺服和变频器方式根据标室信号来控制预放卷的量。该程序接收界面及标站控制程序发送的命令和参数，根据传感器和轴的状态控制轴运动以满足放卷的要求。该程序将当前的放卷状态及轴的状态反馈给上层程序，程序的各个参数保存在配方中。

（5）收卷控制

有三种实现方式：被动式、伺服、变频器。伺服和变频器方式需要控制浮动辊，用以减少标带的抖动，浮动辊控制应单独做成一个程序模块。收卷控制程序接收来自界面和上次程序的控制命令及参数，实现贴标后的标带收集功能。该程序根据浮动辊程序的输出控制运动速度，并换算传感器的数据为浮动辊控制程序所接收的浮动辊位置信号格式。

（6）浮动辊控制

浮动辊控制为收卷控制服务。该程序接收收卷控制程序发出的命令和界面参数，采用 PID 运算，产生收卷轴控制的线速度，并提供收卷轴的卷径估计。该程序不直接控制轴，轴的控制在收卷控制中，因为收卷可能采用力矩模式，该模式下没有浮动辊的控制。浮动辊的控制作为一个单独的程序存在，因为该程序可跨机型使用。

（7）标站管理

将标站分组管理，一个分组下面有一个或两个标站。一个标站时，若标站异常不能继续工作，则停止整机运行。两个标站时，同一时间只有一个标站工作，另一个标站待机。工作的标站为活动标站，活动标站不能继续工作时，则切换到备用标站工作。这种方式可以实现连续生产，换标签时不需要停止整机。

（8）输送带控制

输送带可以是伺服控制，也可以是变频器控制。输送带控制，或者称之为主传动控制，主要实现物料输送控制，决定了整机的实际生产速度。主传动的速度需要综合输入、出入口传感器状态，并根据操作按钮，界面参数等控制止瓶器的开关。该程序接收来自主程序的控制命令和参数，并更新自身的状态，供主程序参考。

（9）轴控功能

轴控程序控制实际的轴，分为实轴和虚轴控制。该程序接收来自与各个工艺相关的轴控程序的命令和参数，并执行相应的控制，程序更新各个轴的状态和错误信息供上层程序运行参考，运行参数来自上层工艺相关的程序，程序自身的各个参数不保存在配方中。

（10）止瓶器控制

根据用户操作、设定及传感器的状态，控制止瓶器的开关。

（11）I/O 控制

I/O 接口整体打包，方便工程师或客户根据实际接线来修改 I/O 配置。处理各个程序模块的输入/输出信号与硬件 I/O 模块上的物理信号之间的转换。

（12）辅助功能

包括理料及其他未归类功能。设备所必需的一些辅助类功能，比如，一个电磁阀的手动/自动切换等。

（13）视觉功能

视觉定位，视觉检测。

（14）用户权限管理

用于管理用户权限，不同的操作需要不同的用户权限，采用 mappUserX 实现。

（15）配方管理

用于管理设备参数等，采用 mappRecipe 实现。

（16）报警管理

属于基础功能，用于管理程序中的各种报警和异常，采用成熟的报警程序，mappService 中的报警程序使用起来过于复杂。

8.3 注 塑 机

当今社会，塑料与混凝土、钢铁、木材并称为四大工业材料，塑料制品作为主要的模具成型产品之一，是采用塑料为主要原料加工而成的生活用品、工业用品的统称，包括以塑料为原材料的注塑、吸塑等所有工艺的制品。

注塑机是塑料机械的一个重要分支，是产量最大、产值最高和出口最多的塑料机械制品。塑料机械是指塑料加工工业中各类机械的总称，其中塑料成型机（注塑机、吹塑机、挤塑机）占比最大，占塑料机械总产值的 80%以上，而注塑机又占塑料成型机的 40%，由此推算，注塑机占塑料机械大约 32%的产值。注塑行业产业链广泛，模具厂商、塑料厂商、机械厂商分别为注塑企业提供注塑所需的模具、原料和设备，注塑企业通过注塑将价值链继续传递，最终应用于汽车、家电、3C、包装等下游行业。

8.3.1 需求分析

近年来以手机壳和记录数据的介质（光盘 CD、数字影像光盘 DVD、磁光盘 MD 及微型光盘 MDS）为代表的薄壁产品需求旺盛，市场的发展潜力巨大。全电动注塑机节能、节材、环保、高效、精密、高速（注塑速度标准的为 300mm/s，高速的达到 700mm/s 到 750mm/s），适用于做各种塑胶薄壁产品及医药产品，生产市场前景广阔。

注塑行业正面临着一个飞速发展的机遇，然而在注塑产品的成本构成中，电费占了相当的比例，依据注塑机设备工艺的需求，注塑机油泵马达耗电占整个设备耗电量的比例高达 50%-65%，因而极具节能潜力。设计与制造新一代“节能型”注塑机，成为迫切需要关注和解决的问题，全电动注塑机正好满足这种需要。注塑机需求和期望如图 8-120 所示。

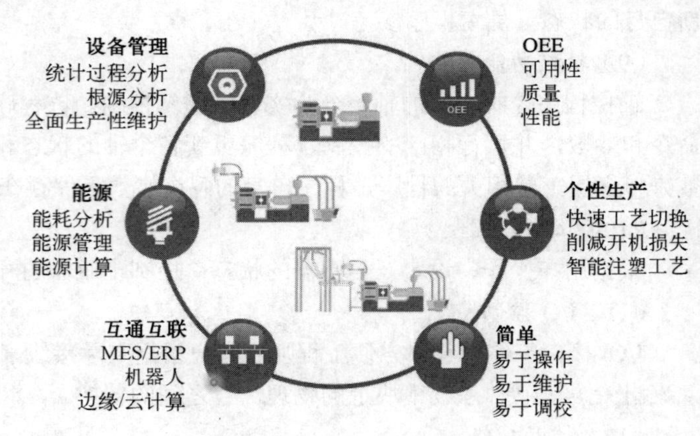

图 8-120 注塑机需求和期望

在现阶段的注塑机发展过程中，在终端客户方面，由于注塑机大规模的机器生产线需求，设备之间的信息互联互通与统一管理在生产管理中起到至关重要的作用，通过集成化的智能型工厂监控系统来实现生产线实时监测并将能源管理系统可视化展示，以便减轻维护成本，并更加灵活地记录生产信息，上传数据给数据库用于后续技术，比如，云计算的应用。对机械制造商而言，由于巨额的注塑机发件量，时间成本及维护成本相应地大幅提升，而部分功能复杂的机型及数据交互的要求也加剧了这一问题的急迫性，因此借助模块化的标准化开发与接口配置是当下注塑机研发的核心。

8.3.2 注塑机构造

注塑机是一种专用的塑料成型机械，其工作原理是利用塑料的热塑性，经加热熔化后，加以高压力使其快速流入模腔，经一段时间的保压和冷却成为各种形状的塑料制品。注塑机的工作原理与打针用的注射器相似，即借助螺杆（或柱塞）的推力，将已塑化好的熔融状态（即粘流态）的塑料注射入闭合好的模腔内，经固化定型后取得制品的工艺过程。

1．注塑机工作原理

注塑机是利用塑料的热物理性质，把塑料从料斗加入料筒中，料筒外由加热圈加热，使塑料熔融，在料筒内装有由马达驱动旋转的螺杆，塑料在螺杆的作用下，沿着螺槽向前输送并压实，塑料在外加热和螺杆剪切的双重作用下逐渐地塑化、熔融和均化，当螺杆旋转时，塑料在螺槽摩擦力及剪切力的作用下，把已熔融的物料推到螺杆的头部，与此同时，螺杆在塑料的反作用下后退，使螺杆头部形成储料空间，完成塑化过程。然后，螺杆在注射油缸的活塞推力的作用下，以高速、高压，将储料室内的熔融料通过喷嘴注射到模具的型腔中，型腔中的熔料经过保压、冷却、固化定型后，模具在合模机构的作用下，开启模具，并通过顶出装置把定型好的制品从模具顶出落下。注射成型是一个循环的过程，每一周期主要包括：定量加料—熔融塑化—施压注射—充模冷却—启模取件，取出塑件后再闭模，进行下一个循环。注塑机循环作业流程图如图 8-121 所示。

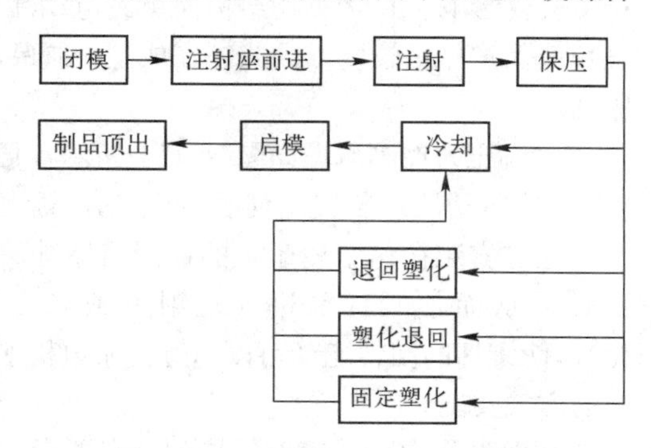

图 8-121 注塑机循环作业流程图

2．注塑机分类

注塑机根据塑化方式分为柱塞式注塑机和螺杆式注塑机，按机器的传动方式又可分为液压式、机械式和液压机械（连杆）式，按操作方式分为自动、半自动、手动注塑机。常见的注塑机分类方式如下：

- ◆ 以机械结构分：两板机、标准三板机；
- ◆ 以驱动方式分：液压注塑机、全电注塑机、电液复合注塑机；
- ◆ 以锁模机构的运动方向分：卧式注塑机、立式注塑机、角式注塑机等；
- ◆ 以原料分：热塑性塑料注塑机、热固性塑料注塑机（电木机）、粉末注塑机（金属、陶瓷、合金）、PET、BMC、尼龙扎带专用注塑机等；
- ◆ 以液压控制方式分：开环控制注塑机、闭环控制注塑机；
- ◆ 以锁模结构分：曲肘式注塑机、直压式注塑机、复合直压式注塑机；
- ◆ 以射出结构分：单色机、双色机、多色机。

3．注塑机结构

注塑机是一个机电一体化很强的机种，注塑机组成示意图如图 8-122 所示。

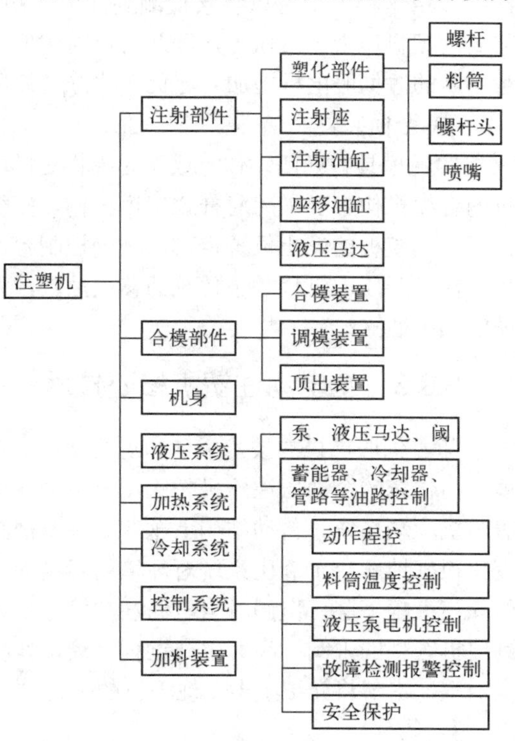

图 8-122 注塑机组成示意图

全电动式注塑机的所有运动都使用伺服电机驱动，全电注塑机结构如图 8-123 所示（图中，1-模具开合伺服电机；2-塑化伺服电机；3-射胶伺服电机；4-调模变频电机；5-顶出伺服电机；6-螺杆加热器；7-射台移动电机）。

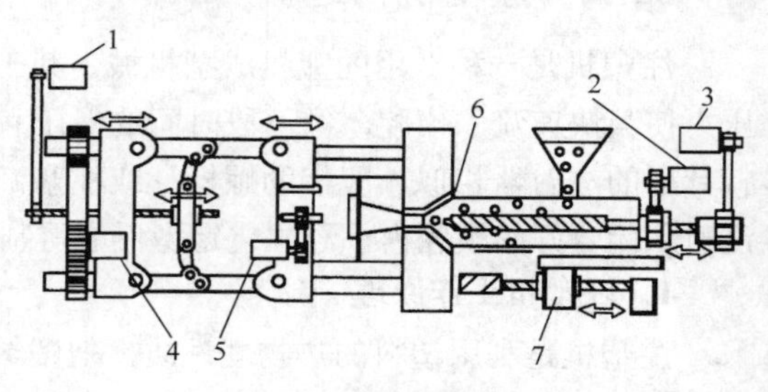

图 8-123 全电注塑机结构

① 注射装置

注射装置是实现塑料的塑化、注射，包括料斗、料筒、加热器、计量装置、螺杆及驱动装置、喷嘴等部件。注射装置的结构和控制方式对制品的质量起着决定性的影响，是注塑机中的关键部件。

采用伺服电机驱动注塑机注射装置通常有两种方式：皮带驱动方式和直接驱动方式。皮带驱动精度会受影响，直接驱动结构简单。电动注塑机注射机构，要求电动机转速较低、转动力矩大，而且超载保护作用较弱。因此，在成型大制品时，通常使用皮带驱动，而对于小制品则常常采用直接驱动。

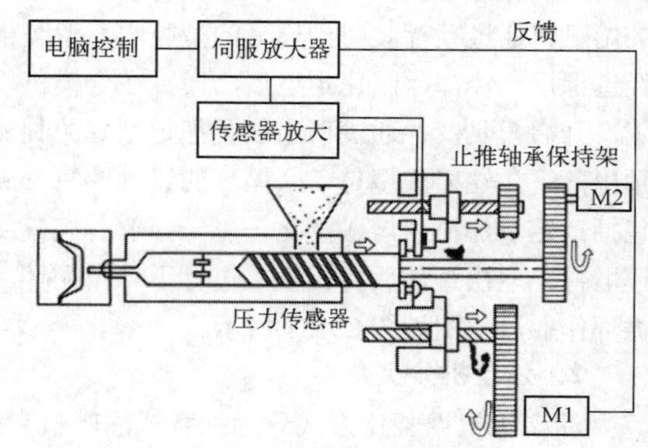

图 8-124 注射压力控制原理

注射压力控制原理如图 8-124 所示，伺服电机 M1 直接驱动注射装置，伺服电机 M1 轴上装有带轮，通过安装在这个轮子上的齿形带驱动滚珠丝杆回转，从而使螺杆前进（注射）或者后退（塑化），而螺杆的回转运动可以通过伺服电机 M2 以同样的方式实现。

注射过程中除了速度的控制，还要考虑注射压力的控制，在螺杆末端的止推轴承保持架上安装压力传感器，通过其反馈信号对注射压力进行精确的控制。用这种方法可以直接检测到注射或塑化时加料筒内塑料压力的反压力，因此可以对注射压力、保压压力进行精确的控制，而塑化压力则采用连续不断的对伺服电机施加一定负载的方式进行控制。

② 合模装置

实现模具的开闭动作，成型时提供足够的夹紧力使模具锁紧，开模时推出模内制品。电动注塑机的合模机构主要采用肘杆式锁模机构。模板开合动作采用伺服电机的优点是：模板开合速度易于控制，动模板的停止位置也可以精确控制等，这就需要价格较贵的大型伺服电机。全电合模装置包括：模具开闭电机代替了传统的移模油缸，调模电机替代了传统的调模油缸，顶出电机则替代了传统的顶出油缸。

8.3.3 全电动注塑机核心技术

随着伺服电机的技术成熟和价格下降，以及环保和节能的需要，全电动注塑机得到了迅速的发展。与传统的全油压注塑机相比，全电动注塑机在动力驱动系统上抛弃了油压驱动系统，而采用伺服电机驱动系统。传动结构上抛弃了柱塞油缸结构而采用滚珠丝杆和同步皮带结构，这些结构上的变化很好地解决了液压系统对环境的污染问题，同时也极大地提高了设备的生产效率，使机械产生的噪声大幅下降。但同时全电动注塑机也带来一些新的技术课题，比如，锁模力和注射保压时间受到电机选型的限制；高速生产过程，滚珠丝杠易于磨损；高速注射的保压压力控制，易于出现机械噪声等。本节将介绍全电动注塑机的关键技术——锁模、射胶控制循环以及保压控制系统。

1. 锁模

目前在 300 吨以下的中小型机上，电动注塑机的合模部分大多采用“伺服电动机—同步带—滚珠丝杆—双曲肘合模机构”这样的标准式设计方案，由锁模伺服电机通过同步带减速传动，带动与带轮配合的滚珠丝杆，进而推动十字头。

合模装置是保证成型模具可靠闭紧和实现模具启闭动作及顶出制品的部件，在注射成型时，必须具有足够的锁模力。另外，电动机驱动系统还应满足模具启闭时的速度要求，既要考虑缩短空载行程的时间，以提高机器的生产率，同时又要考虑到模具启闭过程的缓冲要求，以防止损坏模具和制件，避免机器受到强烈的震动和产生撞击噪声。此外，为了满足模具安装和制品取出时空间位置的要求，合模装置还必须对动模板的移动位置有精确要求。

综上所述，合模装置主要对合模力、速度、位置三方面的控制提出要求，除此之外，还需要有完善的模具保护措施。通常注射用的模具精密且结构复杂，如果模具内留有制品或者残留物，或者在使用嵌件时嵌件的位置没有正确放置，模具按设定合模的话，会使模具受到损伤。低压试合模是在液压式注塑机上普遍应用的模具保护方法，它将动模板靠近定模的最后阶段使用低压，确认动模和定模无障碍物时（以模板达到某个行程位置为判断依据），再增大液压压力达到所需的锁模力。而在全电动注塑机中，模具保护通过在临近定模的位置设定一个检测区间，电动机以低速低转矩推动动模靠近定模，同时检测电动机负载电流的变化是否超限来确定有无障碍物。

合模装置又称为锁模装置，它是保证成型模具可靠闭合和实现模具启闭动作，即成型制件的工作部件。合模装置的结构组成为：模具、前模板、动模板、后模板、拉杆、传动机构等。传统的合模装置按工作原理可分为两类：直压式和肘杆式。它们的主要区别体现在移模油缸与动模板的连接上，直压式为油缸与动模板直接连接，肘杆式为油缸经过肘杆机构与模板连接。

在电动注塑机中，用电动机取代了原有的液压油缸，为了使电动机输出的转动作用转换为动模板的直线运动，在结构设计中用移模丝杠替代了原有的移模油缸。它利用螺纹具有行程升角，能将转动变换为直线运动的原理来实现运动形式的转换。由于合模机构在原理上并没有本质的改变，因此，电动注塑机也可以类似地划分为直压式和肘杆式两大类。肘杆式具有增力（力矩放大）的作用。肘杆式合模机构又可以分为单曲肘式和双曲肘式。前者主要用于合模力在 1000kN 以下的小型机器，后者则用于较大型的机器。其工作原理如下：当电动机正向转动时，移模丝杠带动肘杆机构推动模板向前运动。当模具的分型面接触时，肘杆机构尚未形成一线排列，动模板受到变形阻力的作用。此时电动机的转速降低，扭矩增大，使作用在移模丝杠上的作用力不断增加，直至足以克服变形阻力，使肘杆成为一线排列。合模机构发生的弹性变形对模具实现了预紧，其预紧力即为合模力。在开模时，电动机反转，在移模丝杠力的作用下，肘杆的一线排列被破坏，动模板被迫与定模板分离并退回合模前的初始位置，从而实现开模。

电动注塑机对模具保护性能的改善，在注塑成型获得制品的过程中，离不开模具的使用。通常注塑用的模具都比较精密，结构较复杂，价格也相当高。更主要的是模具的好坏直接影响到制品的质量，因此，在成型过程中对模具的保护是一个非常重要的问题。

当模具内留有制品或残余物，或者在使用嵌件时嵌件的位置未能正确放置时，模具按设定的要求进行合模过程，会使模具受到损伤。目前模具保护主要采用低压式合模的方法。

低压式合模是在液压型注塑机中常用的模具保护方法，它将合模过程分为三级：慢（低压）、快（低压），在移模将要闭合前确认动模与定模无障碍物时，再增大液压压力达到所需的锁模力，此时为第三级即慢（高压）。

2．射胶控制循环

注射装置在整个工艺过程流程中的工作过程：首先，射台移动电动机正转，驱动整个射台向模具的方向运动，至喷嘴与模具的浇口接合，射台移动电动机停止转动，射台静止。当注射动作开始时，射胶电动机工作，注射螺杆向前移动，将积存在螺杆筒前端的熔料注射进模腔中。保压过程完成后，开始预塑化，这时熔胶电动机工作，使得注射螺杆边转动边退回，螺杆在转动中的后退量决定了在螺杆头部积存的熔料量，当螺杆退回到计量值时，熔胶结束。

① 注射充模

螺杆迅速向前运动将熔体经过喷嘴注射到成型模具中。熔体经喷嘴射出的速率对最终制品的分子排列及剩余应力有很大的影响。由于在充模阶段注射速度会影响剪切力和剪切速率进而影响最终的产品质量，故注射速度是充模阶段的一个重要参数，模腔中的压力可由其控制。注射阶段可通过对螺杆注射速度的控制来进行，分级注射可使熔体表面流动速度近似为常数，熔体流动速度决定制品的分子排列取向、内部应力。

注射速率不当会产生蛇形、表面光泽不良、烧焦、龟裂、熔接痕、溢料、飞边和欠注等成型缺陷。充模阶段是注射成型最重要和最复杂的阶段，其重要性不仅在于在这一阶段得到制品的形状和尺寸，而且还在于制品的外观质量和主要性能也在很大程度上与这一阶段的工艺选择、控制是否得当有关。由于热塑性塑料熔体在注射成型条件下的流动多表现出非牛顿弹性体的特点，加之充模流动过程又不可避免地伴随着熔体降温，还有流道几何形状和尺寸的复杂多样，从而给这一成型阶段的分析与控制增加了很多困难。

② 保压阶段

精确地切换时间（充模→保压）是保证制品质量一致的重要参数。它依赖于时间、位置、压力和速度。该过程中的主要变量为：保压压力、塑料在模腔中的量、熔体温度。熔体温度指加热螺杆筒内熔融材料的温度，常以螺杆筒温度代表，但当螺杆转速高时，由于摩擦剪切热的增加，树脂温度会升高，有时甚至会超过螺杆筒温度，因此设定时要考虑这些因素。保压压力决定了补缩位移的大小，保压压力越大，萎缩越小。

③ 塑化计量

成型物料在注射机螺杆筒内的塑料经过加热、压实及混合等作用后，由松散的粉状或粒状固态转变成连续的均化熔体的过程称为塑化。塑料经过塑化之后，其熔体内必须组分均匀、密度均匀、粘度均匀和温度分布均匀。只有这样，才能保证塑料熔体在下一阶段的注射充模过程中具有良好的流动性（包括可挤压性和可模塑性），才能最终获得高质量的塑料制品。

所谓计量是指能够保证注射机通过螺杆或柱塞将塑化好的熔体定温、定压、定量地输出螺杆筒所进行的准备动作。随着螺杆的旋转，塑料原料被推送到螺杆筒的顶端。螺杆筒上的加热器和由于摩擦产生的热量对塑料原料进行均匀加热。高分子塑料原料逐渐在螺杆筒前端积累而产生压力，该压力足以使螺杆向后移动，或者说螺杆被向后推。熔胶结束时，熔融的塑料熔体已经在螺杆筒中积累起来。这个过程又称为预塑过程或计量过程。螺杆后退的距离称为预塑行程或计量行程，等于注射行程；计量容积等于注射容积。计量动作的准确性除了与螺杆筒及螺杆的几何尺寸有关，还与注射控制精度有关。

在注射过程中，由于采用先进的控制算法如磁场定向控制（FOC）或直接转矩控制（DTC），使得电动机的输出转矩能保持在稳定的状态，从而能克服因螺杆筒里熔体分布不均等因素而造成螺杆在注射过程中的抖动问题。

由于全数字伺服控制能达到很高的精密性，因此，不论是注射过程中注射与保压阶段的切换还是塑化过程中对熔料的计量都能实现精确的控制，因而制品的成型具有很高的稳定性。

在注射阶段采用分级注射的方法能消除溢料、飞边等多种缺陷，在传统的液压型注塑机中，虽然也可以设定分级的注射参数，但是由于液压控制过程的响应较慢，控制精度较低，因而很难真正达到分级注射所设定的要求。在电动注塑机中，由于数字伺服控制技术的引入，采用全数字的闭环速度和位置的反馈控制能确保注射过程在每一阶段严格按照所设定的注射参数进行运行，从而进一步使得成型制品具有优异的性能。

④ 智能曲线跟踪

由于电动注塑机具有控制精度高、稳定性好等特点，在电动注塑机注射阶段的控制中出现了一种智能曲线跟踪控制，该方法是从注射开始到保压完成的全区间内，把优质制品成型时得到的压力波形作为目标，把外部干扰信号放入控制系统环节中，通过对压力波形编辑和自控来跟随这个目标压力波形，从而抑制注射压力波形的变动，保持自适应注射成型波形稳定。智能跟踪控制电动注塑机的注塑曲线如图 8-125 所示。

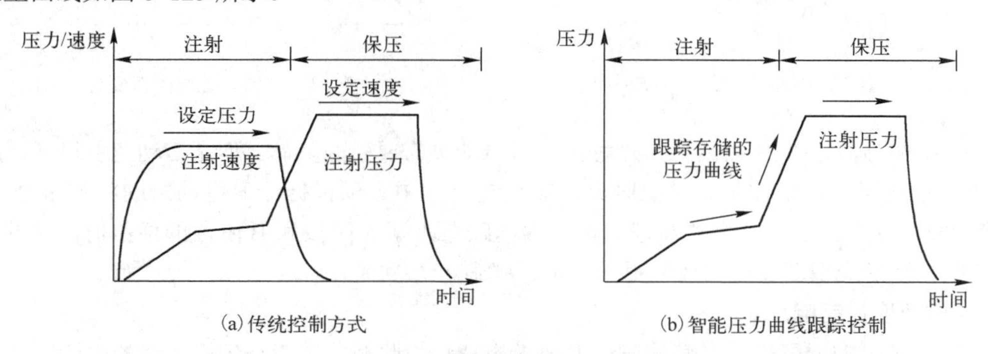

图 8-125　智能跟踪控制电动注塑机的注塑曲线

智能曲线跟踪原理：通常注射过程控制采用速度和保压切换方式，在速度切换和射出速度控制的条件下，树脂的压力对应于注射速度的流动阻力值，不是直接的控制对象。而且在成型时由于金属模具温度、树脂的粘度、模具内部封闭空间和流道比较复杂等原因，树脂填充的流动阻力变化很大，相应的压力波形变化也很大，连续地记录树脂压力变化从而得到压力波形的变动，通过视觉来判断实际成型压力波形对成型状态稳定性的影响。实际上压力波形的变动幅度和成型稳定性之间一般有很强的相关性，人工智能压力曲线跟踪控制就是基于这种事实，直接控制压力波形，尝试获得稳定的成型。

在注射精密成型领域中，压力控制也是非常重要的环节. 压力控制不仅受摩擦等外围因素的影响，而且在保压时，树脂的冷却、收缩也会导致压力发生变化。

在注射成型过程中，压力对成型制品有着重要的影响。因此，位置控制和速度控制都在很完善的伺服控制系统上附加必要的压力控制，才能最大限度地获得优质的制品性能。采用基于速度环节切换压力闭环控制，是目前电动式注塑机控制中的一个关键技术。

压力智能追随控制，人工智能（AI）在电动伺服式注塑机上应用主要是消除由于机械的因素和外部干扰问题对制品精度的影响。导入 AI 控制，调测环境的变化规律并能自控，实现智能控制。其中比较有效的方法有 AI 压力波形跟随控制和闭环增益跟踪控制。图 8-126 所示为法那克公司电动注塑机人工智能压力控制曲线，是从注射到保压全过程的压力跟踪控制曲线。

增益跟踪控制是基于塑料树脂注入模具三个阶段的过程，在注射丝杠安装压力传感器测量注射压力曲线，丝杠的压力实现闭环伺服跟随曲线控制，用伺服跟随闭环增益放大就能实现控制性能稳定。在注塑机射出装置中螺杆移动速度大，对应于图 8-127 所示注入金属模具过程中树脂的流动状态，加在射出用的伺服电动机上的负荷是变动的。考察熔融树脂注入金属模具三个阶段，根据不同特点，需要对增益进行跟踪控制。树脂流入状态变化如图 8-127 所示。

图 8-126 中 A 阶段是把熔融树脂快速注入金属模具的过程，比 B、C 阶段速度快，并且一边改变速度一边往前运动。当树脂流动途经路径形状复杂，特别是当穿过狭小的缝隙部分时，负荷的变动会很大。因此，在 A 阶段增益较大并且需要动态调整。

B 阶段出现在树脂填充接近尾声时，射出丝杆负荷急剧增大，同时射出速度急剧减小，这种减速如果不正常进行，在压力波形上就会发生被称为尖峰压力值的现象，制品就会产生条痕等成型不良现象。因此，在这个阶段为了抑制射出速度，必须有合适的增益。

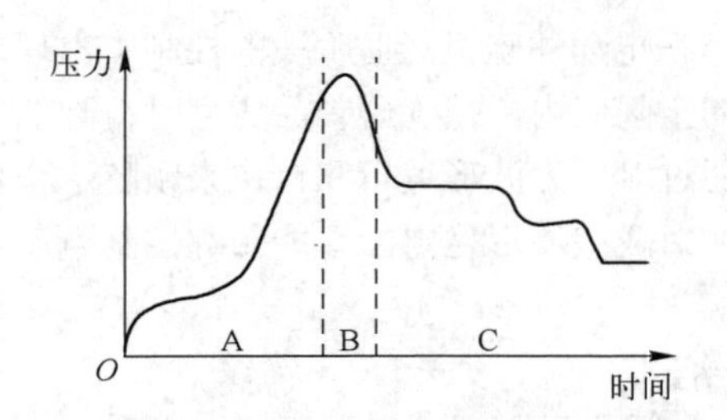

图 8-126　电动注塑机人工智能压力控制曲线

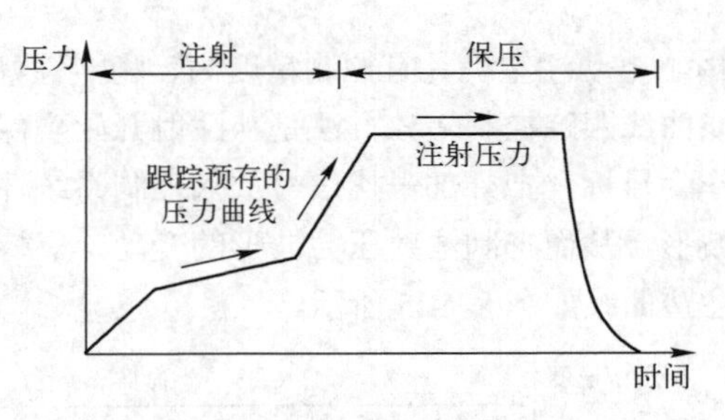

图 8-127　树脂流入状态变化

C 阶段是树脂填充完毕后的保压过程，注射电动机需要高的负荷。但是运动速度很低，所以用比较小的增益就能够稳定控制。由此时见，在控制过程中必须根据注射电动机的状态来分辨 A、B、C 等阶段，以实验方法求得 C 阶段的增益为基础来计算 A 阶段和 B 阶段的增益值，通过闭环增益跟踪调整使注射成型全过程的控制更加稳定、精确。

⑤ 注射速度控制响应

小型圆片之类的薄壁制品，其注射速度要求极高，与此相反透镜与棱镜之类的厚壁制品则要求极低的注射速度，而且要能进行微量控制，因此希望注塑机的注射速度的控制范围尽可能宽。

液压式注塑机通过采用蓄能器技术可以产生较高的注射速度，而对于低注射速度区域，由于液压阀和蓄能器的动作特性，注射速度必然受到一定的限制，不可能产生很低的注射速度。伺服电动机的速度控制特性一般是比较好的，速度可以从极低到极高范围加以控制。例如，法那克公司的 AUTOSHO50B（500kN）型，速度范围为 0.3～285mm/s，高低相差近 1000 倍。

对于电动式注塑机的注射速度问题，日本住友重机械工业的 SE150 型电动式注塑机（1500kN）最大注射速度为 300mm/s，SG150 型液压式注塑机（1500kN）带有蓄能器最大注射速度为 300mm/s。

从上述数据可以看出，伺服电动机驱动的注塑机可以获得与装有蓄能器的液压式注塑机同样高的注射速度。然而，可以认为电动式注塑机的优点之一，与其说是高速性还不如说是速度范围宽，特别是低速之下易于控制。

液压伺服系统与电气伺服系统比较如图 8-128 所示，从图中可以看出电气伺服系统中的伺服电动机，相当于液压传动装置中的动力源油泵，同时又直接起着液压伺服阀和执行元件（油缸）的作用，所以其响应速度快，精度也高。

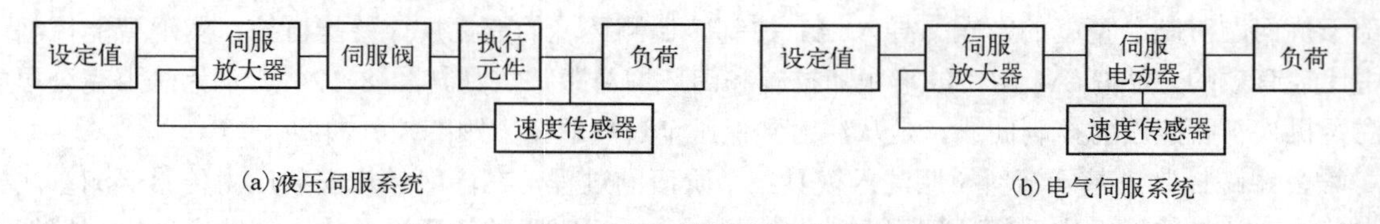

图 8-128　液压伺服系统与电气伺服系统比较

一般来说，注塑机的注射压力和注射速度的上升时间短是十分重要的，特别是在小型制品、短注射行程的场合，若响应特性差，在达到设定速度之前注射动作就已停止，那么速度控制就不能完成本身的功能。而且，如果加速时和减速时响应特性都差的话，那么注射程序控制指令，与实际值就会不一致。

因此，在高速和低速的整个速度范围，具有高响应特性十分关键。同时，从高速向低速尽可能平滑转换，且能在短时间内完成也是十分关键的。因此，在注射动作结束向保压切换时，完成平稳的 *V-p* 切换控制，防止过充填，进行稳定的保压是十分重要的。在早期的电动式注塑机中，上述这一问题难以实现，现在已得到明显改善。即将保压之前，注射速度剧减 *V-p* 切换控制如图 8-129 所示。

由于电动式注塑机伺服电动机的特性，注射压力的上升速度比液压式快数倍，但是与液压式注塑机相比，电动式注塑机的注射速度的上升速度要差一些。何服电动机和滚珠丝杠等部件都存在着惯性问题，要使上升速度加快，解决办法是开发惯性小的伺服电动机，并采用滚柱丝杆以减小惯性。在全电动式注塑机和液压式注塑机上安装同一套模具，通过压力传感器测定模腔压力，比较两种注塑机注射时模腔压力的变化。比较结果表明，即使两种注塑机的设定值相同，但从模腔压力的建立来看，全电动式的压力响应要快。其压力传递特性对比如图 8-130 所示。

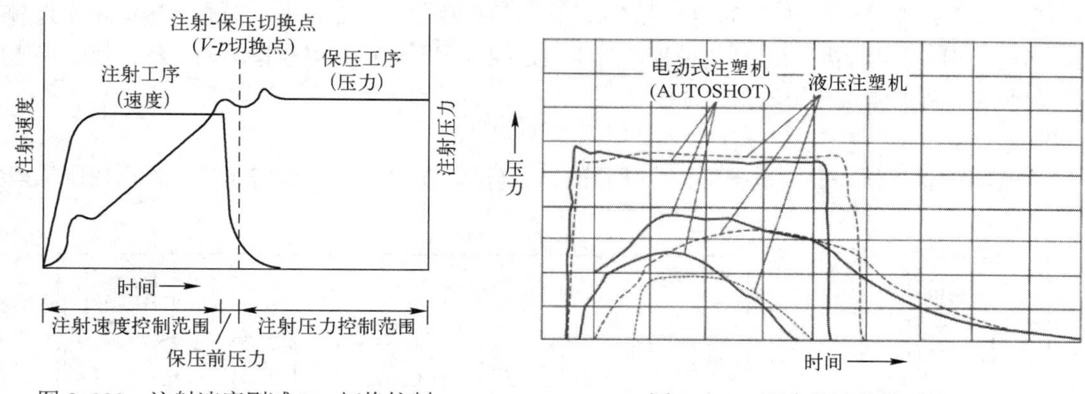

图 8-129　注射速度剧减 *V-p* 切换控制

图 8-130　压力传递特性对比

但是，响应特性高未必能得到好的效果，因为响应特性过于敏感，对外界阻抗响应过快，会使模具过早承受高压而损坏，所以工艺条件设定时需要对此充分注意。

有关电动式注塑机注射压力响应特性的讨论，一般集中在注射压力的缓冲效果方面。用料是典型的粘弹性物质，而施加注射成型压力的液压装置的传动中的液压油也是粘弹性物质。因此可以认为，在保压阶段即使设定同样的保压条件（压力大小和保压时间），电动式与液压式两种注射装置施加在加热螺杆筒内的物料的实际压力也是不同的。电动式的注射压力迅速增加，可以说是硬态加压。

与此不同的是，液压式注射装置由于成型物料和液压油在加压的同时都稍有压缩，所以物料缓慢地受压成型，与电动式相比，其施加的压力容易均匀一致。由此可知，液压式注射装置所具有的压力“不清晰现象”对制品的质量会带来良好的影响。

3. 保压控制系统

注塑机的注射过程，包括射胶过程和保压过程两个阶段。根据注塑工艺的不同，射胶又可以分为射胶一段、射胶二段等，保压又可分为保压一段、保压二段等。射胶和保压之间通过时间、位置、压力或者外部输入等信号进行切换。

（1）保压过程

当高温熔体射入膜腔后，注塑过程进入保压补缩阶段，少量熔体在外部压力作用下缓慢流入膜腔以弥补熔体冷却产生的收缩，这个过程叫作保压过程，该过程持续到浇口封冻为止。注射、保压速度压力设定如图 8-131 所示。

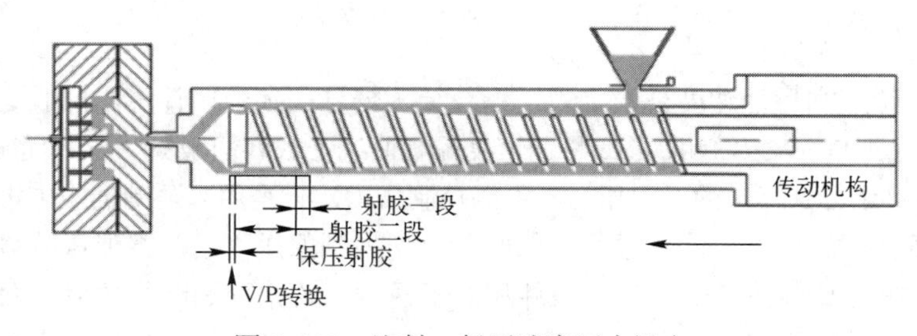

图 8-131　注射、保压速度压力设定

在该过程中，如果保压切换（V/P 转换）时出现压力超调，则易于在产品上造成流痕；如果保压压力不稳定，则可能使产品出现尖锐的不平滑曲线。如果保压压力过大，则容易导致塑料制品出现粘模造成脱模困难，还有可能使塑料的残余应力增加，出现毛边或漏料缺陷。若保压压力过小，则塑料制品将发生收缩翘曲或空洞现象。因此，如何保证保压压力的平稳恒定，无延时，无超调，将成为保压控制的核心和关键。

全电动注塑机注射系统的机械传动结构中，伺服电机通过同步带控制同步齿轮的运行，在同步齿轮的另一端，伺服电机经减速后，控制滚珠丝杠的前后移动，从而将电机的旋转运动转换为射胶的直线运动。因此，控制射胶运动的过程，其实就是控制伺服电机点对点运动的过程；控制保压的过程，就是控制伺服电机扭矩输出的过程。

（2）保压过程控制

一个完整的保压压力控制系统包含执行硬件、控制算法、压力传感器等组件。保压控制模型如图 8-132 所示。

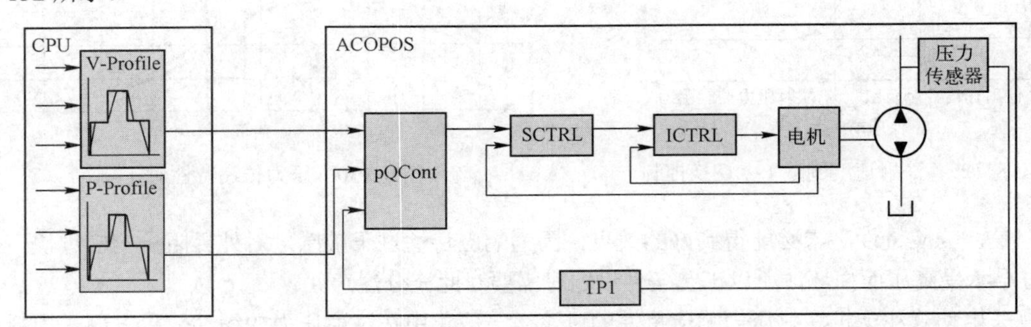

图 8-132　保压控制模型

其中，V-Profile 为速度曲线规划函数；P-Profile 为压力曲线规划函数；pQCont 为压力控制函数；SCTRL 为速度控制函数；ICTRL 为电流控制函数；TP1 为对压力采样信号进行滤波的一阶惯性函数。

速度曲线规划函数和压力曲线规划函数，根据用户设定，由系统自动生成，用户需要完成基本参数的设置。射胶保压参数设定如图 8-133 所示。

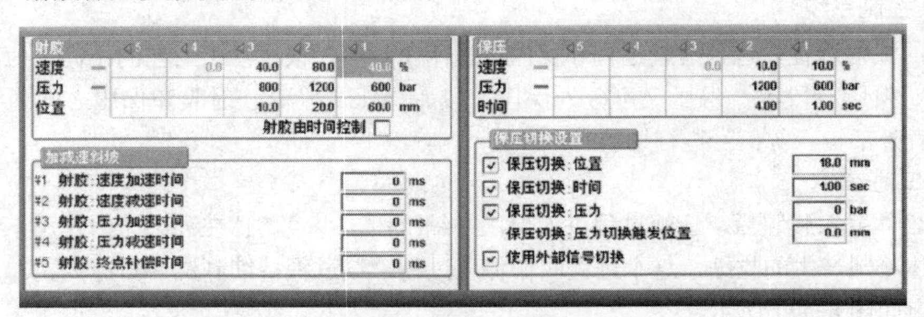

图 8-133　射胶保压参数设定

当射胶的目标位置和目标速度被设定后，系统会根据这些参数，计算出射胶运动的速度规划曲线。上位机 CPU 通过 POWERLINK 总线将该速度控制曲线下载到伺服驱动器，伺服驱动器按照该规划路径控制伺服电机运行。此时的设定压力不作为控制压力，只是用来限制伺服电机的扭矩输出。

当保压切换条件被触发时，注射过程由射胶阶段切换到保压阶段。在保压阶段，压力曲线同样通过压力规划函数来计算。由于保压切换条件相对于通过位置来规划路径的射胶曲线来说，其具有不确定的特点。因此，伺服驱动将马上中断其速度曲线规划路径，转而执行由压力环控制器输出的设定速度。此时，压力环和速度环同时工作。上位机将保压压力设定曲线，通过 POWERLINK 下载给伺服驱动器，压力环控制器根据该设定曲线，控制伺服电机按设定速度输出，速度控制器接收该设定速度，控制伺服电机的运行。

根据伺服电机的控制特点，电流控制函数通常由伺服驱动器内部完成，因此，速度控制函数便成为整个注射控制环节的最后执行单元，其控制的好坏将直接影响保压压力的稳定。保压过程中，电机需要频繁正反转和加减速来泄压和增压，如果依然使用传统的直线型加减速控制方式，将会造成速度突变，扭矩增加，导致压力突变和机械噪声。因此，全电动注塑机控制器在速度控制上采用广泛应用于数控机床和机器人行业的 S 型加减速控制方式。该方式在控制电机启停和速度突变时，通过控制加速度的变化率 Jerk，来控制加速度的变化，通过对 Jerk 的控制来保证电机速度在正反转衔接处是平滑过渡的，从而保证保压压力是平稳变化的。

8.3.4 注塑机控制算法

全电动注塑机基于 PID 环节的温度控制系统的模块化设计和控制理论、保压控制路径规划、模型推演、压力实验结果分析，是全电动注塑机控制算法需要研究的内容。

1. 温度控制系统设计方案

由于温度控制具有一个大惯性纯滞后的特点，在短时间内对控制量输出的精确性要求不高，因此对于控制对象（主要是加热器和风扇）的控制可以采取等效 PWM 的控制方式，避免了使用价格较贵的模拟量输出模块，而所达到的效果几乎是一样的。PLC 温控系统结构如图 8-134 所示。

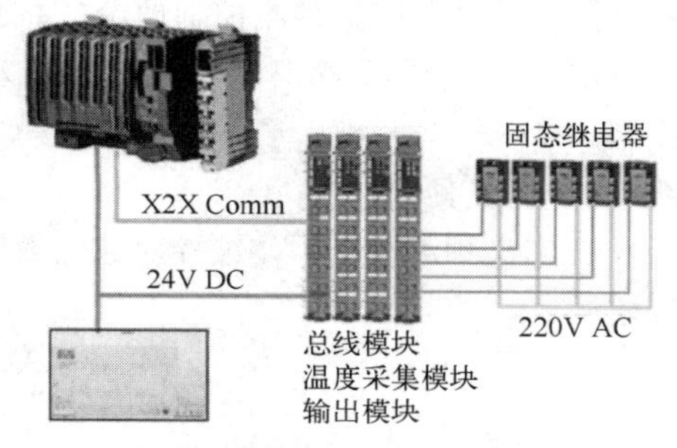

图 8-134 PLC 温控系统结构

（1）温控系统程序模块化设计

温控系统程序基于 C 语言和 AS 自带的界面工具进行设计，主要包括控制算法和操作界面两部分。温控系统程序拓扑结构如图 8-135 所示。

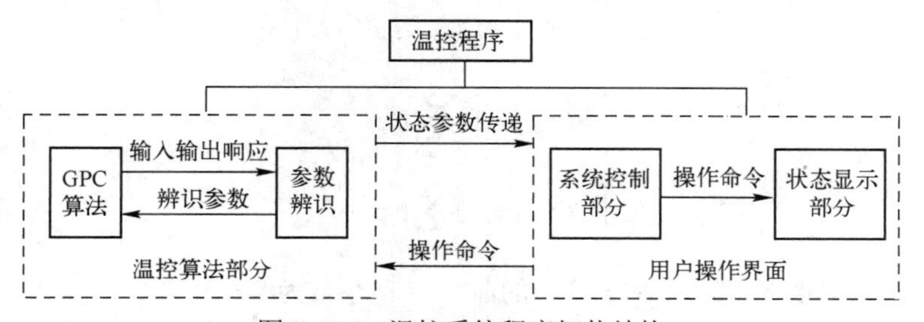

图 8-135 温控系统程序拓扑结构

温控系统子程序模块可以分为四个子程序模块，如图 8-136 所示，子程序主要靠全局变量传递来完成关联。控制模块以 GPC 调节模块为核心，GPC 调节模块包括了温度的直接读取部分。

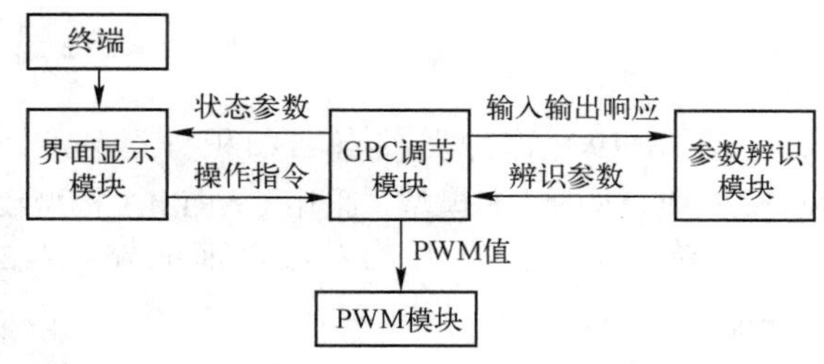

图 8-136 温控系统四个子程序模块关系

温控系统子程序模块主要功能如下：

① GPC 调节（GPC.c）与参数辨识程序（bs.c）：GPC 调节向参数辨识传递输入/输出响应变量，以单个温度区为例，即 GPC.c 向 bs.c 传递每个控制周期的温度记录 t，以及控制对象 PWM 值 out；参数辨识由输入/输出响应的关系辨识出新的 GPC 控制参数：canshua0, canshua1, canshub0, canshub1，并传递给 GPC 调节程序，用

于更新GPC算法的计算矩阵。

② GPC调节与PWM作用程序（t.c）：GPC调节根据当前温差 E，和上一周期的输入/输出响应，通过GPC算法得到目标温度所需要的控制量PWM值，传递给PWM作用程序，对控制对象产生控制作用。

③ GPC调节与界面显示程序（viso界面和zhibiao.c）：GPC调节向界面显示程序传递各种状态变量，包括实时温度、控制量PWM值、温度误差、控制周期等，经界面显示程序传送到终端上，最终反馈给操作者；操作的操作指令可以通过终端，经由界面显示程序传送到GPC调节程序中，以便实施调整控制策略。温控系统程序流程图如图8-137所示。

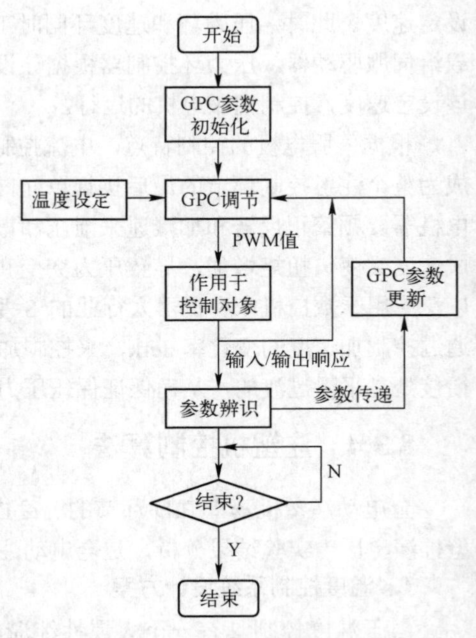

图8-137 温控系统程序流程图

（2）基于广义预测控制的自适应PID控制器设计

实现温度控制系统的GPC内的PID控制所需的最优控制律计算基于广义预测控制理论，并通过对应的系统辨识方法对系统进行辨识，从而推导出对应的PID控制模型。

① 广义预测控制

在广义预测控制中，被控对象的数学模型采用下列具有随机阶跃的非平稳噪声的离散差分方程描述：

$$A(z^{-1})y(k)=B(z^{-1})u(k-1)+\frac{C(z^{-1})\xi(k)}{\varDelta} \tag{8-17}$$

式中，y、u、ξ 为系统的输入/输出和均值为零、方差为 σ^2 的白噪声；Δ 为差分算子，$\varDelta=1-z^{-1}$。其中

$$\begin{cases} A(z^{-1})=1+\sum\limits_{i=1}^{n_a}a_i z^{-i} \\ B(z^{-1})=1+\sum\limits_{i=0}^{n_b}b_i z^{-i} \\ C(z^{-1})=1+\sum\limits_{i=1}^{n_c}c_i z^{-i} \end{cases} \tag{8-18}$$

当系统延时 $d>1$ 时，只要令多项式 $B\left(z^{-1}\right)$ 中的前 $d-1$ 项系数为零即可。

将差分算子 $\varDelta$ 乘以式（8-17）两边后可得：

$$\overline{A}(z^{-1})y(k)=B(z^{-1})\varDelta u(k-1)+C(z^{-1})\xi(k) \tag{8-19}$$

式中

$$\overline{A}\left(z^{-1}\right)=A\left(z^{-1}\right)\varDelta=1+\sum_{i=1}^{n_a+1}\overline{a}_i z^{-i} \tag{8-20}$$

式（8-19）称为受控自回归积分滑动平均（Gontrolled Auto-Regressive Integrated Moving Average，CARIMA）模型，采用CARIMA模型设计的控制系统具有抑制随机阶跃噪声的能力。

为导出利用当前时刻 k 及以前的输入/输出数据预测 $k+j$ 时刻的 j 步导前输出，引入Diophantine方程。

$$C\left(z-1\right)=\overline{A}\left(z^{-1}\right)R_j\left(z^{-1}\right)+z^{-j}S_j\left(z^{-1}\right) \tag{8-21}$$

$$R_j(z^{-1})B(z^{-1})=C(z^{-1})G_j(z^{-1})+z^{-j}E_j(z^{-1}) \tag{8-22}$$

式中
$$\begin{cases} R_{\mathrm{j}}(z^{-1}) = 1 + \sum_{i=1}^{j-1} r_{\mathrm{j,i}} z^{-i} \\ S_{\mathrm{j}}(z^{-1}) = 1 + \sum_{i=0}^{n_s} s_{\mathrm{j,i}} z^{-i} \left[n_{\mathrm{s}} = \max(n_{\mathrm{a}}, n_{\mathrm{c}} - j) \right] \\ G_{\mathrm{j}}(z^{-1}) = 1 + \sum_{i=0}^{j-1} g_{\mathrm{j,i}} z^{-i} \\ E_{\mathrm{j}}(z^{-1}) = 1 + \sum_{i=0}^{n_e} e_{\mathrm{j,i}} z^{-i} \left[n_{\mathrm{e}} = \max(n_{\mathrm{c}} - 1, n_{\mathrm{b}} - 1) \right] \end{cases} \tag{8-23}$$

将式（8-23）代入式（8-19）中，经整理可得出系统的 j 步导前输出为：

$$y(k+j) = G_{\mathrm{j}}(z^{-1}) \Delta u(k+j-1) + \frac{E_{\mathrm{j}}(z^{-1})}{C(z^{-1})} \Delta u(k-1) + \frac{S_{\mathrm{j}}(z^{-1})}{C(z^{-1})} y(k) + R_{\mathrm{j}}(z^{-1}) \xi(k) \tag{8-24}$$

用估计参数代替上式参数的系统的 j 步导前输出为：

$$y_{\mathrm{m}}(k+j) = \hat{G}_{\mathrm{j}}(z^{-1}) \Delta u(k+j-1) + \frac{\hat{E}_{\mathrm{j}}(z^{-1})}{\hat{C}(z^{-1})} \Delta u(k-1) + \frac{\hat{S}_{\mathrm{j}}(z^{-1})}{\hat{C}(z^{-1})} y(k) + \hat{R}_{\mathrm{j}}(z^{-1}) \xi(k) \tag{8-25}$$

该模型的输出和真实系统式（8-24）的输出 $y(k+j)$ 存在一个模型输出误差，利用 k 时刻已知的定义模型输出误差 $e(k) = y(k) - y_{\mathrm{m}}(k)$ 来修正，可得修正后的 j 步导前输出为：

$$\begin{aligned} y(k+j) &= y_{\mathrm{m}}(k+j) + h_{\mathrm{j}} e(k) \\ &= \hat{G}_{\mathrm{j}}(z^{-1}) \Delta u(k+j-1) + \frac{\hat{E}_{\mathrm{j}}(z^{-1})}{\hat{C}(z^{-1})} \Delta u(k-1) + \frac{\hat{S}_{\mathrm{j}}(z^{-1})}{\hat{C}(z^{-1})} y(k) + \hat{R}_{\mathrm{j}}(z^{-1}) \xi(k) + h_{\mathrm{j}} e(k) \end{aligned} \tag{8-26}$$

因此，j 步导前最优预测为：

$$y_{\mathrm{P}}(k+j|k) = \hat{G}_{\mathrm{j}}(z^{-1}) \Delta u(k+j-1) + \frac{\hat{E}_{\mathrm{j}}(z^{-1})}{\hat{C}(z^{-1})} \Delta u(k-1) + \frac{\hat{S}_{\mathrm{j}}(z^{-1})}{\hat{C}(z^{-1})} y(k) + \hat{R}_{\mathrm{j}}(z^{-1}) \xi(k) + h_{\mathrm{j}} e(k) \tag{8-27}$$

多项式 $\hat{R}_{\mathrm{j}}(z^{-1})$、$\hat{S}_{\mathrm{j}}(z^{-1})$、$\hat{G}_{\mathrm{j}}(z^{-1})$、$\hat{E}_{\mathrm{j}}(z^{-1})$ 的阶次和系数将随着预测步数 j 的变化而不同，因此，j 改变时，需要用式（8-26）、式（8-27）重新计算，采用递推解法可以节省时间。当 j 取 1～P，控制时域长度为 M，并假设 $j > M$ 时，$\Delta u(k+j-1) = 0$，其多步输出预测值可由下式的矢量式计算：

$$Y_{\mathrm{P}}(k+1) = G \Delta U(k) + \overline{F}(z^{-1}) \Delta u(k-1) + \overline{S}(z^{-1}) y(k) + h e(k) \tag{8-28}$$

式中
$$\begin{cases} Y_{\mathrm{P}}(k+1) = [y_{\mathrm{P}}(k+1/k), y_{\mathrm{P}}(k+2/k), \cdots, y_{\mathrm{P}}(k+P/k)]^{\mathrm{T}} \\ \Delta U(k) = [\Delta u(k), \Delta u(k+1), \Delta u(k+2), \cdots, \Delta u(k+M-1)]^{\mathrm{T}} \\ \overline{F}(z^{-1}) = \left[\frac{\hat{E}_1(z^{-1})}{\hat{C}(z^{-1})}, \frac{\hat{E}_2(z^{-1})}{\hat{C}(z^{-1})}, \cdots, \frac{\hat{E}_{\mathrm{P}}(z^{-1})}{\hat{C}(z^{-1})} \right]^{\mathrm{T}} \\ \overline{S}(z^{-1}) = \left[\frac{\hat{S}_1(z^{-1})}{\hat{C}(z^{-1})}, \frac{\hat{S}_2(z^{-1})}{\hat{C}(z^{-1})}, \cdots, \frac{\hat{S}_{\mathrm{P}}(z^{-1})}{\hat{C}(z^{-1})} \right]^{\mathrm{T}} \\ h = [h_1, h_2, \cdots, h_{\mathrm{P}}]^{\mathrm{T}} \\ G = \begin{bmatrix} \hat{g}_{1,0} & 0 & \cdots & 0 \\ \hat{g}_{2,1} & \hat{g}_{1,0} & \ddots & \vdots \\ \vdots & \vdots & \ddots & 0 \\ \hat{g}_{\mathrm{P,P-1}} & \hat{g}_{\mathrm{P-1,P-2}} & \cdots & \hat{g}_{\mathrm{P-M+1,P-M}} \end{bmatrix}_{\mathrm{P \times M}} \end{cases} \tag{8-29}$$

② 控制器设计

GPC 中的最优控制律计算也是采用下面的对输出误差和控制增量加权的二次型性能指标函数，并对其极小化而求得的。

$$J_{\mathrm{P}}=\sum_{j=N_1}^{P}q_{\mathrm{j}}[y_{\mathrm{P}}(k+1/k)-y_{\mathrm{r}}(k+j)]^2+\sum_{j=1}^{M}\lambda_{\mathrm{j}}[\Delta u(k+i-1)]^2 \tag{8-30}$$

式中：

P 为最大预测时域长度，一般应大于 $B(z^{-1})$ 的阶次或者近似等于过程的上升时间；

N_1 为最小预测长度，通常选 $N_1=1$，若已知系统延时 d，则取 $N_1=d$；

M 为控制时域长度，一般选 $M<P$，对于复杂过程，M 应近似选为不稳定极点数与欠阻尼极点数之和；

q_{j}、λ_{j} 为输出误差和控制增量的加权系数，一般取常值；

$y_{\mathrm{r}}(k+j)$ 为输入参考轨迹，可按下式计算：

$$\begin{cases} y_{\mathrm{r}}(k+j)=\alpha_{\mathrm{r}}y_{\mathrm{r}}(k+j-1)+(1-\alpha_{\mathrm{r}})\omega \quad (j=1,2,\cdots) \\ y_{\mathrm{r}}(k)=y(k) \end{cases} \tag{8-31}$$

将式（8-30）写成矢量形式，并利用式（8-31）可得

$$J_{\mathrm{P}}=[Y_{\mathrm{P}}(k+1)-Y_{\mathrm{r}}(k+1)]^{\mathrm{T}}Q[Y_{\mathrm{P}}(k+1)-Y_{\mathrm{r}}(k+1)]+\Delta U^{\mathrm{T}}(k)\Lambda\Delta U(k) \tag{8-32}$$

式中
$$\begin{cases} Y_{\mathrm{P}}(k+1)=[y_{\mathrm{p}}(k+1|k),y_{\mathrm{p}}(k+2|k),\cdots,y_{\mathrm{p}}(k+P|k)]^{\mathrm{T}} \\ Y_{\mathrm{r}}(k+1)=[y_{\mathrm{r}}(k+1),y_{\mathrm{r}}(k+1),\cdots,y_{\mathrm{r}}(k+P)]^{\mathrm{T}} \\ \Delta U(k)=[\Delta u(k),\Delta u(k+1),\Delta u(k+2),\cdots,\Delta u(k+P-1)]^{\mathrm{T}} \\ Q=\mathrm{diag}(q_1,q_2,\cdots,q_{\mathrm{P}}) \\ \Lambda=\mathrm{diag}(\lambda_1,\lambda_2,\cdots,\lambda_{\mathrm{M}}) \end{cases} \tag{8-33}$$

将式（8-32）关于 $\Delta U(k)$ 进行极小化运算，可得子最优控制律为：

$$\begin{aligned}\Delta U(k)&=(G^{\mathrm{T}}QG+\Lambda)^{-1}G^{\mathrm{T}}Q[Y_{\mathrm{r}}(k+1)-\overline{F}(z^{-1})\Delta u(k-1)-\overline{S}(z^{-1})y(k)+he(k)] \\ &=(G^{\mathrm{T}}QG+\Lambda)^{-1}G^{\mathrm{T}}Q[Y_{\mathrm{r}}(k+1)-Y_0(k)]\end{aligned} \tag{8-34}$$

式中
$$Y_0(k)=\overline{F}(z^{-1})\Delta u(k-1)-\overline{S}(z^{-1})y(k)+he(k) \tag{8-35}$$

令
$$D=[d_1^{\mathrm{T}} \quad d_2^{\mathrm{T}} \quad \cdots \quad d_{\mathrm{P}}^{\mathrm{T}}]^{\mathrm{T}}=(G^{\mathrm{T}}QG+\Lambda)^{-1}G^{\mathrm{T}}Q \tag{8-36}$$

则可以求出从 k 到 $k+M-1$ 时刻进行顺序开环控制的增量

$$\Delta u(k+i-1)=d_i^{\mathrm{T}}[Y_{\mathrm{r}}(k+1)-Y_0(k)] \quad (i=1,2,\cdots,M) \tag{8-37}$$

若采用只执行当前一步的即时控制策略 $\Delta u(k)$，则上式为

$$\Delta u(k)=d_1^{\mathrm{T}}[Y_{\mathrm{r}}(k+1)-Y_0(k)] \tag{8-38}$$

对控制律做进一步考察，因为 $Y_{\mathrm{r}}(k+1)-Y_0(k)$ 可以近似看成输出偏差，所以基本型广义预测控制律是一个积分控制律。

③ 参数辨识

要完成 GPC 的自适应 PID 控制，必须对系统进行系统辨识，最常见的系统辨识方法有最小二乘法、梯度校正法、极大似然法、神经网络法等。

常规的最小二乘递推算法仅适合于理论分析，在具体使用时，不仅内存量大，而且还不适合在线辨识。为减少计算量，减少数据在计算机中所占的存储量，也为了有可能实时地辨识出动态系统的特性，引入遗忘因子，进行递推最小二乘辨识。

参数递推估计就是当被辨识系统在运行时，每取得一次新的观测数据后，就在前次估计结果的基础上，利用新引入的观测数据对前次估计的结果，根据递推算法进行修正，从而递推得出新的参数估计值。这样，随着新的观测数据的逐次引入，每隔固定的周期进行参数估计，直到参数估计值达到满意的精确程度为止。最小二乘递推（recursive least squares，RLS）算法的基本思想可以概况成

$$\text{新的估计值}\,\hat{\theta}(k)=\text{老的估计值}\,\hat{\theta}(k-1)+\text{修正项}$$

◆ 最小二乘原理

设有一线性系统，其输入为$x_1, x_2, \cdots, x_n$，输出为y，输入/输出均可测量，并且它们的关系为

$$y = \theta_1 x_1 + \theta_2 x_2 + \cdots + \theta_n x_n \tag{8-39}$$

式中$\theta_i (i=1,2,\cdots,n)$未知，若分别在时刻$t_1, t_2, \cdots, t_m$时进行$m$次测量，可得以下$m$个方程：

$$\begin{cases} y(1)=\theta_1 x_1(1)+\theta_2 x_2(1)+\cdots+\theta_n x_n(1) \\ y(2)=\theta_1 x_1(2)+\theta_2 x_2(2)+\cdots+\theta_n x_n(2) \\ \qquad\vdots \\ y(m)=\theta_1 x_1(m)+\theta_2 x_2(m)+\cdots+\theta_n x_n(m) \end{cases} \tag{8-40}$$

如果用矩阵形式表示上述的m个方程，则

$$Y = X\theta \tag{8-41}$$

其中

$$\begin{cases} \theta = \begin{bmatrix} \theta_1 & \theta_2 & \cdots & \theta_n \end{bmatrix}^{\mathrm{T}} \\ X = \begin{bmatrix} x_1(1) & x_2(1) & \cdots & x_n(1) \\ x_1(2) & x_2(2) & \cdots & x_n(2) \\ \vdots & \vdots & \vdots & \vdots \\ x_1(m) & x_2(m) & \cdots & x_n(m) \end{bmatrix} \\ Y = \begin{bmatrix} y(1) & y(2) & \cdots & y(m) \end{bmatrix}^{\mathrm{T}} \end{cases} \tag{8-42}$$

以上方程表示，系统有n个参数，n个输入量，由于数据中有测量噪声或模型误差的影响，上式表示为：

$$Y = X\theta + \varepsilon \tag{8-43}$$

其中$\varepsilon = [e(1) \quad e(2) \quad \cdots \quad e(m)]^{\mathrm{T}}$为误差向量，又称残差。为估计未知参数，令：

$$\theta = [\theta_1 \quad \theta_2 \quad \cdots \quad \theta_n]^{\mathrm{T}} \tag{8-44}$$

$$J = \varepsilon^{\mathrm{T}}\varepsilon = (Y - X\theta)^{\mathrm{T}}(Y - X\theta) \tag{8-45}$$

用使J最小，即残差平方最小的θ作为θ的估计值$\hat{\theta}$，把这种估计参数值$\hat{\theta}$的方法称为最小二乘法。

为使J极小，令$\partial J / \partial\theta = 0$，可求得：

$$\hat{\theta} = (X^{\mathrm{T}}X)^{-1}X^{\mathrm{T}}Y \tag{8-46}$$

当$X^{\mathrm{T}}X$为非奇异矩阵时，称上式为最小二乘估计。当ε为白噪声时，最小二乘估计是一个无偏的、有效的和一致的估计。

◆ 递推最小二乘估计

基于最小二乘原理对系统参数进行估计，存在两个明显问题。第一，随着测量次数m的增加，矩阵X的维数不断增加，向量Y的元素也在增加，因此，内存占用逐步增大，计算机难以容纳；第二，每一次估计都要进行矩阵求逆运算，运算时间增加，难以保证实时性，因此，最小二乘不能在自适应控制中作为辨识应用，而提出了递推最小二乘算法。

a. 递推算法

若已取得m组数据，可得最小二乘估计为

$$\hat{\theta}(m) = (X_{\mathrm{m}}^{\mathrm{T}}\mathrm{X}_{\mathrm{m}})^{-1}X_{\mathrm{m}}^{\mathrm{T}}Y \tag{8-47}$$

式中$\hat{\theta}(m)$是第m次辨识的结果，接着，进行第$m+1$次数据采集，第$m+1$个输入/输出方程为：

$$y(m+1) = \theta_1 x_1(m+1) + \theta_2 x_2(m+1) + \cdots + \theta_n x_n(m+1) \tag{8-48}$$

$$y(m+1)=X^{\mathrm{T}}(m+1)\theta \tag{8-49}$$

式中 $$X^{\mathrm{T}}(m+1)\theta=\begin{bmatrix}x_1(m+1) & x_2(m+1) & \cdots & x_{\mathrm{m}}(m+1)\end{bmatrix} \tag{8-50}$$

则 $(m+1)$ 次辨识的结果为：

$$\hat{\theta}(m+1)=(X_{\mathrm{m+1}}^{\mathrm{T}}X_{\mathrm{m+1}})^{-1}X_{\mathrm{m+1}}^{\mathrm{T}}Y_{\mathrm{m+1}} \tag{8-51}$$

式中 $$Y_{\mathrm{m+1}}=\begin{bmatrix}y(1) & y(2) & \cdots & y(m) & y(m+1)\end{bmatrix}^{\mathrm{T}}=\begin{bmatrix}Y_{\mathrm{m}}\\ y(m+1)\end{bmatrix} \tag{8-52}$$

$$X_{\mathrm{m+1}}=\begin{bmatrix}x_1(1) & x_2(1) & \cdots & x_{\mathrm{n}}(1)\\ x_1(2) & x_2(2) & \cdots & x_{\mathrm{n}}(2)\\ \vdots & \vdots & & \vdots\\ x_1(m) & x_2(m) & \cdots & x_{\mathrm{n}}(m)\\ x_1(m+1) & x_2(m+1) & \cdots & x_{\mathrm{n}}(m+1)\end{bmatrix}=\begin{bmatrix}X_{\mathrm{m}}\\ X^{\mathrm{T}}(m+1)\end{bmatrix} \tag{8-53}$$

令 $$P(m)=(X_{\mathrm{m}}^{\mathrm{T}}X_{\mathrm{m}})^{-1} \tag{8-54}$$

则 $$P(m+1)=(X_{\mathrm{m+1}}^{\mathrm{T}}X_{\mathrm{m+1}})^{-1}=\left(X_{\mathrm{m}}^{\mathrm{T}}\mid X_{\mathrm{m+1}}\begin{bmatrix}Xm\\ X_{\mathrm{m+1}}^{\mathrm{T}}\end{bmatrix}\right)^{-1}=(P(m)^{-1}+X_{\mathrm{m+1}}X_{\mathrm{m+1}}^{\mathrm{T}})^{-1} \tag{8-55}$$

利用矩阵求逆定理 $$(A+BCD)^{-1}=A^{-1}-A^{-1}B(C^{-1}+DA^{-1}B)^{-1}DA \tag{8-56}$$

得： $$P(m+1)=P(m)-K(m+1)X^{\mathrm{T}}(m+1)P(m) \tag{8-57}$$

其中 $$K(m+1)=P(m)X(m+1)/[1+X^{\mathrm{T}}(m+1)P(m)X(m+1)] \tag{8-58}$$

$$\hat{\theta}(m+1)=\hat{\theta}(m)+K(m+1)[y(m+1)-X^{\mathrm{T}}(m+1)\hat{\theta}(m)] \tag{8-59}$$

式（8-57）～式（8-59）组成了递推最小二乘估计算法。

式（8-59）的参数估计意义很清楚，新的估计值 $\hat{\theta}(m+1)$，可在上一步的估计值 $\hat{\theta}(m)$ 的基础上加修正项得到，而修正项是本次估计误差乘以加权系数因此递推算法避免了矩阵求逆运算，计算速度大为提高，适用于实时辨识及控制。

系统在线参数辨识中，应该数据增加越多其参数估计越准确，其实不然，当数据增加到一定程度参数估计反而不准确，这就是所谓数据饱和问题。所以在递推辨识中，最好利用当前数据，它真正反映系统当前动态过程，数据越陈旧偏离当前动态特性越远，估计越不准确，因此应充分重视当前数据，去掉或遗忘过去的数据，即在递推参数估计中取到一组新的数据后，把以前所有数据乘上一个加权因子 ρ， $0<\rho<1$，则递推算法可以修改为：

$$\begin{cases}\hat{\theta}(m+1)=\hat{\theta}(m)+K(m+1)[y(m+1)-X^{\mathrm{T}}(m+1)\hat{\theta}(m)]\\ K(m+1)=p(m)X(m+1)/[\rho^2+X^{\mathrm{T}}(m+1)p(m)X(m+1)]\\ p(m+1)=\dfrac{1}{\rho^2}[p(m)-K(m+1)X^{\mathrm{T}}(m+1)p(m)]\end{cases} \tag{8-60}$$

b. 初值的确定

递推初值可用两种方法确定。

先用一般最小二乘法求初始估计值 $\theta(m)$ 和 $P(m)$，即：

$$\theta(m)=(X_{\mathrm{m}}^{\mathrm{T}}X_{\mathrm{m}})^{-1}X_{\mathrm{m}}^{\mathrm{T}}Y_{\mathrm{m}} \tag{8-61}$$

$$P(m)=(X_{\mathrm{m}}^{\mathrm{T}}X_{\mathrm{m}})^{-1} \tag{8-62}$$

然后，以 $\theta(m)$ 和 $P(m)$ 为初值，从第(m+1)步开始递推计算。

预先设定初值为： $$\theta(0)=0 \tag{8-63}$$

$$P(0)=\alpha^2 I \tag{8-64}$$

α 选一个很大的常数，I 为单位矩阵。

④ PID 控制

PID 控制可描述成：
$$u(k)=\frac{k_c\cdot T_s}{T_1}e(k)-k_c\left(\varDelta+\frac{T_D}{T_s}\varDelta^2\right)y(k) \tag{8-65}$$

其中，$e(k)=w(k)-y(k)$，所以上式变为：

$$\Delta u(k)=\frac{K_c\cdot T_s}{T_I}w(k)-K_c\left(\varDelta+\frac{T_s}{T_I}+\frac{T_D}{T_s}\varDelta^2\right)y(k) \tag{8-66}$$

式中的 $e(k)$ 表示控制误差信号；$w(k)$ 为参考信号；$y(k)$ 为系统输出；K_c、T_I、T_D 分别为比例增益、积分增益和微分增益，T_s 为采样时间；$\varDelta$ 为微分算子，$\varDelta=1-z^{-1}$。

令
$$Z(z^{-1})=K_c\left(\varDelta+\frac{T_s}{T_I}+\frac{T_D}{T_s}\varDelta^2\right)=K_c\left[\left(1+\frac{T_s}{T_I}+\frac{T_D}{T_s}\right)-\left(1+\frac{2T_D}{T_s}\right)z^{-1}+\frac{T_D}{T_s}z^{-2}\right] \tag{8-67}$$

由上式可得：
$$Z(z^{-1})y(k)+\varDelta u(k)-Z(1)w(k)=0 \tag{8-68}$$

在闭环系统中，PID 的参数对于系统的运行起到非常重要的作用。

下面推导基于 GPC 的自适应 PID 控制算法。GPC 采用对输出误差和控制增量加权，得二次型性能指标为：

$$J=E\left\{\sum_{j=N_1}^{P}q[y(k+j)-w(k)]^2+\lambda\sum_{j=1}^{M}[\varDelta u(k+j-1)^2\right\} \tag{8-69}$$

式中，P 为最大预测时域长度；j 为最小预测长度，通常选为 $N_1=1$；M 为控制时域长度，一般选 $M\leqslant P$；λ 为预测误差与控制增量加权系数，一般取为常值；$w(t)$ 为参考信号。为了简单起见，令 M=P。

将式（8-69）的性能指标最小化后得到控制法则：

$$\sum_{j=1}^{P}p_j S_j(z^{-1})y(k)+\left[1+z^{-1}\sum_{j=1}^{P}p_j E_j(z^{-1})\right]\varDelta u(k)-\sum_{j=1}^{P}p_j w(k)=0 \tag{8-70}$$

对式（8-70）做简单数学处理，仍用差分算子 $\varDelta$ 乘两边后得到：

$$\hat{A}y(k)=z^{-(d+1)}\hat{B}(z^{-1})\varDelta u(k)+\xi(k) \tag{8-71}$$

$S_j(z^{-1})$ 和 $E_j(z^{-1})$ 可由下面的 Diophantine 方程得到：

$$\hat{A}(z^{-1})R_j+z^{-j}S_j(z^{-1})=1 \tag{8-72}$$

$$R_j(z^{-1})\hat{B}_j(z^{-1})=G_j(z^{-1})+z^{-j}E_j(z^{-1}) \tag{8-73}$$

其中
$$\begin{cases}R_j(z^{-1})=1+\sum\limits_{i=1}^{j-1}r_{j,i}z^{-i}\\ S_j(z^{-1})=\sum\limits_{i=0}^{2}S_{j,i}z^{-i}\\ G_j=\sum\limits_{i=0}^{j-1}g_{j,i}z^{-i}\\ E_j=\sum\limits_{i=0}^{n_b}e_{j,i}z^{-i}\end{cases} \tag{8-74}$$

在求得 $S_j(z^{-1})$ 和 $E_j(z^{-1})$ 的同时，也可求出 $G_j(z^{-1})$ 和 $R_j(z^{-1})$，另外，p_j 通过下式计算得到：

$$[p_1,p_2,\cdots p_P]=[1,0,\cdots 0]\cdot(G^TG+\varLambda)^{-1}G^T \tag{8-75}$$

式中的 G 包括了 $G_j(z^{-1})$ 的系数，定义为：

$$G=\begin{bmatrix} g_{j,0} & & \\ g_{j,1} & \ddots & \\ \vdots & & \\ g_{j,P-1} & g_{j,P-2} & g_{j,0} \end{bmatrix} \tag{8-76}$$

Λ 定义为：

$$\Lambda=\mathrm{diag}\{\lambda\} \tag{8-77}$$

将式（8-68）中的第二项多项式替换成静态增益，并且定义：

$$v=1+z^{-1}\sum_{j=1}^{P}p_j E_j(1) \tag{8-78}$$

可以得到：

$$\frac{1}{v}\sum_{j=1}^{P}p_j S_j(z^{-1})y(k)+\Delta u(k)-\frac{1}{v}\sum_{j=1}^{P}p_j w(k)=0 \tag{8-79}$$

如果满足关系：

$$Z(z^{-1})=\frac{1}{v}\sum_{j=1}^{P}p_j S_j(z^{-1}) \tag{8-80}$$

可得：

$$k_c\left[\left(1+\frac{T_s}{T_I}+\frac{T_D}{T_S}\right)-\left(1+\frac{2T_D}{T_S}\right)z^{-1}+\frac{T_D}{T_S}z^{-2}\right]=\frac{1}{v}\sum_{j=1}^{P}p_j S_j(z^{-1}) \tag{8-81}$$

定义

$$\sum_{j=1}^{P}p_j S_j(z^{-1})=\tilde{s}_0+\tilde{s}_1 z^{-1}+\tilde{s}_2 z^{-2} \tag{8-82}$$

那么，通过式（8-81）和式（8-82）可以得到下面的参数：

$$\begin{cases} k_c=-\dfrac{1}{v}(\tilde{s}_1+2\tilde{s}_2) \\ T_I=-\dfrac{\tilde{s}_1+2\tilde{s}_2}{\tilde{s}_0+\tilde{s}_1+\tilde{s}_2}T_S \\ T_D=-\dfrac{\tilde{s}_2}{\tilde{s}_1+2\tilde{s}_2}T_S \end{cases} \tag{8-83}$$

基于 GPC 的自适应 PID 控制原理如图 8-138 所示。

2．保压控制

（1）S 型运动曲线路径规划

S 型加减速曲线经常被应用在点对点运动控制中，是指在加减速时，通过对加加速度（Jerk）的控制来最大限度地减小对机械和电机造成的冲击。S 型曲线共分为七个阶段：加加速运动、匀加速运动、减加速运动、匀速运动、加减速运动、匀减速运动、减减速运动。S 型速度曲线如图 8-139 所示，根据设定速度段数的不同，会有更复杂的规划方法。

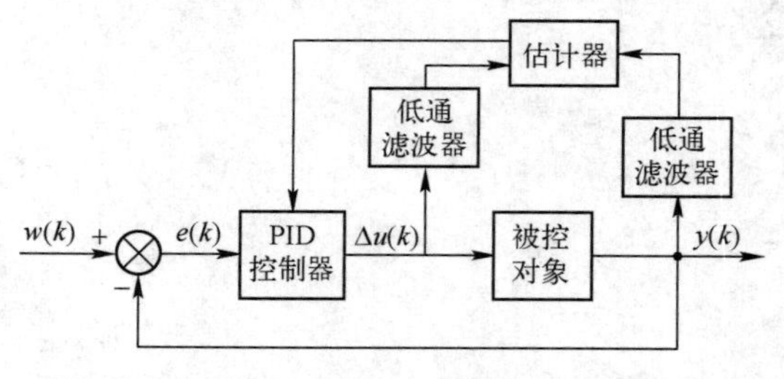

图 8-138　基于 GPC 的自适应 PID 控制原理

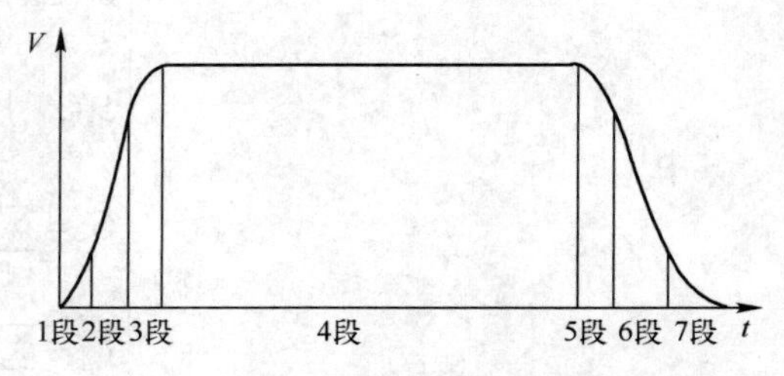

图 8-139　S 型速度曲线

在路径规划中，一般将速度与加速度的时间比例设定为 0.1，设定加速度为 A_{set}、速度为 V_{set}。

加加速度 Jerk 可由式（8-84）确定，加速度时间 T_{acc} 可由式（8-85）确定，匀速时间 $T_{v_{hold}}$ 由式（8-86）～（8-88）确定。S 型曲线路径规划参数如下：

$$\text{Jerk} = \frac{A_{set}}{K_{ratio} \times T_{acc}} \tag{8-84}$$

$$T_{acc} = \frac{V_{set}}{A_{set} \times (1 - K_{ratio})} \tag{8-85}$$

$$\begin{aligned} D_{acc} = & \frac{\text{Jerk} \times T_{acc}^3 \times K_{ratio}^3}{6} + \\ & \frac{T_{acc}^2 \times K_{ratio} \times \left(5\text{Jerk} \times T_{acc} \times K_{ratio}^2 - 12A_{set} \times K_{ratio} + 6A_{set}\right)}{6} - \\ & \frac{T_{acc}^2 \times (2K_{ratio} - 1) \times \left(\text{Jerk} \times T_{acc} \times K_{ratio}^2 - 2A_{set} \times K_{ratio} + A_{set}\right)}{2} \end{aligned} \tag{8-86}$$

$$D_{V_{hold}} = P_{set_2} - P_{set_1} - 2D_{axx} \tag{8-87}$$

$$T_{v_{hold}} = \frac{D_{v_{hold}}}{V_{set}} \tag{8-88}$$

根据加速度段加速度 a 、速度 v 与时间 t 的关系，S 型曲线路径规划结果如下：

$$a = \begin{cases} \text{Jerk} \times t & (t \leqslant 0.1T_{acc}) \\ A_{set} & (0.1T_{acc} < t \leqslant 0.9T_{acc}) \\ \text{Jerk} \times (T_{acc} - t) & (0.9T_{acc} < t \leqslant T_{acc}) \end{cases} \tag{8-89}$$

$$v = \begin{cases} 0.5\text{Jerk} \times t^2 & (t \leqslant 0.1T_{acc}) \\ 0.05A_{set} \times T_{acc} + A_{set}(t - 0.1T_{acc}) & (0.1T_{acc} < t \leqslant 0.9T_{acc}) \\ 0.9A_{set} \times T_{acc} - 0.5\text{Jerk} \times (T_{acc} - t)^2 & (0.9T_{acc} < t \leqslant T_{acc}) \end{cases} \tag{8-90}$$

S 型速度曲线路径规划函数如下：

$$P = \begin{cases} \text{Jerk} \times \dfrac{t^3}{6} & (t \leqslant 0.1T_{acc}) \\ \text{Jerk} \times \dfrac{t^3}{6} - 0.5A_{set} \times t^2 - 0.05A_{set} \times T_{acc} \times (t - T_{acc}) & (0.1T_{acc} < t \leqslant 0.9T_{acc}) \\ 0.9A_{set} \times T_{acc} - 0.5\text{Jerk} \times (T_{acc} - t)^2 & (0.9T_{acc} < t \leqslant T_{acc}) \end{cases} \tag{8-91}$$

根据该规划函数，可对注射过程中的运动曲线进行路径规划。在保压过程的速度环执行环节，如果检测到速度突变要求的加加速度变化很大，可通过 Jerk 参数对其进行限制。因此，Jerk 参数在控制电机异响及速度突变时有着不可替代的作用。

（2）保压控制模型

根据该规划函数，可对注射过程中的运动曲线进行路径规划，在保压过程的执行环节，如果检测到速度突变，可以通过参数来对其进行限制。执行函数具体可分为 PressureController、SwitchSelector、RateLimter、PressureComparator 四个执行对象，保压控制模型如图 8-140 所示。

其中，Comparator 为压力比较器，用来检测异常压力，当压力传感器采样的实际压力出现异常时，不管是处于射胶阶段或者处于保压阶段，立即停止注射动作。SwitchoverSelector 为保压切换条件检测，当在射胶阶段时，只执行 SpeedController，当保压切换进入保压阶段时，则不再执行速度规划曲线，此时，先执行 PressureController，由 PressureController 输出设定速度给 SpeedController，然后由 SpeedController 控制伺服电机运行。RateLimter 即是 Jerk 的作用，SpeedController 的输出都需要先与 Jerk 进行比较，如果其超过 Jerk，则驱动器会主动限制其输出。PressureController、

SpeedController、CurrentController 为三个 PID 控制器，控制模型 PID 公式如下：

$$M_{(t)} = M_{\text{init}} + K_{\text{p}} \times \left(e + \frac{1}{T_{\text{i}}} \int_{0}^{t} e \mathrm{d}t + T_{\text{d}} \times \frac{\mathrm{d}e}{\mathrm{d}t} \right) \tag{8-92}$$

式中，M_{init} 为回路输出前馈值，$M_{(t)}$ 为时间函数的回路输出，e 为系统给定与输出量的偏差，K_{p} 为比例系数，T_{i} 为积分时间常数，T_{d} 为微分时间常数。

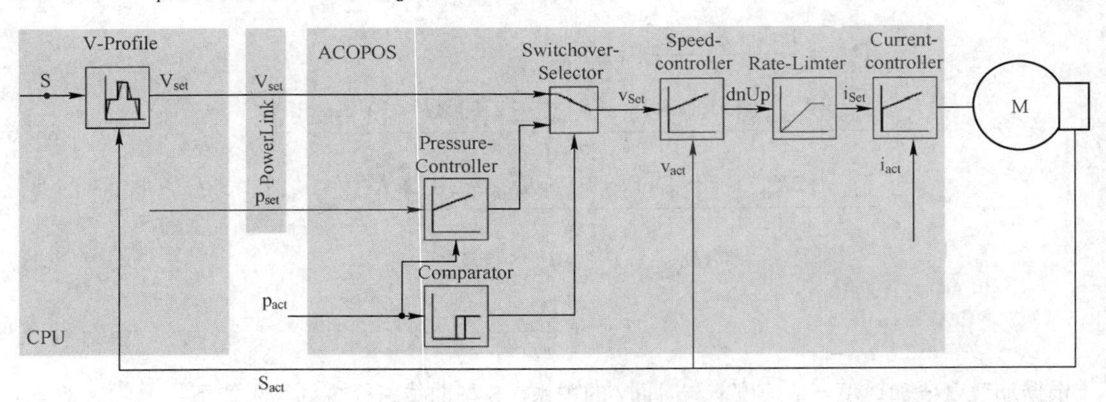

图 8-140　保压控制模型

将上述所有执行对象分别写成 C 语言子程序，将 PressureController、SwitchoverSelector、RateLimter、Comparator 四个执行对象封装成库函数库 pQCont，在主程序中调用。然后在贝加莱开发平台 Automation Studio 下调试完毕，将程序编译文件下载到贝加莱 PP400 系列 CPU 中。

（3）注塑过程保压压力实验结果及分析

根据客户注塑机的硬件配置，在上位 CPU 中配置其硬件参数。在实际应用中，控制对象采用贝加莱 PP400 系列控制器，该控制器可以迅速完成注射速度设定曲线的规划和保压压力设定曲线的规划。执行对象采用贝加莱伺服电机控制系统（ACOPOS），它具有强大的运算控制器，可以在本地执行上位发送的运动轨迹规划曲线；同时该系统使用实时总线 POWERLINK 进行数据传输，其最小传输数据周期为400μs，可以保证迅速响应来自上位的保压切换信号。反馈单元包含两个部分：位置反馈信号采用海德汉 512 线的 ENDAT 型编码器，可以保证保压切换位置精度在 0.001mm；压力反馈信号采用第三方电动注塑机专用压力传感器，可以保证压力控制精度在 0.1bar。其硬件拓扑结构如图 8-141 所示，其中保压实际压力信号会直接接入伺服驱动器，这样可以保证反馈压力信号无延时，保证控制无滞后。

在实际测试中，为了检验控制效果，测试参数都使用极限参数进行测试。如图 8-142 所示，射胶速度采用额定速度的 80%，射胶压力设定为 90bar。保压一段压力设定为 10bar，保压二段压力设定为 100bar。在高速射胶阶段，由于射速非常高，压力传感器检测到的实际压力会接近在限制压力附近。这样就可以检测到注射压力由高压切换到低保压时的效果。保压实际测试参数如图 8-142 所示。

射胶转保压阶段，保压压力有一定的过冲之后，才稳定到设定的保压压力。在接下来的保压二段，射胶压力迅速切换到设定的保压压力，没有过冲，无振荡。由于该测试是在极为严酷的条件下进行的，测试结果还是超出预期的。实际速度曲线如图 8-143 所示。

使用 S 型加减速曲线后，压力的控制效果得到极大的改善。通过对实际速度做微分，得到实际运行过程中的加速度曲线和 Jerk 曲线。由加速度曲线可知，加速度的变化律还是相对平稳的。但 Jerk 曲线依然有毛刺现象存在，这是由压力的时变特点造成的。如果不对其进行处理，在电机运行过程，就会出现噪声。通过 pQCont 中的 RateLimter 函数，实时检测 Jerk 的大小，如果 Jerk 数值超出范围，就对其输出进行适当削减。

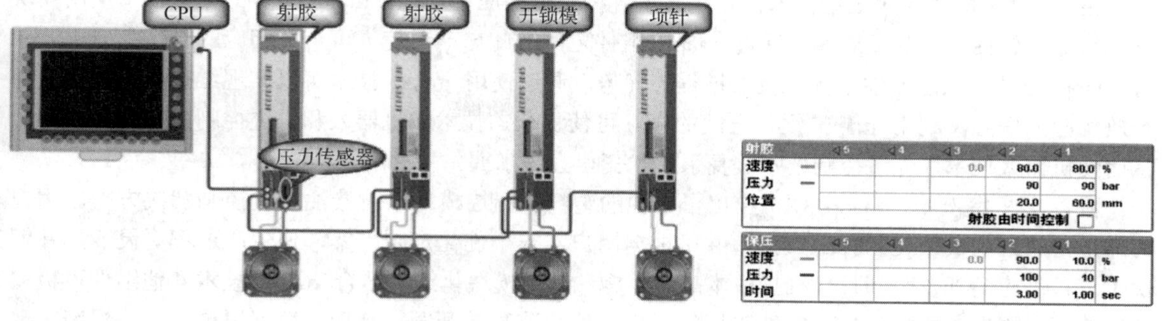

图 8-141　硬件拓扑结构

图 8-142　保压实际测试参数

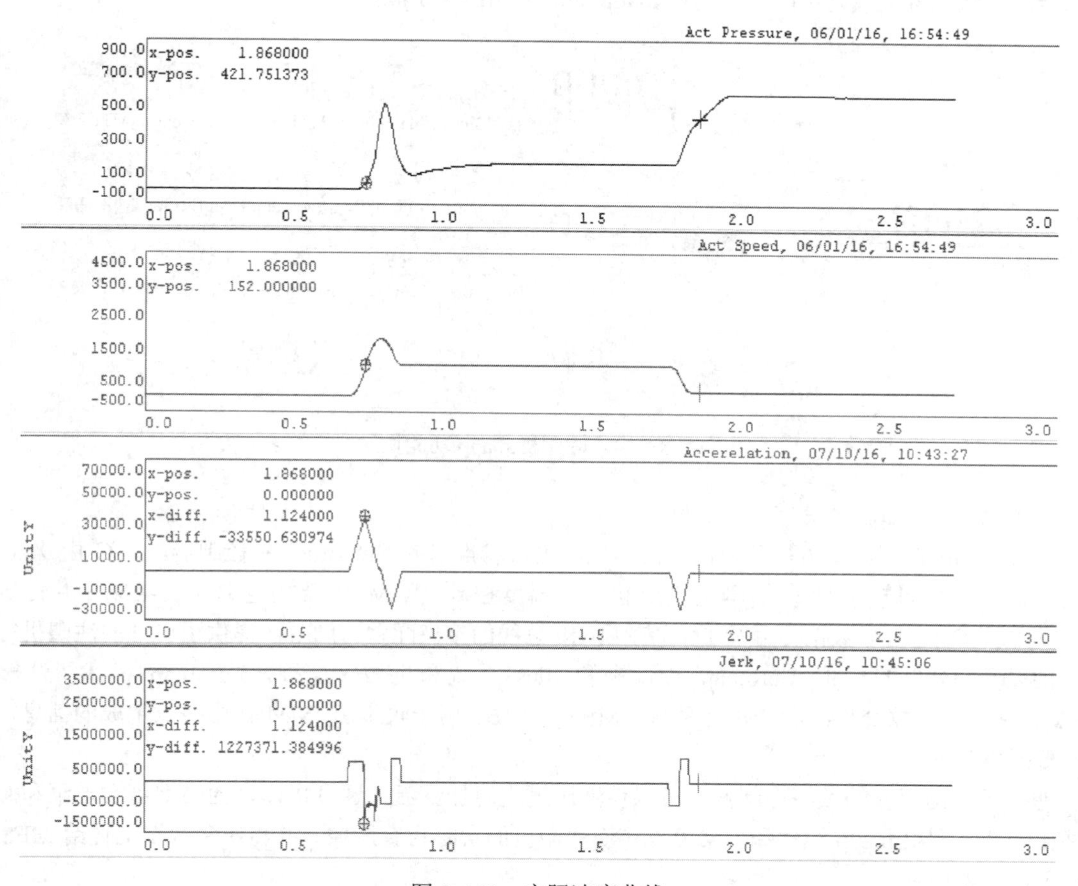

图 8-143　实际速度曲线

8.3.5　模块化开发设计

欧美国家在 20 世纪 50 年代提出了模块化设计方法，通过对模块的划分与组合，满足用户对品种的要求，而且可缩短设计周期，使企业在市场竞争中掌握主动权。同时，该方法提高了设计效率，使得设计经验能够传递和继承，有利于设计水平和生产水平的进一步提高。模块化的产品设计方法可有效解决产品质盘、品种、规格以及制造周期和成本之间的矛盾。实践证明，模块化的产品不但开发周期短、生产制造费用低，而且后期的使用维修费用少，在如今异常激烈的市场竞争环境中其有很大的经济价值。

（1）mapp 技术

mapp 技术即模块化应用技术，它包含了各种类型的应用功能，mapp 技术的优势在于使用模块化、智能化软件加速开发周期。通过 mapp 组件之间彼此自动通信，可节省相应的时间和成本。同时 mapp 组件带来了专注于优化机器过程的优势，通过使用 mapp 技术可以实现维护成本的降低并释放相应的资源。利用 mapp 组件之间的交互可使复杂的技术如机器人和先进控制变得简单直观，从而使机器人技术、先进控制技术等复杂技术变得容易掌握。

在注塑机案例中，mapp 技术推出了单独的塑料与温控模块来对接注塑机控制解决方案。用户可通过封装好的模块化组件配置接口并可根据用户需求个性化定制方案，使生产过程更灵活，并解决了设备供应商开发时间长、维护成本高的难题。利用模块化组件结合 mapp 技术其他组件可极大地缩短开发周期，更好地实现智能工厂的目标，使快速高效开发一套拥有数据记录分析、报警管理等功能的注塑机方案成为可能。注塑机 mapp 功能块如图 8-144 所示。

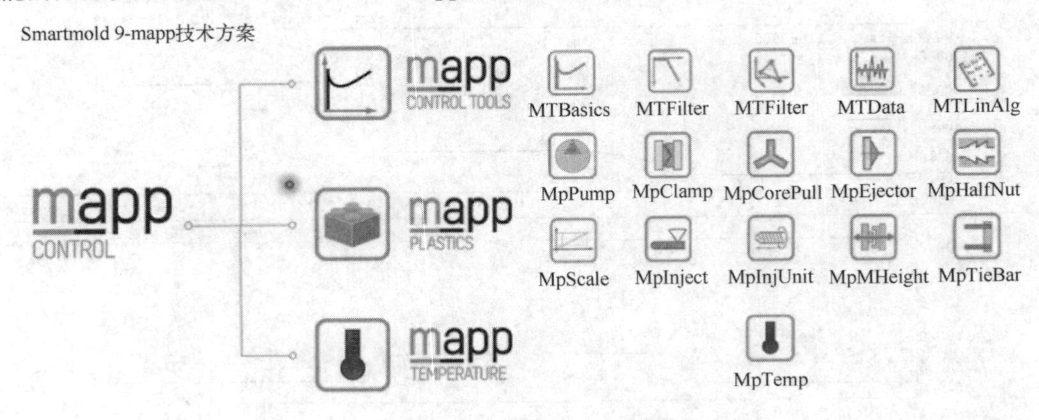

图 8-144　注塑机 mapp 功能块

（2）注塑机 mapp 方案模块化应用

Smartmold 控制器是贝加莱公司专门为注塑机市场推出的 Smartmold9 控制器，PLC 由 X20 系列处理器、数字量模拟量输入/输出模块和用于温度控制 PWM 以及热电偶模块组成，并提供了 CAN 总线、OPC UA 数据传输及 POWERLINK 总线的接口配置。同时，提供了单独的注塑机行业专用的基于 OPC UA 的 Euromap 接口来和 mes 系统和机械臂连接。Euromap 描述了注塑机（IMM）和用于数据交换的制造执行系统（MES）。MES 用于收集由 IMM 在中心点生成的信息，以便于数据集管理。

通过可自由配置的顺序控制器，可以使液压过程更加灵活，通过搭建好的模型可实现泵和阀的线性化处理；利用 mapp 组件和框架可以实现注塑机的实时封套监控，并将质量数据上传给 MES 系统用于后续处理。

应用模块化 mapp 技术功能块搭建的注塑机工艺系统具有如下优势：

- 在线工艺流程更改：易于更改机器工艺流程，直接在人机界面上操作，不需要修改软件代码，快速修改非标流程。
- 在线梯形图编程：在线增加工艺逻辑，可直接在 I/O 配置中使用，操作简单。
- 在线增加新硬件：易于操作，可直接在人机界面上操作，新硬件直接在 I/O 配置中使用。
- 多泵配置：最多可以配置三个泵站，全自由配置，直接在人机界面上操作。
- 在线配置 I/O：自由配置 I/O 配置表，非标点可直接使用，方便维护。
- 品质管理：自由配置被检测变量，实时记录数据，有助于分析产品质量。

Smartmold 实物演示画面如图 8-145 所示。

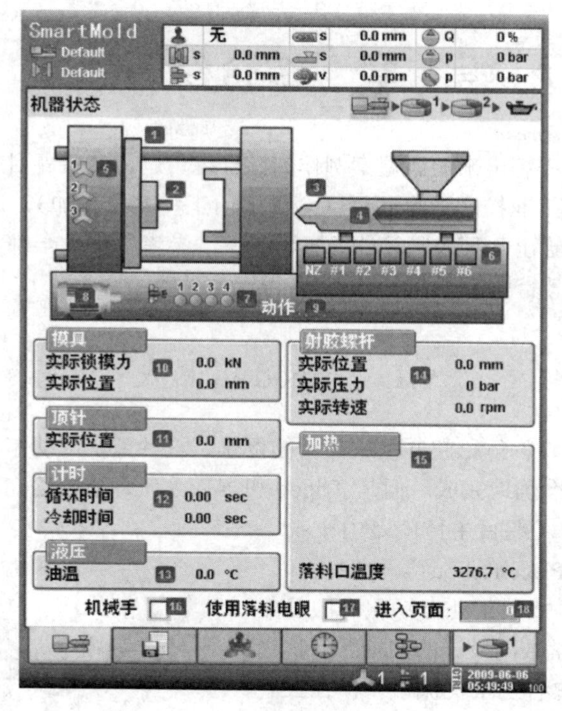

图 8-145　Smartmold 实机演示画面

第 9 章　综合练习题

选取从工业控制领域提炼出来的典型案例作为综合练习题，这些题目有广泛的工业应用背景，也曾是贝加莱学界联盟的工业控制竞赛题目（全国多所工科高校参加），读者可以广开思路，设计各种控制方案，每道题都给出几种控制算法的参考答案，参考答案前半部分有对所用设备的使用介绍，参考答案可通过华信教育资源网 http://hxedu.com.cn 下载。

9.1　Tripod 机器人

工业生产中经常需要将物体拾起并摆放在新的位置，这种工作，动作单一但是重复性大，对人来说很难不疲劳、快速并准确地完成。但是 Tripod 机器人系统却能轻松完成这种工作，其准确性和快速性是人工无法相比的。题目主体就是 Tripod 机器人，又称为“Pick & Place Robots”。

Tripod 机器人是由贝加莱工业自动化有限公司和奥地利 HTL Wels 大学共同设计的四轴并行机器人（Parallel Robot）。它有三个机械手臂，在三台相同电机的配合控制下，使得工具中心（TCP，Tool Center Point）在 *X*，*Y*，*Z* 工作空间中进行平移运动，并通过一个步进电机使得 TCP 可以进行 *Z* 方向的旋转。Tripod 机器人结构如图 9-1 所示。

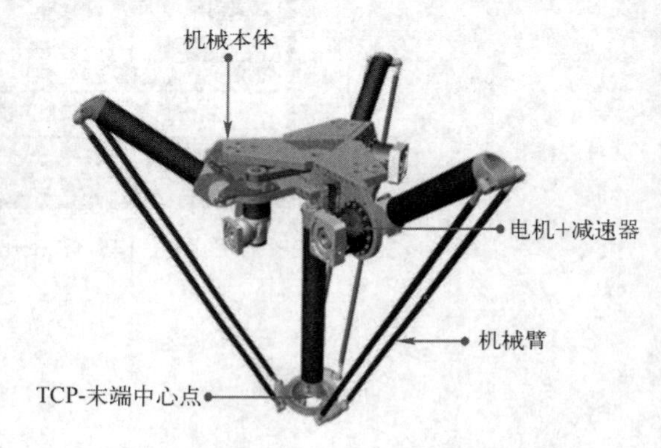

图 9-1　Tripod 机器人结构

Tripod 机器人使用的设备主要有电机、减速器、ACOPOS 伺服驱动器、X20 系列控制器与开关电源等。Tripod 的软件控制程序可使用 Automation Studio 软件进行开发，控制程序可以完成 Tripod 机器人的移动动作、VNC 界面控制、视觉控制、磁铁操作的 Pick&Place 任务等。

9.1.1　Tripod 机器人操作平台

Tripod 机器人和操作平台如图 9-2 所示，系统设计的基本过程是：利用安装的摄像头，对工作平台进行拍照。通过获取的图像，对平台上的几何体进行颜色和形状的识别并获取其坐标位置，通过坐标控制 Tripod 机器人将每个几何体拾起并放置到正确位置。

图 9-2 中 Tripod 机器人的工作平台是方形平台，这里使用的是圆形平台，因为圆形平台更具有灵活性和拓展性。

平台主要由两部分组成：内圆和外环，材质均为硬塑料。平台如图 9-3 所示

（1）内圆

整个内圆有 9 个孔位，共三种形状：正三角形、正五角星形和圆形。Tripod 机器人将抓取的几何体最终会摆放到内圆的 9 个孔位中。内圆的位置是固定的，即整个抓取摆放过程的目标位置是固定的。内圆俯视图及三维立体图如图 9-4 所示。

（2）外环

外环上有 9 个圆形孔位，用来摆放和固定待抓取的几何体，外环与内圆不同，不是固定的，可

以旋转任意角度。外环俯视图及三维立体图如图 9-5 所示。

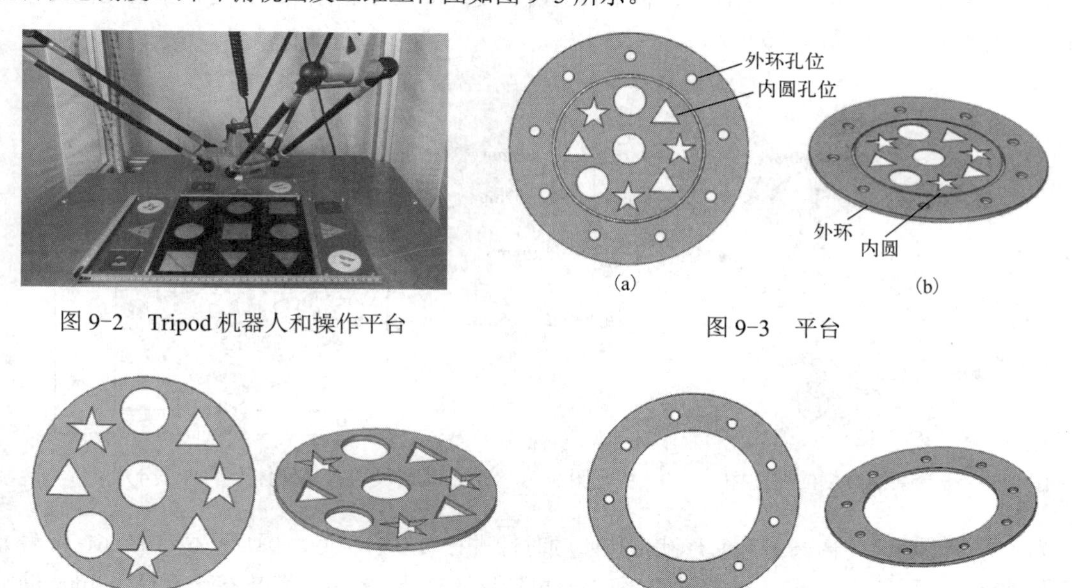

图 9-2　Tripod 机器人和操作平台

图 9-3　平台

图 9-4　内圆俯视图及三维立体图

图 9-5　外环俯视图及三维立体图

(3) 抓取几何体描述

几何体就是 Tripod 机器人抓取和放置的物体。共有三种几何体：三角几何体、圆形几何体、五角星形几何体。

① 几何体

三种几何体都由上下两部分构成，下半部分都是相同的、底面积较小的圆柱体，材质是硬塑料。上半部分各不相同，分别是：三棱柱、圆柱和上下底面为正五角星形的柱体，为了实现 Tripod 机器人的抓取，其材质为铁磁体，上下两部分粘连在一起构成了整个几何体。

三种几何体的俯视图、侧视图、三维立体图如图 9-6、图 9-7、图 9-8 所示。

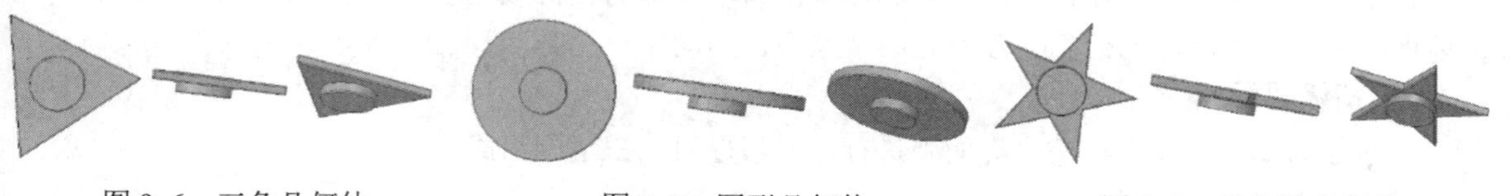

图 9-6　三角几何体

图 9-7　圆形几何体

图 9-8　五角星几何体

② 几何体与平台的嵌入摆放

每种几何体的颜色分别为：蓝色、黄色和橙色。

Tripod 机器人抓取前，几何体放在外环上，几何体下半部分的小圆柱体可以嵌入外环的圆孔中，因此几何体可以通过下半部分的圆柱体固定在外环上。

当 Tripod 机器人将几何体从外环上抓起放到内圆上时，由于内圆上孔位的深度与整个几何体高度相同，因此几何体可以整个嵌入在内圆孔位中，在内圆上起固定作用的是上半部分的几何体，此时下半部分没有特殊作用。

平台某个时刻的俯视图如图 9-9 所示，此时，外环上有 6 个待抓取的几何体，内圆上已摆好了 3 个几何体。

③ 几何体与平台尺寸

为了方便计算运动的坐标位置，现将平台上所有物体的尺寸进行详细描述，平台孔位尺寸、几何体上下两部分尺寸如图 9-10 所示。

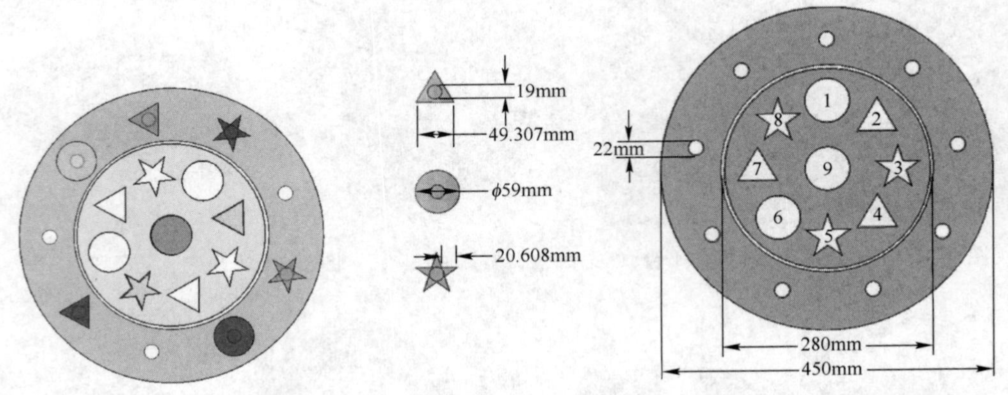

图 9-9　平台某个时刻的俯视图　　　　图 9-10　平台孔位尺寸、几何体上下两部分尺寸

为了方便说明，将内圆上几何形孔位按照顺时针进行 1～9 标号。圆形孔位（1、6、9 号）的直径为 62mm，正三角形（2、4、7 号）和正五角星形（3、5、8 号）都内接于直径 62mm 的圆。除了正中间的 9 号圆形，其余 8 个孔位的中心都在直径为 190mm 的圆上。另外，外环上 9 个小圆孔的圆心都在直径为 360 的圆上。

出于精度考虑，为保证将几何体顺利放入内部圆盘的槽位中，几何体的尺寸要略小于孔位的尺寸，例如，从图 9-8 中可以看到圆形几何体的直径是 59mm，但是圆形孔位（1、6、9 号）的直径是 62mm。

9.1.2　题目描述

利用算法技术及视觉处理技术，操作基于 Tripod 机器人的硬件平台，完成操作平台上的识别（铁片一共有三个形状，每个形状有三片，分别为红色、蓝色和橙色），计算出拾取最优路径，借助于 Tripod 机器人将铁片拾起放入相应形状的槽位中。熟悉 Automation Studio、机器人仿真环境及其他附属软件的安装；学习操作机器人仿真环境；选取合适的相机/摄像头；研究处理软件和算法；图像处理程序和仿真程序的信息交互；完成试题规定的动作。

1. 初级题目

Tripod 运动部分完全在仿真界面上进行，初级题目由三道题组成。

① 初级题目 1

如图 9-11、图 9-12 所示的平台，所有的几何体都摆在外环上，摆的顺序如图中所示（顺序是固定的，本题将不再移动几何体的位置）。注意，此时圆环上放置的几何体位置与内圆孔位的位置朝向一致，即几何体与内圆孔位的夹角为 0，TCP（Tools Center Point）的磁铁无须旋转就能将几何体放入内圆孔位中，有关 TCP 磁铁的详情请见硬件安装说明书。

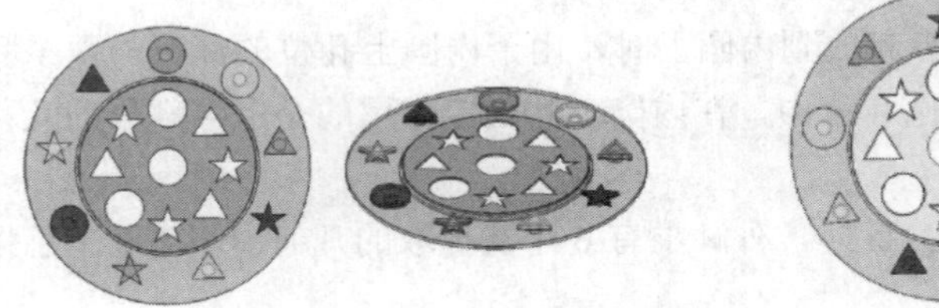

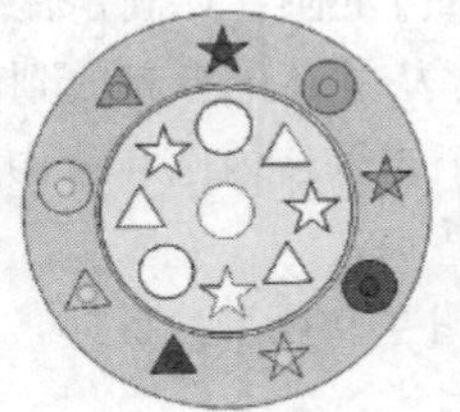

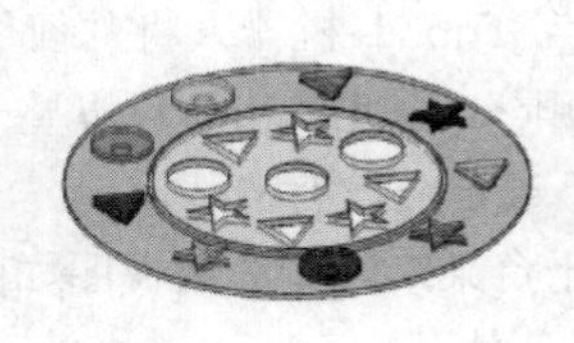

图 9-11　初级题目 1 的平台俯视图和三维立体图　　图 9-12　初级题目 2 的平台俯视图和三维立体图

请确定每个几何体的实际坐标，设计 Tripod 抓取 9 个几何体的先后顺序，给出最佳方案，最终将外环上的几何体用最短的时间放回到内圆相应的位置。

注：内圆的孔位没有颜色的区分，只要形状相同即可将几何体摆入。TCP 的运行速度为统一的固定速度，即不可通过加快运行速度来达到快速完成的目的。

② 初级题目 2

如图 9-12 所示，所有的几何体都摆在外环上，与初级题目 1 不同的是，此时几何体的摆放顺序是任意的，此图只显示了某种可能的平台初始摆放情况。注意，此时圆环上放置的几何体位置与内圆孔位的位置朝向仍旧一致，即几何体与内圆孔位的夹角为 0，TCP（Tools Center Point）的磁铁无须旋转就能将几何体放入内圆孔位中。

通过对各个几何体进行识别，确定每个几何体的实际坐标，设计 Tripod 抓取 9 个几何体的先后顺序，设计最佳方案，最终将外环上的几何体用最短的时间放回到内圆相应的位置。

注：同样的，内圆的孔位没有颜色的区分，只要形状相同即可将几何体摆入。

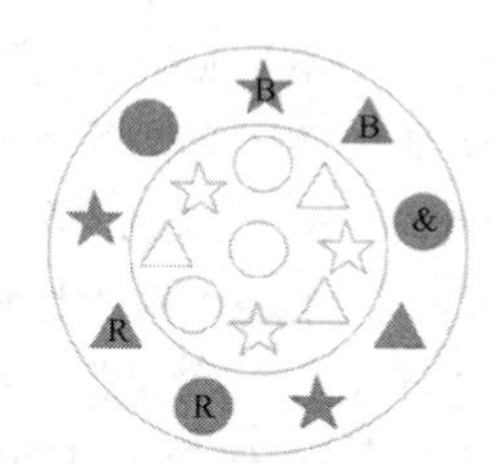

图 9-13　初始位置

③ 初级题目 3

仍旧使用上文介绍的圆形平台，几何体结构不变，只是将颜色都统一为橙色。

初始位置如图 9-13 所示（这只是一种可能的初始摆放位置，可以任意调换图形的位置），其中有 5 个几何体上印有“B”、“&”、“R”三个字母的其中一个，其中，只有一个几何体印有“&”。

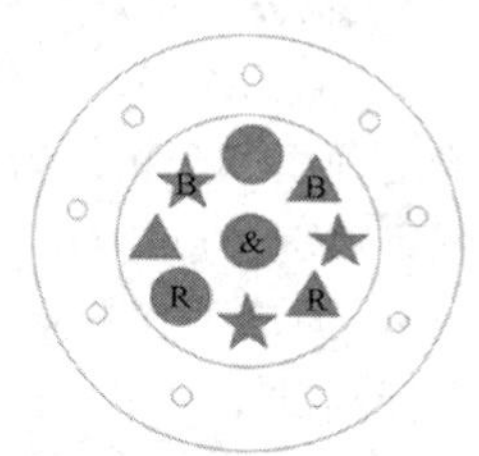

图 9-14　几何体最终摆放位置

请将印有“&”的几何体识别出来放在圆盘的正中。其他的几何体通过识别，最终抓取摆放到如图 9-14 所示的位置，同样需要找到最佳抓取顺序，用时尽量最短。几何体最终摆放位置如图 9-14 所示。

注：最终摆放位置是固定的，不会随初始摆放位置的改变而改变。

2．晋级题目

① 晋级题目 1

本题使用与初级题目 2 相同的平台，即所有的几何体都摆在外环上，摆放顺序是任意的。同样，此时圆环上放置的几何体位置与内圆孔位的位置朝向一致，即几何体与内圆孔位的夹角为 0。

本题要求：通过摄像头拍摄的图像，对各个几何体进行识别并给出坐标，利用 Tripod 抓取 9 个几何体放回到内圆中，使得相同颜色的几何体摆放在一起，正中心的圆形颜色不做要求，可以是任意颜色。设计最优抓取顺序，用最短的时间将几何体放回到内圈相应的位置。

晋级题目 1 的一种合理摆放方式如图 9-15 所示。

② 晋级题目 2

本题使用与晋级题目 1 相同的平台，不同的是：晋级题目 1 要求平台外环上几何体的朝向与内圆几何图形孔位的朝向一致，没有夹角，而本题中将随机转动外圈圆环，使得外环放置的彩色几何图形的朝向与内圆几何孔位有一定夹角。例如，图 9-16 展示了某次随机转动后平台的情况，外环上几何体的朝向与内圆几何图形孔位的朝向有了一定的夹角。

本题要求：通过图像处理计算此时每个几何体与内圆孔位的夹角值，利用 Tripod 的旋转轴将几何体旋转到与孔位无夹角的位置，再进行摆放。同样要求相同颜色的几何体摆放在一起（不包括正中间的几何体）。设计最优抓取顺序，用最短的时间将几何体放回到内圈相应的位置。

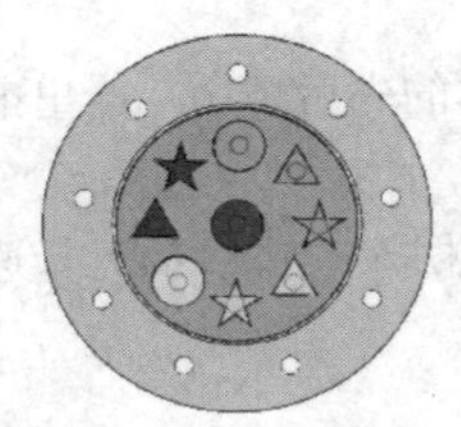

图 9-15　晋级题目 1 的一种合理摆放方式

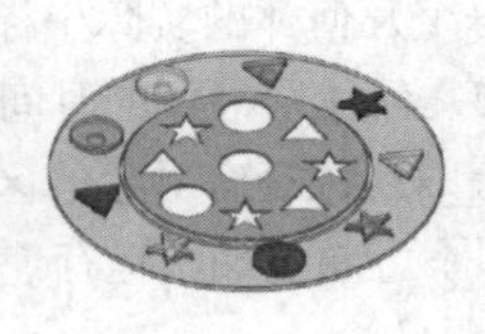

图 9-16　晋级题目 2 平台俯视图和三维立体图

9.1.3　设计要求

1. 用于拍摄照片的相机并不包含在 Tripod 机器人中，需要自行选择相机的品牌型号及安装位置等。在 Windows 环境下可以使用任意合适的软件（如 Visual Studio、OpenCV 等），设计并编程实现所使用的所有图像处理的相关算法。

2. 第一阶段：除平台模型和几何体外，机器人 CNC 运动控制的程序例子、VNC 和机器人“Pick & Place”整个过程的界面仿真都基于贝加莱 PLC 软件及硬件平台，需要与读者自己创建的变量进行通信，实现整个控制过程。也就是说，答题者只需将通过计算得到的几何体初始和终止位置的坐标发送给 CNC 即可，控制机器人运动的部分有现成的控制程序。

3. 需要完成题目的分析、计划、过程、结果文档，以及算法分析和整个仿真过程。

4. 第二阶段：已知 Tripod 机器人及配套软件，需要自行设计摄像头的安装位置，并对安装位置给出理由和分析；若认为现场光源不足，影响摄像头采集的图像，并影响图像处理和识别，达不到题目要求，可自行增加光源，但请详细说明加入光源的理由和加入光源前后的效果对比等。

5. 完成工作报告，包括题目的分析、计划、过程和结果文档、算法分析等，编写程序源代码并进行测试。

9.2　多温区温度控制

PLC 温度控制系统在工业控制设备中应用广泛。但是，工业生产中的温控系统具有非线性、纯滞后、大惯性的特点，常受到不可预测的外界扰动的影响，易引起系统超调和持续的振荡。

另一方面，温度控制对象的参数在不同工况下一般会发生较大的变化，所有这些变化都会改变系统模型的参数，这就增加了温度控制的难度，特别是温度控制系统的高精度控制难度较大，通常在不同的应用环境下需要与之相适应的控制策略。

多温区的温度控制要考虑各个温区的相互影响，设计解耦控制的方法。

9.2.1　温控装置

PLC 温控装置有 3 个风扇、4 个加热器，4 个温度传感器，用于检测金属板的温度。金属板带有 4 个温度区，其中 3 个成组在金属板的左边，1 个在金属板的右边，每个温度区带有 1 个加热器、1 个温度传感器，其中左边 3 个温度区还带有各自的冷却风扇。

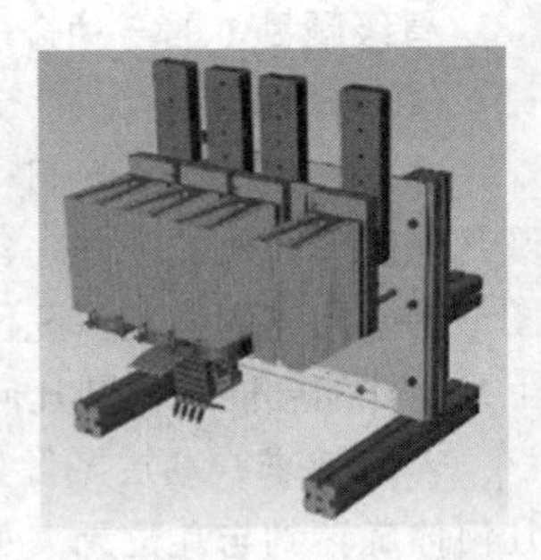

图 9-17　温控装置示意图

电气部分包括安装导轨、继电器和 24V 开关电源，控制器的数字量输出连接固态继电器，由固态继电器输出控制加热器的电压，继电器由三相 208V 供电（在 PWM100%输出时最大），控制器的数字量输出信号直接给冷却风扇供电。温控装置示意图如图 9-17 所示，温控装置实物图如图 9-18 所示，温区划分如图 9-19 所示。

该温控系统分为控制系统和被控对象两部分，其功能是通过改变 3 个加热器的输出功率来实现对特定区域温度的控制。

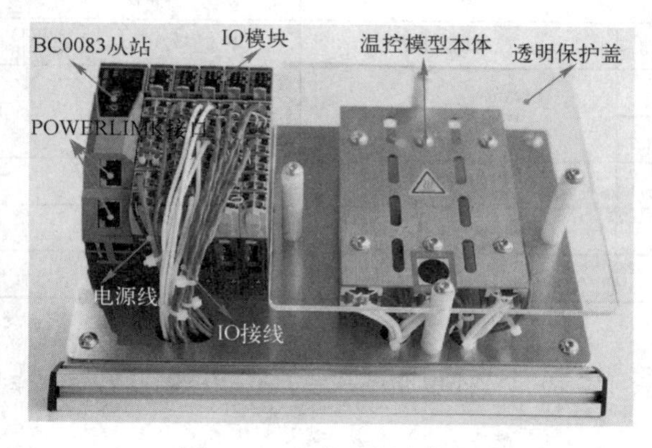

图 9-18　温控装置实物图

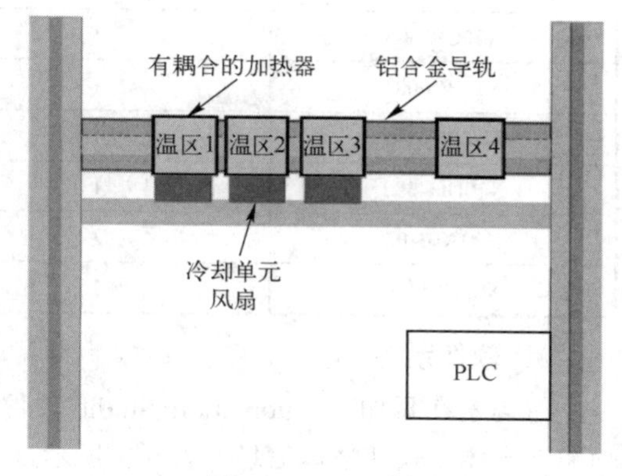

图 9-19　温区划分

9.2.2　题目描述

1. 被控对象

被控对象中有 4 个金属棒，即 4 个加热温区，每个金属棒中有 1 个加热器，安装在金属棒底部，可以用来升高金属棒的温度，4 个金属棒并排分布，在其上方有金属挡板。金属加温棒与金属挡板如图 9-20 所示。

每个金属棒左侧装有 3 个温度传感器，用来检测金属棒 3 个不同位置的温度。温度传感器安装位置如图 9-21 所示。

图 9-20　金属加温棒与金属挡板

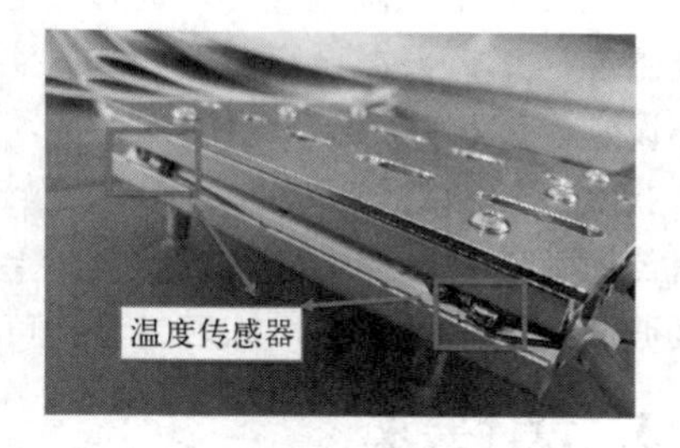

图 9-21　温度传感器安装位置

在加热金属棒的下方装有一个风扇，用来给金属棒降温。风扇安装位置如图 9-22 所示。

图 9-22　风扇安装位置

2. PLC 控制器模块

温控系统采用的 PLC 模块型号如表 9-1 所示。

表 9-1　温控系统采用的 PLC 模块型号

产品型号	个数	功能	备注
X20CP1585	1	控制器 CPU	CPU 型号可以自主选择
X20BC0083	1	Bus controller	不是必要的
X20PS9400	1		
X20DO4332	1	控制加热器升温	
X20AT6402	3	检测温区温度	
X20DS1119	1	驱动风扇，给金属棒降温	

3．软件系统

练习题在贝加莱 Auomation Studio 软件平台上完成，软件集编程开发、运动控制及界面制作等功能于一体，软件版本信息如表 9-2 所示。

表 9-2　软件版本信息

名称	版本	备注说明
PC 机	Win8 及以下	建议使用 Win7
Automation Studio	4.3.4	下载官网：https://www.br-automation.com/zh/xia4zai3/#categories=software/automation-studio/automation-studio-43
Automation Runtime	D4.34	CP1585 的运行系统版本
Visual Components	V4.33.0	界面制作的版本，可能用不到

4．系统功能

加热器可以给金属温区加热，通过传感器测量实际温度，反馈到 CPU 中。如果在 T0 时刻没有达到设定温度，那么根据设定温度和此时实际温度的差值，调整下一个时刻（T1）的加热器输出，尽量减小设定温度和此时实际温度的差值，理想状况是让差值为 0。

该温控系统看似比较简单，实际模型较复杂，由于左边温区有 3 个加热器，每个加热器除了可以加热自己所在的金属棒，还会影响其他金属棒的温度。因此整个系统是复杂的耦合系统。也正是因为温区彼此之间相互影响，练习题设计可以灵活多变。

9.2.3　设计要求

（1）记录

记录所有的整定过程和测试过程中的变量，每个温度区的温度设置值，温度实际值，温度区的输出点的控制状态，即加热、冷却。评判参数，如波动参数、超调量、调节时间、稳态偏差值。通过如下的方式记录：

◆ Automation Studio 的轨迹跟踪窗口抓屏记录；

◆ Visual Components 跟踪屏幕中抓屏记录。

（2）自整定

通过自整定获取最初的控制参数，额定温度是 80℃。调节时间是指到达设置值精度范围内所需的时间，控制精度要求在+/−1℃。

使用下面 3 种配置方式，对 1～3 温区进行整定：

◆ 不控制 1 温区和 3 温区的温度，整定 2 温区达到额定温度；

◆ 同时整定 3 个加热器/风扇，从室温到额定温度；

◆ 保持其他加热器的温度在额定值，整定 2 温区达到额定温度。

对 4 温区进行整定，从室温到额定温度。

在线自动调整和参数确认，验证当加入温度干扰时的正确响应：

◆ 设置 1 温区 50% 加热扰动；

◆ 设置 1 温区 100%加热扰动。

（3）图文显示

① 主画面

显示温区（加热、冷却的金属板）。

◆ 设备根据实际状态显示为不同的颜色；

◆ 温度显示。

② 画面按钮（整定画面、曲线画面、主画面）

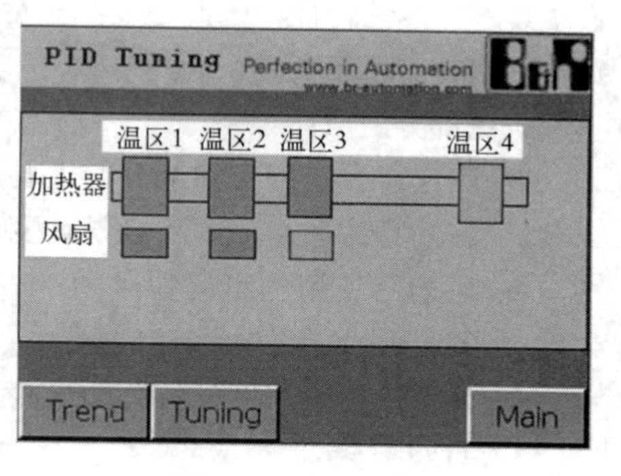

图 9-23 图文显示

图文显示如图 9-23 所示。（此图仅供参考，可有多种画面形式。）

③ 温度曲线画面

画面实时显示温度区的实际温度值随时间的变化，采样时间为 500ms。

④ 整定画面

温度区的数值输入：设定值、实际值、输出值、比例增益、积分时间、微分时间等，自整定开始/停止、温度区激活/无效。

9.3 悬浮球控制

悬浮球位置控制系统中，通过控制模型底部的一个直流风扇来吹动悬浮球在管道中运动并稳定在某一高度。被控对象的输入为风扇的工作电压，输出为悬浮球的高度，要求以悬浮球为被控对象建立数学模型。

9.3.1 悬浮球控制装置

悬浮球控制装置如图 9-24 所示。

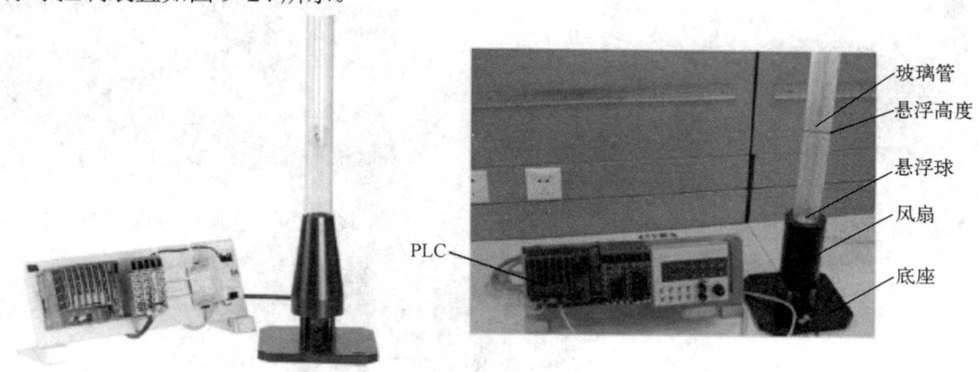

图 9-24 悬浮球控制装置

悬浮球控制装置主要由底座、风扇、传感器、玻璃管、PLC 组成。玻璃管被固定安装在底座上，直径比球直径略大，悬浮球可在其中自由上下移动。风扇安装在底座和管子之间，可由控制器的数字量输出信号直接供电，风量的大小则通过控制风扇的开关时间（在软件中使用 PWM）来实现。悬浮球的位置通过安装在风扇上面的红外传感器测得，测得的值通过模拟量输入模块转化为 0～32767 的值进入控制器。但此时的值还不是实际的悬浮球的高度值，需经过转换，而所用红外传感器具有非线性特性，因此通过测量得到模拟量输入值和对应实际高度的表，在软件中通过查表得到悬浮球的实际高度。

机械部分组成：

◆ 底座：系统的支撑部分，主要是固定管道部分和乒乓球。此外，还在底部安装了吹动乒乓球的直流风扇，以及检测乒乓球高度的红外传感器。底座如图 9-25 所示。

◆ 风扇：使用的风扇型号为：Y.S.TECH FD246025EB，额定工作电压、电流分别为 24V、0.21A。风扇如图 9-26 所示。

◆ 传感器：使用红外传感器来测量乒乓球高度。传感器型号为：SHARP GP2D12。红外传感器如图 9-27 所示。

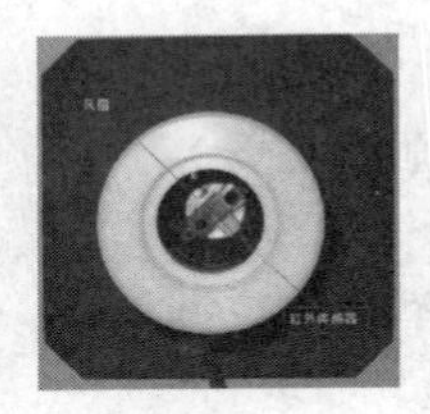

图 9-25　底座

图 9-26　风扇

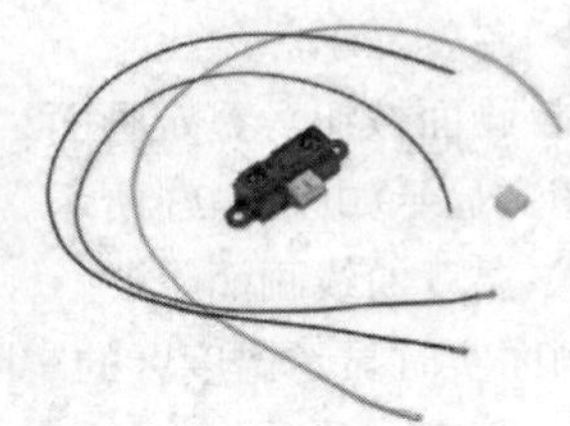

图 9-27　红外传感器

◆ 乒乓球：标准乒乓球，直径 40mm，质量 2.7g。

◆ 玻璃管道：与底座相连，是乒乓球竖直运行的通道。管道外直径为 50mm，壁厚为 4mm，可保证乒乓球在管道内自由（无摩擦）运行。管道有效长度为 400mm。

控制系统主要包括电源、控制器、I/O 模块和仿真器。电源为 PS102，可将 220V 交流电压转化为 24V 直流给 CPU、I/O 模块和仿真器供电。控制器使用 X20CPU 的 CP1486，控制风扇的数字量输出使用 X20 的 DO9322 模块，测量悬浮球高度的模拟量输入模块使用 X20 的 AI4622 模块。仿真器部分可以通过旋钮调节悬浮球高度的设定值，还可以通过另一个旋钮手动调节风扇的风量。

控制器和仿真器（控制器正面）如图 9-28 所示。

电源及 I/O（控制器背面）如图 9-29 所示，悬浮球控制系统配置如 9-30 所示。

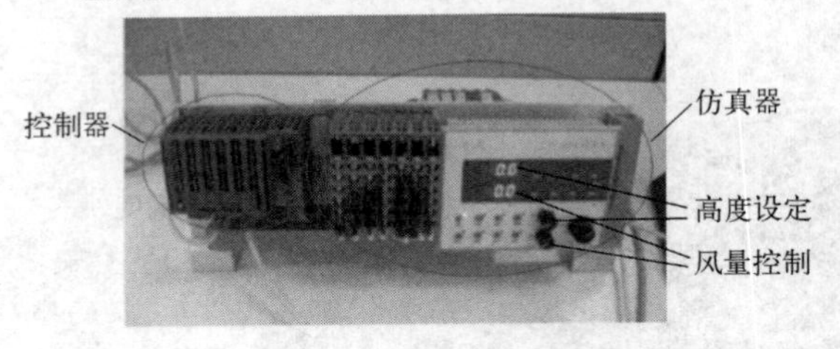

图 9-28　控制器和仿真器（控制器正面）

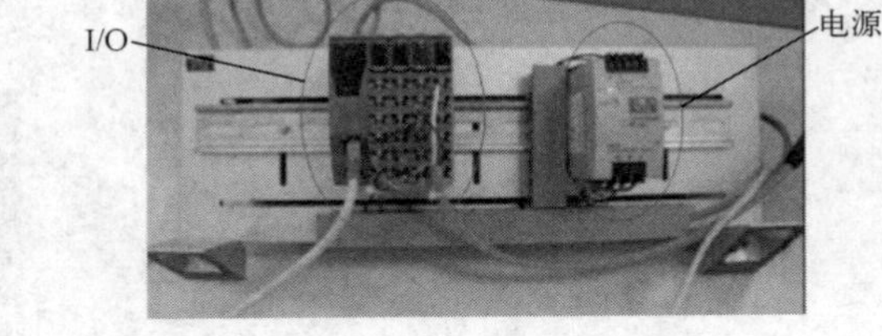

图 9-29　电源及 I/O（控制器背面）

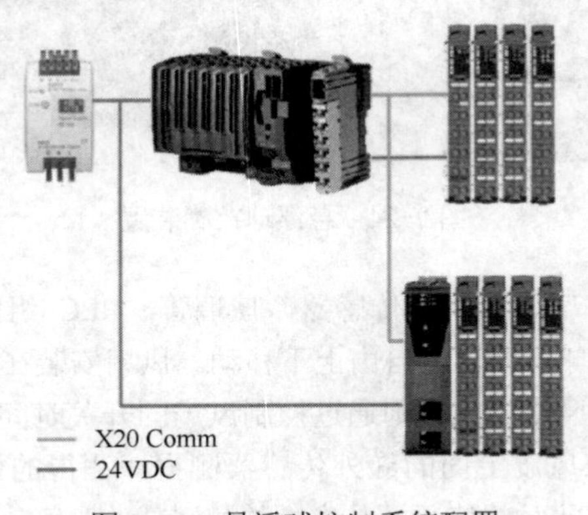

图 9-30　悬浮球控制系统配置

9.3.2　题目描述

悬浮球控制系统工作原理：接通风扇电源，风扇转动形成的气流将对乒乓球作用一个向上的力，通过控制风扇的转速，可以调节对乒乓球的作用力，使之在管道内上下运行并稳定在某一设定高度。

风扇控制的工作原理：采用 24V 直流风扇，通过调节风扇的工作电压可以调节风扇的转速。控制系统中采用一个开关量信号来控制风扇，即输出给风扇的电压只能为 24V 或 0V，这种情况下，为了能够调节风扇的工作电压，电压输出采用 PWM（Pulse Width Modulation）技术。

PWM 控制方式可以将模拟量信号转化为开关量信号，通过调节占空比调节风扇的速度。PWM 控制原理如图 9-31 所示：

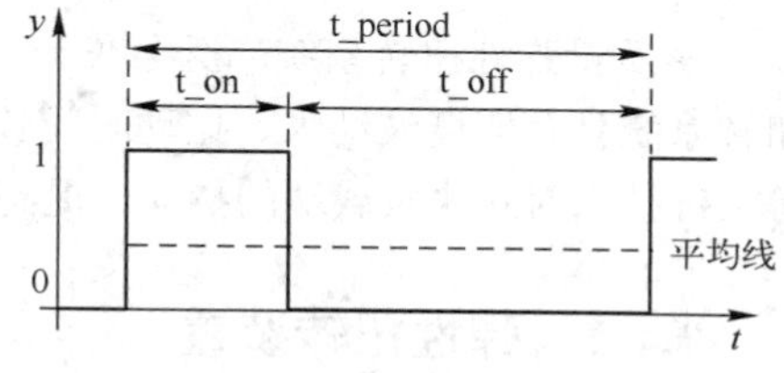

图 9-31　PWM 控制原理

为了能对风扇输出 12V 电压，可以在一段时间内将风扇开启 1/2 时间，关闭 1/2 时间，则对整段时间来说平均电压即为 12V。将这个“一段时间”设定为一个周期 t_period，风扇开启时间为 t_on，关闭时间为 t_off。图 9-31 中的平均线则表示在 t_period 时间内的有效输出。定义占空比为：t_on/t_period; t_period = t_on + t_off; 调节占空比则可调节一个周期内的有效输出，即风扇工作电压。

练习题分为两个阶段。

第一阶段：理论分析，根据提供的被控对象描述，分析被控对象的特点，提出一种建模方法。此阶段结束时，需提交一篇论文，论文内容应包括对被控对象的分析，所选建模方法的理论依据及最终实现方法。

第二阶段：按第一阶段提出的建模方法，对实际硬件建立模型。检验方法：使用统一控制器对实际硬件和数学模型的控制效果进行比较，相似度越高代表模型准确度越高，且控制方法正确。

9.3.3　设计要求

根据被控对象的特性，建立被控对象的模型，在 Simulink 中设计合适的控制系统，使系统具有良好的动态性能和稳态性能。仿真结束后，将 Simulink 中的控制系统自动生成 AS 中的 C 程序代码，并应用于实际硬件系统，使悬浮球能稳定在某一设定的位置，当改变设定位置时，悬浮球能到达新的设定位置并且稳定。

（1）仿真要求（Simulink）

① 分析系统，建立对象模型。要求所建对象模型应与实际对象有较高的相似度，能反映实际对象的特性；

② 在 Simulink 中设计控制系统，通过仿真调试控制算法和参数，使系统的超调、调节时间和静差尽可能达到最小；

③ 将 Simulink 中控制系统的控制部分生成 AS 代码，并形成一个完整的 AS 工程项目，以便在实际硬件上进行调试。

（2）性能要求（AS）

① 稳态特性：要求悬浮球位置能稳定在设定值（0.2m）附近；

② 动态特性：首先使小球稳定在 0.15m 处，然后改变设定值为 0.3m，一段时间后再把设定值变回 0.15m。

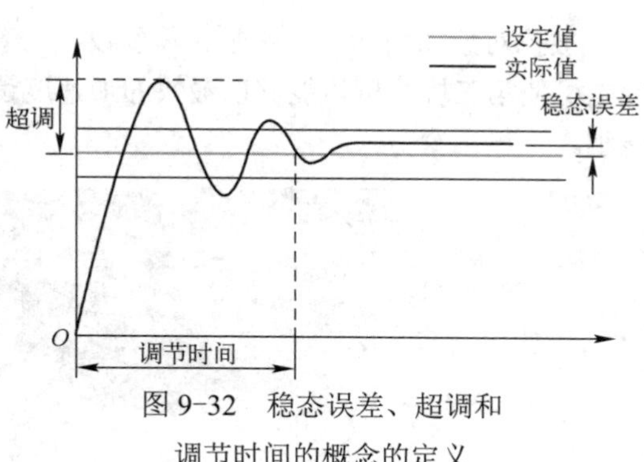

图 9-32　稳态误差、超调和调节时间的概念的定义

稳态误差、超调和调节时间的定义如图 9-32 所示。

（3）结果验证

分析所设计的对象模型，包括数学表达式和 Simulink 中的模型，研究分析在实际硬件上的实验结果，包括稳态性能和动态性能，对比仿真结果和实验结果。

9.4 多质量弹性扭转系统控制

多质量弹性扭转系统广泛存在于诸如机器人手臂及关节运动、长轴距负载驱动等应用中，弹性扭转系统具有速度波动大、振动时间长的特点，研究这类系统的建模、参数辨识、控制策略、消振等关键技术对解决负载端的抖动，提高控制精度和稳定度具有实用价值。

9.4.1 弹性扭转装置

多质量弹性扭转系统分为机械系统和电气控制系统两部分。多质量弹性扭转系统结构如图 9-33 所示。

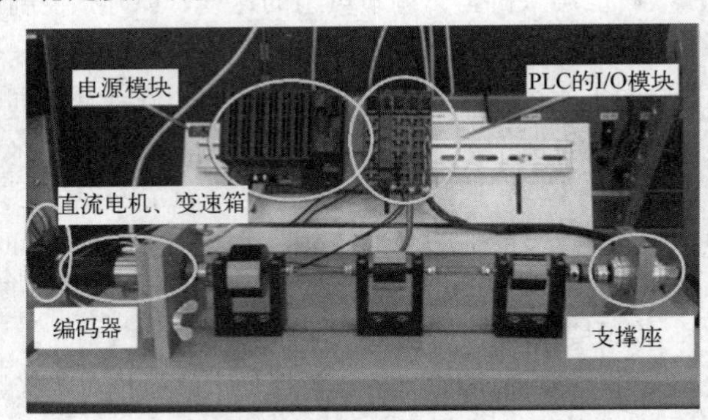

图 9-33　多质量弹性扭转系统结构

三块大小不一的圆柱形质量体分别通过中心轴固定在 U 型底座上，保证其中心轴线在一条水平线上。质量体从左数起：第一块和第二块、第二块和第三块之间通过具有一定柔性的弹簧连接（弹簧的柔性和弹性要足以带动轴和质量体的运动）。第一块质量体的左端直接与直流电机（经过减速箱）连接，电机转动则可以驱动三块质量体转动。

其中编码器共有两个，一个位于电机左端，用于测量电机位置；一个位于第三块质量体右端，用于测量第三块质量体的位置。由于电机和第一块质量体之间可认为是刚性连接的，所以电机侧编码器所测量的位置值也可认为是第一块质量体的位置。

PLC 部分使用了以下模块：

◆ 使用 X20 系列标准型 CPU 作为 PLC 系统的控制器；

◆ 电机模块控制直流电机采用 PWM 方式，使用 X20 系列的直流电机模块 MM2436 来控制直流电机的转速；

◆ 使用 X20 系列的编码器模块 X20DC1976、X20DC1196 接收来自两个编码器的反馈信息，用于获得电机位置和第三块质量体的位置。

9.4.2 题目描述

被控对象如图 9-34 所示。需要设计一套控制方案用以控制第三块质量体的速度。即：通过控制电机使第三块质量体能够以最快的加速度达到指定的速度匀速转动，并使匀速时的速度误差尽可能小。

图 9-34　被控对象

9.4.3 设计要求

① 设计控制算法，并使用 MATLAB/Simulink 进行仿真测试；
② 使用 AS 创建 PLC 项目，实现所设计的控制方案，下载到硬件进行调试；
③ 提交一篇论文，包含系统分析和控制方案实现方法及原理，控制结果分析。

9.5 防 摇 控 制

随着世界贸易的飞速发展，集装箱运输业也得到了飞速发展，码头对装卸效果要求越来越高，装卸操作已成为一项越来越繁重的工作。在港口机械行业，装满货物的集装箱随处可见，为了装卸这些集装箱，常见的工具有桥吊、门吊等起吊设备。由于集装箱装卸过程速度快、吊绳刚性差等原因，集装箱在整个装卸过程中必然会发生摇晃现象，再加上集装箱通常较重，港口风力较大，为了提高装卸货效率和出于安全考虑，一般要为整个系统增加防摇控制器。性能优良的防摇系统能起到良好的减摇效果，不仅更好地保证了安全生产，并能大大提高工业生产效率。

为了满足装卸效果要求，同时减轻司机的工作强度，集装箱起重设备正朝着自动化运动方向不断发展。然而起重机在装卸货物时，由于系统的动态特性和外界干扰因素的影响，导致吊具及其负载来回摆动，因此，装卸过程中急需解决的一个关键问题是：实现小车自动快速运行，精确定位，且抑制负载摇晃。常见的装卸工具有桥吊、门吊等起吊设备，港口桥吊设备如图 9-35 所示。

图 9-35 港口桥吊设备

9.5.1 防摇装置

将码头集装箱装卸装置加以抽象提炼，并尽可能地做到真实还原，形成防摇系统装置，该装置体积小，设计精巧，十分适合高校师生在实验室做研究开发使用。

防摇系统模型装置由同步带直线导轨、负载小车和摆锤组成。其中同步带直线导轨由伺服电机驱动，使得固定在其滑台上的负载小车能够水平移动；负载小车连接摆臂及摆锤，其中摆臂由材质较轻的铝合金制成，其长度不会改变；摆锤由较重的钢块制成，使用螺丝与摆臂连接固定。在负载小车上安装有编码器并与摆臂连接，摆臂能以编码器轴为旋转轴线，在与编码器轴正交的平面上绕该轴做圆周运动。编码器可以准确测量摆臂的摆动角度。防摇装置如图 9-36 所示。

系统参数：

◆ 负载小车的行程范围：500mm；
◆ 负载小车的最大速度：1.5m/s；
◆ 负载小车的最大加速度：5m/s^2 。

摆臂图纸如图 9-37 所示。

控制系统由 X20 系列的 PLC 及 I/O 模块、ACOPOSmicro 伺服驱动器、8LV 伺服电机及配套的电源模块等组成。控制系统硬件模块清单如表 9-3 所示。

图 9-36　防摇装置

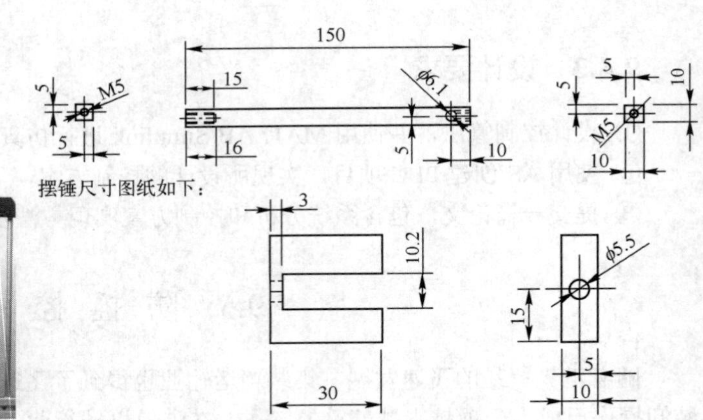

图 9-37　摆臂图纸

表 9-3　控制系统硬件模块清单

硬件名称	型号	数量	功能
ACOPOSmicro Servo	80VD100PS.C02X-01	1	伺服驱动器，驱动电机
Clamp kit	80XVD100PS.C0-01B	1	伺服驱动器配套端子排
Servo motor with resolver	8LVA13.R0015D000-0	1	同步电机，Resolver 编码器反馈
Resolver Cable 0.5m	8BCR0001.1121A-0	1	编码器电缆，给编码器供电，同时读取位置信息
Motor Cable 0.5m	8BCM0001.1034C-0	1	动力电缆，给电机供电
POWERLINK Cable 0.5	X20CA0E61.00050	1	POWERLINK 通信线缆，控制器与伺服驱动器通过 POWERLINK 协议进行通信
Power Supply 24V	0PS1100.1	1	24V 电源，给 PLC 供电
Power Supply 80V	0TP630.10	1	80V 电源，给 ACOPOSmicro 供电
CPU	X20CP1584	1	PLC 控制器
Compact Flash	5CFCRD.0512-06	1	CF 卡，插在 X20CP1584 上，保存了 CPU 的运行系统和所有程序等软件信息
Counter Module	X20DC2396	1	计数器模块，测量编码器的角度位置
X2X Bus Transceiver	X20BT9400	1	接在 X20 系统的末端，与 X2X keypad 相连
Input Module	X20DI9371	1	数字信号输入模块
Output Module	X20DO9322	1	数字信号输出模块
Base Module	X20BM11	4	X20 系统模块底板
Terminals	X20TB12	4	端子排
X2X Keypad 2x2	4XP0000.00-K20	1	2x2 阵列的按键，X2X 总线
Terminal Block	0TB1108.8110	1	X2X Keypad 端子排

软件系统在 Auomation Studio 软件平台上完成，该软件集编程开发、运动控制，以及界面制作等功能于一体，软件涉及的操作系统的版本信息如表 9-4 所示。

表 9-4　软件涉及的操作系统的版本信息

名称	版本	备注说明
PC	Win8 及以下	不支持 Win10，建议使用 Win7
Automation Studio	4.2.4.149 或以上	提供安装包

续表

名称	版本	备注说明
Automation Runtime	D4.24 或以上	CP1584 的运行系统版本
ACP10	3.11.2 或以上	ACP10 是伺服的运行系统，ACP10 的版本要与 mapp 版本相匹配
mapp	1.20.2 或以上	
Visual Components	V4.24.0 或以上	界面制作的版本，可能用不到

9.5.2 题目描述

为了消除集装箱在运动过程中由于钢丝绳的柔性，以及风阻等各种因素造成的集装箱摇晃，达到大幅减小晃动并提高效率的目的，同时出于安全考虑，一般要为整个系统增加防摇控制器。所谓的防摇系统，顾名思义就是防止摇晃，即在港机装卸集装箱过程中，防止集装箱由于运动产生的摇晃。港机装卸集装箱示意图如图 9-38 所示。

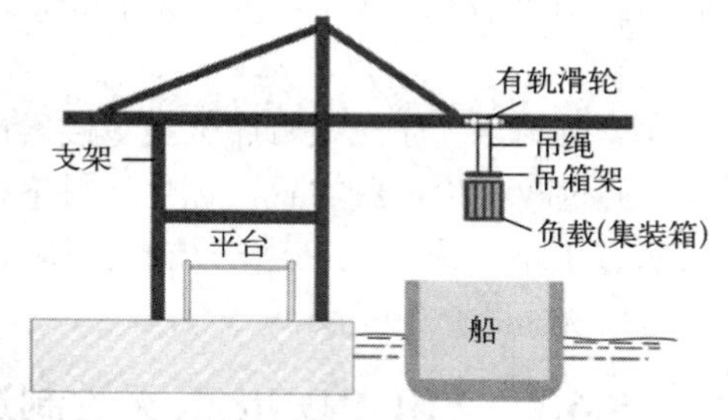

图 9-38　港机装卸集装箱示意图

1．第一阶段控制要求

将摆臂拉至水平（即与竖直方向成 90°夹角），放开摆臂，使其自由摆动，当摆角小于某个角度时，开启控制器，通过控制负载小车在导轨上左右移动，使得摆臂尽快稳定下来。

2．第二阶段控制要求

① 题目（1）控制要求：负载初始速度为 0，控制负载从起点运动到终点，通过添加控制器，使摆臂在整个动过程中尽量稳定不摇晃。运动速度分为高速和低速两种情况。

② 题目（2）控制要求：负载初始速度为 0，同样是让被控对象——箱子从起点运动到终点，在整个运动过程中，随机选择定点使得负载突然停下，停止的整个过程也要保持摆臂不摇晃。

③ 题目（3）控制要求：负载初始速度不为 0，控制负载从起点运动到终点，通过添加控制器，使摆臂在整个运动过程中尽量稳定不摇晃。

9.5.3 设计要求

1．第一阶段设计要求

提交的设计成果包含以下内容：

- 建立系统模型；
- 练习题的分析、计划、过程和结果。
- 控制算法分析，包括选择该算法的原因、算法如何实现等。
- 程序源代码，要有详细的注释说明。

2．第二阶段设计要求

利用仿真模型、硬件、Automation Studio 软件平台共同实现整个控制系统。掌握 AS 软件的基本使用，包括基础 PLC 控制、软件编程和基础运动控制，对 AS 熟练的可以制作系统的控制画面。

完成研究论文，包括题目分析、研究计划、研究过程、结果分析、算法分析等。

9.6　ACOPOStrak 柔性制造生产线优化设计

ACOPOStrak 是一个基于线性驱动技术的轨道系统，同时，它也是集成系统灵活性的一种智能轨道系统。智能轨道系统将更高效的大规模生产小批次个性化产品变为可能，使企业从利润更高的个性化产品中受益。ACOPOStrak 拥有完全自由的设计轨道布局（不同轨道间可以变轨），灵活与无死角的工站配置，高效的智能系统软件。基于模块化设计，系统根据客户不同的需求进行升级或者扩容。

一条现代化的柔性生产线，不仅要保证产品的技术要求，做到高精度、高质量、高可靠性和高一致性，还要确保生产节拍，能够高效率进行产品改型换代，能够实现高柔性。除此之外，一条精益生产线还要做到投资合理，运行成本低廉，开工率高。

生产线布局优化是提高生产效率的一个重要方面。通过人机工程改善、操作流程优化、物料搬运优化，优化分档轨道的分配、减少生产线的占地面积，提高生产线的效率。

本练习题基于一条咖啡分类包装柔性生产线，根据要求，通过改善生产线布置，优化补料下料位控制策略、分档轨道策略，最终提高生产线的整体效率。ACOPOStrak 轨道系统如图 9-39 所示。

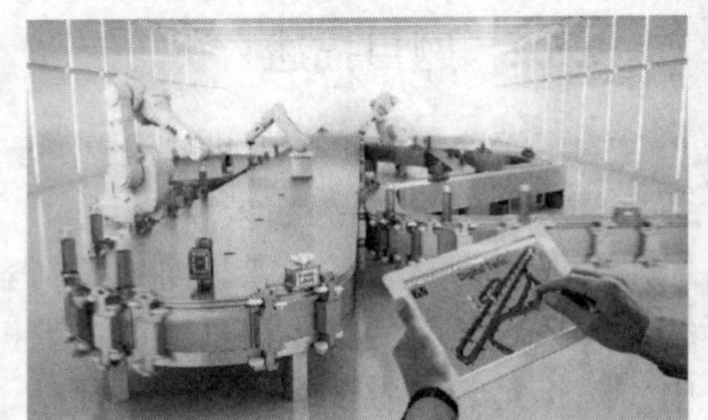

图 9-39　ACOPOStrak 轨道系统

9.6.1　ACOPOStrak 柔性制造生产线

ACOPOStrak 柔性制造生产线投资最关键的 4 个绩效指标：

① 投入产出：最大生产效率；并行处理、线体平衡；模块化设计、无须二次投资；缩减占地面积。

② 综合产品效率：良品率；精度；产品分流；提高容错；防摇晃功能。

③ 综合产品效率：可用性；热插拔滑块；产品合流；产品分流；并行处理，线体平衡；维护保养简便。

④ 投入市场时间：智能化软件系统；数字孪生；维护保养简便。

ACOPOStrak 系统组件：长定子直线电机、可变数量的滑块。长定子直线电机包含机械导轨、带有位置的传感器，其轨道设计灵活多变。动子滑块是永磁体结构，可以在轨道上实现单独控制。

9.6.2　题目描述

练习题内容涉及：柔性输送技术、直线电机原理、数字化仿真、建模与优化。

这道练习题的目的：了解智能制造、了解数字孪生、了解当代工业发展前沿、锻炼生产线规划与设计能力、提高软件学习与应用能力、增强语言表达与逻辑思考能力。

名词解释：

◆ ACOPOStrak：基于线性驱动技术的智能轨道系统；

◆ 布局：一个或多个轨道段组成的轨道系统样式；

◆ 滑块：在轨道上自由运行的，用于输送生产线产品的部件，即直线电机的动子部分；

◆ 外围设备：轨道以外的加工执行设备，例如机械手、包装机等；

◆ 停留时间：滑块在工位等待外围设备对其所运输产品进行加工处理的时间；

◆ 生产节拍：生产出两个产品之间的时间差；

◆ NG（Not Good）：次品。

ACOPOStrak 智能生产线布局：通过提供的 ACOPOStrak 轨道多种规格的模块化组件，在符合组装规定的情况下可以自由组合；轨道的布局要遵循规则，不可以凭想象任意组合。

ACOPOStrak 轨道模块规格如图 9-40 所示。

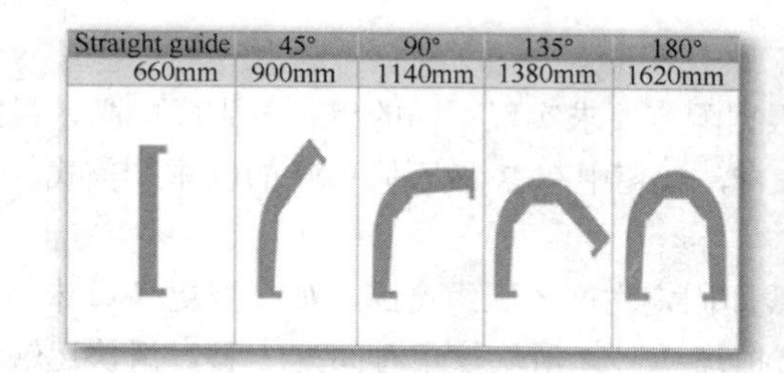

规格	成本基数
135度轨道段	240
180度轨道段	300
45度轨道段	150
90度轨道段	200
直线轨道段	90
滑块（宽度50mm）	6
滑块（宽度100mm）	6

图 9-40　ACOPOStrak 轨道模块规格

实际应用中，滑块分单面和双面，区别是双面滑块可以变轨，单面不可以，本练习题只考虑双面滑块。

练习题背景：本条生产线设备应用于食品包装行业，使用 ACOPOStrak 将瓶装咖啡运输到包装机进行装箱，咖啡有 6 种口味：①拿铁，②摩卡，③卡布奇诺，④美式，⑤白咖啡，⑥蓝山咖啡。

生产过程：① 灌装机生产出瓶装咖啡，运送到 ACOPOStrak 的上料工位；② 通过机器人等外围设备将瓶装咖啡放置在 ACOPOStrak 上料工位的滑块上；③ 通过 ACOPOStrak 按照一定的口味配组规则运送到包装机进行装箱。

ACOPOStrak 智能生产线布局如图 9-41 所示。

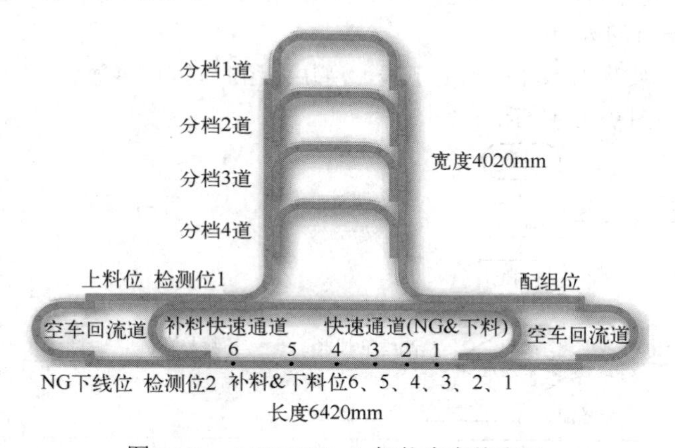

图 9-41　ACOPOStrak 智能生产线布局

各工站功能描述：

① 上料工站：上料的产品为瓶装咖啡，尺寸：底面直径为 10cm，高度为 20cm，每个产品上都有二维码，二维码包含产品的规格（6 个品种）和 NG（次品）信息，产品质量 800g，夹具质量 500g（夹具安装在滑块顶部，用来放置产品）。机器人（外围设备）一次抓取并上料 4 瓶咖啡，产品间距（两个产品中心点的距离）为 110mm，上料节拍为 9.6 秒，上料时滑块在该工位的停留时间是 2 秒。

机器人上料节拍：机器人整个动作是抓取 4 瓶咖啡→移动到夹具处→放置咖啡→释放机械臂→回到原位抓取下一轮咖啡瓶；整个动作的时间即为上料节拍，共 9.6 秒。滑块停留时间：从机器人开始放置咖啡，到机器人移开滑块，滑块开始移动去下个工位的整个过程所消耗的时间为滑块的停留时间。

② 检测工站 1：产品上附有条形码，检测工站上装有贝加莱视觉系统，检测过程可在运动过程中处理，可忽略节拍时间和停留时间。视觉系统扫码识别不同种类产品（包括 NG），不同种类产品进入不同分档工站。

③ 分档工站：存料区，布局有 4 条分档道，最多可筛选 4 种产品。例如：分档 1 道存放拿

铁、分档 2 道存放摩卡……

④ 配组工站（配组及成品下料）：根据配方要求实现不同的组合，生成成品，最终成品在该工站下料。例如：要求一次配组一箱瓶装咖啡，一箱中有 3 瓶不同口味的咖啡：美式、白咖啡、蓝山咖啡（顺序不固定）。

确定需求后，该 ACOPOStrak 生产线即固定生产该配组产品，如果要更换口味，需要修改配方参数。组合好后通过机器人下料，下料节拍是 7 秒，滑块停留时间为 2 秒，滑块运输的产品被组合为成品后，滑块变为空，回流到上料位。

⑤ 补料 & 下料工站：6 个不同档位工位，实现配组外产品的下料和配组内产品的补料，实时上料下料。补料 & 下料工位的节拍时间不考虑，滑块停留时间为 2.4 秒。例如，如果需求配组为“美式、白咖啡、蓝山咖啡”，那么其余三种口味“拿铁、摩卡、卡布奇诺”即为配组外产品。因此，装有“拿铁、摩卡、卡布奇诺”口味的小车会在相应的“补料 & 下料位 1、补料 & 下料位 2、补料 & 下料位 3”处下料。所有下料后空的滑块，会到“补料 & 下料位 4、5、6”进行补料

注意，补料 & 下料位 1 只能补料或者下料“拿铁”这一种口味，其他补料 & 下料位也只能对相应口味的产品进行操作，以此类推。

⑥ 检测工站 2：通过检测液位确定产品是否为残次品（NG），只检测通过补料工站补充的产品，每个产品检测停留时间为 3s。

⑦ NG 下线工站：实现对 NG 产品的下线，滑块停留时间为 2.4 秒。

生产线生产流程如图 9-42 所示。

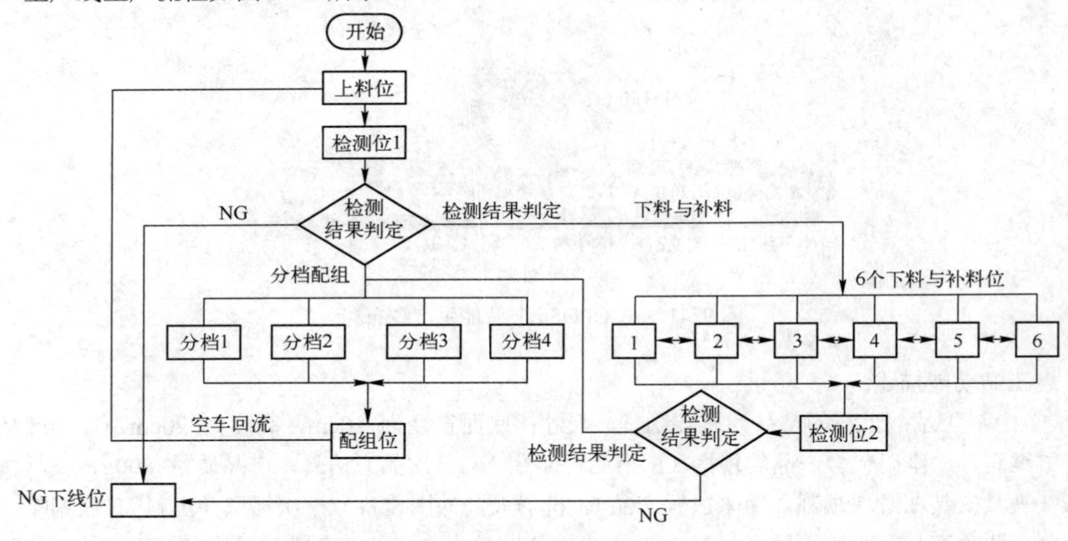

图 9-42　生产线生产流程

第一阶段练习题：

假定产品的上料顺序：拿铁、摩卡、卡布奇诺、美式、白咖啡、蓝山咖啡、拿铁、摩卡、卡布奇诺……（循环）。最终包装机包装的成箱咖啡，每箱有 3 瓶，口味是美式、白咖啡、蓝山咖啡（顺序不固定）。由于只需要 6 种口味的其中 3 种，因此只使用分档道 2、3、4，分档道 1 在第一阶段环节不使用。滑块为 100mm 双面，数量足够多，产品次品率为 0。

第二阶段练习题：

假定产品上料顺序是随机的，产品次品率是 0.1%。最终包装机包装的成箱咖啡，每箱有 4 瓶，口味是摩卡、卡布奇诺、美式、白咖啡（顺序不固定）。

9.6.3 设计要求

第一阶段要求：按照给定的 ACOPOStrak 的布局图（图 9-41）以及对各工站的描述，计算该智能生产线所能达到的最大产量，并使用 Automation Studio 和 Scene Viewer 来完成开发、仿真、验证结果等工作。

第二阶段要求：分析找出该智能生产线布局的产量瓶颈所在，提高生产线产量，并提出优化思路及方案。

提示：可以考虑选择合适滑块（包括种类和数量）或修改布局或工站配置（例如单工位变成双工位，增加分档道等），达到优化目的。但是要注意，在节拍缩短，产量提高的同时，需要考虑成本控制等其他合理的因素。

第三阶段附加题：设置合理参数，建立合适的模型，实现如下要求：面对不同的柔性生产线需求，自动生成不同的 Acopostrak 生产线布局，并完成生产线布局的图形化展示。

附录A　IL编程指令结构与常用指令

1．指令结构

指令表IL是一种机器语言，在PCC中的应用非常广泛，它能完成各种控制、运算功能。最基本的语句指令由一个操作（Operator）与一个操作数（Operand）组成。

例如：　　ADD　　　var_1

其中，ADD是一个操作，var_1是一个操作数。

（1）ACCUMULATOR（ACC）

在IL语言中，IL创建一个存储器（又称累加器）来存储计算的中间结果。在本指令中，执行的操作为将ACC中的内容与过程变量var_1的值进行运算，然后将结果存储在ACC中，用户可以再将其存储到其他的地方或将其运用到下一句指令中。在IL语言中，所有的操作都通过存储器运行。ACC的长度根据操作数的大小隐含调节，其长度在BOOL和REAL之间。

（2）操作（Operator）

用户在编程中，利用操作告诉CPU对给定的过程变量以及ACC中的值执行什么样的动作。它可以是一个关键字（IL命令），或是一个功能块的名字（调用功能块）。操作指令按它们的功能分类，有以下几组：①装载、存储指令；②逻辑指令；③数学指令；④比较指令；⑤跳转指令。

（3）操作数（Operand，缩写为op）

操作数为执行该操作所需的信息。过程变量和常值都可作为操作数。过程变量是通过符号名进行赋值的。操作数按类型可分为：十进制数，例如：100；二进制数，例如：%10001010；十六进制数，例如：$2E5F；浮点数，例如：23.89。

- 基本的操作只使用一个操作数。例如：
  LD　var_2
- 功能块可以使用多个操作数。例如：
  CAL　TON（IN，PT，Q，ET）
- 一些特殊的操作不带操作数。例如：
  UINT（* change the ACC into UINT format*）
- 一个完整的IL命令行实际上由四部分组成，除了操作与操作数，还应包括标号（Label）和注释（Comment）。例如：
  ;　start　of　program
  start ：　ADD value（*ACC=ACC+value*）

（4）标号（Label）

标号对于程序和用户来说是一个标记，在使用跳转命令时特别有用。标号必须以冒号结尾，并放置在一个IL命令行的开始或者独立占有一行。标号名与变量名遵循同样的规则，注意在编程时变量名与标号名最好不要重复。在命令行中，标号是可以选择的项目。

（5）注释（Comment）

注释有助于用户理解程序，它也是可以选择的。如上例所示，注释可置于注释区中，即以“*”开始，以“*”结束的区域；也可在一个注释行输入注释内容，此行以“；”开始。注释在注释区允许有空格。

2. 常用指令

IL 语言的操作非常简单明了，操作指令表如表 1 所示。

表 1　操作指令表

命令组	操作指令	N	(	C	V	K	B	执行内容
装载、存储指令	LD	√			√	√		op→ACC
	ST	√			√			ACC→op
	S						√	If　ACC≠0　then　1→op
	R						√	If　ACC≠0　then　0→op
逻辑指令	AND,&	√	√		√	√		ACC AND op　→ ACC
	OR	√	√		√	√		ACC OR op　→ ACC
	XOR	√	√		√	√		ACC XOR op　→ ACC
数学指令	ADD		√		√	√		ACC＋op　→ ACC
	SUB		√		√	√		ACC－op　→ ACC
	MUL		√		√	√		ACC * op　→ ACC
	DIV		√		√	√		ACC / op　→ ACC
比较指令	GT		√		√	√		If ACC>op then 1→ACC, else 0→ACC
	GE		√		√	√		If ACC>=op then 1→ACC, else 0→ACC
	EQ		√		√	√		If ACC=op then 1→ACC, else 0→ACC
	LE		√		√	√		If ACC<=op then 1→ACC, else 0→ACC
	LT		√		√	√		If ACC<op then 1→ACC, else 0→ACC
	NE		√		√	√		If ACC≠op then 1→ACC, else 0→ACC
特殊指令	JMP	√		√				跳转到标签处
	CAL	√		√				调用一个 FBK
	)							结束一个括号表达式或运算

说明：

指令补充：　N——在 IL 语言中有操作与此相反的指令。

（——以括号开头的表达式。

C——只有当 ACC 不为 0 时，才执行。

操作数：　V——可以为变量。

K——可以为常数。

B——只能是 BOOL 类型的变量。

（1）存储与装载指令

① LD　装载（Load）。

操作数：一个，可以为过程变量或常数。

功能：将操作数的值存储在 ACC 中，覆盖原 ACC 中的值。

② LDN

操作数：同 LD 指令。

功能：将操作数的值取反存储在 ACC 中，覆盖原 ACC 中的值。

③ ST　存储（Store）。

操作数：一个，只能为过程变量。

功能：将 ACC 中的值赋给操作数，覆盖原过程变量中的值，ACC 中的值保持不变。

④ STN。

操作数：同 ST 指令。

功能：将 ACC 中的值取反赋给操作数，覆盖原过程变量中的值，ACC 中的值保持不变。

⑤ S 置位（Set）。

操作数：一个，只能为 BOOL 类型的过程变量。

功能：若 ACC 中的值不为 0，则将操作数置 1；若 ACC 中的值为 0，则操作数的值保持不变。当它识别到一个输入信号时，锁定输出打开，此后一直保持在打开状态直到有命令将其复位。

⑥ R 复位（Reset）。

操作数：一个，只能为 BOOL 类型的过程变量。

功能：若 ACC 中的值不为 0，则将操作数置 0；若 ACC 中的值为 0，则操作数的值保持不变。当它识别到一个输入信号时，输出复位到 0。

（2）逻辑指令

① AND，& 逻辑与指令。

操作数：一个，可以是任意类型的过程变量或常数。

功能：将当前 ACC 中的值与操作数按位求逻辑与运算，然后将结果存入 ACC 中。

② ANDN，&N 逻辑与非指令。

操作数：同 AND 指令。

功能：将操作数按位求逻辑非运算后再与当前 ACC 中的值按位求逻辑与运算，然后将结果存入 ACC 中。

③ OR 逻辑或指令。

操作数：同 AND 指令。

功能：将当前 ACC 中的值与操作数按位求逻辑或运算，然后将结果存入 ACC 中。

④ ORN 逻辑或非指令。

操作数：同 AND 指令。

功能：将操作数按位求逻辑非运算的结果与当前 ACC 中的值按位求逻辑或运算，然后将结果存入 ACC 中。

⑤ XOR 逻辑异或指令。

操作数：同 AND 指令。

功能：将当前 ACC 中的值与操作数按位求逻辑异或运算，然后将结果存入 ACC 中。

⑥ XORN 逻辑异或非指令。

操作数：同 AND 指令。

功能：将操作数按位求逻辑非运算的结果与当前 ACC 中的值按位求逻辑异或运算，然后将结果存入 ACC 中。

⑦ 特殊指令——状态括号的使用。

在 IL 代码中插入括号，可以避免在计算过程中临时存储信息的步骤。IL 自动创建一个隐含的临时存储器（ACC#）存储这些中间的结果。状态括号的使用会使程序显得更加简单明了，而且一些复杂的功能是必须通过使用状态括号才能完成的。状态括号结束时，临时存储器 ACC#自动与主存储器 ACC 相连。如果编辑器中已有一个括号了，将自动打开第二个临时存储器 ACC（ACC#）。在计算中，最多可使用七个这样的临时存储器。由 IL 语言指令表可知，在逻辑指令、数学指令和比较指令中均可使用状态括号。

（3）数学指令

数学指令完成最基本的数学运算（+、-、*、/等），它们的操作数可以是任何的数据类型。

① ADD 加法（Addition）

功能：将当前 ACC 中的值与操作数相加，其结果再存入 ACC 中。

② SUB 减法（Subtraction）

功能：将当前 ACC 中的值减去操作数的值，其结果再存入 ACC 中。

③ MUL 乘法（Multiplication）

功能：将当前 ACC 中的值与操作数相乘，其结果再存入 ACC 中。

④ DIV 除法（Division）

功能：将当前 ACC 中的值除以操作数的值，其结果再存入 ACC 中。

（4）比较指令

① GT 大于（Greater Than）

操作数：可以是任意类型的过程变量和常数。

功能：检查 ACC 中的值是否大于操作数 OP 的值（ACC > OP）。若此条件为真，将 ACC 的值置 1；否则将 ACC 的值置 0。

② GE 大于等于（Greater Than or Equal TO）

操作数：同 GT。

功能：检查 ACC 中的值是否大于等于操作数 OP 的值（ACC≥OP）。若条件为真，将 ACC 的值置 1；否则将 ACC 的值置 0。

③ EQ 等于（Equal TO）

操作数：同 GT。

功能：检查 ACC 中的值是否等于操作数 OP 的值（ACC=OP）。若条件为真，将 ACC 的值置 1；否则将 ACC 的值置 0。

④ LE 小于等于（Less Than or Equal TO）

操作数：同 GT。

功能：检查 ACC 中的值是否小于等于操作数 OP 的值（ACC≤OP）。若条件为真，将 ACC 的值置 1；否则将 ACC 的值置 0。

⑤ LT 小于（Less Than）

操作数：同 GT。

功能：检查 ACC 中的值是否小于操作数 OP 的值（ACC < OP）。若条件为真，将 ACC 的值置 1；否则将 ACC 的值置 0。

⑥ NE 不等于（Not Equal TO）

操作数：同 GT。

功能：检查 ACC 中的值是否不等于操作数 OP 的值（ACC≠OP）。若条件为真，将 ACC 的值置 1；否则将 ACC 的值置 0。

（5）特殊指令

在 IL 编程语言中，还有一些完成特殊功能的指令。

① JMP 跳转（Jump）。

功能：无条件跳转到用标号标志出的指令处。

② JMPC。

功能：当 ACC 中的值不等于 0（ACC≠0）时，跳转到用标号标志出的指令处。

③ JMPCN。

功能：当 ACC 中的值等于 0（ACC=0）时，跳转到用标号标志出的指令处。

（6）CAL 调用指令

① CALC。

功能：当 ACC 中的值不等于 0（ACC≠0）时，调用功能块。

② CALCN。

功能：当 ACC 中的值等于 0（ACC=0）时，调用功能块。

附录 B 工程师讲堂

第一部分：机器控制开发入门

序号	课程内容
1	X20CPU 及 IO 介绍
2	伺服驱动器 P3 介绍
3	触控面板 T50 介绍
4	下载并安装 AutomationStudio 软件
5	AutomationStudio 工作环境
6	新建项目——学习 AutomationStudio 的工作流程
7	结构文本 ST 语言
8	基本语句语法
9	If 语句
10	Case 语句
11	For 循环语句
12	调用功能块
13	收集系统信息的诊断工具
14	过程变量的诊断工具
15	软件分析的诊断工具
16	内存介绍
17	系统启动过程及四个状态
18	分时多任务操作系统
19	mapp 基础概念
20	FTP 功能使用
21	使用 MappRecipe 做配方管理
22	运动控制基本概念
23	添加伺服硬件及程序下载
24	Test 测试工具的使用 01
25	Test 测试工具的使用 02
26	标准单轴程序的使用
27	同步的概念及标准同步程序的使用
28	mappView 简介
29	mappView 例子程序使用及控件介绍
30	搭建 mappView 的框架
31	T50 配置
32	基本控件使用
33	切换语言、切换单位 Eventbinding

第二部分：工业控制

序号	内容
1	ACOPOSmotor——食品饮料工业的选择
2	ACOPOS 伺服驱动家族
3	MappView
4	X90——面向工程机械的控制器
5	远程服务
6	便捷的现场维护手段
7	工业人工智能
8	模块化工业 PC
9	风电篇
10	机器创新设计——什么是真正的解决方案
11	机器创新设计之建模仿真
12	集成一体化机器视觉
13	控制系统——胜任不同需求
14	数字化平台 APROL
15	塑料行业解决方案
16	6D 柔性制造
17	ACOPOStrak
18	什么是自适应制造？
19	智能化的控制技术
20	控制与计算融合——智能时代的机器控制系统
21	印刷控制技术
22	工业发展维度中的柔性制造
23	工业人工智能——必须重视人的价值
24	饮料背后的技术——贝加莱啤酒饮料工业解决方案
25	光伏设备——创新驱动行业高速发展
26	贝加莱柔性制造（Trak）
27	工业通信在制造业发展中的角色演进
28	机器与生产线灵活性——ACOPOS 运动控制家族

反侵权盗版声明